U0199957

# 中 国 蚯 蚓
# Earthworms in China

肖能文 徐 芹 高晓奇 郭宁宁 等 编著

科学出版社

北 京

# 内 容 简 介

本书全面、系统地论述了中国蚯蚓的分类学研究进展、地理分布、形态结构、陆栖蚯蚓的采集与保存。整理了 1872 年以来国内外公开发表的分布于中国境内的陆栖蚯蚓，对科、属、种等的划分进行了分析和探讨，对种的有效性进行了逐一厘定，记述了 388 种（含亚种）陆栖蚯蚓的外部特征、内部特征、体色、命名、模式产地、模式标本保存地点、中国分布及鉴定要点等。

本书在一定程度上解决了中国陆栖蚯蚓分类基础资料不足的现状，可供从事蚯蚓相关研究以及农业、林业、野生动物保护与管理等领域的专业人员使用，亦可为高校动物学、生态学、保护生物学等有关专业的师生提供参考。

**图书在版编目 (CIP) 数据**

中国蚯蚓/肖能文等编著. —北京：科学出版社，2023.3
ISBN 978-7-03-074051-9

Ⅰ. ①中⋯ Ⅱ. ①肖⋯ Ⅲ. ①蚯蚓–研究–中国 Ⅳ. ①Q959.193.082

中国版本图书馆 CIP 数据核字(2022)第 227417 号

责任编辑：王海光 王 好 田明霞 / 责任校对：严 娜
责任印制：吴兆东 / 封面设计：刘新新

科 学 出 版 社 出版
北京东黄城根北街 16 号
邮政编码：100717
http://www.sciencep.com
北京虎彩文化传播有限公司印刷
科学出版社发行 各地新华书店经销
\*
2023 年 3 月第 一 版 开本：787×1092 1/16
2024 年 4 月第二次印刷 印张：30 1/2
字数：716 000
定价：**368.00 元**
(如有印装质量问题，我社负责调换)

# 《中国蚯蚓》编著者名单

（按姓名汉语拼音排序）

高佳楠　高晓奇　郭宁宁

吉晟男　李俊生　肖能文

徐　芹

# 前　言

蚯蚓为环节动物门 Annelida 寡毛纲 Oligochaeta 后孔寡毛目 Opisthopora 动物。全世界蚯蚓约有 3500 种，广泛分布在土壤和淡水环境。蚯蚓在生态系统中起着非常重要的作用，主要是加速土壤有机质的分解，增强碳氮营养循环，促进土壤的形成，提高土壤的渗透性和蓄水、保肥能力。同时，蚯蚓还可以通过加速碳的分解而直接或间接地影响植物群落的组成。蚯蚓是土壤肥力和土地利用的传统指示生物。蚯蚓也是陆地生物和土壤生物之间的桥梁。蚯蚓同时还是土壤环境指示生物，可用于评价土壤中化学污染物的生态毒性，也可用于生态毒理试验和土壤生态与环境监测。

蚯蚓分类学历史悠久。Linné（1758）在《自然系统》（*Systema Naturae*）中命名了广泛分布于欧洲的正正蚓 *Lumbricus terrestrial*，并建立了正蚓属 *Lumbricus*，这标志着蚯蚓分类学的开始。随后肠蚓属 *Enterion*（1826）、巨蚓科 Megascolecidae（1844）和正蚓科 Lumbricidae（1876）等相继被建立。1867 年，Kinberg 建立了环毛蚓属 *Pheretima*、远盲蚓属 *Amynthas*、环毛蚓属 *Perichaeta* 等属。Sims 和 Easton（1972）以及 Easton（1979）两次修订了环毛蚓属 *Pheretima*，之后 Easton（1982）将环毛蚓属 *Pheretima* 修订为 10 个属。此外，Gates 多次对正蚓科 Lumbricidae 部分种类进行了修订。

我国蚯蚓分类学历史较短，研究还不够全面和系统。只有少数学者做过零星的研究。1872 年，Perrier 首次描述了一种中国蚯蚓——参状环毛蚓 *Perichaeta aspergillum*。此后，陈义、钟远辉、冯孝义、邱江平等学者开展了我国蚯蚓的分类研究和资源调查，台湾学者更是在蚯蚓分类学上取得了较大突破。然而，我国蚯蚓分类资料不足且零散，在一定程度上造成了我国蚯蚓分类的研究进展缓慢。因此，本书对蚯蚓形态学和分类学研究进行了全面梳理，整理了我国所有公开发表的蚯蚓分类相关的文献资料。

本书分两部分。第一部分总论，主要包括中国蚯蚓的分类学研究进展、地理分布、形态结构、陆栖蚯蚓的采集与保存，以及中国陆栖蚯蚓分科检索表。第二部分各论，为我国陆栖蚯蚓的分类与鉴定。本书系统整理了截至 2020 年 2 月我国公开发表的所有陆栖蚯蚓，共记录蚯蚓 9 科 31 属 388 种（含亚种）。与作者分别于 2011 年出版的《中国陆栖蚯蚓》和 2019 年出版的 *Terrestrial Earthworms (Oligochaeta: Opisthopora) of China* 相比，本书增加了我国近年来发表的蚯蚓新物种的描述，还增加了物种的生境、命名、中国分布、模式标本保存机构以及相似物种差异的讨论。另外，本书还补充了物种的引证文献，同时尽量给出每个物种的手绘线描图。部分物种模式产地、模式标本保存机构使用原来的名称。

本书撰写分工如下。肖能文负责分类学、采集与保存、分类系统和蚯蚓地理分布的撰写，以及全文的统稿；徐芹负责大部分物种的初稿、手绘线描图的初稿及全文校对；高晓奇负责形态结构的撰写，以及链胃蚓科、寒蟮蚓科、八毛蚓科和腔蚓属的物种描述；

郭宁宁负责正蚓科、巨蚓科部分远盲蚓的物种描述；李俊生、吉晟男、高佳楠负责部分远盲蚓的物种描述。

　　本书出版得到了生态环境部"生物多样性调查评估"项目（2019HJ2096001006）和科技部国家重点研发计划"基于多源数据融合的生态系统评估技术及其应用研究"（2016YFC0500206）的资助，在此深表感谢。

　　本书可供从事蚯蚓相关研究以及农业、林业、野生动物保护与管理等领域的专业人员使用，亦可为高校动物学、生态学、保护生物学等有关专业的师生提供参考。由于资料收集有限，书中难免有不足之处，敬请广大读者批评指正。

肖能文　徐　芹

2022 年 3 月于北京

# 目　录

# 第一部分 总 论

## 一、中国蚯蚓分类学研究进展

物种是生物分类的基本单位。物种是互交繁殖的相同生物形成的自然群体，与其他相似群体在生殖上相互隔离，并在自然界占据一定的生态位（Mayr，1982）。一个物种，形态会有不同，或存在于不同的地理位置。虽然一个物种在形态上存在差异，但只要它们之间不存在生殖隔离，该类群就是同一个物种。而这种地理位置的间断或形态上的差异，是种内的间断，种内间断形成的隔离是形成亚种的依据之一，或者说，亚种间仅存在形态差异，不存在生殖隔离。

就蚯蚓来说，生殖隔离是否存在，需要经过长期饲养观察才能判断。然而，被观察过生活史的蚯蚓少之又少。种间的生殖隔离或许可以通过物种本身的基因或染色体结构等进行判断或证实。如果没有证据可以证明类群间不存在生殖隔离，那么形态上的差别将作为物种判别的主要依据，这是本书讨论种的基础，也是本书对一些同名关系或异名关系处理的参考原则。

属（genus）是一个聚合的分类阶元，包括相似的或相关的种。物种经分类学家研究，并判定隶属于一个属后，就可以发现这些种具有某些共同的形态性状，这些性状就是属的性状。

科（family）是一个分类阶元，包含在系统发育上具有共同起源的属（Mayr，1963）。

### （一）背景

蚯蚓分类学的研究历史十分悠久，但是其早期的研究仅仅限于局部地区，且交流并不充分，因此通常把动物命名法的起点作为动物分类学的起点。

本书所描述蚯蚓为环节动物门 Annelida 寡毛纲 Oligochaeta 后孔寡毛目 Opisthopora 动物，寡毛纲的主要特征为头部发育不全、无附肢、体节上生有刚毛，雌雄同体，有生殖道，直接发育。蚯蚓分类学研究可追溯到 18 世纪中叶。1758 年 1 月 1 日，Carl von Linné 编写的《自然系统》（*Systema Naturae*）第十版出版，以陆栖的（terrestrial）蚯蚓（lumbricus）命名了广泛分布于欧洲的正正蚓 *Lumbricus terrestrial*，这标志着蚯蚓分类学研究的开始。此后，Linné 将所发现的蚯蚓全部归入了正蚓属 *Lumbricus*。一直到 1826 年，Savigny 在巴黎描述了陆栖蚯蚓的第二个属——肠蚓属 *Enterion*。

1844 年，Templeton 建立了巨蚓科 Megascolecidae。1876 年，正蚓科 Lumbricidae 建立。1867 年，Kinberg 建立了环毛蚓属 *Pheretima*、远盲蚓属 *Amynthas*、环毛蚓属 *Perichaeta* 等。但是，一些分类学家后来提出的远盲蚓属 *Amynthas*、环毛蚓属 *Perichaeta* 和玫瑰蚓属 *Rhodopis* 已被其他动物使用，属于同名，不能再在蚯蚓的名称中使用。环毛

蚓属 *Perichaeta* 的名称在蚯蚓名称中成为无效名。而后，经过许多学者的努力，1900 年后，*Pheretima* 取代了无效的 *Perichaeta*，而 *Pheretima* 的中文名又无从翻译，也就沿用了 *Perichaeta* 的中文名，*Pheretima* 的中文名便成了环毛蚓属。20 世纪初期，环毛蚓属 *Pheretima* 便替代了在结构上相似的其他各属。此后，环毛蚓属 *Pheretima* 的成员急剧增加。至 1972 年，该属已达到 740 多种，2010 年达到 900 多种。

Sims 和 Easton（1972）、Easton（1979）运用数值分类的方法对环毛蚓群进行了两次修订，恢复了先前一些学者建立的属，建立了一些新属，设置了一些替换先前属的替代属；Easton（1982）根据澳大利亚的新种，以及盲肠自 XXV 节开始的特征，建立了新属——毕格蚓属 *Begemius*，将原本混杂的环毛蚓属 *Pheretima* 修订为 10 个属。

著名的蚯蚓分类学家 Gates 于 1972 年起对正蚓科部分种类进行了修订。1976 年，Reynolds 和 Cook 发表了《寡毛动物命名法：寡毛动物的名称、描述和模式标本汇编》（*Nomenclatura Oligochaetologica: a Aatalogue of Names, Descriptions and Type Specimens of the Oligochaeta*）；之后，Gates 分别于 1981 年、1989 年和 1993 年进行了增补，相对完善了世界陆栖蚯蚓的分类体系，较完整地记述了全球的蚯蚓。全球有记录的陆栖蚯蚓有 12 科 181 属（Edwards & Lofty，1977；冯孝义，1985）3500 种（Edwards，2004；Csuzdi，2012）。

## （二）分类与演化

寡毛纲 Oligochaeta 动物依据其身体结构和系统演化分为 4 个目：原孔寡毛目 Archiopora、近孔寡毛目 Plesiopora、前孔寡毛目 Prosopora 和后孔寡毛目 Opisthopora；其中，前 3 个目的动物大多生活在水中或半水状态的泥沼中，而后孔寡毛目中的绝大多数物种生活在陆地的土层中。因此，一般称前 3 个目的动物为水生蚯蚓，称后孔寡毛目的动物为陆栖蚯蚓。

蚯蚓属于环节动物门 Annelida 寡毛纲 Oligochaeta 后孔寡毛目 Opisthopora，是指雄孔位于精巢及精漏斗所在体节后 1 节或几节的所有寡毛纲动物。世界上大多数生态系统中都有蚯蚓存在，但海洋是蚯蚓的天然屏障，沙漠和终年冰雪区也很少见（Edwards，2004）。

环节动物起源于海洋，可能通过担轮幼虫那样的祖先演化而来。从多毛类的原种到寡毛类、蛭类都有环带，它们可能由共同的寡毛类祖先演化而来。而多毛纲 Polychaeta 和寡毛纲之间最大的差别在于生殖器官，多毛纲是雌雄异体，寡毛纲则是雌雄同体，在特定的体腔中有生殖器官，以特殊的受精及生产方式繁殖下一代。

一般认为寡毛纲的祖先可能是多毛纲，或是它们具有一个较原始的共同祖先。而蛭纲 Hirudinea 保有较多与寡毛纲相同的特征，因此这两者的关系较为接近，蛭纲应是由寡毛纲中较原始的种类演化而来的。早期的寡毛纲可能生活在泥地中，当泥地干燥时，形成短暂的陆地，使得寡毛纲逐渐分成两群，一群为水生的丝蚯蚓，一群则为陆栖的蚯蚓。因此，有一些水生的种类，如颗体虫科 Aeolosomatidae、仙女虫科 Naididae 和颤蚓科 Tubificidae 在发育过程中并没有经过陆地的时期。Stephenson（1930）认为陆栖蚯蚓应来自水生的带丝蚓科 Lumbriculidae，因为它所拥有的特征在寡毛纲中最为原始，真蚓科 Eudrilidae 和巨蚓科 Megascolecidae 有较进化的特征，但仍保有一些原始的特征，如受精囊的位置及雄孔的数量和位置；而舌文蚓科 Glossoscolecidae、正蚓科 Lumbricidae 及同胃蚓科 Hormogastridae 等科所拥有的原始特征较少，应是较晚演化出来的科。正蚓科是最进化的科，正蚓类交配时生殖孔不直接连合，因此需要更为复杂的机制以保证有效地输送精子。另外，Martin 等（2000）发现蛭类的姊妹群是寡毛纲带丝蚓目 Lumbriculida 中的带丝蚓科，证实了蛭类其实是特化的寡毛类。

## （三）分类系统

很多学者都对寡毛纲做过分类，但直到 1900 年才由 Michaelsen 创立完整的分类系统，将其分为 11 科 152 属 1200 种。Michaelsen 自 1921 年以来再次对其所创分类系统中的两个亚目进行了细分，寡毛纲增至 21 科。Stephenson（1930）将寡毛纲简化为 14 个科，与 Michaelsen（1900a）最初的分类差别不大。此外，将寡毛纲分为小蚓类（Microdrili）和大蚓类（Megadrili），更易于从定义上理解，小蚓类占比较少，主要是水生蚯蚓，包括陆栖的线蚓科 Enchytraeidae；大蚓类则为占比较大的陆栖蚯蚓。本书主要涉及陆栖蚯蚓，不包括小蚓类。

Stephenson 将小蚓类分为 7 科，分别为颤体虫科 Aeolosomatidae、仙女虫科 Naididae、颤蚓科 Tubificidae、暗蚓科 Pheodrilidae、线蚓科 Enchytraeidae、带丝蚓科 Lumbriculidae 和蛭蚓科 Branchiobdellidae。其余 7 科组成大蚓类，分别为异尾蚓科 Alluroididae、单向蚓科 Haplotaxidae、链胃蚓科 Moniligastridae（综族蚓亚科 Syngenodrilinae、链胃蚓亚科 Moniligastrinae）、巨蚓科 Megascolecidae（棘蚓亚科 Acanthodrilinae、巨蚓亚科 Megascolecinae、八毛蚓亚科 Octochaetinae、寒螳蚓亚科 Ocnerodrilinae）、真蚓科 Eudrilidae（亲蚓亚科 Parendrilinae、真蚓亚科 Eudrilinae）、舌文蚓科 Glossoscolecidae（舌文蚓亚科 Glossoscolecinae、沙蚓亚科 Sparganophilinae、微毛蚓亚科 Microchaetinae、同胃蚓亚科 Hormogastrinae、羊蚓亚科 Criodrilinae）、正蚓科 Lumbricidae。

自 Stephenson（1930）以来，一些学者一直尝试修订大蚓类的分类，特别是舌文蚓科 Glossoscolecidae、巨蚓科 Megascolecidae 和链胃蚓科 Moniligastridae（Jamieson，1971）。Gates（1959）修订了链胃蚓科的两个亚科，将综族蚓亚科 Syngenodrilinae 归入异尾蚓科 Alluroididae，而将链胃蚓亚科 Moniligastrinae 提升为科。

Gates 将舌文蚓科的 5 个亚科全部提升为科，他认为没有足够紧密的关系将这 5 个亚科全部纳入一个科。Jamieson（1988）也得出结论，舌文蚓科中的 3 个亚科即羊蚓亚科 Criodrilinae、沙蚓亚科 Sparganophilinae 和舌文蚓亚科 Glossoscolecinae 之间缺乏亲缘关系。

之后，又有许多学者对此进行了分类探讨，其中巨蚓（megascolecid earthworms）的分类争议较多，Omodeo（1956）、Gates（1959）、Lee（1959）和 Jamieson（1971，1985）等分别提出了新的分类方法。Omodeo 将钙腺（calciferous gland）的位置和数量、Lee 将雄孔（male pore）的数量和位置以及肾孔（nephridiopore）的位置作为分科的依据。

Gates 以前列腺（prostate gland）的构造、排泄器官及钙腺的位置作为分科的重要依据，为大多数人所接受。Sims（1966）使用计算机技术评估了巨蚓属 *Megascolex* 3 个较早分类系统的相对优点，而后发现 Gates 的分类系统更胜一筹。

Gates（1959）对寡毛纲的分类如下。

链胃蚓科 Moniligastridae

巨蚓科 Megascolecidae

寒蟪蚓科 Ocnerodrilidae

棘蚓科 Acanthodrilidae

八毛蚓科 Octochaetidae

真蚓科 Eudrilidae（亲蚓亚科 Parendrilinae、真蚓亚科 Eudrilinae）

舌文蚓科 Glossoscolecidae

沙蚓科 Sparganophilidae

微毛蚓科 Microchaetidae

同胃蚓科 Hormogastridae

羊蚓科 Criodrilidae

正蚓科 Lumbricidae

Jamieson（1971）提出了与 Omodeo、Gates、Lee 和 Sims 不同的另一种分类系统。他考虑了上述学者的分类依据，针对排泄器官的形态，分别于 1972 年和 1978 年对 Gate（1959）的分类系统做了两次修订（Jamieson，1972，1978）。后来，Jamieson（1988）根据进化分枝分析回顾了寡毛纲的总体系统发育和更高级的分类体系。

本书采用的陆栖蚯蚓科的分类如下。

单向蚓科 Haplotaxidae

链胃蚓科 Moniligastridae

正蚓科 Lumbricidae

寒蟪蚓科 Ocnerodrilidae

棘蚓科 Acanthodrilidae

八毛蚓科 Octochaetidae

巨蚓科 Megascolecidae

舌文蚓科 Glossoscolecidae

微毛蚓科 Microchaetidae

在蚯蚓的各类群中，巨蚓科 Megascolecidae 和正蚓科 Lumbricidae 具有较重要的地位。巨蚓科占寡毛纲已知物种的一半以上，分布遍及全世界，其中环毛蚓属 *Pheretima* 和重胃蚓属 *Dichogaster* 两属所包含的物种数量比其他科中的任意一个属的数量都多。正蚓科被认为是最晚演化出来的类群，由于它们能够在新的土壤环境中定殖并成为优势物种，因此正蚓科一直跟随着人类散布至全世界。

环毛蚓属 *Pheretima* 由 Kinberg 依据 *Pheretima californica* 和 *Pheretima montana* 于 1867 年建立，有 746 种（含亚种），是目前寡毛纲物种最多的属。

从动物进化的观点来看，环毛蚓属是新近进化的。Michaelsen（1900a）认为该属源于菲律宾或加里曼丹岛，由此分散出去，东到太平洋所罗门群岛，南到大洋洲北部海角，西到安达曼群岛。该属到了中国，发展很快，取代了古老的属种。

环毛蚓属的种数很多，分布的地域广，土著种也较多。Beddard 和 Michaelsen 于 1900 年先后对该属进行了修订，前者确定了 109 种，后者订正为 159 种。Stephenson（1930）统计到 293 种以及 20 个存疑种。Michaelsen（1928）将环毛蚓属分成 4 个亚属。1900-1972 年，Stephenson（1923）、Michaelsen（1928）、Ude（1932）、Gates（1937）、Kobayashi（1938a）以及 Chen（1946）等发表了大量环毛蚓属新种，但都未订正过，加之文献甚为分散，对研究工作的进一步开展造成了困难。Sims 和 Easton 收集了与环毛蚓属相关的 250 多篇论文和专著，于 1972 年对该属进行了订正，确认 746 种（含亚种），利用表型系统学（phenetics）方法将该属分成 8 个属（Sims & Easton，1972），订正情况如图 1 所示（Easton，1979；Shih et al.，1999）。

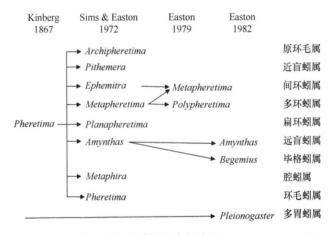

图 1 环毛蚓类蚯蚓分类系统的演变过程（Shih et al.，1999）

目前环毛蚓类共分为 10 个属。以前缀意思命名则有原环毛属 *Archipheretima*、间环蚓属 *Metapheretima*、扁环蚓属 *Planapheretima*、多环蚓属 *Polypheretima*、多胃蚓属 *Pleionogaster*。毕格蚓属 *Begemius* 是以澳大利亚蚯蚓专家 Jamieson 的名字命名的。还有一些是依其特征来命名：依盲肠的远近位置来判别，较近的为（盲肠始于 XXII 节）近盲蚓属 *Pithemera*，较远的（盲肠始于 XXVII 节或附近体节）为远盲蚓属 *Amynthas*；雄孔开口于交配腔（copulatory pouch）内的为腔蚓属 *Metaphire*；每个环节上的刚毛为环状排列的为环毛蚓属 *Pheretima*，其中文名"环毛蚓"来自于一个无效的旧属名 *Perichaeta*，但国内学者使用甚多，故本书沿用。

## （四）中国陆栖蚯蚓分类学研究

1872 年，Perrier 将采自我国福建的大型蚯蚓命名为参状环毛蚓 *Perichaeta aspergillum* Perrier，1872。自此中国开始了蚯蚓分类学科学研究。13 年后，Örley（1885）报道了产于我国甘肃的背暗异唇蚓 *Allolobophora caliginosa trapezoides*（Dugès，1828）。此后，Beddard、Michaelsen、Goto 和 Hatai 等分别报道和描述了产自我国天津、香港、

台湾、福建等局部地区的 15 种蚯蚓，其中有 6 种是依据我国样本的新种。至 1928 年，我国蚯蚓主要由 Michaelsen 和 Stephenson 开展研究，公开发表了 8 个新种。

1929 年，我国学者方炳文描述了采集于广西的异腺远盲蚓 *Amynthas paraglandularis* (Fang, 1929)。从此，我国学者开展了蚯蚓分类学与地理学研究。之后陈义开展了大量的研究。至 1946 年，陈义先后对四川、香港、厦门、海南以及长江中下游地区进行了大规模调查，几乎遍布我国南部大部分省份，共记述蚯蚓 183 种，描述新种 88 种，大大推进了我国蚯蚓分类学与地理分布的研究。

1930 年，Stephenson 出版了专著《寡毛纲》(*The Oligochaeta*)，详细论述了蚯蚓的解剖学、生物学、分类学、地理学等，建立了比较完整的蚯蚓分类体系，为以后的研究提供了不可或缺的珍贵资料。在此期间，Gates 等也开展了中国局部地区的蚯蚓分类研究。1931 年，Michaelsen 总结性地报道了中国陆栖蚯蚓的分类与地理分布概况，记述了 33 种蚯蚓，其中新种 6 种。1938-1940 年，Kobayashi 描述了产于我国台湾、东北三省和内蒙古局部地区的 25 种蚯蚓。至 1939 年，Gates 共记述中国蚯蚓 36 种。

1946-1964 年，中国大陆地区陆栖蚯蚓分类学研究几乎停滞，仅有少数报道。其中，陈义等于 1959 年出版的《中国动物图谱 环节动物（附多足类）》为蚯蚓分类研究人员和其他学者鉴定中国蚯蚓提供了重要的工具。1975 年，陈义发表 7 个新种和 1 个新亚种，这种停滞状态才开始有所缓解。

同时，国际上对蚯蚓分类体系的修订已经轰轰烈烈地开展了起来。1972 年，Sims 和 Easton 运用数值分类的方法，对陆栖蚯蚓最大的属——环毛蚓属 *Pheretima* 进行了大规模的修订，使原有的环毛蚓属成为 8 个属。1979 年、1981 年，Easton 又对环毛蚓类进行了两次修订，将原本混杂的环毛蚓属最终修订为 10 个属。与此同时，研究人员对正蚓科也开始了修订，Gates 的工作尤其引人注目。自 1957 年起，Gates 一直致力于正蚓科蚯蚓分类系统的修订，到 1980 年，Gates 发表了 26 篇论文，形成了修订正蚓科的论文系列。其中与中国蚯蚓相关的是背暗异唇蚓 *Allolobophora caliginosa trapezoides* (Dugès, 1828)。

1978 年前后，由于养殖业的需要，我国有关蚯蚓资源调查和分类的工作得以开展，出版了一系列的有关蚯蚓养殖和分类的专著。

1983 年，冯孝义首先向国内学者介绍了 Sims 和 Easton（1972）修订的分类系统。之后，钟远辉、冯孝义、许智芳、邱江平等开展了大量研究，同时谭天爵、丁瑞华、全筱薇、于德江、许人和、陈强、张永普、吴纪华与孙希达等也开展了一些研究。至 20 世纪末，有记录的中国陆栖蚯蚓达到了 7 科 24 属 256 种（含亚种）。

进入 21 世纪，邱江平等开展了大量的蚯蚓分类学研究工作，共发表 66 个新种。

另外，台湾的蚯蚓分类研究也取得了很多成果。1964 年，蔡住发发表了台湾的 15 种蚯蚓，其中 4 种为新种，这是台湾蚯蚓的首次报道。2000 年起，蔡住发、沈慧萍、蔡素蟾、陈俊宏与张智涵等进行了大规模的蚯蚓资源调查工作。目前，分布于台湾的蚯蚓记录已达 70 多种。

回顾中国陆栖蚯蚓分类学研究的历史，虽然起步较晚，但经过一个多世纪的努力，中外学者已经记录了中国陆栖蚯蚓 388 种（含亚种）（表 1）；其中，中国学者经过艰辛的工作和努力，独自发现并描述了绝大部分，成绩是辉煌的。

**表 1　中国已记录陆栖蚯蚓种类**

| 科 | 属 | 种 | 亚种 | 科 | 属 | 种 | 亚种 |
|---|---|---|---|---|---|---|---|
| 棘蚓科 | 微蠕蚓属 | 1 | | 巨蚓科 | 远盲蚓属 | 212 | 17 |
| | 毛蚓属 | 1 | | | 毕格蚓属 | 6 | |
| | 洋蚓属 | 3 | | | 炬蚓属 | 1 | |
| 舌文蚓科 | 岸蚓属 | 2 | | | 腔蚓属 | 67 | 8 |
| 单向蚓科 | 单向蚓属 | 1 | | | 环棘蚓属 | 1 | |
| 正蚓科 | 异唇蚓属 | 1 | | | 近盲蚓属 | 5 | |
| | 流蚓属 | 5 | | | 扁环蚓属 | 4 | |
| | 双胸蚓属 | 2 | | | 多环蚓属 | 1 | |
| | 枝蚓属 | 1 | | 微毛蚓科 | 槽蚓属 | 2 | |
| | 林蚓属 | 1 | | 链胃蚓科 | 合胃蚓属 | 1 | |
| | 爱胜蚓属 | 5 | 3 | | 杜拉蚓属 | 20 | 4 |
| | 小爱蚓属 | 1 | | 寒蟺蚓科 | 角蚓属 | 1 | |
| | 正蚓属 | 1 | | | 泥淖蚓属 | 1 | |
| | 辛石蚓属 | 2 | | | 舟蚓属 | 1 | |
| 八毛蚓科 | 重胃蚓属 | 4 | | | 寒蟺蚓属 | 1 | |
| | 树蚓属 | 1 | | | | | |

　　然而，目前中国陆栖蚯蚓分类学研究的人才极少，真正从事这方面工作的人寥寥无几。人员的数量和研究的成果远不能满足生态学、农学、生物学、环境保护等领域研究及教学的需要。因此，培养专门的分类学人才，为青年学者提供适宜的研究环境非常必要。

## （五）中国蚯蚓命名的讨论

　　伴随着分类学的研究，蚯蚓命名的问题也突显了出来。例如，1900 年，Beddard 将加州远盲蚓 *Amynthas californica* Kinberg, 1867 列在"受精囊 3 对，位 VII-IX 节"栏内，指出该种的受精囊管长，同时指出，将该种置于此的依据是样本具有 3 对受精囊，但其具有 2 对受精囊且位 VIII 和 IX 节似乎是更为常见的状态。他将西方远盲蚓 *Amynthas hesperidum* Beddard, 1892 列在"受精囊 2 对，位 VII、VIII 节"栏内，指出该种盲管曲折，不长，受精囊（坛）具背突。Beddard 明确加州远盲蚓和西方远盲蚓是两个不同的种。

　　1931 年，陈义较详细地记述了西方腔蚓 *Metaphire hesperidum* (Beddard, 1892)，并配了部分结构的黑白图（图 2）；1933 年，陈义再次描述了西方腔蚓，与 Beddard（1900a）描述的西方腔蚓相同；1935

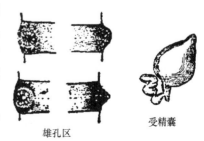

雄孔区　　　　　受精囊

图 2　陈义记述西方腔蚓
*Metaphire hesperidum* 的插图

年陈义提及香港有西方腔蚓，其使用的是白颈蚯蚓 *Pheretima hesperidum*；1946
年，陈义提出 *Pheretima hesperidum* 与 *Pheretima californica* 是同物异名关系，但
未加说明。

　　1939 年，Gates 提出布氏腔蚓 *Metaphire browni* (Stephenson, 1912)、平静远盲蚓
*Pheretima modesta* (Michaelsen, 1927)、江远盲蚓 *Amynthas kiangensis* (Michaelsen,
1931)、西方腔蚓 *Metaphire hesperidum* (Beddard, 1892)都与加州腔蚓 *Metaphire
californica* (Kinberg, 1867)是同物异名关系；因此，根据优先权的原则，这些蚯蚓全
部被确定为加州腔蚓 *Metaphire californica* (Kinberg, 1867)。而后来的一些蚯蚓分类学
者在论述相关种的分类地位时却发现，依据原始资料，这些被认为是同种的蚯蚓，
由于形态结构上的差异，需要被安置在两个不同的属中，它们的分类学特征本身是
有很大区别的。

　　然而，在后来的蚯蚓专业或其他专业的论文中，往往在讨论与某种蚯蚓相关的论
题时，只提及论述对象蚯蚓的拉丁名或中文名，并未提及该种的形态特征，也就出现了
可能不同作者讨论的加州腔蚓 *Metaphire californica* (Kinberg, 1867)并不是真正的同一个
种。本书确认上述各种为不同的种。

　　多肉远盲蚓 *Amynthas carnosus carnosus* (Goto & Hatai, 1899)是 Seitato Goto 和
Shinkichi Hatai 描述的我国台湾产蚯蚓；秉氏远盲蚓 *Amynthas pingi pingi* (Stephenson,
1925)是 Stephenson 根据产于我国江苏南京的样本描述的另一种蚯蚓。1936 年,Kobayashi
根据对朝鲜样本的分析，认为这两种蚯蚓是同物异名关系。

　　多肉远盲蚓 *Amynthas carnosus carnosus* (Goto & Hatai, 1899)的主要特征是雄孔
位 XVIII 节腹侧，开口低，侧面观为向外凸出的大乳突。XVIII 节腹面具 2 对乳突，
1 对在内，1 对在外，内对在刚毛圈前，紧靠腹中线，或时有缺失，另 1 对在刚毛圈
后，紧靠雄孔；XIX 节具 1 对乳突，位刚毛圈前，与 XVIII 节内对对应。雌孔单，
位 XIV 节腹中部。受精囊孔 3 对，位 5/6/7/8 间；孔前各具乳突，乳突状况与雄孔
区相似，位 VII 和 VIII 节腹中部刚毛圈前。受精囊 3 对，位 VII、VIII、IX 节；盲管
短，直立，长约为主体之半。

　　秉氏远盲蚓 *Amynthas pingi pingi* (Stephenson, 1925)的主要特征是雄孔位 XVIII
节腹刚毛圈上，此区扁平，雄孔大，圆形，孔在扁平区侧端，约占 1/3 节周，外侧缘
唇状。XVIII 节刚毛圈后雄孔线内侧具 1 对乳突，小而圆，为平顶锥形。受精囊孔 4
对，位 5/6/7/8/9 节间腹面，约占 1/3 节周；孔为 1 中等凸出的裂缝。VIII 和 IX 节具
与雄孔区类似的乳突，每节刚毛圈前，受精囊孔线内侧各具 1 对，表面不平，略凹。
受精囊 4 对，位 V-IX 节，后 2 对在 7/8 和 8/9
隔膜之间；坛心形、长梨形或匙形，表面光滑
或有时具横纹；坛管粗长，外端略窄。盲管短，
约为坛与坛管之半，内端即 1 枣形纳精囊。

　　根据原始作者或后来学者描述和形态图
（图 3），我们可以看到，雄孔区 XVIII 节刚毛圈
后的乳突位置明显不同：秉氏远盲蚓的 1 对乳

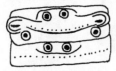

图 3　多肉远盲蚓和秉氏远盲蚓雄孔区对比
示意图（Goto & Hatai, 1899；Chen, 1933）

突更靠近腹中部,多肉远盲蚓的略靠侧缘;XVIII 节和 XIX
节刚毛圈前的成对乳突,秉氏远盲蚓的位 XVIII 节刚毛圈
后乳突外侧,多肉远盲蚓的则在 XVIII 节刚毛圈后乳突内
侧,二者区别极其明显。再者,秉氏远盲蚓具 4 对受精囊
孔,多肉远盲蚓具 3 对受精囊孔。从内部结构来看,秉氏
远盲蚓的受精囊发育比较好,而多肉远盲蚓的受精囊则有
些发育不全(图 4)。因此,秉氏远盲蚓和多肉远盲蚓不是
同物异名关系,而是 2 个种。

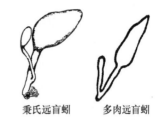

秉氏远盲蚓　　　多肉远盲蚓

图 4 多肉远盲蚓和秉氏远盲蚓
受精囊对比示意图(Goto &
Hatai,1899;Chen,1933)

# 二、地 理 分 布

中国陆栖蚯蚓的地理分布区系属于古北界和东洋界。中国境内古北界目前记录有陆
栖蚯蚓 5 科 12 属 54 种(含亚种),东洋界记录有陆栖蚯蚓 9 科 26 属 362 种(含亚种),
而在两界均有记录的有 4 科 7 属 26 种(含亚种)。

## (一)巨蚓科

巨蚓科是分布在中国最大的科,具有 8 属 322 种(含亚种),约占中国有记录蚯蚓
总数的 80%以上。中国大部分地区都有巨蚓科的足迹,巨蚓科是古北界和东洋界的典型
蚯蚓之一。

古北界巨蚓科的典型蚯蚓是以亚洲腔蚓 Metaphire asiatica 为代表的中型种类,以古
北界东北亚界华北区为中心向周围扩散,向西进入古北界中亚亚界,并形成了各自特有
的本地种,向东深入朝鲜半岛,向南越过古北界南部边界,与东洋界腔蚓属 Metaphire
会合。中国境内古北界的腔蚓属共 13 种,有 5 种是古北界本地种。

东洋界巨蚓科的典型蚯蚓种类很多,其中占优势的种类是远盲蚓属 Amynthas、腔蚓
属 Metaphire、扁环蚓属 Planapheretima、近盲蚓属 Pithemera 和毕格蚓属 Begemius。腔
蚓属、远盲蚓属有 1/3 的物种,扁环蚓属、近盲蚓属和毕格蚓属有 1/4 的物种均分布在
中国的东洋界内。巨蚓科在东洋界还分布有多环蚓属 Polypheretima、炬蚓属 Lamptio 和
环棘蚓属 Perionyx。多环蚓属和环棘蚓属各有 1 个广布种,仅分布于台湾岛。炬蚓属有
1 个广布种,分布于香港和海南一带。毕格蚓属虽然自澳洲界发现,但在我国台湾有 1
个本地种,广东有 2 个本地种。

## (二)正蚓科

中国境内正蚓科共 9 属 22 种(含亚种),主要分布在古北界。中国古北界有正蚓科
6 属 19 种(含亚种),约占中国正蚓科总种数的 86%。除少数广布种外,正蚓科蚯蚓均
是古北界本地种,然而中国的本地种却寥寥无几。流蚓属 Aporrectodea 共 5 种,4 种为
古北界或全北界本地种,其中有 2 种已广泛分布到世界各地。双胸蚓属 Bimastos 共 2 种,

1 种在世界广泛分布，1 种只在古北界分布。枝蚓属 *Dendrobaena*、林蚓属 *Dendrodrilus* 和正蚓属 *Lumbricus* 各 1 种，分布在中国新疆和东北部。辛石蚓属 *Octolasion* 共 2 种，均是古北界本地种，在中国分布于黑龙江。爱胜蚓属 *Eisenia* 中，除赤子爱胜蚓 *Eisenia fetida* 分布在古北界和东洋界外，其余 7 种（含亚种）全部分布在古北界。在这 8 种（含亚种）中，有 4 种 1 亚种是中国古北界本地种。小爱蚓属 *Eiseniella* 仅 1 种，分布在东洋界的台湾岛。

## （三）链胃蚓科

中国境内链胃蚓科共 2 属 25 种（含亚种），其中合胃蚓属 *Desmogaster* 1 种，分布在东洋界北部边缘的江苏，是典型的东洋界本地种。杜拉蚓属 *Drawida* 是东洋界的典型蚯蚓，中国有 24 种（含亚种），其中 10 种（含亚种）分布在东洋界。

## （四）单向蚓科

分布在中国的单向蚓科仅 1 种，是典型的古北界种。但是，可能由于山脉与荒漠的阻隔，其未能向中国境内的古北界及东洋界扩展。

## （五）其他 5 科

分布在中国境内的寒蟺蚓科 Ocnerodrilidae、棘蚓科 Acanthodrilidae、八毛蚓科 Octochaetidae、舌文蚓科 Glossoscolecidae 及微毛蚓科 Microchaetidae 蚯蚓，共 11 属 18 种，全部分布在东洋界。寒蟺蚓科除 1 种广布在东洋界外，其余 3 属 3 种只分布在海南、江苏的局部地区。棘蚓科 3 属 5 种，仅分别稀疏地分布在江苏、四川、海南、台湾和云南的个别地区。八毛蚓科 2 属 5 种，分布在台湾、海南与福建。舌文蚓科 1 属 2 种，1 种是分布在广东的本地种，另 1 种分布在广西、福建、香港和台湾，很可能是外来种。

中国古北界包括了中国行政区划的 19 个省份，其中有 13 个省份完全在界内；中国东洋界则包括了中国行政区划的 21 个省份，其中有 15 个省份完全在界内，有 6 个省份横跨古北界和东洋界。古北界占据了中国国土面积的 2/3 以上，已记录陆栖蚯蚓的种数却不足中国陆栖蚯蚓总种数的 1/6。相比之下，东洋界仅占中国国土面积的不足 1/3，但界内蚯蚓种类繁多，占中国已记录陆栖蚯蚓总种数的 90%以上。

从行政区域来看，总体而言，中国南部省份的陆栖蚯蚓种数多于北部省份，东部省份的陆栖蚯蚓种数多于西部省份。种类较多的省份是台湾（102 种）、四川（85 种）、海南（72 种）、重庆（56 种）、福建（38 种）、湖北（37 种）、江苏（37 种）、云南（36 种）、贵州（35 种）、辽宁（34 种）、江西（34 种）和浙江（34 种）。中国陆栖蚯蚓单位面积物种丰富度较高的省份为香港、台湾、海南和重庆。

# 三、形 态 结 构

蚯蚓属于环节动物，具有非常典型的形态特征：身体分节，管状，左右对称，具有与外部体节相对应的内部分节；一般除第一节和最后一节外，各体节均有刚毛；雌雄同体，环带是其性成熟的标志。形态结构是蚯蚓传统分类的重要依据，蚯蚓生殖孔、环带、盲肠、受精囊和前列腺等的位置、数量以及形状都是重要的分类特征。

## （一）外部结构

### 1. 体型

蚯蚓的体型可以从体长（length）、体宽（width）和体节数（segment number）3 个方面进行描述。不同蚯蚓体型变化很大，但同种蚯蚓体型基本上保持在一定的范围内。

体长即蚯蚓身体的长度，为标本状态下记录的数据，通常使用毫米（mm）作计量单位。大腔蚓 Metaphire magna magna 是目前我国记录的体型最大的蚯蚓，其体长可达 680 mm。相比之下，较小的婴孩远盲蚓 Amynthas infantilis 体长 10-24 mm。另外，有些物种种内个体差异比较大，如日本杜拉蚓 Drawida japonica japonica 体长 28-200 mm，参状远盲蚓 Amynthas aspergillum 体长 115-416 mm，神女辛石蚓 Octolasion tyrtaeum 体长 25-130 mm。

体宽即蚯蚓身体的直径，一般在 1 mm 至数十毫米。蚯蚓的体宽并不始终与身体的长度成正比。例如，铁线单向蚓 Haplotaxis gordioides 身体细长，体长可达 180-400 mm，体宽却在 0.3-2 mm；而生活在沟渠污泥中的威廉腔蚓 Metaphire guillelmi 尽管体长只有 96-150 mm，体宽却在 5-8 mm。

身体分节是环节动物最明显的特征。蚯蚓的身体沿体长被深浅不等的环状沟——节间沟（intersegmental furrow）分成若干个环状体节（segment），内部通过隔膜（septum）将对应的体节隔开。蚯蚓的体节数通常在数十节至 200 节，每种蚯蚓的体节数一般保持在一定的范围之内，如目前我国记录的体节最多的物种——中华合胃蚓 Desmogaster sinensis 的体节数一般为 360-588，而体节较少的无锡微蠕蚓 Microscolex wuxiensis 只有 40-61 节。此外，同一条蚯蚓的每个体节的长短基本相同，但有些蚯蚓的体节之间长短相差相当悬殊。另外，有些蚯蚓在体节内生有一些环沟，这种同一体节内由环沟形成的环形体节状构造称为体环（secondary segment 或 annulet 或 annulus）。大多数蚯蚓无体环，一些蚯蚓的体节上具 2-9 个体环（图 5）。

在形态描述中，体节的位置使用罗马数字表示，如 I、II、V、X 等。而体节之间则采用阿拉伯数字表示，并使用“/”间隔，如 III 与 IV 节间表示为 3/4。

### 2. 口前叶

蚯蚓身体的 I 节称为围口节（peristomium），其前为口（mouth），口顶端伸出一圆叶形结构，为口前叶（prostomium）（图 6）。口前叶与围口节之间的连接方式在种间各不相同，其形态变化是重要的分类学依据：如果没有分割沟与围口节的区分，则称为合叶式（zygolobous）；如果能够区分，但没有到达围口节，分割沟为一直横状，则称为前叶式（prolobous）；如果侵占但只占围口节很少部分，则称为前上叶式（proepilobous）；如果侵占更加明显，则为上叶式（epilobous）。伸入围口节的区域叫作舌，其由后面是否具横沟描述。如果舌回到围口节和 II 节之间的节间沟上，则称为穿叶式（tanylobous）。

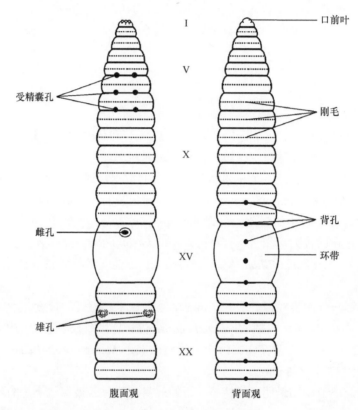

图 5　蚯蚓外部结构示意图（以亚洲腔蚓 *Metaphire asiatica* 为例）

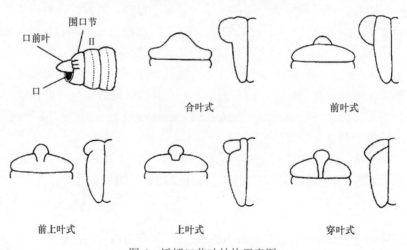

图 6　蚯蚓口前叶结构示意图

### 3. 刚毛

刚毛（seta）为蚯蚓体壁外的小囊中生出的短而硬的毛状结构，用来抓住土层，主要功能是运动。一般除第一节和最后一节外，各体节均有刚毛。刚毛的排列和数量是分类的特征之一。

刚毛的排列形式主要分为对生型排列（lumbricine arrangement）与环生型排列（perichaetine arrangement）（图 7）。

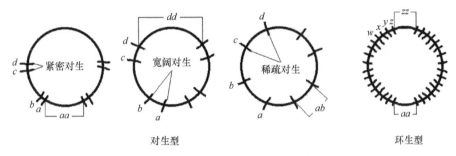

图 7　刚毛排列分布示意图（横剖面观）

在形态描述中，以特定字母区别各节的不同刚毛。*aa*、*dd*、*zz* 等分别指一对刚毛的间隔。*ab* 等指相邻刚毛的间隔

在对生型排列中，每体节具有 4 对刚毛，沿身体排列成 8 纵行。依据各对刚毛相互之间距离的远近，分为紧密对生（closely paired）、宽阔对生（widely paired）和稀疏对生（distantly paired）。一般情况下，一条蚯蚓的刚毛，若是紧密对生或稀疏对生，各体节均是如此。但是有些蚯蚓，如神女辛石蚓 *Octolasion tyrtaeum* 其体前部刚毛是紧密对生，体后部刚毛是稀疏对生。

在环生型排列中，每体节刚毛多于 8 根，沿体节赤道线排列。环生型排列多见于巨蚓科 Megascolecidae、八毛蚓科 Octochaetidae 和少数舌文蚓科 Glossoscolecidae 蚯蚓，其各节刚毛通常 50-100 根，有时甚至 100 余根，并环绕体节排列，通常在背中和腹中区仍具有或大或小的间隔。

对生型与环生型之间也存在中间状态：可能每节 12 根刚毛，以 6 对排列；或者每节 16 根、20 根或 24 根，而且明显成对；或者前端刚毛对生型排列，而体后部刚毛环生型或接近环生型排列。

在形态描述中，以特定字母区别各节的不同刚毛。就对生型排列来说，刚毛自腹中线向两侧依次记述为 *a*、*b*、*c*、*d*，*ab* 和 *cd* 分别指一对刚毛的间隔，而两根 *d* 毛即 *dd* 之间的距离最远。就环生型排列而言，从最靠近腹中线刚毛开始，每侧的刚毛表示为 *a*、*b*、*c*、*d*⋯，从最靠近背中线刚毛开始，在背面的那些为 *z*、*y*、*x*⋯，此时通常不考虑刚毛的实际数量。

刚毛之间的距离是重要的分类特征，常以刚毛间距离的比例来表示，如 *aa*=3*ab*。另外，纵向排列的刚毛在最腹部和最背部形成两条明显的间隔，分别称为腹中隔（mid-ventral line/break）和背中隔（mid-dorsal line/break），其中 *aa* 表示腹中隔距离，*dd* 或 *zz* 表示背中隔距离。

#### 4. 生殖孔及其他开口

蚯蚓体表的开口主要有受精囊孔、雌孔、雄孔等生殖孔以及背孔和肾孔。

受精囊孔（spermathecal pore）是受精囊管在体表的开口，交配时可接受对方的精子。受精囊孔的数量、位置以及形状都是重要的分类依据。受精囊孔的位置，在同科或同属内变化很多，如合胃蚓属 *Desmogaster* 1-2 对，位于近 7/8/9 或 8/9 节间沟，各在一突起上开口；杜拉蚓属 *Drawida* 1 对，靠近 *c* 刚毛直线上；异唇蚓属 *Allolobophora* 2 对，位于 9/10、10/11 节间，*cd* 间的直线上。受精囊孔通常在腹面节间，少数种类在背侧，如脊囊腔蚓 *Metaphire thecodorsata*。另外，有些种类的受精囊孔在体壁明显凹陷成腔状，称为受精囊腔（spermathecal chamber）。受精囊孔有时缺失。

雌孔（female pore）为输卵管在体表的开口，可释放卵子。对于某个科，通常雌孔的位置是固定的，如巨蚓科 Megascolecidae、舌文蚓科 Glossoscolecidae 和正蚓科 Lumbricidae 在 XIV 节，雌孔可能连合为一腹中部单孔，如巨蚓科仅一孔，在 XIV 节腹面。

雄孔（male pore）为输精管在体表的开口或输精管和前列腺管在体表的共同开口。雄孔位置各不相同，有时各科内物种保持一致，如巨蚓科 Megascolecidae 位 XVII 或 XVIII 节中任意一节，极少位 XIX 节，正蚓科 Lumbricidae 在 XV 节。输精管与前列腺管若在体内合并，则共同开口于雄孔；若不合并，则前列腺管的体表开口即前列腺孔通过储精沟与雄孔连接。

某些蚯蚓的雄孔由体壁向内凹陷，形成交配腔（copulatory pouch）。交配腔的有无是腔蚓属 *Metaphire* 与远盲蚓属 *Amynthas* 的主要区别，前者具交配腔。交配腔有 2 种：体腔内交配腔（coelomic copulatory pouch）和肌肉层内的体壁内交配腔（intramural copulatory pouch）。交配腔形态各异，如通俗腔蚓 *Metaphire vulgaris vulgaris* 的交配腔能全部翻出，呈花菜状或阴茎状，交配腔较深广，内壁多皱褶；威廉腔蚓的交配腔开口呈纵向裂缝状，内壁具褶皱，褶皱间有刚毛 2-3 条。

背孔（dorsal pore）是在蚯蚓节间沟背中线上的小开口，是体腔与外界联系的地方，是蚯蚓的呼吸孔。它们在身体最前区缺失。多数蚯蚓具有背孔，但有些蚯蚓无背孔或只具有背孔状的瘢痕，而这些瘢痕不具有背孔的功能。在形态描述中，只记录第一背孔的位置，或称作背孔始位，如背孔自 12/13 节间始。

肾孔（nephridiopore）即肾管（nephridium）在体表的开口，位于身体侧面节间沟后方，经常沿身体两侧扩展成单行排列。肾孔是蚯蚓的排泄器官肾管的外开口，由括约肌维持正常开合。

#### 5. 环带与生殖标记

环带（clitellum）是蚯蚓表皮的腺体部分，位于身体前部，呈环形或马鞍形，其与卵或茧的产生有关，是蚯蚓性成熟的标志。环带区一般肿胀，但少数科会显著收缩。

环带的位置和范围多变，是重要的分类特征。一般来说，通过环带的位置与形状的辨识，基本上可以分辨蚯蚓所属的科，如环带自 IX、X 节始，占 4-6 节，雄孔 1 对或

2 对，位环带上，雌孔位雄孔后是链胃蚓科 Moniligastridae 的主要特征；环带自 XI 节始，雄孔位环带上是单向蚓科 Haplotaxidae 的主要特征；环带始于或在 XV 节之前，雄孔 1 对，一般位 XVII 或 XVIII 节中任意一节，极少位 XIX 节，雌孔成对，或单个中孔，是巨蚓科 Megascolecidae 的主要特征；环带自 XXIII-XXX 节始，雄孔位环带前，多数位 XV 节，偶位 XIII 节是正蚓科 Lumbricidae 的主要特征。

在形态描述中需准确记述环带的位置。例如，环带位 1/2XIII-1/2XX 节，指环带从 XIII 节的后一半开始，一直延伸到 XX 节的前一半结束。在环带起始体节前的分数是指占据该节后部的比例，在环带结束体节前的分数是指占据该节前部的比例。

性成熟的蚯蚓体前部腹面有许多性突起，包括乳突（papilla）、脊（ridge）、窝（pit）、孔突（porophore）等生殖标记（genital marker），常出现在受精囊孔或雄孔附近。生殖标记有时被认为有帮助蚯蚓交配时紧贴的作用，其也是蚯蚓分类的重要特征。

## 6. 体色

蚯蚓的体色由体壁色素决定，色素或呈颗粒状色素细胞位于皮下肌肉层，如赤子爱胜蚓 Eisenia fetida，颜色不定，通常紫色、红色、暗红色或淡红褐色，有时在背部色素变少的节间区有黄褐交替的带。正蚓属 Lumbricus 或者枝蚓属 Dendrobaena 蚯蚓为蓝色或绿色，由体壁几丁质引起。蚯蚓腹部颜色一般比背面浅，环带的颜色比身体其余部分浅或深，或呈不同颜色。有色素的蚯蚓用福尔马林保存时颜色稳定，但无色素种的红色或粉红色则很快褪去。

## （二）内部结构

### 1. 隔膜

蚯蚓体腔内节与节之间通常由不完全的隔膜（septum）隔开，除分隔体节外，隔膜还有支撑肌肉和体内器官的作用。一般体前部隔膜厚且富肌肉质，后部隔膜薄而呈膜状。隔膜的厚度、有无等是重要的分类特征。

### 2. 消化系统

蚯蚓从口至肛门，即整个消化系统为一条直管，从前向后依次包括口腔、咽、食道、嗉囊、砂囊、胃、肠及肠上的盲肠。

口腔（buccal cavity）开口于口，通常位于 I-II 节，口腔无齿但具褶皱，可翻出口外取食。口腔之后为咽（pharynx），咽头通常为梨状，壁厚，富肌纤维，左右极宽，方便吸取食物。食道（esophagus）后面膨大的肠管为嗉囊（crop），为一薄壁储存腔，其后为砂囊。砂囊（gizzard）为消化系统的肌肉质部分，消化食物，形态变化很大；内衬较厚的角质层，砂囊肌肉收缩时，借助于食物中矿物质颗粒磨碎食物。链胃蚓科一般有 2-10 个砂囊，每个砂囊占一个体节；合胃蚓属和杜拉蚓属有 2-3 个砂囊连在一起。砂囊后一段管道多富弹性，内壁无纤毛，前端和后端各具一括约肌，此段为胃（stomach）。胃后消化道明显扩大，称为肠（intestine），其在每节隔膜处稍有收窄。肠为消化道最长的部分，在每节的隔膜处稍有收缩，肠道具有 2 层肌肉。

南山远盲蚓　　　　南澳腔蚓

简单型

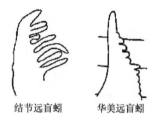

结节远盲蚓　　　　华美远盲蚓

复杂型

图 8　盲肠形状示意图

盲肠（cacum）为肠两侧向前伸出的一对锥状盲管，能分泌多种酶，盲端朝前，为重要的消化腺。盲肠的起始位置以及形状是分类的主要依据。例如，远盲蚓属 *Amynthas* 依据盲肠的开始位置在 XXVII 节附近，起始位置远而得名；近盲蚓属 *Pithemera* 盲肠的开始位置在 XXII 节附近，起始位置近而得名。盲肠的形状多变，但一般分为两类：一种为简单型；另一种具手套状或指状突起，毡帽状，结构略复杂（图 8）。

### 3. 循环系统

蚯蚓具有闭管式循环系统，主要由背血管、心脏、腹血管、食道侧血管等组成。由于腔蚓的循环系统分化程度高，本部分以亚洲腔蚓 *Metaphire asiatica* 为例进行说明（图 9）。

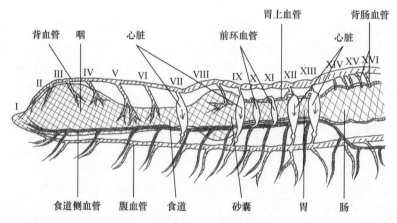

图 9　蚯蚓循环系统和部分消化系统示意图（以亚洲腔蚓 *Metaphire asiatica* 为例）

背血管（dorsal vessel）是蚯蚓全身最大的一条血管，位于肠的上面，具有收缩性，管内血液自后向前流动。从后向前，每体节肠壁上的背肠血管 2 对，体壁的壁血管 1 对，XIV 节向前由心脏输送到腹血管，最前端背血管于咽头分支，分布于脑、口腔、咽腺等处。

心脏（heart）为扩大的连合血管（环绕身体从背血管到腹血管或者神经下血管），具有收缩性，并具有瓣膜。亚洲腔蚓具 4 对心脏，位 VII、IX、XII 和 XIII 节，其中后两对心脏于背侧分为两支，一支与背血管连接，另一支与肠上血管（supra-intestinal vessel）连接，最后一对最大。另外，在 X 和 XI 节具前环血管（anterior loop vessel）2 对，无瓣膜，连接食道侧血管与胃上血管。

腹血管（ventral vessel）为与背血管相对应的一条大血管，位于肠的下面，无法收缩。腹血管于 V、VI 节及心脏各节接收背血管的血液，向后流动。自 XIV 节后，每节有一支通入小肠壁，其余至隔膜、肾管以及体壁。

食道侧血管（lateral esophageal vessel）是腹部另一条大血管，较腹血管粗，位 XIII 节前食道的腹侧面，每节具分支，收集咽头、消化道、隔膜和体壁上的血液，V 和 VI 节有分支接收背血管和受精囊的血液，X 和 XI 节由前环血管向背侧流入胃上血管，胃上血管向后流入后两对心脏。

另外，蚯蚓的血液循环分为一个大循环和两个小循环。大循环即全身的循环：背血管于 XIV 节以后收集背肠血管的营养物质和壁血管的氧后向前流动，大部分血液经 4 对心脏流入腹血管。腹血管在体壁上的分支于体前部进入食道侧血管小循环，于体后部进入肠壁血管小循环。食道侧血管小循环由食道侧血管收集咽头、隔膜、受精囊、消化道以及体壁上的血液后向后流动，自胃下方后流入胃上血管，最后流入后两对心脏。肠壁血管小循环为 XIV 节后每节收集腹面正中的腹肠血管（腹血管、隔膜以及壁血管），然后经肠横血管及背肠血管流入背血管循环。

## 4. 生殖系统

蚯蚓为雌雄同体，每个个体同时具有雄性生殖器官和雌性生殖器官，但性成熟后一般为异体受精。蚯蚓的生殖系统分布于身体的前部，由雄性生殖器官、雌性生殖器官、副性腺等组成（图 10）。

雄性生殖器官主要有精巢囊、储精囊、输精管、前列腺。精巢（testis）是雄性的基本器官，外由囊包裹成精巢囊（testis sac）。精巢囊在 X 和 XI 节的后侧，两对，每一个囊内有精巢和精漏斗各一个，通过隔膜上的小孔与后一对的储精囊相连。储精囊（seminal vesicle）为消化道两侧白色团块，储存精子的地方，是最大的生殖器官，解剖时明显可见，其数量常为重要的分类依据。储精囊与精巢囊相通，储精囊内充满营养液。精巢产生精细胞后，先入储精囊内发育，待形成精子，再回到精巢囊，经精漏斗由输精管（vas deferens 或 seminal duct）输出。两输精管在 XIII 节后，两两并行，至 XVIII 节与前列腺管合并，由雄孔通出。前列腺（prostate gland）是体内较大的腺体，位于雄孔内侧，与输精管的后端相连，在交配时能分泌黏液，与精子的活动和营养有关。

雌性生殖器官主要有卵巢和受精囊。卵巢（ovary）产生卵细胞，一对，位 XIII 节前面，附着于 12/13 隔膜上，束状。13/14 隔膜前为卵漏斗（ovarian funnel），后接输卵管，于雌孔通出。受精囊（spermatheca）为交配时接纳另一条蚯蚓精子并储存至产卵时的囊，是结构变化复杂的生殖器官。受精囊一般分坛（ampula）和坛管（ampula duct）两部分，其中坛管上伸出一盲管（diverticulum）。坛球形、卵圆形或各种各样的形状。坛管也称为柄（stalk），较坛长或短或等长，有时坛管极短，此时受精囊看似体壁上无柄的囊。盲管的末端具一指状或念珠状盲囊，为纳精囊（seminal receptacle），用来储存精液。

副性腺（accessory gland）为体外性乳突处的相应体壁内侧腺体，小团垫状或具索状导管。在交配时，两条蚯蚓互相倒抱，副性腺分泌黏液，使双方的腹面粘住，精液从各自的雄性生殖孔中排出，输入对方的受精囊内。

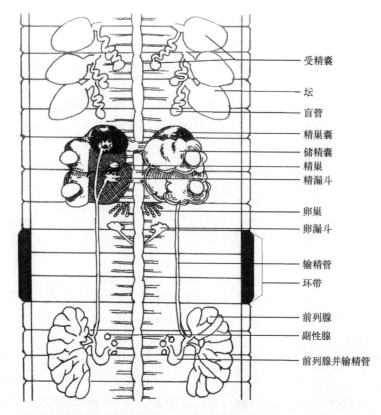

图 10　蚯蚓生殖系统示意图（以亚洲腔蚓 *Metaphire asiatica* 为例）

受精囊

坛

盲管

精巢囊

储精囊

精巢

精漏斗

卵巢

卵漏斗

输精管

环带

前列腺

副性腺

前列腺并输精管

# 四、陆栖蚯蚓的采集与保存

## （一）标本采集准备

### 1. 采集计划

在采集和调查工作开展之前，必须明确任务和拟定切实可行的计划，至少应明确两点：①在哪里采样；②如何采样。

### 2. 查询文献

1）标本资料

首先搜集采集地区的有关标本资料，并且了解这些地区过去是否有人进行过采集，他们是怎样进行的，采集的时间、路线和采集的目的如何，已解决了哪些问题，还存在哪些问题等。同时还应尽可能了解采集和调查地区或邻近地区已经取得的标本资料，作为野外工作时的参考。

2）自然环境

查阅拟去采集和调查地区的地理、气候和植被情况，了解该地区的环境条件，以及交通状况等，这些信息有利于野外工作的筹划和安排。

根据对以上各方面情况的了解，制订出具体的采集计划和主要的目的、任务，以及采集日期、采集路线、经费预算等。

**3. 采集工具**

（1）采集袋（采集瓶、指管）：用于装载各种小型采集用具和环节动物的标本，一般用肩背式，能携带多种采集用具。

（2）采样框（28.5 cm × 8 cm）：用于定量采集大型土壤环节动物。

（3）采样器（5 cm × 5 cm，100 ml；3.5 cm × 2.8 cm，25 ml）。

（4）干漏斗：分大型、小型和便携式，用于分离土壤中中小型土壤环节动物，用 60-100 W 灯泡，中部为金属网筛，网眼 1-2 mm，大型和便携式网眼为 3-5 mm。

（5）湿漏斗：收集小型湿生环节动物，用 60 目尼龙纱。

（6）GPS 定位仪：记录采集地点的海拔、经度与纬度。

（7）其他采集工具：放大镜、记录纸、笔、羊角锄、二齿耙、大镊子（20 cm）、中镊子（12 cm）、小铲子、开沟锄、塑料布、白瓷盘、量筒、背包、纱布、地温计、土壤采样铝盒、标本收集瓶。

**4. 化学药品**

各种浓度的乙醇和福尔马林。

**（二）标本采集方法**

**1. 选择采样时间**

由于环节动物生活在土壤中，受气候的影响相对比较小，而受土壤湿度的影响相对较大，因此采集环节动物的时间很难一致，应该因环节动物而定和因地制宜。一般来说，一年四季都可以采集。此外，如果在采样前几天下雨，蚯蚓会更活跃，但最好选择没有降雨的采集日。

**2. 选择采样地点**

采集环节动物的地点也要依环节动物的种类而定，不同种类的环节动物地理分布不同，所以要预先了解各大类环节动物的分布范围。一般性调查条件为：①坡度不大，石头较少；②基本无人类活动干扰；③不在生境边沿；④避开蚁巢和白蚁冢；⑤较湿润土壤，较为平坦。

**3. 选择采样方法**

蚯蚓会在苔藓、落叶或腐烂植物下层活动，且多会在土壤表面留下记号"粪土"，其是蚯蚓的排泄物，常会堆放在蚯蚓的洞口附近，因此在地面上由小圆土粒堆成小土堆的粪土的地方（通常直径 2-5 cm，高 1-2 cm）比较容易采集到蚯蚓。

1）徒手分离

用徒手分离法常忽略了较小的和黑色的蚯蚓个体，且低估了蚯蚓数量，仅能发现活体重 0.2 g 以上的个体。不同的人员操作，结果也会有差别。

（1）用铁锹取土。主要用于收集大型土壤环节动物，是最常用的方法。一般用大铁锹或者锄头挖一个 50 cm×50 cm 或者 25 cm×25 cm 的样方，深度为 30 cm，把挖出的土壤放于塑料布上，然后分拣土壤中的环节动物。

（2）用采样框取土。选点，打入圆形采样框（28.5 cm×8 cm），挖出 5 cm 的落叶和土壤，拣出或网筛出土壤环节动物。

（3）用取土器取土样。取土器的直径为 8 cm，深度为 15 cm，取土后拣出或网筛出土壤环节动物。

2）干漏斗分离

干漏斗用于收集中小型土壤环节动物，以及获取在泥炭土表面生活的小型种类。方法：干漏斗，顶部灯泡 60-100 W，中部金属网筛，将土壤移入漏斗。在漏斗中，灯泡加热导致蚯蚓从漏斗较热的一侧移至较冷的一侧，最后将蚯蚓收集到盛有 75%乙醇的容器中。

3）湿漏斗分离

湿漏斗用于收集小型湿生土壤环节动物，如线蚓等。许多较小和易碎的环节动物无法在干燥的漏斗中有效地从土壤中分离出来，因此湿漏斗分离技术对于这些亲水性的无脊椎动物更为有效（Edwards，1991）。采用 60 目尼龙纱，直径 9 cm 的玻璃漏斗，将土壤装入铜筛（直径 9 cm，高 2 cm，10 目/cm），浸入漏斗的清水中，用 60 W 灯泡，灯泡上带灯罩。灯泡离土壤表面 10 cm，光照 3 h，对从漏斗底部逸出的蚯蚓进行计数和识别（O'Connor，1955）。

4）电分离

将 2 个长 50 cm 的具尖叉状电极插入土壤，相隔 1 m，用 220 V 电压通电，用可变电阻来调节 2-4 A 电流的强度，可以收集土壤中的蚯蚓，尤其适合收集土壤深层的蚯蚓，主要缺点是局限于发现准确容积内土壤中的蚯蚓（Edwards & Lofty，1977）。

土壤的电导性依赖于它的湿度，通常电流深入土壤，将蚯蚓从深洞中带出来，若表面土壤是干的，则将蚯蚓赶向下方，蚯蚓通常出现在离电极 20 cm 至 1 m 处。靠近电极的蚯蚓常被电流杀死，所有电极的绝缘处理，可减少蚯蚓死亡量。这种方法对土壤深层的蚯蚓取样有效。另一个影响这种方法有效性的因素是土壤的 pH，在 pH 低的土壤中发现的蚯蚓较弱酸性土壤中的多。

5）化学刺激分离

常用的化学试剂有氧化汞、高锰酸钾、福尔马林、稀释的芥子溶液或稀肥皂水等。高锰酸钾常用的浓度和用量分别为 1.5 g/L、6.8 L/m$^2$，20 min 后收集蚯蚓。福尔马林收集的方法为 0.1%-0.5%福尔马林溶液，国际标准化组织（ISO）推荐方法为 0.5%福尔马林溶液，即 25 ml 37%福尔马林溶于 5 L 水，0.25 m$^2$ 的土壤 30 L 溶液，或者 0.4%的福尔马林溶液 40 L/m$^2$ 的使用量，20 min 后收集蚯蚓。氧化汞常用的浓度为 0.82 mg/L，用量为 1.7-2.3 L/m$^2$。

因为低浓度的福尔马林对蚯蚓的毒性较高锰酸钾低，高锰酸钾在蚯蚓未至表面时常将其杀死。这些化学方法的主要缺点是对不同种类蚯蚓的作用不同，广泛穴居的种类较非穴居的种类更容易到达地面。Satchell（1969）推荐用更大量的溶液，在 0.5 m² 施 9 L 0.165%-0.55% 的溶液。他指出土壤的温度和湿度均影响蚯蚓到达地面的数量，并且根据回归分析，算出一个校正因子，可校正在取样时土壤的温度影响（Satchell，1963）。

6）土壤水洗分离法

淡水寡毛类的采集：可将底部沉积物置于筛网中，除去杂质后再以水冲刷污泥，即可获得纠结成团的丝蚯蚓。在 2 mm 孔眼的筛上套 0.5 mm 孔眼的筛，放在盆中，将筛浸入比重为 1.2 的硫酸镁溶液，蚯蚓浮在表面，即可收集。水洗法比徒手分离更为有效，可发现蚓茧，但费时较长。机械的土壤水洗法，可将筛放在旋转的容器中，这样较快，适于大量的土壤（Edwards & Lofty，1977）。

## （三）标本整理

### 1. 现场处理

收集的土壤蚯蚓现场进行初步分类，用不同的塑料袋或者玻璃管分装，记录标本采集地的基本信息，如经纬度、海拔、生境、地表植物、土壤温度、土壤湿度等。

### 2. 样品保存

1）样品的麻醉

麻醉的基本要求：标本适度伸展且未扭曲，不能太松，也不能太硬。蚯蚓洗干净后，投入白瓷盘内，放少量水，然后滴加 95% 乙醇，慢慢稀释到 10%，麻醉蚯蚓，等标本松弛且对戳刺不再有反应后，取出标本，洗去黏液，平铺在平底盘中拉直。

2）样品的固定

（1）福尔马林固定：蚯蚓取出后，洗去黏液，平铺在平底盘内，充分伸展，加入 10% 福尔马林，固定 24-48 h，至标本变硬而不脆，去掉体内的水分。

（2）乙醇固定：10% 乙醇麻醉，洗去黏液，然后用 50% 乙醇固定数小时，70% 乙醇固定 12 h，95% 乙醇固定 24 h，最后于 70% 乙醇保存。

## （四）标本的保存

（1）体型较小的蚯蚓用煮沸的 10% 福尔马林固定，长期保存于玻璃瓶。

（2）体型较大的蚯蚓用 98 ml 7% 福尔马林+2 ml 甘油保存。也可在 70% 乙醇中固定 15-24 h，或者用 80% 乙醇固定 12 h 后，再移入 80% 乙醇保存。

（3）直接用 6% 福尔马林溶液保存。

（4）将新鲜标本直接置于 95% 乙醇中保存，标本可用于 DNA 提取与分析。蚯蚓放于乙醇保存的第一个月每 3-5 天须更换乙醇 1 次，之后只要存放标本的乙醇颜色变黄，就要更换乙醇。

# 五、中国陆栖蚯蚓分科检索表

中国寡毛纲 Oligochaeta 后孔寡毛目 Opisthopora 共有 9 科，分科检索表如下。

## 中国陆栖蚯蚓分科检索表

1. 环带自 XII 节或 XII 节前始 ···································································2
   环带自 XII 节后始 ·······················································································3
2. 环带自 IX 和 X 节始，占 4-6 节；雄孔 1 对或 2 对，在环带上；雌孔位雄孔后 ········
   ························································· 链胃蚓科 Moniligastridae
   环带自 XI 节始 ···································· 单向蚓科 Haplotaxidae
3. 环带自 XVIII 节或之后始 ········································································4
   环带自 XIII 节或 XIV 节始 ·····································································5
4. 环带位 XVIII-XXXV 节之间，马鞍状 ············· 微毛蚓科 Microchaetidae
   环带自 XXIII-XXX 节之间始；雄孔位环带前，多数位 XV 节，偶位 XIII 节··· 正蚓科 Lumbricidae
5. 环带位 XIV-XXII 节 ···································· 舌文蚓科 Glossoscolecidae
   环带位 XIII-XX 节 ··················································································6
6. 环带位 XIII、XIV-XVII 和 XVIII 节 ·························································7
   环带位 XIII 和 XIV-XX 节 ········································································8
7. 环带位 XIII-XVII，偶位 XVIII 节；刚毛对生 ·········································
   ····················································· 棘蚓科 Acanthodrilidae
   环带位 XIII-XVII 节，占 3 节、4 节或 5 节；雄孔位 XVII 或 XVIII 节，极少位 XIX 节；雌孔单个，
   位 XIV 节 ·········································· 巨蚓科 Megascolecidae
8. 环带位 XIII、XIV-XX 或 XX 节；雄孔位 XVII 节或 XVIII 节 ············· 寒蟪蚓科 Ocnerodrilidae
   环带位 XIII-XX 节；雄孔位 XVIII 节；雌孔 1 对，位 XIV 节 ········· 八毛蚓科 Octochaetidae

# 第二部分  各  论

## 一、棘蚓科 Acanthodrilidae Claus, 1880

Acanthodrilinae Claus, 1880. *Grundzüge der Zoologie*: 479.

Acanthodrilinae (Megascolecidae) Michaelsen, 1900a. *Oligochaeta, Das Tierreich*: 122.

Acanthodrilinae Stephenson, 1930. *The Oligochaeta*: 820.

Acanthodrilidae Gates, 1972. *Trans. Amer. Philos. Soc.*, 62(7): 32-33.

Acanthodrilinae 徐芹和肖能文, 2011. *中国陆栖蚯蚓*: 273.

Acanthodrilidae Xiao, 2019. *Terrestrial Earthworms (Oligochaeta: Opisthopora) of China*: 19.

外部特征：环带包含雌孔。前列腺孔 2 对，位 XVII 和 XIX 节；受精囊孔 2 对，位 7/8/9 节间沟内或附近；雄孔位 XVIII 节，或完全消失。

内部特征：钙腺大部分缺，如有，位 IX 节或 IX 和 X 节。肠始于 XIII 节后。心脏位 XI 节后。储精囊具横隔。前列腺管状，外胚层起源。卵巢扇形，有几个串状卵。

生境：多为陆栖，很少生活在湖沼或滨海。

国外分布：缅甸、澳大利亚、新西兰、美国、墨西哥、南非、马达加斯加、斯里兰卡、印度。

中国分布：江苏、福建、四川、云南、海南、台湾。

中国有 3 属 5 种。

### 棘蚓科分属检索表

1. 环带位 XIII-XVII 节 ···································································································· 2
   环带位 XIII-XVIII 节，马鞍形，腺表皮伸达腹面 *a* 毛或 *b* 毛或 *bc* 毛间 ·············· 毛蚓属 *Plutellus*
2. 环带位 XIII-XVII 节，马鞍形 ······················································· 泮蚓属 *Pontodrilus*
   环带位 XIII-XVII 节，占 5 节，环形，表面光滑平整，具刚毛，但在 XVII 节腹面具精沟，左右两突上各具 *a*、*b* 交配毛 ··························································· 微蠕蚓属 *Microscolex*

## （一）微蠕蚓属 *Microscolex* Rosa, 1887

*Microscolex* Rosa, 1887. *Bollettino dei Musei di. Zoologia ed Anatomia comparata della. Reale Università di Torino*, 2(19): 1-2.

*Microscolex* Michaelsen, 1900a. *Oligochaeta, Das Tierreich*: 139.

*Microscolex* Stephenson, 1930. *The Oligochaeta*: 824.

*Microscolex* Gates, 1972. *Trans. Amer. Philos. Soc.*, 62(7): 33-34.

*Microscolex* Xiao, 2019. *Terrestrial Earthworms (Oligochaeta: Opisthopora) of China*: 19.

模式种：平静微蠕蚓 *Microscolex modestus* Rosa, 1887＝磷光正蚓 *Lumbricus phosphorvus* Dugès, 1837

外部特征：刚毛对生，每体节 4 对。口前叶 1/2 上叶式。无背孔。环带环形，位 XIII-XVII 节。雄孔位 XVII 或 XVIII 节。受精囊孔 1 对或 2 对，位 XVII 和 XIX 节，或仅位 XVII 节。

内部特征：隔膜始于 5/6 节间。肠起源于 XV 节，砂囊、钙腺和肠上腺、盲肠和小叶均不大。心脏位 X-XII 节。食道囊 1 对，位 VIII、IX 节内。精巢和精漏斗游离，位 X 和 XI 节内。储精囊 2 对，位 XI 和 XII 节内。卵巢扇形，有几条卵线。受精囊 1 对或 2 对，最后 1 对开口于 8/9 节间；具 1 个或 2 个长短不一的盲管。

国外分布：阿根廷（巴塔哥尼亚）、火地岛、南乔治亚岛、法国（凯尔盖朗岛）、南非（马里恩岛）、法国（克罗泽群岛）、新西兰（坎贝尔岛、奥克兰群岛、安提波德斯岛）、澳大利亚（麦夸里岛）。

中国分布：江苏。

中国有 1 种。

## 1. 无锡微蠕蚓 *Microscolex wuxiensis* Xu, Zhong & Yang, 1990

*Microscolex wuxiensis* 许智芳等, 1990. *动物分类学报*, 15(1): 28-31.
*Microscolex wuxiensis* 钟远辉和邱江平, 1992. *贵州科学*, 10(4): 39.
*Microscolex wuxiensis* 徐芹和肖能文, 2011. *中国陆栖蚯蚓*: 274.
*Microscolex wuxiensis* Xiao, 2019. *Terrestrial Earthworms (Oligochaeta: Opisthopora) of China*: 20.

外部特征：体长 16-24.5 mm，宽 0.9-1.2 mm。体节数 40-61。口前叶 1/2 上叶式。无背孔。环带位 XIII-XVII 节，占 5 节，环状，表面光滑平整，具刚毛，但在 XVII 节腹面具 "）（" 形精沟，左右两突上各具 $a$、$b$ 交配毛，交配毛长 100-106 μm（体外部分），细长，易断。刚毛每节 4 对，每对刚毛的距离较宽，仅 XVII 节的 $a$、$b$ 交配毛靠近，环带前 $aa$=（1.5-1.8）$ab<bc=cd$, $ab \geq cd$, $dd$=（2-2.5）$cd$, $dd$=（1/3-2/5）节周；环带后 $ab<aa<cd$, $dd$=（2.5-2.8）$cd$, $dd$=1/3 节周。雄孔 1 对，位 XVII 节 $a$、$b$ 毛之间。受精囊孔 1 对，位 8/9 节间沟内 $a$ 毛线上。肾孔在两侧各成纵列，位 $bc$ 毛间，近 $c$ 毛。前列腺孔在 $a$、$b$ 毛间，与雄孔共同开口。雌孔 1 对，开口在 XIV 节 $a$ 毛前方。

内部特征：隔膜 5/6-11/12 较厚，以后的薄。咽头腺发达，可达 VIII 或 IX 节。无盲肠、盲道和砂囊。食道囊位 VIII 和 IX 节内，但不明显。肠自 XVI 节扩大。心脏 3 对，位 X、XI 和 XII 节内，环血管位 IX 节内，对称。大肾管在环带前后均有，环带前的发达，肾体在隔膜后，为典型的大肾管形态；无小肾管。精巢和精漏斗位 X 和 XI 节内，精巢小而游离。储精囊较大，位 XI 和 XII 节内，极明显。前列腺 1 对，长条块状，位 XVII 节内，表面光滑，前列腺管粗壮、明显，为腺体部长的 1/3-1/2。卵巢正常位置。受精囊 1 对，位 IX 节内，呈长卵圆形或茄形；坛管短，与主体分界不明显；盲管 1-2 个，如为 2 个，则不等长，常为左长右短，为主体长的 1/3-1/2，在靠近体壁处通入主管。

体色：浸泡标本呈乳白色。活体略透明，肉红色。

命名：以模式产地命名。

模式产地：江苏省无锡市无锡县。

模式标本保存：南京大学生命科学学院。

中国分布：江苏（无锡）。

生境：生活在黑暗、潮湿和腐殖质的土壤中。

讨论：本种与 *Microscolex phosphoreus* 相似。但本种颜色微红，半透明，环带上有刚毛，XVII 节的腹侧有一个"）（"形的精沟和两个小突，在交配毛 *a*、*b* 之间有共同的前列腺孔。前列腺位 XVII 节，长条块状。

## （二）毛蚓属 *Plutellus* Perrier, 1873

*Plutellus* Perrier, 1873. *Arch. Zool. Exp. Gen.*, 2: 250.

*Plutellus* Stephenson, 1930. *The Oligochaeta*: 833.

*Plutellus* Gates, 1972. *Trans. Amer. Philos. Soc.*, 62(7): 37-39.

*Plutellus* Xiao, 2019. *Terrestrial Earthworms (Oligochaeta: Opisthopora) of China*: 20.

模式种：异孔毛蚓 *Plutellus heteroporus* Perrier, 1873

外部特征：背孔始于环带后。环带位 XIII-XVIII 节，马鞍形。刚毛每体节 8 条。雄孔成对或单个，位 XVIII、XIX 或 XX 节。雌孔多成对。受精囊孔止于 8/9 节间或位 IX 节，1 对或 1-7 对或 5 个单孔。生殖乳突均小而浅。色素缺乏。

内部特征：隔膜始于 5/6 节间。砂囊位 V-VII 节，钙腺无或有：1 对位 XVI 节内部或 XVII 节外部，2 对位 XIV-XV 节或 XV-XVI 节，3 对位 X-XII 节或 XI-XIII 节，4 对位 X-XIII 节、XII-XV 节或 XIII-XVI 节，5 对位 IX-XIII 节。下神经干有或无，背血管双或单。大肾管。前列腺管状，具简单的不分支的管。输精管 1-7 对，全部或部分位 VI-XII 节。

国外分布：斯里兰卡、印度、缅甸、澳大利亚（塔斯马尼亚岛）、法国（新喀里多尼亚岛）、新西兰（斯图尔特岛和奥克兰群岛）、加拿大（夏洛特皇后群岛），以及中美洲和南北美洲的太平洋沿岸地带。

中国分布：四川。

中国有 1 种。

## 2. 汉源毛蚓 *Plutellus hanyuangensis* Zhong, 1992

*Plutellus hanyuangensis* 钟远辉, 1992. *动物分类学报*, 17(3): 268-273.

*Plutellus hanyuangensis* 徐芹和肖能文, 2011. *中国陆栖蚯蚓*: 275-276.

*Plutellus hanyuangensis* Xiao, 2019. *Terrestrial Earthworms (Oligochaeta: Opisthopora) of China*: 21.

外部特征：体长 22-29 mm，宽 0.8-1.0 mm。体节数 50-76。口前叶上叶式。无背孔。肾孔在体表不能见。环带位 1/2XIII-1/2 或 1/3XVIII 节，马鞍形，腺表皮伸达腹面 *a* 毛或 *b* 毛或 *bc* 毛间。刚毛每体节 8 根，$ab<cd<bc\leqslant aa$，$dd=1/2$ 节周。雄孔 1 对，位 XVIII 节腹面一圆形乳突上；乳突直径约 0.25 mm，在交配腔前方，紧靠交配毛。交配毛 2 根，均位于 *b* 毛线上。受精囊孔 2 对，位 VII、VIII 节，位刚毛与后一节间沟 2/3 处之 *c* 毛线上，呈小裂缝状（图 11）。雌孔 1 对，分别位 XIV 节 *a* 毛线上，13/14 节间沟与 *a* 毛的 1/2 处。

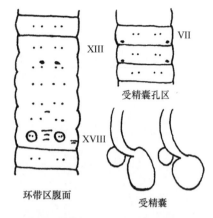

图 11　汉源毛蚓（钟远辉，1992）

内部特征：隔膜 5/6 较薄，6/7-8/9 较厚，9/10 起膜状。无砂囊。储精囊 1 对，位 XII 节内，块状。前列腺条带状，位 XVIII-XX 或 1/5XXI 节，呈 "M" 或 "S" 形弯曲；前列腺管呈 "U" 形弯曲。输精管在腺体部与前列腺管交界处通入。交配毛 2 根，在体内包在一毛囊内，各自从 1 小孔伸出体外；毛囊远端具 1 束肌肉连于体壁；交配毛长 0.3-0.32 mm，直径约 0.012 mm，杆直，端部弯曲，末端尖，其上有 1 列小齿。卵巢位 12/13 隔膜后方，葡萄状。卵漏斗 1 对，位 13/14 隔膜后方，穿过隔膜在 XIV 节通出。受精囊位 VIII 节和 IX 节内；坛近似椭圆形或扁圆形；坛管较粗长，与坛交界处常弯曲；盲管圆球形，无柄，着生在坛管内侧近坛处（图 11）。

体色：无色素。活体肉红色，环带浅栗色。

命名：以模式产地四川汉源命名。

模式标本保存：四川大学生命科学学院。

中国分布：四川（汉源）。

讨论：本种与 *Plutellus macer* 的差异在于有一对 XII 节的储精囊以及具小齿的交配毛。

## （三）泮蚓属 *Pontodrilus* Perrier, 1874

*Pontodrilus* Perrier, 1874. *Compt. Rend. Acad. Sci. Paris*, 78: 1582.

*Pontodrilus* Stephenson, 1930. *The Oligochaeta*: 833-834.

*Pontodrilus* Gates, 1972. *Trans. Amer. Philos. Soc.*, 62(7): 47.

*Pontodrilus* 徐芹和肖能文，2011. *中国陆栖蚯蚓*: 276.

*Pontodrilus* Xiao, 2019. *Terrestrial Earthworms (Oligochaeta: Opisthopora) of China*: 21.

模式种：海岸泮蚓 *Pontodrilus litoralis* (Grube, 1855) = 海岸正蚓 *Lumbricus litoralis* Grube, 1855

外部特征：体中等大小。刚毛对生，每体节 8 条。环带位 XIII-XVII 节。雄孔 2 对，位 17/18/19 节间。受精囊孔 3-4 对，最末对位 8/9 节间沟上。雌孔 1 对，位 XIV 节。

内部特征：砂囊发育不全或无。环带前区无肾管。精巢囊与精漏斗各 2 对。前列腺为简单不分支的管。受精囊有管状盲管。隔膜始于 4/5 节。肠始于 XIII 节后，无钙腺、肠上腺、盲肠。有单个完整的腹神经干，无下神经干，在 XII-XIII 节有成对的食道外神经，在 XIV-XV 节连合。心脏在 V-IX 节细长，X-XIII 节变厚。肾管在环带前缺。有 2 对游离的睾丸和精漏斗。前列腺管状，具简单的不分支的管。卵巢扇形。

国外分布：热带海岸和温带的温暖地区。

中国分布：福建、云南、海南、台湾。

中国有 3 种。

## 泮蚓属分种检索表

## 3. 百慕大泮蚓 *Pontodrilus bermudensis* Beddard, 1891

*Pontodrilus bermudensis* Beddard, 1891. *Annu. Mag. Nat. Hist.*, 7(6): 96.

*Pontodrilus bermudensis* Chen, 1938. *Contr. Biol. Lab. Sci. Soc. China (Zool.)*, 12(10): 379-381.

*Pontodrilus bermudensis* Gates, 1972. *Trans. Amer. Philos. Soc.*, 62(7): 47-48.

*Pontodrilus bermudensis* Xiao, 2019. *Terrestrial Earthworms (Oligochaeta: Opisthopora) of China*: 22-23.

外部特征：体长 32-120 mm，环带处宽 2-8 mm。体节数 78-120。口前叶上叶式。无背孔。肾孔在 $c$ 毛不明显。环带位 XIII-XVII 和 XVIII 节，马鞍形。刚毛每体节 8 根，XVII 节 $a$、$b$ 毛缺失，$ab<cd$，$aa$、$bc$ 和 $ca=cd$，$dd<1/2$ 节周。雄孔小，成对，位 XVIII 节 $b$ 毛线纵向凹陷侧壁的小乳突上。生殖乳突不成对，19/20 节间腹中部具横椭圆形乳突，12/13、13/14 节间常有少数乳突。受精囊孔 2 对，位 7/8/9 节间 $b$ 毛或 $b$ 毛侧。雌孔成对，位 XIV 节腹中部 $a$ 毛之前。

内部特征：隔膜 5/6-12/13 肌肉质。砂囊无。肠始于 XVII 节。肾管盘状，无囊泡，I-XII 和 XIV 节缺，XIII 节小，自 XV 节膨大。心脏位 VII-XIII 节。储精囊腺泡状，位 XI 和 XII 节。输精管从体壁进入前列腺。前列腺管长 2 mm，弯成新月形，有肌肉光泽，两端狭窄。受精囊 2 对，位 VIII 和 IX 节，长可达背侧壁；受精囊管短于坛，盲管指状到棒状，从侧壁内导管流出，在 7/8/9 节间沟后进入体腔。

体色：保存标本无色素。

命名：依据模式产地百慕大群岛命名。

模式产地：百慕大群岛。

中国分布：海南。

## 4. 海岸泮蚓 *Pontodrilus litoralis* (Grube, 1855)

*Lumbricus litoralis* Grube, 1855. *Archiv für Naturgeschichte*, 21(1): 127.

*Pontodrilus litoralis* Easton, 1984. *New Zealand Journal of Zoology*, 11(2): 114.

*Pontodrilus litoralis* James et al., 2005. *Jour. Nat. Hist.*, 39(14): 1022-1023.

*Pontodrilus litoralis* Chang et al., 2009. *Earthworm Fauna of Taiwan*: 148-149.

*Pontodrilus litoralis* 徐芹和肖能文，2011. *中国陆栖蚯蚓*: 276-277.

*Pontodrilus litoralis* Xiao, 2019. *Terrestrial Earthworms (Oligochaeta: Opisthopora) of China*: 22-23.

外部特征：体长 50-130 mm，宽 1-2 mm。体节数 85-115。口前叶上叶式。无背孔。环带位 XIII-XVII 节，马鞍状，具刚毛。刚毛对生，XVIII 节 $ab$ 毛缺，体前部 $ab<cd$，$aa>bc$，$aa=cd$，$dd<1/2$ 节周。雄孔小，1 对，位 XVIII 节腹面，孔在一个占据整个 XVIII

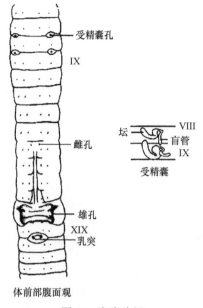

图 12 海岸泮蚓
（James et al.，2005）

节的纵向凹陷内壁之纵脊中央。19/20 节间腹中部具一卵圆形的大乳突，该乳突中央凹陷。受精囊孔 2 对，位 7/8/9 节间腹面 *b* 毛线上（图 12）。

内部特征：隔膜 5/6-12/13 肌肉质。砂囊缺。肠自 XV 节扩大。心脏位 VII-XIII 节。精巢囊 2 对，位 X 节和 XI 节。储精囊 2 对，位 XI 节与 XII 节，薄囊状。前列腺 1 对，位 XVIII 节，管状，弯曲，具肌肉光泽。无副性腺。受精囊 2 对，位 VIII 节和 IX 节，管状（图 12）；盲管细长，与坛连接窄缩。无副性腺。

体色：在保存液中灰白色；环带周围浅褐色。

模式产地：台湾（澎湖岛）。

模式标本保存：德国汉堡博物馆。

中国分布：台湾（澎湖岛）、福建（金门岛）。

生境：生活在潮间带的沙滩、咸泥或红树林沼泽中。

## 5. 中华泮蚓 *Pontodrilus sinensis* Chen & Xu, 1977

*Pontodrilus sinensis* 陈义和许智芳, 1977. *动物学报*, 23(2): 178-179.

*Pontodrilus sinensis* 徐芹和肖能文, 2011. *中国陆栖蚯蚓*: 277.

*Pontodrilus sinensis* Xiao, 2019. *Terrestrial Earthworms (Oligochaeta: Opisthopora) of China*: 23-24.

外部特征：体长 30.5-41 mm，宽 1.2-1.8 mm。体节数 67-94。口前叶 1/2 上叶式。无背孔。环带马鞍形，位 XIII-1/2XVIII 或 XVIII 节，但 XIII 节和 XVIII 节的腺体层薄，刚毛 *ab* 清楚，*cd* 隐约可见或仅见刚毛窝。刚毛每体节 4 对，*aa*=（2.5-3）*ab*, *bc*=*cd*=2*ab*, *aa*>*bc*, *dd*<1/2 节周。雄孔 1 对，位 XVIII 节腹侧小乳突上，与前列腺共同开口于 *b* 毛前，外表不易见到。*a*、*b* 毛紧靠或 *b* 毛略前，均细长无节，为交配毛。受精囊孔 2 对，位 7/8/9 节间 *b* 毛线上，针眼状。雌孔 1 对，在 XIV 节 *a* 毛之前（图 13）。

内部特征：隔膜 5/6-9/10 厚，10/11-12/13 略厚，以后薄。消化道无砂囊与食道囊。肠自 XIV 或 XV 节扩大。大肾管在环带前缺失。心脏末对在 XII 节。精漏斗 2 对，位 X 和 XI 节，游离。储精囊 4 对，位 IX-XII 节。前列腺位 XIX-XXI 节，长条状，或位 XIX-XX 节，短块状，有隔膜缢痕；前列腺管外端略粗，由内上方通至 XVIII 节乳突上 *b* 毛前方开口。卵巢与卵漏斗各 1 对，位 XIII 节，在 XIV 节有 1 对囊状物，或

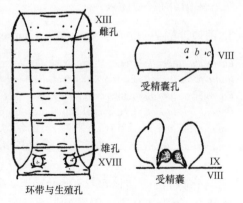

图 13 中华泮蚓（陈义和许智芳，1977）

发达，在背侧相遇，囊壁极薄，内有卵状物，此囊前连隔膜 13/14。受精囊坛在 VIII、IX 节，拇指状或不规则囊状；坛管极短，分界不显；盲管极细小，末端为球状或头状纳精囊（图 13）。

体色：体前端灰白色，末端灰褐色，环带肉色。

命名：依据模式标本产于中国而命名。

模式产地：云南（昆明）。

中国分布：云南（昆明）。

讨论：本种与泮蚓属其他种的区别在于，输精管和前列腺管末端开口于共同的孔，没有砂囊，受精囊孔 2 对，位 7/8/9 节间。

# 二、舌文蚓科 Glossoscolecidae Michaelsen, 1900

Glossoscolecidae Michaelsen, 1900a. *Oligochaeta, Das Tierreich*: 420.

Glossoscolecidae Stephenson, 1930. *The Oligochaeta*: 885-886.

Glossoscolecidae Brinkhurst & Jamieson, 1971. *Aquatic Oligochaeta of the World*: 723-725.

Glossoscolecidae Gates, 1972. *Trans. Amer. Philos. Soc.*, 62(7): 52-53.

Glossoscolecidae 徐芹和肖能文, 2011. *中国陆栖蚯蚓*: 281.

Glossoscolecidae Xiao, 2019. *Terrestrial Earthworms (Oligochaeta: Opisthopora) of China*: 25.

模式属：舌文蚓属 *Glossoscolex* Leuckart, 1835

外部特征：侧线有或缺。背孔缺失。环带多层细胞，通常始于 XIV 节后，经常占据 10 节或更多节。刚毛单尖，"S" 形，每节 4 对。生殖刚毛通常存在，有时纵向有槽。雄孔 1 对，个别 2 对，位环带前体节或环带前部，阴蒂区或前环层的前面，非常罕见位环带正位。受精囊孔通常位睾丸体节后面。雌孔位 XIV 节，少数位 XIII 和 XIV 节。

内部特征：砂囊 1-3 个，在睾丸体节前面，有时无。钙腺成对，位 VII-XIV 节。肠的前端肌肉组织像砂囊一样增厚，或不增厚。全肾管，很少外肾管，个别前肾管，很少体节 2 对（单肾盂）。心脏数目可变（通常在 VII-XI 或 II 节）；腹血管发育良好；中央神经下血管和食道上血管存在或不存在。精巢囊存在或缺。输精管隐匿在体壁肌肉组织中，末端通常很简单，但通常有肌肉交配腔，很少与前列腺相连。在生殖刚毛附近有时出现前列腺样腺体。卵巢位 XIII 节，很少在 XII 和 XIII 节。受精囊成对或横向多个；很少有盲管。

国外分布：全北界、新热带界、非洲热带界。

中国分布：福建、广东、广西、香港、台湾。

生境：部分栖息于海岸，淡水中也发现一些种。

中国有 1 属 2 种。

## （四）岸蚓属 *Pontoscolex* Schmarda, 1861

*Pontoscolex* Schmarda, 1861. *Neue wirbellose Thiere beobachtet und gesammelt auf einer Reise um die Erde 1853 bis 1857*: 132.

*Pontodrilus* Michaelsen, 1900a. *Oligochaeta, Das Tierreich*: 424-425.

*Pontoscolex* Stephenson, 1930. *The Oligochaeta*: 895.

*Pontoscolex* Brinkhurst & Jamieson, 1971. *Aquatic Oligochaeta of the World*: 737.

*Pontoscolex* Gates, 1972. *Trans. Amer. Philos. Soc.*, 62(7): 53-54.

*Pontoscolex* 徐芹和肖能文, 2011. *中国陆栖蚯蚓*: 281.

*Pontoscolex* Xiao, 2019. *Terrestrial Earthworms (Oligochaeta: Opisthopora) of China*: 25.

模式种：南美岸蚓 *Pontoscolex corethrurus* (Müller, 1856)

外部特征：后部体节的刚毛通常呈梅花形排列（*a*、*b*、*c* 和 *d* 不构成 4 纵行，一对刚毛的两个刚毛间隔较宽，而连续的两对刚毛在位置上交替排列）。雄孔位环带内。

内部特征：钙腺 3 对，位 VII-IX 节，从食道背长出。储精囊非常长，宽泛。有受精囊。

国外分布：北美洲（西印度群岛、百慕大群岛）、南美洲（委内瑞拉、苏里南）、热带地区的周边地区。

中国分布：福建、广东、广西、香港、台湾。

中国有 2 种。

## 岸蚓属分种检索表

1. 环带位 XIV-1/2XXII 或 XXII 节 ·········································· 广东岸蚓 *Pontoscolex guangdongensis*

   环带马鞍状，位 XV、XVI-XXII、XXIII 节 ·················· 南美岸蚓 *Pontoscolex corethrurus*

## 6. 南美岸蚓 *Pontoscolex corethrurus* (Müller, 1856)

*Lumbricus corethrurus* Müller, 1856. *Archiv fur Naturgeschichte*, 23(1): 113.

*Pontoscolex corethrurus* Stephenson, 1916. *Rec. Indian Mus.*, 12: 349.

*Pontoscolex corethrurus* Brinkhurst & Jamieson, 1971. *Aquatic Oligochaeta of the World*: 737.

*Pontoscolex corethrurus* Gates, 1972. *Trans. Amer. Philos. Soc.*, 62(7): 54-55.

*Pontoscolex corethrurus* James et al., 2005. *Jour. Nat. Hist.*, 39(14): 1022.

*Pontoscolex corethrurus* Chang et al., 2009. *Earthworm Fauna of Taiwan*: 14-15.

*Pontoscolex corethrurus* 徐芹和肖能文, 2011. *中国陆栖蚯蚓*: 281-282.

*Pontoscolex corethrurus* Xiao, 2019. *Terrestrial Earthworms (Oligochaeta: Opisthopora) of China*: 25-26.

外部特征：体长 60-120 mm，宽 4-6 mm。体节数可达 212。体前端 II 节前限模糊，围口节柔软，常下拉，口前叶和吻缺失。环带马鞍状，节间沟隆肿，具刚毛；位 XV、XVI-XXII、XXIII 节，一直到 *b* 或 *a* 毛区。生殖隆脊为半透明纵带，位 XIX-XXI、XXII 节 *b* 毛侧。（XIV, XVIII）XIX-XXI（XXII）节具乳突，含 *ab* 或 *a* 或 *b* 毛。刚毛 I-II 节紧密对生，自 III 节始间距逐渐变宽，前行与后行排列越来越不规则，直至呈梅花状，近后端刚毛略大，具横行细齿状饰纹；XIV-XXII 节部分腹交配毛具纵列半圆凿状饰纹。II-III 节具或缺肾孔；肾孔明显，每侧为单纵列。雄孔位或靠近 20/21 节间 *b* 毛侧。受精囊孔 3 对，位 *c* 毛或 6/7/8/9 节间，孔小。雌孔位 14/15 节间之前左侧，或紧靠 *ab* 毛，孔为一横裂缝状。

内部特征：隔膜 5/6 膜状，6/7-13/14 漏斗形，后部直，6/7-9/10 厚，肌肉质。钙腺

3 对，位 VII-IX 节食道囊背面，呈圆锥形管状囊。后肾管，储精囊极宽大，具受精囊。肾管端具括约肌。

体色：保存标本白色；环带浅灰褐色。活体头部粉红色至浅紫色，体浅蓝粉色，尾部白色。

命名：依据模式产地巴西隶属于南美洲而命名。

模式产地：巴西。

中国分布：台湾、福建、香港、广西。

生境：生活在城市公园、校园、农田、山路沟渠等干扰环境中。

讨论：本种可能在过去的 50 年入侵到台湾，目前严重影响土壤生态系统。本种能忍受各种环境，具有高生育能力，能进行有性生殖和孤雌生殖。这些因素使其具有竞争优势，严重威胁土著物种。

## 7. 广东岸蚓 *Pontoscolex guangdongensis* Zhang, Wu & Sun, 1998

*Pontoscolex guangdongensis* 张永普等, 1998. *四川动物*, 17(1): 5-6.

*Pontoscolex guangdongensis* 徐芹和肖能文, 2011. *中国陆栖蚯蚓*: 282.

*Pontoscolex guangdongensis* Xiao, 2019. *Terrestrial Earthworms (Oligochaeta: Opisthopora) of China*: 26-27.

外部特征：体长 90-157 mm，宽 4-5 mm。体节数 103-210。口前叶不明显。无背孔。肾孔大，位各节前缘 *c* 毛线。环带位 XIV-1/2XXII 或 XXII 节，背面腺体层颇厚，可见节间沟；生殖隆脊位 1/2XVIII-1/2XXI 节，内侧 *ab* 毛处表皮具圆形腺肿。刚毛，环带前 4 对，密生，*aa*=（1.8-2.0）*ab*，呈纵行排列；自环带起刚毛间距逐渐变宽，体后部呈梅花状排列，刚毛粗长。雄孔位 XIX 节 *b* 毛线外侧，外表不显。受精囊孔 3 对，位 5/6/7/8 节间，在各节后缘肾孔之前，针眼状。

内部特征：咽发达，砂囊位 V 节，表面光滑，球形至长球形。食道囊 3 对，位 VI-VIII 节，最后 1 对较发达，呈长囊状，位 9/10 节间之前。肠自 XVI 节扩大，无盲肠。肾管开口处膨大。心脏 2 对，位 X 和 XI 节。精巢囊 1 对，薄扁，位 XI 节，包裹部分心脏。储精囊 1 对，不分叶，短或极长，有时可达 XIII 节；输精管通至 *b* 毛外侧。无前列腺。受精囊位隔膜后；坛大，呈卵圆形，长 0.4-0.75 mm，宽 0.15-0.4 mm；坛管呈棒状，细长，长 1.5-2.4 mm，与坛分界不显；无盲管（图 14）。

体色：在防腐液中，体表无色素；环带橘黄色或棕黄色。

命名：依据模式产地广东省命名。

模式标本保存：杭州师范大学生命与

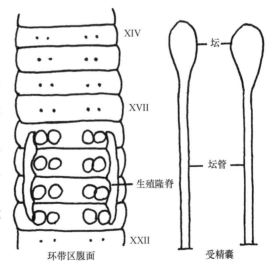

图 14 广东岸蚓（张永普等，1998）

环境科学学院。

中国分布：广东（茂名）。

讨论：本种与南美岸蚓 *Pontoscolex corethrurus* 的相同之处为受精囊 3 对，钙腺 3 对，后部体节的刚毛通常呈梅花形排列。显著差异在于本种受精囊孔位 5/6/7/8 节间，雄孔位于 XIX 节 *b* 毛线外侧，输精管棍棒状，坛卵圆形。

# 三、单向蚓科 Haplotaxidae Claus, 1880

Haplotaxidae Claus, 1880. *Grundzüge der Zoologie*: 482.

Haplotaxidae Michaelsen, 1900a. *Oligochaeta, Das Tierreich*: 107.

Haplotaxidae Stephenson, 1930. *The Oligochaeta*: 802-803.

Haplotaxidae Brinkhurst & Jamieson, 1971. *Aquatic Oligochaeta of the World*: 286.

Haplotaxidae Gates, 1972. *Trans. Amer. Philos. Soc.*, 62(7): 58-60.

Haplotaxidae 徐芹和肖能文, 2011. *中国陆栖蚯蚓*: 42-43.

Haplotaxidae Xiao, 2019. *Terrestrial Earthworms (Oligochaeta: Opisthopora) of China*: 29.

模式属：单向蚓属 *Haplotaxis* Hoffmeister, 1843

外部特征：刚毛单生或紧密对生，"S"形或远端钩状，有时背面比腹面少，后部有时缺失，或甚至全缺。一些种类具交配毛。一些种类的体壁纵肌最厚部分具密生角质层。环带为单层细胞。肾孔位腹刚毛附近。生殖孔主要在环带上；雄孔 2 对，位 XI 和 XII 节，或 X 和 XI 节，或 1 对位 XI 节，着生在腹侧或体两侧，很小，在外部常看不到。受精囊孔 3-4 对，位生殖腺区前，常位 5/6/7/8/9 节间侧刚毛线或背刚毛线上。雌孔 1 对或 2 对，位 12/13 节间，或 12/13 和 13/14 节间，或 11/12 和 12/13 节间。

内部特征：咽可外翻，或具砂囊。大肾管自生殖腺体前体节直至顶端。精巢位 X 和 XI 节，或 IX 和 X 节。精管膨腔或前列腺缺失。卵巢位 XII 和 XIII 节，或 XI 和 XII 节。受精囊 3-4 对，位生殖腺前，简单，无盲管。

国外分布：世界广布。

中国分布：江西、湖南、广东、新疆。

中国有 1 属 1 种。

## （五）单向蚓属 *Haplotaxis* Hoffmeister, 1843

*Haplotaxis* Hoffmeister, 1843. *Archiv für Naturgeschichte*, 9(1): 193.

*Haplotaxis* Michaelsen, 1900a. *Oligochaeta, Das Tierreich*: 108.

*Haplotaxis* Stephenson, 1930. *The Oligochaeta*: 803-804.

*Haplotaxis* Brinkhurst & Jamieson, 1971. *Aquatic Oligochaeta of the World*: 286-288.

*Haplotaxis*. Gates, 1972. *Trans. Amer. Philos. Soc.*, 62(7): 54.

*Haplotaxis* 徐芹和肖能文, 2011. *中国陆栖蚯蚓*: 43.

*Haplotaxis* Xiao, 2019. *Terrestrial Earthworms (Oligochaeta: Opisthopora) of China*: 29.

模式种：铁线单向蚓 *Haplotaxis gordioides* (Hartmann, 1819)

外部特征：每体节背腹刚毛不是处处大小相等。雄孔 2 对，位 XI 和 XII 节；或 1

对，位 XI 节。雌孔 2 对，位 12/13 和 13/14 节间沟上；或 1 对，位 12/13 节间。

内部特征：食管具腺砂囊或肌砂囊。精巢 2 对，位 X 和 XI 节；或 1 对，位 X 节。输精管短。卵巢与卵漏斗 2 对，位 XII 和 XIII 节，偶位 XV 和 XVI 节；或 1 对，位 XII 节。受精囊 2-4 对。

国外分布：美国、丹麦、德国、波兰、瑞士、法国、比利时、英国、意大利、匈牙利、保加利亚、俄罗斯、日本、澳大利亚、新西兰、阿根廷、巴拉圭、秘鲁、南非。

中国分布：江西、湖南、广东、新疆。

中国有 1 种。

### 8. 铁线单向蚓 *Haplotaxis gordioides* (Hartmann, 1819)

*Lumbricus gordioides* Hartmann, 1819. Jena: Expedition der Isis. 4-5: 178.

*Haplotaxis gordioides* Michaelsen, 1900a. *Oligochaeta, Das Tierreich*: 108-109.

*Haplotaxis gordioides* 陈义等, 1959. *中国动物图谱 环节动物(附多足类)*: 17.

*Haplotaxis gordioides* Brinkhurst & Jamieson, 1971. *Aquatic Oligochaeta of the World*: 289-291.

*Haplotaxis gordioides* 徐芹和肖能文, 2011. *中国陆栖蚯蚓*: 50-51.

*Haplotaxis gordioides* Xiao, 2019. *Terrestrial Earthworms (Oligochaeta: Opisthopora) of China*: 29-30.

外部特征：体细长，体长达 180-400 mm，宽 0.3-2 mm。体节数 200 以上。口前叶长，具横沟。环带位 XI-XXVIII 节，环状（图 15）。刚毛每节 4 束，每束 1 条，分背腹面排列，但背刚毛尖端单纯，为"S"形，在前端 II-X 节或 LXXX 节完全缺少；腹刚毛特别大，外端 1/3 微弯，镰刀状，具毛节。雄孔 2 对，位 XI、XII 节腹刚毛前。受精囊孔 3 对，位 6/7/8/9 节间侧面，约占 1/2 节周。雌孔 2 对，位 12/13、13/14 节间。

内部特征：隔膜腺无。砂囊位 IV-XI 节，中间多肌肉，两端多腺体。背腹血管每体节有 1 对环血管连接。受精囊不成对，位 10/11 和 11/12 隔膜后。卵袋亦不成对。

体色：白色或带淡红色或淡褐色。

命名：依据体型和动作很像铁线虫而命名。

中国分布：江西、湖南、广东、新疆。

生境：生活在淡水中。

图 15 铁线单向蚓
（陈义等，1959）

## 四、正蚓科 Lumbricidae Claus, 1880

Lumbricidae Claus, 1880. *Grundzüge der Zoologie*: 478.

Lumbricidae Stephenson, 1930. *The Oligochaeta*: 905.

Lumbricidae Gates, 1972. *Trans. Amer. Philos. Soc.*, 62(7): 61-67.

Lumbricidae Reynolds, 1977. *The Earthworms (Lumbricidae and Sparganophilidae) of Ontario*: 34-35.

Lumbricidae 徐芹和肖能文, 2011. *中国陆栖蚯蚓*: 284.

Lumbricidae Xiao, 2019. *Terrestrial Earthworms (Oligochaeta: Opisthopora) of China*: 31.

模式属：正蚓属 *Lumbricus* Linnaeus, 1758

外部特征：刚毛单尖，"S"形，常有饰纹，对生排列。交配毛在前部体节和沟槽的一定区域，其末端常有凸起的乳突。雄孔位 XV 节，或极少向前移 1-4 节。雌孔常在 XIV 节。

内部特征：食道有钙腺；有发育良好的砂囊。血管系统有完整的背侧、腹侧和神经下血管，食道外神经在 X-XII 节到背神经干，无食道上神经。心脏侧向，最后一对在 XII 节前。精巢和精漏斗 2 对，位 X 和 XI 节。前列腺不伸入体腔，很少有前列腺样垫存在。卵巢位 XIII 节。受精囊简单，无盲管，开口于节间。

国外分布：本科多为陆栖，少数生活在淡水中。分布于欧洲、亚洲（俄罗斯、日本、以色列、约旦、巴基斯坦、印度）及北美洲。有许多广布种遍布世界。

中国分布：北京、天津、河北、山西、辽宁、吉林、黑龙江、上海、江苏、浙江、安徽、福建、江西、山东、河南、湖北、湖南、重庆、四川、西藏、陕西、甘肃、宁夏、新疆、台湾。

中国有 9 属 19 种 3 亚种。

## 正蚓科分属检索表

1. 口前叶为穿入叶式··············································································正蚓属 *Lumbricus*
   口前叶为非穿入叶式······························································································2
2. 雄孔位 XIII 节··················································································小爱蚓属 *Eiseniella*
   雄孔位 XV 节········································································································3
3. 环带止于 XXXVII 节，位 XXVIII、XXIX-XXXVII 节·················异唇蚓属 *Allolobophora*
   环带不止于 XXXVII 节····························································································4
4. 环带止于 XXXI 或 XXXII 节或 XXXIII 节一部分························································5
   环带止于 XXXIII 节或之后······················································································7
5. 环带止于 XXXI 或 XXXII 节；刚毛稀疏对生··································林蚓属 *Dendrodrilus*
   刚毛紧密对生·········································································································6
6. 生殖隆脊无或模糊不清或位于 XXVI、XXV、XXVI-XXX 节·············双胸蚓属 *Bimastos*
   生殖隆脊位 XXVIII、XXIX、XXX-XXX、XXXI、XXXII 节·················爱胜蚓属 *Eisenia*
7. 刚毛紧密对生·····················································································流蚓属 *Aporrectodea*
   刚毛不一定紧密对生·······························································································8
8. 刚毛稀疏对生·····················································································枝蚓属 *Dendrobaena*
   体前端刚毛紧密对生，后端稀疏对生·······························辛石蚓属 *Octolasion*

## （六）异唇蚓属 *Allolobophora* Eisen, 1873

*Allolobophora* Eisen, 1873. *Öfv. Vet-Akad. Förh. Stockholm*, 30(8): 46.

*Allolobophora* Michaelsen, 1900a. *Oligochaeta, Das Tierreich*: 480.

*Allolobophora* Gates, 1972. *Trans. Amer. Philos. Soc.*, 62(7): 68-69.

*Allolobophora* Gates, 1975. *Megadrilogica*, 2(1): 3.

*Allolobophora* Reynolds, 1977. *The Earthworms (Lumbricidae and Sparganophilidae) of Ontario*: 35.

*Allolobophora* 冯孝义, 1985. *动物学杂志*, 4(1): 46-47.

*Allolobophora* 徐芹和肖能文, 2011. *中国陆栖蚯蚓*: 284.

*Allolobophora* Xiao, 2019. *Terrestrial Earthworms (Oligochaeta: Opisthopora) of China*: 32.

模式种：溪岸异唇蚓 *Allolobophora riparius* (Hoffmeister, 1874)（＝ 溪岸正蚓

*Lumbricus riparius* Hoffmeister, 1874；绿色肠道蚓 *Enterion chloroticum* Savigny, 1826）

外部特征：口前叶上叶式，很少穿入叶式。环带马鞍形。刚毛几乎成对，4 对。肾孔在环带后面，不明显，在刚毛 *b* 和 *d* 上方不规则交替排列。受精囊孔 2 对，位刚毛线 *cd*。雌孔位 XV 节。

内部特征：钙腺通过一对垂直的囊在 X 节开口于肠道。砂囊主要位 XVII 节，占据 1 个体节以上。肾膀胱"J"形，侧面末端封闭，肾管于近 *b* 毛通到体壁。食道外血管于 XII 节连背血管。心脏位 VI-XI 节。睾丸和精漏斗游离。储精囊 4 对，位 IX-XII 节，X 节和 IX 节的储精囊一样大。

中国分布：江苏、安徽、四川。

讨论：异唇蚓属由 Eisen（1873）建立，当时没有指定属的模式种，Michaelsen（1900）修订正蚓科时也没有对本属修订。Omodeo（1956）选择绿色异唇蚓 *Allolobophora chlorotica* (Savigny, 1826)作为该属的模式种。Eisen 建立的异唇蚓属包含：*Enterion arborea*、*Enterion fetida*、*Enterion muscosa*、*Enterion norvegica*、*Enterion subrubicunda* 和 *Enterion turgida*，但这些种现在都不属于本属。

中国有 1 种。

### 9. 绿色异唇蚓 *Allolobophora chlorotica* (Savigny, 1826)

*Enterion chloroticum* + *E. virescens* Savigny, 1826. *Mem. Acad. Sci. Inst. Fr.*, 5: 182.

*Lumbricus chloroticus* Dugès, 1837. *Ann. Sci. Nat.*, 2: 17-19.

*Lumbricus communis luteus* (part) Hoffmeister, 1845. *Die bis jetzt bekannten Arten aus der Familie der Regenwürmer. Als grundlage zu einer monographie dieser Familie*: 29.

*Allolobophora riparia* + *A. mucosa* Eisen, 1873. *Öfv. Vet.-Akad. Förh. Stockholm*, 30(8): 46-47.

*Helodrilus (Allolobophora) chloroticus* Michaelsen, 1900a. *Oligochaeta, Das Tierreich*: 486.

*Allolobophora chlorotica* Gates, 1972. *Trans. Amer. Philos. Soc.*, 62(7): 69-73.

*Allolobophora chlorotica* Reynolds, 1977. *The Earthworms (Lumbricidae and Sparganophilidae) of Ontario*: 36-39.

*Allolobophora chlorotica* 徐芹和肖能文，2011. *中国陆栖蚯蚓*: 285.

*Allolobophora chlorotica* Xiao, 2019. *Terrestrial Earthworms (Oligochaeta: Opisthopora) of China*: 32-33.

外部特征：体长 30-70 mm，宽 3-5 mm。体节数 80-138。口前叶上叶式。背孔自 4/5 节间始。环带位 XXVIII、XXIX-XXXVIII 节，生殖隆脊小，位 XXXI、XXXIII 和 XXXV 节，为活塞状圆盘。刚毛紧密对生，后部 *aa*>*bc*，前端 *dd*=1/2 节周，末端 *dd*<1/2 节周。X 节 *c* 和 *d* 刚毛常在白色生殖隆脊上。雄孔位 XV 节，具隆起的大腺乳突，延伸至 XIV 和 XVI 节（图 16）。受精囊孔 3 对，位 8/9/10/11 节间。

内部特征：隔膜 5/6/7/8/9/10 稍肌肉质，10/11/12/13/14 较少。纵向肌肉组织束状。钙囊位 X 节，指状至梨状，前向、前外侧或甚至背向，在 10/11 隔膜进入腹部，钙化层伸到囊的前

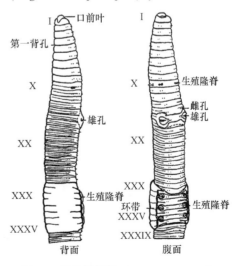

图 16 绿色异唇蚓（Reynolds，1977）

端。肠腔在 XI-XII 节呈垂直裂缝状，在 12/13 前更宽。砂囊主要在 XVII 节。肠狭窄，在 XIX 节或 18/19 有瓣裂，肠自 XV 节膨大。食道外血管在 XII 节连接背血管。肾膀胱"J"形到"U"形，侧面末端闭合。心脏位 VII-XI 节。储精囊 4 对，位 IX-XII 节。输精管无附睾。受精囊 3 对，位 IX-XI 节，具短椭圆形坛，盲管与坛等长。

体色：颜色不定，通常绿色，有时黄色、灰色、粉红色或褐色，背部微红。

命名：名称来自于体色。

模式产地：法国（巴黎）。

模式标本保存：法国国家自然历史博物馆。

中国分布：江苏、安徽、四川等。

生境：本种存在于各种生境类型中，包括花园、田地、牧场、森林、海岸和河岸、河口平原，以及各种有机碎屑、黏土和泥炭土中。

## （七）流蚓属 *Aporrectodea* Örley, 1885

*Aporrectodea* Örley, 1885. *Ertek. Term. Magyar Akad.*, 15(18): 22.

*Allolobophora* (part) Michaelsen, 1900a. *Oligochaeta, Das Tierreich*: 480.

*Allolobophora* (part) Stephenson, 1930. *The Oligochaeta*: 905-908.

*Allolobophora* Omodeo, 1956. *Arch. Zool. It.*, 41(24): 143.

*Allolobophora* Gates, 1972. *Trans. Amer. Philos. Soc.*, 62(7): 68-69.

*Aporrectodea* Reynolds, 1977. *The Earthworms (Lumbricidae and Sparganophilidae) of Ontario*: 40.

*Aporrectodea* 徐芹和肖能文, 2011. *中国陆栖蚯蚓*: 285-286.

*Aporrectodea* Xiao, 2019. *Terrestrial Earthworms (Oligochaeta: Opisthopora) of China*: 33.

模式种：梯形正蚓 *Lumbricus trapezoides* Dugès, 1828

口前叶上叶式。刚毛成对，纵向肌肉组织羽状。钙腺在 X 节中部开口于肠道。砂囊主要位 XVII 节。食道外血管于 XII 节通到背血管。肾膀胱"U"形，肾管于近 *b* 毛通到体壁。肾孔不明显，在刚毛 *b* 和 *d* 上方不规则交替排列。心脏位 VI-XI 节。

体色：绯红色。

国外分布：西欧、北美。

中国分布：北京、河北、辽宁、黑龙江、山西、上海、江苏、浙江、安徽、台湾、山东、江西、河南、湖北、湖南、重庆、四川、甘肃、宁夏、新疆。

讨论：本属最初包括 *Enterion chloroticum* Savigny, 1826 和 *Lumbricus trapezoides* Dugès, 1828。自 Omodeo（1956）将前者定为异唇蚓属 *Allolobophora* 的模式种，后者就自动成为流蚓属 *Aporrectodea* 的模式种。Bouché（1972）建立了一个新属 *Nicodrilus*，其模式种为 *Enterion caliginosum* Savigny, 1826。但流蚓属 *Aporrectodea* 是一个有效的可用属名，因此将 *Nicodrilus* 视为流蚓属 *Aporrectodea* 的异名。

中国有 5 种。

### 流蚓属分种检索表

1. 环带位 XXVII、XXVIII、XXIX、XXX-XXXIV、XXXV 节 ········ 背暗流蚓 *Aporrectodea caliginosa*

## 10. 背暗流蚓 *Aporrectodea caliginosa* (Savigny, 1826)

*Enterion caliginosa* Savigny, 1826. *Mem. Acad. Sci. Inst. Fr.*, 5: 176-184.

*Allolobophora trapezoides* Dugès, 1828. *Ann. Se. Nat.*, 15(1): 284-337.

*Aporrectodea caliginosa* Chang et al., 2009. *Earthworm Fauna of Taiwan*: 16-17.

*Aporrectodea caliginosa* Xiao, 2019. *Terrestrial Earthworms (Oligochaeta: Opisthopora) of China*: 34.

　　外部特征：体长 35-200 mm，宽 3.5-4.0 mm。体节数 117-246。口前叶上叶式，刚毛正蚓式。第一背孔位 6/7-14/15 节间。环带位 XXVII、XXVIII、XXIX、XXX-XXXIV、XXXV 节，马鞍形。雄孔 1 对，位 XV 节，大，狭缝状，在刚毛 *b* 和 *c* 之间。受精囊孔 2 对，位 9/10/11 节间的侧面 *cd* 线。生殖乳突位 XXXI 和 XXXIII 节 *bc* 线上，在 XXXII 节中断，形成 2 对突起。在 IX-XI、XXVII、XXX、XXXII-XXXIV、XXXV 节 *ab* 周围出现生殖乳突。雌孔成对位 XIV 节，侧生到 *b* 毛位，小裂缝形。

　　内部特征：隔膜 5/6-9/10 稍增厚。钙腺位 X 节。砂囊位 XVII 节。肠自 XX 节增大。心脏位 VI-XI 节。精巢 2 对，位 X 和 XI 节。储精囊位 IX-XII 节，小。前列腺缺失。卵巢位 XIII 节。受精囊 2 对，位 X 和 XI 节，圆形，小。

　　体色：活标本呈粉红色至浅棕红色；环带更暗。

　　模式产地：法国（巴黎）。

　　模式标本保存：瑞士（日内瓦）。

　　中国分布：台湾。

　　讨论：本种曾被记述为背暗异唇蚓 *Allolobophora caliginosa trapezoides*。

## 11. 长流蚓 *Aporrectodea longa* (Ude, 1885)

*Allolobophora longa* Ude, 1885. *Z. Wiss. Zool.*, 43: 136.

*Helodrilus (Allolobophora) longus* Michaelsen, 1900a. *Oligochaeta, Das Tierreich*: 483.

*Aporrectodea longa* Gates, 1972. *Trans. Amer. Philos. Soc.*, 62(7): 73-76.

*Aporrectodea longa* Reynolds, 1975. *Megadrilogica*, 2(3): 5.

*Allolobophora longa* Reynolds, 1977. *The Earthworms (Lumbricidae and Sparganophilidae) of Ontario*: 43-45.

*Aporrectodea longa* 徐芹和肖能文, 2011. *中国陆栖蚯蚓*: 286.

*Aporrectodea longa* Xiao, 2019. *Terrestrial Earthworms (Oligochaeta: Opisthopora) of China*: 34-35.

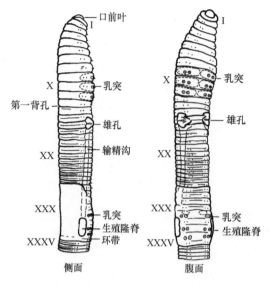

图 17　长流蚓（Reynolds，1977）

外部特征：体长 90-150 mm，宽 6-9 mm。体节数 150-222。口前叶上叶式。背孔自 12/13 节间始。环带位 XXVII、XXVIII-XXXIV、XXXV 节；生殖隆脊位 XXXII-XXXIV 节。刚毛紧密对生，后部 $aa:ab:bc:cd$=60：7：28：5。IX、X、XI、XXXI、XXXIII、XXXIV 节有时 XXII 节生殖隆脊上的 $a$ 毛与 $b$ 毛为交配毛。雄孔位 XV 节，有升高的边缘线，有时延伸至 XIV 和 XVI 节。受精囊孔 2 对，位 9/10 和 10/11 节间 $c$ 毛位（图 17）。

内部特征：隔膜 5/6/7/8/9 肌肉质增厚，从 9/10 到 14/15 肌肉质减少，15/16 膜质。色素在圆形肌肉层棕色。肌肉组织纵向羽状。砂囊主要位 XVII 节。钙囊垂直，位 X 节。肠在 XI-XII 节呈垂直裂缝状，从 XIII 节变宽，从 XV 节膨大。纵褶起始于 XXIII-XXIV 节，腹部变厚，开始有规则的横向槽，腹面有 1 个中央纵脊，向后在中央脊的每侧有 1 个深的纵向槽或有 3 个纵脊，在 CXV-CXXX 节突然结束。肾膀胱"J"形，侧面末端闭合，在刚毛线 $d$ 上连到体壁。食道外血管在 XI 节连接背血管。心脏位 VI-XI 节。储精囊 4 对，位 IX-XII 节，前对较小。输精管有一个长的发夹状环，几个短的"U"形环，或在一个环状的球内。受精囊 2 对，位 IX 和 X 节，具短盲管。

体色：灰色或褐色，背部微红。

命名：依据模式标本在流蚓属 Aporrectodea 中个体长而命名。

模式产地：德国（格丁根）。

中国分布：辽宁（大长山岛、小长山岛、獐子岛）、黑龙江、山西（平遥）。

生境：在欧洲，从耕地、花园、牧场和林地可以获得本种，其在河流和湖泊边界的土壤中较多。根据 Gates（1972）的研究，本种存在于 pH 为 4.5-8.0 的环境，分布在温室和植物园、草坪、泥炭沼泽、堆肥和粪肥下。

## 12. 梯形流蚓 *Aporrectodea trapezoides* (Dugès, 1828)

*Lumbricus trapezoides* Dugès, 1828. *Ann. Se. Nat.*, 15(1): 289.

*Allolobophora terrestris* Rosa, 1893. *Mem. Acc. Torino*, 2(43): 424, 444.

*Allolobophora caliginosa trapezoides* Chen, 1931. *Contr. Biol. Lab. Sci. Soc. China (Zool.)*, 7(3): 168-169.

*Allolobophora caliginosa trapezoides* Fang, 1933. *Sinensia*, 3(7): 179.

*Allolobophora caliginosa trapezoides* Chen, 1933. *Contr. Biol. Lab. Sci. Soc. China (Zool.)*, 9(6): 216-222.

*Allolobophora caliginosa trapezoides* Chen, 1936. *Contr. Biol. Lab. Sci. Soc. China (Zool.)*, 11(8): 270.

*Allolobophora caliginosa trapezoides* Chen, 1946. *J. West China Bord. Res. Soc.*, 16(B): 137.

*Allolobophora (Microeophila) mariensis* Omodeo, 1956. *Arch. Zool. It.*, 41(24): 84.

*Allolobophora trapezoides* Gates, 1972. *Trans. Amer. Philos. Soc.*, 62(7): 76-79.

*Aporrectodea trapezoides* Reynolds, 1975. *Megadrilogica*, 2(3): 3.

*Aporrectodea trapezoides* Reynolds, 1977. *The Earthworms (Lumbricidae and Sparganophilidae) of Ontario*:

46-50.

*Aporrectodea trapezoides* Chang et al., 2009. *Earthworm Fauna of Taiwan*: 18-19.

*Aporrectodea trapezoides* 徐芹和肖能文, 2011. *中国陆栖蚯蚓*: 286-287.

*Aporrectodea trapezoides* Xiao, 2019. *Terrestrial Earthworms (Oligochaeta: Opisthopora) of China*: 35-37.

外部特征：体长 60-220 mm，宽 3-7 mm。体节数 118-170，一般多于 130。口前叶 1/3 上叶式。身体后部背腹扁平，横截面呈横向矩形，在角部有刚毛对。背孔自 8/9 节间始，非常模糊，在 9/10 节间明显。环带明显，马鞍形，背侧和侧面较厚，腹侧较薄，通常位 XXVI-XXXIV 节或 XXVII-XXXIV 节或 1/2XXXIV 节，很少位 1/2XXXV 节。XXX-XXXIV 节腹侧节间沟不明显，前面体节清晰可见，其表皮在 XXX、XXXII 和 XXXIII 节刚毛 *ab* 周围常呈腺状。刚毛每体节 4 对，中等大小，对生，第一节和最后一节刚毛缺，刚毛粗壮，大小几乎相等，呈"S"形。生殖隆脊位 XXX-XXXIII 节或 1/2XXX-XXXIII 节，有时位 XXXI-XXXIII 节腹侧，近 *b* 毛处，较宽，稍高。雄孔 1 对，位 XV 节，在 *bc* 之间，在从 *c* 延伸到 *b* 或 *a* 的前后隆起的宽而深的唇状横切狭缝中，腹侧的 14/15 节间沟和 15/16 节间沟完全不可见（图 18）。受精囊孔 2 对，位 9/10/11 节间，*cd* 毛之间，稍接近 *c* 毛，呈小眼状凹陷，每一对上都有一个小开口。雌孔 1 对，为小的横向卵球形开口，位 XIV 节，直接在刚毛 *b* 的侧面，其周围部分不肿胀。

内部特征：隔膜 5/6 稍肌肉质，6/7/8/9/10 肌肉质增厚，9/10 最厚，10/11-14/15 后变薄，15/16 膜质。圆形的肌肉层红棕色或棕色，看起来稍有白色。纵向肌肉组织羽状，13/14/15 节间变薄。砂囊位 XV-XVIII 节，主要在 XVII 节。钙囊垂直，略高于和低于食道位置，宽，并且在食道位置没有明显的收缩。肠始于 XV 节。心脏位 VI-XI 节。储精囊 4 对，IX 和 X 节小甚至不发育，XI 和 XII 节中等大小到较小。输精管包括一个发夹环连成球形或盘绕如手表弹簧的附睾。受精囊 2 对，位 X 和 XI 节，管限于体壁。

体色：保存标本体色从浅红色到暗棕色，幼蚓略带红色，成蚓暗棕色；前段腹部颜色更深，腹中线颜色更暗。活体暗灰色或灰棕色，环带樱桃红色或巧克力棕色，腹侧浅灰色。

命名：名称来源于其梯形尾区。

模式产地：法国（蒙彼利埃）。

中国分布：北京（西城、海淀、东城、通州、昌平、顺义、怀柔、房山、丰台、朝阳、密云、石景山）、河北、辽宁（大连、沈阳、丹东）、上海、江苏（南京、镇江、

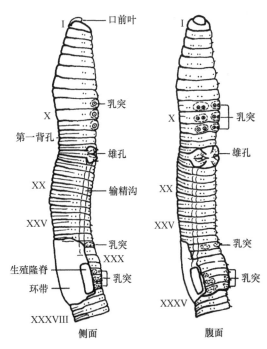

图 18　梯形流蚓（Reynolds，1977）

苏州、无锡、扬州、徐州）、浙江（宁波、杭州、台州）、安徽（安庆、滁州）、台湾、山东（烟台、威海、济南）、江西（九江）、河南（新乡、焦作、安阳、开封、许昌、商丘、洛阳、平顶山、南阳、信阳）、湖北（宜昌、潜江）、湖南、重庆（北碚、江北、南川）、四川（成都、宜宾）、甘肃、宁夏（石嘴山、中卫、固原）、山西（太原）、新疆（塔城）。

生境：存在于各种栖息地。栖息于盆栽植物根部周围的土壤、花园、耕地、各种类型的森林土壤、溪流岸边，有时也栖息于沙土中。它记录于北美洲和阿富汗的洞穴中，在美国加利福尼亚州和亚利桑那州可能出现在海拔 1525 m 或更高的地方。

讨论：在很长一段时间里，本种被认为是 *Allobophora caliginosa* 的亚种，但 *trapezoides* 实际上是指 *Aporrectodea trapezoides*。

### 13. 结节流蚓 *Aporrectodea tuberculata* (Eisen, 1874)

*Allolobophora turgida* f. *tuberculata* Eisen, 1874. *Öfv. Vet-Akad. Förh. Stockholm*, 31(2): 43.

*Allolobophora similis* Friend, 1911. *Zoologist*, 4(15): 144.

*Aporrectodea tuberculata* Reynolds, 1977. *The Earthworms (Lumbricidae and Sparganophilidae) of Ontario*: 50-55.

*Aporrectodea tuberculata* Hong, 2000. *Korean Jour. System. Zool.*, 16(1): 3-4.

*Aporrectodea tuberculata* 徐芹和肖能文, 2011. *中国陆栖蚯蚓*: 287-288.

*Aporrectodea tuberculata* Xiao, 2019. *Terrestrial Earthworms (Oligochaeta: Opisthopora) of China*: 37-38.

外部特征：体长 90-150 mm，宽 4-8 mm。体节数 83-194。口前叶上叶式。纵向肌肉组织羽状。背孔自 11/12 或 12/13 节间始。环带位 XXVII-XXXIV 节。刚毛密生对，*ab*=*cd*, *aa*>*bc*, *dd*=1/2 节周。XXXI 和 XXXIII 节生殖隆脊缺失，XXX、XXXII 和 XXXIV 节，以及 XXVI 节具生殖隆脊。雄孔位 XV 节 *b* 毛与 *c* 毛间。受精囊孔 2 对，位 9/10 和 10/11 节间 *c* 毛位（图 19）。

内部特征：隔膜 5/6-11/12 肌肉质，13/14/15 薄。钙腺在 XI 节增厚，在 10/11 节间稍有收缩。砂囊主要在 XVII 节，环状肌层在 XVII 节明显变窄。消化道在 19/20 节间或在 XX 节有或多或少的瓣膜。钙囊垂直，略高于和低于食道位置，较宽开口于消化道，且没有明显的收缩。肠从 XV 节增大。肾膀胱 "U" 形，位 *bc* 刚毛，侧面闭合。心脏位 VI-XI 节。储精囊 4 对，位 IX-XII 节。受精囊 2 对，位 X 和 XI 节。

体色：无色素，几近苍白或淡灰色，或有时背部具浅淡色素。

中国分布：辽宁、宁夏、台湾。

生境：喜生活在有丰富有机物的土壤、草

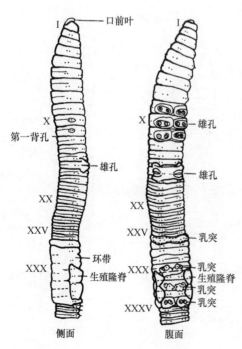

图 19　结节流蚓（Reynolds，1977）

皮、沼泽、堆肥、沟渠中（Gates，1972）。

讨论：本种与梯形流蚓 *Aporrectodea trapezoides* 的区别在于 XXXIII 节缺少一对生殖隆脊。它最初被 Eisen 鉴定为 *Allolobophora cyanea*。

### 14. 膨胀流蚓 *Aporrectodea turgida* (Eisen, 1873)

*Allolobophora turgida* Eisen, 1873. *Öfv. Vet-Akad. Förh. Stockholm*, 30(8): 46.

*Allolobophora turgida* (part) Eisen, 1874. *Öfv. Vet-Akad. Förh. Stockholm*, 31(2): 43.

*Allolobophora tuberculata* Gates, 1972. *Trans. Amer. Philos. Soc.*, 62(7): 44-45.

*Aporrectodea turgida* Reynolds, 1975. *Megadrilogica*, 2(3): 3.

*Aporrectodea turgida* Reynolds, 1977. *The Earthworms (Lumbricidae and Sparganophilidae) of Ontario*: 56-60.

*Aporrectodea turgida* 徐芹和肖能文，2011. *中国陆栖蚯蚓*: 288.

*Aporrectodea turgida* Xiao, 2019. *Terrestrial Earthworms (Oligochaeta: Opisthopora) of China*: 38-39.

外部特征：体长 60-85 mm，宽 3.5-5 mm。体节数 130-168。口前叶上叶式。背孔自 12/13 或 13/14 节间始。环带位 XXVII、XXVIII、XXIX-XXXIV、XXXV 节。生殖隆脊位 XXXI-XXXIII 节。刚毛密生对，*aa* : *ab* : *bc* : *cd* : *dd*= 3 : 1 : 2 : 2/3 : 10。雄孔位 XV 节 *bc* 毛间。受精囊孔位 9/10 和 10/11 节间 *cd* 位（图 20）。

内部特征：隔膜 5/6-9/10 肌肉发达，但 6/7/8 肌肉略厚，10/11-13/14 增厚。通常缺乏色素，较老个体在显微镜下可见分散的黄斑。纵向肌肉组织羽状。砂囊位 XVII 节。消化道在 19/20 节间或 XX 节或多或少有瓣膜。心脏位 VI-XI 节。钙囊位 X 节，垂直，略高于和低于食道位置，较宽开口于消化道，且没有明显的收缩。食道 XI 节最厚，在 10/11 节间处稍有收缩，在 11/12 节间处有内部和/或外部收缩，在此之后钙化层逐渐狭窄。肾膀胱"J"形，侧端闭合。储精囊 4 对，位 IX-XII 节。受精囊 2 对，通常位 X 和 XI 节。

体色：前部无色素区为肉红色，且体节保持淡灰白色，或偶见背面具浅淡色素。

中国分布：北京、黑龙江、山东。

生境：Gates（1972）记录了本种来自各种栖息地，包括花园、田地、草坪、森林腐殖质、堆肥、泉水和溪流河岸、荒地，以及美国西弗吉尼亚州的一个洞穴。

讨论：Eisen 于 1874 年首次从美国尼亚加拉县记录到了本种。4 个标本描述为本种，但其他 3 个明显为结节流蚓（Gates，1972）。

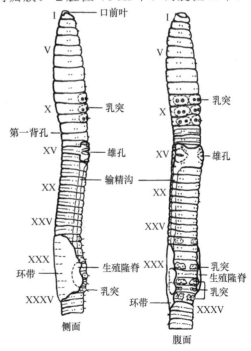

图 20 膨胀流蚓（Reynolds，1977）

### （八）双胸蚓属 *Bimastos* Moore, 1893

*Bimastos* Moore, 1893. *Zoologischer Anzeiger*, 16: 333.
*Bimastos* Stephenson, 1930. *The Oligochaeta*: 913.
*Bimastos* Gates, 1969. *J. Nat. Hist.*, 9: 306.
*Bimastos* Gates, 1972. *Trans. Amer. Philos. Soc.*, 62(7): 86-87.
*Bimastos* Reynolds, 1977. *The Earthworms (Lumbricidae and Sparganophilidae) of Ontario*: 61.
*Bimastos* 冯孝义, 1985. *动物学杂志*, 4(1): 46-47.
*Bimastos* Xiao, 2019. *Terrestrial Earthworms (Oligochaeta: Opisthopora) of China*: 39.

模式种：沼泽双胸蚓 *Bimastos palustris* Moore, 1895

外部特征：口前叶上叶式。背孔自 5/6 节间始。肾孔不明显，不对称不规则交替排列，位于 $b$ 毛之上，远高于 $d$ 毛。环带马鞍形，位 XXV-XXXII 或 XXIV-XXXI 节。刚毛紧密成对。生殖隆脊无或不明显。雄孔位 XV 节中部。受精囊孔缺失。雌孔位 XIV 节中部，略高于 $b$ 毛。

内部特征：钙腺在 XI-XII 节没有明显的加宽，通过成对的垂直囊在 X 节通向消化道。钙化片层连续到囊的后壁上。砂囊主要位 XVII 节。肾膀胱"U"形，端侧闭合，在刚毛线 $b$ 附近通到体壁。食道外血管在 XII 节连接背血管。心脏位 VI-XI 节。睾丸和精漏斗游离；储精囊位 XI-XII 节。受精囊区无生殖隆脊。无受精囊。

体色：红色。

国外分布：北美洲、欧洲、亚洲（小亚细亚半岛、印度、巴基斯坦）、南美洲（热带地区除外）、非洲（南非）。

中国分布：北京、天津、河北、山西、辽宁、黑龙江、吉林、江苏、福建、台湾、山东、江西、河南、湖北、重庆、四川、西藏、陕西、宁夏、新疆。

中国有 2 种。

#### 双胸蚓属分种检索表

1. 环带位 1/2XXIII、XXIII、XXIV-XXXI、XXXII、1/3XXXII 节；雄孔区无小乳突··················
·····················································贝氏双胸蚓 *Bimastos beddardi*
  环带位 XXIII、XXIV-XXXI、XXXII、1/3XXXII 节；雄孔区有小乳突··························
·····················································微小双胸蚓 *Bimastos parvus*

### 15. 贝氏双胸蚓 *Bimastos beddardi* (Michaelsen, 1894)

*Allolobophora beddardi* Michaelsen, 1894. *Zoologische Jahrbücher*, 10: 177-184.
*Bimastus beddardi* Kobayashi, 1940. *Sci. Rep. Tohoku Univ.*, 15: 298-299.
*Bimastus beddardi* Hong, 2000. *Korean Jour. System. Zool.*, 16(1): 4-5.
*Bimastus beddardi* 徐芹和肖能文, 2011. *中国陆栖蚯蚓*: 289.
*Bimastos beddardi* Xiao, 2019. *Terrestrial Earthworms (Oligochaeta: Opisthopora) of China*: 39.

外部特征：体长 25-56 mm，宽 1.5-2.1 mm。体节数 103-111。口前叶 1/2-2/3 上叶式。背孔自 5/6 节间始。环带位 1/2XXIII、XXIII、XXIV-XXXI、XXXII、1/3XXXII 节；生殖隆脊模糊，有时不易辨认。雄孔位 XV 节，孔大，苍白，略隆起，位 b 与 c 毛间。受精囊孔缺。雌孔位 XIV 节，紧靠 b 毛侧方（图 21）。

内部特征：隔膜 5/6/7 厚，7/8-13/14 薄。钙腺位 XI-XII 节。砂囊位 XVI-XVIII 节。肠自 XV 节膨大。心脏位 IX-XI 节。精巢囊 2 对，位 X 和 XI 节。储精囊 2 对，位 XI-XII 节。前列腺缺失。卵巢位 XIII 节，掌状。受精囊缺失。

体色：粉色或红色。

中国分布：黑龙江（齐齐哈尔、哈尔滨、佳木斯、牡丹江）、吉林（白城）、西藏。

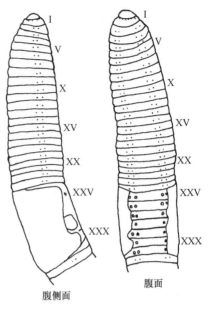

图 21 贝氏双胸蚓（Hong，2000）

## 16. 微小双胸蚓 *Bimastos parvus* (Eisen, 1874)

*Allolobophora parvua* Eisen, 1874. *Öfv. Vet-Akad. Förh. Stockholm*, 31(2): 46.

*Allolobophora (Bimastus) parvus* Michaelsen, 1900b. *Abh. Nat. Verh.*, 16(1): 10, 14.

*Bimastus parvus* Chen. 1931. *Contr. Biol. Lab. Sci. Soc. China (Zool.)*, 7(3): 169-170.

*Bimastus parvus* Kobayashi, 1938a. *Sci. Rep. Tohoku Univ.*, 13(2): 89-170.

*Bimastus parvus* Kobayashi, 1940. *Sci. Rep. Tohoku Univ.*, 15: 297-298.

*Bimastus parvus* Chen, 1946. *J. West China Bord. Res. Soc.*, 16(B): 137.

*Bimastus parvus* 陈义等, 1959. *中国动物图谱 环节动物(附多足类)*: 5.

*Bimastos parvus* Gates, 1972. *Trans. Amer. Philos. Soc.*, 62(7): 84-86.

*Bimastus parvus* Edwards & Lofty, 1977. *Biology of Earthworms*: 215.

*Bimastos parvus* Reynolds, 1977. *The Earthworms (Lumbricidae and Sparganophilidae) of Ontario*: 61-64.

*Bimastos parvus* Hong, 2000. *Korean Jour. System. Zool.*, 16(1): 6-7.

*Bimastos parvus* Chang et al., 2009. *Earthworm Fauna of Taiwan*: 20-21.

*Bimastos parvus* 徐芹和肖能文, 2011. *中国陆柄蚯蚓*: 289-290.

*Bimastos parvus* Xiao, 2019. *Terrestrial Earthworms (Oligochaeta: Opisthopora) of China*: 40-41.

外部特征：体长 17-85 mm，宽 1.4-3 mm。体节数 85-124。口前叶 1/2-4/5 上叶式。背孔自 4/5 或 5/6 节间始。环带位 XXIII、XXIV-XXXI、XXXII、1/3XXXIII 节，马鞍形。无生殖隆脊；或有，位 XXV-XVIII 节或 XXIX 节，界线模糊。刚毛每体节 4 对，紧密对生，*aa*=*cd*，*cd*=3/4*ab*，*aa* 比 *bc* 稍大，*dd*=1/2 节周。雄孔成对，位 XV 节，呈横向狭缝，侧面靠近 b 毛，孔周有明显的隆起带白色腺体。受精囊孔缺失。雌孔成对，位 XIV 节，侧面接近 b 毛。

内部特征：隔膜 5/6/7 厚，7/8-13/14 薄，16/17 后缩小。钙腺位 XI-XII 节。砂囊在 XVI-XVIII 节或 XVII 节大。肠自 XV 节膨大。心脏位 VIII-XI 节，前 2 对较弱。精巢 2 对，位 X 和 XI 节。储精囊位 X-XII 节。前列腺缺失。输精管缺失。卵巢位 XIII 节，掌状（图 22）。

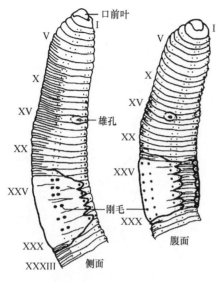

图 22　微小双胸蚓（Reynolds，1977）

体色：活体背部深至浅红棕色，腹部苍白。

命名：在拉丁语中，"*parvus*"的意思是"小或少"。

模式产地：美国纽约。

模式标本保存：美国国家博物馆。

中国分布：北京（西城、海淀、东城、密云、石景山）、天津、河北、辽宁（沈阳、营口、丹东、葫芦岛、大连）、吉林（长春、吉林、延吉、图们）、黑龙江（哈尔滨、佳木斯、牡丹江）、江苏（南京）、福建（福州）、台湾、山东（德州、烟台、威海）、江西（九江）、山西（祁县）、河南（焦作、新乡、开封、信阳）、湖北（潜江）、重庆（涪陵、南川、江北、北碚）、四川（成都、泸州、宜宾、峨眉山）、西藏、陕西、宁夏（石嘴山、中卫、固原）、新疆。

讨论：本种体型较小，和贝氏双胸蚓 *Bimastos beddardi* 相似，外形很难区分。但本种环带位 XXIII、XXIV-XXXI、XXXII、XXXIII 节，而贝氏双胸蚓环带位 1/2XXIII、XXIII、XXIV-XXXI、XXXII、1/3XXXII 节。

## （九）枝蚓属 *Dendrobaena* Eisen, 1873

*Dendrobaena* Eisen, 1873. *Öfv. Vet-Akad. Förh. Stockholm*, 30(8): 53.

*Dendrobaena* Stephenson, 1930. *The Oligochaeta*: 912.

*Dendrobaena* Gates, 1972. *Trans. Amer. Philos. Soc.*, 62(7): 88.

*Dendrobaena* Gates, 1975. *Megadrilogica*, 2(1): 3.

*Dendrobaena* Reynolds, 1977. *The Earthworms (Lumbricidae and Sparganophilidae) of Ontario*: 64.

*Dendrobaena* 冯孝义, 1985. 动物学杂志, 4(1): 47.

*Dendrobaena* Xiao, 2019. *Terrestrial Earthworms (Oligochaeta: Opisthopora) of China*: 41-42.

模式种：伯克枝蚓 *Dendrobaena boeckii* Eisen, 1873（＝八毛肠道蚓 *Enterion octoaedrum* Savigny, 1826）

外部特征：多数种口前叶为上叶式，很少为穿入叶式。刚毛一般疏生或不相连，很少为紧密对生。雄孔位 XV 节。受精囊孔常 2 对，位刚毛线上，很少无，位 9/10/11 节间沟上，很少物种在邻近的节间沟上多出 1 对或 2 对。

内部特征：钙腺无囊，在 10/11 节间附近进入肠道，在 XI-XII 节呈明显串珠状。砂囊多位 XVII 节。肾膀胱陶笛形，侧面钝而中部尖，腹侧漏斗形且变窄，于 *b* 毛进入壁细胞。心脏位 VII-IX 节。精巢囊与精漏斗游离。储精囊一般 3 对，位 IX、XI、XII 节，很少物种（仅刚毛为稀疏对生的物种）第 4 对位 X 节，X 节的储精囊一般很小，小于 IX 节。

体色：红色。

国外分布：欧洲（冰岛、格陵兰）、亚洲（西伯利亚、印度北部、叙利亚、以色列）、北美洲、南美洲南部、非洲（埃及）、高加索地区。

中国分布：新疆

中国有 1 种。

## 17. 八毛枝蚓 *Dendrobaena octaedra* (Savigny, 1826)

*Enterion octaedrum* Savigny, 1826. *Mem. Acad. Sci. Inst. Fr.*, 5: 183.

*Lumbricus riparius* (part) Hoffmeister, 1845. *Die bis jetzt bekannten Arten aus der Familie der Regenwürmer. Als grundlage zu einer monographie dieser Familie*: 30.

*Dendrobaena boeckii* Eisen, 1873. *Öfv. Vet-Akad. Förh. Stockholm*, 30(8): 53.

*Helodrilus* (*Dendrobaena*) *octaedrus* Michaelsen, 1900a. *Oligochaeta, Das Tierreich*: 494.

*Dendrobaena octaedrus* 陈义, 1956. *中国蚯蚓*: 48.

*Dendrobaena octaedra* Gates, 1972. *Trans. Amer. Philos. Soc.*, 62(7): 89-92.

*Dendrobaena octaedra* Reynolds, 1977. *The Earthworms (Lumbricidae and Sparganophilidae) of Ontario*: 66-69.

*Dendrobaena octaedra* 徐芹和肖能文, 2011. *中国陆栖蚯蚓*: 290-291.

*Dendrobaena octaedra* Xiao, 2019. *Terrestrial Earthworms (Oligochaeta: Opisthopora) of China*: 42.

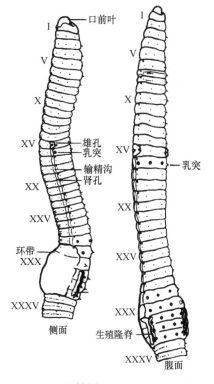

图 23 八毛枝蚓 (Reynolds, 1977)

外部特征：体长 17-60 mm，宽 3-5 mm。体节数 60-100。口前叶上叶式。背孔自 4/5-6/7 节间始。环带位 XXVII、XXVIII、XXIX-XXXIII、XXXIV 节。生殖隆脊位 XXXI-XXXIII 节。刚毛稀疏对生，$aa=ab=cd$，$dd$ 细长；XVI 节 $a$ 或 $b$ 毛在小生殖隆脊上。雄孔位 XV 节，常环绕有不明显的小腺乳突。受精囊孔 3 对，位 9/10-11/12 节间 $d$ 毛位（图 23）。

内部特征：隔膜始于 5/6，6/7-9/10 逐渐增厚。砂囊位 XVII 节。钙腺位 XI 节。肠自 XX 节膨大。心脏位 VI 节。储精囊 3 对，位 IX、X 和 XI 节，具长导管。精巢 2 对，位 X 和 XI 节。储精囊位 IX、XI 和 XII 节。前列腺缺失。受精囊 3 对，有长管。

体色：红色、暗红色到紫色。

模式产地：法国（巴黎）。

模式标本保存：法国国家自然历史博物馆。

中国分布：新疆（塔城）。

生境：本种主要分布在受人工栽培影响较小的地点，生境包括草皮或河岸苔藓、原木和树叶碎片、凉爽潮湿的沟壑和高地渗水处、粪便和有机质含量较高的土壤、山顶和洞穴。

## （十）林蚓属 *Dendrodrilus* Omodeo, 1956

*Dendrobaena* (*Dendrodrilus*) Omodeo, 1956. *Arch. Zool. It.*, 41(24): 75.

*Dendrobaena* Gates, 1972. *Trans. Amer. Philos. Soc.*, 62(7): 88.

*Dendrodrilus* Gates, 1975. *Megadrilogica*, 2(1): 4.

*Dendrodrilus* Reynolds, 1977. *The Earthworms (Lumbricidae and Sparganophilidae) of Ontario*: 69.

*Dendrodrilus* Xiao, 2019. *Terrestrial Earthworms (Oligochaeta: Opisthopora) of China*: 43.

模式种：红肠道蚓 *Enterion rubidum* Savigny, 1826

外部特征：口前叶上叶式，很少穿入叶式。肾孔明显，在每侧的前几节后面，在 *b* 毛上。环带通常马鞍形，环带后刚毛不完全成对。生殖隆脊通常位 XXXI-XXXIII 节。刚毛通常成对或分开，很少紧密成对。纵向肌肉组织羽状。雄孔位 XV 节。受精囊孔与刚毛 *c* 或 *d* 一致，很少无，通常 2 对，位 9/10/11 节间沟，少数在相邻的节间沟有额外 1 对或 2 对。受精囊孔 2 对，位 9/10/11 节间，有时多 1 对或 2 对。

内部特征：砂囊主要位 XVII 节，小。钙腺通过一对囊于 10/11 节间开口于肠道腹侧。食道外血管于 XI 节通到背血管。心脏位 VII-XI 节。肾膀胱为 "U" 形环。肠自 XV 节扩大。

体色：红色。

国外分布：欧洲、北美洲、南美洲、亚洲、非洲、大洋洲（澳大拉西亚）。

中国分布：新疆、东北部。

讨论：由于生殖器官解剖学上的相似性，过去林蚓属 *Dendrodrilus* 和枝蚓属 *Dendrobaena* 被认为是同一属，现在根据解剖学上的差异，将它们分成 2 个属。

中国有 1 种。

## 18. 红林蚓 *Dendrodrilus rubidus* (Savigny, 1826)

*Enterion rubidum* Savigny, 1826. *Mem. Acad. Sci. Inst. Fr.*, 5: 182.

*Lumbricus rubidus* Dugès, 1837. *Ann. Sci. Nat.*, 2: 17, 23.

*Helodrilus (Dendrobaena) rubidus* Michaelsen, 1900a. *Oligochaeta, Das Tierreich*: 490.

*Dendrodrilus rubidus* Reynolds, 1975. *Megadrilogica*, 2(3): 3.

*Dendrodrilus rubidus* Reynolds, 1977. *The Earthworms (Lumbricidae and Sparganophilidae) of Ontario*: 69-73.

*Dendrodrilus rubidus* 徐芹和肖能文, 2011. *中国陆栖蚯蚓*: 291.

*Dendrodrilus rubidus* Xiao, 2019. *Terrestrial Earthworms (Oligochaeta: Opisthopora) of China*: 43-44.

外部特征：身体圆柱形。体长 20-90 mm，宽 2-5 mm。体节数 50-120。口前叶上叶式。背孔自 5/6 节间始。环带位 XXVI、XXVII-XXXI、XXXII 节。生殖隆脊若存在，位 XXVIII、XXIX-XXX 节。刚毛稀疏对生，$aa<cd$，$bc=2cd$。雄孔位 XV 节 *b* 与 *c* 毛间。受精囊孔 2 对，位 9/10/11 节间 *c* 毛位（图 24）。

内部特征：储精囊位 IX、XI 和 XII 节。受精囊 2 对，具短管。

体色：红色，背面色深。

命名：依据体色命名。

模式产地：法国（巴黎）。

模式标本保存：法国国家自然历史博物馆。

中国分布：新疆、东北部。

生境：广泛存在于各种生境中。

讨论：本种兼性单性生殖，雄性不育（Gates, 1972）。

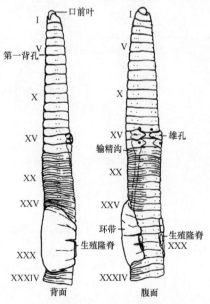

图 24　红林蚓（Reynolds，1977）

## （十一）爱胜蚓属 *Eisenia* Malm, 1877

*Eisenia* Malm, 1877. *Öfv. Salsk. Hortik. Förh. Göteborg*, 1: 45.

*Eisenia* (part) Michaelsen, 1900a. *Oligochaeta, Das Tierreich*: 474.

*Eisenia* Stephenson, 1930. *The Oligochaeta*: 820.

*Eisenia* Gates, 1969. *J. Nat. Hist.*, 9: 305.

*Eisenia* Gates, 1972. *Trans. Amer. Philos. Soc.*, 62(7): 96.

*Eisenia* Reynolds, 1977. *The Earthworms (Lumbricidae and Sparganophilidae) of Ontario*: 74.

*Eisenia* 冯孝义, 1985. *动物学杂志*, 4(1): 47.

*Eisenia* 徐芹和肖能文, 2011. *中国陆栖蚯蚓*: 291-292.

*Eisenia* Xiao, 2019. *Terrestrial Earthworms (Oligochaeta: Opisthopora) of China*: 44.

模式种：赤子爱胜蚓 *Enterion foetidum* Savigny, 1826

外部特征：口前叶为上叶式、前上叶式、穿入叶式或穿前叶式。肾孔不明显，每侧两列，在刚毛 *b* 和 *d* 上方不规则交替排列。环带马鞍形，刚毛紧密到广泛成对，紧密对生或稀疏对生。雄孔位 XV 节。受精囊孔 2 对或 3 对，位 8/9/10/11 或 9/10/11 节间沟上，在 *d* 线上，接近或在背中线上。

内部特征：钙腺无囊，通过环形的小孔于 10/11 节间后进入肠道。砂囊 1 个，长于 1 节，主要位 XVII 节。肾膀胱香肠状或指状，横向。心脏位 VII-XI 节。精巢囊与精漏斗游离。

体色：红色，体色一般深。

国外分布：欧洲、亚洲（以色列、俄罗斯南部）、北美洲。

中国分布：北京、辽宁、吉林、黑龙江、山东、内蒙古、宁夏、新疆。

讨论：Malm（1877）根据 *Enterion foetidum*、*Allolobophora norvegica* 和 *Allolobophora subrubicunda* 3 个物种建立了爱胜蚓属，但没有指定模式种。Gates（1969）用 *Eisenia foetida* 作为模式种，重新定义了爱胜蚓属。依据受精囊孔的位置，Michaelsen（1900a）认为 *Enterion roseum* 与赤子爱胜蚓 *Eisenia fetida* 为同一物种。但大多数欧洲学者都认可 Omodeo（1956）的观点，将红色爱胜蚓 *Eisenia rosea rosea* 移到异唇蚓属 *Allolobophora*。然而根据解剖学特征，将 *Eisenia rosea rosea* 归入 *Enterion* 是不合理的。

中国有 5 种及 3 亚种。

### 爱胜蚓属分种检索表

1. 环带位于 XXVI、XXVII-XXXIV 节 ·························· 宽松爱胜蚓 *Eisenia nordenskioldi manshurica*
   环带止于 XXXIII 节或之前 ···························································································· 2
2. 环带止于 XXXIII 节，始于 XXIII 节或 XXII 节 ·································································· 3
   环带止于 XXXIII 节或 XXXII 节，始于 XXIV-XXVII 节 ······················································ 5
3. 环带止于 XXXIII 节，始于 XXIII 节 ················································································ 4
   环带位 XXIII-XXXII 节或 XXXIII 节 ········································· 热河爱胜蚓 *Eisenia jeholensis*
4. 环带位于 XXIII-XXXIII 节 ································································ 大连爱胜蚓 *Eisenia dairenensis*
   环带位于 XXIII、XXIV-XXXII、XXXIII 节 ····························· 火田爱胜蚓 *Eisenia hataii*

## 19. 大连爱胜蚓 *Eisenia dairenensis* (Kobayashi, 1940)

*Allolobophora dairenensis* Kobayashi, 1940. *Sci. Rep. Tohoku Univ.*, 15: 291-293.

*Eisenia dairenensis* 徐芹和肖能文, 2011. *中国陆栖蚯蚓*: 292-293.

*Eisenia dairenensis* Xiao, 2019. *Terrestrial Earthworms (Oligochaeta: Opisthopora) of China*: 45.

外部特征：体长 80-111 mm，宽 3.5-5.5 mm。体节数 137-139。口前叶前上叶式。背孔自 4/5 节间始。除首 3 节外，背腹扁平，具 4 条脊；环带后体节具 3 体环；前后端均钝。环带马鞍状，位 XXIII-XXXIII 节。生殖隆脊位 XXIX-XXXI 节，由 3 个突出的乳突形成轮廓明显的脊。刚毛密生对，*aa*=2*bc*，*ab*>*cd*，*dd*<1/2 节周。X、XI 和 XII 节（或其中大部分），以及 IX（或仅在一侧）、XV、XVI 节和环带体节 *ab* 毛位生殖乳突上。雄孔位 XV 节，位突出的乳突上，卵形，略延伸至 XIV 和 XVI 节，刚毛 *ab* 位雄孔突中央，和背部 *cd* 恰好对应；腹部刚毛位两雄孔之间，XVI 节前 2/3 腹面也隆肿，渐略隆起；XV 和 XVI 节的大部分呈现完整的矩形隆起盘；XVI 节的 *ab* 毛位隆起的后缘（图 25）。受精囊孔缺失。雌孔 1 对，位 XIV 节 *b* 毛侧（图 25）。

内部特征：隔膜 5/6、10/11 和 11/12 略厚，6/7-9/10 中等厚且具肌肉，余者薄。嗉囊位 XV-XVI 节，砂囊位 XVII-XVIII 节。精巢和精漏斗位 X 和 XI 节，游离。储精囊 4 对，位 IX-XII 节，淡白色，前 2 对小，X 节的较 XI 节的略小。受精囊缺失。

体色：通常粉红色；环带肉红色。与天锡杜拉蚓 *Drawida gisti gisti* 体色相似。

模式产地：辽宁（大连）。

命名：依据模式产地命名。

中国分布：辽宁（大连）。

讨论：本种与普拉沙德异唇蚓 *Allolobophora prashadi* 和火田爱胜蚓 *Eisenia hataii* 相似，不同之处在于体色、体型、环带长度、雄孔和生殖乳突形状。

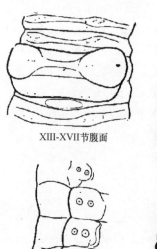

XIII-XVII 节腹面

生殖隆脊

体前部侧面

图 25　大连爱胜蚓（Reynolds, 1977）

## 20. 赤子爱胜蚓 *Eisenia fetida* (Savigny, 1826)

*Enterion foetidum* (corr. *foetidum*) Savigny, 1826. *Mem. Acad. Sci. Inst. Fr.*, 5: 182.

*Lumbricus foetidus* Dugès, 1837. *Ann. Sci. Nat.*, 2: 17, 21.

*Helodricus* (*Eisenia*) *foetidus* Michaelsen, 1913. *Teil. Zoologica*, 27: 551.

*Eisenia foetida* Kobayashi, 1940. *Sci. Rep. Tohoku Univ.*, 15: 287.

*Eisenia foetida* 陈义等, 1959. *中国动物图谱 环节动物(附多足类)*: 6.

*Eisenia foetida* Gates, 1972. *Trans. Amer. Philos. Soc.*, 62(7): 97-103.

*Eisenia foetida* Reynolds, 1977. *The Earthworms (Lumbricidae and Sparganophilidae) of Ontario*: 74-77.

*Eisenia fetida* Hong, 2000. *Korean Jour. System. Zool.*, 16(1): 7-8.

*Eisenia fetida* 徐芹和肖能文, 2011. *中国陆柄蚯蚓*: 293.

*Eisenia fetida* Xiao, 2019. *Terrestrial Earthworms (Oligochaeta: Opisthopora) of China*: 45-46.

外部特征：身体圆柱形。体长 35-130 mm，一般短于 70 mm，宽 3-5 mm。体节数 80-110。口前叶上叶式。背孔自 4/5（有时 5/6）节间始。环带位 XXIV、XXV、XXVI-XXXII 节。生殖隆脊位 XXVIII-XXX 节。刚毛紧密对生；$aa=cd$，$bc<aa$；前端 $dd=1/2$ 节周，后端 $dd<1/2$ 节周。IX-XII 节的生殖隆脊环绕有刚毛，XXIV-XXXII 节常环绕 $a$ 毛和 $b$ 毛。雄孔位 XV 节，具大腺乳突。受精囊孔 2 对，位 9/10 和 10/11 节间背中线附近（图 26）。

内部特征：隔膜较薄。精巢和精漏斗位于 X、XI 节腹侧成对囊中。储精囊 4 对，位 IX-XII 节。受精囊 2 对，位 X 和 XI 节，管短。

体色：不定，紫色、红色、暗红色或淡红褐色，有时在背部色素变少的节间区有黄褐交替的带。

模式产地：法国（巴黎）。

模式标本保存：法国国家自然历史博物馆。

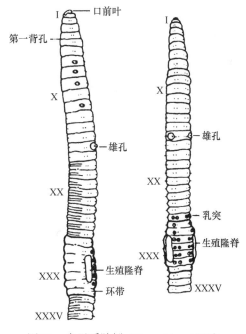

图 26 赤子爱胜蚓（Reynolds，1977）

中国分布：北京（东城、石景山）、天津、河北、辽宁（大连）、吉林、黑龙江（哈尔滨）、上海、江苏、浙江、安徽、台湾、山东（烟台、威海）、山西（运城、晋中、太原）、河南（新乡）、湖北、重庆（北碚）、四川（成都）、陕西、宁夏（石嘴山、银川）、新疆。

生境：本种存在于腐烂的植物、堆肥和有机质含量高的土壤中，以及花园、石头和树叶下、原木和碎片下、路边垃圾场、森林和草原（Gates，1972）。

讨论：本种适于在蚯蚓养殖场饲养，并销往世界各地。

## 21. 哈尔滨爱胜蚓 *Eisenia harbinensis* (Kobayashi, 1940)

*Allolobophora harbinensis* Kobayashi, 1940. *Sci. Rep. Tohoku Univ.*, 15: 290-291.

*Eisenia harbinensis* 徐芹和肖能文, 2011. *中国陆柄蚯蚓*: 293-294.

*Eisenia harbinensis* Xiao, 2019. *Terrestrial Earthworms (Oligochaeta: Opisthopora) of China*: 47-48.

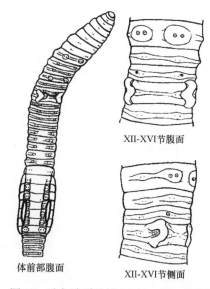

**XII-XVI节腹面**

**XII-XVI节侧面**

**体前部腹面**

图 27 哈尔滨爱胜蚓（Kobayashi, 1940）

外部特征：体长 76-96 mm，宽 2.7-3.3 mm。体节数 134-144。口前叶前上叶式。背孔自 4/5 节间始。雄孔区至环带附近体节具 3 体环。环带马鞍形，位 1/3-1/2XXV、XXV、XXVI-XXXII、1/2-1/3XXXIII 节；生殖隆脊位 XXIX-1/2XXXI、XXXI 节，紧靠乳突侧面，具窄而明显的沟，边缘略隆肿。刚毛密生对；$aa=2ab$，$ab$ 略大于 $cd$，$dd$ 小于 1/2 节周；XXVII-XXXII、IX 和 XII 节的乳突环绕 $ab$ 毛，IX、X 和 XII 节的乳突环绕 $cd$ 毛，但有时缺失。XV 节每侧具一颇隆起的马蹄形乳突，侧向开张，略延伸至 XIV 和 XVI 节很少部分，恰在腹刚毛侧面。雄孔位于马蹄形乳突中部。受精囊孔 2 对，位 9/10 和 10/11 节间几近 $cd$ 线上。雌孔位 XIV 节 $b$ 毛侧，很明显（图 27）。

内部特征：隔膜 6/7-8/9 中等厚，9/10 略厚，余者薄。砂囊位 XVII-XVIII 节。精巢与精漏斗位 X 和 XI 节，游离。储精囊 4 对，位 IX-XII 节，色暗，后两对较大，瘤状或形成少量小球状叶，X 节的和 IX 节的几近相等。受精囊小，坛球形，壁薄，坛管较长，一般透过薄体壁外表可见。

体色：灰白色，环带褐黄色。

命名：本种依据模式产地哈尔滨命名。

模式产地：黑龙江哈尔滨。

中国分布：黑龙江（哈尔滨）。

讨论：本种与普拉沙德异唇蚓 Allolobophora prashadi 和火田爱胜蚓 Eisenia hataii 有密切的亲缘关系，区别在于本种有受精囊和雄孔。

## 22. 火田爱胜蚓 *Eisenia hataii* (Kobayashi, 1940)

*Allolobophora hatai* Kobayashi, 1940. *Sci. Rep. Tohoku Univ.*, 15: 288-289.

*Eisenia hataii* 徐芹和肖能文, 2011. *中国陆栖蚯蚓*: 294-295.

*Eisenia hataii* Xiao, 2019. *Terrestrial Earthworms (Oligochaeta: Opisthopora) of China*: 48-49.

外部特征：体长 78-97 mm，宽 2-2.3 mm。体节数 134-142。口前叶上叶式。背孔自 4/5 或 5/6 节间始。除环带区外，雄孔后体节具 3 体环。环带马鞍状，位 XXIII、XXIV-XXXII、XXXIII 节，生殖隆脊位 XXIX-XXXI 节，脊状而明显，紧靠乳突侧面。刚毛密生对，$aa$ 几近 $2bc$，$ab>cd$，$dd<1/2$ 节周；X、XI 和 XII 节 $cd$ 毛，XV、XVI、XXV-XXXII 节 $ab$ 毛，含在乳突上；偶尔 IX 节 $ab$ 毛也含在乳突上；XV 和 XVI 节的乳突显著，且始终存在。X-XII 节刚毛 $cd$ 和 XV、XVI 和 XXV-XXXII 节刚毛 $ab$ 包含在大的三角形囊中。生殖刚毛外形相似，几乎直，但近侧略微弯曲，在近端的一半处有凹槽；X-XIII 节刚毛 $cd$ 稍长于其他，大约长 0.7 mm。雄孔位 XV 节非常突出的不规则圆形乳突上，前达 XIV 节之半，后达 XIV 节约 1/3；XV 节每侧含 $ab$ 毛的乳突与雄孔乳突连合，

刚毛 *cd* 位侧背面。受精囊孔缺失。雌孔不易辨认（图 28）。

内部特征：隔膜 6/7、7/8 和 8/9 中等厚，9/10 略厚，余者薄。嗉囊位 XV-XVI 节；砂囊位 XVII-XVIII 节。精巢与精漏斗位 X 和 XI 节，游离。储精囊 4 对，位 IX-XII 节，色暗；后 2 对较前对大，外形结节状或由几个小球状叶组成；X 节的与 XI 节的大小几近相等。无受精囊。

体色：灰白色，环带淡黄色或淡黄褐色。

命名：本种以日本分类学家 Shinkichi Hatai 的名字命名，纪念其在蚯蚓分类方面的贡献。

模式产地：辽宁葫芦岛、营口。

中国分布：辽宁（营口、葫芦岛）。

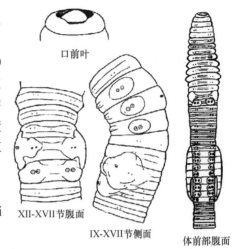

口前叶

XII-XVII节腹面

IX-XVII节侧面

体前部腹面

图 28 火田爱胜蚓（Kobayashi，1940）

讨论：本种与印度记录的普拉沙德异唇蚓 *Allolobophora prashadi* 有许多特征非常相似。但与后者不同的是，XV 和 XVI 节以及雄孔区（也可能在 X-XII 节）常出现生殖乳突。无受精囊。

## 23. 热河爱胜蚓 *Eisenia jeholensis* (Kobayashi, 1940)

*Allolobophora jeholensis* Kobayashi, 1940. *Sci. Rep. Tohoku Univ.*, 15: 293-295.

*Eisenia jeholensis* 徐芹和肖能文, 2011. *中国陆栖蚯蚓*: 295.

*Eisenia jeholensis* Xiao, 2019. *Terrestrial Earthworms (Oligochaeta: Opisthopora) of China*: 49-50.

外部特征：体长 41-53 mm，宽 4-4.6 mm。体节数 132-140。口前叶 1/4-1/3 上叶式或前上叶式。背孔自 4/5 节间始。雄孔后体节具 3 体环。环带马鞍状，中等隆起，位 XXIII-XXXII 或 XXXIII 节。生殖隆脊位 XXIX-XXXI 节，位生殖乳突侧面，明显，较环带略厚。刚毛密生对，*ab*>*cd*，*aa*=2*bc*，*dd*<1/2 节周；IX-XII（或其中多数）节 *cd* 和 XV、XVI 节以及环带体节 *ab* 含在乳突上，环带体节乳突较其他体节略明显。刚毛 *cd* 和 *ab* 位于生殖乳突上，包含在大的囊内。IX-XII 节的囊比其他体节的大。雄孔位 XV 节 *b* 与 *c* 毛间，略近 *b* 毛，位突出的卵形突起上，突起延伸至 XIV 节的大部分、XVI 节的小部分（XVI 节刚毛 *ab* 在隆肿上）。XIV-XVI 节中腹部略隆起，这些体节腹面呈现为完整的矩形片。受精囊孔缺失。雌孔 1 对，位 XIV 节，仅在 *b* 毛侧面（图 29）。

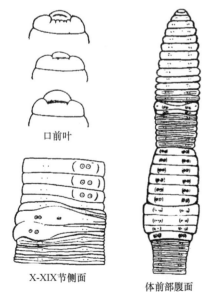

口前叶

X-XIX节侧面

体前部腹面

图 29 热河爱胜蚓（Kobayashi，1940）

内部特征：隔膜 6/7-9/10 中等厚，余者薄。嗉囊位 XV-XVI 节。砂囊位 XVII-XVIII 节。精巢与精漏斗位 X 和 XI 节，游离。储精囊 4 对，位 IX-XII 节，淡白色，前 2 对略小，X 节的较 IX 节的略小或几近相等。受精囊完全缺失。

体色：无色素，一般苍白色，环带灰白色。

命名：本种依据模式产地内蒙古（赤峰）旧名热河命名。

模式产地：内蒙古（赤峰）。

中国分布：山东（烟台）、内蒙古（赤峰）、宁夏（中宁）。

讨论：本种与本属其他成员不同，主要表现在环带区和雄孔区的外观特征。

## 24. 宽松爱胜蚓 *Eisenia nordenskioldi manshurica* Kobayashi, 1940

*Eisenia nordenskioldi manshurica* Kobayashi, 1940. *Sci. Rep. Tohoku Univ.*, 15: 284-285.

*Eisenia nordenskioldi manshurica* 徐芹和肖能文, 2011. *中国陆栖蚯蚓*: 296.

*Eisenia nordenskioldi manshurica* Xiao, 2019. *Terrestrial Earthworms (Oligochaeta: Opisthopora) of China*: 51-52.

外部特征：体长 111-144 mm，宽 6.5 mm。体节数 154-175。口前叶 1/3 上叶式。背孔自 4/5 节间始。环带马鞍状，位 XXVI、XXVII-XXXIV 节。生殖隆脊位 XXIX-XXXII 节，为紧靠 *b* 毛线侧的 1 条明显沟。刚毛较诺登爱胜蚓 *Eisenia nordenskioldi nordenskioldi* 略粗大，*ab*>*cd*，*aa*>*bc*，*dd* 略小于 1/2 节周；XXII-XXXV 节（或大多数）*ab* 毛略粗大，含在极小的隆肿上，隆肿淡白色；XIV-XXXIV 节 *cd* 毛（或大多数）和 V-IX 节 *ab* 毛也略粗大，但不明显，且不含在隆肿上；交配毛近端仅略弯曲，远端 1/4 比近端略细，且具纵沟。雄孔位 XV 节 *bc* 毛间近 *b* 毛，无明显腺肿，与诺登爱胜蚓 *Eisenia nordenskioldi nordenskioldi* 极相似。

内部特征：隔膜不特别加厚，6/7/8/9 稍加厚。嗉囊位 XV-XVI 节。砂囊位 XVII-XVIII 节。肠自 XX 节始。心脏位 VII-XI 节。精巢与精漏斗分离，位 X 和 XI 节。储精囊 4 对，前两对小且简单，位 X 节的较 IX 节的略小；后两对较大，其前缘各分成 2-3 叶。受精囊球形，各具一较诺登爱胜蚓略长的柄。

体色：在福尔马林溶液中背面从土红色带有浅紫红色到浅黑紫色，环带前色深，IX-XI 节侧面与背侧面色淡；腹面土灰色；环带深紫色或深褐色。颜色与诺登爱胜蚓明显不同。

命名：本亚种依据环带和生殖隆脊较诺登爱胜蚓 *Eisenia nordenskioldi nordenskioldi* 宽的特征命名。

模式产地：辽宁（葫芦岛、鞍山）、黑龙江（牡丹江）。

中国分布：辽宁（葫芦岛、鞍山）、黑龙江（牡丹江）。

讨论：在环带范围和生殖隆脊的特征上，本亚种与 *Eisenia nordenskioldi lagodechiensis* 的亲缘关系比与诺登爱胜蚓 *Eisenia nordenskioldi nordenskioldi* 更为接近。雄孔周围的腺体隆起，体色和储精囊的相对大小等与 *Eisenia nordenskioldi lagodechiensis* 不同。其雄孔与诺登爱胜蚓相似。

## 25. 诺登爱胜蚓 *Eisenia nordenskioldi nordenskioldi* (Eisen, 1878)

*Allolobophora nordenskioldi* Eisen, 1878b. *Öfversigt af Kongliga Vetenskaps-Akademiens Förhandlingar*, 35(3): 63-79.

*Helodrilus (Eisenia) nordenskioldi typica* Michaelsen, 1910b. *Annuaire du Musée Zoologique de l'Académie Impériale des Sciences*, 15: 1-74.

*Eisenia nordenskioldi nordenskioldi* Kobayashi, 1940. *Sci. Rep. Tohoku Univ.*, 15: 282-284.

*Eisenia nordenskioldi nordenskioldi* 徐芹和肖能文, 2011. *中国陆栖蚯蚓*: 295-296.

*Eisenia nordenskioldi nordenskioldi* Xiao, 2019. *Terrestrial Earthworms (Oligochaeta: Opisthopora) of China*: 50-51.

外部特征：体长 50-110 mm，宽 3-6 mm。体节数 124-165。口前叶 1/3-1/2 上叶式。背孔自 4/5 节间始。环带位 XXVI、XXVII-XXXII、XXXIII 节，马鞍状。生殖隆脊位 1/3XXVIII、XXIX-1/3XXXI、XXXI 节，常为紧靠 $b$ 毛线侧面的 1 条明显的沟，有时为略隆起的脊，或偶见相当不明显。刚毛密生对，中等大小，$ab>bc$，$aa>bc$ 或 $aa$=（7-8）$ab$=（1.5-1.8）$bc$，$dd$ 小于 1/2 节周；XXV-XXXV 节 $ab$ 毛，或 X-XII 节或 XIII 节大部分 $cd$ 毛位淡白色的不明显隆肿上；这些生殖毛长 0.5-0.6 mm，近端弯曲，远端几近直，形似龙骨状弯曲，其末端 1/5-1/4 具纵沟。雄孔位 XV 节 $b$ 与 $c$ 毛间近 $b$ 毛，一般无腺肿。受精囊孔 2 对，位 9/10 和 10/11 节间，紧靠背中线。

内部特征：隔膜无特别厚的，6/7-8/9 略厚。嗉囊位 XV-XVI 节，砂囊位 XVII-XVIII 节。精巢与精漏斗游离，位 X 与 XI 节。储精囊 4 对。位 IX-XII 节，前两对位隔膜 9/10 和 10/11 前面，后两对位隔膜 10/11 和 11/12 后面；IX 和 X 节的中等大小且简单，X 节的较 IX 节的略（或明显）小，XI 和 XII 节的较前两对大，多数略分叶。受精囊小，球形，各具一不甚明显的柄。

体色：与赤子爱胜蚓 *Eisenia fetida* 相似，成熟个体节间沟显现为淡黄色，但不出现任何条纹，背面深紫色或略深紫红色；腹面淡白色到淡黄灰色，IX-XI 节背侧色淡；环带肉色或淡肉黄色。

中国分布：辽宁（沈阳、葫芦岛）、吉林（长春、图们、吉林）、黑龙江（哈尔滨、佳木斯、七台河、牡丹江）、内蒙古（呼伦贝尔、赤峰）、新疆（阿勒泰）。

讨论：本种与赤子爱胜蚓 *Eisenia fetida* 外观相似，生殖隆脊的形状也几乎相似，中国东北部标本与东北西伯利亚标本也一致。

## 26. 红色爱胜蚓 *Eisenia rosea rosea* (Savigny, 1826)

*Enterion roseum* Savigny, 1826. *Mem. Acad. Sci. Inst. Fr.*, 5: 182.

*Lumbricus roseus* Dugès, 1837. *Ann. Sci. Nat.*, 2: 15-35.

*Lumbricus communis anatomicus* (part) Hoffmeister, 1845. *Die bis jetzt bekannten Arten aus der Familie der Regenwürmer. Als grundlage zu einer monographie dieser Familie*: 28.

*Eisenia rosea* Michaelsen, 1900a. *Oligochaeta, Das Tierreich*: 478.

*Eisenia rosea typica* Kobayashi. 1940. *Sci. Rep. Tohoku Univ.*, 15: 285.

*Allolobophora rosea* Edwards & Lofty, 1977. *Biology of Earthworms*: 217.

*Eisenia rosea* Gates, 1972. *Trans. Amer. Philos. Soc.*, 62(7): 104-108.

*Aporrectodea rosea* Gates, 1976. *Megadrilogica*, 2(12): 4.

*Eisenia rosea* Reynolds, 1977. *The Earthworms (Lumbricidae and Sparganophilidae) of Ontario*: 78-83.

*Eisenia rosea* Hong, 2000. *Korean Jour. System. Zool.*, 16(1): 8-9.

*Eisenia rosea rosea* 徐芹和肖能文, 2011. *中国陆栖蚯蚓*: 296-297.

*Eisenia rosea rosea* Xiao, 2019. *Terrestrial Earthworms (Oligochaeta: Opisthopora) of China*: 52-53.

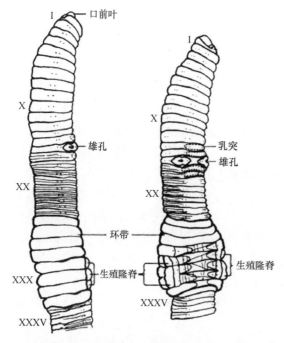

图 30　红色爱胜蚓（Reynolds，1977）

**外部特征**：体长 25-85 mm，宽 3-5 mm。体节数 120-150。口前叶上叶式。背孔自 4/5 节间始。环带位 XXV、XXVI-XXXII 节，稍微腹向开张。生殖隆脊常位 XXIX-XXXI 节。刚毛密生对，$aa>bc$，$bc<dd$，$ab>cd$，前端 $dd$=1/2 节周，后端 $dd$=1/3 节周。雄孔位 XV 节，有隆起的腺乳突，与雄生殖隆脊一起延伸至 XIV 和 XVI 节。受精囊孔 2 对，位 9/10 和 10/11 节间背中线附近，或侧中线与 $d$ 毛之间（图 30）。

**内部特征**：隔膜通常很薄。钙腺位 XI 节。肠自 XX 节始。精巢和精漏斗成对，位 X、XI 节腹侧囊中。储精囊 4 对，位 IX-XII 节，有时位 IX、X、XI-XII 节。受精囊 2 对，位 X 和 XI 节，具短管。

**体色**：无色素。活体呈玫瑰色或淡灰色。保存标本白色。

**生境**：本种是一种世界广布种，被欧洲人引入世界各地。栖息地包括田地、花园、牧场、森林、河岸、湖岸和草原（Gates，1972）。

**讨论**：Thomson 和 Davies（1974）认为本种是单性生殖的，是否有双性生殖未知。Evans 和 Guild（1948）将本种单个个体培养到性成熟，然后产生可育茧。

**命名**：本种依据体色命名。

**模式产地**：法国（巴黎）。

**模式标本保存**：法国国家自然历史博物馆。

**中国分布**：北京（海淀、东城、通州、昌平、怀柔、房山、丰台、朝阳、密云、石景山、延庆）、辽宁（沈阳）、吉林、黑龙江（哈尔滨、齐齐哈尔）、新疆（塔城）。

## （十二）小爱蚓属 *Eiseniella* Michaelsen, 1900

*Eiseniella* Michaelsen, 1900a. *Oligochaeta, Das Tierreich*: 471.
*Eiseniella* Gates, 1972. *Trans. Amer. Philos. Soc.*, 62(7): 108.
*Eiseniella* Reynolds, 1977. *The Earthworms (Lumbricidae and Sparganophilidae) of Ontario*: 83.
*Eiseniella* 徐芹和肖能文，2011. *中国陆栖蚯蚓*: 297.
*Eiseniella* Xiao, 2019. *Terrestrial Earthworms (Oligochaeta: Opisthopora) of China*: 53.

**模式种**：方尾肠道蚓 *Enterion tetraedrum* Savigny, 1826

**外部特征**：口前叶常上叶式，大多具有向后突出的舌。肾孔不明显，XV 节后在刚毛 $b$ 和 $d$ 上方不规则交替排列。纵向肌肉组织羽状。环带始于 XXIII 节或更前体节，包括 4-8 体节。生殖隆脊形成规则的脊。刚毛腹侧和背侧紧密配对。雄孔位 XIII 节，或向前移动 2-4 体节。受精囊孔 2 对，在刚毛 $d$ 线和背中线之间。

内部特征：钙囊位 X 节，指状，在 10/11 节间向肠腹部开放。砂囊位 XVII 节，不发达。肠自 XV 节始。食道在 XI-XIV 节几乎等宽。肾膀胱短香肠状。心脏位 VII-XI 节。食道外血管在 XII 节连接背侧血管。精巢和精漏斗游离。储精囊 4 对，位 IX-XII 节。

国外分布：主要分布在温带。欧洲、北美洲、南美洲、亚洲、非洲、大洋洲。

中国分布：台湾。

讨论：Michaelsen（1900）在 Eisen（1873）建立的属的基础上提出了新属小爱蚓属 *Eiseniella*。新属不仅包含了 *Allurus* Eisen, 1873，还包含了 *Tetragonurus* Eisen, 1874，因为 Eisen 的两个属名都被其他类群优先使用了，*Allurus* Foerster, 1826 被用作膜翅目昆虫的一个属名，而 *Tetragonurus* Risso, 1810 被用作鱼类的一个属名。

中国有 1 种。

## 27. 方尾小爱蚓 *Eiseniella tetraedra* (Savigny, 1826)

*Enterion tetraedrum* Savigny, 1826. *Mem. Acad. Sci. Inst. Fr.*, 5: 184.

*Lumbricus tetraedrus* Dugès, 1837. *Ann. Sci. Nat.*, 2: 17, 23.

*Eiseniella tetraedra* Michaelsen, 1900a. *Oligochaeta, Das Tierreich*: 471.

*Eiseniella tetraedra* Gates, 1972. *Trans. Amer. Philos. Soc.*, 62(7): 108-113.

*Eiseniella tetraedra* Reynolds, 1977. *The Earthworms (Lumbricidae and Sparganophilidae) of Ontario*: 88.

*Eiseniella tetraedra* Shen et al., 2005. *Taiwania*, 50(1): 16-17.

*Eiseniella tetraedra* Chang et al., 2009. *Earthworm Fauna of Taiwan*: 22-23.

*Eiseniella tetraedra* 徐芹和肖能文, 2011. *中国陆栖蚯蚓*: 297-298.

*Eiseniella tetraedra* Xiao, 2019. *Terrestrial Earthworms (Oligochaeta: Opisthopora) of China*: 53-54.

外部特征：除环带区外，前端身体圆柱形。后端方形。体长 30-63 mm，宽 2-4 mm。体节数 60-95。口前叶上叶式。背孔自 4/5 或 5/6 节间始。环带位 XXII、XXIII-XXVI、XXVII 节。生殖隆脊常位 XXIII-XXV、XXVI 节。刚毛密生对，$aa:ab:bc:cc:dd=3:1:3:1:6-8$；X 或 IX 和 X 节腹刚毛为交配毛。雄孔位 XIII 节，具隆起的腺乳突，与生殖隆脊一起延伸至 XIV 和 XVI 节。受精囊孔 2 对，位 9/10 和 10/11 节间背中线附近，或侧中线与 *d* 毛之间。雌孔成对，位 XIV 节腹中部，到刚毛 *a*（图 31）。

内部特征：隔膜无特别加厚。钙腺位 X 节。嗉囊大，位 XV-XVII 节。砂囊小，位 XVIII 节。肠自 XVIII 节始。心脏位 VII-XI 节。精巢囊 2 对，位 X 和 XI 节，囊状。储精囊成对，位 XI 和 XII 节，小。前列腺缺失。卵巢位 XIII 节。受精囊 2 对，位 X 和 XI 节，小；坛圆形，无柄，宽约 0.5 mm，无盲管。

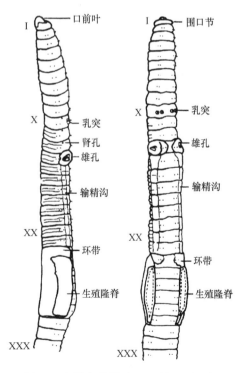

图 31　方尾小爱蚓（Reynolds，1977）

体色：无色素，活体呈玫瑰色或淡灰色；保存时白色。

模式产地：法国（巴黎）。

模式标本保存：法国国家自然历史博物馆。

中国分布：台湾。

生境：本种生活于泉水、湖泊、山洪和沼泽中，是台湾唯一一种生活在淡水环境中的蚯蚓，如果有，则数量很多。

讨论：本种是被人为传播的世界性物种。

## （十三）正蚓属 *Lumbricus* Linnaeus, 1758

*Lumbricus* (part) Linné, 1758. *Systema Naturae*: 647.

*Enterion* (part) Savigny, 1826. *Mem. Acad. Sci. Inst. Fr.*, 5: 179.

*Lumbricus* (part) Hoffmeister, 1845. *Die bis jetzt bekannten Arten aus der Familie der Regenwürmer. Als grundlage zu einer monographie dieser Familie*: 4.

*Lumbricus* Michaelsen, 1900a. *Oligochaeta, Das Tierreich*: 508.

*Lumbricus* Stephenson, 1930. *The Oligochaeta*: 914.

*Lumbricus* Gates, 1972. *Trans. Amer. Philos. Soc.*, 62(7): 113-114.

*Lumbricus* Reynolds, 1977. *The Earthworms (Lumbricidae and Sparganophilidae) of Ontario*: 88.

*Lumbricus* 徐芹和肖能文, 2011. *中国陆栖蚯蚓*: 297-298.

*Lumbricus* Xiao, 2019. *Terrestrial Earthworms (Oligochaeta: Opisthopora) of China*: 54-55.

模式种：正正蚓 *Lumbricus terrestrial* Linnaeus, 1758

外部特征：口前叶为穿入叶式。背孔始于 10/11 节间前。肾孔明显，在 XV 节后刚毛 *b* 和 *d* 上方不规则交替排列。环带马鞍状，位 XXVI-XXXII 节。生殖隆脊与纵脊合并。腹部与侧面刚毛紧密对生。雄孔位 XV 节 *b* 与 *g* 刚毛线间。受精囊孔 2 对，位 9/10/11 节间 *cd* 线上。雌孔位 XIV 节最外端到 *b* 刚毛线间。

内部特征：钙囊位 X 节，指状到梨状，在 10/11 节间后部和腹部向肠道开放。砂囊长于 1 节，主要位 XVII 节。食管在 XI-XII 节中变宽并呈明显串珠状，具有垂直的狭长管腔，在 12/13 节间后逐渐狭窄。肠自 XV 节始。肾膀胱"J"形，侧端闭合，*b* 毛通到体壁。食道外血管在 IX-X 节连接到背血管。心脏位 VII-XI 节。精巢囊位 X 和 XI 节。储精囊 3 对，位 IX、XI 和 XII 节。

体色：体色一般深，节间沟下面和纵肌无色素。

国外分布：欧洲（冰岛）、北美洲、亚洲（西伯利亚）。因人为因素而迁移于世界各地。

中国分布：东北部、西北部。

讨论：本属最初只包含两个物种：*L. terrestris* 和 *L. marinus*，因 *L. marinus* 不属于寡毛纲，故 *L. terrestris* 成为该属的模式种。后来学术界对 *L. terrestris* 的物种描述出现了混乱，1973 年，Sims 对 *L. terrestris* 的模式标本进行了重新讨论和定义，同时在瑞典保存的模式标本也转移到英国自然历史博物馆。

中国有 1 种。

## 28. 红正蚓 *Lumbricus rubellus* Hoffmeister, 1843

*Lumbricus rubellus* Hoffmeister, 1843. *Archiv für Naturgeschichte*, 9(1): 187.

*Lumbricus rubellus* Michaelsen, 1900a. *Oligochaeta, Das Tierreich*: 509.

*Lumbricus rubellus* Stephenson, 1923. *The Fauna of British India*, 95: 509-510.

*Lumbricus rubellus* Gates, 1972. *Trans. Amer. Philos. Soc.*, 62(7): 115-118.

*Lumbricus rubellus* Reynolds, 1977. *The Earthworms (Lumbricidae and Sparganophilidae) of Ontario*: 94-98.

*Lumbricus rubellus* 徐芹和肖能文, 2011. *中国陆栖蚯蚓*: 50-51.

*Lumbricus rubellus* Xiao, 2019. *Terrestrial Earthworms (Oligochaeta: Opisthopora) of China*: 55.

外部特征：身体圆柱形，有时后部背腹略扁平。体长 50-150 mm，一般长于 60 mm，宽 4-6 mm。体节数 70-120。口前叶为穿入叶式。背孔自 5/6-8/9 节间始。环带位 XXVI、XXVII-XXXI、XXXII 节。生殖隆脊位 XXVIII-XXXI 节。刚毛紧密对生，$aa>bc$，$ab>cd$，后部 $dd=1/2$ 节周。雄孔位 XV 节，不明显，无腺乳突。受精囊孔 2 对，位 9/10 和 10/11 节间（图 32）。

内部特征：储精囊 3 对，位 IX、XI 和 XII-XIII 节。受精囊 2 对，有短管。

体色：淡红褐色或紫红色，背部红色。

命名：本种依据体色命名。

中国分布：东北部、西北部。

生境：本种具有广泛的生境，包括河岸、公园、花园、牧场的废弃物、石头下、老树叶下、原木下和木材中（Cenosvitov & Evans，1947）。

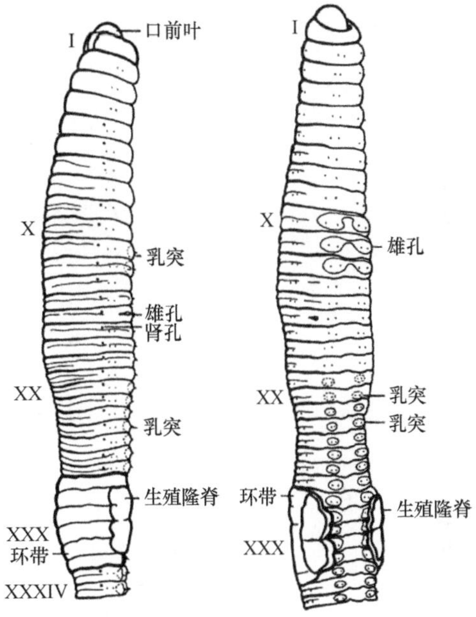

图 32 红正蚓（Reynolds，1977）

## （十四）辛石蚓属 *Octolasion* Örley, 1885

*Octolasion* (part) Örley, 1885. *Ertek. Term. Magyar Akad.*, 15(18): 13.

*Octolasium* Michaelsen, 1900a. *Oligochaeta, Das Tierreich*: 504.

*Octolasium* Stephenson, 1930. *The Oligochaeta*: 914.

*Octolasium* Gates, 1972. *Trans. Amer. Philos. Soc.*, 62(7): 123.

*Octolasium* Bouché, 1972. *Lombriciens de France: écologie et systématique*: 253.

*Octolasion* Gates, 1975. *Megadrilogica*, 2(1): 4.

*Octolasion* Reynolds, 1977. *The Earthworms (Lumbricidae and Sparganophilidae) of Ontario*: 104.

*Octolasion* 徐芹和肖能文, 2011. *中国陆栖蚯蚓*: 299.

*Octolasion* Xiao, 2019. *Terrestrial Earthworms (Oligochaeta: Opisthopora) of China*: 55-56.

模式种：乳状辛石蚓 *Octolasion lacteum* (Örley, 1881) = (*Enterion tyrtaeum* Savigny, 1826)

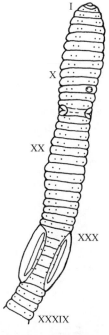

图 33　乳状辛石蚓
（Reynolds，1977）

外部特征：口前叶上叶式，很少穿入叶式。纵向肌肉组织羽状。肾孔明显，XV 节后每侧规则一列，略高于 b 毛，环带后不紧密对生。环带通常马鞍形。生殖隆脊融合形成纵脊。刚毛多数分开，很少紧密成对。受精囊在 c 线，或在 c 和 d 之间，或在 c 线以下。

内部特征：钙囊位 X 节，大，侧向，垂直和广泛地与肠腔联通，并到达食道的背面和腹部。砂囊长于 1 节，主要位 XVII 节。肠自 XV 节始。肾膀胱陶笛状。食道外血管于 XII 节后部通到背血管。心脏位 VI-XI 节。精巢与精漏斗通常包围在 2 对精巢囊中。储精囊 4 对，位 IX-XII 节（图 33）。

国外分布：广泛分布于欧洲（奥地利、匈牙利、保加利亚、瑞士、西班牙、法国、德国、英国、斯洛伐克、罗马尼亚、意大利、俄罗斯西部和南部）、非洲（阿尔及利亚）、北美洲（墨西哥）、南美洲（乌拉圭）、大洋洲（澳大利亚）、亚洲（印度北部）。

中国分布：辽宁、黑龙江。

讨论：自 20 世纪初，本属拉丁名的拼写一直有相当的争议。Michaelsen（1900）改变了许多拉丁词尾的希腊语泛型词尾，即 *Octolasion* 变成 *Octolasium*、*Bimastos* 变成 *Bimsatus*。根据国际动物命名法规，最初的拼写是正确的。因此，*Octolasion* 和 *Bimastos* 拼写正确，现在大多数寡毛纲分类学者都在使用。现在认为 *Octolasion* 属于 *Octodrilus*，*Lumbricus complanatus* 为模式种（Bouché，1972；Gates，1975）。

中国有 2 种。

## 辛石蚓属分种检索表

1. 生殖隆脊位 1/2XXX-1/3XXXV 节 ·································· 乳状辛石蚓 *Octolasion lacteum*
   生殖隆脊位 XXXIV-XXXVI 节 ·································· 神女辛石蚓 *Octolasion tyrtaeum*

## 29. 乳状辛石蚓 *Octolasion lacteum* (Örley, 1881)

*Lumbricus terrestris* var. *lacteus* Örley, 1881. *Mathematikai és Természettudományi Közlemények*, 16: 584.
*Octolasion lacteum* Kobayashi, 1940. *Sci. Rep. Tohoku Univ.*, 15: 302-303.
*Octolasion lacteum* 徐芹和肖能文, 2011. *中国陆栖蚯蚓*: 299.
*Octolasion lacteum* Xiao, 2019. *Terrestrial Earthworms (Oligochaeta: Opisthopora) of China*: 56-57.

外部特征：体长 131 mm，宽 4 mm。体节数 126。口前叶 1/2 上叶式。背孔自 10/11 或 11/12 或 12/13 节间始。环带马鞍形，位 XXX-XXXV 节。生殖隆脊位 1/2XXX-1/3XXXV 节，色暗，各为 1 深沟。刚毛，雄孔前为密生对，IX 节 ab<bc>cd，雄孔后为疏生对，环带后邻近体节 ab>bc>cd；XII 节左侧 a 与 b 毛含在生殖乳突上。雄孔位 XV 节 b 与 c 毛间近 b 毛侧，裂缝状，孔在一略隆起的乳突上，乳突延伸至 XIV 和 XVI 节很少部分。受精囊孔 2 对，位 9/10 和 10/11 节间 c 毛线上。雌孔位 XIV 节 b 毛侧。

内部特征：隔膜 6/7-8/9 中等厚。具精巢囊。储精囊 4 对，位 IX-XII 节，IX 与 X 节的指状，与 XI 和 XII 节的形状明显不同。受精囊球形，具一极不明显的柄。

体色：在福尔马林溶液中粉红色，无色素；环带淡肉红色。

模式产地：法国（巴黎）。

中国分布：辽宁（丹东）、黑龙江（哈尔滨）。

## 30. 神女辛石蚓 *Octolasion tyrtaeum* (Savigny, 1826)

*Enterion tyrtaeum* Savigny, 1826. *Mem. Acad. Sci. Inst. Fr.*, 5: 180.

*Lumbricus tyrtaeum* Dugès, 1837. *Ann. Sci. Nat.*, 2: 17, 22.

*Octolasium lacteum* Michaelsen, 1900a. *Oligochaeta, Das Tierreich*: 506.

*Octolasium tyrtaeum* Gates, 1972. *Trans. Amer. Philos. Soc.*, 62(7): 125-128.

*Octolasium lacteum* Edwards & Lofty, 1977. *Biology of Earthworms*: 216.

*Octolasion tyrtaeum* Reynolds, 1977. *The Earthworms (Lumbricidae and Sparganophilidae) of Ontario*: 108-111.

*Octolasion tyrtaeum* 徐芹和肖能文, 2011. *中国陆栖蚯蚓*: 300.

*Octolasion tyrtaeum* Xiao, 2019. *Terrestrial Earthworms (Oligochaeta: Opisthopora) of China*: 57.

外部特征：身体圆柱形，后部略八边形。体长 25-130 mm，宽 3-6 mm。体节数 75-150。口前叶为上叶式。背孔自 9/10-13/14 节间始，常在 11/12 节间始。环带位 XXX-XXXV 节。生殖隆脊位 XXXIV-XXXVI 节。刚毛，前端紧密对生，*cd*<*ab*<*bc*<*aa*<*dd*；后端稀疏对生，*ab*>*bc*>*cd*。刚毛偶尔在 XII 节，和常在 IX-XII、XIV、XVII、XIX-XXIII、XXVII、XXXVII 或 XXXVIII 节着生的 *a* 毛和/或 *b* 毛在生殖隆脊上并称为生殖毛。雄孔位 XV 节，在大乳突上，延伸至 XIV 和 XVI 节，常限于 XV 节。受精囊孔 2 对，位 9/10 和 10/11 节间（在 *c* 和 *d* 毛间）（图 34）。

内部特征：储精囊 4 对，位 IX-XII 节，位 XI 和 XII 节的较 IX 和 X 节的大。受精囊 2 对。

体色：多变，奶白色、灰白色、蓝色或粉红色。

模式产地：法国（巴黎）。

中国分布：黑龙江（哈尔滨）。

生境：栖息于石头和原木下，喜泥炭、腐叶土、堆肥等生境（Gates，1972）。

讨论：本种是专性孤雌生殖物种（Gates，1973；Reynolds，1974）。

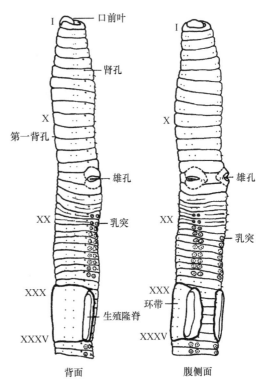

图 34 神女辛石蚓（Reynolds，1977）

# 五、巨蚓科 Megascolecidae Rosa, 1891

Megascolecidae Rosa, 1891. *Ann. Nat. Hofmus. Wien*, 6: 379-406.

Megascolecidae Michaelsen, 1900a. *Oligochaeta, Das Tierreich*: 120-121.

Megascolecidae Stephenson, 1930. *The Oligochaeta*: 818.

Megascolecidae Gates, 1972. *Trans. Amer. Philos. Soc.*, 62(7): 130-132.

Megascolecidae 徐芹和肖能文, 2011. *中国陆栖蚯蚓*: 66.

Megascolecidae Xiao, 2019. *Terrestrial Earthworms (Oligochaeta: Opisthopora) of China*: 59.

模式属：巨蚓属 *Megascolex* Templeton, 1844

外部特征：口前叶前叶式。环带单层，环状，可见节间沟，始于或在 XV 节之前。刚毛单尖，"S"形，排列方式为对生或环生任意一种，每体节 4 对。雄孔 1 对，一般位 XVII 或 XVIII 节中任意一节，极少位 XIX 节。雌孔成对，或单个中孔。

内部特征：一般具一个砂囊。精巢 2 对，位 X 和 XI 节，或 1 对，位 X 或 XI 节。前列腺 1 个或 1 对，极少种类缺失。卵巢 1 对，位 XIII 节。

国外分布：大部分陆栖，少数栖息于淡水或沿海。广泛分布于整个南半球和北半球的南部；西亚、北美洲北部未发现有分布，而在中欧、南欧和北非只发现很少独立个体。

中国分布：北京、天津、河北、内蒙古、辽宁、吉林、黑龙江、上海、江苏、浙江、安徽、福建、江西、山东、河南、湖北、湖南、广东、广西、海南、重庆、四川、贵州、云南、西藏、陕西、甘肃、青海、香港、澳门、台湾。

中国有 8 属 322 种（含亚种）。

## 巨蚓科分属检索表

1. 身体背腹扁平··························································扁环蚓属 *Planapheretima*
   身体圆柱形····························································································2
2. 环带位 XIII、XIV-XVII 节·········································································3
   环带位 XIV-XVI 节···················································································4
3. 环带位 XIII-XVII 节 ·················································环棘蚓属 *Perionyx*
   环带位 XIV-XVII 节 ·················································炬蚓属 *Lamptio*
4. 环带位 XIV-XVI 节，环状；肠不具盲肠 ··············多环蚓属 *Polypheretima*
   肠具盲肠····························································································5
5. 盲肠自 XXII 节或附近始·········································近盲蚓属 *Pithemera*
   盲肠自 XXV 节或 XXV 节后始···································································6
6. 盲肠自 XXV 节始·····················································毕格蚓属 *Begemius*
   盲肠自 XXVII 节或附近始··········································································7
7. 具交配腔····························································腔蚓属 *Metaphire*
   无交配腔····························································远盲蚓属 *Amynthas*

## （十五）远盲蚓属 *Amynthas* **Kinberg, 1867**

*Amynthas* Kinberg, 1867. *Öfvers. Kongl. Vetensk. Akad. Forhandl.*, 24: 97, 101.
*Pheretima* (*Pheretima*) (part) Michaelsen, 1928. *Arkiv. for Zoologl.*, 20(2): 8.
*Amynthas* Sims & Easton, 1972. *Biol. J. Linn. Soc.*, 4(3): 211.
*Amynthas* 徐芹和肖能文, 2011. *中国陆栖蚯蚓*: 66.
*Amynthas* Xiao, 2019. *Terrestrial Earthworms (Oligochaeta: Opisthopora) of China*: 59-60.

模式种：蓝绿远盲蚓 *Amynthas aeruginosus* Kinberg, 1867

外部特征：体大小不一。环带位 XIV-XVI 节，偶见位 XIII-XVII 节，环状。刚毛环生，每体节多。雄孔 1 对，位 XVIII 节体表面，偶见位 XIX 节。无交配腔。受精囊孔小或大，一般成对，偶见 1 个或缺失，位 4/5 和 8/9 节间之间。雌孔 1 个，偶 2 个，位 XIV 节。

内部特征：砂囊位 7/8 和 9/10 隔膜之间。无食道囊。盲肠始于 XXVII 节或附近体节。精巢位 X 与 XI 节，或位 XI 节。卵巢成对，位 XIII 节。受精囊一般成对，偶见 1 个或缺失，受精囊管上偶有肾管层。

国外分布：东洋界、澳洲界。

中国分布：北京、河北、山西、辽宁、吉林、黑龙江、上海、江苏、浙江、安徽、福建、江西、山东、河南、湖北、广东、广西、海南、重庆、四川、贵州、云南、西藏、陕西、甘肃、香港、台湾。

中国有 212 种及 17 亚种。

### 远盲蚓属分种组检索表

10. 受精囊孔 2 对，位 4/5/6 节间·················································丝婉种组 swanus-group
　　受精囊孔 2 对，位 5/6/7 节间或之后·······································································11
11. 受精囊孔 2 对，位 5/6/7 节间·················································毛利种组 morrisi-group
　　受精囊孔 2 对，位 6/7/8 节间或 7/8/9 节间····························································12
12. 受精囊孔 2 对，位 6/7/8 节间··············································东京种组 tokioensis-group
　　受精囊孔 2 对，位 7/8/9 节间···········································蓝绿种组 aeruginosus-group
13. 受精囊孔 3 对·································································································14
　　受精囊孔 3 对以上··························································································16
14. 受精囊孔 3 对，位 4/5/6/7 节间···········································姻缘种组 pauxillulus-group
　　受精囊孔 3 对，位 5/6/7/8 或 6/7/8/9 节间·····························································15
15. 受精囊孔 3 对，位 5/6/7/8 节间··········································夏威种组 hawayanus-group
　　受精囊孔 3 对，位 6/7/8/9 节间···········································西伯尔种组 sieboldi-group
16. 受精囊孔 4 对，位 5/6/7/8/9 节间·········································窄环种组 diffringens-group
　　受精囊孔 5 对，位 4/5/6/7/8/9 节间··········································二裂种组 bifidus-group
17. 受精囊孔 2 个，不成对，位 VI 和 VII 节·····························乳突种组 mamillaris-group
　　受精囊孔成对·······························································································18
18. 受精囊孔 1 对，位 VI 节··························································平滑种组 glabrus-group
　　受精囊孔 2 对或以上······················································································19
19. 受精囊孔 2 对······························································································20
　　受精囊孔 3 对或以上······················································································21
20. 受精囊孔 2 对，位 VI 和 VII 节········································露管种组 canaliculatus-group
　　受精囊孔 2 对，位 VII 和 VIII 节··········································罩盖种组 pomellus-group
21. 受精囊孔 3 对，位 VI-VIII 节···················································伯恩种组 bournei-group
　　受精囊孔 4 对，位 VI-IX 节····················································多裂种组 rimosus-group

### A. 蓝绿种组 aeruginosus-group

受精囊孔 2 对，位 7/8/9 节间。

中国有 22 种和 3 亚种。

### 蓝绿种组分种检索表

1. 背孔自 10/11 节间始····························································································2
　　背孔自 10/11 节间后始························································································3
2. 受精囊孔前后腹向各具 1 瘤突状乳突·····················三星远盲蚓 Amynthas triastriatus
　　受精囊孔在刚毛圈后 1 圆形平突上·············库氏远盲蚓 Amynthas corrugatus kulingianus
3. 背孔自 11/12 节间始····························································································4
　　背孔自 12/13 节间始··························································································12
4. 环带前体节无乳突；雄孔位 1 中等大的宽圆球形突起顶部··········································
　　·······················································································江远盲蚓 Amynthas kiangensis
　　环带前体节具乳突····························································································5
5. VII-X 节之间或具乳突·························································································6
　　VII 和 IX 节具乳突···························································································7
6. VII-X 节具 5-10 个小圆突，排列多变·······························陈氏远盲蚓 Amynthas cheni
　　VII-IX 节具乳突······························································································10
7. 受精囊孔的腹侧具横排（1 排或 2 排）乳突，约 10 个·········参状远盲蚓 Amynthas aspergillum

雄孔周围环绕 5-9 个小乳突······················································· 金门远盲蚓 Amynthas kinmenensis

24. 受精囊孔区腹侧具小乳突；XI 节腹面具 1 横方区，伸至 X 节上稍隆起，区内有 40-50 个乳突······
　　················································································· 峨眉山远盲蚓 Amynthas omeimontis

　　IX 节腹面受精囊孔区具 2 排乳突，约 22 个；VIII 节也具相同乳突，或紧靠受精囊孔··················
　　············································································· 金佛远盲蚓 Amynthas kinfumontis

### 31. 参状远盲蚓 *Amynthas aspergillum* (Perrier, 1872)

*Perichaeta aspergillum* Perrier, 1872. *Nouvelles Archives du Museum*, 8: 118-122.

*Pheretima aspergillum* Gates, 1935a. *Smithsonian Mis. Coll.*, 93(3): 7.

*Pheretima (Pheretima) aspergillum* Chen, 1938. *Contr. Biol. Lab. Sci. Soc. China (Zool.)*, 12(10): 382.

*Pheretima aspergillum* Gates, 1939. *Proc. U.S. Nat. Mus.*, 85: 420-425.

*Pheretima aspergillum* 陈义等, 1959. *中国动物图谱 环节动物(附多足类)*: 11.

*Pheretima aspergillum* Gates, 1959. *Amer. Mus. Novitates*, 1941: 1-3.

*Pheretima aspergillum* Tsai, 1964. *Quar. Jour. Taiwan Mus.*, 17(1&2): 29-30.

*Amynthas aspergillum* Sims & Easton, 1972. *Biol. J. Linn. Soc.*, 4(3): 234.

*Amynthas aspergillum* Chang et al., 2009. *Earthworm Fauna of Taiwan*: 24-25.

*Amynthas aspergillum* 徐芹和肖能文, 2011. *中国陆栖蚯蚓*: 82.

*Amynthas aspergillum* Xiao, 2019. *Terrestrial Earthworms (Oligochaeta: Opisthopora) of China*: 61-62.

外部特征：体长 115-416 mm，宽 6-12 mm。体节数 109-153。背孔自 11/12 节间始。环带位 XIV-XVI 节，环状，无背孔，无刚毛。环带前刚毛一般硬而粗，II-IX 节尤粗，末端黑，距离宽，背面亦然；刚毛数：51-67（VIII 节），62-69（XX 节）；30-34（VIII 节）在受精囊孔间；20-30（XVIII）在雄孔间，在雄孔相近腺体部较密，每侧 6-7 条。雄孔在 XVIII 节腹刚毛圈一小突上，外缘有数个环绕的浅皮褶，内侧刚毛圈隆起，前后两边有横排（1 排或 2 排）小乳突，每侧 10-20 个不等。受精囊孔 2 对，在 7/8/9 节间一椭圆形突起上，约占 5/11 节周，孔的腹侧有横排（1 排或 2 排）乳突，约 10 个，距孔远处无此类乳突（图 35）。

内部特征：隔膜 5/6-7/8、10/11-13/14 颇厚，8/9/10 缺失。砂囊宽大，位 VIII 和 IX 节。肠始于 XV 节；盲肠成对位于 XXVII 节，简单，前端延伸至 XXIII 或 XXII 节。心脏末对位 XIII 节。精巢囊 2 对，位 X 和 XI 节，腹侧连接。储精囊成对，位 XI 和 XII 节，有背叶。前列腺宽大，位 XVIII 节，后部延伸至 XXII 节，分裂成数片。外部雄孔乳突下存在对应的副性腺。卵巢成对位 XIII 节。受精囊 2 对，位 VII 和 VIII 节；坛桃形，坛管短；盲管柄长，细长弯曲（图 35）。纳精囊卵形，长。

体色：背部紫灰色，后部稍浅；刚毛圈稍白色。

命名：本种依据雄孔区乳突排列形似粗糙的唇部，采用参差不齐之意，中文采用"参状"，一

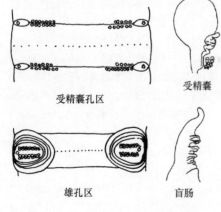

受精囊孔区　　　受精囊

雄孔区　　　盲肠

图 35　参状远盲蚓（Chen，1938）

直沿用。

　　模式产地：福建（厦门、福州）。

　　模式标本保存：法国国家自然历史博物馆。

　　中国分布：福建（厦门、福州）、台湾（台北、屏东）、广东（东莞）、香港（九龙）、海南（万宁）、广西。

　　讨论：本种与异腺毕格蚓 *Begemius paraglandularis* 在身体主要系统结构方面非常相似。根据方炳文等对异腺毕格蚓的描述，异腺毕格蚓的雄孔为大缝隙；具有大小适中的交配腔，每个交配腔包含一个生殖乳突，2 对精巢囊，成对精巢囊之间横向相互连接，与垂直方向的乳突相互连接。然而，远盲蚓属的砂囊总是位于 VIII 节，方炳文误认为其在隔膜 6/7-8/9 而不是 5/6-7/8 节间。生殖乳突前伸部位在雄孔区呈脊状，这些不同的特征多半是观察或者解释存在错误的结果。

### 32. 陈氏远盲蚓 *Amynthas cheni* Qiu, Wang & Wang, 1994

*Amynthas cheni* 邱江平等, 1994. *四川动物*, 13(4): 143-145.

*Amynthas cheni* 徐芹和肖能文, 2011. *中国陆栖蚯蚓*: 92-93.

*Amynthas cheni* Xiao, 2019. *Terrestrial Earthworms (Oligochaeta: Opisthopora) of China*: 62-63.

　　外部特征：体长 46-85 mm，宽 2.0-3.0 mm。体节数 59-107。口前叶 1/2 上叶式。背孔自 11/12 节间始。环带位 XIV-XVI 节，环状，无刚毛。VIII 节刚毛明显粗大，排列也较稀疏；$aa$=1.5$ab$，$zz$=1.3$zy$。刚毛数：24-32（III），27-34（V），32-46（VIII），32-42（XX），31-44（XXV）；8-12（VII）、22-26（VIII）、8-12（VII）、11-18（VIII）在受精囊孔间；6-9（XVIII）在雄孔间。雄孔 1 对，在 XVIII 节腹侧，约占 1/3 节周；孔在一梭形小乳突上，孔突外侧具 2-3 环脊；17/18、18/19 节间沟上各具 1 对较小圆形乳突。受精囊孔 2 对，位 7/8/9 节间腹面，或 3 对，位 6/7/8/9 节间腹面，约占 2/5 节周，孔前后皮肤腺肿明显；VII-X 节腹侧具 5-10 个圆形小乳突，排列多变。雌孔单，位 XIV 节腹中央（图 36）。

　　内部特征：隔膜 8/9/10 缺，5/6-7/8 较厚，其余均薄。砂囊桶状。肠自 XVI 节始扩大；盲肠简单，背腹缘均光滑，前伸达 XXIV 节。末对心脏位 XIII 节。精巢囊 2 对，位 X 和 XI 节，卵圆形，两侧相通。储精囊 2 对，位 XI 和 XII 节，背叶大而明显，卵圆形。前列腺位 XVI-XX 节，发达，块状分叶；前列腺管长，"U"形弯曲，其内侧 17/18、18/19 节间各具一小圆块状副性腺，副性腺具短索状导管。受精囊 2 对，位 VIII 和 IX 节，或 3 对，位 VII、VIII 和 IX 节；坛心脏形，其端部略为削尖，长 2.0-2.5 mm，坛与坛管之间界线明显；盲管较主体略短，管稍弯曲，末端呈卵圆形或圆球形

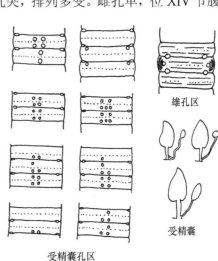

雄孔区

受精囊

受精囊孔区

图 36　陈氏远盲蚓（邱江平等，1994）

中 国 蚯 蚓

或长囊状膨大，为纳精囊（图36）。副性腺呈小圆团状，位 VII-X 节腹面，具短索状导管。

体色：环带红褐色。

命名：本种依据著名的中国蚯蚓分类学家陈义教授命名，以纪念他对中国蚯蚓分类学的贡献。

模式产地：贵州（梵净山）。

模式标本保存：贵州省生物研究所。

中国分布：贵州（铜仁）。

生境：生活在海拔 900-2360 m 的常绿阔叶林树干、树杈或岩石上的苔藓中，或树根颈、树杈、岩石上的薄层腐殖质中。

讨论：本种与饶氏远盲蚓 *Amynthas jaoi* 相似。本种背孔自 11/12 节间始，纳精囊卵圆形、圆球形或长囊状，储精囊较小，乳突位置等与饶氏远盲蚓有明显差异。

### 33. 皱褶远盲蚓 *Amynthas corrugatus* (Chen, 1931)

*Pheretima (Pheretima) corrugata* Chen, 1931. *Contr. Biol. Lab. Sci. Soc. China (Zool.)*, 7(3): 131-137.

*Pheretima corrugata* Chen, 1933. *Contr. Biol. Lab. Sci. Soc. China (Zool.)*, 9(6): 278.

*Amynthas corrugatus corrugatus* Sims & Easton, 1972. *Biol. J. Linn. Soc.*, 4(3): 234.

*Amynthas corrugatus corrugatus* 徐芹和肖能文, 2011. *中国陆栖蚯蚓*: 95-96.

*Amynthas corrugatus* Xiao, 2019. *Terrestrial Earthworms (Oligochaeta: Opisthopora) of China*: 63-64.

外部特征：体长 100-140 mm，宽 4-6 mm。体节数 88-110。口前叶 1/2 或 1/3 上叶式。背孔自 11/12 节间始。环带位 XIV-XVI 节，环状，占 3 体节，短，无刚毛，具不明显的节间沟。后部体节狭窄，约为环带前体节之半。体前部几节刚毛长。刚毛数：30-35（III），38-44（XI），40-44（VIII），52-54（XII），58-65（XXV）；18（VIII）在受精囊孔间；12-16 在雄孔间。雄孔位 XVIII 节腹面，约占 1/3 节周；孔位一极浅的交配腔内，通常在 3-5 条环脊包绕的一中央小突上，相邻的两条环脊形成 1 条深沟。雄孔区无生殖乳突（图37）。受精囊孔 2 对，位 7/8/9 节间，约占 5/18 节周，外表一般不显；孔在一眼状窝内，各孔后偶见一小乳突。

内部特征：隔膜 8/9/10 缺失，5/6/7/8、10/11-13/14 极发达，富肌肉，表面光亮。砂囊圆形，光滑。肠自 XVI 节始扩大；盲肠简单，长，位 XXVI 节，前达 XXIV 或 XXII 节。心脏 4 对，位 X-XIII 节。精巢囊相当大，位 XI 和 XII 节，且分别在 10/11、11/12 隔膜前，相隔远，前对"V"形，中部狭窄相连；后对大，广泛连接；精巢小，但精漏斗很大。储精囊小或中等大小，具一大的三角形背叶，浅灰色。前列腺大，位 XVI-XX 节，扇形，细裂叶，管长，两端屈曲，中部粗直。副性腺若有，具葡萄状腺部和长柄。退化的卵巢对位 12/13、13/14 节间。受精囊位

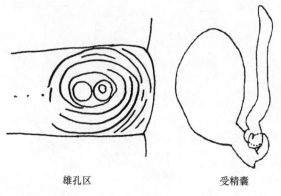

雄孔区　　　　　　受精囊

图 37　皱褶远盲蚓（Chen，1931）

VIII 和 IX 节；坛卵圆形或圆形，壁薄，表面始终具皱纹；坛管粗而短；盲管细，极长，比主体长很多，曲或直，其中部或游离端膨大。坛管基部附近有时有副性腺（图 37）。

体色：保存标本浅灰白色，背部浅栗色，沿背孔有深褐色条纹，在背前端浅灰色；腹侧苍白，向背侧变得稍绿或黄白色；环带肉质或浅樱桃红。

命名：本种依据受精囊坛表面始终具皱纹而命名。

模式产地：四川（乐山）。

模式标本保存：曾存于国立中央大学（南京）动物学标本馆，疑遗失[①]。

中国分布：江苏（宜兴）、浙江（杭州）、江西（九江）、湖北（黄冈）、四川（乐山）。

讨论：本种与福建远盲蚓 *Amynthas fokiensis* 相近，不同之处在于：①体型小；②雄孔外观好；③雄孔和受精囊部位的生殖乳突减少；④前列腺和储精囊更发达，精巢囊排列更加紧密；⑤坛和盲管呈不同的形状。

本种和西方腔蚓 *Metaphire hesperidum* 相似，区别在于：①受精囊的位置和数量，坛和盲管的形状；②砂囊、隔膜和前列腺管的表面特征；③受精囊和前列腺的形状和特征。

## 34. 库氏远盲蚓 *Amynthas corrugatus kulingianus* (Chen, 1933)

*Pheretima corrugata kulingianus* Chen, 1933. *Contr. Biol. Lab. Sci. Soc. China (Zool.)*, 9(6): 278-281.

*Amynthas corrugatus kulingianus* Sims & Easton, 1972. *Biol. J. Linn. Soc.*, 4(3): 234.

*Amynthas corrugatus kulingianus* 徐芹和肖能文, 2011. *中国陆栖蚯蚓*: 96.

*Amynthas corrugatus kulingianus* Xiao, 2019. *Terrestrial Earthworms (Oligochaeta: Opisthopora) of China*: 69-70.

外部特征：体长 102-150 mm，宽 4-4.5 mm。体节数 70-112。口前叶 1/2 上叶式。背孔自 10/11 节间始。环带位 XIV-XVI 节，完整，环状，光滑，无刚毛。刚毛少而细，体各部形态相同；腹面稀疏更显细长；V-VII 节 $a$、$b$、$c$、$d$ 毛不长而稀细；背腹间隔不大，$aa$=（1.2-1.5）$ab$，$zz$=（1.5-3.0）$yz$；刚毛数：30-38（III）、36-45（VI）、40-54（VIII）、44-56（XII）、48-64（XXV）；21（VIII）在受精囊孔间，12-14 在雄孔间。雄孔位 XVIII 节腹侧，约占 1/3（5/14）节周；孔在 1 个小孔突上，包绕 5-9 条同心环脊，相邻两脊具浅沟，孔突中央无乳突；此部分隆起为卵形，延伸至 XVII 和 XIX 节，隆起在 XVIII 节腹面几近相接。受精囊孔 2 对，位 7/8/9 节间腹面雄孔线上，为小椭圆形垫，通常不显，孔周无生殖标记。在 VII 和 VIII 节刚毛圈后有 2 对乳突规则排列，在刚毛 $c$ 后面，间隔约 1 mm，乳突圆形，扁平，不特别凸起，顶部暗灰色（图 38）。雌孔单，位 XIV 节腹中部。

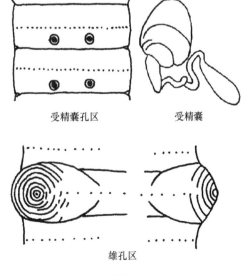

受精囊孔区　　　　　受精囊

雄孔区

图 38　库氏远盲蚓（Chen，1933）

---

[①] 新中国成立后，国立中央大学（南京）动物学标本馆由南京大学生物系（现为生命科学学院）承继。

内部特征：隔膜 8/9 腹面存在，9/10 缺失，5/6/7、10/11-12/13 或 13/14 中等厚，16/17 之后厚。嗉囊通常小。砂囊筒状，表面苍白但不发光。肠自 XVI 节扩大；盲肠简单，位 XXVI 或 XXVII 节，前伸达 XXIII 节，腹缘具齿。心脏 4 对，胃和前列腺间背血管增大。精巢囊与储精囊等大，扩张；前对薄而宽的膜连接，后对更大更紧密。精巢小，精漏斗大。输精管在 12/13 隔膜后汇合。储精囊有大的三角形背叶。前列腺极大，位 XVI-XXII 节，占 7 节，是相当大的裂片，表面光滑，矩形，有非常长的导管，下部深弯，上部松散盘绕，中部稍弯曲，总长约 5 mm，表面苍白但不发光。受精囊 2 对，位 VII 和 VIII 节；坛圆形，宽约 2 mm；坛管短，约 0.5 mm；盲管较主体长，基部略弯曲，末端膨大（图 38）。

体色：在福尔马林溶液中背面淡褐色，前端色深，体后半部淡黄色，向后到前列腺区蓝灰色，背中线色略深，腹面苍白绿色，环带肉桂黄色。

模式产地：江西（九江）。

模式标本保存：曾存于国立中央大学（南京）动物学标本馆，现在不明。

中国分布：江西（九江）。

讨论：本种的外形很像异毛远盲蚓 Amynthas heterochaetus，但本种体型更细长。在身体构造上与皱褶远盲蚓 Amynthas corrugatus 很相似，不同点在于：本种雄孔区隆起为卵形，无乳突，在 VII 和 VIII 节刚毛圈后规则排列成对乳突，而在皱褶远盲蚓中未发现如此整齐排列的乳突。砂囊、隔膜等结构差异小。

### 35. 福建远盲蚓 *Amynthas fokiensis* (Michaelsen, 1931)

*Pheretima fokiensis* Michaelsen, 1931. *Peking Nat. Hist. Bull.*, 5(2): 19-20.
*Amynthas fokiensis* 徐芹和肖能文，2011. *中国陆栖蚯蚓*: 115-116.
*Amynthas fokiensis* Sims & Easton, 1972. *Biol. J. Linn. Soc.*, 4(3): 234.
*Amynthas fokiensis* Xiao, 2019. *Terrestrial Earthworms (Oligochaeta: Opisthopora) of China*: 64-65.

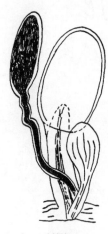

受精囊

图 39 福建远盲蚓
（Michaelsen，1931）

外部特征：体长 125 mm，宽 5-5.5 mm。体节数 136。口前叶上叶式。背孔自 12/13 节间始。环带位 XIV-XVI 节，环状，无刚毛。除 II 或 II 和 III 节外，体前部刚毛粗大，腹面亦然，X 节后急剧变小而密；刚毛数：45（V），55（IX），65（XIII），58（XVII），85（XXV）。雄孔位 XVIII 节腹侧刚毛圈上，约占 1/2 孔周弱，孔在一中等大小的疣状乳突顶端，明显，突周具 1 条或多条约清晰的环沟。雄孔突顶端、紧靠雄孔斜前方中部具 1 极小的圆形乳突，该乳突略隆起。受精囊孔 2 对，位 7/8/9 节间腹侧，约占 1/2 周。受精囊孔裂缝内具 1 小乳突，外表不显。检查内部特征后，受精囊管的末端有一个柄状腺，它的许多导管连接在受精囊孔裂缝中的乳突上。雌孔单，位 XIV 节腹中部。

内部特征：隔膜 8/9/10 发育不全，5/6-7/8 厚，7/8 略厚，

10/11/12 中等厚。砂囊颇大，位 7/8 隔膜后。盲肠细棒状，简单，前伸 4 节，仅腹脊具缺刻或小分支。精巢囊 2 对，小，位 X 和 XI 节腹面，分离；输精管完全占满 X 与 XI 节腹面，而精巢囊仅贴在前壁上。每个精巢囊与储精囊在相邻体节连接。储精囊在食管侧面增宽，背面具一近卵圆形大分支，分支几达主体圆背脊之半；储精囊表面网状，其余部分极其光滑。前列腺占 3 节，长宽相近，具深度不等的缺刻，缺刻线排列几近放射状；前列腺管中部粗，具光泽，具肌肉，末端无光泽，纽扣状，中部朝后，弯曲凸出端朝前；前列腺管在食道下呈横"S"形弯曲。受精囊坛卵圆形，光滑；坛管与坛几近等长，坛管粗为坛粗的 1/3；盲管较主体略长，末端 1/3 膨大为纳精囊，纳精囊长卵形，具棒状副性腺（图 39）。

体色：一般灰白色，体前部浅黄色；环带褐色。

命名：本种依据模式产地福建命名。

模式产地：福建。

模式标本保存：德国汉堡博物馆。

中国分布：福建。

## 36. 海口远盲蚓 *Amynthas haikouensis* Qiu & Zhao, 2017

*Amynthas haikouensis* Zhao et al., 2017. *Annales Zoologici*, 67(2): 222-223.

外部特征：体长 29-80 mm，宽 1.5-3.0 mm。体节数 130-147。口前叶 1/2 上叶式。背孔自 12/13 节间始。环带位 XIV-XVI 节，环状，占 3 节，光滑，无色素。刚毛 $aa$=(1.0-1.1)$ab$，$zz$=1.0$yz$；刚毛数：50-52（III），58-62（V），54-58（VIII），32（XX），45-54（XXV）；18-20（VI）、22（VII）、18-20（VIII）在受精囊孔间；雄孔间无。雄孔位 XVIII 节腹面，孔在一垫状隆起上，孔间距约占 1/3 腹面节周，腹面和雄孔周围具皮褶，孔前部具 1 对生殖乳突，两突之间具另一乳突。受精囊孔 2 对，位 7/8/9 节间腹面，孔间距约占 1/2 节周，眼状（图 40）。雌孔位 XIV 节中央。

内部特征：隔膜 8/9 前薄、9/10 后更薄，8/9/10 线状。砂囊位 IX-X 节，桶状。肠自 XIII 节始扩大；盲肠简单，自 XXVI 节始，前伸达 XXV 节，不发达。心脏位 X-XIII 节。储精囊 1 对，位 XI-XII 节，不发达，相互腹面分离。前列腺位 XVII-XXII 节，发达；前列腺管粗，在 XVIII 节呈"U"形。受精囊 2 对，位 VIII 和 IX 节，细长，心形；其管长为主体之半；盲管为 1/3 主体长，直，但部分标本不可见（图 40）。

体色：在防腐剂中无色。

命名：本种依据模式产地海南省海口市命名。

模式产地：海南（海口）。

模式标本保存：上海自然博物馆。

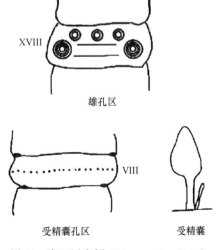

图 40 海口远盲蚓（Zhao et al., 2017）

中国分布：海南（海口）。

生境：本种生活在槟榔种植园棕壤下。

讨论：本种与壮伟远盲蚓 *Amynthas robustus* 和三星远盲蚓 *Amynthas triastriatus* 相似，与壮伟远盲蚓的差异在于：①海口远盲蚓体表无色素；②壮伟远盲蚓生殖乳突在与雄孔相连的孔突上，而海口远盲蚓在雄孔间有 3 个生殖乳突；③海口远盲蚓 9/10 隔膜存在。与三星远盲蚓的差异在于：海口远盲蚓无体色，无生殖标记，无盲管，雄孔间 3 个生殖乳突，背孔自 12/13 节间始，隔膜 8/9/10 存在，前列腺发达；而三星远盲蚓在雄孔间有 2 个大的生殖乳突，背孔自 10/11 节间始，隔膜 8/9/10 缺，前列腺缺。海口远盲蚓的刚毛更密。

### 37. 六骰远盲蚓 *Amynthas hexitus* (Chen, 1946)

*Pheretima hexita* Chen, 1946. *J. West China Bord. Res. Soc.*, 16(B): 100-101, 139.
*Amynthas hexitus* Sims & Easton, 1972. *Biol. J. Linn. Soc.*, 4(3): 234.
*Amynthas hexitus* 徐芹和肖能文, 2011. *中国陆栖蚯蚓*: 124.
*Amynthas hexitus* Xiao, 2019. *Terrestrial Earthworms (Oligochaeta: Opisthopora) of China*: 65-66.

外部特征：中等体型。体长 80 mm，宽 4 mm。口前叶 1/2 上叶式。背孔自 11/12 节间始。环带位 XIV-XVI 节，占 3 节，光滑。刚毛细，$aa$=（1.1-1.2）$ab$，$zz$=2.0$yz$；刚毛数：34（III），56（IX），56（XIX），60（XXV）；22 在受精囊孔间；14 在雄孔间。雄孔位 XVIII 节腹面，约占 1/3 节周，孔在一突出的孔突上，环绕有 3 个或 4 个同心环脊。受精囊孔 2 对，位 7/8/9 节间腹面，约占 3/7 节周，VII-IX 节中部刚毛圈后具成对圆形乳突，位 $c$ 与 $e$ 毛之间（图 41）。雌孔单，位 XIV 节腹中面。

内部特征：隔膜 8/9/10 缺失，4/5 薄，5/6-7/8 略肌肉质，10/11-12/13 厚，6/7/8 前肾管厚。砂囊位 X 节。肠自 XVI 节始扩大；盲肠长，简单，前伸达 XX 节。精巢囊位 X 和 XI 节，各具一横平带。储精囊小，背腹长，具 1 个比较大的背叶。前列腺位 XVI-XX 节，极发达；前列腺管呈 "V" 形，短。受精囊 2 对，位 VIII 和 IX 节；坛大而膨胀，坛管极短；盲管较主体长，"之"字形弯曲，具一枣形纳精囊；副性腺呈团状，或与外部生殖乳突相连（图 41）。

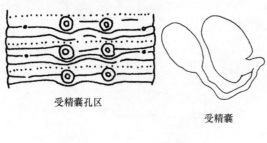

受精囊孔区　　　　　受精囊

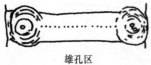

雄孔区

图 41　六骰远盲蚓（Chen，1946）

体色：保存标本苍白色，沿背中线灰白色，环带肉桂红色。

模式产地：四川（峨边）。

模式标本保存：曾存于中研院动物研究所（重庆），疑遗失。

命名：本种依据 VII-IX 节中部刚毛圈后具成对圆形乳突，形如骰子的六个点的排列而命名。

中国分布：四川（峨边）、贵州（铜仁）。

讨论：本种与壮伟远盲蚓 *Amynthas*

*robustus* 的区别在于：①较大的蛋状坛管；②刚毛分布更均匀；③数目恒定和更加规则的乳突。

## 38. 西引远盲蚓 *Amynthas hsiyinensis* Shen & Chih, 2014

*Amynthas hsiyinensis* Shen et al., 2014. *Jour. Nat. Hist.*, 48(9-10): 501-504.

外部特征：体长 85-145 mm。体节数 123-129。口前叶上叶式。背孔自 12/13 节间始。环带位 XIV-XVI 节，长 5.02-6.27 mm，宽 3.85-5 mm，无刚毛，无背孔。刚毛细。刚毛数：69-74（VII），75-78（XX）；20-27 在雄孔间。雄孔 1 对，位 XVIII 节，约占 1/3 腹面节周；孔在小的、圆形的孔突上，不明显，紧挨着有 2 个小乳突，一个在前内侧，另一个在后内侧。雄孔与生殖乳突一起被 2-3 个圆形或菱形的浅皮褶包围。许多微小的生殖乳突排列紧密，排列成几个不规则横列，位雄孔突之间，乳突约 140 个。受精囊孔 2 对，位 7/8/9 节间腹面，占 0.31-0.33 节周。环带前生殖乳突小，圆形，在 VIII 节刚毛圈后、IX 和 X 节刚毛圈后排成横列。VIII 节刚毛圈后乳突 16-20 个，IX 节刚毛圈后 11-19 个，X 节刚毛圈后 10-15 个（图 42）。雌孔单，位 XIV 节腹中部。

内部特征：隔膜 5/6/7/8 厚，10/11-13/14 肌肉质，8/9/10 缺。砂囊大，位 VIII-X 节。肠自 XV 节扩大；盲肠成对，位 XXVII 节，简单，大而长，末端在 XXV 或 XXVI 节弯曲。肾管 5/6/7 隔膜前厚。心脏位 X-XIII 节。精巢 2 对，位 X 和 XI 节，卵圆形，在腹侧连接的囊内。储精囊 2 对，位 XI 和 XII 节，大，占据整个节段室，表面光滑，前对矩形，后对横长椭圆形，后端中部有 1 个圆形的背叶。前列腺位 XVI-XX 或 XVI-XXI 节，大，有皱纹和裂片。前列腺管长，呈"S"形或"U"形，位 XVIII-XIX 节。副性腺短柄，长约 0.75 mm，对应于外生殖乳突。受精囊 2 对，位 VII 和 VIII 节；坛呈皱褶的桃形或细长的椭圆形，长 1.35-1.55 mm，宽 1.64-2 mm；坛管短而粗，长约 0.5 mm。盲管长且直，近端卷曲。副性腺具短柄，圆形或蘑菇状，长约 0.75 mm，与外生殖乳突对应（图 42）。

体色：保存的标本背部深棕色；腹部灰褐色；环带棕色至深棕色。

命名：依据模式产地连江县西引岛命名。

模式产地：福建（连江）。

模式标本保存：台湾特有生物研究保育中心（南投）。

中国分布：福建（连江）。

生境：连江县西引岛清水坳海拔 15 m 路边沟渠。

讨论：本种仅在西引岛有发现。它与台湾北部的多腺远盲蚓 *Amynthas polyglandularis* 和金门的金门远盲蚓 *Amynthas kinmenensis* 相似，

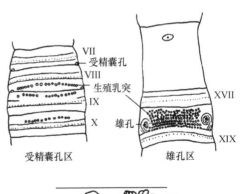

图 42　西引远盲蚓（Shen et al., 2014）

均是受精囊孔 2 对，位 7/8/9 节间沟，有许多小的生殖乳突。西引远盲蚓和多腺远盲蚓环带前和环带后生殖乳突排列相似，更集中在腹中部，而金门远盲蚓乳突分布更靠侧面。西引远盲蚓和多腺远盲蚓雄孔周围的乳突排列不同，西引远盲蚓 2 乳突分别位于雄孔前内侧和后内侧，多腺远盲蚓雄孔周围围绕 4-9 个乳突。此外，西引远盲蚓腹中部的乳突数量远高于多腺远盲蚓。四川的峨眉山远盲蚓 *Amynthas omeimontis* 和金佛远盲蚓 *Amynthas kinfumontis* 也有 2 对受精囊孔位 7/8/9 节间和许多小的生殖乳突。然而，峨眉山远盲蚓有具毛的盲肠，XI 节刚毛圈前有 40-50 个紧密排列的小乳突，而且其刚毛数也要低得多，38-46（VI-VIII），40-44（XX），10-12 在雄孔间（Chen，1931）。金佛远盲蚓与西引远盲蚓的相似之处在于长而简单的盲肠，VIII 和 IX 节横排的生殖乳突。不同之处在于金佛远盲蚓在 VIII 和 IX 节刚毛圈前和刚毛圈后各一排乳突，沿 18/19 节间沟排列一列乳突，在 XIX 节刚毛圈前有乳突。此外，它的副性腺大，柄长，刚毛数低得多，40-44（VI-IX），44-48（XXV），10-12 个在雄孔间（Chen，1946）。

### 39. 江远盲蚓 *Amynthas kiangensis* (Michaelsen, 1931)

*Pheretima kiangensis* Michaelsen, 1931. *Peking Nat. Hist. Bull.*, 5(2): 21-22.

*Amynthas kiangensis* Sims & Easton, 1972. *Biol. J. Linn. Soc.*, 4(3): 234.

*Amynthas kiangensis* 徐芹和肖能文，2011. *中国陆栖蚯蚓*: 132-133.

*Amynthas kiangensis* Xiao, 2019. *Terrestrial Earthworms (Oligochaeta: Opisthopora) of China*: 66-67.

外部特征：体长 125 mm，宽 2.5-3 mm。体节数 110。口前叶 1/2 上叶式。背孔自 11/12 节间始。环带位 XIV-XVI 节，环状，占 3 节，无刚毛。刚毛一般极细，前端 III-VIII 节（尤其是 V-VI 节）腹面明显大，背面不太明显；$aa$=（1.5-2）$ab$；刚毛数：29（V），41（VIII），54（XII），62（XXVI）。雄孔位 XVIII 节腹面，约占 1/3 或 5/12 节周，孔在一中等大的宽圆球形突起顶部。受精囊孔 2 对，位 7/8/9 节间腹面，约占 1/3 节周，孔不明显。雌孔单，位 XIV 节腹中面。

内部特征：隔膜 8/9/10 缺失，5/6/7/8、10/11/12 中等厚。砂囊颇大，位隔膜 7/8-10/11。肠自 XIV 节扩大；盲肠简单，位 XXVII-XXV 节，根部宽，盲端尖，腹面弯曲。精巢囊 2 对，位 X 与 XI 节，极小，不规则卵形，在隔膜前有短而窄的横管相连。储精囊宽囊状，位隔膜 10/11 与 11/12 之后，表面呈网状，边缘有不规则的凹痕，储精囊与前面的精巢囊通过穿过隔膜的窄管相连。前列腺扁平，位 XVII-XX 节，约占 4 节，背缘具深齿形缺刻，其余部位具小凹，表面网状；前列腺管中部隆起，纺锤形，略弯曲，细的近端完全隐藏在腺体部分下面，因此导管看起来像一个相当厚的管子离开腺体部分，管远端薄，有短的扭曲，部分隐藏在体壁内，非常薄的管子直接开口于孔突。受精囊 2 对，位 VIII 和 IX 节，坛宽卵形；坛管明显，圆柱状，长约为坛长的 2/3，宽约为坛宽的 1/4。盲管长筒袜状，较主体略短，盲端 1/4 为纳精囊，纳精囊接近圆形，盲管末端显圆形略微隆起（图 43）。

**受精囊**

图 43 江远盲蚓
（Michaelsen，1931）

体色：保存标本全体苍白，前端背面淡灰黄色，略暗，中部近橄榄灰褐色，近后部略浅，背中线深灰褐色；环带巧克力褐色。

命名：本种种加词"*kiangensis*"中"*kiang-*"源自当时江苏省的英文名称"Kiangsu"。

模式产地：江苏（苏州）。

模式标本保存：德国汉堡博物馆。

中国分布：江苏（苏州）、四川（乐山）。

## 40. 金佛远盲蚓 *Amynthas kinfumontis* (Chen, 1946)

*Pheretima kinfumontis* Chen, 1946. *J. West China Bord. Res. Soc.*, 16(B): 119-120, 140.

*Amynthas omeimontis kinfumontis* Sims & Easton, 1972. *Biol. J. Linn. Soc.*, 4(3): 234.

*Amynthas kinfumontis*　徐芹和肖能文, 2011. *中国陆柄蚯蚓*: 133.

*Amynthas kinfumontis* Xiao, 2019. *Terrestrial Earthworms (Oligochaeta: Opisthopora) of China*: 67.

外部特征：体长 50-110 mm，宽 3.5-5 mm。体节数 80-110。口前叶为 2/3 上叶式。背孔自 12/13 节间始。环带位 XIV-XVI 节，环状，占 3 节，光滑。刚毛细，$aa=1.5ab$，$zz=(1.5-2)yz$；刚毛数：32-34（III），40-42（VI），42-44（IX），44-48（XXV）；21-23（VII），24-25（IX）在受精囊孔间；10-12 在雄孔间。雄孔位 XVIII 节腹侧，约占 1/2 节周，每孔由几个同心环脊所包绕，雄孔即在一孔突上，与毛利远盲蚓 *Amynthas morrisi* 相同，其内侧具 2 个小乳突，XVII 节后侧也具一相似乳突。受精囊孔 2 对，位 7/8/9 节间，孔在 VIII 和 IX 节前缘乳突上，而不在节间；后对约占 1/2 节周，前对相距近，每孔内移 1-2 根刚毛的位置。IX 节腹面受精囊孔区具生殖乳突 2 排，约 22 个；VIII 节也具相同乳突，或紧靠受精囊孔（图 44）。雌孔单，位 XIV 节腹中面。

内部特征：隔膜薄而多，8/9 腹侧存在，9/10 缺失，10/11 一般薄，11/12-13/14 极薄。砂囊桶状，位 IX 和 X 节，表面无光泽。肠自 XVI 节始扩大；盲肠简单，细而极长，背腹面具皱褶，前伸至 XXII 节或更多一些。精巢囊连合，前对小，呈"V"形，中部窄连合，后对呈"U"形，中部宽连合，输精管大。前列腺发达，位 XVI-XXII 或 XXIII 节，叶细，管长，内侧 1/2 厚，外侧 1/2 薄，中间部分厚；副性腺大，管甚长。储精囊极大，位 IX 和 XIV 节之间，背叶小，难辨认。受精囊 2 对，位 VIII 和 IX 节，后对常大于前对 1 倍；坛宽 3-4.5 mm，坛管短；盲管具长管，外 1/2 屈曲。纳精囊卷曲难辨认或"之"字形卷曲（图 44）。副性腺与前列腺区相同。

体色：背部浅灰褐色，腹部苍白色，环带巧克力色。

命名：本种依据模式产地重庆金佛山命名。

模式产地：重庆（南川）。

模式标本保存：曾存于中研院动物研究所（重庆），疑遗失。

中国分布：湖北（利川）、重庆（南川）。

讨论：本种在体型和雄孔区外观上与毛利远盲蚓 *Amynthas morrisi* 相似。在乳突及柄状腺体特征上与峨眉山远盲蚓 *Amynthas omeimontis* 相似。这些标本均采自金佛山顶部，具有以下鉴别特征：

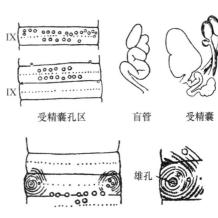

图 44　金佛远盲蚓（Chen, 1946）

①刚毛的数量较少，如 22-30（III），34-36（VI），34-43（IX），36-40（XXV）；21-23（VII），24-25（IX）在受精囊孔间，10-12 在雄孔间；②生殖乳突位 IX 节，很少存在于 VIII 节；③受精囊和副性腺均较大，副性腺管长约 3 mm，宽 0.8 mm，受精囊坛直径约为 5 mm。

### 41. 金门远盲蚓 *Amynthas kinmenensis* Shen, Chang, Li, Chih & Chen, 2013

*Amynthas kinmenensis* Shen et al., 2013. *Zootaxa*, 3599(5): 473-475.
*Amynthas kinmenensis* Xiao, 2019. *Terrestrial Earthworms (Oligochaeta: Opisthopora) of China*: 67-68.

外部特征：体长 110-276 mm，宽 3.77-6.05 mm。体节数 104-141。口前叶上叶式。背孔自 12/13 或 13/14 节间始。环带位 XIV-XVI 节，无背孔与刚毛。刚毛细，刚毛数：47-69（VII）、52-81（XX）；11-22 在雄孔间。雄孔 1 对，不明显，位 XVIII 节腹面，占 0.3-0.4 节周，孔在一圆形小孔突上，周围在月牙形或肾形区内环绕 5-9 个小乳突。常常另外的乳突不规则排列在月牙形或肾形区内。两组乳突与每个雄孔区成一直线：①一群 3-8 个小乳突紧靠 XVII 和 XVIII 节边缘，②一群 9-20 个小乳突倾斜地排列在 XIX 节刚毛前。常 3 或 4 皮褶自 XVII 节延伸到 XIX 节刚毛圈后，并包围与每个雄孔一起的两组生殖乳突。受精囊孔 2 对，位 7/8/9 节间，占 0.35-0.41 节周。乳突 9-24 个，小而圆，以弧形排列在 VII 刚毛后到 VIII 节刚毛前及 VIII 节刚毛后到 IX 节刚毛前，正对受精囊孔。雌孔单，位 XIV 节腹中部（图 45）。

内部特征：隔膜 8/9/10 缺，5/6/7/8 厚，10/11/12/13/14 肌肉质。砂囊大，位 VIII-X 节。肠自 XV 或 XVI 节扩大；盲肠简单，位 XXVII 节，前伸至 XXIII-XXV 节，末端直或弯。心脏位 X-XIII 节。精巢 2 对，小；精巢囊位 X 和 XI 节，腹连接。储精囊大，2 对，位 XI 和 XII 节，表面光滑；前对长条形，前伸至 X 节后半部或整个体节，背中部具圆背叶；后对长卵圆形，后背具圆形细颗粒状背叶。前列腺大，位 XVI-XXI 节，褶皱且分叶；前列腺管位 XVIII 节，"C"形或"U"形。副性腺具短柄，蘑菇状或不规则形，与外部生殖乳突对应。受精囊 2 对，位 VII 和 IX 节或 VIII 和 IX 节；坛桃形或长卵圆形，长 1.8-3.3 mm，宽 2.1-2.7 mm；坛管短粗，长 0.5-0.75 mm；盲管总长 2.8-4.8 mm，盘绕，近端短、细且直。副性腺具长或短柄，蘑菇状，长 0.6-1.3 mm，与外部生殖乳突对应（图 45）。

体色：保存样本背面深褐色或深红褐色，腹面褐色至浅褐色，环带褐色至深褐色。活体深橙色或深红褐色；

命名：本种依据模式产地福建省泉州市金门岛命名。

模式产地：福建（金门岛）（海拔 53 m）。

模式标本保存：台湾大学生命科学系（台北）。

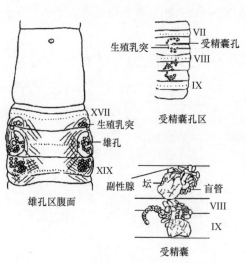

图 45　金门远盲蚓（Shen et al., 2013）

中国分布：福建（泉州）。

生境：生活于海拔 16-53 m 的地区。

讨论：本种是金门主要岛屿上分布最丰富的蚯蚓，与多腺远盲蚓 *Amynthas polyglandularis* 外部形态相似，两者在受精囊孔区都具有众多的小生殖乳突。可是，本种正对受精囊孔具有弧形排列的 9-24 个乳突；而多腺远盲蚓受精囊孔前后缘具有横排的 1-5 个乳突。本种有两群生殖乳突，一群 3-8 个小乳突紧靠 XVII 和 XVIII 节边缘，一群 9-20 个小乳突倾斜地排列在 XIX 节刚毛前；而多腺远盲没有这些乳突。并且，多腺远盲蚓 VIII、IX 和 XVIII 节腹中部具有乳突群，本种没有这些乳突。峨眉山远盲蚓 *Amynthas omeimontis* 也有众多的小生殖乳突，与本种有些类似；但峨眉山远盲蚓的盲肠毡帽状，受精囊孔区和 XIX 节刚毛圈前无生殖乳突，而 XI 节刚毛圈前有成排的 40-50 个小乳突；刚毛数也更少，38-46（VI-VIII）和 40-44（XX）。

## 42. 华美远盲蚓 *Amynthas lautus* (Ude, 1905)

*Pheretima lauta* Ude, 1905. *Zeitschrift für wissenschaftliche Zoologie*, 83: 464-467.

*Pheretima lauta* Chen, 1933. *Contr. Biol. Lab. Sci. Soc. China (Zool.)*, 9(6): 282-288.

*Pheretima lauta* Tsai, 1964. *Quar. Jour. Taiwan Mus.*, 17(1&2): 25-26.

*Amynthas lautus* Sims & Easton, 1972. *Biol. J. Linn. Soc.*, 4(3): 234.

*Amynthas lautus* 徐芹和肖能文, 2011. *中国陆栖蚯蚓*: 135-136.

*Amynthas lautus* Xiao, 2019. *Terrestrial Earthworms (Oligochaeta: Opisthopora) of China*: 70-72.

外部特征：体长 120-196 mm，宽 4-8.5 mm。体节数 100-130。口前叶 1/2 或 1/3 上叶式。背孔自 11/12 节间始。环带前体节中等长，X 节最长；环带后体节极短，XVIII 节后 10 或更多体节更短；2.5-4 节与最长体节相等。环带位 XIV-XVI 节，环状，占 3 节，完整，光滑，无刚毛。刚毛一般显著，背腹均密；III-IX 节腹刚毛长，较疏，有时极显著或具饰纹；刚毛数：22-40（III），34-52（VI），38-55（VIII），40-62（XII），50-70（XXV）；13-23（VIII）在受精囊孔间，12-22 在雄孔间。雄孔位 XVIII 节腹侧，占 7/18 节周，小，孔在中等大小平顶的乳突上，由几个同心环脊围绕，延伸至 17/18 和 18/19 节间沟；在 XVIII 节腹面刚毛区后的环形脊内有 1 个小的圆形乳突，或前后各 1 个，或 1-4 个乳突，或环形脊周周具 1 个或 2 个乳突，乳突通常小，圆形，肿胀，灰色，有时凹陷。受精囊孔 2 对，位 7/8/9 节间，约占 4/9 节周，每孔前或后各有 1 小的扁平乳突，或几个分散排列在 VII、VIII 和 IX 节腹面，但在 VII 节刚毛圈前和 IX 节刚毛圈后均未见，在 X 节刚毛前亦少见，在 VIII 和 IX 节刚毛后和 IX 节刚毛前分别有 2-9 个和 4-6 个，在 VII 节上较少（约 2 个），各乳突小、圆且肿胀（图 46）。雌孔单，位于 XIV 节中腹部。

内部特征：隔膜 8/9 腹面可见，9/10 缺失，前端其余隔膜均极厚。砂囊大而圆，位 IX 和 X 节，

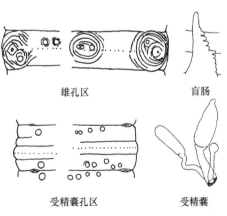

雄孔区　　　　　　　　　盲肠

受精囊孔区　　　　受精囊

图 46 华美远盲蚓（Chen, 1933）

主要在 X 节，其前为长的嗉囊。肠自 XVI 节增大或部分位 XV 节；盲肠简单，位 XXVII 节，向前到 XXIII 节。心脏 4 对，位 X-XIII 节。精巢囊小，腹血管下相连，或中等大小，狭窄和较短的连接，前对"V"形，部分位 X 节，后对位 XI 节，更广泛的连接。储精囊一般小，背面不相连，位 10/11、11/12 隔膜后，通常为狭长的扁平的分叶，有大的背叶，圆形或细长。前列腺发育不全，位 XVI-XIX 或 XX 节，略长于 3 节，多分叶，光滑；前列腺管光滑发亮，细而长，下部盘绕，上部松散盘绕。副性腺与外部的乳突对应，腺体部分相当大，具长柄，长约 2 mm。受精囊 2 对，位 VIII 和 IX 节，或前对位 VII 节；坛大，卵形或略圆，内缘长而尖，平滑或弱槽但不起皱；坛管长而粗，短于坛；盲管一般具一长卵形或角状纳精囊和 1 条极长的管，较主体（坛+坛管）长（图 46）。

体色：保存液中背面巧克力色或栗色到极浅的褐色或淡褐色，后背部淡绿肉色，腹面苍白，环带肝褐色。活体前部深肉色或栗红色，后背绿色，刚毛圈浅淡。

命名：本种依据活体前部深肉色或栗红色、刚毛圈浅淡的华美色彩而命名。

模式产地：江苏（宜兴）、浙江（临海）。

模式标本保存：曾存于国立中央大学（南京）动物学标本馆，疑遗失。

中国分布：江苏（宜兴）、浙江（宁波、舟山、临海、新登、桐庐）、福建（福州）、台湾（台北）、江西（九江）、湖北（利川）、四川（乐山）、云南（澜沧）。

讨论：本种和西姆森远盲蚓 *Amynthas siemsseni*、福建远盲蚓 *Amynthas fokiensis* 相似，但西姆森远盲蚓和福建远盲蚓始背孔位 12/13 节间，刚毛稍多于华美远盲蚓。

### 43. 长管远盲蚓 *Amynthas longisiphona* (Qiu, 1988)

*Pheretima longisiphona* 邱江平, 1988. *四川动物*, 7(1): 2-3.

*Amynthas longisiphona* 徐芹和肖能文, 2011. *中国陆栖蚯蚓*: 140-141.

*Amynthas longisiphona* Xiao, 2019. *Terrestrial Earthworms (Oligochaeta: Opisthopora) of China*: 72.

外部特征：体长 54-107 mm，宽 2-3 mm。体节数 70-126。口前叶 1/2 上叶式。背孔自 12/13 节间始。环带位 XIV-XVI 节，无刚毛。刚毛细小，排列均匀；$aa=$（1.2-1.5）$ab$，$zz=1.2yz$；刚毛数：28-37（III），34-45（V），53-57（VIII），40-48（XX），43-51（XXV）；26-29（VIII）在受精囊孔间，9-11 在雄孔间。雄孔位 XVIII 节腹侧，约占 1/3 节周，在一圆锥形突起顶部，突起上具 3-4 环脊，约占 1/3 节周。XVIII-XXII 或 XXV 节腹面中央刚毛圈后方各有 1 对或 1 个或 3 个圆形小乳突，其外周具 2-3 环脊。受精囊孔 2 对，位 7/8/9 节间一棱形突起上，前后稍隆肿，约占 1/2 节周。V-VIII 节或 VI-VIII 节或 VII-VIII 节腹中央刚毛圈后各有 1 对或 3 个或多个小圆形乳突，外周具 2-3 环脊，有时后一对受精囊孔前缘或后缘也有类似的小圆形乳突（图 47）。

内部特征：隔膜 8/9/10 缺失，余者均呈透明的薄膜状。砂囊小，侧扁。肠自 XVI 节始扩大；盲肠简单，指

雄孔区　　　　　受精囊孔区

受精囊

图 47　长管远盲蚓（邱江平，1988）

状，背腹缘光滑，位 XXVII-XXIV 节。末对心脏位 XIII 节内。精巢囊 2 对，位 X、XI 节内，长圆形，前一对呈"V"形排列，后一对呈倒"V"形排列，两侧相通。储精囊 2 对，极发达，第二对向后伸达 XIV 节，背叶明显，较小，三角形或卵圆形。前列腺极发达，位 XVII 或 XV-XXII 或 XX 节，块状分叶；前列腺管较短小，略为"S"形；内侧具发达的副性腺，棒状，有 10-18 个，各具长 3-4 mm 的导管。受精囊位 VIII、IX 节内；坛长圆形，长 2.5-3.5 mm，宽 1.5-2.5 mm；坛管粗短，盲管较主体短，中部略呈"Z"形弯曲，内端略有膨大。副性腺发达，棒状，有 6-12 个，位受精囊内侧，具长的导管（图 47）。

体色：色浅，XXV 节前略呈浅橙红色，XXV 节后灰白色，环带红褐色。

命名：本种依据受精囊区副性腺具长的导管而命名。

模式产地：贵州（绥阳）。

模式标本保存：贵州省生物研究所动物标本室。

中国分布：贵州（绥阳）。

生境：生活在海拔 1400-1600 m 的林区。

讨论：本种和壮伟远盲蚓 *Amynthas robustus* 相似。但本种前列腺十分发达，具长管副性腺，受精囊盲管内端不呈棒状膨大以及 XVIII-XXII 或 XXV 节具乳突等特征与壮伟远盲蚓显著不同。

## 44. 标记远盲蚓 *Amynthas masatakae* (Beddard, 1892)

*Perichaeta masatakae* Beddard, 1892b. *Zool. Jb. (Syst.)*, 6: 761-762.

*Pheretina masatakae* Kobayashi, 1936. *Sci. Rep. Tohoku Univ.*, 4: 139-184.

*Pheretina masatakae* Kobayashi, 1938a. *Sci. Rep. Tohoku Univ.*, 13(2): 137-139.

*Amynthas masatakae* Sims & Easton, 1972. *Biol. J. Linn. Soc.*, 4(3): 234.

*Amynthas masatakae* 徐芹和肖能文, 2011. *中国陆栖蚯蚓*: 145-146.

*Amynthas masatakae* Xiao, 2019. *Terrestrial Earthworms (Oligochaeta: Opisthopora) of China*: 72-73.

外部特征：体长 105-138 mm，宽 4.0-7.5 mm。体节数 96-138。口前叶上叶式。背孔自 11/12 节间始。环带位 XIV-XVI 节，长 3.0-4.5 mm，光滑，无背孔，无刚毛。刚毛数：34-41（VII），45-49（XX）；13-15 在雄孔间。雄孔 1 对，位 XVIII 节腹侧，约占 1/3 节周，孔内侧刚毛圈前后各具 1 个乳突，与孔形成三角形，周围环绕 2 或 3 环褶。受精囊孔 2 对，位 7/8/9 节间腹侧，孔明显，凹陷，内具 1 小凸起，约占 2/5 节周。受精囊孔各具 1 小圆形平突，每个孔中间有 2 个小的生殖乳突，在节间沟的两边，乳突比雄孔区的小得多，锥形，顶端有一个微小的开口；在 9/10 节间右侧也有相似的乳突（图 48）。雌孔单，位 XIV 节腹中部。

内部特征：隔膜 5/6/7 厚，8/9/10 缺失，10/11-13/14 颇厚，肌肉质。砂囊桃形，位 IX-X

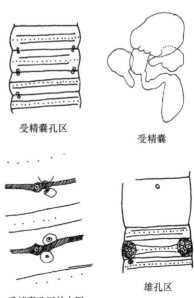

受精囊孔区　　　　受精囊

受精囊孔区放大图　　　雄孔区

图 48 标记远盲蚓（Kobayashi, 1936）

节，浅黄白色。肠自 XV 节始扩大；盲肠成对，简单，自 XXVII 节始，前伸达 XXIII 节，浅褐色，腹部边缘锯齿状。心脏 4 对，位 X-XIII 节，背血管大。精巢囊 2 对，位 X 和 XI 节，小，浅黄色；前对卵圆形，后对更大，由 10/11 隔膜分开；输精管在 XIII 节交通。储精囊 2 对，位 XI 和 XII 节，小，表面暗。前列腺缺失或极小；仅在 XVIII 节可见前列腺管，管短而薄，肌肉发达，表面发亮，近直或简单扭曲。靠近前列腺管外侧有 2 个大的副性腺，柄长，与外乳突对应。受精囊 2 对，位 VII-VIII 节；坛卵圆形，长约 1.5 mm，宽 1.5 mm；坛管粗短，不易见；盲管较主体长，约 2.5 mm，柄细长，长约 2.5 mm，近端 1/2 膨大为圆柱形的纳精囊，远端 1/2 纤细（图 48）。受精囊管远端有 2 个相对较大的副性腺，柄中等长。

体色：在防腐液中，背部与环带暗褐色，腹面浅黄色。

命名：本种依据每个雄孔有 2 个乳突，形成一个三角形标记而命名。

模式产地：日本、缅甸。

模式标本保存：印度博物馆。

中国分布：台湾。

讨论：本种的识别特征：①前列腺缺失或极小；②每个雄孔有 2 个乳突，形成一个三角形，除这 2 个乳突外，雄孔周围不存在其他乳突。

### 45. 少腺远盲蚓 *Amynthas meioglandularis* Qiu, Wang & Wang, 1993

*Amynthas meioglandularis* 邱江平等, 1993a. *动物分类学报*, 18(4): 406-407.

*Amynthas meioglandularis* 徐芹和肖能文, 2011. *中国陆栖蚯蚓*: 148-149.

*Amynthas meioglandularis* Xiao, 2019. *Terrestrial Earthworms (Oligochaeta: Opisthopora) of China*: 73-74.

外部特征：体长 28-51 mm，宽 1.2-2 mm。体节数 66-97。口前叶为 1/3 上叶式。背孔自 12/13 节间始。体节无明显体环。环带位 XIV-XVI 节，指环状，XVI 节腹面可见 5-11 条刚毛。刚毛细小，排列均匀；$aa=1.2ab$，$zz=1.5yz$；刚毛数：30-34（III），37-42（V），46-52（VIII），45-52（XXV）；15-18（VIII）在受精囊孔间，15-18（XVIII）在雄孔间。雄孔 1 对，位 XVIII 节腹侧，约占 1/3 节周，孔在一直径为 1.2-1.5 mm 的圆形平顶乳突的外侧部，该乳突略突起，周围无皮褶，向前扩展到 1/2XVII 节，向后到 1/2XIX 节。受精囊孔 2 对，位 7/8/9 节间腹侧，约占 1/3 节周，孔在节间一明显的横突上，前后皮肤腺肿，附近无乳突（图 49）。

内部特征：隔膜 8/9/10 缺失，余者均薄。砂囊发达，桶状，位 IX-X 节。肠自 XVII 节始扩大；盲肠简单，表面光滑，位 XXVII-XXIII 节。末对心脏位 XIII 节。精巢囊 2 对，位 X 和 XI 节，前对卵圆形，后对圆形，两侧不相通。储精囊 2 对，位 XI 和 XII

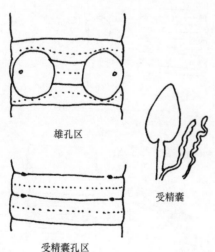

雄孔区

受精囊

受精囊孔区

图 49 少腺远盲蚓（邱江平等，1993a）

节，发达，两侧背面相遇；背叶较小，长圆形。前列腺较发达，位 XVI-XX 节，块状，分成长条形小叶；前列腺管较细小，略呈"U"形扭曲；副性腺圆团状，紧贴体壁，位前列腺管内侧。受精囊 2 对，位 VIII 和 IX 节；坛心形，长约 2 mm；坛管粗长，与受精囊管界线明显；盲管较主体短，腊肠状扭曲，末端略膨大或不膨大；无副性腺（图49）。

体色：在福尔马林溶液中体色很浅，环带前略红褐色，透明，环带后灰白色，环带红褐色。

命名：本种依据受精囊附近缺少副性腺而命名。

模式产地：贵州（雷山）。

模式标本保存：贵州省生物研究所。

中国分布：四川（乐山）、贵州（雷山）。

生境：生活在海拔 1820 m 的常绿阔叶林下黑色壤土中。

讨论：本种的雄孔等特征与棕红突远盲蚓 *Amynthas mammoporphoratus*、糙带远盲蚓 *Amynthas dignus* 以及等毛远盲蚓 *Amynthas homochaetus* 相似。但本种仅具 2 对受精囊，受精囊孔位于 7/8/9 节间；盲管呈腊肠状扭曲，以及雄孔位于巨大的圆形平顶乳突外侧部等，与棕红突远盲蚓、糙带远盲蚓以及等毛远盲蚓区别明显。

## 46. 北竿远盲蚓 *Amynthas nanganensis beiganensis* Shen & Chang, 2015

*Amynthas nanganensis beiganensis* Shen et al., 2015. *Zootaxa*, 3973(3): 429-433.

外部特征：体长 103-186 mm，宽 4.60-6.07 mm（环带）。体节数 110-130。口前叶为上叶式。背孔自 12/13 节间始。环带位 XIV-XVI 节，环状，具刚毛[0-12（XIV）、0-10（XV）、0-22（XVI）]，无背孔。刚毛数：64-77（VII），73-89（XX）；19-26 在雄孔间。雄孔 1 对，不明显，位 XVIII 节腹侧，占 0.29-0.35 腹面节周，孔在一小圆形孔突上，孔突周围具 3-7 个乳突，乳突被 2 或 3 环褶围绕在圆形或卵圆形区。XVIII 节腹中部沿刚毛圈前后各具 1 横排小生殖乳突，每排 3-8 个。偶然 XIX 节腹中部沿刚毛圈前后各具密生对乳突。受精囊孔 2 对，位 7/8/9 节间背面，占 0.36-0.39 节周背面距离；每孔紧靠左右各具 1 乳突，在 1 个暗色的菱形斑中；IX 节腹中部沿刚毛圈前后各具 1 横排小生殖乳突，每排 1-7 个（图50）。雌孔单，位 XIV 节腹中部。

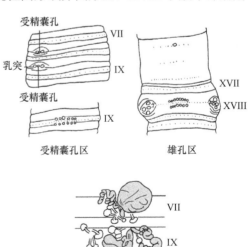

图 50 北竿远盲蚓（Shen et al.，2015）

内部特征：隔膜 8/9/10 缺失，5/6/7/8 厚，10/11/12/13/14 肌肉质。砂囊大，位 VIII-X 节。肠自 XV 节始扩大；盲肠位 XXVII 节，简单，前伸达 XXIII-XXIV 节，远端直或弯。心脏位 X-XIII 节。精巢囊小，2 对，位 X 和 XI 节，腹连接。储精囊大，2 对，表面光滑，位 XI 和 XII 节，前对矩形，前伸到 X 节后半部或整个体节，后对横长卵圆形，在背前端具一圆形背叶。前列腺大，位 XVI-XXII 节，由沟分成几裂叶；前列腺管细长，远端略扩张，在 XVIII 节呈"C"或"U"形。前列腺管周围副性腺柄短，不规则形，总长约 0.6 mm；在 XVIII 节腹中部的副性腺蘑菇状，总长 1.0-1.3 mm，各与外部生殖乳突对应。受精囊 2 对，位 VII 和 IX 节，或位 VIII 和 IX 节；坛梨形或长卵圆形；坛管粗，长 0.85-1.15 mm；盲管卷绕，具短、直、细长到粗的近侧部。副性腺柄或长或短，蘑菇状，总长 0.9-1.36 mm，各与外部生殖乳突对应（图 50）。

体色：保存样本背面暗褐色或暗紫褐色，腹面灰褐色，环带暗褐色。

命名：本亚种依据模式产地福建省连江马祖北竿岛而命名。

模式产地：福建（福州连江）。

模式标本保存：台湾特有生物研究保育中心（南投）。

中国分布：福建（福州连江）。

生境：本亚种生活在海拔 11-258 m 的垃圾处理场、水库、山间、公路边。

讨论：本亚种和南竿远盲蚓 Amynthas nanganensis nanganensis 的大部分特征相似。但是，本亚种 IX 节腹中部沿刚毛圈前后各具 1 横排小生殖乳突，每排 1-7 个；XVIII 节腹中部沿刚毛圈前后各具 1 横排小生殖乳突，每排 3-8 个；偶然 XIX 节腹中部沿刚毛圈前后各具密生对乳突；受精囊孔紧靠左右各具 1 乳突；这些与南竿远盲蚓有明显区别。

### 47. 南竿远盲蚓 *Amynthas nanganensis nanganensis* Shen & Chang, 2015

*Amynthas nanganensis nanganensis* Shen et al., 2015. *Zootaxa*, 3973(3): 427-429.

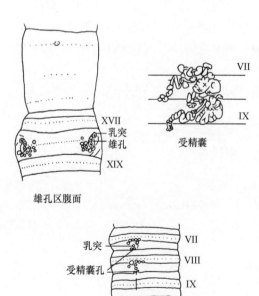

图 51　南竿远盲蚓（Shen et al., 2015）

外部特征：体长 81-145 mm，宽 3.50-4.2 mm（环带）。体节数 101-129。口前叶为上叶式。背孔自 12/13 节间始。环带位 XIV-XVI 节，环状，具刚毛[0-20（XIV）、0-21（XV）、0-22（XVI）]，无背孔。刚毛数：54-70（VII），56-84（XX）；18-25 在雄孔间。雄孔 1 对，不明显，位 XVIII 节腹侧，占 0.30-0.35 腹面节周，孔在一小圆形孔突上，孔突周围具 6-17 个小乳突，乳突被 1-3 隆起的皮褶包围。受精囊孔 2 对，位 7/8/9 节间背面，占 0.35-0.42 背面节周；邻近每孔前具 2-16 个横排或不规则排列的小乳突，偶然孔后具 1-2 个小乳突（图 51）。雌孔单，位 XIV 节腹中部。

内部特征：隔膜 8/9/10 缺失，5/6/7/8 厚，10/11/12/13/14 肌肉质。砂囊大，位 VIII-X 节。

肠自 XV 节始扩大；盲肠位 XXVII 节，简单，前伸达 XXIV 节，皱褶，远端直或弯。心脏位 X-XIII 节。精巢囊小，2 对，于 X 和 XI 节腹面连合。储精囊大，2 对，表面光滑，位 XI、XII 节，前对矩形，前伸到 X 节后半部或整个体节，后对横长卵圆形，在背前端具 1 圆形背叶。前列腺大，位 XVI-XX 节，皱褶且裂叶状。前列腺管粗长，在 XVIII 节呈 "U" 形。副性腺具柄，在 XVIII 节腹中部蘑菇状，长约 0.6 mm。各副性腺与外部生殖乳突对应。受精囊 2 对，位 VII 和 IX 节，或位 VIII 和 IX 节；坛梨形或长卵圆形，表面皱褶，长 1.86-1.90 mm，宽 1.10-1.31 mm；坛管短粗，长 0.45-0.95 mm；盲管卷绕，具一细长且直的近侧部（图 51）。副性腺具柄，蘑菇状，总长 0.6-0.95 mm，各副性腺与外部生殖乳突对应。

体色：保存样本背面暗褐色或暗黑褐色，腹面褐色到灰褐色，环带暗褐色到灰褐色。

命名：本亚种依据模式产地福建省连江南竿塘岛而命名。

模式产地：福建（福州连江）。

模式标本保存：台湾特有生物研究保育中心（南投）。

中国分布：福建（福州连江）。

生境：生活在海拔 39-142 m 的水库、山间公路边的沟渠。

讨论：本亚种邻近每受精囊孔前具 2-16 个横排或不规则排列的小乳突，偶然孔后具 1-2 个小乳突；雄孔孔突周围具 6-17 个小乳突，乳突被 1-3 隆起的皮褶包围。这些特征与北竿远盲蚓 Amynthas nanganensis beiganensis 有明显区别。

## 48. 峨眉山远盲蚓 *Amynthas omeimontis* (Chen, 1931)

*Pheretima (Pheretima) paraglandularis omeimontis* Chen, 1931. *Contr. Biol. Lab. Sci. Soc. China (Zool.)*,
  7(3): 155-160.

*Pheretima omeimontis* Gates, 1935a. *Smithsonian Mis. Coll.*, 93(3): 12.

*Pheretima omeimontis* Gates, 1939. *Proc. U.S. Nat. Mus.*, 85: 455-456.

*Pheretima omeimontis* Chen, 1946. *J. West China Bord. Res. Soc.*, 16(B): 136.

*Pheretima omeimontis* 陈义等, 1959. *中国动物图谱 环节动物(附多足类)*: 14.

*Amynthas omeimontis omeimontis* Sims & Easton, 1972. *Biol. J. Linn. Soc.*, 4(3): 234.

*Amynthas omeimontis* 徐芹和肖能文, 2011. *中国陆栖蚯蚓*: 159-160.

*Amynthas omeimontis* Xiao, 2019. *Terrestrial Earthworms (Oligochaeta: Opisthopora) of China*: 74-75.

外部特征：体长 120-150 mm，宽 3-5 mm。体节数 120。口前叶 2/3 上叶式。背孔自 12/13 节间始。环带占 3 节，无刚毛。体上刚毛一般细小，背面不易看到，前端略长，$aa=1.5ab$；$zz = (2\text{-}3) yz$；刚毛数：32-34（III），38-42（VI），40-46（VIII），46-50（XII），40-44（XX）；19-20（VIII）在受精囊孔间，10-12 在雄孔间。雄孔位 XVIII 节腹侧，约占 1/3 节周，孔在腹侧一小窝内，周围有 3-7 个乳突，另有 2 个、5 个或 7 个同样的乳突在前面稍内侧。受精囊孔 2 对，位 7/8/9 节间，几近节周之半，约占 5/12 节周，孔在椭圆形或眼状凹陷内；在 XI 节腹面具 1 横方区，延伸至 X 节上，稍稍隆起，区内有排列紧密的 40-50 个乳突。雌孔单，位 XIV 节腹中部（图 52）。

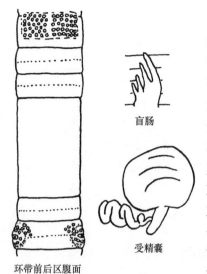

盲肠

受精囊

环带前后区腹面

图 52　峨眉山远盲蚓（Chen，1931）

内部特征：隔膜 8/9/10 缺失，但 8/9 腹部残留，5/6/7、10/11/12/13 厚，稍肌肉质，7/8、13/14 稍薄。砂囊小囊球状，向前端变窄，表面光滑，带白色，有点闪光，没有膨大的嗉囊。肠自 XV 节中部开始扩大；砂囊和肠之间部分食道腺状，表面褐色。盲肠分叶，位 XXVII-XXV 节，腹侧有 5 个以上指状小囊。心脏 4 对，首对接近 10/11 隔膜，末对位 XIII 节。精巢囊中等或较大，前对在 10/11 隔膜前，部分延伸至 X 节。储精囊 2 对，位于 XI 和 XII 节，后对延伸至 XIII 节，表面光滑，白色，有时有结节，呈灰色，每一个在其背侧或前背侧都有一个大的明显的分叶。前列腺有少数大裂片，表面光滑，通常在 XVIII-XXII 节；前列腺管长而粗壮，两端变得细长而卷曲，中间约 5 mm 直，其表面光滑，白色。副性腺 5 个或更多，在各副性腺导管末端附近或周围，与体表乳突相对应。副性腺囊状，白色，光滑，圆形或椭圆形，各有 1 个很长的管子通出，管长约 1 mm。受精囊 2 对，位 XIII 和 IX 节；坛圆形，囊状，直径 2-3 mm，白色，光滑；坛管很短；盲管短，末端 1/3 或 2/3 膨大成纳精囊，内端 4/5 屈曲，呈螺旋状盘绕，其长度为主体一半或更长，下接细管通出（图 52）。

体色：保存标本环带后背部栗棕色，环带前背部暗紫棕色；环带酱红色；刚毛圈色白，后部稍淡。

命名：本种依据模式产地四川峨眉山而命名。

模式产地：四川（峨眉山）。

模式标本保存：贵州省生物研究所；曾存于国立中央大学（南京）动物学标本馆，疑遗失。

中国分布：四川（峨眉山）、贵州（铜仁）。

生境：生活在海拔 600-1000 m 的山区河边。

讨论：本种与异腺毕格蚓 Begemius paraglandularis 相似，但在体型方面与后者存在较大差异：本种所采集的发育成熟的最大标本仅与一尚未发育成熟的异腺毕格蚓的标本大小相当；此外，本种前列腺和额外（相较于异腺毕格蚓）的一对心脏的位置与异腺毕格蚓亦不同。

### 49. 圆球远盲蚓 Amynthas orbicularis Sun & Jiang, 2016

*Amynthas orbicularis* Sun et al., 2016. *Jour. Nat. Hist.*, 50(39-40): 2509-2512.

外部特征：体长 65-89 mm，宽 3.8-4.2 mm（环带）。体节数 72-112。口前叶 1/2 上叶式。背孔自 12/13 节间始。环带位 XIV-XVI 节，环形，光滑，无背孔，无刚毛。刚毛分布均匀，背间隔比腹面更明显；刚毛数：20-28（III），38-42（V），36-46（VIII），38-40

（XX）；9-10 在雄孔间，20-28（VIII）在受精囊孔间。雄孔 1 对，位 XVIII 节腹面，约占 1/3 节周，每孔在一中央具圆盖形孔突的垫上，周围具 6-7 条同心脊，为两个雄孔腺体间的皮肤。雄孔区无生殖乳突。受精囊孔 2 对，位 7/8/9 节间略背侧。受精囊孔区无生殖乳突（图 53）。雌孔单，位 XIV 节腹中部。

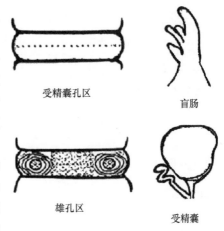

图 53　圆球远盲蚓（Sun et al.，2016）

　　内部特征：隔膜 8/9/10 缺失，6/7 厚，5/6、7/8 和 10/11-12/13 略厚。砂囊桶状，位 VIII-X 节。肠自 XV 节始扩大；盲肠成对，毡帽状，自 XXVII 节始，背缘具细长指状囊，腹缘光滑，前伸达 1/2XXIII 节。精巢囊 2 对，位 X 和 XI 节腹部，前对腹中部分离，后对银白色，腹中部相通。储精囊 2 对，位 XI 和 XII 节，发达。前列腺发达，粗叶，由上和下部分组成 2 主叶，各自左侧叶位 XVI-1/2XXIII 节，右侧叶位 XVI-XXII 节；前列腺管远端肌肉质且呈棒状。正对每条前列腺管具 3 个长柄副性腺，在 XVIII 节与体壁连接，与外侧突出区相对应。受精囊 2 对，位 VIII-IX 节，IX 节受精囊较 VIII 节的更发达，IX 节的长约 2.1 mm；受精囊团块形，具一逐渐细长的端管，管约 1/3 坛长；盲管 1/2 主体长，远端 1/2 折曲成 "之" 字形纳精囊，纳精囊银白色（图 53）。

　　体色：保存标本背面红色和褐色，背中线具色素；腹面无色素；环带无色素。

　　命名：依据圆盖状雄孔突而命名。

　　模式产地：四川（峨眉山）。

　　模式标本保存：上海自然博物馆。

　　生境：生活在海拔 1300 m 的林地和竹林地的黑色砂质土中。

　　中国分布：四川（峨眉山）。

　　讨论：本种与峨眉山远盲蚓 Amynthas omeimontis 接近。二者前列腺管远端具有有柄副性腺，具有指状囊的毡帽状盲肠，受精囊管长不足坛长之半，盲管远端曲折为 "之" 字形。

　　二者生殖标记也有明显不同。峨眉山远盲蚓 XVIII 和 XI 节具有丰富的乳突，而本种没有；峨眉山远盲蚓受精囊孔约占 0.42 腹节周，而本种受精囊孔约占大于 0.50 腹节周距离；峨眉山远盲蚓雄孔在腹侧小窝内，而本种雄孔在一中央具圆盖形孔突的垫上，周围具 6-7 条同心脊。

## 50. 多腺远盲蚓 Amynthas polyglandularis (Tsai, 1964)

*Pheretima polyglandularis* Tsai, 1964. *Quar. Jour. Taiwan Mus.*, 17(1&2): 30-34.

*Amynthas polyglandularis* Sims & Easton, 1972. *Biol. J. Linn. Soc.*, 4(3): 236.

*Amynthas polyglandularis* 钟远辉和邱江平, 1992. *贵州科学*, 10(4): 40.

*Amynthas polyglandularis* 徐芹和肖能文, 2011. *中国陆栖蚯蚓*: 168-169.

*Amynthas polyglandularis* Xiao, 2019. *Terrestrial Earthworms (Oligochaeta: Opisthopora) of China*: 76.

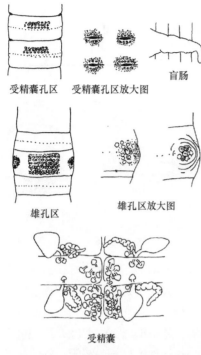

盲肠

受精囊孔区　　受精囊孔区放大图

雄孔区　　　　　雄孔区放大图

受精囊

图 54　多腺远盲蚓（Tsai, 1964）

外部特征：体长 134 mm，宽 5.5 mm。体节数 88。背孔自 12/13 节间始。环带光滑，无刚毛。刚毛数：64-65（VIII），67-70（XXV）；20-21 在雄孔间。雄孔 1 对，位 XVIII 节腹侧，孔圆形或横裂缝状，在心形扁平突中部，突周侧环绕 1-5 条环脊和 1 深沟，雄突前后各具 1 对乳突；有时雄孔周围环绕 2-9 个不规则排列的乳突。XVIII 节腹中部雄孔间具一略隆起的长方形乳突群，刚毛圈前 19-31 个，刚毛圈后 15-22 个，排列成紧密且颇不规则的几横排，每排约 10 个乳突，其形状与雄孔周围乳突相似。受精囊孔 2 对，位 7/8/9 节间侧面，外表不显，孔周前后缘紧密排列一横排小圆乳突 1-5 个。VIII 和 IX 节腹中部刚毛圈前具 2 群小圆乳突，VIII 节 10-17 个，排列不规则，或多或少，为 1 或 2 横排；IX 节 12-23 个，排列与 VIII 节相同；有时刚毛圈前后仅 3 个乳突。受精囊孔区被平行线状沟连续相隔，在乳突间形成网状，此区宽 14-16 根刚毛的距离（图 54）。

内部特征：隔膜 8/9/10 缺失，一般较薄，6/7 和 7/8 较厚，10/11 极薄，11/12-14/15 略厚。砂囊大，位 IX 和 X 节。肠自 XV 节始扩大；盲肠简单，自 XXVII 节始，前伸达 XXIII 节，两缘在隔膜处具凹刻，盲端偶向下弯，淡黄色。心脏位 X-XIII 节。2 对精巢囊完全连合形成 1 个单精巢囊，位 XI 节，小，与前对储精囊腹后角相接，输精管在 XII 节相通。储精囊 2 对，位 XI 和 XII 节，前对大，长方形，前伸达 X 节砂囊腹侧后半部，具半圆形背叶，背端中部具颗粒状表面，后对梨形或长卵形，背端或背前缘具圆形背叶；囊表面光滑，淡黄色。前列腺大，占 XVI-XXI 整 6 节，分成辐射状几叶，又由浅沟分成若干小片；前列腺管环绕在 XIX 节，其根部环绕有与外部生殖乳突对应、末端之半略具肌肉的副性腺若干个；XVIII 节前列腺间具与外生殖乳突相对应的一群副性腺；副性腺心形或圆形，表面被浅沟和脊分成 2 或 3 小片，具与腺体等长或略长的细长管。受精囊 2 对，位 VII 和 IX 节；坛心形或梨形，表面光滑或顶端腹面 1/4 由一深沟形成端叶，坛边缘，尤其是近端和腹缘附近具瘤突或皱褶；坛管短粗；盲管较大，水牛角状，末端渐窄，近端之半表面具几条相互交错不完全环状深沟，管细长，但更加卷绕或弯曲；受精囊根部具 2-5 个副性腺，VIII-IX 节受精囊间具若干个副性腺，形态与 XVIII 节相同（图 54）。

体色：在福尔马林溶液中与夏威夷远盲蚓 Amynthas hawayanus 相似，背面鲜紫褐色，腹面与环带淡灰色，环带前体色暗。

命名：本种依据前列腺区和受精囊区副性腺众多的特征而命名。

模式产地：台湾（台北）。

中国分布：台湾（台北）。

## 51. 壮伟远盲蚓 *Amynthas robustus* (Perrier, 1872)

*Perichaeta robusta* Perrier, 1872. *Nouvelles Archives du Museum*, 8: 112-118.
*Pheretima robusta* Gates, 1935a. *Smithsonian Mis. Coll.*, 93(3): 15-16.
*Pheretima robusta* Gates, 1935b. *Lingnan Sci. J.*, 14(3): 453-454.
*Pheretima robusta* Chen, 1936. *Contr. Biol. Lab. Sci. Soc. China (Zool.)*, 11(8): 271.
*Pheretima robusta* Gates, 1939. *Proc. U.S. Nat. Mus.*, 85: 473-482.
*Pheretima robusta* Chen, 1946. *J. West China Bord. Res. Soc.*, 16(B): 136.
*Pheretima robusta* 陈义等, 1959. *中国动物图谱 环节动物(附多足类)*: 13.
*Pheretima robusta* Tsai, 1964. *Quar. Jour. Taiwan Mus.*, 17(1&2): 26-29.
*Amynthas robustus* Gates, 1972. *Trans. Amer. Philos. Soc.*, 62(7): 216-218.
*Amynthas robustus* Sims & Easton, 1972. *Biol. J. Linn. Soc.*, 4(3): 234.
*Pheretima robusta* 于德江等, 1992b. *动物学杂志*, 27(2): 54.
*Pheretima robustus* James et al., 2005. *Jour. Nat. Hist.*, 39(14): 1025.
*Amynthas robustus* 徐芹和肖能文, 2011. *中国陆栖蚯蚓*: 174-175.
*Amynthas robustus* Xiao, 2019. *Terrestrial Earthworms (Oligochaeta: Opisthopora) of China*: 76-78.

外部特征：体长 85-125 mm，宽 4-7 mm。体节数 71-138。口前叶上叶式。背孔自 12/13 节间始。环带位 XIV-XVI 节，占 3 节，无刚毛。一般刚毛并不特殊，唯 III-VI 节腹面 $a$ 到 $c$ 毛距离较大，并不很长；$aa$ 和 $zz$ 约等于 $ab$；18-21（VIII）在受精囊孔间，12-15 在雄孔间。雄孔位 XVIII 节，在一圆形平突上，具 1 乳突；有数皮褶环绕，近雄孔内侧有 1 个或 2 个乳突，或排列在本节腹中央刚毛圈前，全缺者亦有之。受精囊孔 2 对，位 7/8/9 节间一梭形突上，约占 1/2 节周，在孔内侧常有 1-2 个乳突，全缺者亦有之（图 55）。

内部特征：隔膜 8/9/10 缺，6/7/8、10/11/12/13/14 相当厚。砂囊位 VIII 和 IX 节。肠自 XIV 或 XV 节扩大，盲肠位 XXVI 或 XXVII 节，简单，向前延伸到 XXIII 或 XXIV 节。心脏位 X-XIII 节。精巢囊 2 对，位 X 和 XI 节。储精囊 2 对，位 XI 和 XII 节，具背叶。前列腺成对，位 XVIII 节，总状，向前延伸到 XVI 节，向后延伸到 XX 或 XXI 节。卵巢成对位 XIII 节。受精囊 2 对，位 VIII 和 IX 节；坛大，圆形或椭圆形；坛管粗而直，短于坛；盲管长，柄细，环状，内端一半膨大成棍状纳精囊（图 55）。

体色：活体标本背部浅红色或红棕色，腹部红白色，环带红白色或暗红色。

命名：本种依据蚯蚓的强壮、体型大小和形态而命名。

模式产地：没有标明模式产地，法国国家自然历史博物馆模式标本来自毛里求斯或马尼拉。

模式标本保存：法国国家自然历史博物馆、美国

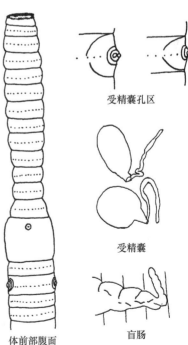

受精囊孔区

受精囊

体前部腹面　　盲肠

图 55　壮伟远盲蚓（Tsai，1964）

国立博物馆（华盛顿）。

中国分布：吉林、江苏、浙江、福建（福州）、台湾（台北、高雄）、江西、湖北、香港、重庆（南川、江北）、四川。

生境：本种生活在比较干燥的环境中，多见于丛林和粪场肥沃的土中、碎石中，主要栖息在 20-30 cm 的土层内。

讨论：本种与参状远盲蚓 *Amynthas aspergillum* 相似，但雄孔附近的生殖标记数量明显较少。

## 52. 西姆森远盲蚓 *Amynthas siemsseni* (Michaelsen, 1931)

*Pheretima siemsseni* Michaelsen, 1931. *Peking Nat. Hist. Bull.*, 5(2): 17-19.

*Amynthas siemsseni* Sims & Easton, 1972. *Biol. J. Linn. Soc.*, 4(3): 234.

*Amynthas siemsseni* 徐芹和肖能文, 2011. *中国陆栖蚯蚓*: 181.

*Amynthas siemsseni* Xiao, 2019. *Terrestrial Earthworms (Oligochaeta: Opisthopora) of China*: 78-79.

外部特征：体长 120-200 mm，宽 6-8 mm。体节数 136-146。口前叶上叶式。背孔自 12/13 节间始。环带位 XIV-XVI 节，环状，无刚毛。IV-X 节刚毛比体中部的粗，XII 节刚毛长，腹刚毛较背刚毛长；无背腹间隔，体前部偶具腹间隔，$aa=1.5ab$；刚毛数：47（VI），63（IX），70（XIII），74（XXVI）。雄孔位 XVIII 节腹面，约占 1/3 节周；孔在一大疣状突起上，突起占整个体节长，突起基部具几环沟，顶端具几个（2-4）略隆起的小腺乳突，可形成 1 圆环。受精囊孔 2 对，位 7/8/9 节间腹面，约占 1/3 节周，几不可见。此区无乳突。雌孔不明显。

内部特征：隔膜 8/9/10 缺失，4/5 略厚，5/6-7/8 和 10/11-12/13 颇厚，13/14 略厚，余者薄。砂囊大，位隔膜 7/8-10/11 之间。肠自 XIV 节扩大；盲肠简单，颇长，位 XXVII-XXII 节，具隔膜缀痕，基部宽，向前渐窄，前端弯曲。精巢囊 2 对，位 X 与 XI 节腹面，相当大，长，每侧的两个完全融合，形成一个粗球状区，前对精巢囊在 X 节下方由一宽短横桥连接，因此所有精巢囊相互交通。储精囊 2 对，位 XI 和 XII 节，具背叶，表面具网状纹。前列腺扁平，位 XVIII-XX 节，甚宽，具深刻痕且具若干小刻痕，表面网状；前列腺管窄且直。受精囊 2 对，位 VIII 和 IX 节；坛球形、囊状或卵圆形；坛管圆柱状，管长为坛长之半，直径为坛直径的 1/3，末端略细；盲管长筒袜状，与主体等长，盲管窄细，末端 1/2 膨大为纳精囊，盲管一般略弯曲，有时中部具一明显窄环状弯曲（图 56）。

体色：灰黄色至灰褐色。

命名：本种依据模式标本采集者 G. Siemssen 的姓名而命名。

模式产地：福建（福州）。

模式标本保存：德国汉堡博物馆。

中国分布：福建（福州）。

**受精囊**

图 56　西姆森远盲蚓
（Michaelsen，1931）

### 53. 高鸟远盲蚓 *Amynthas takatorii* (Goto & Hatai, 1898)

*Perichaeta takatorii* Goto & Hatai, 1898. *Annot. Zool. Jap.*, 1(2): 76-77.
*Amynthas takatorii* Sims & Easton, 1972. *Biol. J. Linn. Soc.*, 4(3): 234.
*Amynthas takatorii* 徐芹和肖能文, 2011. *中国陆栖蚯蚓*: 188.
*Amynthas takatorii* Xiao, 2019. *Terrestrial Earthworms (Oligochaeta: Opisthopora) of China*: 79-80.

外部特征：体长 314 mm，宽 8 mm。体节数 120。口前叶上叶式。背孔自 11/12 节间始。环带位 XIV-XVI 节，无刚毛。前部刚毛少，受精囊体节 51，其后 65。雄孔 1 对，位 XVIII 节腹侧，孔在乳突顶端，两乳突周围各具 8 个乳突，每侧 4 个，呈底朝外的等腰三角形排列在雄孔两侧（图 57）。受精囊孔 2 对，位 7/8/9 节间腹侧，邻近体节后缘具 2 个或 3 个乳突。

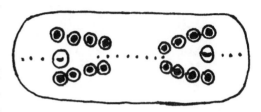

雄孔区

图 57　高鸟远盲蚓（Goto & Hatai，1898）

内部特征：隔膜 8/9/10 缺失，5/6-7/8 和 10/11-12/13 颇厚。砂囊位 VIII-IX 节。肠自 XV 节始扩大；盲肠简单，自 XXVI 节前伸 3 节到 XXIII 节。末对心脏位 XIII 节。精巢囊 2 对，位 X 和 XI 节。储精囊位 XI 和 XII 节。前列腺裂叶状，位 XVII-XXI 节。受精囊 2 对，位 VIII 和 IX 节，一对具 2 个略卷曲的盲管，盲管不等长；另一对受精囊相似，具 3 对小的副囊，无盲管，发育良好。卵囊位 XIII 节。

体色：保存标本背腹颜色差别大，背面浅灰色，腹面淡黄褐色，环带浅黄色。

命名：本种依据模式标本的采集者 Mr. Y. Takatori 而命名。

模式产地：台湾（台北）。

中国分布：台湾（台北）。

### 54. 三星远盲蚓 *Amynthas triastriatus* (Chen, 1946)

*Pheretima triastriata* Chen, 1946. *J. West China Bord. Res. Soc.*, 16(B): 97-98.
*Amynthas triastriatus* Sims & Easton, 1972. *Biol. J. Linn. Soc.*, 4(3): 234.
*Amynthas triastriatus* 徐芹和肖能文, 2011. *中国陆栖蚯蚓*: 190-191.
*Amynthas triastriatus* Xiao, 2019. *Terrestrial Earthworms (Oligochaeta: Opisthopora) of China*: 80.

外部特征：体长 110 mm，宽 7 mm。体节数 88。口前叶 1/2 上叶式。背孔自 10/11 节间始。体节短，VII 节长 3.5 mm，约等于环带后 2 个体节。环带位 XIV-XVI 节，不隆起，无刚毛，XVI 节背面与侧面无腺状隆起。刚毛，前 8 体节明显长，背面略短；$aa$=（1.2-1.5）$ab$，$zz$=（1.5-2）$yz$；刚毛数：34（III），36（IX），38（XXV）；16（VII、VIII）、17（IX）在受精囊孔间，12 在雄孔间。雄孔位 XVIII 节腹侧，约占 1/3 节周，孔在一圆锥形乳突上，其居中的两侧各具一相同乳突；雄突大，具侧皱皮褶。受精囊孔 2 对，位 7/8/9 节间腹面，约占 1/3 节周，每孔前后腹向各具 1 瘤突状乳突（图 58）。雌孔单，位 XIV 节腹中部。

内部特征：隔膜 8/9/10 缺失，4/5 薄，5/6/7 略具肌肉，前面具厚肾管，7/8 薄，11/12-13/14 厚，富肌肉。砂囊位 1/2IX 和 1/2X 节。肠自 XV 节始扩大；盲肠简单，光滑，向前延伸

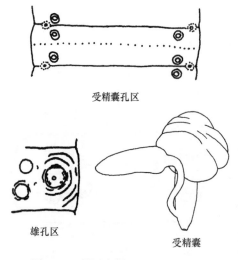

受精囊孔区

雄孔区

受精囊

图 58　三星远盲蚓（Chen，1946）

至 XXIII 节。精巢囊小，"V"形，后对 2 倍大。储精囊约占据各自 2/3 体节，背腹面长约 3 mm，背叶小，在 12/13 节间后有退化囊。前列腺缺失，管"U"形。副性腺圆形，表面粗糙，各具 1 索状管。受精囊 2 对，位 VII 和 VIII 节；坛心形，大；坛管宽，略短；盲管较主体长。纳精囊长约 1.5 mm，宽约 0.5 mm；副性腺相同（图 58）。

体色：背面灰白色，腹面苍白，环带赭红色，刚毛圈淡白色。

命名：本种依据雄孔在一圆锥形乳突上，其居中的两侧各具一相同乳突，此 3 个乳突犹如三颗星星而命名。

模式产地：四川（峨眉山）。

模式标本保存：曾存于中研院动物研究所（重庆），疑遗失。

中国分布：湖北（利川）、四川（峨眉山）、贵州（铜仁）。

讨论：本种与白色远盲蚓 *Amynthas leucocircus* 和秉氏远盲蚓 *Amynthas pingi pingi* 外观接近。但与白色远盲蚓在受精囊数量、坛特征、刚毛、前列腺缺失等方面存在差异，与秉氏远盲蚓在受精囊数量和大小、刚毛特征等方面存在差异。后两种前腹侧的刚毛较长且间隔宽。

## 55. 尝胆远盲蚓 *Amynthas ultorius* (Chen, 1935)

*Pheretima ultoria* Chen, 1935a. *Bull. Fan. Mem. Inst. Biol.*, 6(2): 42-47.

*Amynthas ultorius* Sims & Easton, 1972. *Biol. J. Linn. Soc.*, 4(3): 234.

*Amynthas ultorius* 徐芹和肖能文，2011. *中国陆栖蚯蚓*: 192-193.

*Amynthas ultorius* Xiao, 2019. *Terrestrial Earthworms (Oligochaeta: Opisthopora) of China*: 81-82.

外部特征：体长 80-98 mm，宽 4.5-5 mm。体节数 79-119。口前叶 1/2-2/3 上叶式。背孔自 11/12 节间始。环带后体节短，环带前体节约等于环带后 2.5-3 体节。环带位 XIV-XVI 节，占 3 节，短，环状，无刚毛，偶见刚毛窝。刚毛圈突出，前 10 节与后 30 节尤为明显，$aa=1.2ab$，$zz=(1.5-2)yz$；刚毛数：25-28（III）、27-32（VI）、45-54（VIII）、50-54（XII）、50-55（XXV），15-19（VII）、18-24（VIII）、18-24（IX）在受精囊孔间，14-16 在雄孔间。雄孔 1 对，位 XVIII 节腹面，约占 1/3 节周，均在圆形乳突上；其内侧具 2 生殖乳突，与雄孔乳突等大，1 个居中，另 1 个略靠前端，乳突周围有环脊数条。受精囊孔 2 对，位 7/8/9 节间，约占 5/14 节周弱，孔附近体节前端各具 1 乳突，卵形，占 2-3 根刚毛位置（图 59）。

内部特征：隔膜 8/9 腹面膜状，9/10 缺失，4/5 薄，5/6-7/8 厚，10/11-12/13 等厚，13/14 或 14/15 略厚。砂囊桶状，位 IX 和 X 节，表面光滑。肠自 XVI 节扩大；盲肠成对，位 XXVII 节，前伸至 XXIV 或 XXIII 节，中等宽，尖，背部和腹部光滑。心脏 4 对，首对位 X 节，结实。精巢囊位 X 节，宽 1.2 mm，中间呈厚"V"形连接，在 XI 节广泛连接；精巢盘状紧密。储精囊位 XI 和 XII 节，很大，长约 2 mm，宽 4 mm，前背有 1 个大的背叶，约占储精囊的 1/3，表面稍有颗粒状。前列腺大，位 XVII-XIX 或 XVI-XX 节，细裂叶状，管短粗；副性腺细管状。受精囊 2 对，位 VII 和 VIII 节；坛圆形或卵圆形，宽 1 mm 或更宽，光滑，明显；坛管短粗；盲管与主体等长或比主体略长，内端 1/3-1/2 为纳精囊，与坛管相连处细长（图 59）。

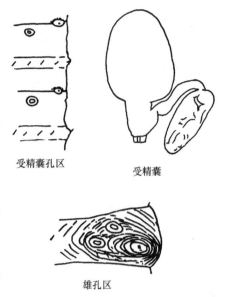

受精囊孔区　　　受精囊

雄孔区

图 59　尝胆远盲蚓（Chen, 1935a）

体色：在乙醇保存液中，背面浅褐色或亮栗色，环带后区域更明显，窄或极不清晰；腹面苍白或浅褐色或灰白色；环带浅巧克力褐色；刚毛圈苍白。

模式产地：香港。

模式标本保存：曾存于北京静生生物调查所标本馆，可能毁于战争。

中国分布：香港、四川（乐山）。

讨论：本种与斯拉伊特立环毛蚓 *Pheretima sluteri* 不同，后者体型更大（长 190 mm，体节数 135），没有生殖乳突。本种与日本的标记远盲蚓 *Amynthas masatakae* 在受精囊和受精囊孔区生殖乳突上的特征一致，但标记远盲蚓体型较小。本种在体型、生殖乳突和精巢囊的特征等方面也不同于我国福建的西姆森远盲蚓 *Amynthas siemsseni* 和福建远盲蚓 *Amynthas fokiensis*。本种与皱褶远盲蚓 *Amynthas corrugatus* 的区别在于：①雄孔周围和受精囊孔区常有生殖乳突；②前部刚毛明显增大；③精巢囊位置较近。

B. 二裂种组 *bifidus*-group

受精囊孔 5 对，位 4/5/6/7/8/9 节间。

国外分布：东洋界、澳洲界。

中国分布：海南。

中国有 1 种。

### 56. 东方远盲蚓 *Amynthas dongfangensis* Sun & Qiu, 2010

*Amynthas dongfangensis* Sun et al., 2010. *Zootaxa*, 2680: 30-31.

*Amynthas dongfangensis* 徐芹和肖能文, 2011. *中国陆栖蚯蚓*: 107.

*Amynthas dongfangensis* Xiao, 2019. *Terrestrial Earthworms (Oligochaeta: Opisthopora) of China*: 82.

外部特征：体长 44 mm，宽 1.5 mm。体节数 70，尾端缺失（残体）。口前叶 1/2 上叶式。背孔自 11/12 节间始。环带略长，位 XIV-XVI 节，环状，隆起，无刚毛，无背孔。刚毛环生，较稀疏；刚毛数：28（III），26（V），34（VIII），34（XX），36（XXV）；10（VI）在受精囊孔间，5 在雄孔间。雄孔 1 对，位 XVIII 节腹侧一圆锥形腺状突起上，突起具一圆形平顶，平顶中央为 1 小尖突，突周具 3-5 圈皮褶，约占 1/3 节周。受精囊孔 5 对，位 4/5/6/7/8/9 节间腹侧面，眼状，较小，约占 1/3 节周强（图 60）。雌孔单，位 XIV 节腹中央，圆形，颜色较周围浅。

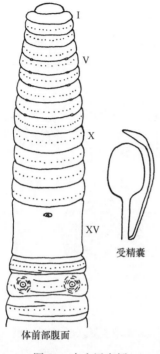

图 60　东方远盲蚓
（Sun et al.，2010）

内部特征：隔膜 8/9/10 缺，6/7 略厚。砂囊长桶形，位 IX-X 节。肠自 XV 节始扩大，自 XXI 节始再次扩大；盲肠简单，自 XXVII 节始，前伸达 XXV 节，背腹缘均光滑。心脏 4 对，位 X-XIII 节，在背侧连于食道上血管。精巢囊 2 对，发达，位 X 和 XI 节，第一对发达，长圆形，第二对与储精囊共同包裹在一膜质囊中。储精囊 2 对，发达，位 XI 和 XII 节。前列腺发达，位 XVII-XXI 节，块状分叶；前列腺管倒"U"形，粗细较均匀。受精囊 5 对，位 V-IX 节；坛卵圆形，饱满；坛管粗细均匀，与坛约等长；盲管较主体长 1/4，内端尖辣椒状，为纳精囊，纳精囊约为盲管柄长的 1/2（图 60）。

体色：头部区背面灰褐色至紫色，腹侧浅灰褐色，其他部位背面深褐色，腹面无色素，环带红褐色。

命名：本种依据模式产地海南尖峰岭所在东方市而命名。

模式产地：海南（尖峰岭）。

模式标本保存：上海自然博物馆。

中国分布：海南（尖峰岭）。

生境：生活在海拔 980 m 的蒲葵林和樟树林。

讨论：本种是具有 5 对受精囊的种类，可以列入二裂种组 *bifidus*-group。目前中国只有这一个种。

## C. 伯恩种组 *bournei*-group

受精囊孔 3 对，位 VI-VIII 节。

国外分布：东洋界、澳洲界。

中国分布：云南、四川。

中国有 3 种。

### 伯恩种组分种检索表

1. 受精囊孔位 VI-VIII 节前缘，紧靠节间沟。环带前 VII 和 VIII 节刚毛圈前各具 1 对乳突 ……………………………………………………………………… 狡伪远盲蚓 *Amynthas dolosus*
   乳突位刚毛圈后……………………………………………………………………………2
2. VII 和 VIII 节腹中部刚毛圈后具 1 乳突，不成对 ……………………多果远盲蚓 *Amynthas domosus*
   VII 和 VIII 节刚毛圈后腹中线两侧具成对生殖乳突 ……………壁缘远盲蚓 *Amynthas mucrorimus*

## 57. 狡伪远盲蚓 *Amynthas dolosus* (Gates, 1932)

*Pheretima dolosua* Gates, 1932. *Rec. Ind. Mus.*, 34(4): 443-444.

*Pheretima dolosua* Gates, 1972. *Trans. Amer. Philos. Soc.*, 62(7): 181.

*Amynthas dolosus dolosus* Sims & Easton, 1972. *Biol. J. Linn. Soc.*, 4(3): 234.

*Amynthas dolosus* 钟远辉和邱江平，1992. *贵州科学*，10(4): 40.

*Amynthas dolosus* 徐芹和肖能文，2011. *中国陆栖蚯蚓*: 105-106.

*Amynthas dolosus* Xiao, 2019. *Terrestrial Earthworms (Oligochaeta: Opisthopora) of China*: 83-84.

外部特征：体长 84 mm，宽 4 mm。背孔自 12/13 节间始，但 11/12 节间具 1 背孔状标志，无功能。环带位 XIV-XVI 节，无节间沟，无背孔，无刚毛。刚毛自 II 节始，II 节仅腹面与侧面具 7 根刚毛，背面无刚毛；环带后一些体节无腹间隔，具背间隔；刚毛数：15（XVII），15（XIX），42（XX）；19（VI）、18（VII）在受精囊孔间，6（XVIII）在雄孔间。雄孔小，位 XVIII 节腹面，孔在一横卵圆形盘上，盘横宽 1.5 倍刚毛间距，盘间隔宽。环带后 XVIII 节具 2 对乳突，位腹中线刚毛圈前，横卵圆形，隆起，几近相接，明显，中心距雄孔约 4 刚毛距离。受精囊孔 3 对，小，位 VI-VIII 节前缘，紧靠节间沟。环带前刚毛圈前具 2 对乳突，VII 节 1 对，另 1 对位 VIII 节，每个乳突横卵形，扁平，略隆起，横宽约占 2 刚毛距离，两乳突间距为 5-6 刚毛距离，乳突侧缘正对雄孔线。雌孔单，位 XIV 节。

**受精囊**

图 61 狡伪远盲蚓
（Gates，1932）

内部特征：隔膜 8/9/10 缺失，5/6-7/8 和 10/11-11/12 具肌肉，12/13-13/14 略厚，半透明状。肠自 XV 节始扩大；盲肠简单，位 XXVII-XXIV 节。末对心脏位 XIII 节，IX-XIII 节所有心脏通入腹血管。精巢囊 2 对，近球形，同体节的精巢囊相互分离。储精囊位 XI 和 XII 节，包裹着背血管。前列腺位 XVII-XIX 或 XX 节；前列腺管弯曲成 "U" 形或 "C" 形，长约 2.5 mm，外 2/3 略粗。受精囊 3 对，位 VI、VII 和 VIII 节；坛圆形或卵圆形；坛管较坛长且细；盲管较主体长或短，细，内宽，在体壁坛管最窄处通入（图 61）。副性腺与体表乳突位置相对应。

体色：背面浅褐色，环带浅红色。

模式产地：云南（腾冲）。

模式标本保存：印度博物馆。

中国分布：云南（腾冲）。

讨论：本种的生殖标记有点像北方远盲蚓 Amynthas exiguus aquilonius 的小生殖标记。环带前和 XVIII 节刚毛圈前生殖标记与北方远盲蚓大致相似，但北方远盲蚓刚毛圈后无生殖标记，本种 XVIII 节具 1 对生殖标记。

## 58. 多果远盲蚓 *Amynthas domosus* (Chen, 1946)

*Pheretima domosa* Chen, 1946. *J. West China Bord. Res. Soc.*, 16(B): 102-103.

*Amynthas domosus* Sims & Easton, 1972. *Biol. J. Linn. Soc.*, 4(3): 234.

*Amynthas domosus* 徐芹和肖能文，2011. *中国陆栖蚯蚓*: 106-107.

*Amynthas domosus* Xiao, 2019. *Terrestrial Earthworms (Oligochaeta: Opisthopora) of China*: 84.

外部特征：体长 116 mm，宽 5.5 mm。体节数 90。口前叶 1/4 上叶式。背孔自 12/13 节间始。前端体节长，VII 节以后明显具 3 体环。环带位 XIV-XVI 节，占 3 节，光滑而隆起。刚毛细，环带后体节几不可见，环带前腹面勉强可见；$aa=1.2ab$，$zz=（1.5-2）yz$；刚毛数：46（IX）、52（XIX）；22（VI）、20（VIII）在受精囊孔间；12 在雄孔间。雄孔成对，位 XVIII 节腹面刚毛圈上，约占 1/4 节周，各在一腺状区，位 XVIII 节和 XIX 节的唯一确定的大乳突上。受精囊孔 3 对，位 VI-VIII 节前缘，约占 1/4 节周，孔紧靠

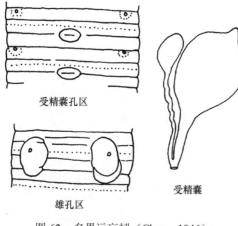

受精囊孔区

雄孔区

受精囊

图 62　多果远盲蚓（Chen，1946）

节间沟，但确实在体节上，相当于一小丘疹状孔突；VII、VIII 节腹中部刚毛圈后具 1 乳突，外部不显，为卵圆形腺状皮腔，中央具 1 明显横沟（图 62）。

内部特征：隔膜 8/9/10 缺失，4/5-7/8 薄，膜状，10/11-12/13 厚。砂囊圆形，位 1/2IX 和 X 节。肠自 XV 节始扩大；盲肠简单，尖直，位 XXVII 节，前达 XXII 或 XXIII 节。精巢囊也大，X 节的宽 2.5 mm，两囊紧靠，不连通。储精囊大，位 XI 和 XII 节，各具 1 大背叶。前列腺大，位 XVII-XIX 节，叶粗；前列腺管厚，"U"形弯曲；副性腺无柄，大囊状。受精囊 3 对，位 VI-VIII 节；坛大，长约 2 mm，顶端尖；坛管长；盲管与主体长度近似，纳精囊球形（图 62）。

体色：背面灰白色，腹面苍白，环带巧克力褐色。

模式产地：四川（峨眉山）。

模式标本保存：曾存于中研院动物研究所（重庆），疑遗失。

中国分布：四川（峨眉山）。

讨论：本种受精囊孔位于体节边缘（靠近节间沟），与壁缘远盲蚓 *Amynthas mucrorimus* 和罩盖远盲蚓 *Amynthas pomellus* 等受精囊孔明显位于体节上的特征有区别。

### 59. 壁缘远盲蚓 *Amynthas mucrorimus* (Chen, 1946)

*Pheretima mucrorima* Chen, 1946. *J. West China Bord. Res. Soc.*, 16(B): 108-109.

*Amynthas mucrorimus* Sims & Easton, 1972. *Biol. J. Linn. Soc.*, 4(3): 234.

*Amynthas mucrorimus* 徐芹和肖能文, 2011. *中国陆栖蚯蚓*: 153.

*Amynthas mucrorimus* Xiao, 2019. *Terrestrial Earthworms (Oligochaeta: Opisthopora) of China*: 84-85.

外部特征：体长 105-118 mm，宽 5.5-6 mm。体节数 99-100。口前叶 1/2 上叶式。背孔自 12/13 节间始。环带位 XIV-XVI 节，完整，环状，无刚毛。刚毛均匀一致，II 节背面隐约可见。$aa=1.1ab$，$zz=$（1.2-2）$yz$；刚毛数：40-42（III）、66-75（VIII）、58-60（XXV），28（VI、VII）、32（VIII）在受精囊孔间，14 在雄孔间。雄孔位 XVIII 节腹侧角一小隆起上，孔浅，孔前具一卵形乳突，孔后常有另一卵形乳突，所有乳突及孔突被一中部开口的马蹄铁形腺壁包绕。受精囊孔 3 对，位 VI-VIII 节腹面，约占 4/9 节周；孔小，孔区略隆起，孔中部为一横沟，紧靠第 14 根刚毛前，与节间沟相比，更靠近刚毛圈，无腺体也无其他生殖标记。VII 和 VIII 节刚毛圈后，腹中线两侧各具 1 对或成对生殖乳突（图 63）。

内部特征：隔膜 8/9/10 缺失，4/5-7/8 厚，10/11-12/13 等厚。肠自 XV 节始扩大；盲肠小而简单，位 XXVII 节，延伸至 XXIII 节。精巢囊位 X 和 XI 节，大，首对直径 2 mm，后对略小，不交通。储精囊小，首对较大，长约 4 mm，宽约 2 mm，背叶大，表面光滑；

第二对大小约为第一对的一半。前列腺位XVII-XX 节，叶粗；前列腺管短，呈"V"形；副性腺大小相当，无柄。受精囊 3 对，位 VI、VII 和 VIII 节；坛圆形或心形；坛管短粗，主体长约 2 mm；盲管与主体等长，具卵形纳精囊（图 63）。

体色：在福尔马林溶液中背侧灰白色，前部色深，腹面苍白，环带砖红色。

命名：本种依据雄孔在马蹄铁形腺体壁边缘而命名。

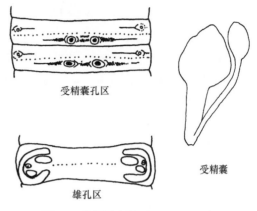

图 63 壁缘远盲蚓（Chen，1946）

模式产地：四川（峨眉山）。

模式标本保存：曾存于中研院动物研究所（重庆），疑遗失。

中国分布：四川（峨眉山）。

讨论：本种受精囊孔位体节上。

### D. 露管种组 *canaliculatus*-group

受精囊孔 2 对，位 VI 和 VII 节。

中国分布：四川。

中国 1 种。

### 60. 慈竹远盲蚓 *Amynthas benigmus* (Chen, 1946)

*Pheretima benigma* Chen, 1946. *J. West China Bord. Res. Soc.*, 16(B): 101-102.

*Amynthas benigmus* Sims & Easton, 1972. *Biol. J. Linn. Soc.*, 4(3): 237.

*Amynthas benigmus* 徐芹和肖能文，2011. *中国陆栖蚯蚓*: 84-85.

*Amynthas benigmus* Xiao, 2019. *Terrestrial Earthworms (Oligochaeta: Opisthopora) of China*: 85-86.

外部特征：体长 130 mm，宽 5 mm。体节数 100。口前叶 1/3 上叶式。背孔自 12/13 节间始。环带位 XIV-XVI 节，环状，无刚毛。环带前体节较 XIX 节后体节长 2 倍左右。刚毛易损，腹刚毛密而长；$aa$=（1.1-1.5）$ab$，$zz$=2.0$yz$；刚毛数：16（III）、28（VII）、29（VIII）、32（XVII）、35（XX）；8（XVIII）、14（XIX）在雄孔间或雄孔线间，18（VI）、17（VII）在受精囊孔间。雄孔位 XVIII 节腹刚毛圈上，约占 1/3 节周，每孔内侧具一大扁平乳突，外侧腺状皮延伸至邻近体节小部分。受精囊孔 2 对，位 VI、VII 节背面第一体环中部，为一小瘤状突，首对大小约占 1 根或 2 根背刚毛位置；前对约占 1/2 节周强，末对约占 1/2 节周弱（图 64）。

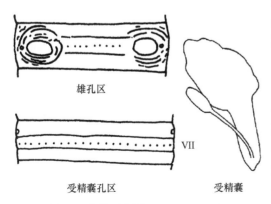

图 64 慈竹远盲蚓（Chen，1946）

内部特征：隔膜 8/9/10 缺失，5/6-7/8 略具肌肉，10/11-13/14 厚，富肌肉。砂囊位 IX 节。肠自 XV 节始扩大；盲肠简单，前伸达 XXII 节。精巢囊位 X 和 XI 节；X 节精巢囊卵形，宽 2.5 mm，窄连接；XI 节精巢囊圆形，窄连接且交通。储精囊位 XI 和 XII 节，背腹长约 4 mm，背叶约占一半。前列腺发达，位 XVII-XX 节；前列腺管短。副性腺各在一大腔内，无柄。受精囊位 VI 和 VII 节；坛匙形；坛管与坛等长；盲管较主体短；纳精囊圆形或长卵形（图 64）。

体色：背部灰白色，腹部苍白，环带巧克力色，刚毛圈色淡。

命名：本种学名"*benigmus*"拉丁语中意为善良，取自模式产地慈竹坪中"慈"字。

模式产地：四川（峨边）。

模式标本保存：贵州省生物研究所。

中国分布：四川（乐山）、贵州（铜仁）。

生境：生活于海拔 2000 m 的地区（邱江平和文成禄，1987）。

讨论：本种在外形上与秉氏远盲蚓 *Amynthas pingi pingi* 相似。腹侧前部的刚毛数量多且呈不规则排列，坛和坛管的形状相近。主要差异在受精囊孔的数量和位置以及雄孔区。在受精囊孔的位置和数量、刚毛的特征、精巢囊的紧密程度方面，本种也不同于壁缘远盲蚓 *Amynthas mucrorimus* 和天青远盲蚓 *Amynthas cupreae*。

E. 窄环种组 *diffringens*-group

受精囊孔 4 对，位 5/6/7/8/9 节间。

我国有 53 种。

### 窄环种组分种检索表

24. 雄孔位于体壁一小的窄的圆形内陷中，每孔有一纵向伸长、横向之半被遮盖的生殖标记……………
………………………………………………………… 隘寮远盲蚓 *Amynthas ailiaoensis*
雄孔在中央隆起的刚毛圈上，周围环绕 2 或 3 环褶。生殖乳突卵圆形，平顶，周围环绕皮褶，成
对在 17/18、18/19 节间雄孔中部………………………………… 山区远盲蚓 *Amynthas montanus*
25. 雄孔区具 3 对乳突或多个不成对乳突………………………………………………………………26
雄孔区具 2 对乳突………………………………………………………………………………………27
26. 雄孔区 18/19、19/20 和 20/21 节间各具 1 对大横卵形乳突…… 扁长远盲蚓 *Amynthas longiculiculatus*
雄孔在菱形盘（雄盘）乳头状孔突上，4 个生殖乳突呈十字状态排列在孔突周围，1 个在前，1 个
在后，1 个在侧面，1 个靠体中部，该雄盘周围环绕 3-4 条菱形皮褶…… 十字远盲蚓 *Amynthas cruxus*
27. XVII 和 XVIII 或 XIX 节具乳突………………………………………………………………………28
XVII 或 XVIII 节，XIX 或 XX 节具乳突………………………………………………………………29
28. V-VIII 节后部各具 1 对小圆形乳突，VII 与 VIII 节刚毛圈前各具 1 对相同乳突…………………
…………………………………………………………………… 希奇远盲蚓 *Amynthas mirabilis*
乳突位 XVII、XVIII 和 XIX 节………………………………………………………………………30
29. 雄孔位一侧位小孔突上，每孔突腹向具一大的乳突，XVII 节也具相同乳突，此乳突前或后环绕
有乳突状腺脊，XVIII 节前缘具 2 个逗号状乳突，XVII 节也具此类乳突…………………………
………………………………………………… 川蜀远盲蚓 *Amynthas szechuanensis vallatus*
雄孔在椭圆形腺状孔突上，孔突中央略凸起，周围无上皮褶皱。生殖乳突卵圆形，平顶，成对，
位 XVIII 和 XIX 节刚毛圈前，XVII 和 XVIII 节刚毛圈后排列成纵行且稍偏向于雄孔…………
………………………………………………………………… 殖突远盲蚓 *Amynthas genitalis*
30. XVII 和 XIX 节具乳突………………………………………………………………………………31
乳突位 XVII 节或 XVIII 节和 XIX 或 XX 节…………………………………………………………32
31. XVII 和 XIX 节后具成对乳突…………………………………… 云龙远盲蚓 *Amynthas yunlongensis*
雄孔在一瘤突上，侧面由一半闭眼状腺皮覆盖；XVII 节和 XIX 节雄孔线上各具一隆起的乳突，
XIX 节的乳突常为 2 个相连………………………………………… 棒状远盲蚓 *Amynthas rhabdoidus*
32. 乳突位 XVII 和 XIX 或 XX 节……………………………………………………………………33
XVIII 和 XIX 节刚毛圈前略靠近雄孔常具 2 对生殖乳突，大而圆；而另外的 1 对在 XX 节，偶尔
1 对只在 XVIII 或 XIX 节刚毛圈前，1 对靠近雄孔突前中部和另一对可见后中部，或 2 对在 XVIII
节以及 1 对在 XIX 节刚毛圈前……………………………… 红叶远盲蚓 *Amynthas hongyehensis*
33. 雄孔圆形或卵圆形，中心凹陷，具 3-4 环褶；XVII 和 XIX 节正对雄孔各具 1 对乳突，每个乳突中
心凹陷，卵圆形，位于节间沟与刚毛圈之间的体环上，偶尔 XX 节后具 1 对或 1 个乳突，或 XVII
或 XIX 节缺失 1 个乳突……………………………………… 武岭远盲蚓 *Amynthas wulinensis*
雄孔在被圆垫包围的圆锥形腺盘上。XVII、XIX 和 XX 节刚毛后生殖乳突单或成对，数量和位置
多变，或在 XVII 节成对或只在右侧不成对，或在 XIX 节成对只在右侧不成对，或在 XX 节成对
只在右侧不成对，每突小，圆，略凸…………………………… 条纹远盲蚓 *Amynthas stricosus*
34. 仅环带前具乳突……………………………………………………………………………………35
环带前后均具乳突…………………………………………………………………………………36
35. 生殖乳突位 VI-IX 节前缘…………………………………… 似蚁远盲蚓 *Amynthas fornicatus*
VII、VIII 和 IX 节具成对生殖乳突…………………… 云南远盲蚓 *Amynthas divergens yunnanensis*
36. 生殖乳突位 VI-X 节和 XVII-XX 节……………………………………………………………37
生殖乳突位 VII-X 节和 XVII-XX 节……………………………………………………………41
37. 雄孔位 XVIII 节腹刚毛圈上，周围环绕 5-7 环褶；XVII 和 XIX 节腹刚毛圈后各具 1 对乳突，有时
仅 XIX 节左侧具 1 乳突，有时 XX 节具 1 个或 1 对乳突，每突小，卵圆形，中央凹陷…………
…………………………………………………………… 梅山远盲蚓 *Amynthas meishanensis*

51. 雄孔在周围环绕 3-5 环褶的圆形孔突上，偶见一个小乳突位于前内侧；受精囊孔区生殖乳突圆形，数量、位置、排列可变；VII-IX 节刚毛前乳突或单个或对生，偶见于 X 节，紧邻着节间沟··········
····················································································阿美远盲蚓 *Amynthas amis*
　　　　受精囊孔区具少于 2 对的乳突····················································································52

52. 受精囊孔区生殖乳突 2 对，位 VII 和 VII 节，或偶有 3 对，位 VII、VIII 和 IX 节，或 1 对，位 VII节，或无····························································· 窄环远盲蚓 *Amynthas diffringens*
　　　　雄孔在一凹陷的小乳突上，紧靠孔突外侧具 1 小乳突，周围环绕 2 或 3 环褶。XVIII 节腹中部刚毛圈后，紧靠雄孔和刚毛圈具 1 对乳突，占 10 或 11 刚毛距离；或 2 个乳突纵向排列，位 2 雄孔之间；乳突圆，中央平或凹陷······················· 葡腺远盲蚓 *Amynthas uvaglandularis*

### 61. 隘寮远盲蚓 *Amynthas ailiaoensis* James, Shih & Chang, 2005

*Amynthas ailiaoensis* James et al., 2005. *Jour. Nat. Hist.*, 39(14): 1018, 1020-1021.

*Amynthas ailiaoensis* 徐芹和肖能文, 2011. *中国陆栖蚯蚓*: 79.

*Amynthas ailiaoensis* Xiao, 2019. *Terrestrial Earthworms (Oligochaeta: Opisthopora) of China*: 90-91.

　　外部特征：体长 215-310 mm，宽 9-12.5 mm（X）、9-10 mm（XXX）、8-12 mm（环带）。体节数 110-140。口前叶上叶式。背孔自 12/13 节间始。环带位 XIV-XVI节，无刚毛。刚毛排列均匀，大小一致；*aa*：*ab*：*yz*：*zz*＝1：1：1：2.5（XXV）；刚毛数：86-96（VII），90-94（X），126-140（XXV）；20 在雄孔间。雄孔位 XVIII节腹面，约占 1/5 节周，孔在体壁浅圆形凹入内，各具一纵向伸长、横向之半被遮盖的生殖标记。受精囊孔 4 对，位 5/6/7/8/9 节间腹中至略腹中侧（图 65）。雌孔单，位 XIV 节。

　　内部特征：隔膜 5/6/7/8 肌肉质，8/9/10 缺，10/11-13/14 肌肉质；砂囊位 VIII 节。肠自 1/2XV节始扩大；盲肠简单，边缘平滑，位 XXVII-XXIII节。心脏位 X-XIII 节。精巢、精漏斗在 X 节腹面结合成囊状。储精囊大，位 XI 节，具大背叶；XI节储精囊的其他部分有时包裹在薄囊内。前列腺位XVIII 节，大，具 7 主叶，每叶具 2-3 条自前列腺管内端扇形散开的小管；前列腺管粗壮、肌肉质，向体壁变窄。输精管连接管在管-腺体部连接；输精管非肌肉质。卵巢位 VIII 节。受精囊 4 对，位VI-IX 节；坛梨形；坛管比坛短；盲管具小卵圆形腔，柄细，以发卡状卷绕（图 65）。受精囊管无肾管。

　　体色：背部 1/3 具褐色色素，深浅多变。

　　命名：本种依据模式产地屏东雾台的一条河——隘寮溪命名。

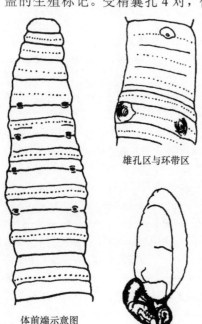

**雄孔区与环带区**

**体前端示意图**

**受精囊**

图 65　隘寮远盲蚓（James et al., 2005）

模式产地：台湾（屏东）。

模式标本保存：台湾自然科学博物馆（台中）。

中国分布：台湾（屏东）。

讨论：本种与 Gates（1959）在潮州、屏东、台北阳明山采集的物种很相似：雄孔浅内陷内，有成对的生殖标记，缺少隔膜 8/9，盲肠更短，受精囊孔的位置等，可能是同一个物种。

### 62. 阿美远盲蚓 *Amynthas amis* Shen, 2010

*Amynthas amis* Shen, 2012. *Jour. Nat. Hist.*, 46(37-38): 2261-2267.

*Amynthas amis* Xiao, 2019. *Terrestrial Earthworms (Oligochaeta: Opisthopora) of China*: 91-92.

外部特征：小到中等大小。体长 53-183 mm，宽 2.8-5.4 mm。体节数 77-115。口前叶上叶式。背孔自 11/12 或 10/11 节间始。环带 XIV-XVI 节，圆筒状。刚毛数：28-42（VII），40-48（XX）；8-12 在雄孔间。雄孔 1 对，位 XVIII 节腹面，占 0.23-0.27 节周。每孔在周围环绕 3-5 环褶的圆形孔突上，偶尔在其正前方具一直径约 0.25 mm 的小乳突，此区无其他乳突。受精囊孔 4 对，位 5/6/7/8/9 节间腹面，占 0.25-0.32 节周。此区生殖乳突圆形，数量、位置和排列多变。在 VII-IX 节刚毛前乳突或单个居中，或紧密或宽对生，偶尔在 X 节紧靠邻近的节间沟。每个乳突直径 0.3-0.7 mm，有或无中央凹陷。环带前和受精囊孔附近无刚毛后乳突（图 66）。雌孔单，位 XIV 节腹中央。

内部特征：隔膜 8/9/10 缺，5/6/7/8 和 10/11/12/13/14 厚。砂囊大，圆形，位 VIII-X 节。肠自 XVI 节始扩大；盲肠成对，位 XXVII 节，前伸至 XXIII-XXIV 节，简单，细长，末端直或略弯。心脏 4 对，位 X-XIII 节。精巢大，2 对。精巢囊位 X-XI 节，腹连接。储精囊大，光滑，2 对，位 XI 和 XII 节，占满整个体节空间或体节之半，具一圆背叶。前列腺大，具囊状表面的叶，位 XVI-XX 节，占 3-5 节；前列腺管长，位 XVIII 节，呈 "C" 形，或位 XVII-XVIII 节，呈 "U" 形，末端扩大。无柄副性腺圆形，与雄孔前中部存在的外生殖乳突对应。受精囊 4 对，位 VI-IX 节，大小和形状多变；坛圆形或长卵圆形，表面褶皱，长 0.68-3.1 mm，宽 0.45-1.8 mm，具一长 0.15-0.8 mm 的细至粗受精囊柄腔；盲管具长 0.15-0.8 mm 的卵圆形纳精囊和长 0.3-1.2 mm 的细柄。短柄副性腺圆形或略分叶，长 0.45-0.85 mm，与外部生殖乳突对应（图 66）。

体色：保存样本背面褐色至暗褐色，腹面浅褐色，环带浅橙褐色至暗褐色。

命名：依据本种主要分布在阿美人居住区而命名。

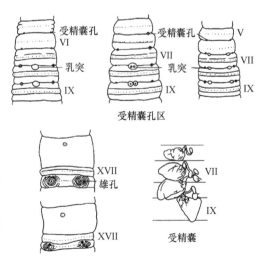

图 66 阿美远盲蚓（Shen，2012）

模式产地：台湾（花莲、台东）。

模式标本保存：台湾特有生物研究保育中心（南投）。

中国分布：台湾（花莲、台东）。

生境：长良林间公路（花莲卓溪），海拔 412-1354 m；延平森林公路（台东），海拔 1470 m。

讨论：本种的雄孔区结构与日本的鸟居远盲蚓 *Amynthas toriii* 类似。鸟居远盲蚓的个体更小，体长 37-43 mm，无生殖乳突，比本种刚毛数量多：43-45（VII），56-58（XX），前列腺管细长而直，这些特征都易与本种区分。

### 63. 双重远盲蚓 *Amynthas biorbis* Tsai & Shen, 2010

*Amynthas biorbis* Tsai et al., 2010. *Jour. Nat. Hist.*, 44(21-22): 1260-1263.

*Amynthas biorbis* Xiao, 2019. *Terrestrial Earthworms (Oligochaeta: Opisthopora) of China*: 92-93.

外部特征：小型蚯蚓。通常 61-86 mm，宽 2.6-3.3 mm。体节数 72-97。口前叶上叶式。背孔自 11/12 节间始。环带位 XIV-XVI 节，无刚毛，无背孔。刚毛数：33-40（VII），41-48（XX）；8-12 在雄孔间。雄孔位 XVIII 节腹面刚毛圈上，占 0.24-0.3 节周，每孔直径约 0.3 mm，在中央凹陷的圆形孔突上。XVIII 节具 1 对乳突，每突圆，直径约 0.5 mm（比雄孔突大），紧靠雄孔突中后部邻近刚毛圈后部；孔突和生殖乳突周围都包绕 1-2 皮褶。受精囊孔 4 对，位 5/6/7/8/9 节间腹面，每孔小，深埋在节间沟，不显，占 0.28-0.29 节周。环带前区域无生殖乳突（图 67）。雌孔单，位 XIV 节腹中央。

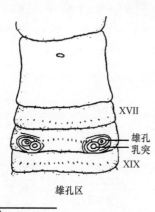

雄孔区

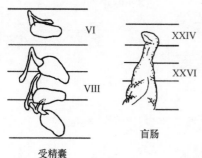

受精囊

图 67　双重远盲蚓（Tsai et al., 2010）

内部特征：隔膜 8/9/10 缺，5/6/7/8 和 10/11/12/13/14 厚。砂囊大，圆形，位 VIII-X 节。肠自 XV 节始扩大；盲肠简单，位 XXVII 节，前伸至 XXIII-XXIV 节，略褶皱，背面末端直或弯。心脏位 XI-XIII 节。精巢小或大，2 对；精巢囊位 X 和 XI 节，腹连接；输精管于 XII 节腹面相连。储精囊 2 对，位 XI 和 XII 节，小，具 1 凸起的圆形或桃形背叶。前列腺大，位 XVI-XX 节，深分成具囊状表面的 5 叶或 6 叶；前列腺管"U"形，位 XVIII 或 XVII-XVIII 节，近部扩大。无柄副性腺与囊状垫在前列腺管近端附近纵向延伸，与外部生殖乳突相对应。受精囊 4 对，位 VI-IX 节；坛圆锥形或桃形，长 0.9-1.11 mm，宽 0.45-0.68 mm；坛管粗，长 0.45-0.79 mm，为 1/2-2/3 坛长；盲管具小卵圆形纳精囊，柄长 0.35-0.75 mm，与受精囊柄等长（图 67）。

体色：保存样本头部和背面浅粉红褐色，腹面浅褐色，环带暗粉红褐色。

命名：依据邻近雄孔突的成对生殖乳突而命名。

模式产地：台湾（台东）。

模式标本保存：台湾特有生物研究保育中心（南投）。

中国分布：台湾（台东）。

生境：本种生活在台湾南部海拔 400-1000 m 的中央山脉东南斜坡。

讨论：本种为我国台湾特有种，与葡腺远盲蚓 Amynthas uvaglandularis 不同之处在于，本种环带前区域无生殖乳突，XVIII 节刚毛圈后毗邻雄孔孔突处有 1 对大且圆的乳突；而葡腺远盲蚓生殖乳突位 VIII、IX 和 XVIII 节，其位置和数量多变。本种与皮下远盲蚓 Amynthas corticis 也十分相似。但是本种较小，雄孔中后部具 1 对大乳突，且环带区域无生殖乳突。

## 64. 皮下远盲蚓 *Amynthas corticis* (Kinberg, 1867)

*Perichaeta corticis* Kinberg, 1867. *Öfvers. Kongl. Vetensk. Akad. Forhandl.*, 24: 102.

*Amynthas corticis* Sims & Easton, 1972. *Biol. J. Linn. Soc.*, 4(3): 235.

*Amynthas corticis* James et al., 2005. *Jour. Nat. Hist.*, 39(14): 1023-1024.

*Amynthas corticis* Chang et al., 2009. *Earthworm Fauna of Taiwan*: 38-39.

*Amynthas corticis* 徐芹和肖能文, 2011. *中国陆栖蚯蚓*: 97.

*Amynthas corticis* Xiao, 2019. *Terrestrial Earthworms (Oligochaeta: Opisthopora) of China*: 93-94.

外部特征：体长 96-119 mm，宽 3.6-4.3 mm。体节数 93-118。口前叶上叶式。背孔自 11/12 节间始。环带位 XIV-XVI 节，环状，无刚毛。刚毛数：36-40（VII），40-46（XXV）；10-14 在雄孔间。雄孔位 XVIII 节腹面，约占 0.24 节周，在凹陷的角质垫上；刚毛圈前后具 2 对小圆形乳突。受精囊孔 4 对，位 5/6/7/8/9 节间腹面，约占 0.28 节周；VIII-IX 节刚毛圈前具乳突，或在 VII 和 VI 节，或在 VII、VIII 节刚毛圈后，或只在 VII 节，或刚毛圈后无，正对受精囊孔线。雌孔单，位 XIV 节腹中部。

内部特征：隔膜 8/9/10 缺，5/6-7/8 和 10/11-13/14 略薄，肌肉质。砂囊位 VIII-X 节。肠自 XVI 节始扩大；盲肠简单，细长，自 XXVII 节始，前伸达 XXIII 节，无缺刻。心脏 3 对，位 XI-XIII 节，X 节心脏缺失。精巢囊位 X 和 XI 节，腹连接。储精囊位 XI 和 XII 节，大，具背叶。前列腺成对位 XVIII 节，伸达 XVI-XX 节，具 3-4 深裂叶；前列腺管粗厚，长发夹状环向前至 XV 节。XVIII 节无生殖标记。受精囊 4 对，位 VI-IX 节；坛卵圆形；坛管直；盲管钝卵圆形，较主体略短。

体色：在防腐液中无色素，或至少背部 1/3 为淡绿褐色。

命名：本种发现于树皮下面，故命名为皮下远盲蚓。

模式产地：瓦胡岛。

模式标本保存：瑞典自然历史博物馆。

中国分布：福建（泉州金门）、台湾（屏东）。

生境：生活在低海拔平原、小岛。

讨论：Michaelsen（1900b）收录的 *Pheretima corticis* 可能为 *Pheretima indica* (Horst, 1883)的同物异名。现在还不确定全部 *indica* 亚种是否为皮下远盲蚓的同物异名或者分化出单独种。这些亚种被 Sims 和 Easton（1972）记为马来半岛的 *Amynthas indicus cameroni*

(Stephenson, 1932)、斯里兰卡的 *Amynthas indicus ceylonicus* (Michaelsen, 1897)、夏威夷的 *Amynthas perkinsi* (Beddard, 1896)，但 Michaelsen（1900b）把它们都作为 *Amynthas. indica* 的"变种"。

### 65. 十字远盲蚓 *Amynthas cruxus* Tsai & Shen, 2007

*Amynthas cruxus* Tsai et al., 2007. *Jour. Nat. Hist.*, 41(5-8): 368-377.
*Amynthas cruxus* Chang et al., 2009. *Earthworm Fauna of Taiwan*: 40-41.
*Amynthas cruxus* 徐芹和肖能文, 2011. *中国陆栖蚯蚓*: 98-99.
*Amynthas cruxus* Xiao, 2019. *Terrestrial Earthworms (Oligochaeta: Opisthopora) of China*: 94-95.

外部特征：体长 100-170 mm，宽 3.2-4.8 mm（环带）。体节数 91-120。VII-XIII 节具 2-3 体环。口前叶上叶式。背孔自 11/12 节间始。环带位 XIV-XVI 节，无刚毛和背孔。刚毛数：27-37（VII），39-52（XX）；11-13 在雄孔间。雄孔位 XVIII 节腹面，约占 1/4 节周，孔在菱形盘（雄盘）乳头状孔突上，4 个生殖乳突呈十字状态排列在孔突周围，一个在前，一个在后，一个在侧面，一个靠体中部，该雄盘周围环绕 3-4 条菱形皮褶，每个生殖乳突直径约 0.2 mm，色苍白。环带后区无其他生殖乳突。受精囊孔 4 对，位 5/6/7/8/9 腹面节间沟上，每孔唇状，约占 1/3 节周。环带前区无生殖乳突（图 68）。雌孔位 XIV 节腹中部。

内部特征：隔膜 5/6-7/8 和 10/11-13/14 厚，8/9/10 缺。砂囊位 IX-X 节，大，球形。肠自 XV 或 XVI 节始扩大；盲肠自 XXVII 节始，简单，细长，前伸达 XXIV 或 XXV 节。心脏位 XI-XIII 节。精巢囊成对位 X 和 XI 节，圆形，具光泽。储精囊对位 XI 和 XII 节，大，发达，各具一圆形或锥形大背叶。前列腺对位 XVIII 节，叶状，具皱褶，分别向前后延伸至 XVII 和 XX 节。前列腺管常大，呈"U"形，占 XVI-XVIII 节的 3 体节，近半细长，末端扩大。环带后区均无副性腺。受精囊 4 对，位 VI-IX 节；坛卵圆形至梨形，长 1.9-2.6 mm，宽 1.4-1.8 mm；受精囊柄粗长，长 0.6-0.95 mm；盲管具一圆形或卵圆形彩虹色纳精囊，纳精囊长 0.45-0.8 mm，盲管柄细长，长 0.92-1.15 mm，盲管柄较受精囊柄略长（图 68）。环带前区无副性腺。

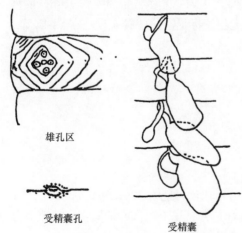

雄孔区

受精囊孔

受精囊

图 68 十字远盲蚓（Tsai et al., 2007）

体色：在保存液中，背面浅灰褐色，腹面浅褐色，环带褐色。

命名：依据雄孔周围生殖乳突十字形排列而命名。

模式产地：台湾（桃园）。

模式标本保存：台湾特有生物研究保育中心（南投）。

中国分布：台湾（桃源）。

生境：标本采自桃源藤枝山海拔 1500 m 处。

讨论：本种与秉氏远盲蚓 *Amynthas pingi pingi* 和 *Amynthas hatomajimensis* 较为相似。这

3 种蚯蚓均具有稍高、平坦光滑或颗粒状的雄盘结构，有乳头状的雄性孔突，与生殖乳突排列整齐，被一凹槽或一到多个圆形皮肤褶（环）包围。这三个种的雄盘特征很容易与皮下远盲蚓 Amynthas corticis 分开。皮下远盲蚓有乳头状或盘状凸起的孔突，外环绕1-2 圈皮肤褶皱，生殖乳突排列不规则。

从生殖乳突的特征、受精囊管的长度、前列腺管的形状及结构来看，本种与秉氏远盲蚓和 A. hatomajimensis 容易区分。本种雄盘上有 4 个十字形排列的生殖乳突，而秉氏远盲蚓只有 2 个乳突，A. hatomajimensis 有 3 个乳突。本种具异常大的、厚的、肌肉发达的 "U" 形前列腺管，覆盖了 XVI-XVIII 三个体节，而 A. hatomajimensis 和秉氏远盲蚓具短前列腺管，覆盖了 XVII 节后半部至 XVIII 节前半部（Chen，1933；Ohfuchi，1957）。本种和 A. hatomajimensis 的受精囊柄长度约为 1/3 坛长，秉氏远盲蚓受精囊柄与坛等长。此外，本种缺少与生殖乳突连接的副性腺，A. hatomajimensis 的受精囊附近有副性腺，秉氏远盲蚓常见此副性腺存在于 VIII、IX、XVIII 和 XIX 节（偶见于 X 节）。此外，A. hatomajimensis 较本种和秉氏远盲蚓的体长较短且体节较少。

本种也与南仁远盲蚓 Amynthas nanrenensis 相似，受精囊 4 对，位 VI-IX 节，雄孔被小生殖乳突围绕。但是南仁远盲蚓比本种有更多的刚毛，前者 VII 节上具 60-64，XX节上具 62-72，后者 VII 节上具 27-37，XX 节上具 39-52。

## 66. 窄环远盲蚓 *Amynthas diffringens* (Baird, 1869)

*Megascolex diffringens* Baird, 1869a. *Proc. Zool. Soc. London*, 37(1): 40-43.

*Megascolex diffringens* Baird, 1869b. *Proc. Zool. Soc. London*, 37(1): 387-389.

*Pheretima diffringens* Gates, 1935a. *Smithsonian Mis. Coll.*, 93(3): 6-9.

*Pheretima diffringens* Gates, 1939. *Proc. U.S. Nat. Mus.*, 85: 430-431.

*Pheretima diffringens* Chen, 1946. *J. West China Bord. Res. Soc.*, 16(B): 135.

*Pheretima diffringens* 陈义等, 1959. *中国动物图谱 环节动物(附多足类)*: 9.

*Pheretima diffringens* Tsai, 1964. *Quar. Jour. Taiwan Mus.*, 17(1&2): 2-4.

*Amynthas diffringens* Sims & Easton, 1972. *Biol. J. Linn. Soc.*, 4(3): 235.

*Pheretima diffringens* 于德江等, 1992b. *动物学杂志*, 27(2): 53-54.

*Amynthas diffringens* 徐芹和肖能文, 2011. *中国陆栖蚯蚓*: 102-103.

*Amynthas diffringens* Xiao, 2019. *Terrestrial Earthworms (Oligochaeta: Opisthopora) of China*: 95-97.

外部特征：体长 77-184 mm，宽 5-9 mm。体节数 91-121。口前叶上叶式。背孔自11/12 节间始。环带位 XIV-XVI 节，环状，窄缩，XVI 节腹面具刚毛。刚毛在环带前腹面，较大且稀，刚毛数：24（II），28（III），29（IV），34（VI），37（VIII），50（XX）；18-32 在受精囊孔间，11-14 在雄孔间。雄孔位 XVIII 节腹刚毛圈上，孔在一小的闪光区，略隆起，周围有几圈环形脊，前后分界明显。XVII 节具较小的乳突，雄孔前后各 1。受精囊孔 4 对，位 5/6/7/8/9 节间侧面，眼状，约 1/3 节周。受精囊孔区生殖乳突 2 对，位VII 和 VII 节，或偶有 3 对，位 VII、VIII 和 IX 节，或 1 对，位 VII 节，或无。

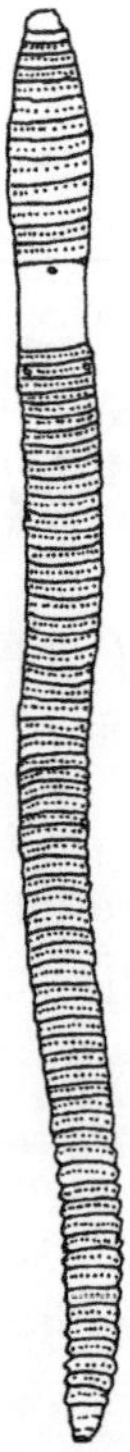

乳突圆形，中心稍凹陷，位于刚毛圈前，距受精囊孔 2-3 刚毛间隔。雌孔单，位 XIV 节腹中部（图 69）。

内部特征：隔膜 8/9/10 退化，5/6-7/8 和 10/11-12/13 略具肌肉。砂囊大，位 IX-X 节，钟形。肠自 XVI 节始扩大；盲肠简单，位 XXVII-XXIV 节，背腹面均光滑，具隔膜缢痕。X 节心脏缺失。精巢囊 2 对，位 X 和 XI 节，在腹部连接成"V"形。精漏斗扇状。储精囊成对位 XI-XII 节，前对小，仅占 1/3 体节，每个横向完全分成两叶，前叶大于后叶，背叶大而细长，后对大，占全节，由横向侧宽槽分成两部分，储精囊表面分成许多不规则浅槽，白色，背叶表面光滑，黄色或白色。前列腺有或缺，若有，位 XVI-XIX 节或 XVII-XX 节，形状多变，表面被窄槽分成小叶，具粗外叶；前列腺管长 4 mm，弯曲成发卡状。受精囊 4 对，小，位 VI-IX 节食管下；坛膨胀，卵形，充满液体，远缘有锯齿或光滑；坛管细而直，纺锤形，内端窄；盲管长；纳精囊粗短，椭圆形。副性腺为致密的圆形块，具短柄。

体色：保存标本背面亮紫褐色，背侧有 1 条深紫色的纵线，腹面浅灰色，环带前体节较深。环带桔梗黄色或浅灰色。刚毛圈浅灰色。

命名：本种依据环带与其他蚯蚓环带隆起相异而命名。

模式产地：威尔士波伊斯（Powys）郡。

模式标本保存：大英博物馆。

图 69　窄环远盲蚓
（Gates，1939）

中国分布：吉林（公主岭）、江苏、浙江、安徽、福建、台湾（台北）、江西、湖北（利川）、香港、海南、重庆（南川、沙坪坝、北碚）、四川（成都、乐山、宜宾）、贵州（铜仁）。

生境：生活于海拔 335-2440 m 的地区（Gates，1939）和农田（于德江等，1992）。

讨论：本种与广布远盲蚓 *Amynthas divergens divergens* 相当接近。

## 67. 定湖远盲蚓 *Amynthas dinghuensis* Shen & Chih, 2016

*Amynthas dinghuensis* Shen et al., 2016. *Jour. Nat. Hist.*, 50(29-30): 1902-1904.

外部特征：小型蚯蚓。体长 41-52 mm，宽 1.78-1.98 mm（环带）。体节数 75-87。口前叶上叶式。背孔自 11/12 或 12/13 节间始。环带位 XIV-XVI 节，无刚毛和背孔。刚毛数：26-35（VII），31-34（XX）；6-8 在雄孔间。雄孔 1 对，位 XVIII 节腹面，约占 0.27 节周，每孔在直径约 0.3 mm 圆形的孔突上，孔突中央凹陷。XVII 节刚毛后、XIX 节刚毛前各 1 对中央凹陷的圆形乳突，乳突直径约 0.27 mm。XIX 节乳突偶缺。受精囊孔 4 对，位 5/6/7/8/9 节间腹面，占 0.26-0.28 节周。VIII 或 VIII-IX 节刚毛圈前常具成对乳突，间距约占 5 根刚毛距离，乳突圆，直径约 0.25 mm，偶缺（图 70）。雌孔单，位 XIV 节腹中央。

内部特征：隔膜 8/9/10 缺，5/6/7/8 和 10/11/12/13/14 厚。砂囊大，圆形，位 VIII-X 节。肠自 XVI 节始扩大；盲肠成对，位 XXVII 节，前伸至 XXII 节，简单，具圆形白色末端。心脏位 XI-XIII 节。精巢大，卵圆形，2 对；精巢囊位 X 和 XI 节，腹连接。储精囊大，光滑，2 对，位 XI-XII 节，占满整个体节空间。前列腺位 XVI-XX 节，光滑，叶状；前列腺管位 XVIII 节，"S" 形，向远端粗。无副性腺。受精囊 4 对，位 VI-IX 节，大小和形状多变；坛长卵圆形，表面褶皱，长 0.6-1.0 mm，宽 0.2-0.5 mm；坛管粗，0.3-0.5 mm；盲管具长 0.3-0.45 mm 的细长管和长 0.25-0.2 mm 的虹彩色卵圆形纳精囊。副性腺具柄，全长 0.3 mm，分别与外部生殖乳突对应（图 70）。

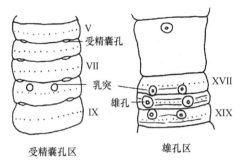

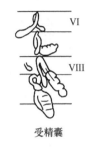

图 70　定湖远盲蚓（Shen et al., 2016）

体色：保存样本色浅或灰褐色。

命名：本种依据模式产地嘉义阿里山定湖而命名。

模式产地：台湾（嘉义）。

模式标本保存：台湾特有生物研究保育中心（南投）。

中国分布：台湾（嘉义）。

生境：本种生活在海拔 1446-1664 m 的定湖周围公路斜坡和沟渠，以及露天停车场周围公路边沟渠中。

讨论：本种雄孔区生殖乳突的排列与小孔远盲蚓 *Amynthas micronarius* 相似。但本种具有 2 对乳突，在 XVII 节刚毛后 1 对和 XIX 节刚毛前 1 对，而小孔远盲蚓 2 对乳突位 XVIII 节。小孔远盲蚓是大型蚯蚓，体长 66-119 mm，宽 2.5-4.0 mm，具有不太发达的储精囊，受精囊无盲管或具微小的盲管。

本种雄孔区生殖乳突的排列类似于湖北远盲蚓 *Amynthas hupeiensis* 和四突远盲蚓 *Amynthas tetrapapillatus*。湖北远盲蚓和四突远盲蚓体型更大，并具有更多的刚毛数，17/18 与 18/19 节间沟具成对乳突。并且，前者具有 3 对受精囊孔，位 6/7/8/9 节间，并具有极长的盲管（Chen, 1933；Tsai, 1964），而后者具 1 对受精囊孔，在 5/6 节间背侧。因此，本种与这两个种易于区别。

## 68. 直管远盲蚓 *Amynthas directus* (Chen, 1935)

*Pheretima directa* Chen, 1935a. *Bull. Fan. Mem. Inst. Biol.*, 6(2): 47-51.

*Amynthas directus* Sims & Easton, 1972. *Biol. J. Linn. Soc.*, 4(3): 235.

*Amynthas directus* 徐芹和肖能文，2011. *中国陆栖蚯蚓*: 103-104.

*Amynthas directus* Xiao, 2019. *Terrestrial Earthworms (Oligochaeta: Opisthopora) of China*: 97-98.

外部特征：体长 96-102 mm，宽 4 mm。体节数 96-138。口前叶 1/3 上叶式。背孔

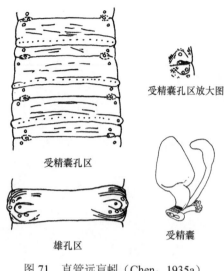

受精囊孔区放大图

受精囊孔区

雄孔区

受精囊

图 71　直管远盲蚓（Chen，1935a）

自 12/13 节间始。环带位 XIV-VI 节，短且光滑，其长约等于环带前 2 体节长或环带后 3.5-5 体节长，无节间沟，无刚毛。刚毛无特别大者，V 和 VI 节腹刚毛略长但并不疏；后部比前部腹刚毛略密，体前部刚毛圈略隆起；$aa=1.2ab$，$zz=（2-2.5）yz$；刚毛数：28-32（III），40-44（VI），42-44（VIII），41-44（XII），40-48（XXV）；13-16（VI），15-18（VII），15-15（VIII）在受精囊孔间；10-12 在雄孔间。雄孔位 XVIII 节腹侧，约占 1/3 节周，孔在 1 略隆起的横管状突侧，管突大，腹向低，周围绕有 1 隆起的脊，脊上具 4 个或 5 个小平顶乳突，后部 2 个或 3 个，前或侧面 1 个或 2 个。受精囊孔 4 对，位 5/6/7/8/9 节间腹面，较雄孔更近，约占 7/24 节周；每孔在 1 小的椭圆形区域内，紧靠其前具 1 小乳突，后侧面 1 个或 2 个，前面居中 1 个；孔间区乳突前后常腺肿状；有时 VIII 节腹中线刚毛前具 1 类似乳突（图 71）。

内部特征：隔膜 9/10 缺失，8/9 极薄，5/6/7/8 厚，10/11-12/13 略厚，其余膜状。砂囊小，桶状，前面稍窄，表面光滑，闪光。肠自 XV 节始扩大；盲肠 1 对，位 XXVII-XXIV 节，光滑。心脏 4 对，第一对细，为后 3 对一半大小。精巢囊位 X 和 XI 节，前对大而圆，中连接，厚"V"形；后对宽连接。精巢圆而紧实，精漏斗很大。储精囊位 XI 和 XII 节，大，背面几近相遇，背面各具 1 长大的背叶。前列腺相当大，位 XVI-XIX 节或有时 XV-XXI 节，分叶；前列腺管内 1/5 细长，等粗或内端略粗；副性腺大。受精囊 4 对，位 VI-IX 节；坛心形或长卵形，表面光滑；坛管较坛短，管粗；盲管与主体等长或略长，内端 1/3 或 1/2 膨大为纳精囊，直或指状（图 71）。

体色：乙醇保存液中背侧栗褐色，前部深巧克力色，体中部腹面淡灰白色，两端苍白；环带巧克力褐色；刚毛圈微白，在背中线中断。

模式产地：香港。

模式标本保存：曾存于北京静生生物调查所标本馆，可能毁于战争。

中国分布：香港。

讨论：本种接近于来源于苏门答腊岛附近岛屿的三种蚯蚓：小腺远盲蚓 Amynthas glandulosus (Rosa, 1896)、Amynthas hippocrepis (Rosa, 1896)和莫氏远盲蚓 Amynthas modiglianii (Rosa, 1889)。Beddard（1900a）把前 2 种合并为一个种。A. hippocrepis 与小腺远盲蚓的不同之处在于环带上缺少刚毛（有刚毛圈的痕迹），每一体节有更多的刚毛数，雄孔乳突较少及受精囊孔区域无乳突。莫氏远盲蚓描述不足且无生殖乳突。3 种蚯蚓盲囊的特征差异显著，盲囊都呈管状和"之"字形弯曲。小腺远盲蚓受精囊管和纳精囊明显且不缠绕，刚毛数量更少，环带光滑无刚毛。

## 69. 广布远盲蚓 *Amynthas divergens divergens* (Michaelsen, 1892)

*Perichaeta divergens* Michaelsen, 1892. *Archiv für Naturgeschichte*, 57(2): 243.
*Amynthas divergens* Beddard, 1900a. *Proc. Zool. Soc. London*, 69(4): 625.
*Amynthas divergens divergens* Sims & Easton, 1972. *Biol. J. Linn. Soc.*, 4(3): 235.
*Amynthas divergens divergens* 徐芹和肖能文, 2011. *中国陆栖蚯蚓*: 104-105.
*Amynthas divergens* Xiao, 2019. *Terrestrial Earthworms (Oligochaeta: Opisthopora) of China*: 98.

外部特征：体长 120 mm，宽 3 mm。体节数 120。口前叶 1/3-1/2 上叶式。背孔自 12/13 节间始。环带位 XIV-XVI 节。刚毛中等大小，III-IX 节略大，腹间隔较背间隔略宽，背腹间隔均不明显；11-13（V），11-14（VI），12-15（VII），13-15（VIII）在受精囊孔间，8-10 在雄孔间。雄孔位 XVII 节腹侧，约占 1/3 节周；雄孔圆而略高，与乳突相同或略大。XVII-XIX 节刚毛圈前后具 4-10 个乳突，颇显。受精囊孔 4 对，位 5/6/7/8/9 节间腹面，约占 1/3 节周，孔前具 1 乳突。VII-IX 刚毛圈前后具 1-7 个乳突。

内部特征：隔膜 9/10 缺失，8/9 腹面痕迹状。肠自 XV 节始扩大。淋巴腺自 17/18 节间始出现，极小，但在盲肠后体节极大，棒状。X 节心脏退化或未见。精巢囊 2 对，位 X 和 XI 节腹面，颇大，前对为粗大的"V"形；后对为具粗大圆脊的长方形。储精囊 2 对，位 XI 和 XII 节，椭圆形，颇小，各具相对较大的背叶，背叶明显收缩，光滑，表面略暗；背叶背面常系在隔膜后。前列腺中等大小，位 XVII-XIX 节，表面具裂叶，颇光滑；前列腺管薄，中等长，呈"C"形环；当雄孔外表不显时，前列腺全缺。受精囊颇小，位 VI-IX 节，无盲管，偶可见瘤状隆起。

中国分布：云南（腾冲）。

## 70. 云南远盲蚓 *Amynthas divergens yunnanensis* (Stephenson, 1912)

*Pheretima divergens yunnanensis* Stephenson, 1912. *Rec. Indian Mus.*, 7: 274-276.
*Amynthas divergens yunnanensis* Sims & Easton, 1972. *Biol. J. Linn. Soc.*, 4(3): 235.
*Amynthas divergens yunnanensis* 徐芹和肖能文, 2011. *中国陆栖蚯蚓*: 105.
*Amynthas divergens yunnanensis* Xiao, 2019. *Terrestrial Earthworms (Oligochaeta: Opisthopora) of China*: 98-99.

外部特征：体长 95 mm，宽 3 mm。体节数 108。口前叶 1/3 上叶式。环带前无背孔。环带位 XIV-XVI 节，环状，XVI 节腹面具刚毛。刚毛密，VII 和 VIII 节的前段刚毛稍有增大，但不明显；刚毛数：86（VII）、47（XIII）、46（XVII）和 50-60（身体中部）；7-8 在受精囊孔间，11-12 在雄孔间。雄孔位 XVIII 节腹刚毛圈上，约占 1/3 节周，孔内侧无刚毛。受精囊孔 4 对，位 5/6/7/8/9 节间，占 11-12 刚毛位置，有时仅右侧 5/6/7 节间可见。VII、VIII 和 IX 节刚毛圈与体节前缘之间具成对乳突，每对乳突间距约为 7 根或 8 根刚毛；VI-IX 和 XI-XIII 节腹中部刚毛圈具不太明显的交配区标记，这些标记很可能是死后的变化，或标本磨损之故。

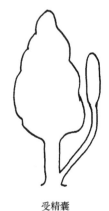

**受精囊**

图 72　云南远盲蚓
（Stephenson，1912）

内部特征：隔膜 8/9/10 缺失，5/6/7/8 中等厚，10/11 和 11/12 颇厚，12/13 和 13/14 略薄。砂囊位 VIII-IX 节。肠自 XVI 节始扩大，具肠沟，明显；盲肠简单，锥形，自 XXVI 节始。末对心脏位 XIII 节。精巢与精漏斗位 X 与 XI 节，包裹在精巢囊内，中等大小，相互完全分离；每侧 2 条输精管在 XI 节后缘汇合。储精囊位 XI 和 XII 节，成对，较小，具不规则裂叶，裂叶中央明显凸出。前列腺缺失。受精囊 4 对，对应于 5/6/7/8/9 节间沟；坛倒梨状（宽端在下）；坛管短粗，为坛的 1/3 长；盲管自坛管末端通入。VII、VIII 和 IX 节具副性腺，丛生；IX 节无柄，或具 1 粗短管，VII、VIII 节由 2 小束构成（图 72）。

体色：淡黄褐色。

命名：本亚种依据模式产地命名。

模式产地：云南（腾冲）。

模式标本保存：印度博物馆。

中国分布：云南（腾冲）。

讨论：本种在大小、环带的刚毛数量、受精囊等方面与模式种有明显的不同。

### 71. 东莒远盲蚓 *Amynthas dongjuensis* Shen & Chang, 2014

*Amynthas dongjuensis* Shen et al., 2014. *Jour. Nat. Hist.*, 48(9-10): 510-514.

外部特征：体长 88-177 mm，宽 3.31-5.45 mm。体节数 85-122。口前叶上叶式。背孔自 12/13 或 13/14 节间始。环带位 XIV-XVI 节，圆筒状，长 2.6-6.13 mm，背孔缺失，XVI 节腹面具 0-6 刚毛。刚毛数：31-48（VII），36-56（XX）；5-11 在雄孔间。雄孔位 XVIII 节腹面，占 0.28-0.33 节周，每孔在直径 0.5-0.7 mm 的圆孔突中央凹陷上，不明显，周围环绕 1-3 环形或菱形褶皱，整个雄孔区略隆起；或每孔在一直径 0.55-0.7 mm 乳突状的孔突上，正对雄孔刚毛处具 1 乳突，孔突周围环绕 1 或 2 皮褶。生殖乳突圆，直径 0.75-0.8 mm，中央凹陷。环带后区无其他乳突。受精囊孔 4 对，位 5/6/7/8/9 节间腹面，占 0.23-0.31 节周。环带前区无生殖乳突（图 73）。雌孔单，位 XIV 腹中央。

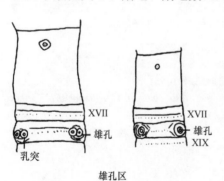

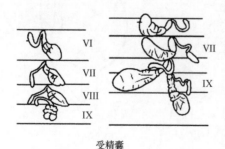

图 73 东莒远盲蚓（Shen et al.，2014）

内部特征：隔膜 8/9/10 缺，5/6/7/8 和 10/11-13/14 厚且肌肉质。砂囊大，位 VIII-X 节。肠自 XV 或 XVI 节始扩大；盲肠位 XXVII 节，简单，褶皱，前伸至 XXIII 节或在 XXIV 节弯曲。肾丛位 5/6/7 隔膜前面。心脏位 XI-XIII 节。精巢大，2 对，位 X 和 XI 节，腹连接。储精囊 2 对，大，细囊状，位 XI 和 XII 节，占满整个体节，每囊具一圆形或细长卵形背叶。假囊缺失或退化，成对位

XIII 节。前列腺致密，位 XVII-XIX 节，或大，矩形，具褶皱表面的分叶，位 XV-XXI 节，占 5-6 节；前列腺管短，细到粗，在 XVIII 节呈 "C" 形或 "S" 形。副性腺缺或大，无柄，略裂叶状，长 1.25-1.31 mm，宽 0.4-0.75 mm，与外部生殖乳突对应。受精囊 4 对，位 VI-IX 节，大小与形状多变；坛桃形或长卵圆形，表面褶皱，长 0.82-3.25 mm，宽 0.6-2.03 mm，具一长 0.25-1.27 mm 的粗柄；盲管具一长 0.55-2.2 mm 的细柄和长 0.36-1.25 mm 的棒状或卵圆形纳精囊。无副性腺（图 73）。

体色：保存标本背面和环带深褐色，腹面浅灰色。

命名：本种根据模式产地福建连江马祖的东莒岛命名。

模式产地：福建连江东莒岛路边斜坡和东莒灯塔周围沟渠（海拔 63 m），以及西莒昆丘路边斜坡（海拔 29 m）。

模式标本保存：台湾特有生物研究保育中心（南投）。

中国分布：福建（连江）。

生境：生活在路边斜坡和沟渠。

讨论：本种是一种八囊蚯蚓，大部分个体具有无生殖乳突或生殖标记的简单雄孔结构。这些特征类似于太武山远盲蚓 *Amynthas taiwumontis*、似蚁远盲蚓 *Amynthas fornicatus*、本部远盲蚓 *Amynthas penpuensis*、马伦泽勒远盲蚓 *Amynthas marenzelleri* (Cognetti, 1906)、鸟居远盲蚓 *Amynthas toriii* (Ohfuchi, 1941)、班若远盲蚓 *Amynthas baemsagolensis* Hong & James, 2001、锡那远盲蚓 *Amynthas sinabunganus* (Michaelsen, 1923)、三鹿远盲蚓 *Amynthas tertiadamae* (Michaelsen, 1934) 和特立尼达远盲蚓 *Amynthas trinitatis* (Beddard, 1896)。虽然这些种看来相似，但它们之间也有明显的不同。在上述这些种中，太武山远盲蚓比其他种具有更多的刚毛数：74-97（VII）和 73-89（XX）。另外，本部远盲蚓首背孔在更前的位置，位 5/6 或 6/7 节间，有别于其他种。总之，本种刚毛数，大、圆形或卵圆形雄孔突，小前列腺，短、"C" 或 "S" 形前列腺管的特征更类似于马伦泽勒远盲蚓。可是，马伦泽勒远盲蚓体型更大（长 160-190 mm，宽 6-7 mm，体节数 130-138），且受精囊无盲管。本种也类似于似蚁远盲蚓。这两个种可以由盲管和储精囊的形状与构造区分。本种具有大的储精囊，以及具有棒状或卵圆形纳精囊的盲管；反之，似蚁远盲蚓具有小且伸长的储精囊以及具有膨胀纳精囊的盲管。似蚁远盲蚓比本种体节数少，而刚毛数多。

本种具有一个正对每个雄孔的生殖乳突。类似的乳突排列也在饶氏远盲蚓 *Amynthas jaoi* 和台北远盲蚓 *Amynthas taipeiensis* 中找到。饶氏远盲蚓是一种体长 38 mm，宽 1.5-2.0 mm 的小型蚯蚓，以及具有长的双 "U" 形前列腺管。台北远盲蚓具有卷绕的盲管和长的、卷绕或 "U" 形前列腺管。饶氏远盲蚓和台北远盲蚓都是六囊、受精囊孔 3 对，位 6/7/8/9 节间，因而，本种易于与这两个种区别。

再者，本种的正对雄孔突处具 1 生殖乳突的雄孔构造类似于沈氏远盲蚓 *Amynthas sheni* 和栖兰远盲蚓 *Amynthas chilanensis*。可是，本种具有完全发达的生殖器官，而沈氏远盲蚓是无囊的，栖兰远盲蚓几乎无囊。而且，本种具有大储精囊和短 "C" 形前列腺管，明显不同于沈氏远盲蚓和栖兰远盲蚓的小储精囊和长 "U" 形弯曲的前列腺管。

## 72. 背面远盲蚓 *Amynthas dorsualis* Sun & Qiu, 2013

*Amynthas dorsualis* Sun et al., 2013. *Jour. Nat. Hist.*, 47(17-20): 1147-1151.
*Amynthas dorsualis* Xiao, 2019. *Terrestrial Earthworms (Oligochaeta: Opisthopora) of China*: 99-101.

外部特征：体长 121 mm，宽 2.5-2.7 mm。体节数 116。口前叶 1/2 上叶式，背孔自 13/14 节间始。环带位 9/10XIV-7/10XVI 节，圆筒状，隆肿，光滑，刚毛与背孔不可见，但环带内存在背孔痕。刚毛数：30-32（III），20-24（V），28-36（VIII），32-36（XX），32（XXV）；9-15（VI），11-15（VII），11-20（VIII）在背面受精囊孔间；6-7 在雄孔间。雄孔 1 对，位 XVIII 节腹面，约占 1/3 节周；每孔在略隆起的微小圆锥状腺孔突中央，周围环绕 5 或 6 皮褶或环褶。生殖标记不可见。受精囊孔 4 对，位 5/6/7/8/9 节间背面，眼状，约占 0.6 节周背面距离（图 74）。雌孔单，位 XIV 节腹中央。

内部特征：隔膜 8/9/10 缺，6/7/8 比 10/11/12/13 薄，10/11/12/13 略厚。砂囊位 VIII-X 节，桶形。肠自 XV 节逐渐扩大，至 XX 节不再扩大；盲肠简单，位 XXVII 节，前伸至 1/2XXIV 节，表面光滑，指形囊背和腹缘具可见隔膜缢痕。心脏扩大，位 X-XIII 节。精巢囊 2 对，位 X 和 XI 节腹面，前对比后对大，卵圆形，腹分离；后对小，银白色，腹连接。储精囊 2 对，位 XI 和 XII 节，前对发达，肥胖。前列腺位 XVI-XX 节，粗糙叶；前列腺管倒"U"形，末端明显扩大。无副性腺。受精囊 4 对，位 VI-IX 节背面，长约 2.2 mm；坛心形，坛管为坛长的 0.4。盲管比主受精囊轴线短 1/5，细，末端 1/5 膨胀成卵圆形充盈的纳精囊。受精囊管无肾管，或者具比主受精囊轴线长的盲管柄，末端 0.17 膨胀成纳精囊（图 74）。

体色：保存样本环带前背面暗灰色，环带后背面暗褐色，VII 节前腹面浅灰色，VII 节后腹面无色素；环带褐色；背中线清晰。

命名：本种依据受精囊孔的位置在背面而命名。

模式产地：海南（吊罗山）。

模式标本保存：上海自然博物馆。

中国分布：海南（吊罗山）。

生境：本种生活在海拔 930 m 的竹子和樟树下浅黄褐土中。

讨论：本种与等毛远盲蚓 *Amynthas homochaetus* 的相似特征有：在受精囊孔间的刚毛数，VI-IX 节 4 对受精囊，雄孔区无生殖乳突，盲肠简单，盲管短于受精囊，有卵圆形纳精囊，前列腺附近无副性腺。但本种更小，体色较暗，背孔始于 13/14 节间，环带少于 3 体节，体前刚毛大小一致；而等毛远盲蚓背孔始于 12/13 节间，II-IV 节刚毛明显，腹部刚毛

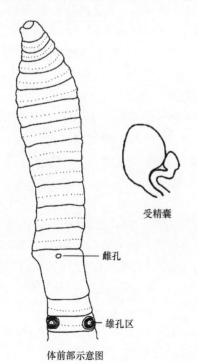

受精囊

雌孔

雄孔区

体前部示意图

图 74 背面远盲蚓（Zhao et al., 2013b）

短而密。

本种和皮下远盲蚓 *Amynthas corticis* 均为皮下 *corticus* 种组典型物种，它们有几个相似特征：体型大小、体色、环带和刚毛数。但大部分特征不同，皮下远盲蚓环带前无背孔，受精囊孔位于腹面，而本种的受精囊孔位于背面，雄孔孔突由 5-6 圈椭圆形垫围绕，稍突起，腺状，而皮下远盲蚓有小、横椭圆形垫。本种盲管短于受精囊，受精囊孔区和雄孔区无生殖乳突，而皮下远盲蚓盲管有长柄，受精囊孔区和雄孔区有生殖乳突。

## 73. 戴尔远盲蚓 *Amynthas dyeri* (Beddard, 1892)

*Amynthas dyeri* Beddard, 1892c. *Proc. Zool. Soc. London*: 157-159.

*Amynthas dyeri* Beddard, 1900a. *Proc. Zool. Soc. London*, 69(4): 623-624.

*Amynthas dyeri* Sims & Easton, 1972. *Biol. J. Linn. Soc.*, 4(3): 235.

*Amynthas dyeri* 徐芹和肖能文, 2011. *中国陆栖蚯蚓*: 108.

*Amynthas dyeri* Xiao, 2019. *Terrestrial Earthworms (Oligochaeta: Opisthopora) of China*: 99.

外部特征：体长 126 mm，宽 3.2 mm。体节数 104。背孔自 11/12 节间始。环带位 XIV-XVI 节，无刚毛。前部刚毛大；刚毛数：35（V），50（XXI）；6 在雄孔间。雄孔位 XVIII 节腹侧，XVIII 和 XIX 节雄孔前后具 1 对或 2 对大乳突，略凹陷。受精囊孔 4 对，位 5/6/7/8/9 节间背面。雌孔单，位 XIV 节腹中部。

内部特征：隔膜 8/9/10 缺失。受精囊 4 对，位 VI-IX 节；盲管念珠状。

中国分布：福建（福州）。

讨论：本种类似于 *Amynthas monilicystis*，主要区别在于体色。

## 74. 北方远盲蚓 *Amynthas exiguus aquilonius* Tsai, Shen & Tsai, 2001

*Amynthas exiguus aquilonius* Tsai et al., 2001. *Zoological Studies*, 40(4): 276-279.

*Amynthas exiguus aquilonius* 徐芹和肖能文, 2011. *中国陆栖蚯蚓*: 110-111.

*Amynthas exiguus aquilonius* Xiao, 2019. *Terrestrial Earthworms (Oligochaeta: Opisthopora) of China*: 101-102.

外部特征：小型蚯蚓。体长 39-63 mm，宽 1.9-2.6 mm。体节数 70-84。背孔自 6/7 节间始。环带位 XIV-XVI 节，长 1.9-3.2 mm，光滑，无背孔，无刚毛。环带前刚毛圈明显凸出，刚毛数：26-35（XII），28-38（XX）；5-9 在雄孔间。雄孔 1 对，位 XVIII 节腹侧，占 1/4-1/3 节周，孔大而圆，略隆起，光滑，开口在侧缘凹陷区，不显。XVII、XVIII 和 XIX 节腹中部刚毛圈前后具 2 纵列乳突，数量多变，有时成对或缺失，数量无定式；乳突小而圆，中央平坦或凹陷，具 1 环褶；乳突直径 0.21-0.27 mm，约占刚毛圈与节间沟间之半。受精囊孔 4 对，位 5/6/7/8/9 节间腹侧，各在 1 深沟内，约占 0.45 节周；VII、VIII 和 IX 节腹中部刚毛圈前各具 2 纵列乳突，数量多变，有时成对或缺失，数量无定式；偶在刚毛圈后可见较少同样乳突（图 75）。雌孔单，位 XIV 节腹中部。

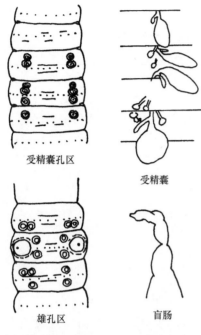

受精囊孔区

受精囊

雄孔区

盲肠

图 75　北方远盲蚓（Tsai et al., 2001）

内部特征：隔膜 8/9/10 缺失，10/11-12/13 颇厚。砂囊圆，位 IX 和 X 节。肠自 XV 节始扩大；盲肠成对，简单，自 XXVII 节始，前伸达 XXIV-XXII 节，表面略皱。心脏位 XI-XIII 节。精巢囊位 X 和 XI 节，小而圆。储精囊对位 XI 和 XII 节，大，囊表面皱褶，黄色，各具 1 表面粗糙的白色背叶。前列腺位 XVIII 节，大而皱褶，前后伸达 XVI 与 XX 节；前列腺管 "C" 形。受精囊 4 对，位 VI-IX 节；坛大，桃形；坛管直，较坛短；盲管退化，短，较坛管略长，直或略弯，自受精囊坛柄靠近受精囊孔的 1/3 处长出。纳精囊退化或缺失。副性腺圆，具短柄，排布在雄孔区与受精囊孔区，与体表乳突连接，数量多寡与乳突相同；另外，一个副性腺在靠近受精囊孔近端的受精囊坛柄处长出，表明受精囊孔内隐藏有 1 个乳突，外表不显（图 75）。

体色：在防腐液中，背部暗红褐色，腹面灰白色，环带淡灰褐色。

命名：本亚种依据模式产地比产于缅甸的指名亚种 Amynthas exiguus exiguus 更靠北方而命名。

模式产地：台湾（南投）。

模式标本保存：台湾特有生物研究保育中心（南投）。

中国分布：台湾（南投）。

生境：生活在海拔 3000 m 的山地。

讨论：Amynthas exiguus 共 3 个亚种，分别为：指名亚种 Amynthas exiguus exiguous、南方亚种 A. exiguus austrina 和本亚种 A. exiguus aquilonius。与指名亚种相比，本亚种有更少的刚毛和更短的盲管。在环带前后刚毛圈前和/或后都有小的、成对的乳突。而指名亚种在环带前有紧密配对或正中的乳突，在环带后有紧密或广泛配对的乳突。这两个亚种的受精囊孔均在节间沟中，具有柄副性腺。相比上述两个亚种，南方亚种具有明显区别：受精囊孔不在节间沟上而在节间沟后面；XVIII 节刚毛圈和 XIX 节刚毛圈之间有大的、紧密成对的乳突，但偶尔也会出现在 17/18 和 19/20 节间；另外，其副性腺无柄。

## 75. 小囊远盲蚓 *Amynthas exilens* (Zhong & Ma, 1979)

*Pheretima exilens* 钟远辉和马德, 1979. *动物分类学报*, 4(3): 228-229.
*Amynthas exilens* 徐芹和肖能文, 2011. *中国陆栖蚯蚓*: 111-112.
*Amynthas exilens* Xiao, 2019. *Terrestrial Earthworms (Oligochaeta: Opisthopora) of China*: 102.

外部特征：体长 47-98 mm，宽 3-5 mm。体节数 59-110。口前叶 1/2 上叶式。背孔自 12/13 节间始。环带位 XIV-XVI 节，腹面或仅 XVI 节有刚毛。刚毛密，排列均匀，IV-VIII 节腹面略粗；$aa=1.2ab$；刚毛数：43-50（III）、58-68（V）、60-70（VII）、64-71（IX）、

54-57（XX）。雄孔位 XVIII 节腹面两侧，各在 1 圆形平顶乳突上，约占 2/5 节周；乳突内侧刚毛圈前有 1 个乳突；在 XVII 和 XIX 节，与雄孔在同一直线位置还各有 1 个乳突，乳突中央凹入。受精囊孔 4 对，位 5/6/7/8/9 节间小眼状区内，约占 1/2 节周弱，或受精囊孔在表面看不见。VIII 节腹面刚毛后有 1 对同样的乳突，有时缺一或全缺（图 76）。

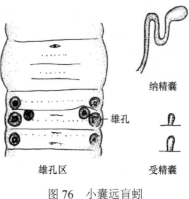

纳精囊

雄孔

雄孔区　　　　受精囊

图 76　小囊远盲蚓
（钟远辉和马德，1979）

内部特征：隔膜 8/9/10 缺失。盲肠简单，位 XXVII 节，前达 XXIV 节。精巢囊小，直径 0.8 mm，分离，位 X 和 XI 节隔膜前方。储精囊位 XI 和 XII 节内，各呈长条，连背叶 1.5 mm 长。前列腺小，限 XVIII 和 XIX 两节之间，常不对称；副性腺总状，索状导管极短。受精囊 4 对，位 5/6/7/8/9 节间，不发达，仅为一小坛，或退化留有一弯曲的纳精囊（图 76）。

体色：褐色。

模式产地：四川（峨眉山）。

模式标本保存：四川大学生命科学学院动物标本室。

中国分布：四川（峨眉山）。

讨论：本种盲管形态、乳突排列、刚毛大小与细弱腔蚓 *Metaphire exilis* 相似。本种受精囊 4 对，位 5/6/7/8/9 节间，雄孔位 1 圆形乳突上。

## 76. 宝岛远盲蚓 *Amynthas formosae* (Michaelsen, 1922)

*Pheretima formosae* Michaelsen, 1922. *Capita Zool.*, 1(3): 70-82.

*Pheretima formosae* Gates, 1959. *Amer. Mus. Novitates*, 1941: 9-13.

*Amynthas formosae* Sims & Easton, 1972. *Biol. J. Linn. Soc.*, 4(3): 235.

*Amynthas formosae* 钟远辉和邱江平，1992. *贵州科学*, 10(4): 40.

*Amynthas formosae* James et al., 2005. *Jour. Nat. Hist.*, 39(14): 1017.

*Amynthas formosae* 徐芹和肖能文，2011. *中国陆栖蚯蚓*: 116.

*Amynthas formosae* Xiao, 2019. *Terrestrial Earthworms (Oligochaeta: Opisthopora) of China*: 102-103.

外部特征：体长 210-407 mm，宽 10-14 mm。体节数 115-194。V 节具 2 体环，VI-VIII 节具 3 体环，IX-XIII 节具 5 体环。口前叶上叶式。背孔自 12/13 节间始。环带位 XIV-XVI 节，环状。刚毛数：130-150（VII）、126-138（X）、104-120（XXV）；19-32 在雄孔间。雄孔位 XVIII 节腹面，占 1/4-1/3 节周；孔在 1 表面平滑的闪光脊上，孔小，内陷，侧壁略薄，周围有几个圆形褶皱，在交配腔内或靠近开口处有 1 个椭圆形垫。受精囊孔 4 对，位 5/6/7/8/9 节间背面，孔小。无乳突。雌孔位 XIV 节中央。

内部特征：隔膜 8/9 膜状，9/10 缺，5/6-7/8 厚，具肌肉，10/11-12/13 颇厚，具肌肉，14/15 略具肌肉，15/16 起略厚。砂囊位 VIII 节。肠自 XV 节始扩大；盲肠简单，长，位 XXVII-XVIII 节，背面具隔膜缢痕，偶具小叶。肾管丛生，附着于节后隔膜。心脏位 X-XIII 节。精巢囊 1 对，位 X 节，卵圆形，平滑，后达 10/11 节间前面腹中部。精漏斗颇大，扇状。储精囊成对，位 XI 节，大，具背叶。前列腺位 XVII-XIX 节；前列腺管长

6 mm，直，向外渐窄。卵巢成对，位 XIII 节腹中，靠近 12/13 隔膜。受精囊 4 对，位 VI-IX 节；坛大、卵圆形；坛管粗，较坛短，内壁具环脊；盲管柄长，紧密卷曲，被膜包围，顶端有一个小的卵圆形纳精囊，盲管在前面通入，盲管较主体短，具规律的"之"字形密短环，精管膨腔小，短椭圆形。

体色：背面暗，浅褐色或浅蓝色；解剖镜下观察，环带后具褐色斑；环带红色。

命名：本种依据模式产地中国宝岛台湾而命名。

模式产地：台湾（高雄、嘉善）。

模式标本保存：荷兰莱顿自然博物馆。

中国分布：台湾（台北、屏东、高雄、嘉善）。

生境：原生和次生的阔叶林山地，生活在土下 30 cm 或者更深处，为深土栖类蚯蚓。

讨论：本种受精囊孔在非常接近背中线处，前列腺管结构与恒春远盲蚓 *Amynthas hengchunensis* 相似。

### 77. 似蚁远盲蚓 *Amynthas fornicatus* (Gates, 1935)

*Pheretima fornicata* Gates, 1935a. *Smithsonian Mis. Coll.*, 93(3): 9.

*Pheretima fornicata* Chen, 1936. *Contr. Biol. Lab. Sci. Soc. China (Zool.)*, 11(8): 296-298.

*Pheretima fornicata* Gates, 1939. *Proc. U.S. Nat. Mus.*, 85: 434-436.

*Amynthas fornicatus* Sims & Easton, 1972. *Biol. J. Linn. Soc.*, 4(3): 235.

*Amynthas fornicatus* 徐芹和肖能文, 2011. *中国陆栖蚯蚓*: 116-117.

*Amynthas fornicatus* Xiao, 2019. *Terrestrial Earthworms (Oligochaeta: Opisthopora) of China*: 103-104.

外部特征：体长 78-94 mm，宽 4-6 mm。体节数 90-105。口前叶 1/3 上叶式。背孔自 11/12 或 12/13 节间始。每体节三体环。环带位 XIV-XVI 节，无刚毛。IV-VIII 节腹刚毛略长，但不疏；刚毛数：31-36（III），43-50（VI），46-56（VIII），42-52（XII），45-55（XXV）；19-22（VI），19-20（VIII）在受精囊孔间，9-11 在雄孔间。雄孔位 XVIII 节，孔在 1 颇方形孔突上（图 77）。受精囊孔 4 对，位 5/6/7/8/9 节间腹面，约占 1/3 节周。VI-IX 节孔前缘各具 1 乳突。

内部特征：隔膜 9/10 缺，8/9 肌肉质，5/6/7/8 厚，肌肉质。肠自 XV 节扩大；盲肠简单，位 XXVII-XXIII 节。首对心脏缺失。精巢囊位 X 和 XI 节，不成对，马蹄形，腹面不相连。储精囊小而长，位 XI 和 XII 节。前列腺外 1/2 厚，位 XVI-XXI 节；前列腺管长 3-5 mm，弯曲成"U"形。受精囊 4 对，位 5/6/7/8/9 节间腹面；坛长约 1 mm（图 77）；盲管有细长的柄和球状或不对称的纳精囊（图 77）。

体色：环带暗栗色。

模式产地：四川（康定）。

模式标本保存：美国国立博物馆（华盛顿）。

中国分布：湖北（利川）、四川（康定）、西藏。

生境：生活于海拔 365-1524 m（Gates,

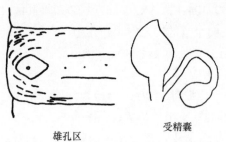

雄孔区　　　　　　　受精囊

图 77　似蚁远盲蚓（Gates，1935a）

1939）。

讨论：本种与香港远盲蚓 *A. hongkongensis* 的区别在于 II 节背部刚毛圈有间隙，缺少生殖标记。本种与秉氏远盲蚓的区别在于 X 和 XI 节有马蹄形精巢囊。

## 78. 褐色远盲蚓 *Amynthas fuscus* Qiu & Sun, 2012

*Amynthas fuscus* Sun et al., 2012. *Zootaxa*, 3458(1/3): 152-153.
*Amynthas fuscus* Xiao, 2019. *Terrestrial Earthworms (Oligochaeta: Opisthopora) of China*: 104-105.

外部特征：体长 95-149 mm，宽 4-5 mm。体节数 93-96。口前叶 1/2 上叶式。背孔自 11/12 或 12/13 节间始。环带位 1/8XIV-7/8XVI 节，圆筒状，隆肿，背孔不可见。刚毛数：30-34（III），28-36（V），32-40（VIII），42-50（XX），36-50（XXV）；12-16（VI），13-16（VII），13-16（VIII）在受精囊孔间；8-10 在雄孔间。雄孔 1 对，位 XVIII 节腹面，约占 1/3 节周；每孔在隆起的锥形平顶腺的中央，周围包绕着褶皱垫。生殖标记无。受精囊孔 4 对，位 5/6/7/8/9 节间腹面，眼状，约占 1/3 节周（图 78）。雌孔单，位 XIV 节腹中央。

内部特征：隔膜 8/9/10 缺，5/6/7 厚且肌肉质，10/11/12/13 略厚。砂囊位 VIII-X 节，球形。肠自 XV 节始扩大，自 XXI 节扩大明显；盲肠简单，位 XXVII 节，前伸至 XXIV 节，表面光滑，指形囊背面末端具 3 缺刻，腹缘具 1 缺刻。心脏扩大，位 X-XIII 节。精巢囊 2 对，位 X 和 XI 节腹面，腹连接。储精囊 2 对，位 XI 和 XII 节，发达，腹连接。前列腺发达，位 XVII-XX 节，具 3-4 主叶；前列腺管倒 "U" 形，末端粗。无副性腺。受精囊 4 对，位 VI-IX 节，长约 3.2 mm；坛规则心形，逐渐变细的坛管约 1/2 坛长。盲管长为 1/3 受精囊，细且卷绕，末端 1/4 膨胀成纳精囊。上无肾管。偶尔 VI 节左侧具 1 无坛与坛管的退化受精囊（图 78）。

体色：保存样本背面深褐色，腹面浅褐色，环带褐色，背中线不明显。

命名：根据模式标本的褐色特征而命名。

模式产地：海南（尖峰岭和吊罗山）。

模式标本保存：上海自然博物馆。

中国分布：海南（尖峰岭和吊罗山）。

生境：生活在海拔 900 m 公路边檞属 *Quercus* 植物下黄色土壤中，海拔 860 m 公路旁灌木丛黑色砂质土壤中。

讨论：本种与等毛远盲蚓 *Amynthas homochaetus*、班若远盲蚓 *Amynthas baemsagolensis* 和山君远盲蚓 *Amynthas sangumburi* 密切相关。这 4 个种具有共同的特征：雄孔区或受精囊孔区周围无生殖乳突，受精囊孔 4 对，位 5/6/7/8/9 节间，盲肠简单和前列腺发达。

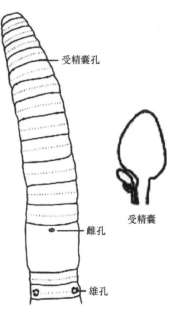

受精囊孔

受精囊

雌孔

雄孔

体前部示意图

图 78 褐色远盲蚓
（Sun et al., 2012）

本种与等毛远盲蚓的区别在于环带和雄孔特征、受精囊孔之间横向距离，以及体色。本种环带占 1/8XIV-7/8XVI 节，不具刚毛，受精囊孔和雄孔约占 1/3 腹面节周；等毛远盲蚓环带长，占 XIV-XVI 节，XVI 节腹面可见刚毛窝，受精囊孔和雄孔约占 1/4 腹面节周。此外，本种雄孔腺区直径比等毛远盲蚓小。

本种和班若远盲蚓的不同之处在于体型大小、环带和雄孔孔突的位置。本种体型小，环带少于 3 节，雄孔在隆起的锥形平顶腺的中央，周围包绕着褶皱垫，但卵圆形孔突上无 4-6 条沟。

山君远盲蚓与本种比较，本种具有大的体型，雄孔间刚毛更多，雄孔孔突小，环带少于 3 节，盲管柄和纳精囊边界清晰。

本种与似蚁远盲蚓更相似。本种具占 1/8XIV-7/8XVI 节的环带，而似蚁远盲蚓 VI-IX 节孔前缘各具 1 乳突；本种的盲管比似蚁远盲蚓短。

## 79. 殖突远盲蚓 *Amynthas genitalis* Qiu & Sun, 2012

*Amynthas genitalis* Sun et al., 2012. *Zootaxa*, 3458(1/3): 155-158.
*Amynthas genitalis* Xiao, 2019. *Terrestrial Earthworms (Oligochaeta: Opisthopora) of China*: 105-106.

外部特征：中等大小。体长 83-97 mm，宽 2.3-2.5 mm。体节数 99-109。口前叶 1/2 上叶式。背孔自 12/13 节间始。环带位 XIV-XVI 节，圆筒状，无背孔，XVI 节腹面可见刚毛。刚毛数：30-36（III），22-26（V），32-36（VIII），38-46（XX），35-56（XXV）；8（VI），8（VII），8-11（VIII）在受精囊孔间；11-12 在雄孔间。雄孔 1 对，位 XVIII 节腹面，约占 1/3 节周；每孔在椭圆形腺状孔突上，孔突中央略凸起，周围无上皮褶皱。生殖乳突卵圆形，平顶，直径 0.4-0.5 mm，成对，位 XVIII 和 XIX 节刚毛圈前，XVII 和 XVIII 节刚毛圈后纵行排列，雄孔略居中。受精囊孔 4 对，位 5/6/7/8/9 节间腹面，约占 1/3 节周（图 79）。雌孔单，位 XIV 腹中央。

内部特征：隔膜 8/9/10 缺，6/7/8 和 10/11/12/13 略厚。砂囊位 VIII-X 节，长桶形。肠自 XV 节始扩大；盲肠简单，位 XXVII 节，前伸至 XXIV 节，指形囊背缘具 2 个缺刻，腹缘具 1 个缺刻。心脏扩大，位 X-XIII 节。精巢囊 2 对，位 X 和 XI 节腹面，后对大。储精囊 2 对，位 XI 和 XII 节，腹分离。前列腺位 XVII-XX，糙叶状，具 3 主叶；前列腺管粗肌肉质，"U"形，末端扩大。无副性腺。卵巢位 XIII 节。受精囊 4 对，位 VI-IX 节，长约 1.4 mm；坛卵圆形，小；坛管直，约 3/5 坛长；盲管长超出受精囊主体的 2/5，末端 0.29 膨大成棒形纳精囊，直且色白（图 79）。受精囊管无肾管。

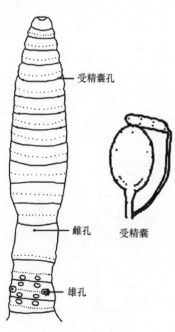

受精囊孔

雌孔

受精囊

雄孔

图 79　殖突远盲蚓
（Sun et al.，2012）

体色：保存样本无色素，环带褐色，背中线不明显。

命名：依据雄孔区的生殖乳突特征而命名。

模式产地：海南（吊罗山）。

模式标本保存：上海自然博物馆。

中国分布：海南（吊罗山）。

生境：生活在海拔 930 m 山地公路边草本植被黄土中，以及竹子、樟和山毛榉林中的黄褐土壤中。

讨论：本种雄孔区的特征类似于山区远盲蚓 *Amynthas montanus* 和北方远盲蚓 *Amynthas exiguus aquilonius*。本种的体型大小在北方远盲蚓和山区远盲蚓之间。本种环带刚毛在仅在 XVI 节腹面，山区远盲蚓存在于 XIV-XVI 节，而北方远盲蚓无。本种的刚毛比山区远盲蚓少。本种的孔突比北方远盲蚓小。3 个物种生殖乳突的位置相互不同，尤其是在雄孔区。本种盲管较主受精囊长，而山区远盲蚓和北方远盲蚓盲管短于主受精囊。本种副性腺未见，北方远盲蚓可见。

## 80. 恒春远盲蚓 *Amynthas hengchunensis* James, Shih & Chang, 2005

*Amynthas hengchunensis* James et al., 2005. *Jour. Nat. Hist.*, 39(14): 1015-1016.

*Amynthas hengchunensis* 徐芹和肖能文, 2011. *中国陆栖蚯蚓*: 122.

*Amynthas hengchunensis* Xiao, 2019. *Terrestrial Earthworms (Oligochaeta: Opisthopora) of China*: 106-107.

外部特征：体长 200-252 mm，宽 9-11 mm（X 节）、9.5-11 mm（XXX 节）、8-9.5 mm（环带）；体圆柱形。体节数 138-148。VI-IX 节每体节 3 个体环，X-XIII 节 5 个体环，XVII 节后 3 个体环。口前叶上叶式。背孔自 12/13 节间始。环带位 XIV-XVI 节，环形，无刚毛。刚毛排列均匀，$aa：ab：yz：zz＝1.7：1：1：3$（XXV）；刚毛数：120-170（VII），140-164（X），170-208（XXV），26-28 在雄孔间。雄孔小，位于一抹刀形纵生殖标记后部浅圆锥形孔突上，生殖标记周围环绕几皮褶，靠近雄孔的侧褶扩大形成一个罩或盖，部分覆盖雄孔突，约占 1/3 节周。受精囊孔 4 对，位 5/6/7/8/9 节间背面，占 1/3-2/5 节周，节后缘至受精囊孔处增厚（图 80）。雌孔单，位 XIV 节腹中部。

内部特征：隔膜 5/6/7/8 薄，肌肉质；8/9 膜状，9/10 缺，10/11-13/14 厚，肌肉质。砂囊位 VIII 节。肠自 1/2XV 节始扩大；盲肠圆锥形，边缘平滑，位 XXVII-XXIII 节。心脏 4 对，颇小，位 XI-XIII 节。精巢囊 1 对，位 X 节，卵圆形，光滑。精漏斗位 X 和 XI 节，腹连接。储精囊位 XI 节，大，具小的背叶，XI 节其他部分包裹在薄囊内。前列腺大，位 XVIII 节，由 4 主叶组成，每叶具自前列腺管

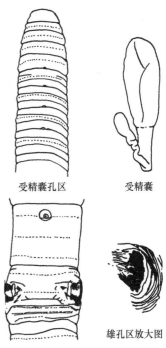

受精囊孔区 受精囊

雄孔区放大图

雄孔区

图 80 恒春远盲蚓
（James et al.，2005）

内端扇形放射状排列的 2-5 小管；前列腺管粗壮，直，肌肉质，近体壁处窄，与输精管在管-腺部连接。输精管非肌肉质。卵巢位 VIII 节。受精囊 4 对，位 VI-IX 节；坛卵圆形；坛管较坛短；盲管小，具卵圆形腔，柄细，由内端扩大的发夹状环组成（图 80）。受精囊管无肾管。

体色：体无色素。

命名：依据模式产地恒春而命名。

模式产地：台湾（屏东恒春半岛）。

模式标本保存：台湾自然科学博物馆（台中）。

中国分布：台湾（屏东）。

讨论：本种与宝岛远盲蚓相似的特征有：XI 节的内容物包在囊内、VI-IX 节有 8 个受精囊、受精囊形态、体型大小、肠的起源，以及前部非常多的刚毛。但本种具更多的刚毛，尤其是环带后的体节上，受精囊孔位于腹部，雄性区域具一瓣膜，部分覆盖住了雄孔突，盲肠更短，盲管柄无瓣膜覆盖。

## 81. 异毛远盲蚓 *Amynthas heterochaetus* (Michaelsen, 1891)

*Pheretima heterochaeta* Michaelsen, 1891b. *Abh. Geb. Nature. Hamburg*, 11(2): 1-8.

*Pheretima heterochaeta* Chen, 1931. *Contr. Biol. Lab. Sci. Soc. China (Zool.)*, 7(3): 123-125.

*Pheretima heterochaetus* Chen, 1933. *Contr. Biol. Lab. Sci. Soc. China (Zool.)*, 9(6): 234-238.

*Pheretima heterochaeta* Chen, 1936. *Contr. Biol. Lab. Sci. Soc. China (Zool.)*, 11(8): 270-271.

*Pheretima (Pheretima) heterochaeta* Chen, 1938. *Contr. Biol. Lab. Sci. Soc. China (Zool.)*, 12(10): 382.

*Pheretima heterochaeta* Chen, 1946. *J. West China Bord. Res. Soc.*, 16(B): 136.

*Amynthas heterochaetus* Sims & Easton, 1972. *Biol. J. Linn. Soc.*, 4(3): 235.

*Amynthas heterochaetus* 徐芹和肖能文, 2011. *中国陆栖蚯蚓*: 122-123.

*Amynthas heterochaetus* Xiao, 2019. *Terrestrial Earthworms (Oligochaeta: Opisthopora) of China*: 107-108.

外部特征：体长 100-158 mm，宽 3-5 mm。体节数 92-120。背孔自 12/13 节间、偶自 11/12 节间始。环带占 3 体节，无刚毛，腹部常可见刚毛窝。一般在前端腹面刚毛大小、粗细明显有异，II-VII 节以 *a*、*b*、*c*、*d* 为最粗，距离最宽。尤以 *a*、*b* 为甚，至 *d* 才恢复正常状态；VIII-XIII 节只 *a* 毛粗大；刚毛数：21（VII）、36（VIII）、26（XI）；12（VIII）在受精囊孔间，12-14 在雄孔间。雄孔位 XVIII 节，孔在大而圆的乳突上，在刚毛线上凸起或凹陷，直径为 1/3（或 1/4）体节长，有时两个乳突横向拉长结合，孔上有白色斑点，不明显，通常围绕 3 个或更多的同心脊，彼此之间被浅槽分开，偶尔不明显；雄性乳突附近通常有 1-2 个生殖乳突，排列多变，一个通常在雄性乳突的后面和侧面，或稍在内侧，而另一个在前面和侧面，或经常在后面。受精囊孔 4 对，位 5/6/7/8/9 节间腹侧，约占 4/7 节周，通常不明显或有小的横向卵球形结节，结节通常凹陷，有时被腺体皮肤包围。生殖乳突分为两组：一组靠近受精囊孔，另一组位于腹侧。通常孔的前面或后面有小的隆起的平顶乳突，有时一个或多个消失。通常 VII、VIII 和 IX 节的腹侧有 2-3 对乳突，广泛分开，相距约 2 mm，每对稍高，有厚的圆形边缘，中心扁平或凹陷。VII 和 VIII 节乳突数较恒定，少数全缺（图 81）。雌孔单，位 XIV 节腹中部。

内部特征：隔膜 8/9/10 缺失，但 8/9 可追踪至腹部，5/6/7 增厚，肌肉质，7/8 稍增厚，10/11/12增厚。砂囊中等大小，前面有膨大嗉囊。肠自 XVI 节扩大；盲肠简单，圆锥形，位 XXVII 节，向前到 XXIV 或 XXIII 节，腹面边缘光滑，浅黄色或深色。心脏 3 对，X 节缺失，不对称发育。精巢囊大，前对位 X 和 XI 节后部，"V" 形，通常狭窄相连；后对位 XI 和 XII 节后部，稍大于前对，圆形，更广泛地连接或合并成横带。精巢大，直径 0.8-1.0 mm，占据囊的一半；精漏斗不规则折叠。储精囊位 XI 和 XII 节，通常小而扁平，形状不规则，表面有或无凹槽，光滑或细颗粒状，楔形，背侧部分向上突出到背叶的两侧，背叶长或三角形，表面光滑和苍白。前列腺常缺失，很少存在，偶尔有残留；如果存在，通常在

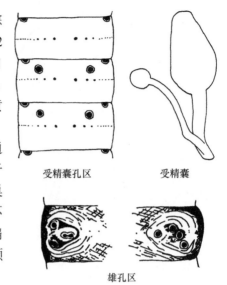

受精囊孔区　　受精囊

雄孔区

图 81　异毛远盲蚓（Chen，1931）

一侧，为圆形、厚组织；若不存在，则小叶导管通过结缔组织纤维附着在体壁上。副性腺不与雄性乳突相连，各腺体部分圆形，柔软而致密，表面光滑，白色；前列腺管很短。卵巢总状，非常大，几乎延伸到整个节。受精囊 4 对，盲管细长，较主体为短，末端具圆形或椭圆形囊（图 81）；副性腺块状，管短，索状。

体色：保存标本背面深棕色，略带淡紫色光泽；腹部苍白；环带巧克力棕色；刚毛圈稍白或很白。活体背部橘黄色，环带棕黄色。

命名：依据身体前端腹面刚毛大小、粗细明显有异而命名。

模式产地：葡萄牙（亚速尔群岛）。

模式标本保存：曾存于国立中央大学（南京）动物学标本馆，疑遗失。

中国分布：辽宁（丹东）、吉林、江苏（南京、苏州、宜兴）、浙江（兰溪、杭州、台州）、安徽（安庆）、福建（厦门）、台湾、江西（南昌、九江）、香港、海南（万宁）、重庆（北碚）、四川（乐山、成都、庐州）、贵州。

## 82. 等毛远盲蚓 *Amynthas homochaetus* (Chen, 1938)

*Pheretima homoseta* Chen, 1938. *Contr. Biol. Lab. Sci. Soc. China (Zool.)*, 12(10): 376, 414-415.

*Pheretima homochaeta* Chen, 1938. *Contr. Biol. Lab. Sci. Soc. China (Zool.)*, 12(10): 427.

*Amynthas homochaetus* Sims & Easton, 1972. *Biol. J. Linn. Soc.*, 4(3): 235.

*Amynthas homochaetus* 徐芹和肖能文，2011. *中国陆栖蚯蚓*: 125-126.

*Amynthas homochaetus* Xiao, 2019. *Terrestrial Earthworms (Oligochaeta: Opisthopora) of China*: 109.

外部特征：体相当大。体长 116 mm，宽 5.2 mm。体节数 85。口前叶 1/2 上叶式。背孔自 12/13 节间始。环带位 XIV-XVI 节，光滑，XVI 节腹面隐约可见少量刚毛窝。刚毛明显，II-IV 节刚毛略短，腹面密；V-IX 节腹面刚毛大且间隔宽；环带后 $zz=$（1.2-1.5）$yz$；刚毛数：40（VI），44（VIII），56（XVII），48（XXV）；11（VI）、12（VII）、13

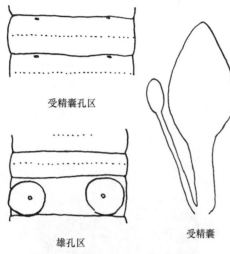

受精囊孔区

雄孔区

受精囊

图 82 等毛远盲蚓（Chen，1938）

（VIII）、11（IX）在受精囊孔间，9（XVIII）、18（XVII）在雄孔间。雄孔位 XVIII 节腹面，约占 1/4 节周；孔在 1 略圆形腺体区，宽约 1.5 mm；无其他生殖乳突。受精囊孔 4 对，位 5/6/7/8/9 节间腹面，约占 1/4 节周；孔为节间 1 小单孔，无任何生殖乳突（图 82）。

内部特征：隔膜 9/10 缺失，8/9 极厚，5/6 厚，6/7 略厚，7/8 极厚且具肌肉，10/11-12/13 等厚。砂囊位 1/2IX-X 节。肠自 XV 节始扩大；盲肠细长，位 XXVII-XXIV 节，简单。心脏 3 对，位 XI-XIII 节。精巢囊位 X 和 XI 节，均腹面宽连接且交通。储精囊位 XI 和 XII 节，均大，充满整节体腔，背叶小，拇指状。前列腺极发达，粗裂叶，位 XVI-XXI 节；前列腺管 "U" 形，外 2/3 厚，管根部无明显副性腺。受精囊 4 对，位 VI-IX 节，前 2 对大；坛心形，主体长约 3 mm（图 82）；盲管较主体 2/3 长，具卵圆形淡白色纳精囊。

体色：前端背面深巧克力色，其他部分灰色，环带深褐色。

模式产地：海南（万宁）。

中国分布：海南（万宁）、四川（乐山）、云南（澜沧）。

讨论：本种是陈义于 1938 年在海南发现记录的新种。原始文献中开头种加词使用的是 "homoseta"（第 376、414、415 页），但在第 428 页订正为 "homochaeta"。本种与异毛远盲蚓 A. heterochaetus 有较大差别。异毛远盲蚓体前端腹部刚毛增大且间隔较宽。本种腹部刚毛间隔不大，明显靠近。异毛远盲蚓受精囊孔分布较宽（4/7 节周），而本种受精囊孔更靠近腹侧，全身无生殖乳突。而异毛远盲蚓在 VII-IX 节腹侧有大的乳突，在每个受精囊孔和雄孔周围有较小的乳突。

## 83. 香港远盲蚓 *Amynthas hongkongensis* (Michaelsen, 1910)

*Pheretima hongkongensis* Michaelsen, 1910a. *Mitt. Naturhist. Mus. Hamburg*, 27: 107.

*Pheretima hongkongensis* Gates, 1935a. *Smithsonian Mis. Coll.*, 93(3): 10.

*Pheretima hongkongensis* Gates, 1939. *Proc. U.S. Nat. Mus.*, 85: 446-448.

*Amynthas hongkongensis* Sims & Easton, 1972. *Biol. J. Linn. Soc.*, 4(3): 243.

*Amynthas hongkongensis* 徐芹和肖能文，2011. *中国陆栖蚯蚓*: 126.

*Amynthas hongkongensis* Xiao, 2019. *Terrestrial Earthworms (Oligochaeta: Opisthopora) of China*: 109-110.

外部特征：体长 100 mm。体节数 150。背孔自 11/12 节间始。环带环状，位 XIV-XVI 节，背孔与节间沟缺失或不显，腹面具刚毛；环带暗而略粗糙，不光滑，明显未完全发育。刚毛少，分布均匀；自 II 节始，刚毛圈完整，刚毛数：21（VI），20（VII），8+（VIII），17（XVII），7（XVIII），15（XIX），58+（XX）。VIII 节刚毛圈具腹间隔，可能是刚毛的脱落。雄孔位 XVIII 节，小，每孔稍侧正对中部具雄孔标记，标记并不十分圆，横宽占 1.5-2 刚毛距离；雄孔标记略凸出，表面平坦，周围具几环沟。正对每雄孔标记具 1 略隆起的横向卵圆形生殖标记，标记边缘苍白，浅灰色中央区凹陷，横宽占 2-3 刚毛距离；生殖标记靠近雄孔标记，但不相接。受精囊孔小，4 对，位 5/6/7/8/9 节间，孔在光滑的横卵圆形区中央，呈横裂缝状。

内部特征：隔膜 8/9 存在，至少具腹痕。盲肠简单，无边缘缺刻或隔膜缢痕；盲肠叶片状脊自盲肠第一节后部通入肠腔。末对心脏位 XIII 节。X 节精巢囊位腹面，不成对；XI 节精巢囊"U"形，"U"形分支达背血管。XI 节精巢囊包裹 XI 节储精囊，周围具 1 薄层精巢凝块；X 节精巢囊周围具少量精巢凝块。储精囊中等大小，顶体后各具 1 深背腹沟；每囊具 1 细长指状囊，后者根部深陷进入背缘裂缝。前列腺管长 6-8 mm，肌肉质，但粗细一致，即外端亦不特别粗。受精囊 4 对，位 VI-IX 节腹壁上；坛扁平；坛管较坛短，几近三角形。盲管在坛管前面或在体壁内通入坛管，细长结节状，外端柄部（约 1/2 或更长）窄，腔壁光滑，向内端逐渐加宽，腔壁变薄，内端为纳精囊，纳精囊并不较柄明显宽，且二者分界不明显。纳精囊是一个细长、不透明的坚实腔，无受精囊光泽。生殖标记背面体腔内具凹入体壁的副性腺团，位前列腺管周围。

命名：以模式产地命名。

模式产地：香港。

模式标本保存：德国汉堡博物馆。

中国分布：香港。

讨论：从环带大小可以确定模式标本发育不充分，且在精巢囊上有少量的睾丸凝块，标志着模式标本并不正常（无受精囊）或不完全性成熟。

## 84. 红叶远盲蚓 *Amynthas hongyehensis* Tsai & Shen, 2010

*Amynthas hongyehensis* Tsai et al., 2010. *Jour. Nat. Hist.*, 44(21-22): 1263-1266.

*Amynthas hongyehensis* Shen, 2012. *Jour. Nat. Hist.*, 46(37-38): 2277-2280.

*Amynthas hongyehensis* Xiao, 2019. *Terrestrial Earthworms (Oligochaeta: Opisthopora) of China*: 110-111.

外部特征：中等大小。体长 129-197 mm，宽 4.5-7.2 mm。体节数 85-138。VII-XIII 节具 3 体环。口前叶上叶式。背孔自 11/12 节间始。环带位 XIV-XVI 节，圆筒状，无刚毛，无背孔。刚毛数：46-73（VII），59-82（XX）；10-18 在雄孔间。雄孔 1 对，位 XVIII 节腹面，占 0.22-0.29 节周，每孔在一直径 0.55-0.8 mm 的圆形白色孔突上，周围环绕 1-3 浅皮褶。生殖乳突大而圆，通常 2 对，位 XVIII 和 XIX 节刚毛圈前略靠近雄孔，此外，或 1 对在 XX 节，或偶见 1 对在 XVIII 或 XIX 节刚毛圈前，或在 XVIII 节靠近雄孔突前中部和后中部各 1 对，或 2 对在 XVIII 节同时 1 对在 XIX 节刚毛圈前。每突直径 0.45-0.98 mm，中央凹陷。受精囊孔 3 对，位 6/7/8/9 节间，或 4 对，位 5/6/7/8/9 腹面节间，占 0.24-0.29 节周。环带前区无生殖乳突（图 83）。雌孔单，位 XIV 节腹中央。

内部特征：隔膜 5/6/7/8 和 10/11 厚，11/12/13/14 肌肉质。砂囊大，位 VIII-X 节，浅黄色。肠自 XVI 节始扩大；盲肠简单，位 XXVII 节，前伸至 XXII-XXIV 节，细长，略褶皱。心脏位 X-XIII 节。精巢大，2 对，位 X-XI 节；精巢囊腹连接。储精囊 2 对，位 XI 和 XII 节，大，占满整个体节，通常前对大，每囊具 1 圆形细囊状背叶，色暗。

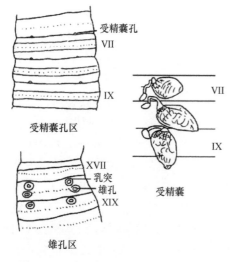

受精囊孔区

雄孔区

图 83　红叶远盲蚓（Tsai et al.，2010）

前列腺大，分叶，囊状，位 XVI-XIX、XVI-XX 或 XVII-XX 节；前列腺管长，"U"形，位 XVII-XVIII 节。副性腺无柄，卵圆形，长 0.55-0.75 mm，与外部生殖乳突相对应。受精囊 3 对，位 VII-IX 节，或 4 对，位 VI-IX 节；坛大，卵圆形或桃形，表面褶皱，长 1.38-3.9 mm，宽 1.4-2.54 mm，具 1 长 0.35-0.57 mm 的短粗柄；盲管具 1 长 0.7-1.1 mm 的卵圆形纳精囊，细柄长 0.81-1.65 mm（图 83）。

体色：保存样本头部和背部紫褐色，腹面浅褐色，环带周围浅黑紫褐色，刚毛圈白色。

命名：依据模式产地命名。

模式产地：台湾（台东延平红叶村）。

模式标本保存：台湾特有生物研究保育中心（南投）。

中国分布：台湾（台东、花莲）。

生境：生活在海拔 490-950 m 的森林公路旁边。

讨论：本种在形态学上与湖北远盲蚓 Amynthas hupeiensis 相似。两者的区别在于本种成对生殖乳突在 XVIII 和 XIX 节（或另一对在 XX 节，或偶见 1 对在 XVIII 或 XIX 节刚毛圈前，或在 XVIII 节靠近雄孔突前中部和后中部各 1 对，或 2 对在 XVIII 节同时 1 对在 XIX 节刚毛圈前）刚毛圈和节间沟之间，而湖北远盲蚓的成对生殖乳突在 17/18 和 18/19 节间沟。此外，本种的刚毛数量比湖北远盲蚓多。湖北远盲蚓具有一条非常长的盲管，而本种盲管比坛短。另外，本种有时具 4 对受精囊孔。

### 85. 高屏远盲蚓 *Amynthas kaopingensis* James, Shih & Chang, 2005

*Amynthas kaopingensis* James et al., 2005. *Jour. Nat. Hist.*, 39(14): 1017-1020.

*Amynthas kaopingensis* 徐芹和肖能文，2011. *中国陆栖蚯蚓*: 131-132.

*Amynthas kaopingensis* Xiao, 2019. *Terrestrial Earthworms (Oligochaeta: Opisthopora) of China*: 111-112.

外部特征：体圆柱形。体长 170-300 mm，宽 10-14 mm（X 节）、8-11 mm（XXX 节）、9-11 mm（环带）。体节数 160-177。口前叶上叶式。背孔自 12/13 或 13/14 节间始。环带位 XIV-XVI 节，环形，无刚毛，大小一致；刚毛排列均匀，aa：ab：yz：zz=1：1：1：2（XXV）。刚毛数：130-170（VII），126-170（X），104-126（XXV）；32-40 在雄孔间。雄孔小，位 XVIII 节腹面，约占 1/3 节周，孔在储精沟后端；储精沟位于卵圆形至圆角形的纵向生殖垫中央，生殖垫自 17/18 节间至 XVIII 节中部；雄孔周围环绕几皮褶，紧靠雄孔的侧褶扩展成盖状或部分覆盖生殖垫；偶见 XVII 节刚毛圈前略正对雄孔线具成对生殖标记。受精囊孔 4 对，位 5/6/7/8/9 节间背面，约占 1/3 节周（图 84）。雌孔单，位 XIV 节腹中央。

内部特征：隔膜 5/6/7/8 厚，肌肉质，8/9 膜状，9/10 缺，10/11-13/14 厚，肌肉质。砂囊位 VIII 节。肠自 1/2XV 节始扩大；盲肠简单，边缘平滑，位 XXVII-XXIII 节。心脏 4 对，位 X-XIII 节，颇小。精巢和精漏斗在 X 节腹连接入囊。储精囊大，位 XI 节，具小细纹的背叶；XI 节的其他部分包裹在薄囊内。前列腺大，位 XVIII 节，具 3-5 主叶，每叶具 2-5 自前列腺管内端扇形散开的小管；前列腺管粗壮，直，肌肉质，近体壁变窄。卵巢位 VIII 节。受精囊 4 对，位 VI-IX 节；坛梨形；坛管比坛短；盲管为小卵圆形腔；柄细，或直或卷曲，与坛管等长。受精囊管无肾管（图 84）。

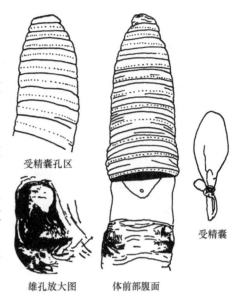

受精囊孔区　受精囊　雄孔放大图　体前部腹面

图 84　高屏远盲蚓（James et al., 2005）

体色：背部为深浅变化的暗褐色。

命名：本种模式产地为高雄和屏东，"高屏"连合两个模式产地而得。

模式产地：台湾（高雄和屏东）。

模式标本保存：台湾自然科学博物馆（台中）。

中国分布：台湾（高雄、屏东）。

讨论：本种与恒春远盲蚓 *Amynthas hengchunensis* 相近，包括前列腺的构造，XI 节的封闭隔膜，8/9 节间具隔膜。与恒春远盲蚓的不同之处在于本种受精囊孔分布更靠近背部，受精囊盲管为小卵圆形腔，盲管柄无内端膨大等。高屏远盲蚓、恒春远盲蚓和宝岛远盲蚓 *Amynthas formosae* 在形态学上有相当的一致性。

## 86. 大唇远盲蚓 *Amynthas labosus* (Gates, 1932)

*Pheretima labosa* Gates, 1932. *Rec. Ind. Mus.*, 34(4): 543-544.
*Pheretima labosa* Gates, 1972. *Trans. Amer. Philos. Soc.*, 62(7): 164.
*Amynthas labosus* Sims & Easton, 1972. *Biol. J. Linn. Soc.*, 4(3): 235.
*Amynthas labosus* 钟远辉和邱江平, 1992. 贵州科学, 10(4): 40.
*Amynthas labosus* 徐芹和肖能文, 2011. 中国陆栖蚯蚓: 134.
*Amynthas labosus* Xiao, 2019. *Terrestrial Earthworms (Oligochaeta: Opisthopora) of China*: 112-113.

外部特征：体长 70 mm，宽 4 mm。背孔自 12/13 节间始。环带位 XIV-XVI 节。刚毛自 II 节始，II 节具完整刚毛圈，刚毛小而密，除 XXII 节外，其余体节无背腹间隔，XXII 节刚毛圈腹面被乳突阻断。刚毛数：22-26（VI），23-26（VII），22-28（VIII），79-89（XXV）；11-19 在雄孔间。雄孔位 XVIII 节腹刚毛圈上，孔小，在横卵圆区中央。XXII 节具一横卵形大乳突，横向占 8-12 刚毛距离；乳突中部凹陷，浅灰色，边缘略苍白，边缘不隆起，前后仅占 XXII 节，有时延伸至 XXIII 节和/或 XXI 节，侧缘正对雄孔线；有时具 2 个乳突，1 个位 XXII 节左侧，另 1 个位 XXIII 节右侧。受精囊孔 4 对，位 VI-IX

节前部，孔小。雌孔单，位 XIV 节腹中部。

内部特征：隔膜 9/10 缺失，8/9 仅腹面残遗，或有时完整，10/11 薄，11/12/13 略厚，膜状。肠自 XV 节始扩大；盲肠简单。末对心脏位 XIII 节。精巢囊不成对。储精囊极发达，位 XI 与 XII 节，覆盖背血管，后一对储精囊占据了隔膜 12/13 和 13/14 的后部。前列腺限于 XVIII 节；前列腺管细长且直或弯曲成发卡状环。受精囊 4 对，位 VI-IX 节，或退化，但凸出于体腔内；坛与坛管等长，末端略膨大；盲管直，细长，较主体长，盲管在坛管前面通入。

体色：体无色素，略带苍白色。

模式产地：缅甸。

模式标本保存：印度博物馆。

中国分布：云南（腾冲、澜沧）。

生境：土壤腐殖质中。

### 87. 双披远盲蚓 *Amynthas lacinatus* (Chen, 1946)

*Pheretima lacinata* Chen, 1946. *J. West China Bord. Res. Soc.*, 16(B): 98-99.

*Amynthas lacinatus* Sims & Easton, 1972. *Biol. J. Linn. Soc.*, 4(3): 236.

*Amynthas lacinatus* 徐芹和肖能文，2011. *中国陆栖蚯蚓*: 134-135.

*Amynthas lacinatus* Xiao, 2019. *Terrestrial Earthworms (Oligochaeta: Opisthopora) of China*: 113.

外部特征：体长 92-95 mm，宽 3.5-5 mm。体节数 106。口前叶略上叶式。背孔自 11/12 节间始。环带位 XIV-XVI 节，占三节，无刚毛。刚毛细，环带后脱落；$aa=1.2ab$，$zz=（1.1-1.5）yz$。刚毛数：57-76（III），54-100（VII），33-66（XXV）；19-37（V）、22-40（VI）、22-44（VII）在受精囊孔间；8-14（XVIII）、14-18（XIX）在雄孔间。雄孔位 XVIII 节腹面，约占 1/5 节周，雄孔突呈乳头状，沿两边体壁突出成两翼状，无生殖乳突（图 85）。受精囊孔 2 对、3 对或 4 对，位 5/6/7、5/6/7/8 或 5/6/7/8/9 节间，约占 1/2 节周，无生殖标记。

内部特征：隔膜 3/4-7/8 极薄，8/9 略厚，9/10 厚，10/11-11/12 最厚，12/13 与 9/10 同厚，13/14-15/16 与 8/9 同厚，余者薄。砂囊大，位 IX 和 X 节。肠自 XV 节始扩大；盲肠小而简单，延伸至 XXIV 节。精巢囊大，位 X 与 XI 节，延至背面，腹面不相连。储精囊小，腹长约 1.5 mm，背叶约 1/3 大，第一对小，包在精巢囊内，或大。受精囊 2 对、3 对或 4 对，位 VI-VII 或 VI-VIII 或 VI-IX 节，大；坛长 1.2 mm，囊状膨大；管短粗；盲管与主体等长或略长，内端屈曲；纳精囊棍棒状（图 85）。

体色：全体苍白，环带巧克力褐色。

命名：依据雄孔突乳头状，沿两边体壁突出成两翼状而命名。

模式产地：四川（峨边）。

模式标本保存：曾存于中研院动物研究所（重庆），疑遗失。

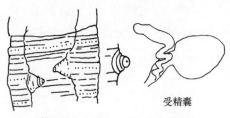

受精囊

雄孔区

图 85　双披远盲蚓（Chen，1946）

中国分布：重庆（南川）、四川（峨边）。

讨论：本种的鉴定特征有：①形状独特的口前叶；②雄孔突乳头状，沿两边体壁突出成两翼状；③具砂囊隔膜；④精巢囊增大。

## 88. 平衡远盲蚓 *Amynthas libratus* Tsai & Shen, 2010

*Amynthas libratus* Tsai et al., 2010. *Jour. Nat. Hist.*, 44(21-22): 1256-1260.
*Amynthas libratus* Xiao, 2019. *Terrestrial Earthworms (Oligochaeta: Opisthopora) of China*: 113-114.

外部特征：小型蚯蚓。体长 55-72 mm，宽 2.31-3.03 mm。体节数 62-71。口前叶上叶式。背孔自 5/6 节间始。环带位 XIV-XVI 节，圆筒状。刚毛数：32-38（VII），34-41（XX）；9-11 在雄孔间。雄孔 1 对，位 XVIII 节腹面，占 0.24-0.27 节周，每孔在 1 周围具 1-3 浅皮褶的圆形孔突上。雄孔附近无生殖乳突。XVII、XIX 节，偶尔 XX 节紧沿刚毛圈具水平排列的生殖乳突，类似于受精囊孔区的那些生殖乳突。另外，17/18、18/19 节间，偶尔在 19/20 节间前后紧沿节间沟各具 1 行水平排列的小生殖乳突。刚毛圈前乳突数为 0-11（XVII）和 0-14（XIX），刚毛圈后乳突数为 0-10（XVII）、5-12（XIX）和 0-7（XX）。总数（节间沟前和节间沟后乳突总和）19-34（17/18 节间）、23-39（18/19 节间）和 0-22（19/20 节间）。XVIII 节无刚毛前和刚毛后生殖乳突。受精囊孔 4 对，位 5/6/7/8/9 腹面节间，小，卵圆形，占 0.27-0.28 节周。生殖乳突极小，圆，瘤突状，水平排列成行，紧沿着 VII-IX 节刚毛圈前和/或刚毛圈后。刚毛圈前乳突数量为 0-5（VII）和 4-14（IX），刚毛圈后数量为 0-4（VII）、9-15（VIII）和 5-15（IX）。受精囊孔和沿节间沟附近无生殖乳突（图 86）。雌孔单，位 XIV 节腹中央。

内部特征：隔膜 8/9/10 缺，6/7/8 和 11/12/13 厚。砂囊大，位 VIII-X 节，长方形，白色。肠自 XV 节始扩大；盲肠自 XXVII 节始，前伸至 XXIII 或 XXIV 节，简单，细长，末端背面直或弯。心脏位 XI-XIII 节。精巢 2 对，位 X 和 XI 节。精巢囊腹连接。储精囊 2 对，位 XI 和 XII 节，大，囊具圆背叶，占整个或半个体节。前列腺大，位 XVII-XX 节，囊表面具裂叶；前列腺管短，"C"形或"U"形。环带前区和环带后区副性腺与外部生殖乳突相对应。副性腺小，具长 0.13-031 mm 的圆头和长 0.35-1.2 mm 的细柄。受精囊 4 对，位 VI-IX 节；坛圆形或卵圆形，长 1.17-1.58 mm，宽 0.59-1.12 mm；受精囊柄细，长 0.19-0.49 mm。盲管具 1 小卵圆形纳精囊和细柄，柄长 0.59-0.65 mm，比受精囊柄长（图 86）。

体色：保存样本头部和背部桃红褐色，腹面浅褐色，环带暗桃红褐色。

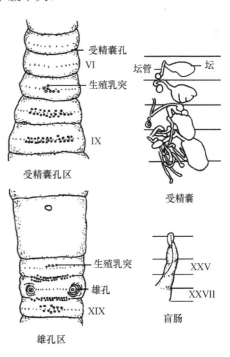

图 86 平衡远盲蚓（Tsai et al.，2010）

命名：依据生殖乳突以"水平线"的排列特征而命名。

模式产地：台湾（台东）。

模式标本保存：台湾特有生物研究保育中心（南投）。

中国分布：台湾（台东）。

生境：生活在海拔 1000 m 的山地。

讨论：本种与小道远盲蚓 *A. pavimentus* 生殖乳突的排列有区别：本种乳突在一侧，或在刚毛线的两边，或于节间沟水平排列，雄孔区无乳突；小道远盲蚓的乳突在刚毛圈和节间沟之间，且少量乳突靠近雄孔。本种生殖乳突沿着刚毛和节间沟排列，与金佛远盲蚓 *A. kinfumontis* 排列相似。

### 89. 林氏远盲蚓 *Amynthas lini* Chang, Lin, Chen, Chung & Chen, 2007

*Amynthas lini* Chang et al., 2007. *Organisms Diversity & Evolution*, 7(3): 234-236.

*Amynthas lini* Chang et al., 2009. *Earthworm Fauna of Taiwan*: 54-55.

*Amynthas lini* Xiao, 2019. *Terrestrial Earthworms (Oligochaeta: Opisthopora) of China*: 115-116.

外部特征：体长 212-254 mm，宽 7.0-9.0 mm。体节数 117-129。每体节具 3-6 体环。口前叶上叶式。背孔自 12/13 节间始。环带位 XIV-XVI 节，环状，无刚毛，无背孔。刚毛数：20-26（V），33-45（VII），49-57（X）；8-17 在雄孔间。雄孔 1 对，位 XVIII 节腹面刚毛圈上，约占 1/3 节周，孔圆形或卵圆形，中央凹陷，周围环绕 2 或 3 环褶。XVII、XIX 和 XX 节腹刚毛圈后各具 1 对中央凹陷的卵圆形乳突，或近 XVII 和 XX 节具 2 对乳突，乳突周围具几环褶。受精囊孔 4 对，位 5/6/7/8/9 节间腹面，约占 2/5 节周；受精囊孔区具或无生殖乳突，若有，位刚毛圈前，或刚毛圈后，或刚毛圈前后均有；VII-X 节腹刚毛圈前具 1-4 对大圆乳突，盘状，突间距占 0.1-0.3 节周，有时一些体节仅具 1 个乳突；VII 和 VIII 节腹刚毛圈后具 2 对近似乳突，较刚毛圈前乳突略小，突间距约占 2/5 节周，有时一些体节仅具 1 个乳突（图 87）。雌孔单，位 XIV 节腹中央。

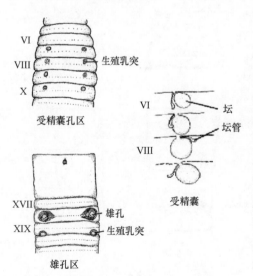

图 87　林氏远盲蚓（Chang et al., 2007）

内部特征：隔膜 8/9/10 缺，5/6-7/8 厚，10/11-13/14 颇厚。砂囊圆形，位 X 节。肠自 XV 节始扩大；盲肠自 XXVII 节始，简单，表面略具隔膜缢痕，前伸达 XXIII 或 XXII 节。心脏位 XI-XIV 节。精巢囊 2 对，位 X 和 XI 节，小，不规则。储精囊 2 对，位 XI 和 XII 节，大。前列腺对位 XVIII 节，前伸达 XVI 节，具粗直管。XIX 节体外乳突相应位置具成对副性腺。卵巢对位 XIII 节腹中部，紧靠 12/13 隔膜。受精囊 4 对，位 VI-IX 节；坛圆形，直径约 3.0 mm，具 1 短粗柄，柄长 0.45 mm；盲管具 1 径长 2.1 mm 的小卵圆形纳精囊和细长直柄，柄长 1.7 mm。受精囊管无肾管（图 87）。

体色：保存液中背面和环带深褐色，腹面

与刚毛圈浅黄色，外表具一种深褐色环纹与浅黄色环纹依次交替的环纹。

命名：为感谢林耀松博士在台湾1999-2000年在蚯蚓研究方面所做的贡献，以其姓氏命名。

模式产地：台湾（台北）。

模式标本保存：台湾大学生命科学系（台北）。

中国分布：台湾（台北）。

生境：生活于台湾中部和北部海拔400-3000 m的山区。

## 90. 扁长远盲蚓 *Amynthas longiculiculatus* (Gates, 1931)

*Pheretima longiculiculata* Gates, 1931. *Rec. Ind. Mus.*, 33: 395-400.

*Pheretima longiculiculata* Gates, 1972. *Trans. Amer. Philos. Soc.*, 62(7): 163-164.

*Amynthas longiculiculatus* Sims & Easton, 1972. *Biol. J. Linn. Soc.*, 4(3): 235.

*Amynthas longiculiculatus* 钟远辉和邱江平, 1992. *贵州科学*, 10(4): 40.

*Amynthas longiculiculatus* 徐芹和肖能文, 2011. *中国陆栖蚯蚓*: 139-140.

*Amynthas longiculiculatus* Xiao, 2019. *Terrestrial Earthworms (Oligochaeta: Opisthopora) of China*: 116-117.

外部特征：体长140-244 mm，宽7-10 mm。体节数137-140。口前叶1/2上叶式。背孔自12/13节间始，偶自11/12节间始。环带位XIV-XVI节，环状，无背孔。刚毛自II节始，II节仅腹面具4-7根刚毛；除VII和VIII节仅腹面外，无背间隔和腹间隔（背面中央或腹面中央因刚毛缺失形成的一条由前至后的间隙）。刚毛数：36-39（VI），36-40（VII）；36-39（VIII）在受精囊孔间，24-31在雄孔间。雄孔位XVIII节腹面，孔在1环状区中央，环状区宽约0.5 mm，周围环绕1完整的窄环状沟，此区体壁略隆起。18/19、19/20和20/21节间各具1对大横卵形乳突，突缘浅灰色，中央凹陷，淡白色，突间距占9-10根刚毛位置（图88）。受精囊孔4对，位5/6/7/8/9节间腹面，孔在1微小的横卵圆区，向后递减。VII和VIII节各具1横长、光滑、两端钝圆的闪光斑，此斑上刚毛圈略中断。

内部特征：隔膜8/9/10缺失，4/5膜状，5/6略具肌肉，6/7/8略厚，10/11/12具肌肉，12/13起膜状。砂囊长，前端窄，后端大，法兰盘状。肠自XV节始扩大；盲肠简单，扁平带状，位XXVII-XXIV或XX节。最末对心脏位XIII节。10/11隔膜前面有一单精巢囊，具双裂叶；精巢位XI节，长，位10/11隔膜和11/12隔膜之间。储精囊2对，位XI和XII节，前对约为后对2倍大小。前列腺小，仅限于XVIII节，各具3个大小不等的主裂叶；前列腺管厚，具肌肉，弯曲或具分支的发卡形。受精囊坛略圆球形，相当小；坛管短，略粗；盲管外端曲折，内端膨大，较主体长（图88）。副性腺位XIX、XX和XXI节，成对，淡白色，前对也凸入XVIII节前列腺部。

体色：背面暗淡蓝色或淡灰蓝色，腹面深灰色，环带暗淡蓝色。

模式产地：缅甸（景栋）。

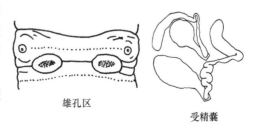

雄孔区

受精囊

图88 扁长远盲蚓（Gates，1931）

模式标本保存：印度博物馆。

中国分布：云南（腾冲、普洱）。

讨论：在扁长远盲蚓完全发育前，在外部可看到生殖标记，在一些内部生殖器官完全成熟之前，环带可能已发育。

## 91. 新月远盲蚓 *Amynthas lunatus* (Chen, 1938)

*Pheretima* (*Pheretima*) *lunata* Chen, 1938. *Contr. Biol. Lab. Sci. Soc. China* (*Zool.*), 12(10): 411-412.

*Amynthas lunatus* Sims & Easton, 1972. *Biol. J. Linn. Soc.*, 4(3): 235.

*Amynthas lunatus* 徐芹和肖能文, 2011. *中国陆栖蚯蚓*: 142-143.

*Amynthas lunatus* Xiao, 2019. *Terrestrial Earthworms* (*Oligochaeta: Opisthopora*) *of China*: 117-118.

外部特征：体长 145-270 mm，宽 5-7 mm。体节数 170-179。口前叶 1/2 上叶式。背孔自 12/13 节间始。环带位 XIV-XVI 节，腹面具刚毛，XVI 节更明显。刚毛一致，背面密，背腹间隔不明显，II-III 节短。刚毛数：58-66（IV），66-82（VI），70-74（IX），56-66（XIX），64-65（XXV）；15-19（VI）、19-20（IX）在受精囊孔间，4 在雄孔间。雄孔位 XVIII 节腹面，约占 1/3 节周；孔在 1 新月形或逗号形中等乳突中部，孔突内侧腹中线两侧各具 1 中部凹陷的大椭圆形乳突，每突内具 2 个互相靠近的乳突（图 89）。受精囊孔 4 对，位 5/6/7/8/9 节间腹面，占近 1/4 节周，孔在 VI-IX 节前缘 1 小裂缝内。受精囊孔区无生殖乳突。

内部特征：隔膜 8/9/10 缺失，5/6-7/8 和 10/11-11/12 等厚，12/13 亦如此。砂囊小，位 IX-X 节。肠自 XV 节始扩大；盲肠简单，角形，位 XXVII-XXV 节。心脏位 X-XIII 节，首对粗壮。X 节精巢囊腹面宽连接，XI 节的完全连合。XI 节储精囊大，具 1 大背叶。前列腺位 XVII-XX 或 XXI 节；前列腺管长 4 mm，极弯曲；副性腺为 1 圆片状，无柄而柔滑。受精囊 4 对，位 VI-IX 节；坛囊状，具 1 短而明显的管；盲管管状，长 1.6 mm，管外端 1/4 细长，无明显大的纳精囊（图 89）。

体色：背面巧克力色，腹面苍白色，环带深褐色。

命名：本种雄孔在 1 新月形或逗号形中等乳突中部，依据乳突的形状特征而命名。

模式产地：海南（三亚）。

中国分布：海南（三亚）。

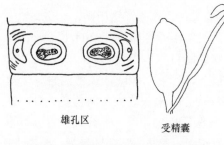

雄孔区　　受精囊

图 89　新月远盲蚓（Chen，1938）

## 92. 美袖远盲蚓 *Amynthas manicatus decorosus* (Gates, 1932)

*Pheretima manicatus decorosus* Gates, 1932. *Rec. Ind. Mus.*, 34(4): 528.

*Amynthas manicatus decorosus* Sims & Easton, 1972. *Biol. J. Linn. Soc.*, 4(3): 235.

*Amynthas manicatus decorosus* 钟远辉和邱江平, 1992. *贵州科学*, 10(4): 40.

*Amynthas manicatus decorosus* 徐芹和肖能文, 2011. *中国陆栖蚯蚓*: 144-145.

*Amynthas manicatus decorosus* Xiao, 2019. *Terrestrial Earthworms* (*Oligochaeta: Opisthopora*) *of China*: 118.

外部特征：体长 40-120 mm，宽 2.5-6 mm。体节数 60。背孔自 12/13 节间始，自 7/8 节间具孔状标记。环带位 XIV-XVI 节，具背孔，具节间沟，腹面具刚毛。刚毛自 II 节始，刚毛圈无背腹间隔；28（VI）在受精囊孔间；20（XVII）、1（XVIII）、19（XIX）在雄孔间。雄孔位 XVIII 节，小，间隔宽，圆盘状，盘宽约 1 刚毛间距。XVIII 节刚毛圈后具 1 对横长卵形乳突，占体节前后相当大的部分；每个乳突横向约占 8 刚毛间距，几达腹中线，侧面几与雄孔盘相接；乳突两端圆，边缘隆起，中央部分凹陷。受精囊孔 4 对，位 5/6/7/8/9 节间。雌孔单，位 XIV 节腹中部。

内部特征：隔膜 8/9 和 9/10 缺失，10/11 极薄。肠自 XV 节始扩大；盲肠复杂，由 6-8 个指状囊组成，前伸达 XXII 或 XXIII 节。末对心脏位 XIII 节。V 和 VI 节具肾管团。精巢囊 2 对。储精囊位 XI 和 XII 节，覆盖背血管。前列腺管弯曲成发卡状环，外缘较内缘粗，管长 1.5 mm。受精囊 4 对，位 VI-IX 节；坛管细长，约与坛等长；前 2 对盲管呈规则"之"字形弯曲，VIII 与 IX 节盲管弯曲不成环；盲管在坛管基部前面通入。XVIII 节具腺体，与体外乳突相连（图 90）。

体色：环带前背部淡蓝红色，环带后背部浅红至极浅的褐色，环带深红色。

模式产地：缅甸东吁。

模式标本保存：印度博物馆。

中国分布：云南（普洱）。

讨论：解剖前后均未见受精囊孔。VI-IX 节具 4 对受精囊，受精囊管前伸入体壁，至受精囊孔处或接近 5/6/7/8/9 节间沟。前部 2 对受精囊稍微穿出了前壁，产生的孔洞位于 5/6 节间沟。

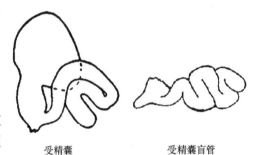

受精囊　　　　　受精囊盲管

图 90　美袖远盲蚓（Gates，1932）

## 93. 中材远盲蚓 *Amynthas mediocus* (Chen & Hsu, 1975)

*Pheretima medioca* 陈义等, 1975. 动物学报, 21(1): 92.

*Amynthas mediocus* 徐芹和肖能文, 2011. 中国陆栖蚯蚓: 146.

*Amynthas mediocus* Xiao, 2019. *Terrestrial Earthworms (Oligochaeta: Opisthopora) of China*: 118-119.

外部特征：体长 101-143 mm，宽 4-5 mm。体节数 125-156。环带前每节 5-7 体环，环带后不显。口前叶为 1/3-1/2 上叶式。背孔自 12/13 节间始。环带位 XIV-XVI 节，占 3 节，腺体厚，腹面常隐约可见刚毛。刚毛无特殊变化，II-VII 节腹刚毛稍宽，$a$-$c$ 尤甚，$aa=1.2ab$，$ab>cd$，背中隔明显，$zz=$（1.5-2.5）$yz$；刚毛数：36-40（III），52-58（VI），50-55（VIII），51-60（XII），21-26（XVIII），45-50（XXV）。雄孔位 XVIII 节腹面两侧锥形突上，突的内侧具一平顶乳突与一个皮褶，外有 7-8 环脊包围，有的纵行，孔前后有时有深沟；约占 1/3 节周。受精囊孔 4 对，位 5/6/7/8/9 节间，孔在 VI-IX 节前缘梭形突上，孔居于节间，腹侧距离略小于 1/2 节周（图 91）。具中等乳突，成对或不成对，常在 VII、VIII 节刚毛前，XIX 节刚毛后或 XVIII 节刚毛前有见，全缺者亦有之。

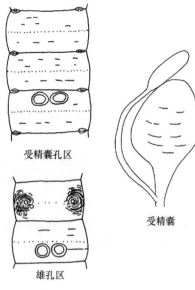

受精囊孔区

雄孔区

图 91 中材远盲蚓（陈义等，1975）

受精囊

内部特征：隔膜 9/10 缺失，8/9 薄，5/6-7/8 厚，10/11-13/14 略厚，14/15 起膜状。砂囊大，桶状，位 IX 和 X 节。肠自 XVI 节始扩大；盲肠简单，前达 XXII 节，沿隔膜有缢痕。X 节的血管环较细，末对心脏在 XIII 节。精巢囊 2 对，前对较大，卵圆形，腹中央有窄的连接；后对较小，连接亦窄。储精囊前对大，背面相遇，包在第二对精巢囊内；后对小，对称或不对称发达，背叶明显。前列腺发达，分叶状，位 XVI-XIX 或 XVI-XX 节；前列腺管呈"S"形弯曲，外端较细，内端较粗，基部有副性腺，具短索状导管，XIX 节的较大，块状。受精囊都在隔膜后，主体长 1.5-2.0 mm；坛卵圆形或心脏形，与管分界明显，略长于管；盲管较主体长，细而直，内端 1/3 或 1/4 呈指状膨大，为纳精囊，紧靠体壁通入（图 91）。

体色：体背色深，前部褐青色，后部灰褐色，环带棕红色。

命名：本种可以作为中药材"广地龙"应用，故名。

模式产地：广东（广州）。

中国分布：广东（广州）。

讨论：本种和香港远盲蚓 *Amynthas hongkongensis* 及等毛远盲蚓 *Amynthas homochaetus* 有不同程度的相似，从乳突的分布和雄孔性状可以区分。

### 94. 梅山远盲蚓 *Amynthas meishanensis* Chang, Lin, Chen, Chung & Chen, 2007

*Amynthas meishanensis* Chang et al., 2007. *Organisms Diversity & Evolution*, 7(3): 231-240.
*Amynthas meishanensis* Chang et al., 2009. *Earthworm Fauna of Taiwan*: 56-57.
*Amynthas meishanensis* Xiao, 2019. *Terrestrial Earthworms (Oligochaeta: Opisthopora) of China*: 119-120.

外部特征：体长 38-65 mm，宽 2.7-3.5 mm。体节数 51-113。每体节具 1 体环。口前叶上叶式。背孔自 10/11 节间始。环带位 XIV-XVI 节，环状，无刚毛，无背孔。刚毛数：27-31（V），35-42（VII），41-58（X）；5-8 在雄孔间。雄孔 1 对，位 XVIII 节腹刚毛圈上，孔突圆形或卵圆形，中央凹陷，周围环绕 5-7 环褶；约占 0.35 节周。XVII 和 XIX 节腹刚毛圈后各具 1 对乳突，有时仅 XIX 节左侧具 1 乳突，有时 XX 节具 1 个或 1 对乳突，每突小，卵圆形，中央凹陷。受精囊孔 4 对，位 5/6/7/8/9 节间腹侧面，约占 1/2 节周；VII 和 VIII 节腹面各具 2 对乳突，刚毛圈前和刚毛圈后各 1 对，时有变化，有时全缺，有时 VI 节腹刚毛圈后 1 对；乳突小，圆形，突间距约占 1/5 节周。雌孔单，位 XIV 节腹中央（图 92）。

内部特征：隔膜 8/9/10 缺；10/11-13/14 厚。砂囊圆，位 VII-X 节。肠自 XV 节始扩大；盲肠 1 对，简单，自 XXVII 节始，前伸达 XXIV 节。心脏 4 对，位 X-XIII 节。卵巢对位 XIII 节腹中部，紧靠 12/13 隔膜。精巢囊 2 对，位 X 和 XI 节，小，不规则。储精囊 2 对，位 XI 和 XII 节，大。前列腺对位 XVIII 节，前伸达 XVII 节，后伸达 XX 节，具 1 粗管。受精囊 4 对，位 VI-IX 节；坛桃形或卵圆形，长 0.6-1.0 mm；坛管短，长约 0.2 mm；盲管具 1 桃形纳精囊，柄直，约与纳精囊等长。受精囊管无肾管。

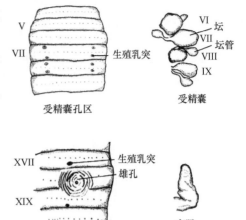

图 92　梅山远盲蚓（Chang et al.，2007）

体色：保存液中背面浅红色，腹面浅黄褐色。

命名：本种依据模式产地命名。

模式产地：台湾（嘉义县梅山乡）。

模式标本保存：台湾大学生命科学系（台北）。

中国分布：台湾（嘉义）。

生境：生活于台湾中南部海拔 600 m 的地区。

## 95. 希奇远盲蚓 *Amynthas mirabilis* (Bourne, 1886)

*Perichaeta mirabilis* Bourne, 1886. *Proc. Zool. Soc. London*, 54(1): 668-669.

*Pheretima mirabilis* Gates, 1935a. *Smithsonian Mis. Coll.*, 93(3): 12.

*Amynthas mirabilis* Sims & Easton, 1972. *Biol. J. Linn. Soc.*, 4(3): 235.

*Amynthas mirabilis* 徐芹和肖能文, 2011. *中国陆栖蚯蚓*: 149-150.

*Amynthas mirabilis* Xiao, 2019. *Terrestrial Earthworms (Oligochaeta: Opisthopora) of China*: 121-122.

外部特征：体长 130 mm，宽 8 mm。体节数 114。口前叶 1/3 上叶式。背孔自 12/13 节间始。环带位 XIV-XVI 节，圆筒状。刚毛细，背面和侧面更密，每体节刚毛约 39 条；刚毛圈背腹无间隔，背腹中线明显。环带后 $aa=1.0ab$，$zz=$（1.2-2.0）$yz$。刚毛数：74-84（III）、100-115（VI）、94-116（VIII）、92-106（IX）、70-80（XX）、80-82（XXV）；34-48（VI）、36-60（VIII）、36-40（IX）在受精囊孔间，20-22（XVIII）在雄孔间，12（XIX）在乳突间。雄孔位 XVIII 节 1 矮乳突上，乳突间距宽，约占 1/3 节周，侧面被像半闭眼睑的皮肤皱褶覆盖；XVII 节前面有 1 个突起的乳突，XIX 节后面也有 1 个（通常 2 个合并），与雄孔孔突成直线。受精囊孔 4 对，位 5/6/7/8/9 节间，看起来像针孔。生殖乳突 4 对，V-VIII 节后部各具 1 对小圆形乳突，VII 与 VIII 节刚毛圈前各具 1 对相同乳突。雌孔单，位 XIV 节腹中部。

内部特征：砂囊位 X 节。盲肠简单，自 XXVI 节前伸到 XXV 节。受精囊 4 对，位 VI-IX 节，长约 2 mm；坛囊状，宽约 1.8 mm，横向皱褶；盲管短于主体，管非常短（坛管的 1/3），有细长的棒状纳精囊（长 1.5 mm），白色外观。

中国分布：四川。

讨论：Gates 认为希奇远盲蚓和异毛远盲蚓 *A. heterochaetus*、云南远盲蚓 *A. divergens yunnanensis* 是同物异名。Michaelsen 认为希奇远盲蚓和云南远盲蚓是同一种蚯蚓。

## 96. 奇异远盲蚓 *Amynthas mirifius* Sun & Zhao, 2013

*Amynthas mirifius* Sun et al., 2013. *Jour. Nat. Hist.*, 47(17-20): 1151-1156.

*Amynthas mirifius* Xiao, 2019. *Terrestrial Earthworms (Oligochaeta: Opisthopora) of China*: 121-122.

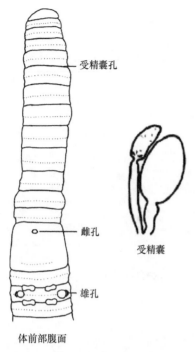

受精囊孔

雌孔

雄孔

体前部腹面

受精囊

图93　奇异远盲蚓（Sun et al., 2013）

外部特征：体长 174 mm，宽 4.1 mm。体节数 132，无体环。口前叶 1/2 上叶式。背孔自 12/13 节间始。环带位 XIV-XVI 节，圆筒状，隆肿，光滑，节腹面分别具 2 和 12 刚毛。无背孔。刚毛数：30（III），26（V），34（VIII），42（XX），46（XXV）；6（VI）、10（VII）、12（VIII）在腹面受精囊孔间；13 在雄孔间。雄孔 1 对，位 XVIII 节腹面，约占 1/3 节周，每孔在一略隆起的腺状和椭圆形孔突的中央，靠近侧缘具 2 褶。生殖标记成对，位 17/18 节间后和 18/19 节间，像一个具壳花生，即一个具扩大圆端的凹顶的矩形，左右生殖乳突之间具 4 刚毛间距。受精囊孔 4 对，位 5/6/7/8/9 节间腹面，约占 1/3 节周。雌孔单，位 XIV 节腹中央（图93）。

内部特征：隔膜 8/9/10 缺，5/6/7 和 10/11/12 略厚，其他隔膜较厚。心脏扩大，位 X-XIII 节。砂囊位 VIII-X 节，桶状。肠自 XV 节始扩大；盲肠简单，位 XXVII 节，前伸至 1/2XXIII 节，长指形囊，背缘和腹缘光滑。精巢囊 2 对，位 X-XI 节，前对卵圆形，腹分离；后对包裹首对储精囊。储精囊 2 对，位 XI-XII 节，发达。前列腺位 XVII-XIX 节，中等发达，外缘指形，其他部分粗叶状；前列腺管极发达，倒"U"形，末端粗。无副性腺。受精囊 4 对，位 VI-IX 节，长 1.7-1.8 mm；坛心形或卵圆形；坛管为 2/5 坛长；盲管 1/5 主受精囊长，细，末端 1/3 扩大成窄卵圆形纳精囊。上无肾管。

体色：保存样本 IX 节前背面暗灰色，IX 节后褐色，环带后背中线清晰，腹面无色素，环带灰色和褐色。

命名：本种依据雄孔区特别的乳突分布特征，使用拉丁语奇异的命名，表示奇异的或特别的意思。

模式产地：海南（尖峰岭）。

模式标本保存：上海自然博物馆。

中国分布：海南（尖峰岭）。

生境：生活在海拔 841 m 的公路边富含有机质的褐壤中。

讨论：本种与殖突远盲蚓 Amynthas genitalis 十分相似，相似之处在于：受精囊孔约占 1/3 节周，雄孔孔突外观一样，受精囊孔区无生殖乳突并具有相似的刚毛数。两物种区别如下：本种比殖突远盲蚓体型大；本种背面暗灰色和褐色，而殖突远盲蚓无颜色；本种雄孔区内的生殖乳突呈带壳花生形，凹顶，在 XVIII 和 XIX 节刚毛圈前有成对乳突，殖突远盲蚓乳突在 XVII 和 XVIII 节刚毛圈后。本种和殖突远盲蚓具有类似的盲管特征，但本种的盲管看来比殖突远盲蚓略短。

## 97. 山区远盲蚓 *Amynthas montanus* Qiu & Sun, 2012

*Amynthas montanus* Sun et al., 2012. *Zootaxa*, 3458(1/3): 154-153.

*Amynthas montanus* Xiao, 2019. *Terrestrial Earthworms (Oligochaeta: Opisthopora) of China*: 122-123.

外部特征：大型蚯蚓。体长 210 mm，宽 4.5-7.5 mm。体节数 193。口前叶 1/2 上叶式。背孔自 12/13 节间始。环带位 XIV-XVI 节，圆筒状，光滑，XIV-XVI 节可见刚毛，具背孔。刚毛 *aa*=（1.2-1.8）*ab*，*zz*=（1.8-2）*zy*。刚毛数：52-74（III），72-120（V），80-142（VIII），52-102（XX），60-96（XXV）；26-36（VI）、21-42（VII）、24-40（VIII）在受精囊孔间，12-18 在雄孔间。雄孔 1 对，位 XVIII 节腹面，约占 1/3 节周，每孔圆，在中央隆起的刚毛圈上，周围环绕 2 或 3 环褶。生殖乳突卵圆形，平顶，直径 0.7-0.8 mm，周围环绕皮褶，成对在 17/18、18/19 节间雄孔中部。受精囊孔 4 对，位 5/6/7/8/9 节间腹面，约占 0.33 节周。雌孔单，位 XIV 节腹中央（图 94）。

内部特征：隔膜 8/9/10 缺，5/6/7/8 和 10/11/12/13 肌肉质，13/14 略厚。砂囊位 VIII-X 节，球形。肠自 XVI 节始扩大；盲肠简单，位 XXVII 节，前伸至 XXV 节，指形囊具光滑缘。心脏扩大，位 X-XIII 节。精巢囊 2 对，位 X 和 XI 节腹面，前对左右侧之间在腹面与膜连接。储精囊对位 XI 和 XII 节，前对大，后对退化。前列腺位 XVI-XX 节，裂叶状；前列腺管"U"形，远端明显扩大。无副性腺。卵巢位 XIII 节。受精囊 4 对，位 VI-IX 节，长约 4.2 mm；坛心形；坛管粗，约 3/4 坛长；盲管比主体轴线短，末端 2/5 膨胀成棒状腔；柄内端组成宽松的发卡环状（图 94）；受精囊管无肾管。

体色：保存样本无色素，背中线清晰，环带浅红色或浅褐色。

命名：本种依据山区生境而命名。

模式产地：海南（吊罗山）。

模式标本保存：上海自然博物馆。

中国分布：海南（吊罗山）。

生境：生活在海拔 394 m 的山地公路边草本植被黄土中，以及在香蕉、樟和山毛榉林中的黄褐土中。

讨论：本种雄孔区的乳突排列类似于四突远盲蚓 *Amynthas tetrapapillatus*、吊罗山远盲蚓 *Amynthas diaoluomontis* 和武岭远盲蚓 *Amynthas wulinensis*。

本种与四突远盲蚓的区别在于体色、背孔始位、环带上刚毛、受精囊孔间距离、受精囊的大小与数量。本种无色素、背孔自 12/13 节间始、XIV-XVI 节具刚毛、受精囊孔间距为 1/3 节周，距离约为 4.2 mm。相比之下，四突远盲蚓呈现亮栗色，背孔始于 11/12 节间，XIV-XVI 节外部无刚毛，受精囊孔间距为 0.17 节周，仅有 1 对受精囊，长 1.8-2.0 mm。

本种与吊罗山远盲蚓的差异在于：受精囊的数

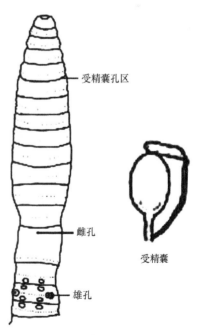

受精囊孔区

雌孔

雄孔

体前部腹面

受精囊

图 94　山区远盲蚓（Sun et al., 2012）

量、受精囊孔间距离、口前叶、刚毛间距、雄孔特征、盲肠缺口、受精囊的大小和盲囊的特征。

本种和武岭远盲蚓通过 XVII-XX 节易变的生殖乳突、受精囊坛管的特征加以区分。武岭远盲蚓的生殖乳突通常位于刚毛圈和节间沟之间后部体环，偶见 XX 节出现额外的一对乳突，或 XVII 和 XIX 节缺失一个乳突。本种的生殖乳突通常位于 17/18、18/19 节间雄孔附近。另外，它们在始背孔的位置、环带背部的刚毛、受精囊孔位置、体色、砂囊的特征和前列腺的副性腺这些特征上也有差异。

### 98. 南仁远盲蚓 *Amynthas nanrenensis* James, Shih & Chang, 2005

*Amynthas nanrenensis* James et al., 2005. *Jour. Nat. Hist.*, 39(14): 1008-1012.
*Amynthas nanrenensis* 徐芹和肖能文, 2011. *中国陆栖蚓蚓*: 155-156.
*Amynthas nanrenensis* Xiao, 2019. *Terrestrial Earthworms (Oligochaeta: Opisthopora) of China*: 123-124.

外部特征：身体圆柱形。体长 97 mm，宽 4.3 mm（X 节）、4.2 mm（XXX 节）、4.2 mm（环带）。体节数 98。口前叶上叶式。背孔自 11/12 或 12/13 节间始。环带位 XIV-XVI 节；无刚毛。刚毛排列均匀，*aa* : *ab* : *yz* : *zz*＝2.5 : 1 : 1 : 3（XXV）；刚毛数：60-64（VII），62-72（XX）；10-12 在雄孔间。雄孔位 XVIII 节腹面，约占 1/5 节周；雄孔每侧具 2 个圆形生殖标记，后者直径 0.2 mm；生殖标记紧靠雄孔中、侧部。受精囊孔 4 对，位 5/6/7/8/9 节间腹面，约占 1/5 节周强。受精囊体节无乳突。雌孔单，位 XIV 节腹中部（图 95）。

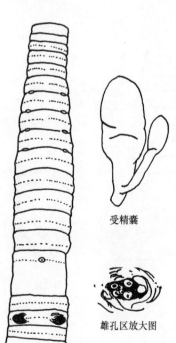

受精囊

雄孔区放大图

体前部腹面

图 95　南仁远盲蚓
（James et al., 2005）

内部特征：隔膜 5/6/7/8 厚，肌肉质，8/9/10 缺，10/11-13/14 肌肉质。砂囊位 VII-X 节。肠自 XVI 节始扩大；盲肠简单，自 XXVII 节始，前伸达 XXIII 节，无缺刻。心脏 2 对，位 XII-XIII 节，X 与 XI 节心脏缺。精巢 2 对，位 X 和 XI 节，腹连接。储精囊大，位 XI 和 XII 节，具背叶。前列腺位 XVIII 节，具 2-3 主叶；前列腺管粗。生殖标记腺缺。卵巢位 VIII 节。受精囊 4 对，位 VI-IX 节；坛卵圆形；盲管腔长卵形至杏仁状，柄细长且直，盲管较坛长。受精囊管无肾管。

体色：体无色素。

命名：本种依据模式产地南仁山而命名。

模式产地：台湾（屏东）。

模式标本保存：台湾自然科学博物馆（台中）、台湾特有生物研究保育中心（南投）。

中国分布：台湾（屏东）。

讨论：本种与皮下远盲蚓 *A. corticis* 的差异在于：后者受精囊孔的间距更狭窄，接近中部，雄孔区生殖标记排列不同，受精囊体节具生殖标记，心脏在 XI 节。本种具有彩虹色的精漏斗和受精囊盲管，受精囊区无生殖标记，也缺失生殖标记腺，性特征退化。

### 99. 南山远盲蚓 *Amynthas nanshanensis* Shen, Tsai & Tsai, 2003

*Amynthas nanshanensis* Shen et al., 2003. *Zoological Studies*, 42(4): 482-484.
*Amynthas nanshanensis* 徐芹和肖能文, 2011. *中国陆栖蚯蚓*: 156-157.
*Amynthas nanshanensis* Xiao, 2019. *Terrestrial Earthworms (Oligochaeta: Opisthopora) of China*: 124-125.

外部特征：体长 45-89 mm，宽 2.2-3.0 mm。体节数 50-104。IX-XIII 节各具 2-3 体环。背孔自 5/6 节间始。环带位 XIV-XVI 节，光滑，无刚毛，无背孔，长 1.9-3.2 mm。刚毛数：28-36（VII），33-44（XX）；8-12 在雄孔间。雄孔位 XVIII 节腹面，紧靠侧缘各具 1 小乳突，周围具 2-3 略圆的环褶，占 0.24-0.29 节周。XVIII 和 XIX 节刚毛圈前略正对雄孔处具成对乳突，乳突圆，中央凹陷，直径约 0.25 mm，此乳突时有或缺 1 个或多个。受精囊孔 4 对，位 5/6/7/8/9 节间腹面，约占 1/3 节周。VII-IX 节腹面刚毛圈前后各具 1-3 个乳突，数量与位置多变，若有，VII 节刚毛圈前单个，或 VIII 节刚毛圈前单个、成对或 6 个，或 IX 节刚毛圈前 1-2 个；乳突圆形，中心凹，直径 0.2-0.4 mm（图 96）。雌孔单，位 XIV 节腹中部。

内部特征：隔膜 8/9/10 缺失，5/6-7/8 和 10/11-13/14 厚。砂囊圆，位 IX-X 节。肠自 XV 节始扩大；盲肠简单，自 XXVII 节始，表面略具皱褶，短，前伸达 XXIV 节。心脏位 XI-XIII 节。精巢囊 2 对，位 XI 节，圆。储精囊对位 XI 和 XII 节，大，约占 1.5 节，囊小，黄色，具囊状背叶。前列腺位 XVIII 节，延伸至 XVII 与 XX 节；前列腺管 "C" 形。副性腺成团，具 1 长索与一些腺组织相连。受精囊 4 对，位 VI-IX 节；坛桃形，长 1.0-1.5 mm，宽 0.6-1.5 mm；坛管粗；盲管柄细长。纳精囊卵圆形；副性腺大，圆，柄短（图 96）。

体色：处于防腐剂中的标本背部略呈淡紫褐色，腹部浅灰白色，环带淡灰黄色。

命名：依据模式产地而命名。

模式产地：台湾（南投仁爱南山溪）。

模式标本保存：台湾特有生物研究保育中心（南投）。

中国分布：台湾（南投）。

生境：生活在海拔 800-900 m 的山坡潮湿地方和海拔 1800 m 的潮湿砾石底部。

讨论：本种有小的圆形乳突，紧邻一个小的生殖乳突的侧面，在受精囊孔区和雄孔区也有成对的生殖乳突，具有柄的副性腺。这些特征很容易与本部远盲蚓 *A. penpuensis*、葡腺远盲蚓 *A. uvaglandularis* 和武岭远盲蚓 *A. wulinensis* 区别开来。但本部远盲蚓无生殖乳突，武岭远盲蚓在受精囊孔区无乳突，但雄孔区有成对乳突和无柄副性腺（Tsai

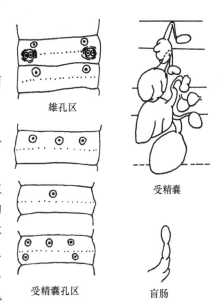

雄孔区

受精囊

受精囊孔区

盲肠

图 96　南山远盲蚓（Shen et al., 2003）

et al.，2001）。各物种生殖乳突的位置亦有不同。

## 100. 小道远盲蚓 *Amynthas pavimentus* Tsai & Shen, 2010

*Amynthas pavimentus* Tsai et al., 2010. *Jour. Nat. Hist.*, 44(21-22): 1252-1256.
*Amynthas pavimentus* Xiao, 2019. *Terrestrial Earthworms (Oligochaeta: Opisthopora) of China*: 125-126.

外部特征：小到中型大小。体长 50-121 mm，宽 1.98-3.96 mm。体节数 61-103。口前叶上叶式。背孔自 5/6 或 6/7 节间始。环带位 XIV-XVI 节，圆筒状。刚毛数：30-41（VII），40-51（XX）；8-13 在雄孔间。雄孔 1 对，位 XVIII 节腹面，占 0.27-0.3 节周。每孔在直径 0.35 mm 的圆孔突上，周围具 1-3 浅皮褶，在皮褶外侧中前部和/或中后部具 1-8 个生殖乳突。环带后乳突与环带前乳突的形状和大小相似，雄孔间具横向斑块；XVIII 节刚毛圈前乳突 20-61 个，XIX 节具 8-59 个，XX 节具 0-1 个；XVII 节刚毛圈后乳突 0-8 个，XVIII 节具 0-5 个，XX 节具 0-3 个。受精囊孔 4 对，孔小，唇状隆肿，位 5/6/7/8/9 节间腹面，占 0.28-0.32 节周。生殖乳突小，圆形，瘤突状，数量与位置多变。刚毛圈与节间沟之间横向斑块具乳突，VIII 节具 5-37 个，IX 节具 5-40 个。刚毛后部分和受精囊孔附近无生殖乳突（图 97）。雌孔单，位 XIV 节腹中央。

内部特征：隔膜 8/9/10 缺，5/6/7/8 和 10/11/12/13/14 厚。砂囊大，圆形，位 VIII-X 节。肠自 XV 节始扩大；盲肠简单，位 XXVII 节，前伸至 XXIII-XXIV 节，细长，略具褶皱的白色末端向背部弯曲。心脏位 XI-XIII 节。精巢 2 对，位 X 和 XI 节。精巢囊腹连接，首对大。储精囊 2 对，位 XI 和 XII 节，中等大小或大，占整个体节，具 1 圆背叶。前列腺大，位 XVI-XIX 或 XVII-XX 节，长方形；前列腺管短，"C" 形或 "U" 形。环带前区和环带后区的副性腺都具柄，半透明白色，大，与外部生殖乳突相对应，具一个长 0.15-0.47 mm 的圆头和长 0.15-1.5 mm 的细柄。受精囊 4 对，位 VI-IX 节，形状与大小多变；坛圆形或卵圆形，长 0.7-3.27 mm，宽 0.4-2.18 mm；受精囊柄长 0.37-0.87 mm，由细到粗；盲管具 1 小卵圆形纳精囊和长 0.6-1.0 mm 的细柄，与受精囊柄等长或略长（图 97）。

体色：保存样本前部和背部桃红褐色，腹部浅褐色，环带暗桃红褐色。

命名：本种根据腹中部生殖乳突类似于马赛克状小道而命名。

模式产地：台湾（台东、高雄）。

模式标本保存：台湾特有生物研究保育中心（南投）。

中国分布：台湾（台东、高雄）。

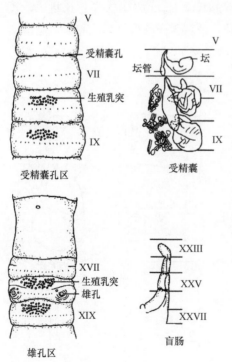

图 97　小道远盲蚓（Tsai et al.，2010）

生境：生活在海拔 2000-2700 m 的林间公路边。

讨论：本种与梭德氏丘疹远盲蚓 A. papulosus sauteri (Michaelsen, 1922)、棋盘远盲蚓 A. tessellates tessellates 和多腺远盲蚓 A. polyglandularis 均为台湾具多个生殖乳突的蚯蚓。梭德氏丘疹远盲蚓和棋盘远盲蚓在 VI-VIII 节有 3 对受精囊，而多腺远盲蚓仅有 VII 和 IX 节的 2 对受精囊。区分本种的一个特征是前列腺只有 1 个，不成对，且一个标本有一个扭曲管状的前列腺，很明显前列腺在数量和结构上开始退化。

### 101. 本部远盲蚓 *Amynthas penpuensis* Shen, Tsai & Tsai, 2003

*Amynthas penpuensis* Shen et al., 2003. *Zoological Studies*, 42(4): 481-482.
*Amynthas penpuensis* 徐芹和肖能文, 2011. *中国陆栖蚯蚓*: 65.
*Amynthas penpuensis* Xiao, 2019. *Terrestrial Earthworms (Oligochaeta: Opisthopora) of China*: 126-127.

外部特征：体长 55-104 mm，宽 2.22-3.21 mm。体节数 62-104。VIII-XIII 节具 2-3 体环。口前叶上叶式。背孔自 5/6 或 6/7 节间始。环带位 XIV-XVI 节，光滑，无刚毛，无背孔，或具浅凹陷；环带长 2.07-2.82 mm。刚毛数：27-37（VII），36-46（XX）；8-11 在雄孔间。雄孔位 XVIII 节腹面，占 1/4-1/3 节周，孔圆，孔周环绕 2-4 条略圆或菱形褶。受精囊孔 4 对，位 5/6/7/8/9 节间，不显。环带前后均无乳突（图 98）。雌孔单，位 XIV 节腹中部。

内部特征：隔膜 8/9/10 缺，6/7-7/8 和 11/12-13/14 厚。砂囊位 IX 和 X 节，圆形。肠自 XV 节始扩大；盲肠自 XXVII 节始，简单，表面具皱褶，前伸达 XXV-1/2XXIV 节。心脏位 XI-XIII 节。精巢囊 2 对，位 XI 节，圆形。储精囊 2 对，位 XI 和 XII 节，第二对比第一对大，占 1.5 到近 2 个体节，相当光滑，黄色。前列腺对位 XVIII 节，向前延伸至 XX 节；前列腺管细长，"U" 形。受精囊 4 对，位 VI-IX 节；坛桃形，长 0.96-1.31 mm，宽 0.73-0.93 mm；坛管粗，长约 0.4 mm；盲管柄长，直或弯，长 0.4-0.6 mm。纳精囊卵圆形，长 0.4-0.5 mm（图 98）。

体色：防腐液中标本背部灰白色，腹部浅灰白色，环带浅褐色。

命名：本种发现于南投本部溪周围的山坡上，故而命名。

模式产地：台湾（南投）。

模式标本保存：台湾特有生物研究保育中心（南投）。

中国分布：台湾（南投）。

生境：生活在海拔 700-800 m 的山坡潮湿地方。

讨论：本种的结构和中国四川的 *A. formicatus* 很相似，雄孔结构简单且无生殖乳突。但 *A. formicatus* 具大的、盘状或正方形的雄性孔突和较多的刚毛数量（Gates，1935；Chen，1936），而本种具小圆形孔突和较少的刚毛。*A. formicatus* 的乳突（孔突）上受精囊孔不明显。此外，本种的始背孔位 5/6 或 6/7 节间，

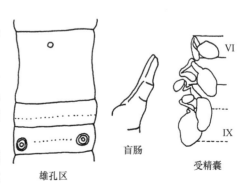

雄孔区　　　盲肠　　　受精囊

图 98　本部远盲蚓（Shen et al.，2003）

而 *A. formicatus* 的始背孔位 11/12 或 12/13 节间。

## 102. 秉氏远盲蚓 *Amynthas pingi pingi* (Stephenson, 1925)

*Pheretima pingi* Stephenson, 1925. *Proc. Zool. Soc. London*, 95(3): 891-893.

*Pheretima pingi* Chen, 1933. *Contr. Biol. Lab. Sci. Soc. China (Zool.)*, 9(6): 229-234.

*Pheretima pingi* Gates, 1935a. *Smithsonian Mis. Coll.*, 93(3): 14.

*Pheretima pingi* Gates, 1939. *Proc. U.S. Nat. Mus.*, 85: 465-469.

*Pheretima pingi* Chen, 1946. *J. West China Bord. Res. Soc.*, 16(B): 136.

*Pheretima carnos* (part) 陈义等, 1959. *中国动物图谱 环节动物(附多足类)*: 9.

*Amynthas pingi pingi* Sims & Easton, 1972. *Biol. J. Linn. Soc.*, 4(3): 235.

*Amynthas pingi pingi* 徐芹和肖能文, 2011. *中国陆栖蚯蚓*: 166-167.

*Amynthas pingi pingi* Xiao, 2019. *Terrestrial Earthworms (Oligochaeta: Opisthopora) of China*: 127-129.

外部特征：体长 140-340 mm，宽 5-10 mm。体节数 110-179。VI-VIII 节具 3 体环，IX 节具 4 或 5 体环，X-XIII 节具 5 体环。口前叶 1/3 上叶式。背孔自 12/13 节间始。环带位 XIV-XVI 节，此区收缩，环状，光滑，无背孔，无刚毛。刚毛一般粗，背腹间隔排列规则，小，$zz=$（1.2-1.5）$yz$；II-IX 节刚毛大，III-VII 节尤甚；刚毛数：35（V），59（IX），60（XII），56（XIX）。雄孔位 XVIII 节腹刚毛圈上，约占 1/3 节周，雄孔在扁平圆形或楔形的乳突的中心，像白色的斑点，乳突稍隆起或稍凹陷，有 2 个或更多的浅同心槽，其表面腺质光滑，边缘不明显。生殖乳突很少无，1-3 对（偶尔 5 对），通常在雄孔区域周围；在 XVIII 节刚毛圈前后有 2 对乳突，在 XIX 节刚毛圈前面有 1 对乳突。受精囊孔 4 对，位 5/6/7/8/9 节间腹面，约占 1/3 节周；孔为中等凸出的裂缝，小，位于一个横向卵圆形乳突的背面，平顶，明显隆起，与其他生殖乳突一样大，或为不明显的小结节。VIII 和 IX 节有成对生殖乳突，若 VIII 节乳突 1 对，则位于刚毛圈前或后，若 2 对，则位于刚毛圈两侧；IX 节上的 1-2 对乳突通常位于刚毛圈前（图 99）。雌孔单，位 XIV 节腹中部。

内部特征：隔膜 9/10 缺失，8/9 极薄，4/5 略厚，5/6-7/8 相当厚，12/13 略厚，13/14 也较厚。砂囊桶形，位 IX 和 X 节。肠自 XV 节始扩大；盲肠简单，位 XXVII 节，向前延伸到 XXIV 或 XXIII 节，窄长，圆锥形，背腹脊光滑。盲肠始端后面，肠具大淋巴腺，各具 3、4 或 5 放射状叶与短柄。末对心脏位 XIII 节。精巢囊位 X 和 XI 节，2 对均在中线连通，前后对连合亦由中线一相当的窄桥连接。储精囊 2 对，大，位 XI 和 XII 节，具一相当圆的背叶，未完全与主体分离，但囊主体部分收缩，每节背叶各在中线相遇。前列腺位 XVII-XVIII 节或 XVIII-XIX 和 XX 节的一部分，分成若干叶，再分成若干小叶；前

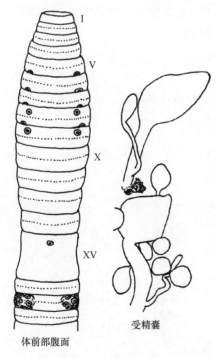

受精囊

体前部腹面

图 99　秉氏远盲蚓（Chen, 1933）

列腺管形成一个环。受精囊 4 对，位 V-IX 节，后 2 对在 7/8 和 8/9 隔膜之间；坛心形、长梨形或匙形，表面光滑或有时具横纹；坛管粗长，外端略窄。盲管短，约为坛与坛管之半，内端即一枣形纳精囊。前列腺极发达，位 XVI-XX 或 XXI 节，具横叶，呈 "U" 形管。副性腺成小团（图 99）。

体色：保存标本背面深栗色或略带紫巧克力色，背面前部较深，腹部苍白色或浅灰色，环带褐色，刚毛圈周围稍带白色。

命名：本种依据动物学家秉志先生名字而命名。

模式产地：江苏（南京）。

模式标本保存：大英博物馆。

中国分布：北京（海淀、怀柔）、辽宁（丹东）、上海、江苏（南京、无锡、苏州）、浙江（舟山、宁波、绍兴、金华、杭州）、安徽（安庆、滁州）、福建、山东（烟台、威海）、江西（南昌、九江）、河南（新乡、焦作、信阳、商丘、南阳、许昌、洛阳）、湖北（潜江）、香港、重庆（沙坪坝）、四川（成都、乐山）、贵州（铜仁）。

生境：生活在平原及高山（2100-4000 m）广阔的黄壤土层。在长江流域尤其是江苏和浙江比较常见。

讨论：本种与多肉远盲蚓 Amynthas carnosus carnosus 体型大小相近，经常混为一种。但秉氏远盲蚓受精囊 4 对，受精囊发育良好，体色较暗；多肉远盲蚓受精囊 3 对，受精囊发育较差，体色较明亮，二者明显不同。

### 103. 小垫远盲蚓 Amynthas pulvinus Sun & Jiang, 2013

Amynthas pulvinus Sun et al., 2013. Jour. Nat. Hist., 47(17-20): 1156-1158.
Amynthas pulvinus Xiao, 2019. Terrestrial Earthworms (Oligochaeta: Opisthopora) of China: 359-360.

外部特征：体长 93.5 mm，宽 3.4 mm。体节数 108，无体环。口前叶 1/2 上叶式。背孔自 12/13 节间始。环带位 XIV-XVI 节，圆筒状，隆肿，光滑，XIV-XVI 节腹面可见刚毛，无背孔。刚毛数：30（III），36（V），30（VIII），54（XX），56（XXV）；12（VI）、14（VII）、17（VIII）在腹面受精囊孔间，0 在雄孔间。雄孔 1 对，位 XVIII 节腹面，约占 1/3 节周，每孔位 17/18-18/19 节间内一个略隆起的大圆矩形、腺状生殖标记中央。受精囊孔 4 对，位 5/6/7/8/9 节间腹面，极小，不显，约占 1/3 节周。雌孔单，位 XIV 节腹中央（图 100）。

内部特征：隔膜 8/9/10 缺，5/6/7 厚，7/8 和 10/11-14/15 略厚。砂囊位 VIII-X 节，桶状。肠自 XV 节始扩大；盲肠简单，位 XXVII 节，前伸至 XXIII 节，指形囊，背与腹面各具隔膜缢痕。心脏扩大，位 X-XIII 节。精巢囊 2 对，位 X 和 XI 节，前对比后对更发达，腹分离。储精囊 2 对，位 XI 和 XII 节，发达且分离。前列腺发达，位 XVII-XX 节，粗糙叶；前列腺管发达，"U" 形，末端粗。1 对无柄副性腺紧贴体壁，不规则形，位 XVII-XIX 节。受精囊 4 对，位 VI-IX 节，长约 2 mm；坛瘦心形；坛管长为坛的 0.54；盲管比主受精囊轴线短 0.35，细，末端 1/5 扩大成卵圆形纳精囊，银白色（图 100）。受精囊管无肾管。

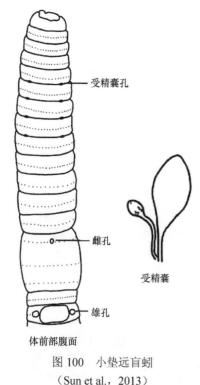

受精囊孔

雌孔

雄孔

受精囊

体前部腹面

图 100　小垫远盲蚓
（Sun et al.，2013）

体色：保存样本背部浅黄色，背中线清晰，腹部无色，环带灰白色。

命名：本种依据雄孔区小垫状生殖乳突而命名。

模式产地：海南（琼中）。

模式标本保存：上海自然博物馆。

中国分布：海南（琼中）。

生境：生活在海拔 641 m 的农场内草本植物下黑土中。

讨论：本种与等毛远盲蚓 Amynthas homochaetus 在背孔起始位置、环带位置、受精囊孔区无生殖乳突、盲管的形态等方面相似；不同之处在于小垫远盲蚓体型更小，体色更浅，XIV-XVI 节腹侧可见刚毛，有稍高的圆形孔突，而等毛远盲蚓有更大的圆形腺状乳突。本种 17/18-18/19 节间内有大矩形生殖标记，而等毛远盲蚓雄孔区域没有生殖乳突。本种有大的副性腺附着在前列腺附近的体壁上，与雄孔区乳突对应。而等毛远盲蚓无副性腺。

## 104. 棒状远盲蚓 *Amynthas rhabdoidus* (Chen, 1938)

*Pheretima (Pheretima) rhabdoida* Chen, 1938. *Contr. Biol. Lab. Sci. Soc. China (Zool.)*, 12(10): 410-411.

*Amynthas rhabdoidus* Sims & Easton, 1972. *Biol. J. Linn. Soc.*, 4(3): 235.

*Amynthas rhabdoidus* 徐芹和肖能文，2011. *中国陆栖蚯蚓*: 173.

*Amynthas rhabdoidus* Xiao, 2019. *Terrestrial Earthworms (Oligochaeta: Opisthopora) of China*: 130.

外部特征：体长 133-152 mm，宽 5.5-6.5 mm。体节数 114-118。口前叶 1/3 上叶式。背孔自 12/13 节间始。环带位 XIV-XVI 节，腹面具刚毛。刚毛细，背面与侧面密，前部体节背面极密而细；背腹间隔不明显，$aa=1.2ab$，$zz=$（1.2-2）$yz$；刚毛数：74-84（III），100-115（VI），94-116（VIII），92-106（IX），75-80（XX），80-82（XXV）；34-38（VI）、36-60（VIII）、36-40（IX）在受精囊孔间，20-22 在雄孔间。雄孔位 XVIII 节腹面，约占 1/3 节周，孔在一瘤突上，侧面由一半闭眼状腺皮覆盖；XVII 节和 XIX 节雄孔线上各具一隆起的乳突，XIX 节的乳突常为 2 个相连。受精囊孔 4 对，位 5/6/7/8/9 节间腹面，约占 2/5 节周，浅针眼状。此区无生殖乳突（图 101）。

内部特征：隔膜 9/10 缺失，8/9 较 5/6 和 10/11 厚，包裹砂囊，6/7 和 7/8 更厚，11/12/13 薄。砂囊圆，位 IX-1/2X 节。肠自 XV 节始扩大；盲肠简单，位 XXVII-XXIV 节，长而尖。心脏位 XI-XIII

受精囊

雄孔区

图 101　棒状远盲蚓（Chen，1938）

节，首对缺失。X 节精巢囊长，腹中部交通；XI 节的腹中部相连并包裹首对储精囊。XI 节储精囊小，XII 节的大。前列腺相当密实，位 XVII-XIX 节，分为 2 个主叶；前列腺管短；副性腺小而无柄。受精囊 4 对，位 VI-IX 节；坛与盲管均小，坛圆囊状；坛管宽短；盲管较主体短，具 1 极短的管和长曲棒状纳精囊，外表淡白色（图 101）。

体色：背部浅黑色，侧面与腹部苍白色。

命名：本种依据受精囊盲管具 1 长曲棒状纳精囊而命名。

模式产地：海南（文昌）。

中国分布：海南（文昌）。

## 105. 罗德远盲蚓 *Amynthas rodericensis* (Grube, 1879)

*Perichaeta rodericensis* Grube, 1879. *Philosoph. Trans. Roy. Soc. Lond.*, 168: 554-555.

*Pheretima rodericensis* Gates, 1972. *Trans. Amer. Philos. Soc.*, 62(7): 218-219.

*Amynthas rodericensis* Sims & Easton, 1972. *Biol. J. Linn. Soc.*, 4(3): 235.

*Amynthas rodericensis* 徐芹和肖能文, 2011. *中国陆栖蚯蚓*: 176-177.

*Amynthas rodericensis* Xiao, 2019. *Terrestrial Earthworms (Oligochaeta: Opisthopora) of China*: 130-131.

外部特征：体长 55-150 mm，宽 3-10 mm。体节数 80-100。口前叶上叶式。背孔自 11/12 或 12/13 节间始。环带外表不易辨认，位 XIV-XVI 节，但前后不伸达 13/14 和 16/17 节间。刚毛，在受精囊体节，尤其在 VII 节大而少（通常或偶尔）。刚毛数：24-30（II）、30-40（III）、23-38（VIII）、40-49（XII）、42-48（XX）、45-51（XXX）、45-50（XL）、43-50（L）、40-47（LX）、40-47（LXX）、41-51（LXXX）。雄孔位 XVIII 节腹侧，各在 1 小孔突上，浅。正对雄孔线具 1 对乳突，乳突相距 4-6 个刚毛间距，边缘越过 17/18 节间和/或 18/19 节间（罕 19/20 节间）。受精囊孔 4 对，位 5/6/7/8/9 节间背面，孔小，浅，占 1/6-1/5 节周。

内部特征：隔膜 8/9/10 缺，5/6-7/8 略厚，10/11-13/14 厚。肠自 XV 节始扩大；盲肠简单，位 XXVII-XXIV 节。VIII 节心脏位砂囊背部，IX 节位砂囊侧面（左或右），X 节位食管侧面，XI-XIII 节位食管侧。精巢囊不成对，腹位。储精囊位 XI 和 XII 节，中等大小到大，充满体腔。前列腺位 XVI-XXII 节；前列腺管长，盘绕或环状。受精囊 4 对，位 VI-IX 节，颇小；坛管较坛短而窄；盲管位体腔正中部，常比主体长，具细长的柄；纳精囊宽念珠状，具 4-7 缩痕。

体色：背部淡红色、淡红褐色、深褐色、浅灰色、暗蓝灰色。

命名：本种依据模式产地罗德里格斯岛而命名。

模式产地：毛里求斯罗德里格斯岛。

模式标本保存：大英博物馆。

中国分布：江苏、福建（福州）。

## 106. 喜二郎远盲蚓 *Amynthas shinjiroi* Wang & Shih, 2010

*Amynthas shinjiroi* Wang & Shih, 2010. *Zootaxa*, 2341: 53-56.

外部特征：体长 95 mm，宽 4.3 mm（环带）。体节数 106。口前叶前上叶式。背孔

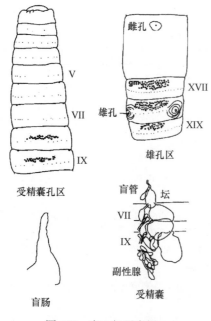

图 102 喜二郎远盲蚓
（Wang & Shih，2010）

自 5/6 节间始。环带位 XIV-XVI 节，光滑，*aa*：*ab*：*yy*：*yz* =1.25：1：2.75：2.5。雄孔 1 对，位 XVIII 节腹面，雄孔无乳突；但 XVII、XVIII 和 XIX 节腹面刚毛圈前具许多小乳突。受精囊孔 4 对，位 5/6/7/8/9 节间腹侧，VIII 和 IX 节刚毛圈前具小生殖乳突。雌孔单，位 XIV 节腹中部（图 102）。

内部特征：隔膜 11/12 缺，5/6/7/8/9 薄，9/10/11 薄，13/14/15/16/17 薄。肠自 XVI 节始扩大；盲肠自 XXVII 节始，前伸达 XXIV 节，简单。心脏位 XI-XIII 节。精巢囊与精漏斗在 X、XI 节腹连接。储精囊位 XI、XII 节，大，具背叶。前列腺对位 XVIII 节，具 6 主叶；前列腺管粗，肌肉质；具许多小副性腺。受精囊 4 对，位 VI-IX 节；坛长卵圆形；盲管主轴比坛主轴长。VIII 和 IX 节具许多副性腺（图 102）。

体色：无色素。

命名：本种依据日本动物学家小林喜二郎多年来对我国台湾蚯蚓生物多样性研究的贡献，以其名命名。

模式产地：台湾（花莲）。

模式标本保存：中兴大学生命科学系动物学收藏室。

中国分布：台湾（花莲）。

## 107. 条纹远盲蚓 *Amynthas stricosus* Qiu & Sun, 2012

*Amynthas stricosus* Sun et al., 2012. *Zootaxa*, 3458(1/3): 150-152.

*Amynthas stricosus* Xiao, 2019. *Terrestrial Earthworms (Oligochaeta: Opisthopora) of China*: 359-360.

外部特征：体长 72-97 mm，宽 2-2.8 mm。体节数 116-142。口前叶 1/2 上叶式。背孔自 11/12 或 12/13 节间始。环带位 XIV-XVI 节，圆筒状，XIV-XVI 节可见刚毛；具背孔或缺，偶具节间沟。*aa*=（1.1-1.2）*ab*，*zz*=（1.2-2）*zy*；刚毛数：30-54（III），50-76（V），62-72（VIII），40-70（XX），38-52（XXV）；22-28（VI）、22-30（VII）、23-29（VIII）在受精囊孔间，10-12 在雄孔间。雄孔 1 对，位 XVIII 节腹面，约占 1/3 节周；每孔在被圆垫包围的圆锥形腺盘上。XVII、XIX 和 XX 节刚毛后生殖乳突单或成对，数量和位置多变；或在 XVII 节成对或只在右侧不成对，或在 XIX 节成对只在右侧不成对，或在 XX 节成对只在右侧不成对；每突小，圆，略凸。受精囊孔 4 对，位 5/6/7/8/9 节间腹面，约占 2/5 节周（图 103）。雌孔单，位 XIV 节腹中央。

内部特征：隔膜 8/9/10 缺，6/7/8 厚且肌肉质，10/11/12/13/14 略厚。砂囊位 VIII-X 节，球形。肠自 XVI 节始扩大，而自 XXI 节明显；盲肠简单，角状，位 XXVII 节，前伸至 XXIV 节，边缘光滑。心脏位 X-XIII 节。精巢囊 2 对，位 X 和 XI 节腹面，前对大，在背面两侧紧密靠近。储精囊 2 对，位 XI 和 XII 节，前对大，在背面膜状连接；后对相互分离但靠近。前列腺位 XVI-XX 节，粗叶；前列腺管 "S" 形，末端明显扩大。无副性腺。卵巢位 XIII 节。受精囊 4 对，位 VI-IX 节，长约 1.6 mm；坛心形；逐渐细的坛管与坛等长；盲管与受精囊主轴等长，细，末端 2/5 膨胀成带状腔。受精囊管无肾管（图 103）。

体色：保存样本无色素，背中线不清晰，环带浅灰白色、浅红褐色或浅褐色。

命名：本种依据色素淀积的缺失特征而命名。

模式产地：海南（吊罗山）。

模式标本保存：上海自然博物馆。

中国分布：海南（吊罗山）。

生境：本种生活在海拔 920 m 草甸植被下的暗褐土，海拔 930 m 公路边竹林和樟树林的黄褐土中，海拔 1008 m 死树和倒树下的棕壤中，海拔 925 m 池塘附近草甸植被下的黄褐土中。

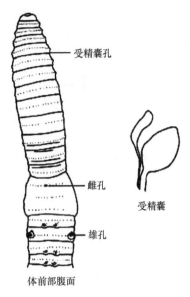

受精囊孔

雌孔

雄孔

受精囊

体前部腹面

图 103 条纹远盲蚓
（Sun et al., 2012）

讨论：本种在受精囊孔位置和数量、心形受精囊坛和发达的前列腺等特征方面与等毛远盲蚓 Amynthas homochaetus 相似。但本种色素缺乏，体型较小，XIV-XVI 节可见刚毛，雄孔间隔更宽，雄孔区的生殖乳突数量多变，盲管长带状，这些特征和等毛远盲蚓不同。等毛远盲蚓前端背面深巧克力色，其他部分灰色；体型颇大，XVI 节腹面可见刚毛，雄孔为 1/4 节周腹面距离，雄孔附近无乳突，短盲管具卵圆形纳精囊。

另外，本种雄孔区的生殖乳突与囊腺远盲蚓 Amynthas saccatus 相似，差异有：本种具有 4 对受精囊孔，囊腺远盲蚓 3 对。囊腺远盲蚓的雄孔在一小的长圆形横突上，其前后缘各具 1 小圆乳突，周围无其他乳突；而本种的每个雄孔在被圆垫包围的圆锥形腺盘上，XVII、XIX 和 XX 节刚毛后生殖乳突单或成对，数量和位置多变。囊腺远盲蚓在受精囊孔区外表具有生殖乳突，内部具有副性腺，本种此区没有。囊腺远盲蚓盲管短于主受精囊，中部扭曲，而本种盲管细，与主受精囊轴线等长。

## 108. 川蜀远盲蚓 *Amynthas szechuanensis vallatus* (Chen, 1946)

*Pheretima szechuanensis vallata* Chen, 1946. *J. West China Bord. Res. Soc.*, 16(B): 103-105.

*Amynthas szechuanensis vallatus* Sims & Easton, 1972. *Biol. J. Linn. Soc.*, 4(3): 235.

*Amynthas szechuanensis vallatus* 徐芹和肖能文, 2011. *中国陆栖蚯蚓*: 184.

*Amynthas szechuanensis vallatus* Xiao, 2019. *Terrestrial Earthworms (Oligochaeta: Opisthopora) of China*: 132-133.

外部特征：体长 120 mm，宽 5 mm。体节数 107。体节长而壮，环带前最长 2 个体节等于 3 个环带后体节。口前叶 1/2 上叶式。背孔自 12/13 节间始。环带完整光滑。刚毛粗，腹面密，前腹稀，约 8 根刚毛，中腹部最长，环带后体节分布均匀；$aa=$（1.2-1.5）$ab$，$zz=$（1.5-2）$yz$；每节刚毛略少，刚毛数：26（III），38（VI），45（IX），40（XXV）；17

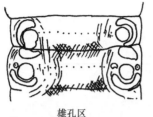

雄孔区　　　　　受精囊

图 104　川蜀远盲蚓（Chen，1946）

（VI）、20（IX）在受精囊孔间，12 在雄孔间。雄孔位 XVIII 节腹侧，约占 1/3 节周，孔在一侧位小孔突上，每个孔突腹向具一大的乳突，XVII 节也具相同乳突，此乳突或前或后环绕有乳突状腺脊，XVIII 节前缘具 2 个逗号状乳突，XVII 节也具此类乳突（图 104）。受精囊孔 4 对，位 5/6/7/8/9 节间腹面，约占 3/7 节周。

内部特征：隔膜 8/9/10 缺失，余者均薄，略具肌肉。砂囊与盲肠与模式种相似。肠自 XVI 节始扩大；盲肠复合，位 XXVII 节。血管环在 IX 节不对称，一侧缺失，X 节发育良好。精巢囊大，前对"V"形，后对为 1 横带，均交通。储精囊极发达。副性腺位 XVII 和 XVIII 节，极发达。受精囊 4 对，位 VI-IX 节，相当小；坛囊状；坛管短，极厚，与坛分界明显；盲管短；纳精囊长球形（图 104）。

体色：背部暗灰白色。

命名：本亚种依据模式产地四川的简称"川""蜀"将其合并在一起命名。

模式产地：四川（峨眉山）。

模式标本保存：曾存于中研院动物研究所（重庆），疑遗失。

中国分布：四川（峨眉山）。

讨论：本种与模式种的差别在于：有 4 对受精囊，副性腺非常厚而大，XVII 节有生殖乳突，但模式种的生殖乳突仅限于 XVIII 节，隔膜薄。模式种受精囊 3 对，副性腺薄，外表天鹅绒状，生殖乳突仅位于 XVIII 节，隔膜肌肉质发达。

## 109. 太武山远盲蚓 *Amynthas taiwumontis* Shen, Chang, Li, Chih & Chen, 2013

*Amynthas taiwumontis* Shen et al., 2013. *Zootaxa*, 3599(5): 479-481.

*Amynthas taiwumontis* 徐芹和肖能文, 2011. *中国陆栖蚯蚓*: 50-51.

*Amynthas taiwumontis* Xiao, 2019. *Terrestrial Earthworms (Oligochaeta: Opisthopora) of China*: 359-360.

外部特征：体小。长 133-151 mm，宽 3.32-4.78 mm。体节数 131-142。口前叶上叶式。背孔自 11/12 节间始。环带位 XIV-XVI 节，无背孔与刚毛。刚毛数：74-97（VII）、73-89（XX）；16-22 在雄孔间。雄孔位 XVIII 节腹面，占 0.22-0.29 节周，孔在 1 圆形略凹陷的孔突上。此区无生殖乳突。受精囊孔 4 对，位 5/6/7/8/9 节间腹面，占 0.25-0.28 节周。此区无生殖乳突。雌孔单，位 XIV 节腹中央。

内部特征：隔膜 8/9/10 缺，5/6/7/8 和 10/11/12/13/14 厚，肌肉质。砂囊大，位 VIII-X 节。肠自 XV 或 XVI 节始扩大；盲肠简单，长，位 XXVII 节，前伸达 XXI-XXIII 节，或 XXIV 节弯。心脏位 X-XIII 节。精巢囊 2 对，位 X 和 XI 节，腹连接；精巢大，卵圆形。储精囊小，2 对，位 XI 和 XII 节，前对占满半个至整个体节，后对退化，占半个体节，每囊具圆形或长卵圆形背叶。前列腺占 4-9 体节，位 XVI-XXIV 节，葡萄状，由沟分成几叶；前列腺管粗，在 XVIII 节或 XVIII-XIX 节"C"形或"S"形。此区无副性腺（图 105）。受精囊 4 对，位 VI-IX 节；坛圆形或长卵圆形，长 0.77-2.28 mm，宽 0.46-

1.25 mm；坛管粗，长 0.26-0.94 mm；盲管长，终端部分细，向远端略扩大，但无特别扩大的纳精囊（图 105）。此区无副性腺。

体色：保存样本灰褐色，环带浅至深褐色。

命名：本种依据模式产地福建省泉州市金门县太武山命名。

模式产地：福建（金门）。

模式标本保存：台湾大学生命科学系（台北）。

中国分布：福建（泉州）。

生境：生活在太武山海拔 207 m 的寺庙前。

讨论：本种与似蚁远盲蚓 *Amynthas fornicatus* 相似。两种外部特征易于区分。似蚁远盲蚓小（体长 78-94 mm，体节数 90-105），且刚毛数比太武山远盲蚓少。

马伦泽勒远盲蚓 *Amynthas marenzelleri* 也具有简单的雄孔结构，且不具生殖标记，但它体型大（体长 160-190 mm，宽 6-7 mm），刚毛数少，易于与本种相区别。另外，马伦泽勒远盲蚓具有限于 XVIII 节的小前列腺和不具盲管的受精囊，本种前列腺位 XVI-XXIV 节，占 4-9 节，受精囊盲管长。

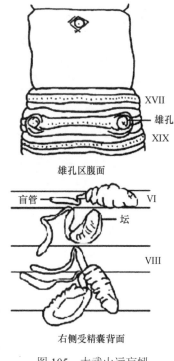

雄孔区腹面

右侧受精囊背面

图 105　太武山远盲蚓
（Shen et al.，2013）

## 110. 葡腺远盲蚓 *Amynthas uvaglandularis* Shen, Tsai & Tsai, 2003

*Amynthas uvaglandularis* Shen et al., 2003. *Zoological Studies*, 42(4): 479-481.
*Amynthas uvaglandularis* Chang et al., 2009. *Earthworm Fauna of Taiwan*: 98-99.
*Amynthas uvaglandularis* 徐芹和肖能文, 2011. *中国陆栖蚯蚓*: 193-194.
*Amynthas uvaglandularis* Xiao, 2019. *Terrestrial Earthworms (Oligochaeta: Opisthopora) of China*: 134.

外部特征：体长 62-113 mm，宽 2.95-3.26 mm。体节数 75-115。VIII-XIII 节各具 2-3 体环。口前叶上叶式。背孔自 10/11 节间始。环带位 XIV-XVI 节，光滑，无背孔，无刚毛，环带长 2.46-3.62 mm。刚毛数：33-44（VII），38-48（XX）；11-13 在雄孔间。雄孔 1 对，位 XVIII 节腹侧，占 0.25-0.3 节周，孔小，在一凹陷的小乳突上，紧靠孔突外侧具 1 小乳突，周围环绕 2 或 3 环褶。XVIII 节腹中部刚毛圈后，紧靠雄孔和刚毛圈具 1 对乳突，占 10 或 11 刚毛距离；或 2 个乳突纵向排列，位 2 雄孔之间；乳突圆，中央平或凹陷。受精囊孔 4 对，位 5/6/7/8/9 节间腹面，孔在节间沟内的 1 个小突上，占 0.31-0.35 节周；VIII 节腹刚毛圈后，IX 节腹刚毛圈前具 1 对乳突，占 8-9 刚毛距离；VII 节腹中部刚毛圈后具 1 同样乳突；乳突圆，中部平或略凹陷，直径约 0.37 mm；乳突数量变化大，时有或缺，缺数个或全缺（图 106）。雌孔位 XIV 节腹中部。

内部特征：隔膜 8/9/10 缺，11/12-13/14 较厚。砂囊圆，位 IX 和 X 节。肠自 XV 节始扩大；盲肠 1 对，自 XXVII 节始，简单，表面略具皱褶，前伸达 XXIV-XXIII 节。精巢囊 2 对，位 X 和 XI 节，大而圆。储精囊 2 对，位 XI 和 XII 节，每个占 1-1.5 节，囊

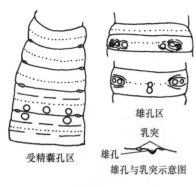

受精囊孔区　雄孔区

乳突

雄孔　雄孔与乳突示意图

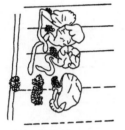

受精囊和副性腺

图 106　葡腺远盲蚓
（Shen et al.，2003）

状，黄色，具 1 颗粒状大背叶。前列腺对位 XVIII 节，大，叶状，自 XVI 节延伸到 XX 或 XXI 节；前列腺管"C"形，远端扩张。副性腺与受精囊区一样。受精囊 4 对，位 VI-IX 节；坛卵圆形，长 1.27-1.54 mm，宽 0.67-1.09 mm；坛管粗，长 0.36-0.41 mm；盲管细长，长 1.15-1.6 mm，远端有或无卵圆形纳精囊。副性腺无柄，葡萄状叶团，长约 0.65 mm，宽 0.45 mm，与外部生殖乳突相对应（图 106）。

体色：保存样本背面暗褐色，腹面浅褐色，环带暗褐色。

命名：本种依据前列腺区和受精囊区副性腺葡萄状命名。

模式产地：台湾（南投）。

模式标本保存：台湾特有生物研究保育中心（南投）。

中国分布：台湾（南投）。

生境：生活在山脉的斜坡潮湿土壤的基层（海拔 1800-2300 m）。

讨论：本种具 4 对受精囊，属于窄环种组（Sims & Easton，1972）。孔突结构与夏威夷的西尔维斯特里远盲蚓 Amynthas silvertrii (Cognetii, 1909)相似。但本种中间乳突更大，而侧面乳突更小，有大的前列腺和长的盲管，而西尔维斯特里远盲蚓前列腺小、盲管柄较短。

### 111. 浯洲远盲蚓 *Amynthas wujhouensis* Shen, Chang, Li, Chih & Chen, 2013

*Amynthas wujhouensis* Shen et al., 2013. *Zootaxa*, 3599(5): 477-479.
*Amynthas wujhouensis* Xiao, 2019. *Terrestrial Earthworms (Oligochaeta: Opisthopora) of China*: 134-136.

外部特征：体长 241-345 mm，宽 5.15-6.54 mm。体节数 128-212。口前叶上叶式。背孔自 11/12 节间始。环带位 XIV-XVI 节，腹面可见刚毛，刚毛数：3-6（XIV）、0-8（XV）、7-11（XVI），无背孔。刚毛数：68-78（VII）、59-71（XX）；8-10 在雄孔间。雄孔位 XVIII 节腹面，占 0.26-0.31 节周；每孔在一正面具一大乳突的新月形或半圆形区。包括生殖乳突在内的整个雄孔区隆起，宽 2.01-2.19 mm。每个乳突圆，中央凹陷，直径 1.09-2.19 mm。受精囊孔 4 对，位 5/6/7/8/9 节间腹面，占 0.24-0.3 节周。环带前区无生殖乳突（图 107）。雌孔单，位 XIV 节腹中央。

内部特征：隔膜 8/9/10 缺，5/6/7/8 厚且肌肉质，10/11-/12/13/14 肌肉质。砂囊大，位 VIII-X 节。肠自 XV 节始扩大；盲肠简单，占 XXVII-XXIV 或 XXV 节，末端直或弯。心脏位 X-XIII 节。精巢卵圆形。精巢囊 2 对，位 X 和 XI 节，腹连接。储精囊小，2 对，位 XI 和 XII 节，表面细囊状，每囊具圆形或长卵圆形背叶。前列腺大，占 5 节以上，位 XVI-XXI 节，由沟分成几叶；前列腺管细，"U"形。副性腺大，无柄，形状不规则，宽 0.5-1.05 mm，与体表生殖乳突相对应。受精囊 4 对，位 VI-IX 节；坛梨形或长卵圆形，长 2.03-4.17 mm，宽 1.52-2.42 mm；坛管短粗，长 0.4-1.45 mm；盲管长，细，管状，长 2.26-4.8 mm（图 107）。环带前区无副性腺。

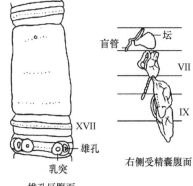

图 107 浯洲远盲蚓（Shen et al.，2013）

体色：保存标本灰白色，活体桃红色。

命名：浯洲是金门古称，本种以模式产地命名。

模式产地：福建（金门）。

模式标本保存：台湾大学。

中国分布：福建（泉州）。

生境：生活在海拔 5-23 m pH 5.85-7.51 的土壤环境中。

讨论：本种是在金门发现的最大的蚯蚓，身体容易断裂。雄孔孔突和雄孔区乳突排列与海南的新月远盲蚓 *Amynthas lunatus* 相似。二者都有受精囊 4 对，受精囊孔均位 5/6/7/8/9 节间，有类似的刚毛数，环带前区无生殖乳突。但新月远盲蚓 XVIII 节有大的乳突，且不接近雄孔，雄孔之间 2 个乳突靠得很近，间隔仅 4 根刚毛，砂囊小；而本种中型乳突直接靠近雄孔，2 个乳突之间具有 8-10 根刚毛，砂囊大。

具袖远盲蚓 *Amynthas manicatus manicatus* 雄孔内侧也具有 1 对生殖标记，长卵圆形，前后延伸到 17/18 和 18/19 节间，或略微到 XVII 和 XIX 节，生殖标记和雄孔之间间隔 3-4 根刚毛，个体较小，有大的纳精囊和盲管盘绕成球形（Gates，1931）。

## 112. 武岭远盲蚓 *Amynthas wulinensis* Tsai, Shen & Tsai, 2001

*Amynthas wulinensis* Tsai et al., 2001. *Zoological Studies*, 40(4): 285-286.
*Amynthas wulinensis* Chang et al., 2009. *Earthworm Fauna of Taiwan*: 102-103.
*Amynthas wulinensis* 徐芹和肖能文, 2011. *中国陆栖蚯蚓*: 197-198.
*Amynthas wulinensis* Xiao, 2019. *Terrestrial Earthworms (Oligochaeta: Opisthopora) of China*: 136-137.

外部特征：体长 128-174 mm，宽 5.6-6.1 mm。体节数 93-123，VI 节后具 3 体环。口前叶上叶式。背孔自 11/12 节间始。环带位 XIV-XVI 节，长 5.48-5.82 mm，略比宽短，光滑，无背孔，无刚毛。刚毛数：42-45（VIII），55-69（XX）；13 在雄孔间。雄孔 1 对，位 XVIII 节腹面刚毛圈上，占 0.24-0.28 节周；孔圆形或卵圆形，中心凹陷，具 3-4 环褶；XVII 和 XIX 节正对雄孔各具 1 对乳突，每个乳突中心凹陷，卵圆形，位于节间沟与刚毛圈之间的体环上，偶尔 XX 节后具 1 对或 1 个乳突，或 XVII 或 XIX 节缺失 1 个乳突（图 108）。受精囊孔 4 对，位 5/6/7/8/9 节间腹侧，约占 0.29 节周；此区无乳突。雌孔单，位 XIV 节腹中部圆乳突上。

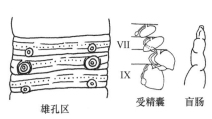

图 108 武岭远盲蚓（Shen et al.，2013）

内部特征：隔膜 8/9/10 缺，5/6-7/8 厚，10/11-13/14 极厚。砂囊位 X 节，小，圆形，白色。肠自 XV 节始扩大；盲肠自 XXVII 节始，前伸达 XXIII 或 XX 节，简单。心脏位 XI-XIII 节。精巢囊 2 对，位 X 和 XI 节，小，圆形，淡黄色。储精囊位 XI 和 XII 节，大，淡黄色，囊状，具 1 大囊状背叶。前列腺对位 XVIII 节，大，葡萄状，浅黄白色，前伸达 XV 节，后伸达 XX 节；前列腺管卷绕，钩形。副性腺对位 XVII 和 XIX 节，各与外界生殖乳突相通，无柄，淡黄白色。受精囊 4 对，位 VI-IX 节，各具 1 短粗柄；盲管具 1 卵圆形亮白色精子腔，管细长，且直（图 108）。

体色：在防腐液中背部淡褐色，腹部淡黄色，环带灰褐色。

命名：本种依据模式产地命名。

模式产地：台湾（南投武岭风景区）。

模式标本保存：台湾特有生物研究保育中心（南投）。

中国分布：台湾（南投）。

生境：本种广泛分布在台湾中部海拔 800-3200 m 的中央山脉地区。

讨论：本种属于窄环种组（Sims & Easton，1972）。雄孔区有简单的浅的孔突，在 XVII 和 XIX 节有成对的生殖乳突，其数量、结构、位置和排列与缅甸和我国台湾的 *Metaphire posthuma*（Gates，1932；Tsai，1964）和苏门答腊的 *Metaphire quadripapillata* 相似。然而，本种的生殖乳突在 17/18 和 19/20 节间刚毛圈后靠近节间沟体环上，而 *M. posthuma* 和 *M. quadripapillata* 的生殖乳突在 XVII 和 XIX 节中间体环。

### 113. 云龙远盲蚓 *Amynthas yunlongensis* (Chen & Hsu, 1977)

*Pheretima yunlongensis* 陈义和许智芳，1977. *动物学报*, 23(2): 176.

*Amynthas yunlongensis* 徐芹和肖能文，2011. *中国陆栖蚯蚓*: 201.

*Amynthas yunlongensis* Xiao, 2019. *Terrestrial Earthworms (Oligochaeta: Opisthopora) of China*: 137.

外部特征：体长 58-103 mm，宽 4.5 mm。体节数 68-108。口前叶 1/3-1/2 上叶式。背孔自 12/13 节间始。环带占三节，腹面可见刚毛，6-8（XIV），8-9（XV），12-15（XVI）。

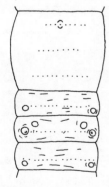

图 109　云龙远盲蚓
（陈义和许智芳，1977）

刚毛细密均匀，腹中隔不明显，背中隔较宽；刚毛距离，环带前比环带后密，腹面比背面密；刚毛数：32-48（III），59-87（VI），50-60（VIII），44-49（XVIII），52（XXV）。雄孔位 XVIII 节腹侧平顶乳突的中央，孔距约为 1/3 节周，在孔突内侧刚毛圈前有 1 对乳突，在 XVII 和 XIX 节雄突线上刚毛圈后亦有较小的 1 对乳突，乳突平或隆起。受精囊孔 4 对，位 5/6/7/8/9 节间后缘眼状区内，针眼状，孔距约为 2/5 节周（图 109）。

内部特征：隔膜 8/9 腹面膜状痕迹，9/10 缺失，5/6-7/8 厚，10/11-14/15 略厚，15/16 起薄膜状。砂囊圆球状。肠自 XVI 节始扩大；盲肠简单，位 XXVII-XXIII 节。IX 节血管环对称，XI 节心脏包在第二对精巢囊内。前对精巢囊略大，腹面窄连接不交通，背臂长，腹面窄连接并交通，后对较小，亦窄连通。储精囊发达，在背侧左右相遇，背叶大，居背侧或略后方。前列腺位 XVII-XXI 或 XXII 节，大分叶后小分叶；前列腺管长约 3 mm，"S"形弯曲，近内端略粗；副性腺具长柄。受精囊 4 对；坛不规则囊状、圆形、心脏形或横卵圆形，与坛管分界明显，主体长约 3 mm；坛管占 1/3；盲管比主体略长，具 3-4 个弯曲，或有扭转，末端指状膨大，为纳精囊，近体壁处通入；副性腺亦具长柄。

体色：背侧红褐色，腹侧灰白微褐色，环带褐色。

命名：本种依据模式产地命名。

模式产地：云南（云龙）。

中国分布：湖北（利川）、贵州（铜仁）、云南（云龙）。

讨论：本种与中材远盲蚓 *Amynthas mediocus* (Chen & Hsu, 1975)相比，体型稍小、隔膜 8/9 腹面膜状痕迹、精巢囊具长臂、前列腺与受精囊不发达等，故为两个种。本种具有孤雌生殖现象。

## F. 平滑种组 *glabrus*-group

受精囊孔 1 对，位 VI 节，或缺。

国外分布：东洋界、澳洲界。

中国分布：贵州、四川、云南、湖北、陕西。

中国有 2 种。

### 平滑种组分种检索表

1. 受精囊孔缺；雄孔位足底状大乳突后端，雄孔间具 6-7 根刚毛········· 平滑远盲蚓 *Amynthas glabrus*
   有受精囊孔；雄孔位足底状大乳突前端，雄孔间无刚毛···· 双履远盲蚓 *Amynthas plantoporophoratus*

## 114. 平滑远盲蚓 *Amynthas glabrus* (Gates, 1932)

*Pheretima glabra* Gates, 1932. *Rec. Ind. Mus.*, 34(4): 395-396.

*Pheretima glabra* Gates, 1972. *Trans. Amer. Philos. Soc.*, 62(7): 187-188.

*Amynthas glabrus* Sims & Easton, 1972. *Biol. J. Linn. Soc.*, 4(3): 237.

*Pheretima glabra* 钟远辉和邱江平, 1987. *四川动物*, 6(2): 24-25.

*Amynthas glabrus* 钟远辉和邱江平, 1992. *贵州科学*, 10(4): 40.

*Amynthas glabrus* 徐芹和肖能文, 2011. *中国陆栖蚯蚓*: 118.

*Amynthas glabrus* Xiao, 2019. *Terrestrial Earthworms (Oligochaeta: Opisthopora) of China*: 137-138.

外部特征：体长 58-110 mm，宽 2-5 mm。体节数 114-119。背孔自 12/13 节间始。环带位 XIV-XVI 节。刚毛细密均匀，XVII 和 XVIII 节腹部和 XIX 节的侧面生殖标记后无刚毛；刚毛数：6-10（XIX），48-54（XX）。XVIII 节腹面雄孔间具 6-7 根刚毛。雄孔位 XVIII 节腹面，每孔在 1 足底状大乳突后端，乳突前端略向外侧使乳突呈斜向排列，前端达 16/17 节间沟，后端达 18/19 节间沟，前后均占 2 体节或略长；乳突中央具 1 纵

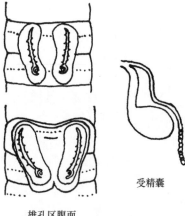

**受精囊**

**雄孔区腹面**

图 110　平滑远盲蚓
（钟远辉和邱江平，1987）

贯前后的略弯的纵沟，纵沟后端呈"C"形弯曲，"C"形弯曲突出成圆锥形，其上有 1 小突，雄孔即位于其上（图 110）。受精囊孔缺。雌孔单，位 XIV 节腹中央。

内部特征：隔膜 9/10/11 缺，4/5/6/7/8 存在，5/6/7/8 稍增厚，肌肉发达，8/9 仅为腹侧残留，11/12 较薄。砂囊位 VIII-X 节，球形。肠自 XX 节（XIX-XX 节）扩大；盲肠简单，位 XXVII-XXV 节。最后一对心脏位 XIII 节。精巢囊位 X 和 XI 节，第一对与 X 节心脏一起包被在 1 薄膜内；第二对精巢囊包被第一对储精囊并与 XI 节心脏一起亦包被在 1 薄膜内。第二对储精囊无背叶，与 XII 节心脏共同包被在 1 薄膜内。前列腺延伸至 XVII-XIX 节（XVII-XX 节）；前列腺管长约 4.5 mm，内侧长约 1.5 mm，狭窄但坚固，粉红色，外侧 2/3 或 3/4 甚厚。受精囊坛卵圆形，坛管较长；盲管较主体长，粗细一致；纳精囊界线不明显（图 110）。

体色：体无色素，环带浅红色。

模式产地：缅甸（掸邦）。

模式标本保存：印度博物馆。

中国分布：贵州（赤水）、四川（宜宾）、云南（普洱）。

讨论：本种与 *Amynthas doliaria* 相似，但生殖乳突和精巢囊差异较大，*A. doliaria* 在 X 节有成对心脏，XVII 和 XVIII 节有腹部刚毛。

### 115. 双履远盲蚓 *Amynthas plantoporophoratus* (Thai, 1984)

*Pheretima plantoporophoratus* Thai, 1984. *Zoologichesky Zhurnal*, 63(2): 284-288.

*Pheretima plantoporophoratus* 钟远辉和邱江平，1987. *四川动物*, 6(2): 24.

*Pheretima plantoporophoratus* 钟远辉和邱江平，1992. *贵州科学*, 10(4): 40.

*Amynthas plantoporophoratus* 徐芹和肖能文，2011. *中国陆栖蚯蚓*: 167-168.

*Amynthas plantoporophoratus* Xiao, 2019. *Terrestrial Earthworms (Oligochaeta: Opisthopora) of China*: 138-139.

外部特征：体长 40-69 mm，宽 2-2.5 mm。体节数 80-110。背孔自 12/13 节间始。环带位 XIV-XVI 节。刚毛细密；刚毛数：50-60（III），60-62（V），55-61（XIII），47-56（XX）；5-6 在受精囊孔间，雄孔间无。雄孔位 XVIII 节腹面，孔在 1 足底状大乳突前端，乳突前端略尖或钝圆，前达 17/18 节间沟，后端略窄或与前端等宽，后达 19/20 节间沟或 XX 节，两侧缘略呈波状，表面具细沟纹，中央具 1 贯穿前后的纵沟，沟前端弯曲成"P"形，即纵沟前端向外侧方突出成圆锥状，其上具 1 小突，雄孔位于小突上，犹如足跟部之孔。受精囊孔 1 对，较大，位 VI 节腹面刚毛圈后，居节间与刚毛圈正中，约为 1/6 节周，横裂缝状，前后体壁唇状（图 111）。雌孔单，位 XIV 节腹面。

内部特征：隔膜 8/9/10 缺失。肠自 XVII 节始扩大；盲肠简单，位 XXVII-XXV 节。精巢囊位 X 和 XI 节，第一对长条形，腹面相连不交通，与 X 节心脏一起被一薄膜包被着；第二对精巢囊与第一对同形，包被着第一对储精囊和 XI 节心脏，外面亦具一薄膜包被；第二对储精囊亦长条形，无背叶，与 XII 节心脏一起被薄膜包被。前列腺发达，位 XVI-XIX 节。受精囊 1 对，位 VI 节；坛椭圆形；坛管较长；盲管较细，比主体长；纳精囊界线不明显（图 111）。

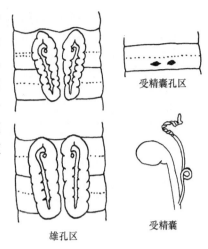

受精囊孔区

雄孔区

受精囊

图 111 双履远盲蚓
（钟远辉和邱江平，1987）

体色：保存标本无色素，环带淡红色。

模式产地：越南（河内）。

模式标本保存：越南（河内）。

中国分布：四川（成都、宜宾、雅安）、湖北（恩施）、贵州（遵义、铜仁）、陕西。

## G. 夏威种组 *hawayanus*-group

受精囊孔 3 对，位 5/6/7/8 节间。

国外分布：东洋界、澳洲界。

中国分布：辽宁、山东、江苏、浙江、江西、安徽、福建、湖北、四川、重庆、云南、海南、香港、台湾。

中国有 26 种。

### 夏威种组分种检索表

1. 雄孔在 1 浅腔内，孔前后 XVII 和 XIX 节各具 1 极大的平顶乳突，分别在刚毛圈前后；受精囊孔具 1 椭圆区 ·················································· 溪床远盲蚓 *Amynthas fluxus*
   受精囊孔位于腹面，受精囊孔前后无椭圆区 ·································································· 2
2. 生殖乳突位 XI-XIV 节刚毛圈前，成对 ···················· 多突远盲蚓 *Amynthas papilliferus*
   环带前和/或后有/无生殖乳突 ······························································································· 3
3. 环带前和后均有生殖乳突 ····································································································· 4
   环带前和/或后无生殖乳突 ································································································· 14
4. XVII、XVIII 和 XIX 节腹中部刚毛圈前各具若干小乳突，数量多变，可达 20 多个，时有缺失，数量无定式，或无。VI、VII、VIII 和 IX 节腹中部刚毛圈前各具若干小乳突，数量多变，可达 20 多个，时有缺失，数量无定式；偶在刚毛圈后可见较少同样乳突 ··········································
   ·················································· 棋盘远盲蚓 *Amynthas tessellates tessellates*
   生殖乳突位 XVI-XX 节和 V-X 节 ························································································· 5
5. 生殖乳突位 XVII-XIX 节和 V-X 节 ···················································································· 6
   生殖乳突位 XVIII-XX 节和 V-X 节 ················································································· 10
6. 生殖乳突位 XVII-XIX 节和 V-IX 节 ················································································· 7
   生殖乳突位 XVII 节和 V-X 节 ···························································································· 8
7. XVII-XXI 节腹中部刚毛圈后具 1 纵列乳突，数量多变，一般在 3-9 个，有时缺失 1 个或多个，数量无定式，乳突小而圆，XVIII 和 XIX 节腹中部刚毛圈前相应位置各具 1 相同乳突，乳突中央凹陷，约占刚毛圈与节间沟间的 1 体环。V-IX 节腹中部刚毛圈前各具 1 纵列乳突，犹如链条，VII 和 VIII 节腹中部刚毛圈后具 1 同样乳突，数量多变，时有缺失或全缺，数量无定式，乳突圆，中央凹陷，约占 1 体环 ·················································· 链条远盲蚓 *Amynthas catenus*

XVII-XIX 节腹中纬线前和后各具 1 行乳突，XVII 节腹中纬线前和后各具 2-3 行乳突，XVIII 节腹中纬线前和后各具 1 行乳突，XIX 节腹中纬线前具 1 行乳突，乳突小圆盘状。VII-IX 节刚毛圈前后小盘有乳突，横向排列 ···················································· 丘疹远盲蚓 *Amynthas papulosus*

8.　XVII 节刚毛圈后左右各 1 排生殖乳突，每排 4 个乳突靠近刚毛圈；受精囊孔周围前部具 1 个乳突，后部具 1 或 2 个乳突，乳突圆，中央凹陷 ···················· 王氏远盲蚓 *Amynthas wangi*
　　生殖乳突位 XVII 和 VIII 节，或 IX 和 X 节 ·········································· 9

9.　雄孔在 1 微小的腺区，其前后常各具 1 小乳突，XVII 节腹面刚毛后、雄孔中间具 2 个大长乳突。紧靠 VI-VIII 体节前部，在节间沟内，IX 节腹面紧靠刚毛后具 1 对圆形乳突，有时 X 节有类似乳突 ························································ 短形远盲蚓 *Amynthas brevicingulus*
　　XVII 节后半部每侧具 1 大乳突，大乳突之间常具 2 个小乳突，时有 3-4 个，或一侧 2 个，或中部 2 个等变化；VIII 节腹面常具 2 对生殖乳突，有时全缺；有时 VII 节具 2 个类似乳突，偶有 1 个或 2 个在刚毛前 ·································· 洛氏远盲蚓 *Amynthas rockefelleri*

10.　XVIII-XX 节刚毛圈前各具 1 对乳突；VII-VIII 节腹面具成对乳突 ··· 清晰远盲蚓 *Amynthas limpidus*
　　生殖乳突位 XVIII 和/或 XIX 节，以及 VII-VIII 节 ·································· 11

11.　XVIII 节腹面具 2 对乳突，1 对在内，1 对在外，内对在刚毛圈前，紧靠腹中线，或时有缺失，另 1 对在刚毛圈后，紧靠雄孔；XIX 节具 1 对乳突，位刚毛圈前，与 XVIII 节内对对应。VII 和 VIII 节腹中部刚毛圈前具乳突 ·························· 多肉远盲蚓 *Amynthas carnosus carnosus*
　　生殖乳突位 VIII 节，以及 VII 和/或 VIII 节 ······································· 12

12.　XVII 节刚毛圈下方靠近 17/18 节间雄孔上具 2 对生殖乳突；VIII 节腹面具 1 对生殖乳突 ·········
　　·························································· 新埔远盲蚓 *Amynthas hsinpuesis*
　　生殖乳突位 XVIII 节，以及 VII 和 VIII 节 ········································· 13

13.　雄孔内侧刚毛后方有 1-5 个小乳突，排列成一个或两个短的横列或斜列，乳突通常出现在同一节的腹内侧刚毛圈后，很少无乳突。腹中央刚毛后有同样乳突。VII 和 VIII 节腹刚毛圈后有小乳突，全缺者亦有之 ····································· 夏威夷远盲蚓 *Amynthas hawayanus*
　　雄孔周围环绕有 4 个或 5 个小乳突。受精囊孔区生殖乳突颇小，位 VIII 节腹侧刚毛前，或偶在 VII 节成对或不成对 ································· 结节远盲蚓 *Amynthas tuberculatus*

14.　环带前和环带后无生殖乳突 ······················································ 15
　　环带前或环带后无生殖乳突 ······················································ 17

15.　雄孔在 1 卵圆形或盘状孔突上，周围环绕 1-5 卵圆形皮褶；受精囊孔 3 对或缺，外表不显；环带前后区均无生殖标记 ····························· 石楠山远盲蚓 *Amynthas shinanmontis*
　　雄孔不在卵圆形或盘状孔突上 ···················································· 16

16.　雄盘稍方形或蚕豆形，沿中线具 1 纵裂缝；紧靠受精囊孔后面有 1 个生殖乳突 ····················
　　·········································· 豆形远盲蚓 *Amynthas phaselus*
　　雄孔圆形或卵圆形，略凸，中部有或无浅水平裂缝，孔周具 2-3 环褶 ······························
　　·········································· 残囊远盲蚓 *Amynthas proasacceus*

17.　环带后无生殖乳突 ····························································· 18
　　环带前无生殖乳突 ····························································· 19

18.　雄孔在圆形腺垫上，中央有一短阴茎；受精囊孔针眼状或短横裂状，位 V-VII 节的后缘 ············
　　·········································· 嗜沙远盲蚓 *Amynthas areniphilus*
　　雄孔在 1 蚕豆形大乳突外侧脊中部 ·································· 削割远盲蚓 *Amynthas muticus*

19.　雄孔在 1 横卵圆形隆肿区的侧缘，隆肿前后延伸达 17/18 和 18/19 节间，界线不显，二隆肿区腹面

## 116. 嗜沙远盲蚓 *Amynthas areniphilus* (Chen & Hsu, 1975)

*Pheretima areniphilu* 陈义等, 1975. *动物学报*, 21(1): 91-92.

*Amynthas areniphilus* Easton, 1979. *Bull. Br. Mus. Nat. Hist. (Zool.)*, 35(1): 124.

*Amynthas areniphilus* 徐芹和肖能文, 2011. *中国陆栖蚯蚓*: 80-81.

*Amynthas areniphilus* Xiao, 2019. *Terrestrial Earthworms (Oligochaeta: Opisthopora) of China*: 3141-142.

外部特征：体长 111-158 mm，宽 5-7 mm。体节数 145-158。口前叶前叶式。背孔自 12/13 节间始。环带位 XIV-XVI 节，环状，无刚毛。刚毛细密，分布均匀，无特粗的。背腹中隔在环带前，$aa$=（1.0-1.2）$ab$, $zz$=（1.0-1.5）$yz$；刚毛数：80-104（III）、106-130（V）、108-126（VIII）、50-63（XVIII）、58-69（XXV）。雄孔位 XVIII 节腹面两侧圆形腺垫上，垫直径约 1.5 mm，分界不明显，中央有一短阴茎，约占 1/4 节周。受精囊孔 3 对，位 5/6/7/8 节间，针眼状或短横裂状，位 V-VII 节的后缘，约占 1/4 节周（图 112）。雌孔单，位 XIV 节腹中部。

内部特征：隔膜 9/10 缺，4/5-7/8 很厚，8/9 较厚，10/11 起薄膜状。砂囊桶状或长球状，位 IX 和 X 节。肠自 XV 节始扩大；盲肠细而长，长约 7 mm，简单，末端尖，全部或后半部无内容物。IX 节血管环不对称，X 节的对称，末对心脏位 XIII 节。精巢囊 2 对，前对左右或不对称发达，有窄连接交通，后对连成 1 横条，不易分界，不包含前端

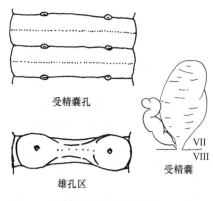

受精囊孔

雄孔区

VII
VIII

受精囊

图 112　嗜沙远盲蚓（陈义等，1975）

储精囊。后对储精囊较发达，挤入 XIII 或 XIV 节；背叶多数不明显。前列腺分成粗叶状，位 XVI-XIX 节；前列腺管细长，长 3-4 mm，末端膨大，呈"U"形弯曲；无副性腺。受精囊在隔膜 5/6-7/8 之前；坛呈长袋状，长 1.5-2.0 mm，宽 1.0-1.2 mm，表面有缢纹；坛管短，长约 0.5 mm，与坛分界不明显；盲管比主体短，通常有 3-4 个弯曲，少数直，其管极短（图 112）。

体色：福尔马林中背部灰褐色或青灰色，环带浅褐色。

命名：因生活在沙滩中，依据其吞噬沙质土的习性而命名。

模式产地：云南（西双版纳）。

中国分布：云南（西双版纳）。

生境：江边沙滩中。

讨论：本种的隔膜、受精囊对数与阿迭腔蚓 *Metaphire abdita* 相似，但习性、刚毛数、纳精囊形态、雄孔区等不同。

## 117. 巴尔远盲蚓 *Amynthas balteolatus* (Gates, 1932)

*Pheretima balteolata* Gates, 1932. *Rec. Ind. Mus.*, 34(4): 427-428.
*Amynthas balteolatus* Sims & Easton, 1972. *Biol. J. Linn. Soc.*, 4(3): 235.
*Amynthas balteolatus* 钟远辉和邱江平，1992. *贵州科学*，10(4): 40.
*Amynthas balteolatus* 徐芹和肖能文，2011. *中国陆栖蚯蚓*: 84.
*Amynthas balteolatus* Xiao, 2019. *Terrestrial Earthworms (Oligochaeta: Opisthopora) of China*: 359-360.

外部特征：体长 60-89 mm，宽 3 mm。体节数 110。背孔自 12/13 节间始。环带位 XIV-XVI 节，环状，无刚毛，无背孔，无节间沟，环带后缘界线模糊。刚毛自 II 节始，刚毛圈无腹间隔，环带后部分体节具背间隔，体后部无背间隔；刚毛数：75（III），108（VIII），96-99（XX）；22-25（VI）、23-28（VII）在受精囊孔间，10-14（XVIII）在雄孔间。雄孔 1 对，小，位 XVIII 节腹面，孔在 1 横卵圆形隆肿区的侧缘，隆肿前后延伸达 17/18 和 18/19 节间，界线不显，二隆肿区腹面距离较窄。受精囊孔 3 对，位 5/6/7/8 节间腹面，孔小。雌孔单，小，位 XIV 节。

内部特征：隔膜 8/9 和 9/10 缺失，5/6-7/8 和 10/11 具肌肉，11/12-12/13 略厚，半透明状。肠自 XV 节始扩大；盲肠简单，位 XXVII-XXII 节。V 和 VI 节具肾管团。末对心脏位 XIII 节。精巢囊中等大小，2 个，不成对。储精囊大，位 XI 和 XII 节，包裹背血管，后对储精囊向后挤压隔膜 12/13 至与隔膜 13/14 相靠。前列腺位 XVII-XX 节；前列腺管细长，环状，长 2-2.5 mm。受精囊坛 3 对，位 VI、VII 和 VIII 节，长囊状；坛管细长，较坛短；盲管被极细的结缔组织紧缚于坛与坛管的侧缘或中部，盲管末端略膨大，盲管于坛管前端通入（图 113）。

受精囊

图 113　巴尔远盲蚓（Gates，1932）

体色：无色素，环带浅黄色。

模式产地：缅甸。

模式标本保存：印度博物馆。

中国分布：云南（普洱、保山）。

生境：生活于腐烂树叶和沙质土中。

## 118. 洁美远盲蚓 *Amynthas bellatulus* (Gates, 1932)

*Pheretima bellatua* Gates, 1932. *Rec. Ind. Mus.*, 34(4): 425-427.

*Pheretima bellatua* Gates, 1972. *Trans. Amer. Philos. Soc.*, 62(7): 170.

*Amynthas bellatulus* Sims & Easton, 1972. *Biol. J. Linn. Soc.*, 4(3): 235.

*Amynthas bellatulus* 钟远辉和邱江平, 1992. *贵州科学*, 10(4): 40.

*Amynthas bellatulus* 徐芹和肖能文, 2011. *中国陆栖蚯蚓*: 84.

*Amynthas bellatulus* Xiao, 2019. *Terrestrial Earthworms (Oligochaeta: Opisthopora) of China*: 143.

外部特征：体长 37-72 mm，宽 2-3.5 mm。体节数 110。背孔自 11/12 节间始。环带位 XIV-XVI 节，环状，无刚毛，无背孔，无节间沟。刚毛自 II 节始，几无背间隔；刚毛数：30（III），41（VIII），44（XII），38-42（XX）；8-12（VI）、11-14（VII）在受精囊孔间，0（XVIII）在雄孔间。雄孔 1 对，位 XVIII 节腹面的大横突上，横突横向长，XVIII 节上略圆端前后延伸略达 XVII 和 XIX 节，17/18 和 18/19 节间沟腹面与侧面不显；横突由一条明显的环沟限定，具 2 个特别凸出的侧区，由 1 腹中带相互隔开，雄孔即在凸起部的侧缘。受精囊孔 3 对，位 5/6/7/8 节间腹面，孔小。雌孔单，位 XIV 节。

内部特征：隔膜 8/9/10 缺失。肠自 XV 节始扩大；盲肠简单，短粗，位 XXVII-XXV 节。末对心脏位 XIII 节。精巢囊 2 个，比较大，前囊前缘两裂叶，后囊后缘两裂叶，两后叶推隔膜 12/13 成 2 个袋状凹陷进入 XIII 节。储精囊大，覆盖 XI 和 XII 节背血管，后囊推隔膜 12/13 与 13/14 相接。前列腺位 XVII-XX 节；前列腺管细长，环状，外端较内端略粗，长约 2 mm。受精囊 3 对，位 VI、VII 和 VIII 节；坛管较坛短；盲管在坛管外端前面通入，盲管外端窄，内端宽，宽的部分占盲管 1/2 以上（图 114）。

体色：体背亮浅褐色，环带浅黄褐色。

模式产地：缅甸。

模式标本保存：印度博物馆。

中国分布：云南（普洱）。

生境：生活于潮湿沟壑中的腐烂树叶和砂质土中。

受精囊

图 114　洁美远盲蚓

（Gates，1932）

## 119. 布歇远盲蚓 *Amynthas bouchei* Zhao & Qiu, 2009

*Amynthas bouchei* Zhao et al., 2009. *Jour. Nat. Hist.*, 43(17-18): 1028-1031.

*Amynthas bouchei* 徐芹和肖能文, 2011. *中国陆栖蚯蚓*: 87-88.

*Amynthas bouchei* Xiao, 2019. *Terrestrial Earthworms (Oligochaeta: Opisthopora) of China*: 143-144.

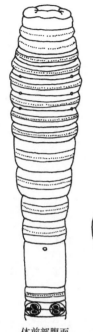

受精囊

体前部腹面

图 115　布歇远盲蚓
（Zhao et al., 2009）

外部特征：体长 225-286 mm，宽 7-7.8 mm。体节数 212-237。口前叶 1/5 上叶式。背孔自 12/13 节间始。环带位 3/4XIV-XVI 节，环形，明显腺肿，腹刚毛 12（XVI），背孔和环纹可见。刚毛密，排列均匀，$aa=$（1-1.6）$ab$，$zz=$（1.3-2）$zy$。刚毛数：54-64（III），80-86（V），84-90（VIII），90（XX），79-88（XXV）；34-40（VI）、35-39（VII）在受精囊孔间，17-18（XVIII）在雄孔间。雄孔位 XVIII 节腹面，约占 1/3 节周，每孔在锥形突（直径 1.8-2.2 mm）顶部，周围环绕 3-5 皮褶，雄孔内侧刚毛圈前后具 2 大卵圆形乳突。受精囊孔 3 对，位 5/6/7/8 节间腹面，约占 2/5 节周，呈眼状而明显。此区无生殖乳突（图 115）。雌孔单，位 XIV 节腹部，卵圆形，褐色。

内部特征：隔膜 8/9/10 缺，5/6-7/8、10/11/12 厚，肌肉质，12/13/14 较其余略厚。砂囊位 IX-X 节，球形。肠自 XV 节始扩大；盲肠自 XXVII 始，简单，前伸达 XXIV 节，暗褐色，背缘具明显齿形盲囊，腹缘光滑。心脏 4 对，位 X-XIII 节。精巢囊对位 X 和 XI 节，X 节的延伸至背中部，XI 节的包裹第一对储精囊。储精囊对位 XI 和 XII 节，粗。前列腺位 XVII-XIX 节，小，粗叶状且分成 3 主叶；前列腺管短，"S" 形，外端粗。受精囊 3 对，位 VI-VIII 节；坛卵圆形；坛管粗，约为坛的 2/3 长；盲管较主体略长，卷曲，内端之半膨胀为纳精囊，或盲管较主体略短，直，内端之 1/3 膨胀为纳精囊（图 115）。

体色：环带前背部和腹部无色素，环带后背部浅橄榄褐色，环带土黄色。

命名：著名的寡毛类学家 M. B. Bouche 教授对蚯蚓分类学具有巨大的贡献，并参与了我国海南的野外考察，本种以其姓氏命名。

模式产地：海南（尖峰岭）。

模式标本保存：上海自然博物馆。

中国分布：海南（尖峰岭）。

生境：生活在海拔 900 m 的公路旁树叶下面，海拔 850 m 的林地道路附近乔木下面。

讨论：本种在 5/6/7/8 节间具 3 对受精囊孔和简单的盲肠，这与短形远盲蚓 *A. brevicingulus* 相似。本种在雄孔刚毛圈前和刚毛圈后的内侧具 2 个大的椭圆腺状乳突，受精囊孔约占 2/5 节周。而短形远盲蚓具 2 个大的伸长的乳突，一般位于 XVII 节腹内侧，受精囊孔约占 1/8 节周。本种体长 225-286 mm，比短形远盲蚓大得多。这两种蚯蚓在始背孔的位置上也不同：本种始背孔在 12/13 节间，短形远盲蚓在 11/12 节间。

## 120. 短形远盲蚓 *Amynthas brevicingulus* (Chen, 1938)

*Pheretima (Pheretima) brevicingula* Chen, 1938. *Contr. Biol. Lab. Sci. Soc. China (Zool.)*, 12(10): 401-403.

*Amynthas brevicingulus* Sims & Easton, 1972. *Biol. J. Linn. Soc.*, 4(3): 235.

*Amynthas brevicingulus* 徐芹和肖能文, 2011. *中国陆栖蚯蚓*: 88-89.

*Amynthas brevicingulus* Xiao, 2019. *Terrestrial Earthworms (Oligochaeta: Opisthopora) of China*: 144-145.

外部特征：体长 80-100 mm，宽 3.4-4.3 mm。体节数 94-115。口前叶 1/3 上叶式。背孔自 11/12 节间始。环带位 XIV-XVI 节，环状，短，约 2 mm，无刚毛。刚毛细，分布一致，环带前体节较多，背腹间隔明显，$aa=1.2ab$，$zz=（1.2-1.5）yz$；刚毛数：46-64（III），62-70（VI），57-74（VIII），40-44（XXV）；6-8（VI）、6-7（VIII）在受精囊孔间，6-8 在雄孔间。雄孔位 XVIII 节腹面，约占 1/4 节周，孔在 1 微小的腺区，其前后常各具 1 小乳突，XVII 节腹面刚毛后、雄孔中间具 2 个大长乳突。受精囊孔 3 对，位 5/6/7/8 节间腹面，约占 1/8 节周，紧靠腹中线；孔小，紧靠 VI-VIII 体节前部，在节间沟内，IX 节腹面紧靠刚毛后具 1 对圆形乳突，有时 X 节有类似乳突（图 116）。

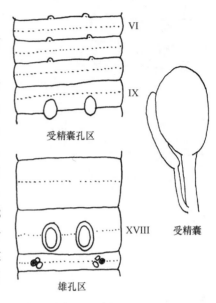

受精囊孔区

雄孔区

受精囊

图 116 短形远盲蚓（Chen, 1938）

内部特征：隔膜 8/9/10 缺失，6/7/8 中等厚，10/11 在精巢囊前，膜状；11/12 薄，12/13 等薄。砂囊桶状，位 X 节。肠自 XV 节扩大；盲肠简单，短锥状，限于 1 体节内。心脏 3 对，首对心脏位 X 节，缺失。前对精巢囊大，前后宽约 1.5 mm，在腹中侧极窄缩并交通；第二对缺。XI 节储精囊小，具 1 圆形背叶，囊为带形；第二对外观上退化。前列腺粗叶状，密实，位 XVII-XIX 节，具长 "U" 形前列腺管。副性腺在一个圆形斑块上，体壁上无柄。受精囊 3 对，位 VI-VIII 节；坛卵形；坛管厚，与坛约等长；盲管较主体略短，细且短，具 1 长棒状纳精囊（图 116）。

体色：背腹部均肉白色，环带肉桂褐色。

命名：因环带短的特征而命名。

模式产地：海南。

中国分布：海南。

## 121. 多肉远盲蚓 *Amynthas carnosus carnosus* (Goto & Hatai, 1899)

*Perichaeta carnosa* Goto & Hatai, 1899. *Annot. Zool. Jap.*, 2(3): 15-16.

*Pheretima carnosa* (part) 陈义等, 1959. *中国动物图谱 环节动物(附多足类)*: 9.

*Amynthas carnosus* Sims & Easton, 1972. *Biol. J. Linn. Soc.*, 4(3): 235.

*Amynthas carnosus* Chang et al., 2009. *Earthworm Fauna of Taiwan*: 32-33.

*Amynthas carnosus* 徐芹和肖能文, 2011 *中国陆栖蚯蚓*: 89-90.

*Amynthas carnosus carnosus* Xiao, 2019. *Terrestrial Earthworms (Oligochaeta: Opisthopora) of China*: 145-146.

外部特征：体长 143-153 mm，宽 5-8 mm。体节数 106-126。口前叶 1/2 上叶式。背孔自 13/14 节间始。环带位 XIV-XVI 节。14 条刚毛在雄孔间。雄孔位 XVIII 节腹侧，开口低，侧面观为向外凸出的大乳突。XVIII 节腹面具 2 对乳突，1 对在内，1 对在外，内对在刚毛圈前，紧靠腹中线，或时有缺失，另 1 对在刚毛圈后，紧靠雄孔；XIX 节具 1 对乳突，位刚毛圈前，与 XVIII 节内对对应。受精囊孔 3 对，位 5/6/7/8 节间；孔前各具

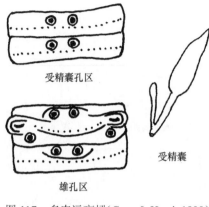

受精囊孔区

雄孔区

受精囊

图 117　多肉远盲蚓(Goto & Hatai, 1899)

乳突，乳突状况与雄孔区相似，位 VII 和 VIII 节腹中部刚毛圈前（图 117）。雌孔单，位 XIV 节腹中部。

内部特征：隔膜 8/9/10 缺失，4/5-7/8 和 10/11-14/15 厚。砂囊位 VIII、IX 节。肠自 XV 节始扩大；盲肠简单，位 XXVI-XXIII 节。精巢囊位 X 与 XI 节。储精囊 2 对，位 XI 和 XII 节，背面分叶。前列腺极发达，位 XVI-XX 节；具大圆形片状副性腺，与体外乳突对应。受精囊 3 对，位 VII、VIII、IX 节；盲管短，直立，长约为主体之半。副性腺与体外乳突相对应，略圆，腺体状（图 117）。

体色：背部深褐色，腹部浅灰色，具有金属光泽。

模式产地：日本（东京）。

中国分布：辽宁（丹东）、江苏、浙江、安徽、台湾、山东（威海）、湖北（利川）、香港、重庆（北碚）、四川。

讨论：本种最早被 Goto 和 Hatai（1899）描述为有 3 对受精囊的物种，Sims 和 Easton（1972）将其归入夏威种组。Ohfuchi（1937）对本种进行了详细的研究，认为有 4 对受精囊是其典型形态，应归入窄环种组。比较日本 Ohfuchi（1937）描述的 *A. carnosus* 与 Hong 和 James（2001）所描述的 *Amynthas youngtai*，可以发现它们具有相似的特征。*A. carnosus* 和 *Perichaeta carnos* 为同一物种（Goto & Hatai，1899）。

### 122. 链条远盲蚓 *Amynthas catenus* Tsai, Shen & Tsai, 2001

*Amynthas catenus* Tsai et al., 2001. *Zoological Studies*, 40(4): 279-282.

*Amynthas catenus* 徐芹和肖能文, 2011. *中国陆栖蚯蚓*: 91-92.

*Amynthas catenus* Xiao, 2019. *Terrestrial Earthworms (Oligochaeta: Opisthopora) of China*: 147-148.

外部特征：体长 61-106 mm，宽 2.7-4.2 mm。体节数 85-103。IX-XIII 节，偶 X-XIII 或 VIII-XIV 节各具 3 体环。口前叶上叶式。背孔自 11/12 节间始。环带位 XIV-XVI 节，无背孔，无刚毛。刚毛圈细小，刚毛数：20-27（III），29-38（VII），41-47（XX）；7-10 在雄孔间。雄孔 1 对，位 XVIII 节腹侧，孔圆，开口在刚毛圈前的小突上，约占 0.23 节周。XVII-XXI 节腹中部刚毛圈后具 1 纵列乳突，数量多变，一般在 3-9 个，有时缺失 1 个或多个，数量无定式，乳突小而圆，XVIII 和 XIX 节腹中部刚毛圈前相应位置各具 1 相同乳突，乳突中央凹陷，约占刚毛圈与节间沟间的 1 体环。受精囊孔数量多变，一般 3 对，位 5/6/7/8 节间腹侧，约占 0.22 节周；或缺 1 个或多个，或全缺。V-IX 节腹中部刚毛圈前各具 1 纵列乳突，犹如链条，VII 和 VIII 节腹中部刚毛圈后具 1 同样乳突，数量多变，时有缺失或全缺，数量无定式，乳突圆，中央凹陷，约占 1 体环（图 118）。雌孔单，位 XIV 节腹中部。

内部特征：隔膜 5/6-7/8 厚，8/9/10 缺失，10/11-13/14 颇厚。砂囊圆桶状，位 VIII-X 节，白色。肠自 XVI 或 XV 始扩大；盲肠成对，简单，自 XXVII 节始，前伸达 XXII

节，偶达 XX 节。心脏大，位 XI-XIII 节。精巢囊位
XI 节，大，淡黄色。储精囊对位 XI 和 XII 节，小，
为不规则状囊，淡黄色，XIII 节偶具 1 退化的假囊。
前列腺位 XVIII 节，大，葡萄状，左右对称，前后
伸达 XVI-XXI 节，淡黄色；前列腺管钩形，前列腺
有时或缺，但具前列腺管。受精囊孔区和雄孔区每
个生殖乳突都与白色、圆形、有柄的副性腺相连。
受精囊退化或缺失，一般 3 对，位 VI-VIII 节，数目
高度多变：6 个（3 对）、5 个、4 个、1 个，或无受
精囊，如果有，大小和结构多变；坛的大小与形态
多变，从圆形到不规则的形状；有或无坛管；盲管
短或缺失，有或无纳精囊（图 118）。副性腺圆形，
具柄，排布在雄孔区与受精囊孔区，与体表乳突连
接，数量多寡与乳突相同。

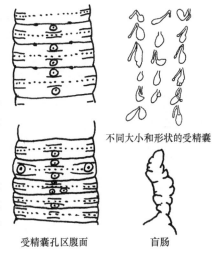

不同大小和形状的受精囊

受精囊孔区腹面　　　　　　盲肠

图 118　链条远盲蚓（Tsai et al., 2001）

　　体色：在防腐液中背部浅淡紫灰色，腹部灰白色，环带淡灰褐色。
　　命名：本种依据 V-IX 节腹中部刚毛圈前各纵列乳突排列如链条的特征而命名。
　　模式产地：台湾（南投）。
　　模式标本保存：台湾特有生物研究保育中心（南投）。
　　中国分布：台湾（南投）。
　　讨论：本种可能是单性生殖。其生殖乳突的排列方式与海南的单丝远盲蚓 *Amynthas
monoserialis* 相似。然而，根据受精囊、刚毛数和副性腺的特征，这两个物种很容易区
分。本种有受精囊，其数量、大小和结构变化很大，在孤雌生殖退化中表现出不同的残
留阶段，但 VI-VIII 节有 3 对受精囊。单丝远盲蚓在 VI 和 VII 节有 2 对正常受精囊。本
种受精囊的孤雌退化与日本的 *Amynthas irregularis* 和海南的变化远盲蚓 *Amynthas
varians* 相当相似（Goto & Hatai, 1899；Ohfuchi, 1938；Chen, 1938）。另外，本标本
没有前列腺，而其他的标本有巨大但不对称的前列腺，这表明存在孤雌生殖退化。

## 123. 爱氏远盲蚓 *Amynthas edwardsi* Zhao & Qiu, 2009

*Amynthas edwardsi* Zhao et al., 2009. *Jour. Nat. Hist.*, 43(17-18): 1038-1040.
*Amynthas edwardsi* 徐芹和肖能文，2011. *中国陆栖蚯蚓*: 109.
*Amynthas edwardsi* Xiao, 2019. *Terrestrial Earthworms (Oligochaeta: Opisthopora) of China*: 147-148.

　　外部特征：体长 53-56 mm，宽 1.8-2 mm。体节数 94-97。背孔自 12/13 节间始。口
前叶 1/2 上叶式。环带明显，位 XIV-XVI 节，环状，光滑，无背孔，无刚毛。刚毛排列
均匀，$aa=1.2ab$，$zz=$（1.2-1.3）$zy$；刚毛数：25-26（III），32-34（V），46（VIII），32-33
（XX），38-40（XXV）；12（VI）在受精囊孔间，8-9（XVIII）在雄孔间。雄孔位 XVIII
节腹面，约占 1/3 节周；孔在垫状孔突顶部，顶部平滑，周围环绕 1-2 皮褶。XIX 节雄
孔前部内侧具 1 对平顶乳突（直径 0.7-0.8 mm），2 乳突间距约占 1/3 节周。受精囊孔 3
对，位 5/6/7/8 间腹面，约占 1/3 节周（图 119）。雌孔单，位 XIV 节腹中部，卵圆形。

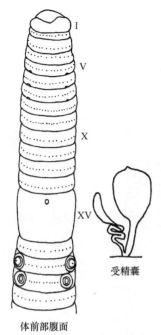

体前部腹面

图 119　爱氏远盲蚓
（Zhao et al.，2009）

内部特征：隔膜 8/9/10 缺，7/8 略厚，10/11/12 较其余略厚。砂囊位 IX-X 节，桶形。肠自 XVI 节始扩大；盲肠简单，位 XXVII-1/3XXV 节，背腹缘均光滑。心脏 3 对，位 XI-XIII 节，与食管上血管相连；X 节具环血管 1 对，细长，与腹血管相连。精巢囊 2 对，位 X 和 XI 节，第一对粗，第二对小，银白色，腹部不相连。储精囊 2 对，位 XI 和 XII 节，第一对较粗。前列腺颇发达，位 1/2XVI-XXIV 节，指状叶；前列腺管 "U" 形，外端短粗，内端颇长。受精囊 3 对，位 VI-VIII 节；坛心形，长 0.5-0.7 mm；坛管长约为坛长的 4/5，粗细一致；盲管长约为主体的 3/4，中部 "之" 字形卷绕，内端 1/3 棍棒形，膨胀形成纳精囊（图 119）。

体色：保存样本背腹部褐色，环带褐色。

命名：著名寡毛类学者 C. Edwards 教授对蚯蚓生物学有很大贡献，本种以其姓氏命名。

模式产地：海南（保亭）。

模式标本保存：上海自然博物馆。

中国分布：海南（保亭）。

生境：生活在海拔 940 m 的热带雨林溪流附近的褐色土壤中。

讨论：本种具有 3 对受精囊孔、位 5/6/7/8 节间，以及盲管的形状与清晰远盲蚓 *Amynthas limpidus* 相似。然而，本种 XIX 节雄孔内侧具 1 对顶部平坦的乳突，具有发育良好的前列腺；而清晰远盲蚓 XVIII-XX 节前侧具 3 对乳突，前列腺小且简单。本种的第二对精巢囊没有围绕第一对储精囊。且本种比清晰远盲蚓小得多，体长为 53-56 mm。

## 124. 溪床远盲蚓 *Amynthas fluxus* (Chen, 1946)

*Pheretima fluxa* Chen, 1946. *J. West China Bord. Res. Soc.*, 16(B): 133-134.

*Amynthas fluxus* Sims & Easton, 1972. *Biol. J. Linn. Soc.*, 4(3): 235.

*Amynthas fluxus* 徐芹和肖能文，2011. *中国陆栖蚯蚓*: 115.

*Amynthas fluxus* Xiao, 2019. *Terrestrial Earthworms (Oligochaeta: Opisthopora) of China*: 148-149.

外部特征：中等大小。长 100 mm，宽 5 mm。体节数 116。口前叶前叶式。背孔自 12/13 节间始。环带位 XIV-XVI 节，无刚毛，腹面可见刚毛窝。刚毛极细，分布均匀，背腹间隔不显；刚毛数：60（III），74（VI），73（VIII），64（IX），70（XXV）；43（VI）、42（VIII）在受精囊孔间，16（XVIII）在雄孔间。雄孔位 XVIII 节腹面，约占 1/3 节周，孔在 1 浅腔内，孔前后 XVII 和 XIX 节各具 1 极大的平顶乳突，乳突直径约 1.5 mm，分别在刚毛圈前后（图 120）。受精囊孔 3 对，位 5/6/7/8 节间腹面，约占 4/7 节周，各孔均具 1 椭圆区，无其他乳突。

内部特征:隔膜 5/6-9/10 富肌肉,约等厚,10/11 及之后薄,膜状。砂囊圆形,大小中等,位 1/2IX 和 X 节。肠自 XVI 节始扩大;盲肠简单,小,指状,前达 XXIII 节。精巢囊 2 对,极发达,长,背面交通;后对腹面窄连接,前对宽且交通。前列腺发达,裂叶状,位 XVI-XIX 节;前列腺管细长,厚薄一致;副性腺为棉絮状垫,无柄。储精囊 2 对,前对小,包在后对精巢囊内;后对大,占 XII 和 XIII 节,各具 1 大背叶。受精囊 3 对,小;坛囊状;盲管较主体长,管细长且松散弯曲,内端卵形,为纳精囊(图 120)。

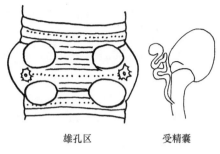

雄孔区　　受精囊

图 120　溪床远盲蚓(Chen, 1946)

体色:背中线浅绿色、深绿色,腹部苍白色,环带巧克力褐色。

命名:依据其湿地沙质生境类型而命名。

模式产地:重庆(北碚)。

模式标本保存:曾存于中研院动物研究所(重庆),疑遗失。

中国分布:重庆(北碚)。

## 125. 简洁远盲蚓 *Amynthas gracilis* (Kinberg, 1867)

*Nitocris gracilis* Kinberg, 1867. *Öfvers. Kongl. Vetensk. Akad. Forhandl.*, 24: 102.

*Amynthas gracilis* Sims & Easton, 1972. *Biol. J. Linn. Soc.*, 4(3): 235.

*Amynthas gracilis* James et al., 2005. *Jour. Nat. Hist.*, 39(14): 1024-1025.

*Amynthas gracilis* Shen & Yeo, 2005. *Raf. Bul. Zool.*, 53(1): 21.

*Amynthas gracilis* Chang et al., 2009. *Earthworm Fauna of Taiwan*: 46-47.

*Amynthas gracilis* 徐芹和肖能文, 2011. *中国陆栖蚯蚓*: 50-51.

*Amynthas gracilis* Xiao 2019. *Terrestrial Earthworms (Oligochaeta: Opisthopora) of China*: 149.

外部特征:体长 60-158 mm,宽 3.95-4.55 mm。体节数 92-194。口前叶上叶式。背孔自 10/11 或 11/12 节间始。环带位 XIV-XVI 节,长 3.0-3.2 mm,无背孔,XVI 节腹面具 6-12 根刚毛。刚毛数:30-39 (VII),54-60 (XX);14-16 在雄孔间。雄孔 1 对,位 XVIII 节腹侧,孔周围具 4-5 环褶,约占 1/3 节周;雄孔刚毛圈后具 1 个或 2 个乳突,乳突圆,中央凹陷,直径 0.25-0.4 mm。受精囊孔 3 对,位 5/6/7/8 节间腹侧,间距占 1/4-1/3 节周。环带前乳突缺失或疏生对;VII 节刚毛圈后近 6/7 节间、VIII 节腹中部刚毛圈后近 7/8 节间沟有乳突,乳突小,圆形,直径约 0.25 mm。雌孔单,位 XIV 节腹中部。

内部特征:隔膜 5/6-7/8 和 10/11-13/14 厚,8/9/10 缺失。砂囊位 IX-X 节。肠自 XIV 节始扩大;盲肠成对,自 XXVII 节始,前伸达 XXV 节,简单,腹缘具小缺刻。心脏位 XI-XIII 节。精巢囊 2 对,位 X 和 XI 节腹中部,圆形,光滑。储精囊 2 对,位 XI 和 XII 节,大,后对延伸至 XIII 节。前列腺对位 XVIII 节,囊状,前后伸达 XVI 和 XXI 节;前列腺管大,"U" 形。副性腺具柄。受精囊 3 对,位 VI-VIII 节;坛卵圆形,大,具 1 粗长柄;盲管细长,末端略卷绕。

体色:在防腐液中背部褐色或淡黄褐色,腹部灰白色,环带暗褐色。

模式产地:巴西(里约热内卢)。

模式标本保存：莱顿博物馆、台湾自然科学博物馆（台中）。

中国分布：福建（连江）、台湾（屏东）。

讨论：根据 Gates（1972）的研究，本种原产于中国，1852 年以前被引入美国夏威夷和加利福尼亚。

本种和王氏远盲蚓 *A. wangi* 的区别主要在于雄性生殖器官和生殖标记的位置。王氏远盲蚓受精囊体节有生殖标记，在 XVII 节与雄孔孔突成一直线，精巢囊成对。而本种受精囊孔区无生殖标记。X 节的精巢囊在腹侧相连。

### 126. 夏威夷远盲蚓 *Amynthas hawayanus* (Rosa, 1891)

*Perichaeta hawayana* Rosa, 1891. *Ann. Nat. Hofmus. Wien*, 6: 396.
*Perichaeta hawayana* Beddard, 1896. *Proc. Zool. Soc. London*, 64(1): 201-203.
*Pheretima hawayana* Stephenson, 1912. *Rec. Indian Mus.*, 7: 276-278.
*Pheretima (Pheretima) hawayana* Chen, 1931. *Contr. Biol. Lab. Sci. Soc. China (Zool.)*, 7(3): 142-148.
*Pheretima hawayana* Chen, 1933. *Contr. Biol. Lab. Sci. Soc. China (Zool.)*, 9(6): 238.
*Pheretima hawayana* Chen, 1936. *Contr. Biol. Lab. Sci. Soc. China (Zool.)*, 11(8): 270.
*Pheretima hawayana* Gates, 1939. *Proc. U.S. Nat. Mus.*, 85: 445-446.
*Pheretima hawayana* Chen, 1946. *J. West China Bord. Res. Soc.*, 16(B): 135.
*Pheretima hawayana* 陈义等, 1959. *中国动物图谱 环节动物(附多足类)*: 8.
*Pheretima hawayana* Tsai, 1964. *Quar. Jour. Taiwan Mus.*, 17(1&2): 9-11.
*Pheretima hawayana* Gates, 1972. *Trans. Amer. Philos. Soc.*, 62(7): 189-190.
*Amynthas hawayanus* Sims & Easton, 1972. *Biol. J. Linn. Soc.*, 4(3): 235.
*Amynthas hawayanus* 徐芹和肖能文, 2011. *中国陆栖蚓蚓*: 121.
*Amynthas hawayanus* Xiao, 2019. *Terrestrial Earthworms (Oligochaeta: Opisthopora) of China*: 149-151.

外部特征：体长 100-150 mm，宽 3.5-6 mm。体节数 66-95。口前叶 1/2 上叶式。背孔自 10/11 节间始。环带位 3/4XIV-2/3XVI 节，不占三节，XVI 节腹面常有少数刚毛。刚毛一般细而密，$aa$=（1.2-1.5）$ab$，$zz$=（2-3）$yz$；XIV 节腹面有 5-7 或更多刚毛为本种主要特征，也有无者；II-VI 节腹面刚毛稍粗而疏；刚毛数：16-22（III），18-22（VI），32-42（VIII），42-54（XII），48-60（XXV）；30（VIII）在受精囊孔间，10-18 在雄孔间。雄孔位 XVIII 节腹面，约占 1/3 节周；雄孔周围有环生脊突，孔的内侧刚毛后方有 1-5 个小乳突，排列成 1 个或 2 个短的横列或斜列，乳突通常出现在同一节的腹内侧刚毛圈后，很少无乳突。乳突具针尖一样大的、有色的凹陷的中心，边缘圆形，有时边缘模糊或无。腹中央刚毛后有同样乳突。受精囊孔 3 对，位 5/6/7/8 节间，外部不显。VII 和 VIII 节腹刚毛圈后有小乳突，时有移至腹中线 $aa$ 毛之后；全缺者亦有之（图 121）。

内部特征：隔膜 8/9/10 缺失，5/6-7/8、10/11-13/14 厚。砂囊球状，前面狭窄，通常位 IX 和 X 节，表面光滑，带白色光泽。肠自 XV 节扩大；盲肠简单，短，位 XXVII-XXV 或 XXVI 节，腹部有小凹痕，背部边缘光滑。心脏 4 对，位 X-XIII 节。精巢囊位 X 和 XI 节，前对大，圆形，有时扁平，在 10/11 隔膜前，狭窄相连；后对位于 11/12 隔膜前，与前对后侧接触，位于前储精囊下方，相互连通。储精囊位 XI 和 XII 节，非常大，通常表面有不规则的切口或有结节，后对延伸到 XIII 节，有明显的乳头状背叶，大约占 1/4 储精囊，表面颗粒状，灰色。前列腺通常位 XVII-XXI 或 XVI-XXII 节，很少在 XVI-XX

节，有较大的叶，表面光滑；前列腺管不长，直而粗壮，在体壁附近弯曲几次。副性腺成大块，表面粗糙，管短，索状。受精囊 3 对或 2 对，位 VI-VIII 节；坛长约 2.5 mm，宽约 2 mm，长囊状或圆形，表面白色，光滑或起皱；坛管长而细，与坛一样长或比坛长，宽约 0.3 mm，粗壮，在 1/3 处扩大；盲管较主体短，末端 1/3 稍屈曲，有长圆形的囊。VII 和 VIII 节有副性腺，与体表的乳突对应，与前列腺周围副性腺相似，通常一个帽状腺体与体表的一个乳突相连，少数情况 2-3 个与一个小乳突相连（图 121）。

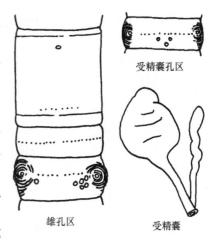

受精囊孔区

雄孔区

受精囊

图 121 夏威夷远盲蚓（Chen, 1946）

体色：在福尔马林溶液中背部一般暗褐色，腹部苍白色，环带红褐色或肉红色。

命名：本种依据模式产地命名。

模式产地：美国（夏威夷）。

模式标本保存：维也纳博物馆；曾存于国立中央大学（南京）动物学标本馆，疑遗失。

中国分布：江苏、浙江（舟山、临海、天台、宁波、富阳、桐庐）、福建（福州、厦门）、台湾（台北、新竹）、湖北（潜江）、香港、重庆（北碚、沙坪坝、涪陵）、四川（成都、乐山）、云南（普洱）。

生境：生活于山丘旁硬土中。

讨论：Michaelsen 把本种作为模式种，而视 *A. barbadensis* 为本种的亚种。Stephenson 后来在我国云南和印度的标本中发现了一些中间形态，并将它们合成一个物种，命名为夏威夷远盲蚓 *A. hawayanus*。

## 127. 新埔远盲蚓 *Amynthas hsinpuesis* (Kuo, 1995)

*Pheretima hsinpuesis* Kuo, 1995. *Hsinchu Teach. Coll. J.*, 8: 187-188.
*Amynthas hsinpuesis* Tsai et al., 2000b. *Zoological Studies*, 39(4): 285-294.

外部特征：体长 110-120 mm，宽 2.75 mm。体节数 110-117。口前叶上叶式。环带位 XIV-XVI 节，环状，节间沟不可见，无背孔，腹面具 3 条刚毛圈，每条具 8 根刚毛。刚毛短，11-12 在雄孔间。雄孔位 XVIII 节，约占 1/3 节周强腹面距离。XVII 节刚毛圈下方靠近 17/18 节间雄孔上具 2 对生殖乳突。受精囊孔 3 对，位 5/6/7/8 节间，有时 2 对，位 5/6/7 节间；VIII 节腹面具 1 对生殖乳突。雌孔单，位 XIV 节腹中央。

内部特征：隔膜 4/5 缺失。砂囊位 X 节。肠自 XV 节始扩大；盲肠位 XXVII-XXIII 或 XXVII-XXIV 节。心脏 4 对，末对位 XIII 节。精巢囊 2 对。前列腺葡萄状，只在 XVII-XX 节右侧，但其中一个样本的前列腺管状并盘绕在一起。受精囊 3 对，位 VI-VIII 节，扇形，具盲管，最后一对比前两对大；有时具 2 对受精囊，位 VI-VII 节，后对更大。

体色：在福尔马林溶液中浅苍白色。活体桃红色至灰白桃红色，尾部略淡，环带浅桃红色。

命名：本种依据模式产地台湾新竹新埔命名。

模式产地：台湾（新竹）。

模式标本保存：新竹教育大学。

中国分布：台湾（新竹）。

讨论：本种显著的特征是只有一个前列腺，不是对生，标本具管状扭曲的前列腺，前列腺的数量及结构已经开始退化。5/6/7 节间的受精囊小于 7/8 节间的，标本仅在左侧具 2 个受精囊，靠前部的受精囊小于后部的。其受精囊数量似乎也已经开始退化。本种雄孔附近具大的生殖乳突，且颜色与体色一致。

## 128. 清晰远盲蚓 *Amynthas limpidus* (Chen, 1938)

*Pheretima (Pheretima)limpida* Chen, 1938. *Contr. Biol. Lab. Sci. Soc. China (Zool.)*, 12(10): 405-407.

*Amynthas limpidus* Sims & Easton, 1972. *Biol. J. Linn. Soc.*, 4(3): 236.

*Amynthas limpidus* 徐芹和肖能文, 2011. *中国陆栖蚯蚓*: 138-139.

*Amynthas limpidus* Xiao, 2019. *Terrestrial Earthworms (Oligochaeta: Opisthopora) of China*: 152-153.

外部特征：体中等大。体长 150 mm，宽 6 mm。体节数 218。口前叶前上叶式。背孔自 12/13 节间始。环带前体节相当长，IX-XI 节特别长，自 XIV 节始短，自 XXX 节始更短，近末端极短（XVIII-XIX=XVII-XXIX 或=XXX-XXXIII）。环带位 XIV-XVI 节，无明显腺体，具短刚毛。刚毛细密，背腹间隔不明显，$aa=1.2ab$，$zz=1.5yz$；刚毛数：82（III），128（VI），142（VIII），98（XIX），96（XXV）；46（VI）、50（VIII）在受精囊孔间，22 在雄孔间。雄孔位 XVII 节腹面，约占 1/3 节周，孔在 1 小瘤突上。XVIII-XX 节刚毛圈前各具 1 对乳突，后 2 对近雄孔线，前对位腹中线两侧。受精囊孔 3 对，位 5/6/7/8 节间腹面，约占 3/8 节周，孔在 VI-VIII 节前缘的节间浅椭圆区。VII-VIII 节腹面具成对乳突，乳突位第 7-9 根刚毛前（图 122）。

内部特征：隔膜 8/9/10 缺失，5/6-7/8 甚厚，10/11-12/13 也厚，13/14 略厚。砂囊小而圆，位 X 节。肠自 XVI 节始扩大；盲肠小而简单，位 XXVII-XXV 节。心脏位 XI-XIII 节，首对缺失。精巢囊小，X 节的紧靠神经索，腹中部连接，可能不交通；XI 节的包裹着首对储精囊，背腹均交通。储精囊小，背叶长而光滑，约为囊的 2/5 大小。前列腺腺体部很小，前部长 3.5 mm；前列腺管长 4.2 mm，厚薄一致。副性腺小而无柄。受精囊 3 对，位 VI-VIII 节，主体长 3 mm；坛刮刀形，宽 1 mm；坛管薄而长；盲管较主体略长，管极薄且长；纳精囊长卵形（图 122）。

体色：全体肉白色。

模式产地：海南（万宁）。

中国分布：海南（万宁）。

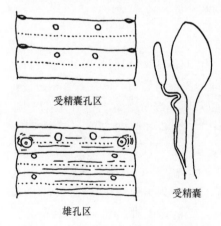

受精囊孔区

雄孔区

受精囊

图 122　清晰远盲蚓（Chen，1938）

## 129. 宏大远盲蚓 *Amynthas magnificus* (Chen, 1936)

*Pheretima magnifica* Chen, 1936. *Contr. Biol. Lab. Sci. Soc. China (Zool.)*, 11(8): 283-286.
*Amynthas magnificus* Sims & Easton, 1972. *Biol. J. Linn. Soc.*, 4(3): 236.
*Amynthas magnificus* 徐芹和肖能文, 2011. *中国陆栖蚯蚓*: 143-144.
*Amynthas magnificus* Xiao, 2019. *Terrestrial Earthworms (Oligochaeta: Opisthopora) of China*: 153-154.

外部特征：大型种类。体长 240 mm，宽 7 mm。体节数 124。口前叶 1/3 上叶式。背孔自 11/12 节间始，极小。环带位 XIV-XVI 节，但腺体不完整，具稀短刚毛，在发育过程中可能消失。刚毛在环带前体节显著，约等长，在腹中侧间隔略宽；$aa=1.5ab$，$zz=1.2yz$；刚毛数：61（III），67（VI），65（VIII），48（XII），32（XXV）；36（VI）、33（VIII）在受精囊孔间，9 在雄孔间。雄孔位 XVIII 节腹面，约

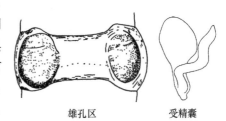

雄孔区　　　　受精囊

图 123　宏大远盲蚓（Chen，1936）

占 1/4 节周；雄孔被 1 新月形浅腔覆盖，紧靠腔中部各有 1 低平顶大乳突，乳突宽约 2 mm，其前后缘延伸至部分 XVII 和 XIX 节，2 乳突间距约为 2 mm（图 123）。受精囊孔 3 对，位 5/6/7/8 节间，各在 1 小乳突上，后对约占 1/2 节周，前 2 对分别向腹面移，第二对向腹面移距第三对 3 刚毛的距离，第一对向腹面移距第二对 2 刚毛的距离。无生殖乳突。

内部特征：隔膜 5/6-10/11 颇厚，6/7-9/10 最厚，11/12/13 较厚，余者均薄。心脏 4 对，位 X-XIII 节。砂囊位 IX 节，极小，少肌肉，软，在 8/9 隔膜前。肠自 XVI 节始扩大；盲肠简单，细圆，具环褶，前达 XXIII 节。前对精巢囊位 X 节，极窄连接；后对连合。储精囊位 XI 和 XII 节，小，但延伸至肠背侧附近，各具明显大背叶。前列腺小，位 XVII 和 XVIII 节；前列腺管短，中部厚；副性腺为大的低斑，无柄。受精囊 3 对，不发达，位 VI、VII 和 VIII 节；坛略圆形，长约 1 mm；坛管短而明显；盲管较主体略短，内端略窄（图 123）。

体色：背侧一般浅灰绿色，腹部灰白色。

命名：本种依据雄孔区浅腔中部具 1 低平顶大乳突而命名。

模式产地：重庆。

模式标本保存：曾存于国立中央大学（南京）动物学标本馆，疑遗失。

中国分布：重庆、四川。

## 130. 削割远盲蚓 *Amynthas muticus* (Chen, 1938)

*Pheretima (Pheretima) mutica* Chen, 1938. *Contr. Biol. Lab. Sci. Soc. China (Zool.)*, 12(10): 403-405.
*Amynthas muticus* Sims & Easton, 1972. *Biol. J. Linn. Soc.*, 4(3): 236.
*Amynthas muticus* 徐芹和肖能文, 2011. *中国陆栖蚯蚓*: 154.
*Amynthas muticus* Xiao, 2019. *Terrestrial Earthworms (Oligochaeta: Opisthopora) of China*: 154-155.

外部特征：大型种类。模式标本肢体残缺，宽 8 mm。背孔自 12/13 节间始。环带位 XIV-XVI 节，具腺体但不隆起，沿刚毛圈略白，刚毛几不可见。刚毛细而多，背腹间隔一致；$aa=1.2ab$，$zz=1.5yz$；刚毛数：73（III），92（VI），100（VIII），142（XIX），146

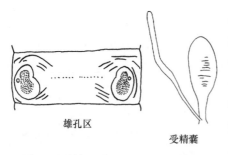

雄孔区

受精囊

图 124　削割远盲蚓（Chen，1938）

（XXV）；21（VI）、22（VII）在受精囊孔间，14 在雄孔间。雄孔位 XVIII 节腹面，约占 1/3 节周，每一个雄孔都在一个圆形的多孔体上，后者周围有一两个模糊的皮肤皱纹。一对大的卵圆形乳突（直径 0.6-0.8 mm）在 18/19 节间到雄孔的内侧，两乳突相距约 0.25 节周。雄孔外表不可见，孔在 1 蚕豆形大乳突外侧脊中部（图 124）。受精囊孔 3 对，位 5/6/7/8 节间腹面，约占 1/4 节周，孔浅，周缘腺状皮，其前后具 1 列腺皮，腺皮极不明显。无其他生殖乳突。

内部特征：隔膜 9/10 缺失，8/9 仅腹面膜状，5/6/7 较厚，10/11-13/14 等厚，7/8 略膜状。砂囊位 IX-1/2X 节，圆形，表面光亮。肠自 XV 节始扩大；盲肠简单，细长，位 XXVII-XXIV 节。精巢囊位 X 和 XI 节，前对宽，膜状连接。储精囊小，表面有小泡结节，宽约 1.5 mm，高 2 mm，背叶大。前列腺小，位 XVII-XIX 节，具长 "U" 形管，管外缘粗；副性腺不明显。受精囊 3 对，位 VI-VIII 节，小；坛卵形，暗白色，具短管，界线不明显；盲管较主体长，内端 4/5 宽，管细长；纳精囊无明显标记（图 124）。

体色：背侧栗褐色，腹面苍白色，刚毛圈白色。

命名：本种依据模式标本肢体残缺如同被削割而命名。

模式产地：海南（万宁）。

中国分布：海南（万宁）。

### 131. 奥氏远盲蚓 *Amynthas omodeoi* Zhao & Qiu, 2009

*Amynthas omodeoi* Zhao et al., 2009. *Jour. Nat. Hist.*, 43(17-18): 1031-1038.

*Amynthas omodeoi* 徐芹和肖能文, 2011. *中国陆栖蚯蚓*: 160.

*Amynthas omodeoi* Xiao, 2019. *Terrestrial Earthworms (Oligochaeta: Opisthopora) of China*: 155-156.

外部特征：体长 78 mm，宽 2 mm。体节数 123。口前叶 1/2 上叶式。背孔自 11/12 节间始。环带明显，位 XIV-XVI 节，环状，光滑，无背孔和刚毛。刚毛稀，排列均匀，$aa=$（1.8-2）$ab$，$zz=$（1-1.3）$zy$；刚毛数：24-26（III），26-27（V），30-36（XX），34-36（XXV）；7-9（VI）、14-15（VII）在受精囊孔间，5-6（XVIII）在雄孔间。雄孔位 XVIII 节腹面，约占 1/3 节周，孔在圆头形乳突顶部，周围环绕 1-2 圈皮褶，18/19 节间雄孔内侧具 1 对大卵圆形乳突（直径 0.6-0.8 mm），约占 1/4 节周。受精囊孔 3 对，位 5/6/7/8 节间腹面，约占 2/5 节周（图 125）。雌孔单，位 XIV 节腹部，卵圆形。

内部特征：隔膜 8/9/10 节缺，6/7/8 略厚，10/11-12/13 较其余略厚。砂囊位 IX-X 节，长桶状。肠自 XVI 节始扩大；盲肠简单，自 XXVII 节始，前伸达 XXIV 节，具 1 明显的腹叶，背缘光滑。心脏 3 对，位 XI-XIII 节，与食道上的血管相连，末对最大，X 节环血管的 1 对细长，与腹血管相连。精巢囊 2 对，位 X 和 XI 节，首对短粗。储精囊 2 对，位 XI 和 XII 节，首对更发达。前列腺极发达，位 XVII-XXIII 节，囊指状；前列腺管 "U" 形，外缘短粗。副性腺位 XVIII-XIX 节，颇发达，长 0.1-0.3 mm，裂叶状，管长绳状。受精囊 3 对，位 VI-VIII 节；坛卵圆形，顶部具 1 小尖；坛管细，约 2/3 坛长；盲管约为主体 3/5 长，外端 1/3 直，内端 2/3 呈"之"字形卷绕，形成纳精囊（图 125）。

体色：背部橄榄褐色，腹部无色，环带褐色。

命名：著名寡毛类学家 P. Omodeo 教授对蚯蚓分类学有重要贡献，本种特以其姓氏命名。

模式产地：海南（保亭）。

模式标本保存：上海自然博物馆。

中国分布：海南（保亭）。

生境：生活在海拔 1008 m 地区枯死树木下的棕壤中。

讨论：本种与似眼远盲蚓 Amynthas oculatus 在雄孔、生殖乳突、隔膜的特征方面相似。二者也都具有简单盲肠、极发达的前列腺和副性腺，受精囊盲管都是相同的"之"字形状。但依据受精囊孔很容易将二者区分开。本种在 5/6/7/8 节间具 3 对受精囊孔，但似眼远盲蚓仅在 5/6/7 节间具 2 对受精囊孔。本种的首对储精囊没有附在第二对精巢囊上，体长为 78 mm，约是似眼远盲蚓的 2 倍。本种背孔自 11/12 节间始，而似眼远盲蚓自 12/13 节间始。

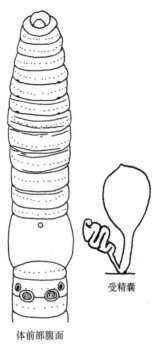

受精囊

体前部腹面

图 125　奥氏远盲蚓
（Zhao et al.，2009）

本种雄孔区的特征与短形远盲蚓 A. brevicingulus、清晰远盲蚓 A. limpidus 及削割远盲蚓 A. muticus 不同。

## 132. 多突远盲蚓 Amynthas papilliferus (Gates, 1935)

*Pheretima papillifera* Gates, 1935a. *Smithsonian Mis. Coll.*, 93(3): 13.
*Pheretima papillifera* Chen, 1936. *Contr. Biol. Lab. Sci. Soc. China (Zool.)*, 11(8): 300-301.
*Pheretima papillifera* Gates, 1939. *Proc. U.S. Nat. Mus.*, 85: 459-460.
*Pheretima papillifera* Chen, 1946. *J. West China Bord. Res. Soc.*, 16(B): 137.
*Amynthas papilliferus* Sims & Easton, 1972. *Biol. J. Linn. Soc.*, 4(3): 236.
*Amynthas papilliferus* 徐芹和肖能文, 2011. *中国陆栖蚯蚓*: 162.
*Amynthas papilliferus* Xiao, 2019. *Terrestrial Earthworms (Oligochaeta: Opisthopora) of China*: 156-157.

外部特征：体长 100-105 mm，宽 4-4.5 mm。体节数 103。口前叶 2/3 上叶式。背孔自 11/12 节间始。环带位 XIV-XVI 节，无明显标记，无刚毛。刚毛硕大，部分消失，II-III 节刚毛窝明显，IV 节少；$aa=1.5ab$，$zz=2yz$；刚毛数：36（VI），40（VIII），39（XII），40（XXV）；19（VIII）在受精囊孔间，12 在雄孔间。雄孔位 XVIII 节，孔在 1 矩形平顶乳突上，乳突略隆起。受精囊孔 3 对，位 5/6/7/8 节间腹面，约占 2/5 节周，孔浅，略近体节前缘（图 126）。XI-XIV 节腹面具成对生殖乳突。

内部特征：砂囊隔膜缺失，5/6 和 6/7 极厚。肠自 XV 节始扩大；盲肠简单，位 XXVII-XXIII 节，窄而长。末对心脏位 XIII 节。精巢囊位 X 和 XI 节，腹面分离。储精囊附着在精巢囊的背表面，或包含在囊内。前列腺完全，位 XVII-XIX 节或 XX 节；前列腺管长而弯曲；副性腺总状，无柄。受精囊 3 对，位 VI、VII 和 VIII 节；坛心形，

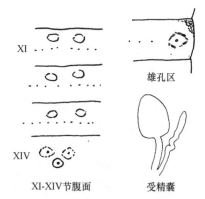

图 126　多突远盲蚓（Chen，1936）

与管分界明显；盲管较主体略短，有短的肌肉质柄和不规则的纳精囊，中部略钩状弯曲（图 126）。

体色：环带浅巧克力红色。

命名：本种依据 XI-XIV 节腹面具成对生殖乳突，生殖乳突相对较多的特点而命名。

模式产地：四川（雅安）。

模式标本保存：美国国立博物馆（华盛顿）。

中国分布：四川（雅安、峨眉山）。

讨论：本种与峨眉山远盲蚓 Amynthas omeimontis 交配腔不同。与舒脉腔蚓 Metaphire schmardae 区别于体型大，受精囊孔内陷，以及有生殖乳突存在。与阿迭腔蚓 Metaphire abdita 区别于表浅的雄孔，与结节远盲蚓 A. tuberculatus 的区别在于简单的盲肠，与夏威夷远盲蚓 A. hawayanus 的区别在于 XI-XIV 节上的生殖标记。

### 133. 丘疹远盲蚓 *Amynthas papulosus* (Rosa, 1896)

*Perichaeta papulosa* Rosa, 1896. *Ann. Civ. Mus. Sto. Nat. Genova*, 36: 525.

*Pheretima papulosa* Gates, 1935a. *Smithsonian Mis. Coll.*, 93(3): 18-19.

*Pheretima papulosa* Gates, 1972. *Trans. Amer. Philos. Soc.*, 62(7): 206-207.

*Amynthas papulosus* Sims & Easton, 1972. *Biol. J. Linn. Soc.*, 4(3): 236.

*Amynthas papulosus* 钟远辉和邱江平，1992. *贵州科学*，10(4): 40.

*Amynthas papulosus* Chang et al., 2009. *Earthworm Fauna of Taiwan*: 68-69.

*Amynthas papulosus* 徐芹和肖能文，2011. *中国陆栖蚯蚓*: 163.

*Amynthas papulosus* Xiao, 2019. *Terrestrial Earthworms (Oligochaeta: Opisthopora) of China*: 359-360.

外部特征：体长 41-75 mm，宽 3-5 mm。体节数 96-119。口前叶上叶式。背孔自 12/13 节间始。环带位 XIV-XVI 节，XIV、XV、XVI 节始终腹面具刚毛。刚毛"S"形或直；刚毛数：54-60（V），61（XI），60（XII），62-66（XIII），4-6（XVI），56-62（XIX）。雄孔位 XVIII 节，小，约占 1/4 节周。XVII-XIX 节腹中纬线前和后各具 1 行乳突，XVII 节腹中纬线前和后各具 2-3 行乳突，XVIII 节腹中纬线前和后各具 1 行乳突，XIX 节腹中纬线前具 1 行乳突，乳突小圆盘状。受精囊孔 3 对，位 5/6/7/8 节间腹面，占 1/4 节周。VII-IX 节刚毛圈前后的小盘有乳突，横向排列。雌孔单，位 XIV 节腹中部。

内部特征：隔膜 8/9/10 退化，5/6/7/8 厚，10/11-12/13 略厚。肠自 XVI 节始扩大；盲肠简单，位 XXVII-XXII 节。心脏位 X-XIII 节。精巢囊成对，位 X 和 XI 节。储精囊成对位 XI 和 XII 节。前列腺位 XVI-XXI 节；前列腺管粗，环形，长 3-4 mm。受精囊 3 对，位 VI-VIII 节；坛管细长，与坛等长，在体腔内突然变窄；盲管在体壁前具细弱短柄和环状纳精囊。副性腺具柄。

体色：保存的标本白色。活体粉红色。

命名：本种依据受精囊孔区乳突排列犹如丘疹而命名。

模式产地：苏门答腊。

模式标本保存：意大利热那亚博物馆。

中国分布：浙江、台湾、香港、云南（临沧）。

## 134. 豆形远盲蚓 *Amynthas phaselus* (Hatai, 1930)

*Pheretima phaselus* Hatai, 1930. *Sci. Rep. Tohoku Univ.*, 4: 659-661.
*Pheretima phaselus* Kobayashi, 1938b. *Sci. Rep. Tohoku Univ.*, 13: 410-411.
*Pheretima phaselus* Song & Paik, 1969. *Korean J. Zool.*, 12(1): 16.
*Amynthas phaselus* Xiao, 2019. *Terrestrial Earthworms (Oligochaeta: Opisthopora) of China*: 158-159.

外部特征：体长 100 mm，宽 5.5-6 mm。体节数 109。口前叶 1/2 上叶式。背孔自 12/13 节间始。环带位 XIV-XVI 节。刚毛自 II 节始，中等大小，有时 III-IX 节刚毛略大；腹刚毛比背刚毛排列紧密，大小相等；刚毛数：32-34（III），41-46（V），48-52（VI），50-56（VII），58-64（XVII），60-68（XX）；13-18 在受精囊孔间，13-14 在雄孔间。雄孔位 XVIII 节腹侧刚毛圈上，约占 1/4 节周；雄盘稍方形或蚕豆形，沿中线具 1 纵裂缝，该裂缝在中部向外弯曲；靠近 XVIII 节后侧常有一个生殖乳突。没有其他生殖乳突。受精囊孔 3 对，位 5/6/7/8 节间腹面，约占 1/4 节周，紧靠受精囊孔后面有 1 个生殖乳突（图 127）。雌孔单，位 XIV 节腹中部。

内部特征：隔膜发达，8/9/10 缺，5/6-7/8 和 10/11-12/13 略厚。砂囊球状，相当大，位 IX 和 X 节，前面有一稍膨大嗉囊。肠自 XV 节扩大；盲肠简单，圆锥状，边缘光滑，位 XXVII 节，向前延伸到 XXIV 或 XXIII 节。X 和 XI 节心脏包裹在相应环形精巢囊内。精巢囊环状，位 X 和 XI 节，前环的腹侧部分前伸进入 7/8 节间，后环也粗大。储精囊位 XI 和 XII 节，相对大，圆形，扁平，具明显收缩的小背叶，背叶浅黄色，主体白色，前对始终包裹在相应的精巢囊内；偶尔储精囊的位置有变。前列腺大，发育良好，再分横叶，位 XVI-XX 或 XXI 节，两侧的腺体部分背部几乎重叠；前列腺管短而粗，深"U"形，末端变厚。副性腺与乳突一一对应，表面呈圆形和颗粒状。受精囊 3 对，位 VII-IX 节，相当小；坛心形、长梨形或匙形，表面光滑，有时有横向皱褶；坛管粗而长，远端稍狭窄；盲管约 1/2 主体长，由细长的导管和内侧膨大部分组成，通常为亮白色（图 127）。

体色：保存标本背部暗栗色或紫巧克力色，背部前面部分暗，腹部苍白色或灰白色，环带浅褐色，刚毛圈略白。

命名：本种依据雄盘稍方形或蚕豆形而命名。

模式产地：日本。

中国分布：江苏（南京、无锡、苏州）、浙江（舟山、宁波、绍兴、杭州）、安徽（安庆、滁州）、江西（南昌、九江）、重庆（沙坪坝）。

讨论：本种与卡麦塔远盲蚓 *Amynthas kamitai* 非常接近，仅雄孔区有差异。

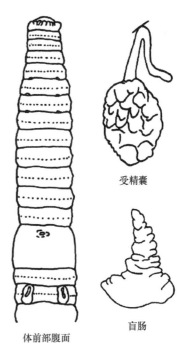

受精囊

盲肠

体前部腹面

图 127　豆形远盲蚓
（Kobayashi，1938b）

## 135. 邦杰远盲蚓 *Amynthas pongchii* (Chen, 1936)

*Pheretima pongchii* Chen, 1936. *Contr. Biol. Lab. Sci. Soc. China (Zool.)*, 11(8): 279-281.
*Pheretima pongchii* Sims & Easton, 1972. *Biol. J. Linn. Soc.*, 4(3): 236.
*Amynthas pongchii* 徐芹和肖能文, 2011. *中国陆栖蚯蚓*: 170.
*Amynthas pongchii* Xiao, 2019. *Terrestrial Earthworms (Oligochaeta: Opisthopora) of China*: 159-160.

外部特征：体长 100 mm，宽 5 mm。体节数 105。口前叶前上叶式。背孔自 12/13 节间始。环带位 XIV-XVI 节，光滑，无刚毛，与环带前或后 5 体节等长。刚毛明显，刚毛圈略隆起，环带前更显著；刚毛数：78（III），76（VI），78（VIII），70（XII），60（XXV）；32（VI）、34（VIII）在受精囊孔间，12 在雄孔间。雄孔位 XVIII 节腹面，约占 1/3 节周，孔在 1 隆起的锥形突上，具几条环脊，锥形突基部约为 XVIII 节长的 2/3，孔均外翻，无阴茎状结构（图 128）。受精囊孔 3 对，位 5/6/7/8 节间腹面，约占 1/2 节周，无其他生殖标志。

内部特征：隔膜 5/6-9/10 极厚，10/11/12 略厚，11/12 之后极薄。砂囊很小，具薄肌肉，位 8/9 隔膜前。肠自 XVI 节始扩大，栗褐色；盲肠简单，光滑细长，位 XXVII-XXIII 节，暗栗色。X 节的精巢囊很大，充满整个体节，背侧交通，腹面略收缩，也相连；XI 节精巢囊紧靠首对储精囊内表面，无明显囊壁，每囊腹侧具精子团，每囊在腹中部连接。输精管在 XII 节相接。储精囊颇大，前对位隔膜 11/12 前，几乎与精巢囊分不开；后对大，位 XIV-XV 节，隔膜 13/14 卡在囊中部，前后长约 3 mm，背叶大，在囊表面不显著，表面光滑苍白。前列腺仅位 XVI-XIX 节，具粗叶；前列腺管短，长约 2 mm，极细，具"U"形弯曲。受精囊 3 对，位 VI、VII 和 VIII 节；坛心形，具瘤状顶，常具横皱纹，宽约 1.4 mm；坛管内部颇宽，与坛分界略明显；盲管约与主体等长，其管短，长约 1 mm，宽 0.25 mm，内端 2/3 略膨大，充满精子，苍白色（图 128）。

体色：背侧略呈绿色，腹部灰白色，沿背中线略呈紫绿色。

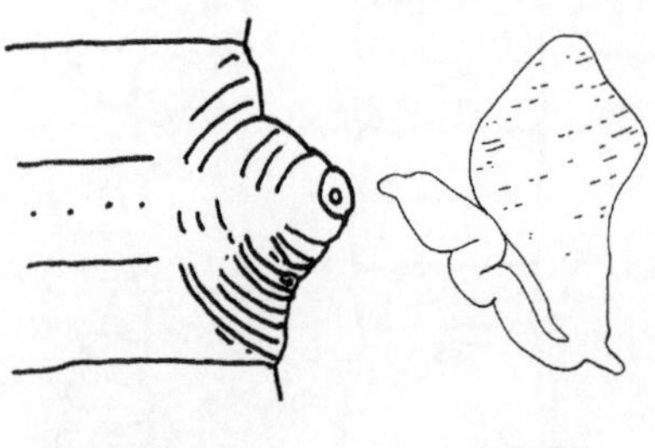

命名：本种为纪念陈邦杰对蚯蚓分类工作的支持与贡献，以其名字命名。

模式产地：四川（宜宾）。

模式标本保存：曾存于国立中央大学（南京）动物学标本馆，疑遗失。

中国分布：重庆（北碚）、四川（宜宾、乐山）。

讨论：本种在体型大小、刚毛和雄性器官特征方面与阿迭腔蚓 *Metaphire abdita* 相似。但本种雄孔区无生殖乳突、雄孔均外翻、无阴茎状结构等，与阿迭腔蚓明显不同。

雄孔区放大图　　　受精囊

图 128　邦杰远盲蚓（Chen，1936）

## 136. 残囊远盲蚓 *Amynthas proasacceus* Tsai, Shen & Tsai, 2001

*Amynthas proasacceus* Tsai et al., 2001. *Zoological Studies*, 40(4): 282-285.
*Amynthas proasacceus* Chang et al., 2009. *Earthworm Fauna of Taiwan*: 74-75.

*Amynthas proasacceus* 徐芹和肖能文, 2011. *中国陆栖蚯蚓*: 170-171.

*Amynthas proasacceus* Xiao, 2019. *Terrestrial Earthworms (Oligochaeta: Opisthopora) of China*: 160.

外部特征：体长 39-176 mm，宽 2.9-4.0 mm。体节数 57-106。环带前区，III 节后，各具 3 体环。口前叶背叶小，半圆形，厚，软，色白；腹叶大，厚，色白；口孔大。背孔自 11/12 节间始。环带位 XIV-XVI 节，长 1.4-2.5 mm，较宽略短。刚毛圈细小；刚毛数：30-40（VII），43-51（XX）；6-9 在雄孔间。雄孔 1 对，位 XVIII 节腹侧，孔圆形或卵圆形，表面光滑，略凸，中部有或无浅水平裂缝，孔周环绕 2-3 环褶，孔间距占 0.22-0.28 节周。环带后区无乳突（图 129）。受精囊孔不可见（3 对）。环带前无乳突。雌孔单，位 XIV 节腹中部。

内部特征：隔膜 5/6-7/8 厚，8/9/10 缺失，10/11-13/14 厚。砂囊圆桶状，位 VIII-X 节，色白。肠自 XV 节始扩大；盲肠成对，简单，自 XXVII 始，前伸达 XX、XXI 或 XXIII 节。心脏大，位 XI-XIII 节。精巢囊 2 对，位 XI 节或部分 X 节和 XII 节，圆形或三角形，淡黄色。储精囊对位 XI 和 XII 节，小，为不规则状囊，淡黄色，具 1 白色小卵圆形背叶。前列腺位 XVIII 节，大，葡萄状，淡黄色，前后伸达 XVI-XXI 节；前列腺管钩形，前列腺时有或缺，但具前列腺管。受精囊位 VI-VIII 节，数量和结构多变，6 个（3 对）、5 个、4 个或 2 个。正常的受精囊坛卵圆形，长 0.83-1.4 mm，具有细长的柄，柄长 0.86-1.3 mm；盲管小；纳精囊卵圆形（图 129）。

体色：在防腐液中背部灰桃红色，腹部灰褐色，环带淡灰棕色。

命名：本种被命名为"*proasacceus*"，以表明它与祖先形式无囊远盲蚓 *A. asacceus* 密切相关。

模式产地：台湾花莲和南投交界处合欢山。

模式标本保存：台湾特有生物研究保育中心（南投）。

中国分布：台湾（花莲、南投）。

讨论：本种在体型、体节数、刚毛数、体色、生殖乳突等方面与我国海南的无囊远盲蚓 *A. asacceus* 和琉球群岛的 *Amynthas pusillus*（无囊远盲蚓的同物异名）有相似的性状（Tsai et al.，2001）。两者均有生殖退化现象，但其生殖器官，如受精囊、储精囊和前列腺有不同程度的发育。本种通常有 3 对输精管，但有数量和大小减少的趋势，也有结构变形。而无囊远盲蚓无受精囊，这是受精囊退化的最后形式，无囊远盲蚓属污秽种组（Sims & Easton，1972；Easton，1981）。此外，本种有 1 对大的圆形孔突，但孔突边缘并没有到达 17/18 和 18/19 节间沟，而无囊远盲蚓的孔突边缘到达节间沟（Chen，1938；Ohfuchi，1957）。前者比后者更原始。

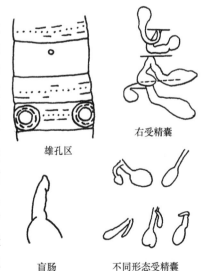

雄孔区　　右受精囊

盲肠　　不同形态受精囊

图 129　残囊远盲蚓（Tsai et al.，2001）

### 137. 洛氏远盲蚓 *Amynthas rockefelleri* (Chen, 1933)

*Pheretima rockefelleri* Chen, 1933. *Contr. Biol. Lab. Sci. Soc. China (Zool.)*, 9(6): 238-244.
*Pheretima rockefelleri* Gates, 1935b. *Lingnan Sci. J.*, 14(3): 454-455.
*Pheretima rockefelleri* Tsai, 1964. *Quar. Jour. Taiwan Mus.*, 17(1&2): 8-9.
*Pheretima rockefelleri* Sims & Easton, 1972. *Biol. J. Linn. Soc.*, 4(3): 236.
*Amynthas rockefelleri* 徐芹和肖能文, 2011. *中国陆栖蚯蚓*: 175-176.
*Amynthas rockefelleri* Xiao, 2019. *Terrestrial Earthworms (Oligochaeta: Opisthopora) of China*: 161-162.

外部特征：中等大小。体长 85-130 mm，宽 3-4.2 mm。体节数 108-142。口前叶 1/3-1/2 上叶式。背孔自 11/12 节间始。环带位 XIV-XVI 节，背面和侧面腺体层厚，隆起，光滑，结构均匀；腹面腺体少或常粗糙，常具不规则排列的沟纹，延伸至腹侧面；三节均具略粗大的刚毛，后部较前部多，6-8（XIV）、10-14（XV）、12-16（XVI），刚毛较其他体节略长。刚毛短而多，环带前密，环带后稀；环带前较长；刚毛数：38-54（III），58-70（VI），56-75（VIII），46-68（XII），52-62（XXV）；20-26（VI）在受精囊孔间，12-16 在雄孔间。雄孔位 XVIII 节腹侧刚毛圈上，约占 1/3 节周，孔在 1 直乳头状隆起上，周围包绕 1 深沟，沿中侧由几条环皱褶包绕，皱褶排列相当不规则；乳头状隆起始终具环绕的隆起皮，隆起区无刚毛。XVII 节后半部每侧具 1 大乳突，乳突在雄孔线或略靠向腹中部，大乳突之间常具 2 个小乳突，小乳突与大乳突相互平行或略靠前，但总在刚毛之后；小乳突圆形，时有 3-4 个，或一侧 2 个，或中部 2 个等变化，乳突中部平顶腺肿状，具圆窄边，其周围体壁略隆起，深褐色。XVII 节腹面长为 XVIII 节的 2 倍，但背面仅比 XVIII 节略长。受精囊孔 3 对，位 5/6/7/8 节间，约占 3/11 节周，常不明显，有时节间沟具 1 小暗孔突。VIII 节腹面常具 2 对生殖乳突，前对在最后 1 对受精囊孔内侧 *k* 或 *j* 毛前，后对比前对更靠近腹中线，位 *f* 或 *g* 毛后，有时全缺；当后对存在时，VIII 节腹侧比背侧长；有时 VII 节 *bc* 或 *ef* 毛后具 2 个类似乳突，偶有 1 个或 2 个在刚毛前，形状与 VIII 节相同，但略小（图 130）。

内部特征：隔膜 8/9/10 缺失，5/6/7/8 和 10/11/12/13 厚。砂囊位 IX 和 X 节，圆形，表面光滑。肠自 XVI 或 XVII 节始扩大；盲肠简单，位 XXVII-XXIV 或 XXIII 节，角形，背腹脊均光滑，或略皱褶。心脏 4 对，位 X-XIII 节，首对细长或发育不全，或缺失。精巢囊极大，腹面不交通。储精囊极小，具大背叶，表面瘤状突。多数情况下前列腺缺失，具 1 短环状管；副性腺大。受精囊 3 对，位 VI、VII 和 VIII 节，小，首对最小；坛卵形或梨形，表面光滑，有时仅为 1 大瘤突；坛管细长或粗短，与坛分界不显；盲管细长，长为主体之半，或长过主体，其内端 1/3 屈曲或直（图 130）。副性腺小。

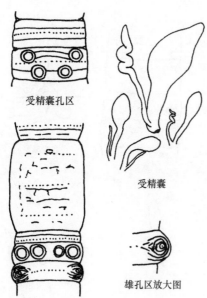

受精囊孔区

受精囊

雄孔区放大图

雄孔和环带区

图 130　洛氏远盲蚓（Chen，1933）

体色：保存液中环带淡巧克力色，余为苍白色。活体一般苍白色，前 5 或 6 体节粉红色，背中线浅绿色，环带后淡灰白色，后部苍白色或淡灰白色，腹部灰白色，环带淡白色或奶白色。

命名：本种以洛克菲勒和洛克菲勒基金会命名。

模式产地：浙江临海、天台、嵊州。

模式标本保存：美国自然历史博物馆。曾存于国立中央大学（南京）动物学标本馆。

中国分布：浙江（宁波、台州、绍兴）、福建（连江）、台湾（台北）、香港。

讨论：长期以来，本种一直被认为是丘疹远盲蚓 *A. papulosus* 的单性生殖形态，许多研究者将两者视为同物异名。但两者活体在颜色和体型上差异很大。

### 138. 石楠山远盲蚓 *Amynthas shinanmontis* Tsai & Shen, 2007

*Amynthas shinanmontis* Tsai et al., 2007. *Jour. Nat. Hist.*, 41(5-8): 358-362.

*Amynthas shinanmontis* 徐芹和肖能文, 2011. *中国陆栖蚯蚓*: 179-180.

*Amynthas shinanmontis* Xiao, 2019. *Terrestrial Earthworms (Oligochaeta: Opisthopora) of China*: 162-163.

外部特征：体中等大小。体长 86-187 mm，宽 2.53-5.19 mm。体节数 75-114。口前叶上叶式。背孔自 11/12、12/13 或 13/14 节间始。刚毛小，31-43（VII），38-55（XX），6-11 在雄孔间。雄孔位 XVIII 节腹侧面，占 0.2-0.28 节周，每孔在 1 卵圆形或盘状孔突上，周围环绕 1-5 卵圆形皮褶，褶前具平沟，形如眼状（图 131）。受精囊孔 3 对或缺，外表不显。环带前后区均无生殖标记。雌孔单，位 XIV 节腹中部。

内部特征：隔膜 8/9/10 缺，5/6/7/8 和 10/11/12/13/14 厚。砂囊位 IX-X 节，大。肠自 XV 或 XVI 节始扩大；盲肠自 XXVII 节始，简单，细长，前伸达 XXII-XXV 节。肾管束位 5/6/7 隔膜前面。心脏位 XI-XIII 节，大。精巢囊小，2 对，位 X 和 XI 节，或都在 XI 节。XII 或 XIII 节每侧有大而直的输精管，通入 XVIII 节前列腺管。储精囊 2 对，位 XI 和 XII 节，大小多变；正常囊大，囊泡表面桃红色，具 1 淡红色小背叶，占据一个完整体节；中等囊高，具 1 大背叶，约占整个体节之半；有时仅一侧具 1 大储精囊，或有时仅另一侧具 1 中等储精囊。前列腺大小也多变，正常或缺失；正常位 XVI-XVIII 节；退化者仅在 XVIII 节或 XVII-XVIII 节，或瘤状，或缺；前列腺管粗壮，"U" 形或盘绕；极少个体无左前列腺管，无左雄孔突。受精囊数量多变，3 对或全缺；3 对位 VI-VIII 节，或 VIII 节受精囊退化；或 VI-VIII 节仅在一侧，或 VI 或 VII 节仅另一侧具 1 单受精囊；或 2 对位 VI、VII 节和 VII、VIII 节；或 1 对位 VI 节；或 1 个位 VII 节；或全缺；大小与结构也多变，大、退化、瘤状或全缺，正常受精囊大，坛桃形，柄极短粗或几无柄，盲管具 1 小卵圆形纳精囊和细长柄；退化受精囊具 1 小退化坛和柄，无盲管；瘤状受精囊具 1 极小的退化坛和柄，无盲管（图 131）。环带前后区均无副性腺。

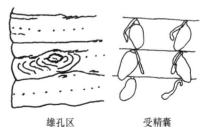

雄孔区　　　受精囊

图 131　石楠山远盲蚓
（Tsai et al.，2007）

体色：保存液中体前部和背部浅灰褐色，背中部深褐色，腹部浅褐色，环带浅到深褐色。

命名：本种依据模式产地台湾高雄石楠山命名。

模式产地：台湾（高雄）。

模式标本保存：台湾特有生物研究保育中心（南投）。

中国分布：台湾（高雄、台东）。

生境：生活在海拔 2000-2700 m 的公路边天然林间。

讨论：本种与简洁远盲蚓 Amynthas gracilis 有些类似，依据雄孔区的生殖乳突容易区别：本种生殖乳突缺，简洁远盲蚓雄孔刚毛圈后具 1 个或 2 个乳突，排成 1-2 排。

## 139. 棋盘远盲蚓 *Amynthas tessellates tessellates* Shen, Tsai & Tsai, 2002

*Amynthas tessellates tessellates* Shen et al., 2002. *Raf. Bul. Zool.*, 50(1): 2-7.

*Amynthas tessellates tessellates* Chang et al., 2009. *Earthworm Fauna of Taiwan*: 92-93.

*Amynthas tessellates tessellates* 徐芹和肖能文，2011. *中国陆栖蚯蚓*: 188-189.

*Amynthas tessellates* Xiao, 2019. *Terrestrial Earthworms (Oligochaeta: Opisthopora) of China*: 163-164.

外部特征：体长 52-85 mm，宽 2.4-3.4 mm。体节数 66-144。背孔自 11/12 节间始。环带位 XIV-XVI 节，长 1.7-2.9 mm，光滑，无刚毛。刚毛数：32-35（VII），35-42（XX）；8-10 在雄孔间。雄孔 1 对，位 XVIII 节腹侧，孔圆，周围具 2-3 个类似乳突，乳突周围环绕 2-3 条环褶；约占 0.28 节周。XVII、XVIII 和 XIX 节腹中部刚毛圈前各具若干小乳突，数量多变，可达 20 多个，时有缺失，数量无定式，或无。受精囊孔 3 对，位 5/6/7/8 节间，外表不显。VI、VII、VIII 和 IX 节腹中部刚毛圈前各具若干小乳突，数量多变，可达 20 多个，时有缺失，数量无定式；偶在刚毛圈后可见较少同样乳突（图 132）。雌孔单，位 XIV 节腹中部。

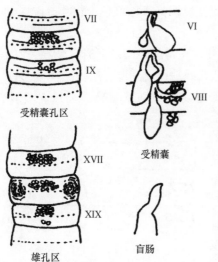

图 132　棋盘远盲蚓（Shen et al.，2002）

内部特征：隔膜 5/6/7/8 厚，8/9/10 缺失，10/11-13/14 颇厚。砂囊圆，位 IX 和 X 节，浅黄白色。肠自 XVI 节始扩大；盲肠成对，自 XXVII 节始，前伸达 XXIII 节，末端白色。心脏位 XI-XIII 节。精巢囊 2 对，位 XI 节。储精囊对位 XI 和 XII 节，浅黄色，各具圆背叶。前列腺位 XVIII 节，大，前后伸达 XVI 与 XX 节，囊状，表面光滑，淡黄白色；前列腺管"U"形，近端细长，与前列腺相通，远端膨大，与雄孔相通。受精囊 3 对，位 VI、VII 和 VIII 节；坛卵圆形，长约 1.27 mm，宽约 0.98 mm；坛管粗，长约 0.9 mm；盲管细长，远端膨大，为长约 0.98 mm 的纳精囊，白色；柄长约 1.1 mm（图 132）。副性腺圆，少量具短柄，多数无柄，排布在雄孔区与受精囊孔区刚毛圈前后，与体表乳突连接，数量多寡与乳突相同。

体色：保存标本背部白橄榄色，腹部灰橄榄色，环带深褐色。

命名：本种依据受精囊孔区和雄孔区生殖乳突排列的"棋盘"特征而命名。

模式产地：台湾（南投）。

模式标本保存：台湾特有生物研究保育中心（南投）。

中国分布：台湾（南投）。

生境：生活在海拔 700-3200 m 因渗流而湿润的相对自然的山坡。

讨论：本种在环带前 VIII 节有生殖乳突斑块，通常 VII 和 IX 节也有生殖乳突；环带后在 XVII、XVIII 和 XIX 节具若干小乳突。

## 140. 结节远盲蚓 *Amynthas tuberculatus* (Gates, 1935)

*Pheretima tuberculata* Gates, 1935a. *Smithsonian Mis. Coll.*, 93(3): 18.

*Pheretima tuberculata* Chen, 1936. *Contr. Biol. Lab. Sci. Soc. China (Zool.)*, 11(8): 302-304.

*Pheretima tuberculata* Gates, 1939. *Proc. U.S. Nat. Mus.*, 85: 494-497.

*Pheretima tuberculata* Chen, 1946. *J. West China Bord. Res. Soc.*, 16(B): 137.

*Amynthas tuberculatus* Sims & Easton, 1972. *Biol. J. Linn. Soc.*, 4(3): 236.

*Amynthas tuberculatus* 徐芹和肖能文, 2011. *中国陆栖蚯蚓*: 191-192.

*Amynthas tuberculatus* Xiao, 2019. *Terrestrial Earthworms (Oligochaeta: Opisthopora) of China*: 164-165.

外部特征：体长 72-100 mm，宽 4-5 mm。体节数 80-110。口前叶 1/2 上叶式。背孔自 12/13 节间始。环带位 XIV-XVI 节，光滑。III-IX 节刚毛粗疏，腹间隔不明显，$aa=1.1ab$；背间隔宽；$zz=2yz$；刚毛数：22-27（III），26-33（VI），32-38（VIII），33-52（XII），38-49（XXV）；10-13（VI）、13-14（VIII）在受精囊孔间，10-12 在雄孔间。雄孔 1 对，位 XVIII 节，孔在小圆乳突上，周围环绕有 4 个或 5 个小乳突（图 133）。受精囊孔 3 对，位 5/6/7/8 节间腹面，浅，约占 1/3 节周。生殖乳突颇小，位 VIII 节腹侧刚毛前，近 $b$ 和 $c$ 毛，或偶在 VII 节成对或不成对。

内部特征：隔膜 8/9/10 缺，均不肌肉质，5/6/7/8 和 10/11/2/13 的部分变厚。肠自 XV 节始扩大；盲肠位 XXVII-XXIV 节，毡帽状，腹面具约 8 个相当长的齿状盲突，几近等长。首对心脏小。精巢囊不成对，位 X 和 XI 节，腹部不连接。储精囊相当大，充满 XI 和 XII 节，在背血管上横向相连。前列腺具小叶，位 XVII-XXIII 节；副性腺具柄。受精囊 3 对；坛长约 2 mm；坛管短，易区别；盲管棍状，内端略扭曲而充盈，为纳精囊（图 133）。

模式产地：四川（宜宾）。

模式标本保存：美国国立博物馆（华盛顿）。

中国分布：四川（宜宾、乐山）。

生境：生活在海拔 300-1070 m 的地区。

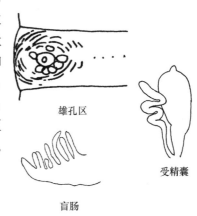

雄孔区

盲肠

受精囊

图 133 结节远盲蚓（Chen, 1936）

### 141. 王氏远盲蚓 *Amynthas wangi* Shen, Tsai & Tsai, 2003

*Amynthas wangi* Shen et al., 2003. *Zoological Studies*, 42(4): 489-490.
*Amynthas wangi* 徐芹和肖能文，2011. *中国陆栖蚯蚓*: 195-196.
*Amynthas wangi* Xiao, 2019. *Terrestrial Earthworms (Oligochaeta: Opisthopora) of China*: 165.

外部特征：体长 62 mm，宽 3.42 mm。体节数 70。口前叶上叶式。背孔自 11/12 节间始。VIII-XIII 和 XVII 节每节具 2-3 体环。环带位 XIV-XVI 节，光滑，无背孔，无刚毛，长 2.65 mm。刚毛数：34（VII），36（XX）；10（XVIII）在雄孔间。雄孔 1 对，位 XVIII 节腹面，约占 1/4 节周强，孔小，直径约 0.5 mm，横卵圆形，周围具略卵圆形环褶。XVII 节刚毛圈后左右各 1 排生殖乳突，每排 4 个乳突靠近刚毛圈；乳突圆，中央凹陷，直径 0.20-0.25 mm，4 个乳突直径约 0.87 mm。受精囊孔 3 对，位 5/6/7/8 节间腹面，约占 1/3 节周；每孔周围前部具 1 个乳突，后部具 1 个或 2 个乳突，乳突圆，中央凹陷，直径约 0.2 mm（图 134）。雌孔单，位 XIV 节腹中部。

内部特征：隔膜 8/9/10 缺，5/6-7/8 和 10/11/12 厚。砂囊位 XI 和 X 节，圆形。肠自 XV 节始扩大；盲肠自 XXVII 节始，前伸达 XXIV 节，表面略皱褶，短。心脏位 XI-XIII 节。精巢囊 2 对，位 X 和 XI 节，小，圆形。储精囊位 XI 和 XII 节，大。前列腺位 XVIII 节，向前达 XVI 节前部和 XXI 节后部；前列腺管"C"形，末端膨大。副性腺具柄，一个大腺或成对小腺，与乳突相通，柄长约 0.2 mm，头长 0.1-0.2 mm。受精囊 3 对，位 VI-VIII 节；坛大，长卵圆形，长 2.18-2.56 mm，宽 1.16-1.5 mm；坛管长 0.87-1.36 mm；盲管柄细长，长 0.78-1.13 mm；纳精囊卵圆形，长 0.25-0.65 mm（图 134）。副性腺柄长 0.25-0.65 mm，与受精囊孔周围的乳突相对应。

体色：在防腐剂中背部白橄榄色，腹部灰白色，环带浅褐色。

命名：为感谢王宇熙（Yushi Wang）博士早期对分类的贡献，特采用其姓命名。

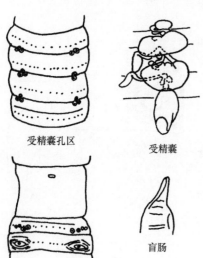

受精囊孔区

受精囊

雄孔区

盲肠

图 134　王氏远盲蚓（Shen et al., 2003）

模式产地：台湾（南投）。

模式标本保存：台湾特有生物研究保育中心（南投）。

中国分布：台湾（南投）。

生境：生活在海拔 2300 m 的山坡潮湿土中。

讨论：本种生殖乳突位于受精囊孔周围和 XVII 节，XVII 节具成对的副性腺，这些特征容易与夏威种组其他物种区分。

### H. 污秽种组 *illotus*-group

无受精囊孔。

国外分布：东洋界、澳洲界。

中国分布：湖北、四川、重庆、云南、海南、香港、台湾。

中国有 13 种。

## 污秽种组分种检索表

## 142. 宽突远盲蚓 *Amynthas amplipapillatus* Shen, 2012

*Amynthas amplipapillatus* Shen, 2012. *Jour. Nat. Hist.*, 46(37-38): 2274-2277.

*Amynthas amplipapillatus* Xiao, 2019. *Terrestrial Earthworms (Oligochaeta: Opisthopora) of China*: 166-168.

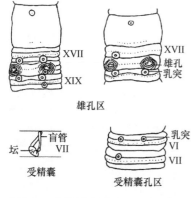

图 135　宽突远盲蚓（Shen，2012）

外部特征：小到中等大小。体长 67-101 mm，宽 2.97-3.9 mm。体节数 90-129。口前叶上叶式。背孔自 11/12 节间始。环带位 XIV-XVI 节，无背孔，XVI 节腹面具 0-12 根刚毛。刚毛数：44-61（VII），50-63（XX）；9-11 在雄孔间。雄孔 1 对，位 XVIII 节腹面，占 0.24-0.3 节周；每孔在 1 长横脊上，脊中央部分前后延伸。生殖乳突大，宽对，位 XVII 刚毛圈后和 XIX 节刚毛圈前，而偶尔 1 对在 XIX 节刚毛圈后。乳突数量和排列多变：1 对，只在 XVII 节刚毛圈后；或仅 1 个在 XVII 节左侧刚毛圈后；或 1 个在 XVII 节左侧刚毛圈后和 1 对在 XIX 节刚毛圈前；或 XVII 节右侧刚毛圈后 1 个和 XIX 节刚毛圈前 1 对；或 1 对在 XVII 节刚毛圈后，1 对在 XIX 节刚毛圈前和 1 个在 XIX 节刚毛圈后；或 XIX 节刚毛圈前后各 1 对。乳突圆，直径 0.4-0.8 mm，中央凹陷，略靠向雄孔突。偶尔另 1 对小生殖乳突紧靠雄孔突和 XVIII 节刚毛圈后部，每突圆，直径 0.35-0.45 mm，中央凹陷。受精囊孔缺。环带前区无生殖乳突，但偶尔在 VI 和 VII 节刚毛圈前有宽对乳突（图 135）。雌孔单，位 XIV 节腹中央。

内部特征：隔膜 8/9/10 缺，5/6/7/8 和 10/11/12/13/14 厚。砂囊大，圆形，位 VIII-X 节。肠自 XVI 节始扩大；盲肠简单，位 XXVII 节，前伸至 XXII-1/2XXV 节，略褶皱，末端直或弯。心脏位 XI-XIII 节。精巢小或大，2 对，位 X 和 XI 节；精巢囊腹连接。储精囊 2 对，位 XI 和 XII 节，小，占 1/2-2/3 体节空间，具 1 凸出而圆形或长卵圆形背叶。前列腺大小多变，正常位 XVI-XIX 节，或缺，小囊表面具裂叶；前列腺管"U"形，末端在 XVII-XVIII 节扩大，或短，位 XVIII 节，"C"形。副性腺垫状或蘑菇状，无柄或具宽 0.32-0.45 mm 的短柄，与外部生殖乳突相对应。无受精囊，或 VII 节左侧具 1 个受精囊，小；坛卵圆形，长 0.68 mm，宽 0.4 mm，具 1 长柄，柄长 0.7 mm；盲管具 1 小圆形纳精囊和 0.7 mm 长的细柄，盲管柄和受精囊柄等长（图 135）。

体色：保存样本背部和环带暗到浅灰褐色，腹部浅灰褐色。

命名：依据本种雄孔区大的、有宽对的生殖乳突特征而命名。

模式产地：台湾（花莲）。

模式标本保存：台湾特有生物研究保育中心（南投）。

中国分布：台湾（花莲）。

生境：生活在海拔 133-1170 m 的森林公路旁。

讨论：本种为我国台湾东部特有蚯蚓。在 XVII 节刚毛圈后有宽对生殖乳突，而偶尔 1 对在 XIX 节刚毛圈后。我国海南的变动远盲蚓 A. mutus 和四突远盲蚓 A. tetrapapillatus、我国四川的溪床远盲蚓 A. fluxus、日本的小孔远盲蚓 A. micronarius 和琉球群岛的 A. obtusus 等物种也有类似的乳突排列。小孔远盲蚓和 A. obtusus 都隶属于八囊种组，前者的刚毛数为 26-39（VII）和 33-51（XX）（Ohfuchi，1937），后者的刚毛数为 33-37（VII）和 43-50（XX）（Ohfuchi，1957）。溪床远盲蚓是六囊蚓，受精囊孔 3 对，位 5/6/7/8 节间，刚毛数为 73（VIII）和 70（XXV）（Chen，1946）。四突远盲蚓为细小种组，受精囊孔 1 对，位 5/6 节间背中线附近，体长 152-165 mm，刚毛数多，93-107（VII），86-102（XX）（全筱薇和钟远辉，1989）。本种很容易与上述 4 种区分。变动远盲蚓体长 50-80 mm，体节数 85-135，刚毛数为 41-68（VIII）和 32-44（XXV），这些特征与本种相似。但变动远盲蚓在雄孔后 XIX 节有 1 个小乳突，偶尔在 XVII 节有 1 个，受精囊孔位 5/6 节间背侧，心脏位 X-XIII 节（Chen，1938）。

## 143. 无囊远盲蚓 *Amynthas asacceus* (Chen, 1938)

*Pheretima (Pheretima) asaccea* Chen, 1938. *Contr. Biol. Lab. Sci. Soc. China (Zool.)*, 12(10): 382-383.
*Amynthas asacceus* Sims & Easton, 1972. *Biol. J. Linn. Soc.*, 4(3): 236.
*Amynthas asacceus* 徐芹和肖能文，2011. *中国陆栖蚯蚓*: 81.
*Amynthas asacceus* Xiao, 2019. *Terrestrial Earthworms (Oligochaeta: Opisthopora) of China*: 168.

外部特征：体长 35-60 mm，宽 2-2.5 mm。体节数 69-90。背孔自 12/13 节间始。环带位 XIV-XVI 节，无刚毛。刚毛无特殊粗大，背腹间隔略小，*aa*=1.2*ab*，*zz*=*zy*；刚毛数：38（III），42（VIII），37（XI），32（XVII），32（XXV）；1 在雄孔区腺垫，12 在雄孔间。雄孔位 XVIII 节，约占 1/3 节周，在一圆腺垫区中央，宽约 0.7 mm，色暗，扩展至相邻体节；雄孔在腺区中央，无其他生殖标记。受精囊孔缺失，此区无其他生殖标记。

内部特征：隔膜 8/9/10 缺，6/7/8 厚，5/6 薄但与 10/11/12 等厚。5/6-7/8 隔膜前面的绒毛状肾管厚；小肾管明显，隔膜肾管大。砂囊粗大，延伸至 X 和 1/2XI 节。肠自 XVI 节始扩大；盲肠简单，圆锥形，位 XXVII-XXV 节。首对心脏位 X 节。精巢囊小，位 X 和 XI 节，间隔宽。储精囊小，带状，延伸至隔膜 10/11 与 11/12 后面，各具 1 相当大的背叶。前列腺较发达，位 XVI-XXII 节，叶大；前列腺管长，盘绕。无明显的副性腺，前列腺管基部绒毛状结构较肾管略厚。卵巢与卵漏斗常态，无受精囊。

体色：一般灰白色，环带微红色。

模式产地：海南。

命名：本种依据无受精囊而命名。

中国分布：台湾、海南、四川（乐山）。

讨论：虽然个体性成熟，但没有任何受精囊痕迹。

## 144. 双线远盲蚓 *Amynthas bilineatus* Tsai & Shen, 2007

*Amynthas bilineatus* Tsai et al., 2007. *Jour. Nat. Hist.*, 41(5-8): 366-368.
*Amynthas bilineatus* Chang et al., 2009. *Earthworm Fauna of Taiwan*: 26-27.
*Amynthas bilineatus* 徐芹和肖能文，2011. *中国陆栖蚯蚓*: 86-87.
*Amynthas bilineatus* Xiao, 2019. *Terrestrial Earthworms (Oligochaeta: Opisthopora) of China*: 168-169.

外部特征：中等大小。体长 96-153 mm，宽 3.48-4.60 mm（环带）。体节数 89-104。VI-XIII、XVII 和 XVIII 节具 2 或 3 体环。口前叶上叶式。背孔自 11/12 节间始。环带位 XIV-XVI 节，光滑，无刚毛和背孔。刚毛数：44-52（VII），52-56（XX）；8 在雄孔间。雄孔位 XVIII 节腹侧面，约占 1/4 节周，每孔小，在表面，孔突周围环绕 3-4 环褶。XIX 节刚毛圈前具生殖乳突：时有 1 对，或仅左侧 1 个，或仅右侧 1 个，或全缺；每个乳突

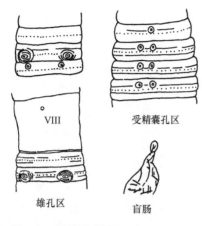

图 136　双线远盲蚓(Tsai et al., 2007)

圆，中央凹，直径 0.25-0.5 mm，紧靠刚毛圈。受精囊孔缺。VI-IX 节腹中部刚毛圈前具平行的 2 纵列生殖乳突，密生对，数量与位置多变；有时 VI 节仅左侧或仅右侧 1 个，有时 VII 节 1 对或仅右侧 1 个，有时 VIII 节 1 对或仅左侧 1 个，IX 节一般 1 对，偶尔 X 节具 1 对乳突；每个乳突圆，中央凹，直径 0.25-0.5 mm，紧靠刚毛圈（图 136）。雌孔单，位 XIV 节腹中部。

内部特征：隔膜 5/6-7/8 和 10/11-13/14 厚，8/9/10 缺。砂囊圆形，位 IX 和 X 节。肠自 XVI 节始扩大；盲肠自 XXVII 节始，简单，短，表面略皱褶，前伸达 XXVI 或 2/3XXIV 节（图 136）。心脏位 X-XIII 节，第二和第三心脏大。精巢囊对位 X 和 XI 节，均小而圆。储精囊对位 XI 和 XII 节，小，囊表面略皱褶，黄色，各具 1 卵圆形小背叶。前列腺对位 XVIII 节，褶皱，延伸至 XVII 和 XIX 节；前列腺管 "U" 形，占 XVII 和 XVIII 节两个体节，末端扩大。XIX 节具有具柄副性腺，与外部生殖乳突位置相当，各略分成 2 或 3 圆叶，柄长 0.24-0.31 mm。受精囊缺。环带前区具有具柄或几近无柄副性腺，与外部生殖乳突位置相当，具柄者柄长 0.26 mm。

体色：在保存液中环带前区浅桃红色，环带后区浅褐色，环带深褐色。

命名：种名双线（bi=双，lineatus=线）是依据受精囊孔区腹中部生殖乳突排列 2 纵行的特征而命名。

模式产地：台湾（南投仁爱东眼溪）。

模式标本保存：台湾特有生物研究保育中心（南投）。

中国分布：台湾（南投）。

生境：本种收集于东眼溪沿岸海拔 1000 m 的山地。

讨论：本种是无囊蚓，与台湾的合欢山远盲蚓 Amynthas hohuanmontis、香港的沈氏远盲蚓 A. sheni 和台湾东北部的栖兰远盲蚓 A. chilanensis 近似。本种在 VI-IX 节具对生、纵向的腹侧生殖乳突，易于与 VIII 节具单对生殖乳突的沈氏远盲蚓、生殖乳突缺失的栖兰远盲蚓和合欢山远盲蚓区分。而且本种在 XIX 节具 1 对腹侧部生殖乳突，XVIII 节生殖乳突缺失，而沈氏远盲蚓、栖兰远盲蚓和合欢山远盲蚓生殖乳突仅位于 XVIII 节，XIX 节生殖乳突缺。

**122. 链条远盲蚓 Amynthas catenus Tsai, Shen & Tsai, 2001 (参见 158 页)**

**145. 栖兰远盲蚓 Amynthas chilanensis Tsai & Tsai, 2007**

Amynthas chilanensis Tsai et al., 2007. *Jour. Nat. Hist.*, 41(5-8): 362-366.

Amynthas chilanensis 徐芹和肖能文, 2011. *中国陆栖蚯蚓*: 93-94.

Amynthas chilanensis Xiao, 2019. *Terrestrial Earthworms (Oligochaeta: Opisthopora) of China*: 169-170.

外部特征：体长 133-168 mm，宽 4.71-4.84 mm。体节数 88-116。口前叶上叶式。背孔自 11/12 节间始。刚毛数：32-35（VII），47-50（XX）；11-12 在雄孔间。雄孔位 XVIII 节腹侧面，孔间距占 1/4-1/3 节周；每孔在 1 卵圆形盘状孔突上具 1 中央凹陷的小圆形或略卵圆形生殖乳突，较雄突略小或相等，在刚毛圈上，紧靠孔突，周围环绕 3-4 卵圆形皮褶（图 137）。受精囊孔缺。环带前区无生殖乳突。雌孔单，位 XIV 节腹中部。

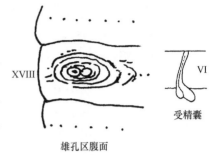

雄孔区腹面

图 137　栖兰远盲蚓（Tsai et al., 2007）

内部特征：隔膜 8/9/10 缺，5/6-7/8 和 10/11-13/14 厚。砂囊大，位 IX-X 节。肠自 XV 节始扩大；盲肠自 XXVII 节始，简单，基部宽，前伸达 XXIII 或 XXIV 节。肾管束位 5/6/7 隔膜前面。心脏位 X-XIII 节。精巢囊 2 对，位 X 和 XI 节；输精管粗短，在 XII 或 XIII 节相接形成 1 大的直输精管，与 XVIII 节前列腺管连接。储精囊 2 对，位 XI 和 XII 节，小（退化），表面桃红色，各具 1 大背叶，背叶浅红褐色或苍白色。前列腺对缺；前列腺管"U"形弯曲，末端扩大，银白色。无副性腺。卵巢对位 XIII 节，囊表面大。受精囊缺，有时 VI 节右侧具 1 退化囊；退化受精囊小，具 1 卵圆形坛和长直柄；盲管小，具 1 小卵圆形纳精囊和 1 短直柄，受精囊柄中部相连（图 137）。

体色：保存液中背部浅紫褐色，腹部浅褐色，环带深巧克力色。

命名：本种依据模式产地宜兰县栖兰而命名。

模式产地：台湾（宜兰）。

模式标本保存：台湾特有生物研究保育中心（南投）。

中国分布：台湾（宜兰）。

生境：生活在海拔 133-1325 m 的林间公路边。

讨论：根据蚯蚓的单性生殖分类（Gates，1956，1972），沈氏远盲蚓 Amynthas sheni 是栖兰远盲蚓 Amynthas chilanensis 的变种，是介于无受精囊和无末端突起之间的一类中间体。在陈义的描述中，香港的栖兰远盲蚓与沈氏远盲蚓很相似。然而沈氏远盲蚓是典型的无受精囊变种，具有发育良好的雄性生殖器官、前列腺、环带前生殖乳突和较大的副性腺。

Gates（1972）认为，与夏威夷远盲蚓（=简洁远盲蚓）或毛利远盲蚓相比，无受精囊的沈氏远盲蚓个体与窄环远盲蚓（=皮下远盲蚓）或壮伟远盲蚓更为相似。根据雄孔处生殖乳突的特征，可将沈氏远盲蚓与壮伟远盲蚓区分开来。沈氏远盲蚓每个孔突的内侧有 1 个单独的生殖乳突（不成对），与栖兰远盲蚓特征一致（Chen，1935a），而壮伟远盲蚓每个雄孔具 2 个生殖乳突，呈前后排列，其他生殖乳突对生（明显未位于内侧和不配对）（Gates，1972）。

比起壮伟远盲蚓和皮下远盲蚓，沈氏远盲蚓和栖兰远盲蚓的单性生殖形态与中国台湾的台北远盲蚓（=致异远盲蚓）（Tsai，1964）更为相似。沈氏远盲蚓和栖兰远盲蚓的雄孔结构及其生殖乳突位于雄孔突的内侧（接触），与中国台湾的台北远盲蚓（Tsai，1964）的结构相同（Chen et al.，1975）。但后者是六囊蚓，受精囊孔位 6/7/8/9 节间。另外，台北远盲蚓与沈氏远盲蚓的区别是前者的刚毛数量[46-52（VIII）和 61-63（XX）]高于后者[36-42（VIII）和 45-56（XXV）]，前者的前列腺管既长又卷曲盘绕，但后者的前列腺管呈"U"形。

### 146. 合欢山远盲蚓 *Amynthas hohuanmontis* Tsai, Shen & Tsai, 2002

*Amynthas hohuanmontis* Tsai et al., 2002. *Jour. Nat. Hist.*, 36(7): 757-765.
*Amynthas hohuanmontis* 徐芹和肖能文, 2011. *中国陆栖蚯蚓*: 124-125.
*Amynthas hohuanmontis* Xiao, 2019. *Terrestrial Earthworms (Oligochaeta: Opisthopora) of China*: 152.

外部特征：体长 73-113 mm，宽 3.41-4.40 mm（环带）。体节数 85-103。VI-XIII 节各具 3 体环。口前叶穿叶式。背孔自 12/13 节间始。环带位 XIV-XVI 节，长 2.47-5.34 mm，长宽比为 0.72-1.21，光滑，无背孔，无刚毛。刚毛数：32-41（VII），42-46（XX）；9-11 在雄孔间。雄孔位 XVIII 节腹面，占 0.26-0.29 节周；孔突小，乳突样或模糊，雄孔开口不可见，但各具 2 生殖乳突，1 位前部，1 位后部，或 3 个，1 前、1 后、1 侧面，周围具 4-6 环褶。乳突环形，中间平或者稍微凸起，直径 0.21-0.27 mm，周围具环褶；另外，雄孔区之间、刚毛圈后具 1 排乳突，1-3 个（通常 2 个），乳突与雄孔大小和结构相似（图 138）。受精囊孔无。环带前部无生殖乳突。雌孔单，位 XIV 节腹面中部。

内部特征：隔膜 5/6-7/8 相对较厚，8/9/10 缺，10/11-12/13 增厚。砂囊位 IX-X 节，圆形。肠自 XV 节始扩大；盲肠成对，位 XXVII 节，简单，表面稍微有褶纹，向前到 XXIV-XXII 节。食道心形，在 XI-XIII 节扩大。精巢 2 对，位 XI 节，或者前面 1 对在 10/11 节间（部分在 X 和 XI 节），后面 1 对在 XI 节，每对小，圆形或者椭圆形。储精囊位 XI 和 XII 节，对生，表面光滑或者卵泡样，黄色，每个有 1 个颗粒状背叶。前列腺发育不全，小，结节状或者缺，但前列腺管正常，大，"C"或者"S"形。副性腺圆形，有柄，与 XVIII 节生殖乳突相当。受精囊缺，环带以前副性腺缺。

体色：保存液中背部亮灰棕色，腹部亮灰色，环带黑棕色。

命名：本种依据模式产地台湾花莲合欢山而命名。

模式产地：台湾花莲县合欢山（海拔 3000 m）。

模式标本保存：台湾特有生物研究保育中心（南投）。

中国分布：台湾（南投，花莲）。

讨论：本种可能是单性生殖，雄性先熟。本种很容易从体型、孔突结构、生殖乳突的数量和排列方式、前列腺的大小等方面与污秽种组其他物种相区别。本种与香港的沈氏远盲蚓 *A. sheni* 在大小、生殖乳突和雄孔结构方面相似（Chen, 1935a），但本种在雄孔区有 2-3 个乳突，雄孔区之间、刚毛圈后具 1 排乳突，1-3 个（Chen, 1935a），环带前没有生殖乳突，前列腺小，仅残留，或缺；后者在 VIII 节有成对的乳突，前列腺正常且大（Chen, 1935a）。

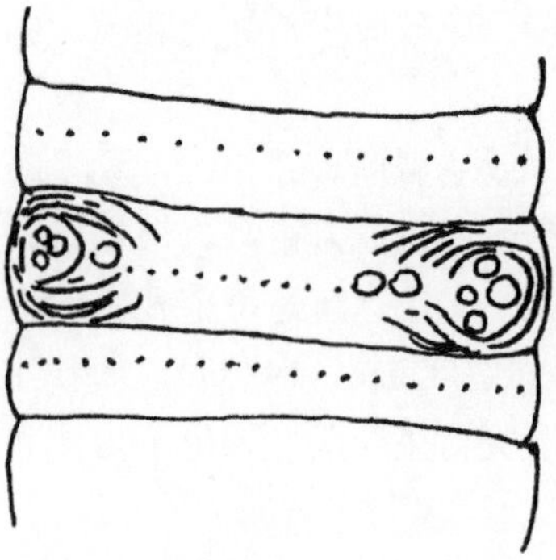

**雄孔区**

图 138　合欢山远盲蚓
（Tsai et al., 2002）

### 147. 污秽远盲蚓 *Amynthas illotus* (Gates, 1932)

*Pheretima illota* Gates, 1932. *Rec. Ind. Mus.*, 34(4): 397.

*Pheretima illota* Gates, 1972. *Trans. Amer. Philos. Soc.*, 62(7): 196.

*Amynthas illotus* Sims & Easton, 1972. *Biol. J. Linn. Soc.*, 4(3): 236.

*Amynthas illotus* 钟远辉和邱江平, 1992. *贵州科学*, 10(4): 40.

*Amynthas illotus* 徐芹和肖能文, 2011. *中国陆栖蚯蚓*: 128-129.

*Amynthas illotus* Xiao, 2019. *Terrestrial Earthworms (Oligochaeta: Opisthopora) of China*: 170.

外部特征：体长 149-160 mm，宽 5-6 mm。体节数 110-120。背孔自 12/13 节间始。环带位 XIV-XVI 节，环状，无背孔，无刚毛。刚毛自 II 节始，II 节仅背面与侧面存在；刚毛细密；刚毛数：16-17（II），18-20（XVII），18-19（XIX），94-103（XX）。雄孔 1 对，位 XVIII 节腹面，孔小，孔在略隆起的圆腺垫区，此区前后伸达 17/18 与 18/19 节间，此区中心部横卵形，由一细沟纹限定。生殖标记横向宽 11-13 个刚毛间距，比同一地点的其他物种的生殖标记更接近腹中。无受精囊孔。

内部特征：隔膜 9/10 缺失，8/9 仅腹面残遗，5/6-7/8 膜状，10/11/12 具肌肉，12/13 和 13/14 之后略薄，半透明状。肠自 XV 节始扩大；盲肠简单，自 XXVII 节始，前达 XXII 节。末对心脏位 XIII 节。精巢囊位隔膜 10/11 前面，中等大小，单，XI 节具 1 类似的囊。储精囊小，顶端深埋于 XI 和 XII 节，每囊具明显齿痕，或球形，背缘具裂叶。前列腺位 XVII-XXI 节，具 6-10 裂叶；前列腺管在体壁上弯曲成问号状，长 3-4 mm。无受精囊。

体色：背部浅灰色，环带淡红色。

命名：因其生活在粪堆中，故名。

模式产地：缅甸。

模式标本保存：印度博物馆。

中国分布：云南（普洱）。

生境：生活在粪堆中。

### 148. 不显远盲蚓 *Amynthas obsoletus* Qiu & Sun, 2013

*Amynthas obsoletus* Sun et al., 2013. *Jour. Nat. Hist.*, 47(17-20): 1144-1147.

*Amynthas obsoletus* Xiao, 2019. *Terrestrial Earthworms (Oligochaeta: Opisthopora) of China*: 170-171.

外部特征：大型远盲蚓。体长 118-143 mm，宽 3.8-5.2 mm。体节数 80-116，环带前可见体环。口前叶 1/2 上叶式。背孔自 11/12 节间始。环带位 XIV-XVI 节，圆筒状，隆肿，光滑，刚毛和背孔不可见，但背孔痕迹可见。刚毛粗长，特别是环带前；刚毛数：18-24（III），22-24（V），36（VIII），42-56（XX），46-60（XXV）；12-14 在雄孔间。雄孔 1 对，位 XVIII 节腹面，约占 1/3 节周，孔在中央隆起的皮垫上，圆锥形，具 2 或 3 环褶。雄孔旁具生殖乳突，最常见 1 个正中，1 个在前，数量多变。受精囊孔缺。VIII 节刚毛圈后具横排 3 乳突，乳突小，结节状，数量多变，或缺，或 1，或 2，或 3（图 139）。雌孔单，位 XIV 节腹中央。

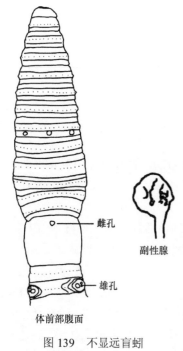

雌孔

副性腺

雄孔

体前部腹面

图 139 不显远盲蚓
（Sun et al.，2013）

内部特征：隔膜 8/9/10 缺，5/6/7 厚且肌肉质，10/11/12/13/14 略厚。心脏扩大，位 X-XIII 节。砂囊位 VIII-X 节，球形。肠自 XVI 节始扩大；盲肠简单，位 XXVII 节，前伸至 1/3XXIII 节。背腹缘均具 3 缺刻。精巢囊 2 对，位 X 和 XI 节腹面，相互分离。储精囊 2 对，位 XI 和 XII 节，不发达。前列腺位 XVII-XX 节，大，由三部分组成，中部指状叶，上下块状叶；前列腺管 "U" 形，末端明显扩大。前列腺管附近无副性腺。受精囊缺，VIII 节右侧具表面粗糙的心形具柄副性腺（图 139）。

体色：保存样本环带前背部浅灰色，环带后背部从浅灰色到浅褐色变化，背中线明显与背部其余部分颜色一致，腹部无色素或淡黄褐色，环带暗红色。

命名：本种依据其具发达的前列腺但没有受精囊的特征命名，描述为它的受精囊不显。

模式产地：海南（吊罗山）。

模式标本保存：上海自然博物馆。

中国分布：海南（吊罗山）。

生境：生活在海拔 915 m 的池塘附近草地褐砂土下面。

讨论：本种与合欢山远盲蚓 Amynthas hohuanmontis 相似。两种都不具受精囊，且体色、刚毛数、雄孔区相似。但本种比合欢山远盲蚓体型大，背孔自 11/12 节间始，而不是 12/13 节间；雄孔间距也比合欢山远盲蚓大；合欢山远盲蚓受精囊孔区无生殖乳突。本种前列腺正常而大，合欢山远盲蚓的前列腺发育不全，小或者缺；本种前列腺区无副性腺，合欢山远盲蚓此区副性腺圆形而具柄。

本种与无囊远盲蚓 Amynthas asacceus 也十分相似：雄孔间距、正常且发达的前列腺、前列腺附近无副性腺。但二者差异也较明显：本种比无囊远盲蚓体型大；本种背部浅灰色或浅褐色，腹部无颜色或淡黄褐色，无囊远盲蚓灰白色；本种具有生殖乳突，无囊远盲蚓无生殖乳突。

### 149. 沈氏远盲蚓 *Amynthas sheni* (Chen, 1935)

*Pheretima sheni* Chen, 1935a. *Bull. Fan. Mem. Inst. Biol.*, 6(2): 38-42.

*Amynthas sheni* Sims & Easton, 1972. *Biol. J. Linn. Soc.*, 4(3): 236.

*Amynthas sheni* 徐芹和肖能文，2011. *中国陆栖蚯蚓*: 179.

*Amynthas sheni* Xiao, 2019. *Terrestrial Earthworms (Oligochaeta: Opisthopora) of China*: 171-172.

外部特征：体长 120-160 mm，宽 5-7 mm。体节数 101-118。背孔自 11/12 节间始。环带位 XIV-XVI 节，环状，光滑，无刚毛。前端 II-VIII 刚毛粗。V 和 VI 节腹侧间隔大；刚毛数：20-22（III），22-24（VI），36-42（VIII），44-51（XII），45-56（XXV）；11-15 在雄孔间。雄孔 1 对，位 XVIII 节腹侧面，约占 1/3 节周，孔在卵圆形乳突上，常与 1 个居中的乳突相连，略在刚毛圈之后，被几个环脊包绕。雌孔位 XIV 节。受精囊孔缺失。

乳突成对（或常具 1 个，位于腹侧中央），位 VIII 节后部；常常仅 1 个，居刚毛圈前一侧，偶尔在 IX 节后部（图 140）。

内部特征：隔膜 8/9 极厚，9/10 缺失，5/6/7、10/11 等厚，7/8、11/12/13 同样厚。砂囊大，位 IX-X 节。肠自 XVI 节扩大；盲肠简单，位 XXVII 节，向前到 XXII 节，细长圆柱形，两侧光滑。心脏 4 对，首对位 X 节，粗大。精巢囊 2 对，位 X 和 XI 节，第一对圆形，中间狭窄连接，呈厚"V"形；第二对大小相似，但连接更广泛。储精囊位 XI 和 XII 节，通常很小，每个有 1 个明显的背叶。前列腺发育良好，位 XVI-XX 节，非常大，通常在背侧相连，表面上分为横裂片和腺；前列腺管相当长，"U"形弯曲，近端细长，远端相当粗壮。副性腺复合，具短而厚的茎。受精囊缺失。

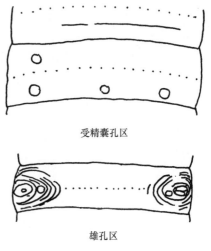

受精囊孔区

雄孔区

图 140　沈氏远盲蚓（Chen, 1935a）

体色：在乙醇中背侧褐色或暗栗色，前端背部紫巧克力色，腹部灰白色，环带褐色或暗巧克力色，刚毛圈灰白色或苍白色。

命名：为对沈嘉瑞先生给蚯蚓分类提供的帮助表示谢意，特命名为沈氏。

模式产地：香港。

模式标本保存：曾存于北京静生生物调查所标本馆，可能毁于战争。

中国分布：湖北、香港、四川（峨眉山）。

讨论：本种与秉氏远盲蚓 Amynthas pingi pingi 很相似。然而，有几点可以将其与后者区分开来。①秉氏远盲蚓背孔始于 12/13 节间，而本种始于 11/12 节间。②秉氏远盲蚓口前叶背侧比 II 体节宽，而本种口前叶与 II 体节等宽。③秉氏远盲蚓雄孔形状和大小与其他乳突相似；本种雄孔仅是皮肤的肿胀，比生殖乳突大得多，而生殖乳突较小，每侧不超过 1 个。④秉氏远盲蚓生殖乳突更多地位于受精囊孔区腹侧刚毛圈前，较大，杯状，中心腺体高突；而本种生殖乳突位于刚毛圈后，坛状、较小。⑤秉氏远盲蚓第一对心脏缺，但本种正常。⑥秉氏远盲蚓淋巴腺位于背血管，大，始于 XVI 节；但本种淋巴腺始于盲肠区。

## 138. 石楠山远盲蚓 *Amynthas shinanmontis* Tsai & Shen, 2007 (参见 173 页)

## 150. 娇小远盲蚓 *Amynthas tenellulus* (Gates, 1932)

*Pheretima tenellula* Gates, 1932. *Rec. Ind. Mus.*, 34(4): 398-401.

*Amynthas tenellulus* Sims & Easton, 1972. *Biol. J. Linn. Soc.*, 4(3): 237.

*Amynthas tenellulus* 徐芹和肖能文, 2011. *中国陆栖蚯蚓*: 187-188.

*Amynthas tenellulus* Xiao, 2019. *Terrestrial Earthworms (Oligochaeta: Opisthopora) of China*: 172-173.

外部特征：体长 77 mm，宽 3 mm。体节数 121。背孔自 13/14 节间始，但 12/13 节

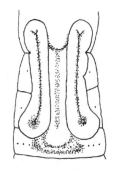

图 141　娇小远盲蚓
（Gates，1932）

间具 1 孔状标记。刚毛自 II 节始，II 节刚毛圈完整；刚毛圈无背腹间隔；XVII 节腹刚毛缺，XIX 节刚毛圈缺，为生殖标记的后端；XVIII 节具 3 根交配毛，XIX 节 8 根。环带环状，位 XIV-XVI 节，节间沟、刚毛、背孔缺失；XVII 和 XVIII 节腹中部生殖标记之间和 XIX 节前部，与环带表面颜色完全相同；环带腺肿连续，后部 XIX 节生殖标记之间为 1 窄条，XIX 节腺体区略宽，侧向延伸，后部与侧缘无明显轮廓。雄孔小，横裂缝或凹陷，在生殖标记后端；生殖标记细长，纵向，隆起，苍白色，各位于 1 界线明显的环沟，标记两端圆，中央直，侧缘凹，后端比前端略宽，两端比 XVII 节标记中部宽；每个标记前后从 18/19 节间延伸达 15/16 节间区，在 XVIII 节横宽约 8 刚毛距离；沿每个标记中央具 1 前后向沟，标记后部侧向弯曲通到雄孔；17/18 和 18/19 节间腹面无节间沟，而 17/18 节间似乎为生殖标记的延续（图 141）。雌孔单。无受精囊孔。

内部特征：隔膜 9/10、10/11 缺，5/6-7/8 肌肉质，11/12 薄，12/13-15/16 略厚，膜状。砂囊位 VIII-X 节，球形。肠自 XXI 节始扩大；盲肠简单，位 XXVII 节，前伸达 XVIII 节附近。IX 节左侧单血管连合，X 节心脏缺，末对心脏位 XIII 节；IX、XI-XIII 节所有心脏通入腹血管。V 和 VI 节具肾管团。XII 节储精囊较 XI 节的储精囊大，遮盖 XII 节背血管，将隔膜 12/13 推向使其与隔膜 13/14 接触，同时向前移位至隔膜 11/12；前对储精囊在隔膜 11/12 的前面。前列腺大，延伸到 XVII-XXIII 节；前列腺管长，延伸到 XVIII-XX 或 XXII 节，管弯曲成发夹状环，内侧纤细，远侧厚。受精囊缺失。

体色：无色素，环带淡黄色。

模式产地：缅甸。

模式标本保存：印度博物馆。

中国分布：云南（普洱）。

## 151. 变化远盲蚓 *Amynthas varians* (Chen, 1938)

*Pheretima (Pheretima) varians* Chen, 1938. *Contr. Biol. Lab. Sci. Soc. China (Zool.)*, 12(10): 385-389.

*Amynthas varians* Sims & Easton, 1972. *Biol. J. Linn. Soc.*, 4(3): 236.

*Amynthas varians* 徐芹和肖能文，2011. *中国陆栖蚯蚓*: 194-195.

*Amynthas varians* Xiao, 2019. *Terrestrial Earthworms (Oligochaeta: Opisthopora) of China*: 173-174.

外部特征：体长 15-130 mm，宽 1-4 mm。体节数 78-148。口前叶 1/3 上叶式。背孔自 12/13 节间始。环带位 XIV-XVI 节，环状，腹侧光滑或不规则腺状，尤其是具乳突时具不规则排列的腺体，多数情况下刚毛可见。刚毛细密，分布均匀，环带前更多；第一体节始终具刚毛，数同第二体节；$aa$=（1.1-1.2）$ab$，$zz$=1.5$yz$；刚毛数：45-76（III）、52-90（VI），54-96（VIII），40-54（XXV）；21-40 在受精囊孔间，8-16 在雄孔间。雄孔 1 对，位 XVIII 节腹面，约占 1/3 节周，每孔在锥形孔突上，孔突顶端具阴茎状结构，长约 0.5 mm。XV-XVIII 或 XIX 节常具生殖乳突，尤其是 XVII 节，很少全无，乳突小而多，横排可达 14 个，常为 6-10 个，排列在刚毛前后；少数情况下 XVII 节雄孔线刚毛前仅具 2 个大乳突；有时 XVII 节少，XV 和 XVI 节多一些，XVIII 节无。受精囊孔 1 对，位 5/6 节间，或有时 2 对，位 5/6/7 节间，不规则排列，或全缺，约占 1/2 节周弱；均为节间的 1 裂缝，其后侧具半月形瓣，有时极显著，常不显。VII 和 VIII 节常具类似小乳突，且多（图 142）。

内部特征：隔膜 8/9/10 缺失，5/6-7/8 极厚且富肌肉，10/11/12 略厚。砂囊圆形，位 IX 和 X 节，表面无光泽。肠自 XVI 节始扩大；盲肠简单，位 XXVII-XXV 节。第一对心脏很小，位 X 节，隐藏在精巢囊内。储精囊很小，第一对包绕在第二对精巢囊内。精巢囊位 X 和 XI 节，第一对腹面窄连合。当雄孔明显时，输精管与其前列腺管相连，若雄孔不存在，

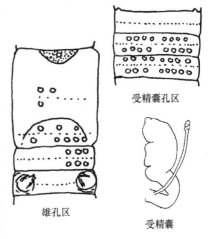

受精囊孔区

雄孔区

受精囊

图 142　变化远盲蚓（Chen，1938）

则输精管在 XV 节肿胀。大多数情况下无前列腺。副性腺腺体为小或大的块状，乳突与数个副性腺相连，腺体部分由小叶组成，包围在膜内，导管索状，相当长。受精囊大多数情况下小，主体长约 1 mm；坛心形，与坛管等长；盲管管状，或外侧 2/3 扩张（图 142）。副性腺与前列腺相似。

体色：一般灰白色，环带浅褐色。

命名：本种依据受精囊孔数量与生殖乳突数量经常变化的特征而命名。

模式产地：海南（保亭）。

中国分布：海南（保亭）、云南（普洱）。

讨论：这是一个非常多变的物种。许多特征在不同个体间不一致。雄性生殖道末端的阴茎状结构是本种较好的鉴定特征。孔突在数量和位置上多变：完全不存在，或只存在于一侧。受精囊孔数量多变：一对位 5/6 节间，2 对位 5/6/7 节间，或无。生殖乳突多变，或有许多小的，或只有 2 个大的，或缺。身体的大小各不相同。

小的和大的个体变化较大，但这两种形式有几个共同的鉴定特征：①第一节有刚毛，②雄孔和阴茎状结构，③受精囊孔的位置，④扩大的精巢囊包裹储精囊和心脏。

## 152. 活跃远盲蚓 *Amynthas vividus* (Chen, 1946)

*Pheretima vivida* Chen, 1946. *J. West China Bord. Res. Soc.*, 16(B): 123-124.

*Amynthas vividus* Sims & Easton, 1972. *Biol. J. Linn. Soc.*, 4(3): 237.

*Amynthas vividus* 徐芹和肖能文, 2011. *中国陆栖蚯蚓*: 195.

*Amynthas vividus* Xiao, 2019. *Terrestrial Earthworms (Oligochaeta: Opisthopora) of China*: 174-175.

外部特征：体长 80 mm，宽 4 mm。体节数 78。口前叶 1/2 上叶式。背孔自 11/12 节间始。环带位 XIV-XVI 节，完整，光滑。刚毛细而均匀，$aa$ =1.1$ab$，$zz$=1.2$zy$；刚毛数：26-28（III），28-35（VI），34-42（IX），30-40（XXV）；10 在雄孔间。雄孔位 XVIII 节腹侧，约占 1/2 节周；孔在 1 矩形腺斑上，周围包绕几条同心环脊，环脊间具 1 小乳突（图 143）。受精囊孔常缺失，或 2 对，位 6/7/8 节间，约占背侧 2/7 节周，在 VII 节

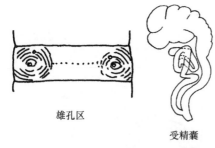

雄孔区

受精囊

图 143　活跃远盲蚓（Chen, 1946）

具 1 小乳突，无其他生殖标记。

内部特征：隔膜 8/9 膜状，9/10 缺失，余者均薄，几无肌肉，10/11-13/14 与前同薄。砂囊长，桶状，位 IX 和 X 节。肠自 XV 节始扩大；盲肠简单，长，背缘利齿状，前伸达 XXIII 节。储精囊发达，第二对延伸至 XIII 节，各具 1 显著背叶。精巢囊也发达，前对间隔宽，后对基本如此，但不确定是否交通。前列腺大，位 XVI-XXI 节；前列腺管 "S" 形弯曲。副性腺无柄。受精囊有或无；若有，2 对，位 VII 和 VIII 节，坛为不规则囊，坛管长为坛长的 2 倍；盲管仅前对有，内端卷曲，较主体长；纳精囊无标记（图 143）；副性腺 3 叶与单乳突相连，无柄，具索状管。

体色：背部淡红紫色，腹部除前 5 节均苍白色，环带巧克力褐色，刚毛圈淡白色。

模式产地：重庆（南川）。

模式标本保存：曾存于中研院动物研究所（重庆），疑遗失。

中国分布：湖北（利川）、重庆（南川）。

生境：生活在大河坝上瀑布下道旁。

讨论：本种与 *Metaphires chmardae* (Horst, 1883)在生活状态下非常一致，抓在手里的时候很容易断裂。与窄环远盲蚓 *A. diffringens* 在刚毛、生殖乳突、盲管等性状上有差别。

### I. 乳突种组 *mamillaris*-group

受精囊孔 2 个，不成对，位 VI 和 VII 节。

国外分布：东洋界、澳洲界。

中国分布：海南。

中国有 1 种。

### 153. 乳突远盲蚓 *Amynthas mamillaris* (Chen, 1938)

*Pheretima (Pheretima) mamillaris* Chen, 1938. *Contr. Biol. Lab. Sci. Soc. China (Zool.)*, 12(10): 413-414.
*Amynthas mamillaris* Sims & Easton, 1972. *Biol. J. Linn. Soc.*, 4(3): 244.
*Amynthas mamillaris* 徐芹和肖能文, 2011. *中国陆栖蚯蚓*: 144.
*Amynthas mamillaris* Xiao, 2019. *Terrestrial Earthworms (Oligochaeta: Opisthopora) of China*: 175-176.

外部特征：体长 70-95 mm，宽 2.2-2.5 mm。体节数 156-165。口前叶上叶式。背孔自 11/12 节间始。环带位 XIV-XVI 节，环状，无刚毛。刚毛细，背腹分布均匀，环带前数量更多；刚毛数：50-64（III），70-96（VI），40-48（XXV）。雄孔 1 对，位 XVIII 节腹面，间距约 1 mm；各在中侧面 1 隆起的卵圆形皮上，表面光滑，高，与其周围皮肤区分明显；隆起从 XVII 和 XVIII 节侧面开始，而至腹中部收敛，收敛角即为雄孔所在部位，这些隆起在未成年蚯蚓中也明显。受精囊孔 2 个，不成对，位 VI 和 VII 节腹中线刚毛前，位于刚毛圈与节间中部，在 1 个隆起的乳突状脊的横窝内（图 144）。

内部特征：隔膜 8/9 缺失，9/10 极薄，5/6-7/8 极厚，具肌肉，10/11/12 膜状。砂囊桶状，位 X-1/2XI 或 X-XI 节，大。肠自 XVI 节始扩大；盲肠简单，位 XXVII-XXV 节。心脏 3 对，位 XI-XIII 节。精巢囊发达，位 X 和 XI 节，第一对位隔膜 9/10 后面，位置紧密，腹中部收缩和连通；第二对更宽连接，位隔膜 11/12 前面。储精囊大，位 XI 和 XII 节，后对几乎延伸到 XIV 节；背叶 1/4 大。前列腺粗裂片，位 XVII-XIX 节；前列腺管短，内侧稍弯曲，外侧不太增厚。受精囊 2 个，不成对，位 VI 和 VII 节，靠近腹神经索；坛囊状，圆，与坛管长无明显区别，长约 1 mm；盲管较主体长，长约 2.4 mm，无明显纳精囊（图 144）。

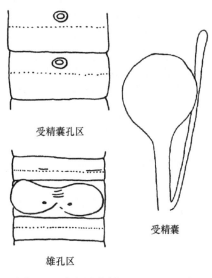

受精囊孔区

雄孔区

受精囊

图 144 乳突远盲蚓（Chen，1938）

体色：一般苍白色，环带浅灰白色。

命名：本种依据受精囊孔在隆起的乳突状脊的横窝内而命名。

模式产地：海南。

中国分布：海南。

## J. 细小种组 minimus-group

受精囊孔 1 对，位 5/6 节间。

国外分布：东洋界、澳洲界。

中国分布：湖北、重庆、四川、贵州、海南。

中国有 13 种。

### 细小种组分种检索表

1. 受精囊孔位于背部·······························································································2
   受精囊孔位于腹部·······························································································3
2. 受精囊孔间距约占 1/6 背面节周·······················四突远盲蚓 Amynthas tetrapapillatus
   受精囊孔间距约占 2/5 腹面节周····························泥美远盲蚓 Amynthas limellus
3. 雄孔位 XIX 节腹面，孔在 1 圆乳突上，乳突周围具同心环脊，明显。XIX-XXI 节腹中部具 3 个或有时 4 个乳突，但多数情况下，雄孔前 XVIII 节上 1 个，雄孔后 XX 节上 1 个乳突；此区有时也无任何乳突。受精囊孔 1 对，或全无。VI 节刚毛前 1 对乳突，间隔约 7 根刚毛；或偶在 V 节；或位于受精囊孔区中部，或无·································婴孩远盲蚓 Amynthas infantilis
   雄孔位 XVIII 节腹面···························································································4
4. 环带前和环带后无乳突·······················································································5
   环带前和/或环带后有乳突·····················································································7
5. 雄孔位于耳状乳突上······························壳突远盲蚓 Amynthas conchipapillatus
   雄孔不位于耳状乳突上·························································································6
6. 雄孔在 2 个半环形小沟的中部，半环形小沟位于 1 个较大的梨形腺垫之中，腺垫的前部较窄且低，后部较宽而厚·································双沟远盲蚓 Amynthas bisemicircularis

## 154. 双沟远盲蚓 Amynthas bisemicircularis (Ding, 1985)

Pheretima bisemicircularis 丁瑞华, 1985. 动物分类学报, 10(4): 354-355.

Amynthas bisemicircularis 徐芹和肖能文, 2011. 中国陆栖蚯蚓: 87.

Amynthas bisemicircularis Xiao, 2019. Terrestrial Earthworms (Oligochaeta: Opisthopora) of China: 176-177.

　　外部特征：体长 61-94 mm，宽 2-2.5 mm。体节数 91-125。口前叶 1/2 上叶式。背孔自 12/13 节间始。环带位 XIV-XVI 节，指环状，无刚毛，无节间沟。刚毛细密，排列均匀；$aa$=1.4$ab$, $zz$=1.3$yz$；刚毛数：45-56（II）、62-70（VII）、51-73（XII）、51-67（XXI），6-7（V）在受精囊孔间。雄孔 1 对，位 XVIII 节腹面，孔在 2 个半环形小沟的中部，半环形小沟位于 1 个较大的梨形腺垫之中，腺垫的前部较窄且低，后部较宽而厚，其向后延伸的基部呈褶襞，整个腺区隆起较高，略呈椭圆形，腺垫所在体节略变厚。受精囊孔 1 对，位 5/6 节间，孔在 1 突起上，前后隆肿似眼睑，孔间距约占 1/7 节周，有时在突起的内侧还有 1 个乳突（图 145）。

　　内部特征：隔膜 8/9-9/10 缺失，5/6-7/8 较厚，10/11-11/13 较薄。砂囊呈球形。肠自 XVIII 节始扩大；盲肠简单，较细长，呈尖囊状，背腹缘光滑，位 XXVII-XXV 节。心脏 4 对，末对在 XIII 节。精巢囊 2 对，位 X 和 XI 节，较小，球形，彼此分离。储精囊位 XII 节，发达，背叶位于背后方。前列腺发达，呈扇状，分成许多不规则的小叶，位

XVI-XI 或 X 节；前列腺管较细，长约 2 mm，呈 "U" 形弯曲。受精囊坛呈长茄形，与坛管的分界线不甚明显，长 1 mm；坛管长 1.5 mm；盲管比主体长，长约 2.5 mm，较细，有 4 个弯曲，末端稍变粗为纳精囊，盲管与坛管在近基部内侧相通（图 145）。

体色：灰白色，微透明，前段淡褐色，环带红褐色。

命名：本种依据雄孔位于 2 个半环形小沟的中部这种形态特征而命名。

模式产地：四川（成都）、重庆（涪陵）。

模式标本保存：四川省科学研究院。

中国分布：重庆（涪陵）、四川（成都、宜宾）、贵州（赤水、铜仁）。

讨论：本种与海南远盲蚓 *Amynthas hainanicus* 较相似，但本种腺垫区不凹陷，似梨形，仅 1 对受精囊，与海南远盲蚓有明显区别。

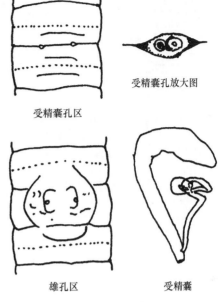

受精囊孔区　受精囊孔放大图

雄孔区　受精囊

图 145　双沟远盲蚓（丁瑞华，1985）

## 155. 壳突远盲蚓 *Amynthas conchipapillatus* Sun, Zhao & Qiu, 2010

*Amynthas conchipapillatus* Sun et al., 2010. *Zootaxa*, 2680: 28-30.

*Amynthas conchipapillatus* Xiao, 2019. *Terrestrial Earthworms (Oligochaeta: Opisthopora) of China*: 177-178.

外部特征：体长 42-49 mm，宽 1.5-2.0 mm。体节数 106-115。口前叶 1/2 上叶式。背孔自 12/13 节间始。XIII 节具体环。环带位 XIV-XVI 节，环状，隆起，腹面可见隆起的刚毛圈，但无刚毛，具背孔。刚毛环生，较密，$aa$=（1.2-2）$ab$，$zz$=1.3$zy$；刚毛数：40（III），54-64（V），50-52（VII），38-48（XX）；8（VI）在受精囊孔间。雄孔 1 对，位 XVIII 节腹侧的耳状乳突上，耳状乳突状如贝壳，凸起，表面光滑，两突间具 5 刚毛。受精囊孔 1 对，位 5/6 节间腹面，孔间距约占 1/5 节周（图 146）。雌孔单，位 XIV 节腹中央，椭圆形。

内部特征：隔膜 8/9/10 缺，5/6/7/8 厚，10/11/12/13 略厚。砂囊圆球形，位 IX-X 节。砂囊至 XX 节具黄色絮状物包被。心脏 4 对，第一对较细长，连于背血管；后 3 对在背侧连于肠血管。肠在 XV-XIX 节细，自 XX 节始扩大；盲肠简单，自 XXVII 节始，前伸达 1/3XXIV 节，背缘具 1 较大缺刻，腹缘光滑。精巢囊 2 对，位 X 和 XI 节；第一对发达，第二对具银白色金属光泽，2 对均在腹部分离。储精囊 2 对，位 XI 和 XII 节，前对较后对发达。前列腺位 XVII-XIX 节，薄，紧贴体壁，与体壁颜色相同；前列腺管呈倒 "U" 形，粗细均匀。受精囊 1 对，位 VI 节；坛心形或卵圆形；坛管与坛约等长，坛管上端较下端略粗；盲管较主体短 1/5，内端 1/4 为略膨大的纳精囊（图 146）。

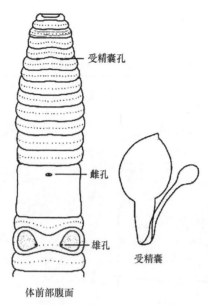

受精囊孔

雌孔

雄孔

受精囊

体前部腹面

图 146　壳突远盲蚓（Sun et al., 2010）

体色：体无色素，环带橘黄色。

命名：本种依据 XVIII 节腹侧的耳状乳突状如贝壳而命名。

模式产地：海南（吊罗山）。

模式标本保存：上海自然博物馆。

中国分布：海南（吊罗山）。

生境：生活在海拔 394 m 的芭蕉和乔木林下褐色沙质壤中。

讨论：本种外观与变动远盲蚓 *Amynthas mutus* 和婴孩远盲蚓 *Amynthas infantilis* 相似，在 5/6 节间都有 1 对受精囊孔。本种雄孔区特殊，耳状乳突如贝壳状，表面光滑；雄孔间距仅 5 刚毛距离，受精囊孔相距较近，前列腺小。变动远盲蚓在雄孔后的 XIX 节只有 1 个小乳突，偶尔在 XVII 节上也有 1 个与前者一致的小乳突，受精囊孔间距略长于 1/2 节周。婴孩远盲蚓雄孔区的乳突具有以下特征：XIX-XXI 节腹中部或腹侧具 3 个乳突，XVIII 和 XX 节雄孔前后分别有 1 个乳突，前列腺发育良好。

### 156. 蕈状远盲蚓 *Amynthas funginus* (Chen, 1938)

*Pheretima (Pheretima) fungina* Chen, 1938. *Contr. Biol. Lab. Sci. Soc. China (Zool.)*, 12(10): 389-391.
*Amynthas funginus* Sims & Easton, 1972. *Biol. J. Linn. Soc.*, 4(3): 236.
*Amynthas funginus* 徐芹和肖能文, 2011. *中国陆栖蚯蚓*: 117-118.
*Amynthas funginus* Xiao, 2019. *Terrestrial Earthworms (Oligochaeta: Opisthopora) of China*: 178.

外部特征：体长 50-65 mm，宽 2.5-3 mm。体节数 121-126。口前叶 1/3 上叶式。背孔自 12/13 节间始。环带位 XIV-XVI 节，腹面具刚毛，背孔可见。刚毛密而明显，$aa=1.2ab$，$zz=yz$；刚毛数：44-67（III），86-90（VI），90-96（VIII），51-65（XXV）；28-36（VI）在受精囊孔间，8-13 在雄孔间。雄孔 1 对，位 XVIII 节腹面，约占/3 节周，孔在 1 锥形隆起的孔突上，孔前方 XVII 与 XVIII 节之间具 1 大乳突或 2 个中等乳突。受精囊孔 1 对，位 5/6 节间腹面，约占 2/5 节周，孔突坛状；VI 节或有时 V 节腹中线附近刚毛圈后具 1 对乳突（图 147）。

内部特征：隔膜 8/9/10 缺失，5/6/7/8 厚，具肌肉，10/11-12/13 薄，但比其后者略厚。砂囊大，球形，位 X 和 1/2XI 节。肠自 XVI 节始扩大；盲肠简单，位 XXVII-XXIV 节，指状。首对心脏小，紧靠隔膜 10/11 前面。精巢囊 X 节大，囊状，中腹部窄

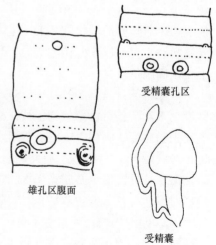

受精囊孔区

雄孔区腹面

受精囊

图 147　蕈状远盲蚓（Chen，1938）

连接，XI 节的宽连接。储精囊 XI 节的小，以长袋状包裹第二对精巢囊，XII 节的亦小。前列腺大，位 XVII-XIX 节；前列腺管长盘状，粗细一致；副性腺为圆片形，隆起，具白色腺体和索状短管。受精囊 1 对，位 VI 节；坛圆形或心形，壁厚；坛管与坛等长或 2 倍于坛长；盲管细长，约为主体长的 2 倍，内端 2/3 为纳精囊（图 147）。

体色：背腹侧均苍白色。

命名：本种依据受精囊形如蕈类而命名。

模式产地：海南（万宁）。

中国分布：海南（万宁）。

### 157. 婴孩远盲蚓 *Amynthas infantilis* (Chen, 1938)

*Pheretima (Pheretima) infantilis* Chen, 1938. *Contr. Biol. Lab. Sci. Soc. China (Zool.)*, 12(10): 392-394.

*Amynthas infantilis* Sims & Easton, 1972. *Biol. J. Linn. Soc.*, 4(3): 236.

*Amynthas infantilis* 徐芹和肖能文, 2011. *中国陆栖蚯蚓*: 130.

*Amynthas infantilis* Xiao, 2019. *Terrestrial Earthworms (Oligochaeta: Opisthopora) of China*: 179.

外部特征：体长 10-24 mm，宽 1-1.8 mm。体节数 58-82。口前叶 1/3 上叶式。背孔自 12/13 节间始。环带位 XIV-XVI 节，环状，无背孔。刚毛一致，环带前体节较密；$aa=2ab$，$zz=(1.5-2.0)yz$；刚毛数：37-45（III），48-55（V），50-70（VIII），35-44（XXV）；21（VI）在受精囊孔间，8-10 在雄孔间。雄孔位 XIX 节腹面，约占 1/3 节周，孔在 1 圆乳突上，乳突周围具同心环脊，明显。XIX-XXI 节腹中部或腹侧具 3 个乳突，或有时 4 个乳突，但多数情况下，雄孔前 XVIII 节上 1 个，雄孔后 XX 节上 1 个乳突；此区有时也无任何乳突。受精囊孔 1 对，位 5/6 节间腹面，占近 1/2 节周，外表几乎不可见，或全无。VI 节刚毛前 1 对乳突，间隔约 7 根刚毛；或偶在 V 节；或位于受精囊孔区中部，或无（图 148）。

内部特征：隔膜 8/9/10 缺失，5/6-7/8 极厚，10/11 和 11/12 略厚。砂囊大，位 VIII-1/2X 节。肠自 XV 节始扩大，XVI-XX 节窄，约在 XXI 节突然扩大；盲肠简单，位 XXVII-XXV 节。首对心脏不显。精巢囊中等大，各对在腹中侧不相通；有时极发达，背面相连并交通。储精囊位 XI 和 XII 节，发育不全，均为 1 窄索状系在各自隔膜后。前列腺极发达，位 XVI-XX 节；前列腺管细长，极曲，内端薄；副性腺为小叶。受精囊 1 对，位 VI 节，常全缺，若有，相当发达；坛长卵形；坛管细长，与坛等长；盲管较主体短，具 1 球形纳精囊，与细长管界线明显（图 148）。

体色：一般略灰白色，环带淡褐色。

命名：在描述记录本种时，当时认为其是环毛蚓中体型最小的，故命名为"婴孩"。

模式产地：海南。

中国分布：海南。

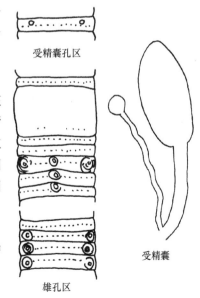

图 148　婴孩远盲蚓（Chen，1938）

讨论：在远盲蚓中这个物种较小。大多数标本大约长 10 mm 或稍长性成熟。它的特点是雄孔位 XIX 节。

### 158. 小肋远盲蚓 *Amynthas limellulus* (Chen, 1946)

*Pheretima limellula* Chen, 1946. *J. West China Bord. Res. Soc.*, 16(B): 127-129.
*Amynthas limellulus* Sims & Easton, 1972. *Biol. J. Linn. Soc.*, 4(3): 236.
*Amynthas limellulus* 徐芹和肖能文, 2011. *中国陆栖蚯蚓*: 137.
*Amynthas limellulus* Xiao, 2019. *Terrestrial Earthworms (Oligochaeta: Opisthopora) of China*: 179-180.

外部特征：体长 50-55 mm，宽 1.5-1.8 mm。体节数 90-117。口前叶前上叶式。背孔自 11/12 节间始。环带隆起，光滑，位 XIV-XVI 节，XVI 节腹面具短刚毛，环带长，与环带前 5 节或后 9 节等长。刚毛细，前端多，腹面密，$aa=1.2ab$，$zz=2yz$；刚毛数：44（III），58-73（VI），56（IX），36-38（XXV）；24-30（V）、29-33（VI）在受精囊孔间，10 在雄孔间。雄孔位 XVIII 节腹面，约占 1/3 节周，孔在 1 中部隆起的乳突中央。雄孔前方，XVII 节具 1 中部凹陷的大乳突。受精囊孔 1 对，位 5/6 节间腹面，约占 1/2 节周，孔在 1 眼状凹内，位 V 节后缘节间内（图 149）。

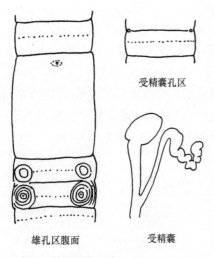

受精囊孔区

雄孔区腹面　　受精囊

图 149　小肋远盲蚓（Chen，1946）

内部特征：隔膜 9/10 缺失，5/6/7/8 厚而具肌肉，6/7 最厚，8/9 仅具腹面痕，10/11-11/12 薄且膜状。砂囊球状，相当大，位 1/2IX 和 X 节。肠自 XVI 节始扩大；盲肠简单，短耳状，位 XXVII 节，仅前达 XXV 节的一小部分。储精囊小，后对包裹在精巢囊内。精巢囊极发达，背连接，几近交通。前列腺大，粗叶状，位 XVI-XXII 节；前列腺管长约 1.2 mm，外端盘绕，内端屈曲。副性腺叶小，无柄。受精囊位 VI 节，主体长约 2 mm；坛卵形；坛管极长，约 1.3 mm；盲管为主体 2 倍长，内端之半弯曲为纳精囊（图 149）。

体色：一般苍白色，沿背中线淡褐色，环带栗色。

模式产地：重庆（沙坪坝）。

模式标本保存：曾存于中研院动物研究所（重庆），疑遗失。

中国分布：湖北（潜江）、重庆（沙坪坝、北碚）。

讨论：本种与在重庆地区记录到的泥美远盲蚓 *Amynthas limellus* 相似特征有口前叶、受精囊孔的位置、雄孔区的生殖乳突、精巢囊的特征。但本种的主要特征有：砂囊隔膜缺失，盲管为主体 2 倍长，雄孔不位于其各自的乳突侧面，没有浅交配腔；个体很小；刚毛较少；XVI 节的腹侧有刚毛；环带无乳突。

### 159. 泥美远盲蚓 *Amynthas limellus* (Gates, 1935)

*Pheretima limella* Gates, 1935a. *Smithsonian Mis. Coll.*, 93(3): 11-12.
*Pheretima limella* Chen, 1936. *Contr. Biol. Lab. Sci. Soc. China (Zool.)*, 11(8): 272-274, 299.
*Pheretima limella* Gates, 1939. *Proc. U.S. Nat. Mus.*, 85: 451-453.

*Pheretima limella* Chen, 1946. *J. West China Bord. Res. Soc.*, 16(B): 136.

*Amynthas limellus* Sims & Easton, 1972. *Biol. J. Linn. Soc.*, 4(3): 236.

*Amynthas limellus* 徐芹和肖能文, 2011. *中国陆栖蚯蚓*: 137-138.

*Amynthas limellus* Xiao, 2019. *Terrestrial Earthworms (Oligochaeta: Opisthopora) of China*: 152-153.

外部特征：体长 85-120 mm，宽 3-5 mm。体节数 106-110。口前叶前上叶式。背孔自 11/12 节间始，常不显。环带位 XIV-XVI 节，光滑，无刚毛。刚毛细而多，分布均匀；环带后 $aa=1.1ab$，$zz=1.2yz$；刚毛数：42-56（III），62-72（VI），64-75（VIII），60-75（XXV）；44-48（V）、44-49（VI）在受精囊孔间，14-18 在雄孔间。雄孔位 XVIII 节腹面，约占 1/3 节周，孔位于圆形平顶乳突中央，其侧面覆盖 1 眼状唇形皮瓣构成的浅腔，乳突部分或全部被覆盖，很少外翻，乳突中部具同心环脊。XVII 和 XVI 节腹面刚毛圈前雄孔线具成对杯形大乳突，XVI 节的常不稳定，偶不成对，很少全缺（图 150）。受精囊孔 1 对，位 5/6 节间背面，约占 2/5 节周，孔在 V 节背面节间小瘤突上。此区无其他乳突标志。

内部特征：隔膜 6/7-9/10 极厚且富肌肉，5/6 略厚，4/5 薄，10/11-11/12 略具肌肉。砂囊小，位 IX 节。肠自 XV 节始扩大。盲肠简单，位 XXVII-XXIII 节，背面具褶皱。心脏 4 对，位 X-XIII 节，首对相当大。精巢囊位 X 和 XI 节，前对合并，精漏斗几乎会合；后对腹面合并。储精囊中等或小，位 XI 和 XII 节，背叶占一半以上。前列腺中等大小，位 XVII-XIX 节；前列腺管短细，直接开口于上述乳突。受精囊 1 对，位 VI 节；坛相当大，心形，与坛管界线分明；坛管较坛长或相当短；盲管长度与形状多变，柄肌肉质，末端为细长的纳精囊，外侧环状，内侧卵形。副性腺无柄，为 1 圆片（图 150）。

体色：在福尔马林溶液中标本背侧浅灰绿色，沿背中线草绿色，腹部苍白，环带浅褐色。

模式产地：四川（宜宾）。

模式标本保存：美国国立博物馆（华盛顿）。

中国分布：重庆（北碚、沙坪坝、涪陵）、四川（成都、宜宾、乐山）。

生境：喜肥沃、潮湿而疏松的土壤。

讨论：本种和结缕远盲蚓 *Amynthas zyosiae* 的区别是本种隔膜 8/9/10 存在且肌肉质，有生殖标记存在。

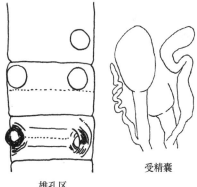

受精囊

雄孔区

图 150 泥美远盲蚓（Chen，1936）

## 160. 细小远盲蚓 *Amynthas minimus* (Horst, 1893)

*Perichaeta minima* Horst, 1893. *Zoologische Ergebnisse einer reise in Niederländisch Ost-Indien*: 28-77.

*Pheretima minima* Gates, 1972. *Trans. Amer. Philos. Soc.*, 62(7): 201-202.

*Amynthas minimus* Sims & Easton, 1972. *Biol. J. Linn. Soc.*, 4(3): 236.

*Amynthas minimus* Shen & Yeo, 2005. *Raf. Bul. Zool.*, 53(1): 21-24.

*Amynthas minimus* 徐芹和肖能文, 2011. *中国陆栖蚯蚓*: 149.

*Amynthas minimus* Xiao, 2019. *Terrestrial Earthworms (Oligochaeta: Opisthopora) of China*: 181-182.

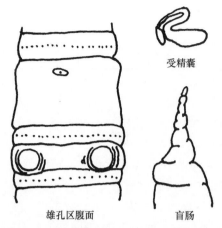

受精囊

雄孔区腹面　　　　盲肠

图 151　细小远盲蚓（Shen & Yeo，2005）

外部特征：体长 24-32 mm，宽 1.64 mm；体节数 81-90。口前叶上叶式。背孔自 12/13 节间始。环带位 XIV-XVI 节，无背孔，无刚毛，或 XVI 节腹面具 1-3 根刚毛，长 1.03 mm。刚毛数：58（VII），39（XX）；6-9 在雄孔间。雄孔 1 对，位 XVIII 节腹面，不显，约占 0.26 节周，孔圆，直径约 0.3 mm。环带前后均无乳突（图 151）。受精囊孔 1 对，位 5/6 节间腹面，约占 0.48 节周。雌孔单，位 XIV 节腹中部。

内部特征：隔膜 8/9/10 缺，5/6/7/8 和 10/11-13/14 略厚。砂囊位 IX 和 X 节。肠自 XIV 节始扩大；盲肠自 XXVII 节始，简单，长，前伸达 XXIII 或 XXIV 节。心脏位 X-XIII 节。精巢囊位 X 和 XI 节。储精囊位 XI 和 XII 节，首对含在精巢囊内。前列腺对位 XVIII 节，光滑，前后伸达 XVI 或 XVII-XIX 节；前列腺管大，“U”形；无副性腺。受精囊 1 对，位 VI 节；坛长卵圆形，长约 0.5 mm，宽约 0.27 mm，具 1 细长管，坛管长约 0.45 mm；盲管细长，长约 0.4 mm，末端为长卵圆形纳精囊，纳精囊长约 0.27 mm（图 151）。

体色：在防腐液中为灰白色，环带淡黄色。活体红色至红白色。

命名：本种依据体型小的特征而命名。

模式产地：印度尼西亚（爪哇）。

模式标本保存：荷兰莱顿博物馆。

中国分布：福建（泉州）、台湾。

讨论：本种为体型小的二囊蚓，属于远盲蚓属的细小种组（Sims & Easton，1972）。Gates（1942）描述的 *Amynthas humilis* 为一种小型蚯蚓，1 对受精囊位 VI 节，环带腹侧刚毛 6-12（XVI），但没有生殖标记。Gates（1961）发现 *Amynthas humilis* 的受精囊坛与本种相似，在检查夏威夷标本后，Gates（1961，1972）认为 *Amynthas humilis* 是本种的异名。

Easton（1981）认为结缕远盲蚓 *A. zyosiae* 和 *A. ishikawai* 均为本种的异名。本种与结缕远盲蚓在体型、体节数、雄孔孔突结构等外部形态上极为相似。然而结缕远盲蚓在 XV-XXII 节有更高的刚毛数，有更大的前列腺，位 XV-XXI 或 XXII 节，占据 6-7 体节；本种前列腺出现在 XVI 或 XVII-XIX 节（Gates，1961）。

## 161. 变动远盲蚓 *Amynthas mutus* (Chen, 1938)

*Pheretima (Pheretima) muta* Chen, 1938. *Contr. Biol. Lab. Sci. Soc. China (Zool.)*, 12(10): 391-392.

*Amynthas mutus* Sims & Easton, 1972. *Biol. J. Linn. Soc.*, 4(3): 236.

*Amynthas mutus* 徐芹和肖能文，2011. *中国陆栖蚯蚓*: 154-155.

*Amynthas mutus* Xiao, 2019. *Terrestrial Earthworms (Oligochaeta: Opisthopora) of China*: 182-183.

外部特征：体长 50-80 mm，宽 2.5-3 mm。体节数 85-135。口前叶 1/3 上叶式。背

孔自 12/13 节间始。环带位 XIV-XVI 节，无刚毛。刚毛一致，背侧密，背腹间隔均明显；刚毛数：35-54（III），38-70（VI），41-68（VIII），32-44（XXV）；30-42（VI）在受精囊孔间，9-10 在雄孔间。雄孔位 XVIII 节腹面，约占 1/3 节周，孔在 1 小平顶乳突上，围绕有几条同心环脊。雄孔后方，XIX 节具 1 坛状小乳突，偶在 XVII 节此线上有另一个乳突（图 152）。受精囊孔 1 对，位 5/6 节间背面，浅，间距略长于 1/2 节周。无其他生殖标记。

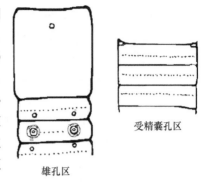

雄孔区　　受精囊孔区

图 152　变动远盲蚓（Chen, 1938）

内部特征：隔膜 8/9/10 缺失，5/6-7/8、10/11-12/13 均厚。砂囊位 1/2IX 和 X 节。肠自 XVI 节始扩大；盲肠简单，位 XXVII-XXV 节。心脏位 X-XIII 节。X 节精巢囊大，腹中部连接，不交通，常背面相通；XI 节的背腹均交通。XI 节储精囊小，包裹在精巢囊内；XII 节的也小，接触到隔膜 11/12。前列腺极发达，具粗叶，位 XVII-XX 节；前列腺管长，盘绕，粗细几乎一致；副性腺为 3 个或 4 个腺细胞小球，具索状管。受精囊 1 对，位 VI 节；坛大，略圆形或心形；坛管宽，较坛略短；盲管较主体略短；纳精囊枣形或卵形，管细长。

体色：背侧淡灰色，腹部与侧面苍白。

模式产地：海南（文昌）。

中国分布：海南（文昌）。

讨论：本种的精巢囊特征和受精囊孔位置与变化远盲蚓 A. varians 相似，但它与变化远盲蚓的明显区别在于：①第一体节上没有刚毛；②雄孔在一个平顶的乳突上。

## 162. 蝴蝶远盲蚓 *Amynthas papilio* (Gates, 1930)

*Pheretima papilio* Gates, 1930. *Rec. Ind. Mus.*, 32: 316-318.

*Amynthas papilio* Sims & Easton, 1972. *Biol. J. Linn. Soc.*, 4(3): 236.

*Amynthas papilio* Chen & Chuang, 2003. *Endemic Species Research*, 5(2): 89-94.

*Amynthas papilio* 徐芹和肖能文, 2011. *中国陆栖蚯蚓*: 161-162.

*Amynthas papilio* Xiao, 2019. *Terrestrial Earthworms (Oligochaeta: Opisthopora) of China*: 183-184.

外部特征：体长 40-90 mm，宽 2-6 mm。体节数 87-119。口前叶上叶式。背孔自 12/13 节间始。环带位 XIV-XVI 节，光滑，无背孔，无刚毛。刚毛数：37-41（VII），80（XX）；6-8 在雄孔间。雄孔位 XVIII 节腹面，孔间距约占 1/5 节周弱，雄孔区具类似蝴蝶翅状椭圆形皮垫，皮垫自 XVII 节前缘延伸至 XIX 节刚毛圈；孔突（乳突与雄突）在皮垫纵裂缝后端。受精囊孔 1 对，位 5/6 节间腹面，约占 1/5 节周强。V 节刚毛圈后、受精囊孔前具 1 对中央略凹的圆形乳突。雌孔位 XIV 节腹中央。

内部特征：隔膜 5/6/7 厚，8/9/10 缺失。砂囊位 IX-X 节，桃形，浅黄白色。肠自 XV 节始扩大；盲肠简单，位 XXVI-XXIV 节，表面皱褶。精巢囊 1 对，位 X 节，腹面小，不易见，浅黄白色。储精囊 2 对，位 XI 和 XII 节，大，浅黄白色，各具 1 裂叶状背叶。前列腺成对位 XVIII 节，大，向前延伸到 XV 节，向后延伸到 XXI 节；前列腺管

受精囊

图 153 蝴蝶远盲蚓
（Gates，1930）

长 2 mm，"L" 形。受精囊 1 对，位 VI 节；坛卵圆形，长约 1.5 mm，宽 0.7 mm；坛管与坛等长；盲管具 1 淡黄色长条纹的纳精囊，纳精囊长 0.7 mm；盲管柄长约 1.2 mm（图 153）。

体色：保存液中苍白色，环带浅黄色。

命名：本种依据雄孔区具类似蝴蝶翅状椭圆形皮垫特征而命名。

模式产地：缅甸（浪弄镇）。

模式标本保存：印度动物调查局。

中国分布：台湾（台北、新竹）。

讨论：比较从我国台湾、缅甸（Gates，1930，1972）和琉球群岛（Ohfuchi，1957）采集的蝴蝶远盲蚓，它们在大部分特征上都相似。Gates（1956）提到蝴蝶远盲蚓第一背孔在 5/6 节间，但后来更正为 12/13 节间（Gates，1972），我国台湾标本也类似。缅甸的蝴蝶远盲蚓受精囊孔 1 对，位 5/6 节间（Gates，1930，1972），来自琉球群岛的蝴蝶远盲蚓 1 对受精囊孔位 6/7 节间（Ohfuchi，1957）。Gates（1972）推测，由于受精囊孔位置的不同，琉球群岛（Ohfuchi，1957）的标本与缅甸的标本（Gates，1930）可能为不同的物种。我国台湾标本受精囊孔位 5/6 节间，与缅甸标本（Gates，1930）相似。

Gates（1932，1961，1972）将蝴蝶远盲蚓分为三个亚种：*A. papilio papilio*、*A. papilio insignis* 和 *A. papilio hiulcus*。根据雄孔、前列腺、盲肠和受精囊孔的特征，发现我国台湾的标本属于 *A. papilio papilio* 亚种，其分布点为缅甸（Gates，1930）。

## 163. 四突远盲蚓 *Amynthas tetrapapillatus* Quan & Zhong, 1989

*Amynthas tetrapapillatus* 全筱薇和钟远辉，1989. *动物分类学报*, 14(3): 273-277.
*Amynthas tetrapapillatus* 徐芹和肖能文，2011. *中国陆栖蚯蚓*: 189-190.
*Amynthas tetrapapillatus* Xiao, 2019. *Terrestrial Earthworms (Oligochaeta: Opisthopora) of China*: 184.

外部特征：体长 152-165 mm，宽 4.5-5 mm。体节数 128-136。V-VIII 节每节具 3-5 体环，环带后的中部体节多具 5 体环，后部体节无体环。背孔自 11/12 节间始。环带位 XIV-XVI 节，无刚毛。刚毛较细密均匀，$aa$=（1.2-1.5）$ab$，$zz$=（1.5-2）$yz$；刚毛数：82-88（III），93-107（VII），88-100（IX），89-93（XI），86-102（XX）；12-13 在受精囊孔间，9-10 在雄孔间。雄孔位 XVIII 节腹面较大的圆锥形突起上，孔间距占 1/4 节周，突起基部具 1-3 圈不完全的环纹。雄突内侧，17/18、18/19 节间沟上有 2 个较大的平顶乳突，乳突近长圆形，4 个乳突形状略不一致。受精囊孔 1 对，位 5/6 节间背面，近背中线，孔间距约占 1/6 节周；孔横裂缝状，在 1 小圆形乳突上，此乳突位 VI 节前缘，向前伸达节间沟（图 154）。

内部特征：隔膜 8/9/10 缺失、5/6/7/8 很厚，富肌肉，10/11/12 较厚，12/13/14 比前 3 节的略薄，14/15 后膜状。砂囊球状，表面光滑。肠自 XV 节始扩大，盲肠简单，背腹缘光滑，位 XXVII-XXV 节。心脏位 X-XIII 节，前 2 对被精巢囊覆盖。IX 节内富体壁小肾管，X 节无，XI 节后每 1 体节内的体壁小肾管较多。精巢囊位 X 和 XI 节内，第一对呈长条块状或肝叶状，在腹中线相接，但不连通；第二对呈宽扁块状，亦左右相接而不连通，并包被着第一对储精囊和 XI 节的心脏，外有 1 薄膜包被着。储精囊位 XI

和 XII 节内，长条形，背叶明显，卵圆形。前列腺发达，位 XVII-XX 节，分为 2 大叶，每叶再分数小叶；前列腺管粗细较一致，或中段稍粗，呈"Z"形弯曲，腺管入体壁处的前后，体壁小肾管较密集。受精囊 1 对，呈心形或近心形，长 1.8-2.0 mm，基部宽 1.2-1.5 mm；坛与坛管界线明显，坛长约 1.2 mm；盲管比主体稍短或与主体等长，管与纳精囊相接处略弯曲；纳精囊卵圆形，盲管从坛管基部通入（图 154）。

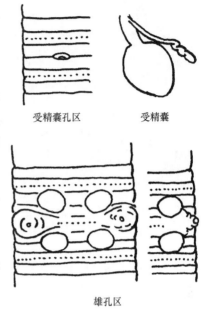

受精囊孔区　　　受精囊

雄孔区

图 154 四突远盲蚓
（全筱薇和钟远辉，1989）

　　体色：在福尔马林溶液中浅栗色，背腹较一致。

　　命名：本种依据两雄孔区的 4 个大乳突特征而命名。

　　模式产地：海南（尖峰岭）。

　　模式标本保存：中国林业科学研究院热带林业研究所生态室。

　　中国分布：海南（尖峰岭）。

　　生境：生活在热带原始森林。

　　讨论：本种受精囊 1 对，位 5/6 节间；受精囊坛心形，纳精囊卵圆形；第一对储精囊包被在第二对精巢囊内等特征与变动远盲蚓 *Amynthas mutus* 相似。但本种受精囊孔位于近背中线；雄孔内侧，17/18、18/19 节间沟上有 2 个较大的、近似长圆形乳突，与变动远盲蚓有明显区别。

## 151. 变化远盲蚓 *Amynthas varians* (Chen, 1938) (参见 186 页)

## 164. 伍氏远盲蚓 *Amynthas wui* (Chen, 1935)

*Pheretima wui* Chen, 1935b. *Contr. Biol. Lab. Sci. Soc. China (Zool.)*, 11(4): 109-113.

*Amynthas wui* Sims & Easton, 1972. *Biol. J. Linn. Soc.*, 4(3): 236.

*Amynthas wui* 徐芹和肖能文, 2011. *中国陆栖蚯蚓*: 196-197.

*Amynthas wui* Xiao, 2019. *Terrestrial Earthworms (Oligochaeta: Opisthopora) of China*: 184-185.

　　外部特征：体长 50 mm，宽 2 mm。体节数 98。口前叶 1/2 上叶式。背孔自 12/13 节间始。环带位 XIV-XVI 节，略腺肿，背部与侧面无刚毛，每节具 5-8 根刚毛。刚毛分布一致，各节刚毛约等数，背腹间隔大小无异；刚毛环带前 $aa=1/5ab$，环带后 $aa=ab$；刚毛数：50（III），62（VI），58（VIII），40（XXV）；22（V）、24（VI）在受精囊孔间，8 在雄孔间。雄孔位 XVIII 节腹面，约占 1/3 节周，每孔在 1 略隆起的小乳突上，孔周淡白色，小孔突由 2 条或 3 条明显环脊环绕。XVII 节腹面刚毛圈后有 1 对生殖乳突，较雄孔位更向腹中线；另有不成对乳突，刚毛线后 1 个，紧靠后对中 1 个。受精囊孔 1 对，位 5/6 节间腹面，占近 1/2 节周，每孔在 1 明显隆起的小乳突上，周围无其他生殖标记（图 155）。

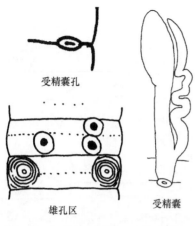

受精囊孔

雄孔区　　　　受精囊

图 155　伍氏远盲蚓（Chen，1935b）

内部特征：隔膜 8/9/10 缺失，4/5 极薄，5/6 厚，6/7/8 非常厚，10/11/12 较 6/7 与 7/8 略薄，余者膜状。砂囊大，球状，光滑，位 1/2IX 和 X 节。肠自 XVI 节始扩大；盲肠短，圆锥状，位 XXVII-1/2XXV 节；无盲突。心脏 4 对。精巢囊密生对，短索状连接且交通。储精囊小而长，背半部长。前列腺位 XVII-XIX 节，约占 2 体节，具长叶；前列腺管很长，粗细几近一致；副性腺具 4-7 根长管。受精囊 1 对，位 VI 节；坛长锥形；坛管较坛长；盲管与主体约等长，其外端大部分约 2 次 "之" 字形弯曲（图 155）。

体色：在福尔马林溶液中背腹均灰白色，背部颜色略深。

命名：为感谢伍献文在提供蚯蚓物种样本方面的贡献而命名。

模式产地：福建（厦门）。

模式标本保存：曾存于国立中央大学（南京）动物学标本馆，疑遗失。

中国分布：福建（厦门）。

讨论：在某些方面，本种与缅甸发现的 *Amynthas nugalis* 相似，主要表现在：①体型，②受精囊孔的位置和特征，③隔膜、盲肠等特征。但本种与后者在许多特征，如受精囊的形态、第一背孔的位置、是否存在环带刚毛、刚毛的特征、在受精囊孔之间的刚毛数，以及雄孔区方面存在差异。

**259. 结缕远盲蚓 *Amynthas zyosiae* (Chen, 1933) (参见 297 页)**

## K. 毛利种组 *morrisi*-group

受精囊孔 2 对，位 5/6/7 节间。

国外分布：东洋界、澳洲界。

中国分布：江苏、浙江、福建、重庆、四川、贵州、湖北、云南、海南、香港、台湾。

中国有 35 种。

### 毛利种组分种检索表

1. 受精囊孔位于背侧·····································································································2
   受精囊孔位于腹侧·····································································································3
2. 受精囊孔约占 1/4 背面节周；18/19 节间雄孔后具 1 对大圆盘状乳突·····························
   ··························································似眼远盲蚓 *Amynthas oculatus*
   受精囊孔更靠近背中线。VI-VII 节的前边缘表面看起来像一个椭圆形凹陷；XVII 节后和 XIX 节后各具 1 对乳突·······························································盘曲远盲蚓 *Amynthas sinuosus*
3. 环带前后均无乳突·····································································································4

## 165. 壁山远盲蚓 *Amynthas bimontis* Shen, 2014

*Amynthas bimontis* Shen et al., 2014. *Jour. Nat. Hist.*, 48(9-10): 499-501.

外部特征：体长 48 mm，宽 1.41-1.51 mm（环带）。体节数 101。口前叶上叶式。背孔自 12/13 节间始。环带位 XIV-XVI 节，环状，长 1.23-1.63 mm，无背孔，腹侧具刚毛，2（XIV），4（XV），4（XVI）。刚毛数：32-34（VII），30-34（XX）；5-6 在雄孔间。雄孔 1 对，位 XVIII 节腹面，雄孔在直径 0.3-0.35 mm、不明显的中央凹陷圆孔突上，占 0.18-0.19 节周。正对每个雄孔突侧面具 2 个生殖乳突：一个在前侧，另一个在后侧。受精囊孔 2 对，位 5/6/7 节间，占 0.29-0.3 腹面节周。环带前区无生殖乳突（图 156）。雌孔位 XIV 节腹中央。

内部特征：隔膜 8/9/10 缺，5/6/7/8 和 10/11/12/13/14 厚。砂囊大，位 VIII-X 节。肠自 XVI 节始扩大；盲肠位 XXVII 节，简单，前伸至 XXIV-XXV 节。肾管丛位隔膜 5/6/7 前面。心脏位 XI-XIII 节。精巢小，卵圆形，2 对，位 X 和 XI 节，腹连接。储精囊小，发育不全，2 对，位 XI 和 XII 节，前对占所在体节之半到 2/3，而后对占所在体节之半。前列腺大，位 XVI-XXI 或 XVI-XXII 节，褶皱且具裂叶；前列腺管长，在 XVIII 或

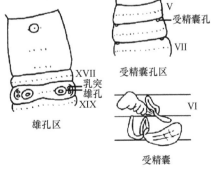

图 156　壁山远盲蚓（Shen et al.，2014）

XVIII-XIX 节呈 "S" 形或 "U" 形。副性腺大，无柄，无定形，前对腺体位 XVII-XVIII 节，后对腺体位 XIX-XX 节，与外部生殖乳突对应。受精囊 2 对，位 VI-VII 节；坛褶皱，细长卵形，长 0.75-0.98 mm，宽 0.4-0.6 mm，具长 0.35-0.37 mm 的细长受精囊柄；盲管长，管状，长 0.7-1.2 mm（图 156）。此区无副性腺。

体色：保存标本浅灰褐色。

命名：本种依据模式产地北竿壁山命名。

模式产地：福建（连江，具体为北竿乡壁山观景台与芹壁村之间的公路边）。

模式标本保存：台湾特有生物研究保育中心（南投）。

中国分布：福建（连江）。

生境：生活在海拔 210 m 的公路边。

讨论：朝鲜远盲蚓 Amynthas koreanus 与本种有类似的雄孔构造。但朝鲜远盲蚓体型大（长 93-103 mm，宽 4.5 mm），在 VI 或 VII 节具有 0 个或 1 个受精囊孔，完全成熟的个体环带无刚毛，刚毛数 43-56（VI）、43-52（XX），18-24 在雄孔间，比本种高。此外，朝鲜远盲蚓正对雄孔的横脊上具有 1 个或 2 个小乳突，受精囊无或发育不全，且 XVIII 或 XVII-XIX 节前列腺缺失或小。朝鲜远盲蚓是依据 11 条具有环带的样本描述的，其中 7 条无受精囊，3 条在 VII 节具有单个受精囊，而剩下的个体有 2 个受精囊（VII 节左侧和 VI 节右侧各 1 个）。

本种雄孔区生殖乳突的排列与新溪远盲蚓 Amynthas shinkeiensis 相似。新溪远盲蚓具有 2 对受精囊孔，位 6/7/8 节间，其刚毛数 46（VII）、53（XX），16 在雄孔间，比本种高，但环带无刚毛。另外，新溪远盲蚓前列腺和前列腺管完全缺失，且受精囊退化，无盲管。因此，这两种与本种比较容易区别。

### 166. 老桥远盲蚓 *Amynthas choeinus* (Michaelsen, 1927)

*Pheretima choeina* Michaelsen, 1927. *Bollettino del Laboratorio di Zoologia generale e Agraria*, 21: 85.
*Pheretima choeina* Gates, 1939. *Proc. U.S. Nat. Mus.*, 85: 427.
*Amynthas choeinus* Sims & Easton, 1972. *Biol. J. Linn. Soc.*, 4(3): 236.
*Amynthas choeinus* 徐芹和肖能文, 2011. *中国陆栖蚯蚓*: 94-95.
*Amynthas choeinus* Xiao, 2019. *Terrestrial Earthworms (Oligochaeta: Opisthopora) of China*: 188.

外部特征：背孔只在体中部可以辨别。环带位 XIV-XVI 节，略凸出，光滑，具节间沟，无刚毛。刚毛多，体前后尤甚，分布均匀，几无背腹间隔；*aa* 略大于 *ab*，*zz*=（1-2）*yz*。刚毛数：24（V），32（IX），35（XVII），36（XXV）；X 节刚毛缺失或细小。雄孔位 XVIII 节腹刚毛圈上，孔在 1 略隆起的横椭圆形腺垫侧缘，前后各具 1 乳突，周围环绕几环脊，前达 XVII 节，后达 XIX 节刚毛圈，孔间距约占 1/3 节周。受精囊孔 2 对，位 5/6/7 节间腹面，或 3 对，位 4/5/6/7 节间，孔在节间沟的皱褶上，不显。雌孔单，位 XIV 节腹中部。

内部特征：隔膜 5/6/7/8 厚，8/9 缺失，10/11-13/14 略厚，9/10 仅在背面且薄。砂囊位 VIII-IX 节，圆形，表明平滑。肠自 XIV 节始扩大；盲肠成对，简单，自 XXVII 节始，前达 XXII 节。末对心脏位 XIII 节。精巢囊 2 对，前对与储精囊等大且背腹相连。储精囊对位 XI 和 XII 节,相当发达,背叶明显;第二对包裹在精巢囊中。前列腺大,位 XVII-XXI 节,具细裂的小叶;前列腺管直,粗细一致,外侧稍弯曲。无交配腔。受精囊 2 对或 3 对,位 V-VII 节;坛袋状,坛管短;盲管弯曲,远端略膨大,为纳精囊,盲管近端在坛管基部通入。

体色:体背部深褐色,腹部淡栗褐色,向前向后渐转为灰红色,环带灰红色。

命名:本种依据模式产地云南老桥镇而命名。

模式产地:云南。

模式标本保存:德国汉堡博物馆。

中国分布:云南。

## 167. 吊罗山远盲蚓 *Amynthas diaoluomontis* Qiu & Sun, 2009

*Amynthas diaoluomontis* Sun et al., 2009. *Revue Suisse de Zoologie*, 116(2): 290-293.

*Amynthas diaoluomontis* Xiao, 2019. *Terrestrial Earthworms (Oligochaeta: Opisthopora) of China*: 188-189.

外部特征:体长 135-189 mm,宽 3.9-4.8 mm。体节数 213-237。XXXVI 节前体节具 2-3 体环。口前叶前上复合叶式。背孔自 12/13 节间始。环带位 XIV-9/10XVI 节,环状,隆起,刚毛圈可见,腹面刚毛明显;可见背孔状痕斑。刚毛环生,较密,$aa$=(1.1-1.2)$ab$, $zz$=(1.2-2)$zy$;刚毛数:56-78(III),72-94(V),72-106(VIII),44-66(XX),48-66(XXV);18-32(VI)在受精囊孔间,9-13 在雄孔间。雄孔 1 对,位 XVIII 节腹侧 1 圆锥形腺状突起中央,呈小突状,无环形皮褶,孔间距约占 1/3 节周;雄孔内侧 3/4XVII-1/4XVIII 和 3/4XVIII-1/4XIX 节各具 1 对卵圆形平顶乳突,乳突直径 0.8-1.2 mm,乳突上节间沟消失(图 157)。受精囊孔 2 对,位 5/6/7 节间腹侧面,眼状,孔间距约占 1/4 节周。

内部特征:隔膜 8/9/10 缺,5/6-7/8 厚,肌肉质,10/11-14/15 略厚。砂囊圆球形,位 IX-X 节。肠自 XVI 节始扩大;盲肠简单,自 XXVII 节始,前伸达 XXIV 节,腹缘光滑,背缘具 2 缺刻。心脏 4 对,位 X-XIII 节,在背侧连于食道上血管。精巢囊 2 对,发达,位 X 和 XI 节,左右在腹侧相距较近,但不连通。储精囊 2 对,位 XI 和 XII 节,第一对较第二对发达。前列腺发达,位 XVI-XX 节,块状分叶;前列腺管"U"形,扭曲,内侧管比外侧管粗。受精囊 2 对,位 VI 和 VII 节;坛心形,长约 2 mm;坛管较细,与坛约等长;盲管细长,具 1 扭曲,末端 3/5 呈带状膨大,为纳精囊,纳精囊乳白色,内含精子(图 157)。

体色:无色素,环带浅红色。

命名:本种依据模式产地海南吊罗山命名。

模式产地:海南(吊罗山)。

模式标本保存:上海自然博物馆和日内瓦自然历史博物馆。

中国分布:海南(吊罗山)。

生境:生活在海拔 930-1008 m 草丛下黄壤或樟木林枯倒树桩下黄褐壤和大树下腐殖层中。

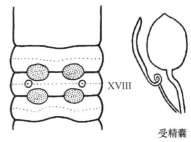

雄孔区　　　　　　受精囊

图 157 吊罗山远盲蚓
(Sun et al., 2009)

讨论：本种外观与四突远盲蚓 *Amynthas tetrapapillatus* 相似。两者的差异在于本种 2 对受精囊，位 VI 和 VII 节；背孔自 12/13 节间始；第二对精巢囊不包裹第一对储精囊；体无色素；纳精囊长棒状。而四突远盲蚓仅 VI 节有 1 对受精囊，盲管柄 "Z" 形弯曲，背孔自 11/12 节间始，背腹浅栗色，第二对精巢囊中含有第一对储精囊。

## 198. 糙带远盲蚓 *Amynthas dignus* (Chen, 1946) (参见 234 页)

## 168. 膨大远盲蚓 *Amynthas dilatatus* Qiu & Jiang, 2015

*Amynthas dilatatus* Jiang et al., 2015. *Jour. Nat. Hist.*, 49(1-2): 7-11.

外部特征：体长 120-130 mm，宽 2.9-3.2 mm（环带）。体节数 148-153。口前叶 1/2 上叶式。背孔自 11/12 节间始。环带位 XIV-XVI 节，环状，刚毛外部不显，背部裂缝处清晰可见。刚毛数：46-50（III），56-62（V），30-50（VIII），41-50（XX）；0-2 在雄孔间，22-27 在受精囊孔间。雄孔 1 对，位 XVIII 节腹面，雄孔在稍凸垫上略隆起的圆形孔突顶端，孔间距约占 1/3 节周，凸垫具 3 或 4 环褶，雄孔正对 2 个极小乳突，偶见雄孔周围具 4 个或 5 个极小的卵圆形生殖乳突。有时 XVIII 节前缘具 1 对极小卵圆形乳突，乳突间距 0.2 mm。受精囊孔 2 对，位 5/6/7 节间腹面，或 3 对，位 4/5/6/7 节间，眼状，约占 0.40 节周，每孔前具 1-2 个极小的圆锥状生殖乳突，VII 节后缘具 3 个类似乳突（图 158）。雌孔位 XIV 节腹中央，卵圆形，奶白色。

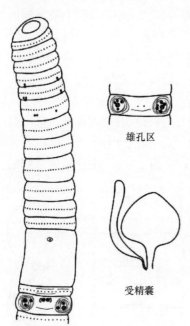

雄孔区

受精囊

体前部腹面

图 158　膨大远盲蚓
（Jiang et al.，2015）

内部特征：隔膜 8/9/10 缺，7/8/9 厚且肌肉质，10/11/12 略厚。砂囊长桶状，位 IX-X 节。肠自 XV 节始扩大；盲肠位 XXVII 节，简单，光滑，背腹缘具 2 个大缺刻，前伸至 XXIV 节。心脏位 XI-XIII 节。精巢囊 2 对，位 X 和 XI 节。储精囊 2 对，位 X 和 XII 节，XI 节的储精囊对比 X 节的大。前列腺发达，位 XVIII 节，并延伸至 1/2XVII 和 XX 节，粗叶由 3 主叶组成；前列腺管 "U" 形，远端部分明显弯曲。无副性腺。受精囊 2 对，位 VI-VII 节；坛心形；盲管长约 2.2 mm，细且短；纳精囊肿胀，长约 2.0 mm。无副性腺（图 158）。

体色：保存标本环带前背部灰白色，环带后体节背部浅褐色，腹部无色，环带浅褐色。

命名：本种依据纳精囊的特征而命名。

模式产地：海南（尖峰岭、吊罗山）。

模式标本保存：上海自然博物馆。

中国分布：海南（尖峰岭、吊罗山）。

生境：生活在海拔 900 m 灌木林的公路边沟内黑砂质土中，以及海拔 920 m 草地下面黑砂质土中。

讨论：本种的受精囊盲管具有膨胀纳精囊，这一特征与不稳远盲蚓 *Amynthas instabilis*、深暗远盲蚓 *Amynthas infuscuatus*、琼中远盲蚓 *Amynthas qiongzhongensis*、三点远盲蚓 *Amynthas tripunctus* 和相异远盲蚓 *Amynthas incongruus* 明显不同。此外，本种在体长、体节数、雄孔间刚毛数、背孔始位和前列腺的位置上不同于三点远盲蚓。

## 169. 定安远盲蚓 *Amynthas dinganensis* Qiu & Zhao, 2013

*Amynthas dinganensis* Zhao et al., 2013a. *Zootaxa*, 3619(3): 385-386.
*Amynthas dinganensis* Xiao, 2019. *Terrestrial Earthworms (Oligochaeta: Opisthopora) of China*: 190-191.

外部特征：体长 77-91.5 mm，宽 3.5-4.4 mm。体节数 107-138。口前叶上叶式。背孔自 11/12 节间始。环带位 XIV-XVI 节，圆筒状，无刚毛。$aa$=（1.0-1.2）$ab$，$zz$=（1.0-1.5）$zy$；刚毛数：40-56（III），46-56（V），48-60（VIII），40-48（XX），42-44（XXV）；30-32 在受精囊孔间，10-13 在雄孔间。雄孔 1 对，位 XVIII 节腹面，孔间距约占 0.5 节周弱，周围环绕 4-6 圆褶。XVII、XVIII 和 XIX 节刚毛圈前具不规则排列的乳突，为 5-7 个大腺肿。受精囊孔 2 对，位 5/6/7 节间腹面，眼状，孔间距约占 0.5 节周弱。VII 节刚毛圈前具 1 对圆形生殖标记，孔间距约占 0.14 节周腹面距离；生殖标记偶缺（图 159）。雌孔单，位 XIV 节腹中央。

内部特征：隔膜 8/9/10 缺，5/6/7/8 颇厚且肌肉质，10/11 厚（偶薄），11/12/13 薄。砂囊位 IX-X 节，球形。肠自 XVI 节始扩大；盲肠简单，位 XXVII 或 XVIII 节，前伸至 XXIV 或 XX 节，背缘具 1 个或 2 个大缺刻，腹面光滑。心脏位 X-XIII 节，首对小。精巢囊 2 对，位 X 和 XI 节。储精囊 2 对，位 XI 和 XII 节，发达，相互腹分离，偶不发达。前列腺位 XVIII 或 XVII-XVIII 节，退化，紧紧附着在体壁上；前列腺管粗且长，"U"形。具 4 个卵圆形副性腺，副性腺贴附在体壁上，无柄节。受精囊 2 对，位 VI-VII 节，具逐渐变细的管；坛细长，心形；坛管 2/3-3/4 主体长；盲管 2/3-4/5 主体长，或比主体略长，或与主体等长，末端 1/3-1/2 扩大为棍棒状纳精囊；具柄副性腺存在（图 159）。

受精囊孔区

受精囊

雄孔区　　　盲肠

体色：保存标本环带前后背部淡褐色，腹部灰色，罕见环带前后背部淡红褐色，腹部苍白。

命名：本种依据模式产地海南定安县而命名。

模式产地：海南（定安）。

模式标本保存：法国雷恩大学生物学系。

中国分布：海南（定安）。

生境：生活在橡胶树下的土壤中。

讨论：本种与变化远盲蚓 *Amynthas varians* 和海南远盲蚓 *Amynthas hainanicus* 相似，均具有如下

图 159　定安远盲蚓
（Zhao et al., 2013a）

特点：受精囊孔 2 对，位 5/6/7 节间，8/9/10 隔膜缺，受精囊呈心形，盲肠简单。本种在 XVII、XVIII 和 XIX 节刚毛圈前有不规则排列的乳突，使它与其他蚯蚓有所不同。

此外，本种比变化远盲蚓和海南远盲蚓大近 2 倍，在 VII 节刚毛圈前具 1 对圆形生殖标记。本种退化的前列腺、副性腺的出现、短的受精囊盲管和身体色素的存在，不同于海南远盲蚓。

### 170. 内栖远盲蚓 *Amynthas endophilus* Zhao & Qiu, 2013

*Amynthas endophilus* Zhao et al., 2013b. *Jour. Nat. Hist.*, 47(33-36): 2176-2183.
*Amynthas endophilus* Xiao, 2019. *Terrestrial Earthworms (Oligochaeta: Opisthopora) of China*: 191.

外部特征：体长 96 mm，宽 3 mm。体节数 159。口前叶 1/2 上叶式。背孔自 12/13 节间始。环带位 XIV-XVI 节，圆筒状，显著腺状；无刚毛，背孔和体环。刚毛密，$aa=1.4ab$，$zz=2zy$；刚毛数：56（III），72（V），84（VIII）；25（VI）在受精囊孔间，2（XVIII）在雄孔间。雄孔 1 对，位 XVIII 节腹面，孔间距约占 1/3 节周，每孔在 1 圆形腺孔突顶部，周围环绕 4 皮褶。此区无生殖乳突。受精囊孔 2 对，位 5/6/7 节间腹面，眼状，明显，孔间距约占 0.4 节周。此区无生殖标记（图 160）。雌孔单，位 XIV 节腹中央，卵圆形，褐色。

内部特征：隔膜 8/9/10 缺，5/6/7/8 颇厚且肌肉质，10/11/12/13 比之后略厚。砂囊位 IX-X 节，球形。肠自 XV 节始扩大；盲肠简单，位 XXVII 节，前伸至 XXIV 节，暗褐色。心脏 4 对，位 X-XIII 节，后 3 对更发达。精巢囊 2 对，位 X 和 XI 节，腹分离。储精囊 2 对，位 XI 和 XII 节，粗壮而发达，腹面分离。前列腺发达，位 XVII-XXI 节，葡萄状，分成 5 或 6 主叶，具"6"形或"U"形前列腺管，前列腺管粗细一致。受精囊 2 对，位 VI-VII 节，长 2.3 mm；坛卵圆形；坛管比坛略短；盲管长 1.8 mm，末端 3/5 膨胀作为带状纳精囊，纳精囊银白色（图 160）。

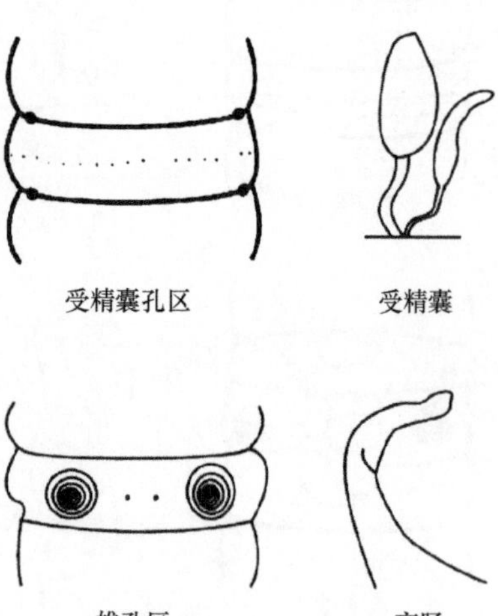

体色：保存样本无色，环带浅灰色。

命名：本种生活在深层土中且无色，属内栖型，依据其生态类型命名。

模式产地：海南（吊罗山）。

模式标本保存：上海自然博物馆。

中国分布：海南（吊罗山）。

生境：生活在海拔 933 m 河流附近黑壤土中。

讨论：本种与毛利远盲蚓 *Amynthas morrisi* 相似。它们都是中等体型，受精囊也类似，坛卵圆形或心形，与坛等长或稍长的细长坛管，盲管比主体短，具有带状纳精囊，2 对受精囊位 5/6/7 节间，隔膜 8/9/10 缺，前列腺小裂叶状，盲肠简单。它们

受精囊孔区　　　　受精囊

雄孔区　　　　盲肠

图 160　内栖远盲蚓
（Zhao et al., 2013b）

的区别在于：体色、生殖标记、第一背孔和砂囊。本种无色，而毛利远盲蚓背部浅棕灰色，腹部灰白色。本种既没有生殖标记也没有生殖乳突；相反，毛利远盲蚓有时存在生殖标记，且雄孔前后始终具有生殖乳突。本种背孔自 12/13 节间始，而毛利远盲蚓背孔自 11/12 节间始。本种的砂囊位 IX-X 节，而毛利远盲蚓的砂囊位 IX 或 VIII-IX 节。

### 171. 河边远盲蚓 *Amynthas fluviatilis* Zhao & Sun, 2013

*Amynthas fluviatilis* Zhao et al., 2013b. *Jour. Nat. Hist.*, 47(33-36): 2183-2185.
*Amynthas fluviatilis* Xiao, 2019. *Terrestrial Earthworms (Oligochaeta: Opisthopora) of China*: 359-360.

外部特征：体长 121 mm，宽 3.2 mm。体节数 119。口前叶 1/2 上叶式。背孔自 11/12 节间始。环带位 XIV-XVI 节，圆筒状，明显腺状，无刚毛。刚毛稀疏，$aa=ab$，$zz=1.3zy$；刚毛数：52（III），56（V），40（VIII），46（XX），55（XXV）；22（VI）在受精囊孔间，5（XVIII）在雄孔间。雄孔位 XVIII 节腹面，孔间距约占 0.33 节周，每孔在一略隆起的微小圆锥形孔突中央，周围环绕 5 皮褶。左侧雄孔后具 1 小乳突。XVIII 节腹面中央刚毛圈上方具 1 小乳突。受精囊孔 2 对，位 5/6/7 节间腹面，眼状，孔间距约占 1/3 节周，每孔后具 2 极小生殖乳突，在 6/7 节间左侧孔后具 3 个细小标记（图 161）。雌孔单，位 XIV 节腹中央，卵圆形，褐色。

内部特征：隔膜 8/9/10 缺，6/7/8 颇厚且肌肉质，10/11/12/13 薄，但较其后的略厚。砂囊位 IX-X 节，桶状。肠自 XV 节始扩大；盲肠简单，暗褐色，背缘末端具细微缺刻，腹面光滑，位 XXVI 节，前伸至 1/2XXIV 节。心脏 4 对，位 X-XIII 节。精巢囊 2 对，位 X 和 XI 节。储精囊 2 对，位 XI 和 XII 节，第一对细长，第二对更发达。前列腺位 1/2XVII-1/3XX 节，粗叶状，由一些灰褐色泡囊组成；前列腺管极发达，"U"形，近端相当扩大。受精囊 2 对，位 VI-VII 节；坛卵圆形；坛管细，较坛略短；盲管短，为主体 1/4 长，末端 1/4 膨胀为纳精囊（图 161）。VII 节具 1 副性腺。

体色：保存样本背部浅褐色，腹部环带前无色，环带后浅褐色，环带略呈紫色。

命名：本种依据生境即生活在河流附近而命名。

模式产地：海南（海南尖峰岭）。

模式标本保存：上海自然博物馆。

中国分布：海南（尖峰岭）。

生境：生活在尖峰岭国家级自然保护区海拔 890 m 处。

讨论：本种与相异远盲蚓 *Amynthas incongruus* 有些类似。它们都具有特色，中等大小，在 5/6/7 节间具有 2 对受精囊孔，盲肠简单，隔膜 8/9/10 缺失；受精囊相似，具有卵圆形坛、比坛短的坛管，盲管小，前

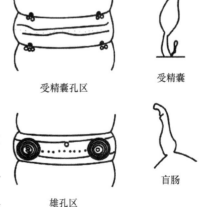

受精囊孔区　　受精囊

雄孔区　　盲肠

图 161　河边远盲蚓
（Zhao et al.，2013b）

列腺有 1 个副性腺。本种在受精囊周围无副性腺，储精囊发达，XVIII 节腹面中央刚毛圈上方具 1 个小乳突，这与相异远盲蚓一些个体相似。但是本种左侧雄孔后只有 1 个小乳突，相异远盲蚓雄孔周围具有 3-7 个小生殖乳突；本种受精囊孔区每孔后具 2 个或 3 个小生殖标记，而相异远盲蚓 VI 和/或 VII 节刚毛圈前和/或后通常具有成对小生殖标记，偶尔无生殖标记。

### 172. 涂抹远盲蚓 *Amynthas fucatus* Sun, Zhao, Jiang & Qiu, 2013

*Amynthas fucatus* Zhao et al., 2013b. *Jour. Nat. Hist.*, 47(33-36): 2185-2187.
*Amynthas fucatus* Xiao, 2019. *Terrestrial Earthworms (Oligochaeta: Opisthopora) of China*: 192-193.

外部特征：体长 137 mm，宽 4 mm。口前叶上叶式。背孔自 11/12 节间始。环带位 XIV-XVI 节，圆筒状，明显腺肿，无腹刚毛，但可见背刚毛。刚毛密集，$aa$=（1-2.5）$ab$，$zz=zy$；刚毛数：44（III），52（V），60（VIII），40（XX），48（XXV）；26（VI）、24（VII）、30（VIII）在受精囊孔间，8（XVIII）在雄孔间。雄孔 1 对，位 XVIII 节腹面，孔间距约占 0.4 节周，每孔在 1 圆锥形孔突的顶部，雄孔内侧具 2 个卵圆形乳突，雄孔和乳突周围围绕 3-5 圈皮褶。XVIII 节腹面中部刚毛圈上方具 1 对小圆乳突。受精囊 2 对，位 5/6/7 节间腹面，眼状，明显，孔间距约占 0.4 节周。无生殖标记（图 162）。雌孔单，位 XIV 节腹中央，卵圆形，褐色。

内部特征：隔膜 8/9/10 缺，5/6/7/8 颇厚且肌肉质，10/11/12 薄。砂囊位 IX-X 节，球形。肠自 XIV 节始扩大；盲肠简单，背腹缘光滑，位 XXVI 节，前伸至 XXIII 节，暗褐色。心脏 4 对，位 X-XIII 节。精巢囊 2 对，位 X 和 XI 节。储精囊 2 对，位 XI 和 XII 节。前列腺位 XV-XXI 节，发达，粗糙叶，具粗 "U" 形前列腺管。受精囊 2 对，位 VI-VII 节；坛长卵圆形；坛管约为 1/2 坛长，明显分离；盲管约为 1/3 主体长，直，末端 3/4 扩大，为小竿状纳精囊，纳精囊白色（图 162）。

体色：保存样本环带前背部暗红褐色，腹部淡红褐色，环带后背腹部均灰白色，环带红褐色。

命名：本种依据环带前面的着色特征而命名。

模式产地：海南（琼中）。

模式标本保存：上海自然博物馆。

中国分布：海南（琼中）。

生境：生活在海拔 739 m 的热带雨林。

讨论：从外表上来看，本种与相异远盲蚓 *Amynthas incongruus* 有些相似。它们体型中等大小，有体色，背孔自 11/12 节间始，2 对受精囊孔位 5/6/7 节间，前列腺发达，盲肠简单。两种都是雄孔周围有生殖乳突，XVIII 节腹中部有 1 对小乳突。可是本种每个雄孔内侧具有 2 个卵圆形乳突，不具生殖标记，没有明显的纳精囊，无副性腺。本种在某种程度也与透明远盲蚓 *Amynthas*

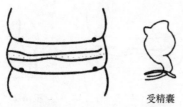

受精囊

受精囊孔区

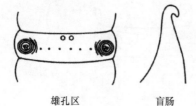

雄孔区　　　　　盲肠

图 162　涂抹远盲蚓
（Zhao et al., 2013b）

*lubricatus* 类似。它们都是中等大小，背孔自 11/12 节间始，有 2 对受精囊孔位 5/6/7 节间附近，盲肠简单，纳精囊不明显，无副性腺与生殖标记。但二者在雄孔区和盲管特征方面明显不同。本种有色素沉着和生殖乳突，前列腺发达，但盲管小。

### 173. 庄束远盲蚓 *Amynthas gravis* (Chen, 1946)

*Pheretima gravis* Chen, 1946. *J. West China Bord. Res. Soc.*, 16(B): 129-130.

*Amynthas gravis* Sims & Easton, 1972. *Biol. J. Linn. Soc.*, 4(3): 236.

*Amynthas gravis* 徐芹和肖能文, 2011. *中国陆栖蚯蚓*: 119-120.

*Amynthas gravis* Xiao, 2019. *Terrestrial Earthworms (Oligochaeta: Opisthopora) of China*: 193-194.

　　外部特征：体长 80-88 mm，宽 2.5-3 mm。体节数 110-112。背孔自 12/13 节间始。环带位 XIV-XVI 节，腹面少腺肿，XVI 节腹面几乎无腺肿，背面与侧面具腺肿且光滑，腹面具刚毛。刚毛细，数量多；$aa=$（2.5-3.0）$ab$，$zz=$（1.2-1.5）$yz$；刚毛数：80（III），124（VI），96（X），62（XXV）；12-14（XVIII）在雄孔间，40-42 在受精囊孔间。雄孔位 XVIII 节腹面，约占 1/3 节周，雄孔在 1 小乳突上。XVII-XIX 节腹面具几个乳突，XVII 节刚毛圈后 2 个或 3 个，XVIII 节中部 1 个或 2 个，XIX 节刚毛圈前和后 3-5 个。受精囊孔 2 对，位 5/6/7 节间腹面，约占 1/3 节周。VI 和 VII 节腹面具乳突，VI 节刚毛圈后 3 个，腹中部和每侧孔腹位各 1 个；VII 节 4 个或 5 个，刚毛圈前 3 个，刚毛圈后 1 个或 2 个（图 163）。

　　内部特征：隔膜 8/9/10 缺失，5/6-7/8 厚而具肌肉，10/11 和 11/12 膜质。砂囊圆形，位 1/2IX 和 X 节，中等大小。肠自 XV 节始扩大；盲肠简单，圆锥状而光滑，延伸至 XXIV 节。精巢囊位 X 节，中等发达，腹面窄连合；XI 节大小相同，腹连合，背面对连合而很可能交通。储精囊小，常窄索状，具 1 离生球状背叶，第一对包绕在后对精巢囊内。前列腺位 XVII-XIX 节，裂叶状；前列腺管长，内半细长；副性腺为小腺组织片，具大且短索状管，无柄。受精囊 2 对，位 VI 和 VII 节，主体长约 2 mm；坛囊状，小，具短管；盲管较主体短；纳精囊枣形，盲管内 1/3 大体卷曲；副性腺与前列腺区同（图 163）。

　　体色：背面淡褐色，腹面苍白色。

　　模式产地：重庆（沙坪坝）。

　　模式标本保存：曾存于中研院动物研究所（重庆），疑遗失。

　　中国分布：湖北（利川）、重庆（沙坪坝、北碚、涪陵）。

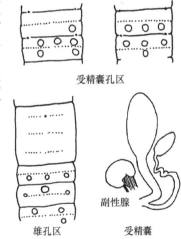

受精囊孔区

雄孔区　　　受精囊

副性腺

图 163　庄束远盲蚓（Chen, 1946）

### 174. 海南远盲蚓 *Amynthas hainanicus* (Chen, 1938)

*Pheretima (Pheretima) hainanica* Chen, 1938. *Contr. Biol. Lab. Sci. Soc. China (Zool.)*, 12(10): 396-398.

*Amynthas hainanicus* Sims & Easton, 1972. *Biol. J. Linn. Soc.*, 4(3): 236.

*Amynthas hainanicus* 徐芹和肖能文, 2011. *中国陆栖蚯蚓*: 120.

*Amynthas hainanicus* Xiao, 2019. *Terrestrial Earthworms (Oligochaeta: Opisthopora) of China*: 194.

外部特征：体长 50 mm，宽 1.8 mm。体节数 110。口前叶 1/3 上叶式。背孔自 12/13 节间始。环带位 XIV-XVI 节，无刚毛。刚毛构成一致，$aa=2ab$，$zz=yz$；刚毛数：34（II），56（V），46（VII），44（VIII），44（XXV）；7（VI）、8（VII）在受精囊孔间，9-10 在雄孔间。雄孔 1 对，位 XVIII 节腹侧，约占 1/3 节周，1/2XVII-1/2XIX 节腹侧具"I"形凹陷的腺状区，雄孔在凹陷内壁上。XVII 节后部和 XIX 节前部具 2 条相当深的沟，17/18 和 18/19 节间沟完全消失。受精囊孔 2 对，位 5/6/7 节间腹面，约占 1/5 节周，孔在 VI 和 VII 节前进入节间沟的卵圆形瘤突的前部（图 164）。雌孔 1 对，位 XIV 节腹面，孔间距约为 0.2 mm，在 1 卵圆形小突上。

内部特征：隔膜 8/9/10 缺失，4/5-7/8 厚、具肌肉，10/11-12/13 略厚。砂囊大小适中，位 1/2VIII-1/2X 节。肠自 XVI 节始扩大；盲肠简单，钝短，位 XXVII-XXV 节或 XXIV 节。首对心脏位 X 节，附着到隔膜 10/11。精巢囊极发达，背腹均交通，第二对紧靠首对储精囊。储精囊小，前对背面长约 0.7 mm，背叶占 2/3，第二对大小与前对相似，囊大。前列腺极发达，位 XVI-XXI 节；前列腺管长。受精囊 2 对，位 VI 和 VII 节；坛大，心形，长约 0.5 mm；具长粗坛管，坛管长约 0.75 mm；盲管较主体长；纳精囊壁薄，长约 1 mm，厚 0.08 mm（图 164）。

体色：一般苍白色。

命名：本种依据模式产地海南命名，该标本为偶见，仅 1 标本。

模式产地：海南。

中国分布：海南。

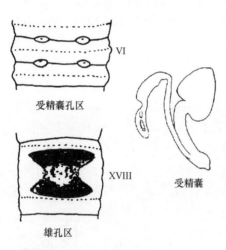

受精囊孔区

雄孔区

图 164　海南远盲蚓（Chen，1938）

## 175. 相异远盲蚓 *Amynthas incongruus* (Chen, 1933)

*Pheretima incongrua* Chen, 1933. *Contr. Biol. Lab. Sci. Soc. China (Zool.)*, 9(6): 270-274.

*Pheretima incongrua* Gates, 1935b. *Lingnan Sci. J.*, 14(3): 452-453.

*Pheretima incongrua* Gates, 1959. *Amer. Mus. Novitates*, 1941: 13-15.

*Pheretima incongrua* Tsai, 1964. *Quar. Jour. Taiwan Mus.*, 17(1&2): 19-20.

*Amynthas incongruus* Sims & Easton, 1972. *Biol. J. Linn. Soc.*, 4(3): 236.

*Amynthas incongruus* James et al., 2005. *Jour. Nat. Hist.*, 39(14): 1025.

*Amynthas incongruus* 徐芹和肖能文, 2011. *中国陆栖蚯蚓*: 129-130.

*Amynthas incongruus* Xiao, 2019. *Terrestrial Earthworms (Oligochaeta: Opisthopora) of China*: 194-195.

外部特征：体长 82-207 mm，宽 4.2-5.5 mm。体节数 142-167。口前叶 1/2 上叶式。背孔自 11/12 节间始。环带位 XIV-XVI 节，环状，占三体节，腹面有时少腺体，具不明显的沟纹，无刚毛。刚毛少，背腹间隔小，$aa=$（1.0-1.2）$ab$，环带前 $zz=1.2yz$，环带 $zz=$（1.5-2.0）$yz$；刚毛数：43-59（III），48-68（VIII），50-55（XII），46-53（XXV）；22-24 在受精囊孔间，9-12 在雄孔间。雄孔 1 对，位 XVIII 节腹面，

明显，约占 1/3 节周，孔在突出和凸起孔突上，孔周围具 3-7 个相同乳突，或者被周围的小乳突包围，生殖乳突的形状与雄孔突非常相似，尖端更尖，同心脊不明显。受精囊孔 2 对，位 5/6/7 节间，约占 1/3 节周，孔前方具 2 个小乳突，偶尔 1 个在后面，另 1 个在前面。其他区域无生殖乳突（图165）。

内部特征：隔膜 8/9/10 缺失，5/6 厚，6/7/8 特别厚，具肌肉，10/11/12 和 12/13 略厚，13/14 起薄。盲肠简单，位 XXVII-XXIV 节。心脏 4 对，首对发育极不完全。精巢囊极大，每对由 1 窄脊

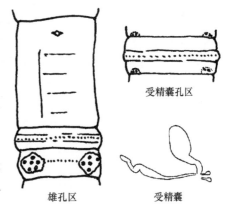

受精囊孔区

雄孔区　　　受精囊

图165　相异远盲蚓（Chen, 1933）

腹面相通，并在背中侧连合，充满整个体节。储精囊位 XI 和 XII 节，小而扁平，非常小，隐藏在隔膜 10/11 和 11/12 的后表面下，表面有微弱的皱纹，下端狭窄，表面腺状，稍苍白。前列腺发达，位 XVI-XX 或 XXI 节；前列腺管短，表面平滑。副性腺与乳突对应，每个都有一簇腺体。受精囊 2 对，位 VI 和 VII 节；坛椭圆形或长圆形，表面光滑；坛管细，等长或略长于坛；盲管一般比主体长，或退化，远端 3/4 膨胀或相反狭窄（图165）。

体色：在福尔马林溶液中背部略呈紫褐色，腹部灰白色。

命名：本种依据受精囊及盲管经常不对称地发育而命名。

模式产地：浙江（临海）。

模式标本保存：美国自然历史博物馆；曾存于国立中央大学（南京）动物学标本馆，疑遗失。

中国分布：浙江（临海）、福建（连江）、台湾（台北、屏东）、重庆（涪陵）、四川（峨眉山）。

生境：生活在相当高的山丘上。

讨论：本种在某些方面与毛利远盲蚓 Amynthas morrisi 相似。本种环带占满三个体节，无刚毛；居中和侧面的生殖乳突缺失；雄孔区具更多的小乳突，通常紧靠雄孔突；背孔自 11/12 节间始，而不是 10/11 节间；精巢囊特殊的形状和储精囊极小；前列腺的存在常变，受精囊及盲管经常不对称地发育；以及盲管比较细长等特征与毛利远盲蚓容易区别。

## 176. 深暗远盲蚓 *Amynthas infuscuatus* Jiang & Sun, 2015

*Amynthas infuscuatus* Jiang et al., 2015. *Jour. Nat. Hist.*, 49(1-2): 11-13.

外部特征：体长 60-78 mm，宽（环带）1.4-1.6 mm。体节数 130-139。口前叶 1/2 上叶式。背孔自 12/13 节间始。环带位 XIV-XVI 节，环状，刚毛可见。刚毛数：46-48（III），56-60（V），49-52（VIII），42-46（XX），44-48（XXV）；8-10 在雄孔间。雄孔 1 对，位 XVIII 节腹面，孔间距约占 1/3 节周，雄孔在稍凸垫上略隆起的卵圆形孔突顶端，

受精囊

体前部腹面

图 166　深暗远盲蚓
（Jiang et al.，2015）

凸垫具 3 或 4 环褶，孔突内脊具 2 个圆形平顶乳突，前面中部的比另一个大（图 166）。受精囊孔 2 对，位 5/6/7 节间腹面，眼状，约占 1/3 节周。雌孔位 XIV 节腹中央，卵圆形。

内部特征：隔膜 8/9/10 缺，6/7/8 厚且肌肉质，10/11/12/13 略厚。砂囊长桶状，位 IX-X 节。肠自 XVI 节始扩大；盲肠成对位 XXVII 节，简单，光滑，褐色，前伸至 XXIV 节。心脏位 XI-XIII 节。精巢囊 2 对，位 X 和 XI 节。储精囊 2 对，位 X 和 XII 节，前对大。精巢囊与储精囊在腹面分离。前列腺发达，位 XVIII 节，并延伸至 XVI 和 1/2XX 节，粗叶由 2 主叶组成；前列腺管 "U" 形，细长。无副性腺。受精囊 2 对，位 VI 和 VII 节；坛卵圆形，长约 2.5 mm；坛管细长，为坛长的 2 倍；盲管比主体略长，细长，远端 1/3 膨胀成扩张的腔，奶白色（图 166）。无副性腺。

体色：保存标本 VIII 节前背面紫色，VIII 节后背面浅褐色，腹面无色，环带橙色。

命名：本种依据深暗的体色特征而命名。

模式产地：海南（尖峰岭）。

模式标本保存：上海自然博物馆。

中国分布：海南（尖峰岭）。

生境：生活在海拔 1020 m 的热带雨林。

讨论：本种在体长、刚毛数量、背孔始位、储精囊和盲管长度上与三点远盲蚓 *Amynthas tripunctus* 相似。但本种在体节数、坛形状和纳精囊长度上与三点远盲蚓不同。

本种和相异远盲蚓 *Amynthas incongruus* 的受精囊也完全不同：坛管是坛的 2 倍长，盲管远端 1/3 膨胀成膨大的纳精囊，体长和背孔始位也是鉴别性的特征。

尽管本种和不稳远盲蚓 *Amynthas instabilis* 都是盲管末端 1/3 膨胀成膨大的纳精囊，没有相似的受精囊。但本种的坛是卵圆形的，不同于不稳远盲蚓的心形坛。

## 177. 不稳远盲蚓 *Amynthas instabilis* Qiu & Jiang, 2015

*Amynthas instabilis* Jiang et al., 2015. *Jour. Nat. Hist.*, 49(1-2): 3-7.

外部特征：体长 74-125 mm，宽（环带）2.9-4.2 mm。体节数 82-145。口前叶 1/2 上叶式。背孔自 11/12 节间始。环带位 XIV-XVI 节，环状，刚毛外部不显。刚毛数：30-54（III），42-64（V），52-62（VIII），40-52（XX），40-56（XXV）；0-2 在雄孔间，15-22 在受精囊孔间。雄孔 1 对，位 XVIII 节腹面，孔间距约占 1/3 节周，孔在稍凸垫上略隆起的卵圆形孔突顶端，凸垫具 6 或 3 环褶，孔突前后具 2 个极小卵圆形乳突，每个雄孔正对小乳突，偶见左侧雄孔周围具 3 个极小的卵圆形生殖乳突。雄孔区小卵圆形乳突数量是变化的（图 167）。受精囊孔 2 对，位 5/6/7 节间腹面，眼状，有时不可见，中部孔突奶白色，孔间距约占 2/5 节周。每孔前具 1 极小的圆锥状生殖乳突，VI 节腹中线刚毛后具 1 类似乳突，VII 节前缘刚毛前具 2 个相距 0.2 mm 的类似乳突。雌孔位 XIV 节腹中央，圆形，奶白色。

内部特征：隔膜 8/9/10 缺，4/5/6/7、10/11 厚且肌肉质，11/12 略厚。砂囊长桶状，位 IX-X 节。肠自 XVI 节始扩大；盲肠位 XXVII 节，简单，光滑，远端背缘略具缺刻，前伸至 XXIV 节。心脏位 X-XIII 节。精巢囊 2 对，位 X-XI 节。储精囊 2 对，位 XI-XIII 节，后对比前对大，并延伸到 XIII 节。前列腺发达，位 XVIII 节，并延伸至 XVII 和 XX 节，粗叶；前列腺管 "U" 形，末端略粗。无副性腺。受精囊 2 对，位 VI-VII 节；坛心形，长约 2.3 mm；坛管细到粗，与坛等长；盲管长为主体之半，细长，远端 1/3 扩大为卵圆形腔，奶白色（图 167）。无副性腺。

体色：保存标本环带前背部灰褐色，腹部颜色浅；环带后体节背部棕褐色，腹部无色；环带浅桃红色或褐色。

命名：本种依据雄孔区生殖乳突数量常变的特征命名。

模式产地：海南（尖峰岭、吊罗山）。

模式标本保存：上海自然博物馆。

中国分布：海南（尖峰岭、吊罗山）。

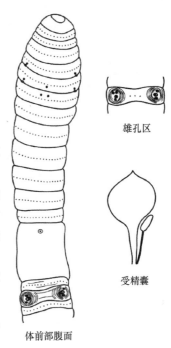

雄孔区

受精囊

体前部腹面

图 167　不稳远盲蚓
（Jiang et al.，2015）

生境：生活在海拔 360 m 的灌木林边沟内黑砂质土中，海拔 890 m 的常绿林下砂质土中，海拔 895 m 的热带雨林下褐土中，海拔 631 m 的乔木林下黑砂质土中，海拔 360-840 m 的阔叶常绿林下黄土中。

讨论：本种由于背部色素的存在、背孔始位、VIII 节刚毛数、前列腺及受精囊的特征与三点远盲蚓 Amynthas tripunctus 不同。本种背面灰褐色或棕褐色，背孔自 11/12 节间始，刚毛数 52-62（VIII），前列腺发达，以及受精囊盲管为主体之半。三点远盲蚓的背面灰白色，背孔自 12/13 节间始，VIII 节刚毛数不多，雄孔间多刚毛，前列腺极发达，盲管长于主体。

本种和相异远盲蚓 Amynthas incongruus 通过受精囊特征可以区别。本种的坛心形，坛管细到粗，与坛等长。相异远盲蚓坛椭圆形或长圆形，坛管长而细或短而粗，盲管远端 3/4 膨胀成 "之" 字形腔。另外，相异远盲蚓具有很小的储精囊和副性腺，整个前列腺缺失，而少数情况下发达。

## 178. 海岛远盲蚓 Amynthas insulae (Beddard, 1896)

*Perichaeta insulae* Beddard, 1896. *Proc. Zool. Soc. London*, 64(1): 204-205.
*Pheretima insulae* Michaelsen, 1900a. *Oligochaeta, Das Tierreich*: 276.
*Amynthas insulae* Sims & Easton, 1972. *Biol. J. Linn. Soc.*, 4(3): 236.
*Amynthas insulae* Xiao, 2019. *Terrestrial Earthworms (Oligochaeta: Opisthopora) of China*: 196.

外部特征：体长 103 mm，宽 1.5-2.0 mm。体节数 95。环带后体节相对较短。口前叶 1/3 上叶式，口前叶与 II 节等宽。背孔小，自 12/13 节间始。环带位 XIV-XVI 节，XVI

图 168 海岛远盲蚓
（Beddard，1896）

节具刚毛。XVIII 节具 8 个大乳突，大乳突被环形脊环绕，其中每侧 2 对乳突与同侧的雄孔形成三角形（图 168），其余 4 个乳突呈一直线横列在刚毛圈之前。XIX 节左侧具一单个乳突。VII 节前边缘有 1 对乳突。受精囊孔 2 对，位 5/6/7 节间腹面，孔间距约占 1/3 节周。雌孔单，位 XIV 节腹面中央。

内部特征：隔膜 4/5/6/7/8 不厚，10/11/12/13 坚实。砂囊钟形。肠自 XV 节始；盲肠简单，自 XXVII 节始，前伸达 XXV 节。最后对心脏位 XIII 节。精巢囊较小，位 XI 和 XII 节。前列腺较为紧凑，始于 XVII 节，延伸达 XX 节；前列腺管粗，呈 "S" 形。受精囊 2 对，位 VI 和 VII 节；盲管约为 1/2 主体长，呈长椭圆形。

中国分布：香港。

## 87. 双披远盲蚓 *Amynthas lacinatus* (Chen, 1946) (参见 124 页)

## 179. 陵水远盲蚓 *Amynthas lingshuiensis* Qiu & Sun, 2009

*Amynthas lingshuiensis* Sun et al., 2009. *Revue Suisse de Zoologie*, 116(2): 296-298.
*Amynthas lingshuiensis* Xiao, 2019. *Terrestrial Earthworms (Oligochaeta: Opisthopora) of China*: 196-197.

外部特征：体长 76-113 mm，宽 2.7-3.1 mm。体节数 123-153。口前叶 1/2 上叶式。背孔自 12/13 节间始。环带位 XIV-XVI 节，环状，隆起，无背孔，无刚毛圈。刚毛环生，较密，$aa=(1-1.3)\ ab$，$zz=(1.3-2.2)\ zy$；刚毛数：44-60（III），44-54（V），48-52（VIII），38-46（XX），44-50（XXV）；19-23（VI）在受精囊孔间，5-7 在雄孔间。雄孔 1 对，位 XVIII 节腹侧 1 圆锥形突起中央，呈尖突状，具 2-3 圈环褶，孔间距约占 1/3 节周；雄孔内侧 XVIII 和 XIX 节刚毛圈前各具 1 对较大的椭圆形平顶乳突，乳突直径 0.3 mm，前对相距近，约距 1/6 节周，后对相距略远，约距 1/4 节周（图 169）。受精囊孔 2 对，位 5/6/7 节间腹侧面，眼状，孔间距约占 1/3 节周。雌孔位 XIV 节腹面中央，椭圆形。

内部特征：隔膜 8/9/10 缺，5/6-7/8 厚，肌肉质，10/11-12/13 略厚。砂囊长桶形，位 IX-X 节。肠自 XVI-XX 节逐渐变粗，自 XXI 节始突然扩大；盲肠简单，细小，自 XXVII 节始，前伸达 XXV 节，背腹缘均光滑。心脏 4 对，位 X-XIII 节，在背侧连于食道上血管。精巢囊 2 对，发达，位 X 和 XI 节，左右叶在腹部相分离。储精囊 2 对，位 XI 和 XII 节，XI 节精巢囊包裹第一对储精囊。前列腺位 1/2XVI-2/3XX 节，由前后 3 部分组成，前 2 部分较大，指状，前部分为 2 较大的块状分叶，后部分又分为若干小块状分叶，中间部分为 2 指状分叶；前列腺管倒 "U" 形。受精囊 2 对，位 VI 和 VII 节；坛心形，长约 1.9 mm；坛管与坛约等长；盲管长过主体 1/5，基部 2/5 扭曲，末端 3/5 呈带状膨大，为纳精囊（图 169）。

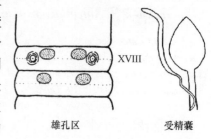

雄孔区      受精囊

图 169 陵水远盲蚓（Sun et al., 2009）

体色：背部略呈褐色，背中线紫色，腹部无色素，环带浅肉红色。

命名：本种根据模式产地命名。

模式产地：海南（陵水）。

模式标本保存：上海自然博物馆、日内瓦自然历史博物馆。

中国分布：海南（陵水）。

生境：生活在海拔 850 m 的乔木林下沙质湿润褐色土壤中。

讨论：本种与海南远盲蚓 *Amynthas hainanicus* 相似，受精囊孔位 5/6/7 节间，盲管长于主体，储精囊壁薄。但本种个体较大，具 2 对大乳突，位 XVIII 和 XIX 节；雄孔间距及受精囊孔间距较宽，雄孔内侧部无"I"形腺区。

## 180. 透明远盲蚓 *Amynthas lubricatus* (Chen, 1936)

*Pheretima lubricata* Chen, 1936. *Contr. Biol. Lab. Sci. Soc. China (Zool.)*, 11(8): 281-283.

*Pheretima lubricata* Chen, 1946. *J. West China Bord. Res. Soc.*, 16(B): 136.

*Pheretima lubricata* 陈义等, 1959. *中国动物图谱 环节动物(附多足类)*: 15.

*Amynthas lubricatus* Sims & Easton, 1972. *Biol. J. Linn. Soc.*, 4(3): 236.

*Amynthas lubricatus* 徐芹和肖能文, 2011. *中国陆栖蚯蚓*: 142.

*Amynthas lubricatus* Xiao, 2019. *Terrestrial Earthworms (Oligochaeta: Opisthopora) of China*: 197-198.

外部特征：体短而肥粗。长 85-110 mm，宽 5.5-7 mm。体节数 105-112。口前叶 1/2 上叶式。背孔自 11/12 节间始。II-VI 节每节 2 体环，以后具 3-5 体环。环带位 XIV-XVI 节，完整而光滑，无刚毛。体上刚毛一般退化，背部不易见，25-32（VIII）在受精囊孔间，12-18 在雄孔间。雄孔 1 对，位 XVIII 节，约占 1/3 节周，孔在 1 顶端稍尖突起上，靠近顶端的正中侧和圆形基部内侧常有 2 腺体区，外侧有皮褶腔，乳突藏在内面；雄孔内侧有环绕的皮褶，无其他性特征（图 170）。受精囊孔 2 对，位 5/6/7 节间附近，在 V 和 VI 节后缘 1 小乳突上，约占 2/5 节周，腹面刚毛前间或具 1 乳突。

内部特征：隔膜 8/9/10 缺失，5/6-7/8 极厚而坚韧。砂囊位 IX 和 X 节，大而圆。肠自 XV 节扩大；盲肠简单，位 XXVII-XXV 或 XXIV 节，边缘平滑。心脏 4 对，位 X-XIII 节，首对细，后 2 对粗。精巢囊位 X 和 XI 节，完全连合。储精囊小，有一个相当大的背叶。前列腺紧凑而小，位 XVII-XIX 节；前列腺管长，卷曲且均匀粗壮，具指状分支。受精囊 2 对，位 VI-VII 节；坛圆形，宽约 1 mm；坛管短而甚粗，约 1/2 坛长；盲管长，棒状，柄细而短，有时屈曲数转，内端成 1 棍状囊，为纳精囊（图 170）。

体色：体表光滑，全无色素，微透明，环带紫红色。

命名：本种依据全无色素、微透明命名。

模式产地：重庆。

模式标本保存：曾存于中研院动物研究所（重庆），疑遗失。

中国分布：重庆（北碚、涪陵、沙坪坝）、四川（成都、宜宾）。

生境：生活于潮湿沙质土壤中（Chen, 1936；丁

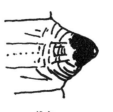 

雄突　　　　　　受精囊

图 170 透明远盲蚓（Chen, 1936）

瑞华，1983)，栖息土壤深度约为 20 cm。

讨论：本种是身体透明和刚毛退化的远盲蚓类，其皮肤与中华合胃蚓 *Desmogaster sinensis* 或中国杜拉蚓 *Drawida sinica* 相似。

### 181. 中小远盲蚓 *Amynthas mediparvus* (Chen & Hsu, 1977)

*Pheretima parva* 陈义和许智芳, 1977. *动物学报*, 23(2): 177-178.
*Amynthas mediparvus* 徐芹和肖能文, 2011. *中国陆栖蚯蚓*: 146-147.
*Amynthas mediparvus* Xiao, 2019. *Terrestrial Earthworms (Oligochaeta: Opisthopora) of China*: 198.

外部特征：体长 26-43 mm，宽 2 mm。体节数 67-95。口前叶 1/2 上叶式。背孔自 13/14 节间始。刚毛细密而均匀，环带前 *aa*=（1.0-1.5）*ab*, *zz*=（1.0-1.5）*yz*，环带后 *aa*=（1.0-1.5）*ab*, *zz*=（1.5-2.0）*yz*；刚毛数：40-49（III），60-65（VI），63-64（VIII），33-37（XVIII），46-54（XXV）；22（VI）在受精囊孔间，8-10（XVIII）在雄孔间。雄孔 1 对，位 XVIII 节腹面圆突中央的短阴茎上，圆突周围有 3-4 条不明显的环脊，孔间距约占 1/3 节周。受精囊孔 2 对，位 5/6/7 节间，孔在各节前缘极不明显的小突上，孔间距约占 1/3 节周，IX 节刚毛圈前有对称或不对称的平突（图 171）。

内部特征：隔膜 8/9/10 缺失，5/6/7/8、10/11-12/13 厚，13/14-14/15 略厚，15/16 起薄膜状。砂囊球状。肠自 XVI 节始扩大；盲肠简单，锥状，位 XXVII-XXIV 节。IX 节血管环不完全，对称，X 和 XI 节心脏均不包在精巢囊内。精巢囊发达，腹侧相距远，宽连接但不交通，后对精巢囊包裹前对储精囊，背叶明显，三角形。前列腺发达，分叶状，位 XVI-XX 节；前列腺管不弯曲，粗壮而明显，长约 0.5 mm。受精囊 2 对，位 VI-VII 节，在隔膜后；坛长卵圆形或长袋状，宽 0.3-0.4 mm，分界不明显，与管约等长，主体共长 1.5 mm；盲管比主体略短，柄约为主管长之半，内端 2/3 弯曲；纳精囊膨大，亦弯曲，紧靠体壁处通入。副性腺菜花状，具极细的索状管（图 171）。

体色：灰褐色，腹侧颜色淡，环带黄褐色。

模式产地：云南（勐腊县）。

中国分布：云南（西双版纳）。

讨论：本种在性特征短小阴茎和受精囊等形态上与稚气远盲蚓 *Amynthas puerilis*、似眼远盲蚓 *Amynthas oculatus* 显然不同。

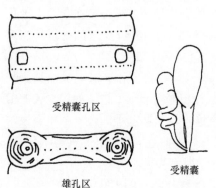

受精囊孔区

雄孔区

受精囊

图 171　中小远盲蚓
（陈义和许智芳，1977）

### 182. 单丝远盲蚓 *Amynthas monoserialis* (Chen, 1938)

*Pheretima (Pheretima) monoserialis* Chen, 1938. *Contr. Biol. Lab. Sci. Soc. China (Zool.)*, 12(10): 399-401.
*Amynthas monoserialis* Sims & Easton, 1972. *Biol. J. Linn. Soc.*, 4(3): 236.
*Amynthas monoserialis* 徐芹和肖能文, 2011. *中国陆栖蚯蚓*: 151-152.
*Amynthas monoserialis* Xiao, 2019. *Terrestrial Earthworms (Oligochaeta: Opisthopora) of China*: 198-199.

外部特征：体长 52-150 mm，宽 3-4 mm。体节数 136-146。口前叶 1/3 上叶式。背

孔自 12/13 节间始。环带位 XIV-XVI 节，少腺体，腹面常隆起，腹面刚毛明显，背面及侧面刚毛不显。刚毛略大，腹面间隔宽；$aa$=（1.2-1.5）$ab$，$zz$=1.2$yz$；刚毛数：70-74（III），107-122（VI），92-104（VIII），50-64（X），36-44（XXV），28-44（VI）；20-36（VIII）在受精囊孔间，7-9 在雄孔间。雄孔 1 对，位 XVIII 节腹面，约占 1/3 节周，孔在 1 小腺区。XVI-XX 节腹中部刚毛后常具乳突，偶缺失。受精囊孔 2 对，位 5/6/7 节间腹侧，约占 1/3 节周，孔在 VI 和 VII 节前缘伸进节间沟的 1 小突起上。VII 和 VIII 节腹中部刚毛前后具乳突，此乳突略小于雄孔区乳突（图 172）。

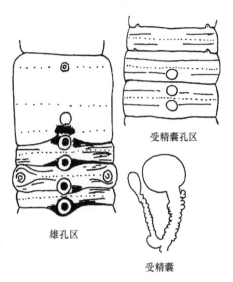

受精囊孔区

雄孔区

受精囊

图 172 单丝远盲蚓（Chen，1938）

内部特征：隔膜 8/9/10 缺失，6/7/8 很厚，10/11-12/13 略厚。砂囊圆形，位 X 节。肠自 XVI 节始扩大；盲肠简单，位 XXVII-XXIV 节。心脏位 X-XIII 节。XI 节储精囊包裹在精巢囊内，XII 节储精囊更大。精巢囊位 X 和 XI 节，前对发达，腹侧窄连合；后对小，也窄连合。前列腺大，位 XV-XXI 节，具粗短管；约 20 个或更多个副性腺与 1 个生殖乳突相连。受精囊 2 对，位 VI 和 VII 节，小；主体长约 2 mm；坛球状，具长管，有时坛或坛管常具小囊状结构；盲管长或短；纳精囊卵形（图 172）。

体色：一般苍白色，环带淡褐色。

模式产地：海南。

中国分布：海南。

## 183. 毛利远盲蚓 *Amynthas morrisi* (Beddard, 1892)

*Perichaeta morrisi* Beddard, 1892a. *Proc. Zool. Soc. London*, 45: 686.

*Pheretima (Pheretima) morrisi* Chen, 1931. *Contr. Biol. Lab. Sci. Soc. China (Zool.)*, 7(3): 148-155.

*Pheretima morrisi* Chen, 1933. *Contr. Biol. Lab. Sci. Soc. China (Zool.)*, 9(6): 267-270.

*Pheretima morrisi* Chen, 1936. *Contr. Biol. Lab. Sci. Soc. China (Zool.)*, 11(8): 270.

*Pheretima (Pheretima) morrisi* Chen, 1938. *Contr. Biol. Lab. Sci. Soc. China (Zool.)*, 12(10): 382.

*Pheretima morrisi* Gates, 1939. *Proc. U.S. Nat. Mus.*, 85: 453-454.

*Pheretima morrisi* Chen, 1946. *J. West China Bord. Res. Soc.*, 16(B): 135.

*Pheretima morrisi* Tsai, 1964. *Quar. Jour. Taiwan Mus.*, 17(1&2): 17-18.

*Pheretima morrisi* Gates, 1972. *Trans. Amer. Philos. Soc.*, 62(7): 202-203.

*Amynthas morrisi* Sims & Easton, 1972. *Biol. J. Linn. Soc.*, 4(3): 236.

*Amynthas morrisi* 徐芹和肖能文，2011. *中国陆栖蚯蚓*: 152-153.

*Amynthas morrisi* Xiao, 2019. *Terrestrial Earthworms (Oligochaeta: Opisthopora) of China*: 199-201.

外部特征：体长 86-144 mm，宽 3.5-5.5 mm。体节数 64-92。口前叶 1/2 上叶式。背孔自 11/12 节间始。环带位 4/5XIV-5/7XVI 节，环状，常不占三整节，XVI 节腹面可见刚毛，全无者有之。刚毛细小，体中部短，前部体长并不增大，前后体节等长；$aa$ 等于或小于 $ab$，$zz$=（1.5-2.5）$yz$；刚毛数：26-34（III），38-42（VI），44-50（VIII），42-56（XII），44-65（XXV）；

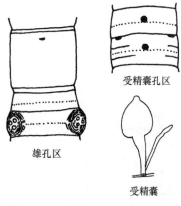

受精囊孔区

雄孔区

受精囊

图 173　毛利远盲蚓（Chen，1938）

20-24 在受精囊孔间，12-16 在雄孔间。雄孔 1 对，位 XVIII 节腹面，约占 1/3 节周，孔在 1 扁平圆锥形乳突上，孔内侧刚毛圈两侧各具 1 相似乳突，乳突被有几圈环脊。受精囊孔 2 对，位 5/6/7 节间，孔间距约占 1/2 节周，孔周围有 1 小腺皮状斑，常有小凹陷，孔呈眼状凹陷，中央有白色斑点。VII 节前缘常有 1 小乳突（图 173）。

内部特征：隔膜 8/9/10 缺失，10/11/12/13/14 厚，具肌肉，有时 10/11 和 13/14 略厚。砂囊略圆，表面亮而光滑。肠自 XV 节扩大；盲肠简单，小而短，位 XXVI-XXV 节。心脏 3 对。精巢囊极大，位 X 和 XI 节，各对间隔宽，背面不交通。储精囊位 X 和 XI 节，前中侧具 1 大中叶，表面很粗糙或结节状。前列腺小，位 XVIII-XX 节或 XVIII-XXI 节，小裂叶状；前列腺管中部大，直或 "S" 形，两端盘绕。受精囊 2 对，位 VI 和 VII 节；坛卵圆形或心形，具 1 顶突；坛管与主体等长或稍长，外端细长；盲管管状，向内端渐膨大，或略扭曲，比主体短（图 173）；副性腺苍白，为点状软组织。

体色：保存标本背面浅棕灰色，腹面灰白色，前背部深紫褐色，环带紫灰色；活体表皮半透明，背面浅红棕色，具不规则白点。

命名：本种依据 Morris 先生名字命名。

模式产地：马来西亚（槟榔屿）。

模式标本保存：不列颠博物馆（大英博物馆）；曾存于国立中央大学（南京）动物学标本馆，疑遗失。

中国分布：江苏、浙江（金华、杭州、台州）、福建（厦门、连江）、台湾（台北）、香港、海南（万宁）、重庆（南川、沙坪坝、涪陵、江北）、四川（成都、乐山）、贵州（铜仁）。

生境：生活于海拔 300-2130 m 的地区（Gates，1939）和菜地（丁瑞华，1983）。

讨论：本种与夏威夷远盲蚓 Amynthas hawayanus 非常相似，Beddard 认为两者是同物异名，但 Chen 认为它们有较大差别。主要区别如下：①本种的精巢囊是完全分开的；②储精囊有一个中叶，而在夏威夷远盲蚓中没有；③第一对心脏缺失，而夏威夷远盲蚓中虽然很小但有；④前列腺是小裂叶状的，而在夏威夷远盲蚓中为粗裂片状，表面光滑；⑤副性腺小而不规则，夏威夷远盲蚓为索状；⑥2 对受精囊，夏威夷远盲蚓有 3 对或 2 对；⑦乳突局限于雄孔区，有些（VII 或 VI 和 VIII 节）位于刚毛圈前，而在夏威夷远盲蚓中，它们并不局限于该区域，而且都在刚毛圈后面；⑧II-VI 节的刚毛间隔通常不宽，受精囊孔在外部通常有标记，而在夏威夷远盲蚓中则没有。

## 184. 双变远盲蚓 *Amynthas mutabilitas* Shen, 2012

*Amynthas mutabilitas* Shen, 2012. *Jour. Nat. Hist.*, 46(37-38): 2259-2283.

*Amynthas mutabilitas* Xiao, 2019. *Terrestrial Earthworms (Oligochaeta: Opisthopora) of China*: 201-202.

外部特征：小到中等大小。体长 64-127 mm，宽 2.8-4.24 mm。体节数 72-110。口前叶上叶式。背孔自 11/12 或 12/13 节间始。环带位 XIV-XVI 节，圆筒状，无刚毛，无背孔。刚毛数：35-48（VII），44-53（XX）；5-8 在雄孔间。雄孔 1 对，位 XVIII 节腹面，占 0.19-0.3 节周。雄孔区生殖乳突排列有两种类型：①雄孔位于乳突状孔突上，其前具 1 个直径 0.25-0.45 mm 的乳突，周围具 3 或 4 皮褶；②雄孔位于 1 平顶乳头状孔突上，在其前部或前中部或紧靠刚毛圈略后具 1 乳突，周围环绕 3 或 5 皮褶。乳突排列的两种类型可在同一个个体见到。另外，大多数个体在 XIX 节刚毛圈前

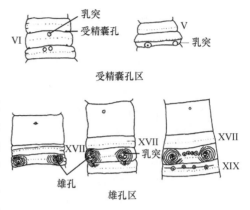

图 174 双变远盲蚓（Shen, 2012）

具 1 个乳突与左、右或每个雄孔成一直线或略居中。偶尔，XVIII 和 XIX 节刚毛前具 4 个横排乳突。每个乳突圆，直径 0.3-0.45 mm，中央凹陷。受精囊孔不可见或 2 对，位 5/6/7 节间腹面，孔间距占 0.29-0.37 节周。生殖乳突通常成对，或在 VII 或 VI-VII 节刚毛圈前，或在 VII 和 VIII 节刚毛圈前，或在 VI 节刚毛圈后。各乳突圆，直径 0.3-0.5 mm，有或无（图 174）。雌孔单，位 XIV 节腹中央。

内部特征：隔膜 8/9/10 缺，5/6/7/8 和 10/11/12/13/14 厚。砂囊大，位 VIII-X 节。肠自 XVI 节始扩大；盲肠简单，位 XXVII 节，前伸至 XXIII-XXV 节，末端直或弯。心脏位 XI-XIII 节。精巢小或大，2 对；精巢囊位 X 和 XI 节，腹连接。储精囊小或大，2 对，位 XI 和 XII 节，小囊具圆或细长背叶，大囊占整个体节空间，而小囊占半个体节。前列腺或大，位 XVI-XXI 节；或正常，位 XVII-XIX 节；或小，位 XVII-XVIII 节；或退化，只在 XVIII 节；皱褶且分叶。前列腺管长，"U" 形，位 XVII-XVIII 节，末端扩大。副性腺圆形，无柄或具长 0.35-1.4 mm 的柄；各腺体与外部生殖乳突相对应。受精囊缺，或 2 对，位 VI 和 VII 节；坛圆形或卵圆形，长 0.82-2.15 mm，宽 0.45-1.55 mm；受精囊柄长，细至粗，长 0.35-1.7 mm；盲管具虹彩；卵圆形纳精囊长 0.38-0.85 mm，细柄长 0.9-1.5 mm。副性腺具长柄或短柄，柄长 0.45-1.35 mm，各腺体与外部生殖乳突相对应。

体色：保存样本背面暗褐色，腹面浅褐色，环带褐色至暗褐色。

命名：本种依据受精囊孔数量和雄孔区生殖乳突排列都有变化而命名。

模式产地：台湾（台东、花莲）。

模式标本保存：台湾特有生物研究保育中心（南投）。

中国分布：台湾（台东，花莲）。

生境：生活在海拔 750-1000 m 的林间公路旁。

讨论：本种在形态学上与毛利远盲蚓 Amynthas morrisi 极其相似。毛利远盲蚓 XVI 节腹面具刚毛，雄孔具 12-16 刚毛，前列腺位 XVIII-XX 或 XVIII-XXI 节，前列腺管细且末端盘绕。本种在 VI-VII 节具有 0 或 2 对受精囊，成熟个体环带无刚毛，雄孔间具 5-8 刚毛，前列腺位 XVI-XXI、XVII-XIX、XVII-XVIII 或 XVIII 节，前列腺管远端直而膨胀。

本种雄孔区生殖乳突的排列类似于尝胆远盲蚓 Amynthas ultorius，但尝胆远盲蚓受

精囊孔位于 7/8/9 节间。

　　与本种一样，变化远盲蚓 *Amynthas varians* 受精囊从全缺到 2 对，位 VI 和 VII 节。两个种在雄孔的结构和生殖乳突的排列方面易于区别；变化远盲蚓 XV-XVIII 或 XIX 和 VII-VIII 节刚毛圈前后各 1 排乳突以及雄孔区小乳突上的长阴茎，不同于本种。

## 185. 囡远盲蚓 *Amynthas nanulus* (Chen & Yang, 1975)

*Pheretima nanula* 陈义等, 1975. *动物学报*, 21(1): 89-90.
*Amynthas nanulus* 徐芹和肖能文, 2011. *中国陆栖蚯蚓*: 155.
*Amynthas nanulus* Xiao, 2019. *Terrestrial Earthworms (Oligochaeta: Opisthopora) of China*: 202-203.

　　外部特征：体长 45-50 mm，宽 2.3-3 mm。体节数 74-88。口前叶 1/2 上叶式。背孔自 12/13 节间始，首背孔常不显。环带位 XIV-XVI 节，占 3 节，短，环状，无刚毛。刚毛自 II 节始，细而密，环带前变化不显，VII-IX 节刚毛较密，环带后稍疏，背腹中隔环带后较环带前为显著；$aa=$（1.3-1.5）$ab$，$zz=$（1.5-2）$yz$；刚毛数：34-40（III），46-57（VIII），48-54（XII），41-48（XXV）；13-16（V）、14-16（VI 和 VII）在受精囊孔间，6-8 在雄孔间。雄孔位 XVIII 节腹侧，两孔间距较短，约占 1/5 节周，雄孔在半月形腺区外侧的圆形突上，该突常内陷，由数层半环形皮褶围住。受精囊孔 2 对，位 5/6/7 节间，约占 1/3 节周弱，孔在 VI-VII 节前缘小突上，孔在节间沟的后方而不完全在节间沟之中（图 175）。

　　内部特征：隔膜 8/9/10 缺失，5/6-7/8 和 10/11-12/13 等厚。咽腺极发达。砂囊球状，位 IX 和 X 节。肠自 XV 节始扩大；盲肠粗而短，腹面平滑。最后一对心脏在 XIII 节。精巢囊 2 对，位 X-XI 节，发达，前对很大，腹面距离远，凸出达到隔膜 9/10 之前，或有窄连接，交通，腹侧通到 XI 节；后对更粗大，背腹面都有连接，并包裹第一对储精囊在内。储精囊 2 对，位 XI 和 XII 节，第一对储精囊小，背叶亦小，第二对较发达。前列腺大，位 XVII-XX 节，腺体为阔扇形；前列腺管呈 "S" 或 "C" 形，近端细而远端粗，最长达 4 mm；无副性腺。受精囊 2 对，位 VI-VII 节内，靠隔膜之后；坛呈梨形；坛管粗，共长 2.3 mm；盲管比主体长，长约 3 mm；纳精囊直而粗，无弯曲，占全长 1/3 或 2/5，有时仅占主体之半，其管细，周围无副性腺（图 175）。

　　体色：体无色素。活体略带淡灰色，环带浅肉红色。

　　模式产地：浙江（富阳新登）。

　　中国分布：浙江（杭州）。

　　生境：生活于桥头肥沃土壤内。

　　讨论：本种与薄远盲蚓 *Amynthas rallus* 相似。薄远盲蚓环带腹面可见刚毛，雄孔小，位 XVIII 节腹侧 1 横卵圆形微隆起的白色区内。

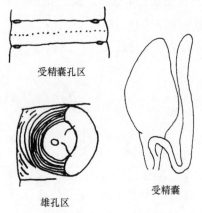

受精囊孔区

雄孔区

受精囊

图 175　囡远盲蚓（陈义等，1975）

## 186. 八突远盲蚓 *Amynthas octopapillatus* Qiu & Sun, 2009

*Amynthas octopapillatus* Sun et al., 2009. *Revue Suisse de Zoologie*, 116(2): 293-295.
*Amynthas octopapillatus* Xiao, 2019. *Terrestrial Earthworms (Oligochaeta: Opisthopora) of China*: 203-204.

外部特征：体长 123-138 mm，宽 3.0-3.5 mm。体节数 139-205。具体环。口前叶 1/2 上叶式。背孔自 12/13 节间始。环带位 XIV-XVI 节，环状，隆起，节间沟和刚毛圈可见，腹面刚毛明显；无背孔。刚毛环生，较密，$aa$=（1.1-1.4）$ab$，$zz$=（1.3-2）$zy$；刚毛数：56-70（III），74-92（V），68-90（VIII），64-66（XX），56-68（XXV）；13-19（VI）在受精囊孔间，14-20 在雄孔间。雄孔 1 对，位 XVIII 节腹侧 1 圆锥形腺状突起中央，呈 1 尖锥状，突起外侧具 1-2 圈皮褶，孔间距约占 1/3 节周；雄孔内侧 17/18、18/19、19/20 和 20/21 节间沟各具 1 对较大的卵圆形平顶乳突，乳突直径 0.68-0.8 mm（图 176）。受精囊孔 2 对，位 5/6/7 节间腹侧面，呈眼状，孔间距约占 1/4 节周。

内部特征：隔膜 8/9/10 缺，6/7/8 厚，肌肉质，10/11-13/14 略厚。砂囊桶形，位 VIII 和 IX 节。肠自 XVI 节始扩大；盲肠简单，自 XXVII 节始，前伸达 XXIV 节，背腹缘均光滑。心脏 4 对，位 X-XIII 节，在背侧连于食道上血管。精巢囊 2 对，位 X 和 XI 节，第一对发达，左右叶在腹侧相距较近，第二对与首对储精囊共同包裹在膜质囊中。储精囊 2 对，位 XI 和 XII 节，发达。前列腺肥厚，位 1/3XVI-1/3XX 节，块状分叶；前列腺管斜 "U" 形，内侧管比外侧管粗。副性腺缺。受精囊 2 对，位 VI 和 VII 节；坛心形；坛管很长，粗细适中；盲管比主体长 1/5，末端 1/2 呈长管状膨大，为纳精囊，纳精囊具银白色光泽，内含精子（图 176）。

体色：无色素，环带浅褐色。

命名：本种依据环带后部具有 8 个生殖乳突而命名。

模式产地：海南（吊罗山）。

模式标本保存：上海自然博物馆和日内瓦自然历史博物馆。

中国分布：海南（吊罗山）。

生境：生活在海拔 930 m 的樟木林枯倒树桩下黄褐壤中。

讨论：本种外观与吊罗山远盲蚓 *Amynthas diaoluomontis* 相似，但本种体型更小，雄孔区具 4 对乳突，位 17/18-20/21 节间，第二对精巢囊包裹第一对储精囊。

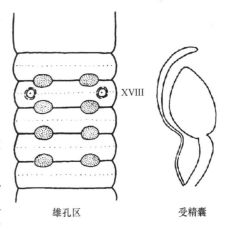

XVIII

雄孔区　　　　受精囊

图 176　八突远盲蚓（Sun et al., 2009）

## 187. 似眼远盲蚓 *Amynthas oculatus* (Chen, 1938)

*Pheretima (Pheretima) oculata* Chen, 1938. *Contr. Biol. Lab. Sci. Soc. China (Zool.)*, 12(10): 398-399.
*Amynthas oculatus* Sims & Easton, 1972. *Biol. J. Linn. Soc.*, 4(3): 236.
*Amynthas oculatus* 徐芹和肖能文, 2011. *中国陆栖蚯蚓*: 158-158.
*Amynthas oculatus* Xiao, 2019. *Terrestrial Earthworms (Oligochaeta: Opisthopora) of China*: 204.

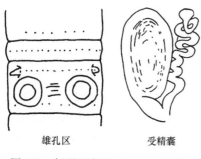

图 177　似眼远盲蚓（Chen，1938）

外部特征：体长 27-40 mm，宽 1.2-1.8 mm。体节数 74-86。口前叶 1/3 上叶式。背孔自 12/13 节间始。环带位 XIV-XVI 节，腹面具刚毛。刚毛分布一致或腹面略密；$aa=$（1.5-2.5）$ab$，$zz=$（1.5-2.0）$yz$；刚毛数：20-30（III），28-30（VI），28-30（VIII），32-34（XXV）；12-14（VIII）在受精囊孔间，9-11 在雄孔间。雄孔位 XVIII 节腹面，孔在 1 圆锥状乳突上。18/19 节间雄孔后具 1 对大圆盘状乳突，乳突间隔小于其直径（图 177）。受精囊孔 2 对，位 5/6/7 节间背面，约占 3/4 腹面节周。

内部特征：隔膜 8/9/10 缺失，5/6 薄，6/7/8 相当厚，10/11-12/13 略厚。砂囊位 IX-X 节。肠自 XVI 节始扩大；盲肠简单，位 XXVII-XXV 节。首对心脏存在。精巢囊发达，腹面分离，背面连合但不交通。储精囊约为精巢囊的 1/3 大小，XI 节储精囊包裹在精巢囊内。前列腺发达，位 XVI-XXII 节，具粗叶；前列腺管长，弯曲；副性腺成团，具 1 长索与一些腺组织相连。受精囊 2 对，位 VI 和 VII 节；坛为一长囊；坛管短，为坛的 1/5 左右；盲管“之”字形盘绕，内端 4/5 为纳精囊，外端 1/4 或 1/5 为管，盲管较主体长（图 177）。

体色：一般苍白色，环带淡红色。

命名：本种依据 18/19 节间雄孔后具 1 对大圆盘状乳突，乳突形如眼睛而命名。

模式产地：海南。

中国分布：海南。

## 188.　稚气远盲蚓 *Amynthas puerilis* (Chen, 1938)

*Pheretima (Pheretima) puerilis* Chen, 1938. *Contr. Biol. Lab. Sci. Soc. China (Zool.)*, 12(10): 394-396.

*Amynthas puerilis* Sims & Easton, 1972. *Biol. J. Linn. Soc.*, 4(3): 236, 245.

*Amynthas puerilis* 徐芹和肖能文，2011. *中国陆栖蚯蚓*: 171-172.

*Amynthas puerilis* Xiao, 2019. *Terrestrial Earthworms (Oligochaeta: Opisthopora) of China*: 204-205.

外部特征：体长 20-37 mm，宽 1-2 mm。体节数 47-72。口前叶 1/3 上叶式。背孔自 11/12 节间始。环带位 XIV-XVI 节，完整，腹面具刚毛窝，常明显。刚毛构成一致，每节数量差别不大，$aa=1.2ab$，$zz=1.2yz$；刚毛数：30-32（III），32-42（VI），35-48（VIII），30-36（XVIII）；20-22（V）、24-25（VII）在受精囊孔间，6 在雄孔间。雄孔 1 对，位 XVIII 节腹面，约占 1/3 节周，孔在 1 相当尖的孔突上，XVII 节前部具 1 小乳突，或缺（图 178）。受精囊孔 2 对，位 5/6/7 节间，后对约占节周之半，前对略靠近些，前后对孔之间相差 2 根刚毛。

内部特征：隔膜 8/9/10 缺失，5/6-7/8、10/11-13/14 约等厚，但较砂囊前略薄。砂囊位 1/2VIII-IX 节。肠自 XVI 节始扩大；盲肠圆锥形，位 XXVII-XXV

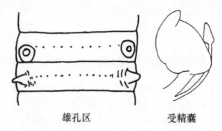

图 178　稚气远盲蚓（Chen，1938）

节。首对心脏大。精巢囊位 X 和 XI 节，腹面间隔宽，背面交通。储精囊一般小，首对不包裹在精巢囊中。前列腺发达，粗裂叶，位 XVI-XXI 节；前列腺管"U"形弯曲。受精囊 2 对，位 VI 和 VII 节；坛大，心形，具约等长粗坛管；盲管较主体短，具短纳精囊，纳精囊腔短（图 178）。

体色：一般苍白色，环带淡红色。

命名：本种依据形态上有些不太成熟的特征而命名。

模式产地：海南。

中国分布：海南。

讨论：本种在体型大小和外观上与 *Amynthas vivians* 相似，但本种首节无刚毛，前对受精囊孔更靠近腹部，雄孔突为平顶乳突，两者容易区分。

## 189. 琼中远盲蚓 *Amynthas qiongzhongensis* Jiang & Zhao, 2015

*Amynthas qiongzhongensis* Jiang et al., 2015. *Jour. Nat. Hist.*, 49(1-2): 13-16.

外部特征：体长 61-81 mm，宽（环带）3.4-4.6 mm。体节数 127-159。环带前具体环。口前叶 1/2 上叶式。背孔自 11/12 节间始。环带位 XIV-XVI 节，环状，刚毛外部不显。刚毛数：42-46（III），48-64（V），50-62（VIII），40-54（XX），40-80（XXV）；4-8 在雄孔间，21-26 在受精囊孔间。雄孔 1 对，位 XVIII 节腹面，孔间距约占 0.33 节周，雄孔在稍凸略隆起的卵圆形孔突顶端，凸垫具 3-5 环褶，雄孔周围具 4 个或 5 个极小的塌顶生殖乳突。受精囊孔 2 对，位 5/6/7 节间腹面，约占 2/5 节周，每孔周围具 1 对向前的极小生殖乳突。VII 节前缘具 1 对小的塌顶乳突（图 179）。雌孔位 XIV 节腹中央，圆形，奶白色。

内部特征：隔膜 8/9/10 缺，5/6/7/8 厚且肌肉质，10/11/12 略厚。砂囊短桶状，位 1/2VIII-IX 节。肠自 XVI 节始扩大；盲肠位 XXVII 节，简单，光滑，前伸至 XXIV 节。心脏位 XI-XIII 节。精巢囊 2 对，位 X 和 XI 节。储精囊 2 对，位 X 和 XII 节，前对极发达。前列腺极发达，位 XVIII 节，并延伸至 1/2XV 和 XXIII 节，粗叶由几主叶组成；前列腺管"U"形，细长，远端部分明显弯曲。无副性腺。受精囊 2 对，位 VI-VII 节；坛心形，长约 2.8 mm；坛管粗，较坛略短；盲管为主体长的 1/5，细长，末端 2/7 扩大成膨腔，奶白色（图 179）。无副性腺。

体色：保存标本环带前体节背面灰白色，环带后体节背部浅褐色，腹面无色，环带桃红色或浅褐色。

命名：本种依据模式产地海南琼中黎族苗族自治县命名。

模式产地：海南（吊罗山、琼中）。

模式标本保存：上海自然博物馆。

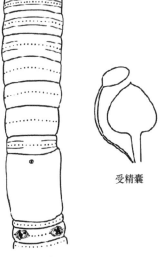

受精囊

体前部腹面

图 179 琼中远盲蚓
（Jiang et al., 2015）

中国分布：海南（吊罗山、琼中）。

生境：生活在海拔 920 m 的灌木林下褐色砂质土中，海拔 739-934 m 的棕榈树下黑土、丛林下黑砂质土中。

讨论：本种与三点远盲蚓 *Amynthas tripunctus* 在体长、体宽、前列腺和坛方面特征相似，但本种具有短的纳精囊，而三点远盲蚓盲管远端 1/2 膨胀成黄瓜状腔。本种副性腺和受精囊与相异远盲蚓 *Amynthas incongruus* 有较大差异。本种与不稳远盲蚓 *Amynthas instabilis* 通过受精囊、前列腺等特征可以区分。

### 190. 沙坪远盲蚓 *Amynthas sapinianus* (Chen, 1946)

*Pheretima sapiniana* Chen, 1946. *J. West China Bord. Res. Soc.*, 16(B): 130-132.

*Amynthas sapinianus* Sims & Easton, 1972. *Biol. J. Linn. Soc.*, 4(3): 236.

*Amynthas sapinianus* 徐芹和肖能文, 2011. *中国陆栖蚯蚓*: 178.

*Amynthas sapinianus* Xiao, 2019. *Terrestrial Earthworms (Oligochaeta: Opisthopora) of China*: 205-206.

外部特征：体长 25-60 mm，宽 1.5-2.5 mm。体节数 90-102。口前叶 1/3 上叶式。背孔自 12/13 节间始。环带位 XIV-XVI 节，完全，隆起，环状，腹面刚毛圈或短刚毛隐约可见（XV 或 XVI 节更明显），其长等于环带后相邻 8 个体节。刚毛不多，分布均匀，腹侧细密；刚毛数：26-28（III），30-34（VI），32-35（IX），30-32（XXV）；8-10（VI）在受精囊孔间，4-6 在雄孔中部两乳突间，12（XVII）、11（XIX）在雄孔线间。雄孔位 XVIII 节腹面，约占 1/3 节周，其腹侧具 1 被环脊包绕的大平顶乳突。受精囊孔 2 对，位 5/6/7 节间，约占 1/3 节周，此区无生殖乳突（图 180）。

内部特征：隔膜 8/9/10 缺失，6/7/8 略具肌肉，10/11-12/13 厚。砂囊大，球状，位 X 节。肠自 XV 节始扩大；盲肠简单，光滑，前达 XXIII 节。精巢囊发达，前对在 X 节背腹由 1 腹膜状管会合，后对也在背侧连合和腹侧宽连合（膜状管或交通）。储精囊限于 XI 和 XII 节；第一对小，包绕在精巢囊内；第二对大，背腹长约 1 mm，各具 1 显著背叶。前列腺大，位 XVI-XXII 节，为粗糙的大叶；前列腺管长且薄，松散盘曲；副性腺具大叶，总状，无柄。受精囊 2 对，位 VI 和 VII 节；坛大，囊状；坛管几近等长；盲管细短（或与主体等长），内端膨大，指状，为纳精囊，外半部伸长为管；此区无副性腺（图 180）。

体色：一般为苍白色，背中线浅灰色，环带巧克力红色。

命名：本种依据模式产地重庆沙坪坝命名。

模式产地：重庆（沙坪坝）。

模式标本保存：曾存于中研院动物研究所（重庆），疑遗失。

中国分布：重庆（北碚、沙坪坝）。

生境：生活在有苔藓或草丛的潮湿地表生境。

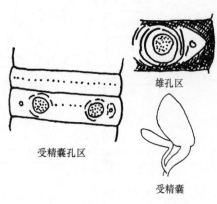

雄孔区

受精囊孔区

受精囊

图 180　沙坪远盲蚓（Chen，1946）

## 191. 盘曲远盲蚓 *Amynthas sinuosus* (Chen, 1938)

*Pheretima (Pheretima) sinuosa* Chen, 1938. *Contr. Biol. Lab. Sci. Soc. China (Zool.)*, 12(10): 407-410.

*Amynthas sinuosus* Sims & Easton, 1972. *Biol. J. Linn. Soc.*, 4(3): 236.

*Amynthas sinuosus* 徐芹和肖能文, 2011. *中国陆栖蚯蚓*: 181-182.

*Amynthas sinuosus* Xiao, 2019. *Terrestrial Earthworms (Oligochaeta: Opisthopora) of China*: 206-207.

外部特征：体长 170-240 mm，宽 4-5 mm。体节数 168-205。口前叶 2/3 上叶式。背孔自 12/13 节间始。环带位 XIV-XVI 节，完整，腹面具刚毛。刚毛细，$a$-$c$ 间隔更宽，背腹侧更近，$aa$=1.2$ab$, $zz$=（1.2-2）$yz$；刚毛数：52-70（III），64-76（VI），54-75（VIII），46-54（XX），52-62（XXV）；36-38（VI 和 VII）在受精囊孔间，4-6 在雄孔间。雄孔位 XVIII 节腹侧，约占 1/3 节周，孔在 1 小锥形突上，被侧皮褶部分覆盖。XVII 节后和 XIX 节后各具 1 对乳突，乳突在隆起的雄孔突线上（图 181）。受精囊孔 2 对，位 5/6/7 节间背面，更靠近背中线。VI-VII 节的前边缘表面看起来像一个椭圆形凹陷，延伸到相邻体节小部分。雌孔单，位 XIV 节腹中部。

内部特征：隔膜 8/9/10 缺失，5/6/7/8 厚，肌肉质，10/11/12 厚，略具肌肉。砂囊位 1/2IX-1/2X 节。肠自 XV 节始扩大；盲肠圆锥形，位 XXVII-XXV 节，光滑。心脏 4 对。精巢囊非常大，横向宽约 3 mm，狭窄连通，在 XI 节腹部连合，精巢、精漏斗和储精囊包裹在一个共同的囊内。储精囊小，接近隔膜，背叶。前列腺粗叶状，位 XVII-XX 节；前列腺管长 10 mm。副性腺不明显。受精囊 2 对，位 VI 和 VII 节，长而硬，长约 3 mm；坛管短，长约 1 mm；盲管亦长，约为主体长 2 倍，末端 1/10 处在平面内折曲（图 181）。

体色：背部淡紫褐色，腹部苍白色。

命名：本种依据受精囊盲管末端 1/10 处在平面内折曲特征而命名。

模式产地：海南（陵水）。

中国分布：海南（陵水）。

讨论：本种在外形、刚毛特征、雄孔区、环带和精巢囊特征等方面与棒状远盲蚓 *A. rhabdoidus* 相似。它们的区别在于本种：①只有 2 对受精囊；②盲管呈锯齿状扭曲；③隔膜 8/9 缺；④雄孔之间的刚毛较少；⑤受精囊孔位于背侧。

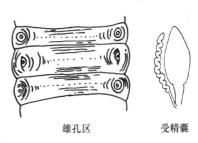

雄孔区　　　　　　受精囊

图 181　盘曲远盲蚓（Chen，1938）

## 192. 瘦弱远盲蚓 *Amynthas tenuis* Qiu & Zhao, 2013

*Amynthas tenuis* Zhao et al., 2013a. *Zootaxa*, 3619(3): 386-387.

*Amynthas tenuis* Xiao, 2019. *Terrestrial Earthworms (Oligochaeta: Opisthopora) of China*: 207.

外部特征：体长 48-56 mm，宽 2 mm。体节数 72-89。口前叶 1/2 上叶式。背孔自 12/13 节间始。环带位 XIV-XVI 节，圆筒状，XVI 节腹面具 4 刚毛或无。刚毛数：12-28（III），24-28（V），30-36（VIII），24-32（XX），28-38（XXV）；10 在受精囊孔间，8 在雄孔间。雄孔 1 对，位 XVIII 节腹面，孔间距约占 0.33 节周，孔在卵圆形孔突上。

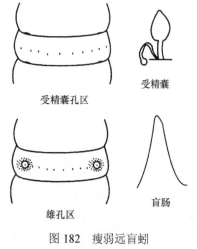

受精囊孔区

受精囊

雄孔区

盲肠

图 182　瘦弱远盲蚓
（Zhao et al., 2013a）

无生殖标记。或雄孔外部偶尔具 2 个大卵圆形生殖乳突。受精囊孔 2 对，位 5/6/7 节间腹面，孔间距约占 0.33 节周。无生殖标记（图 182）。雌孔单，位 XIV 节腹中央。

内部特征：隔膜 8/9/10 缺，5/6/7 颇厚，7/8、10/11/12/13/14 略厚。砂囊位 XI 和 X 节，细长球形。肠自 XV 节始扩大；盲肠简单，位 XXVII 节，前伸至 XXIV 节，背腹均光滑。心脏位 X-XIII 节，首对小。精巢囊 2 对，位 X 和 XI 节，极发达，腹面分离。储精囊 2 对，位 XI 和 XII 节，发达，腹面相互分离。前列腺位 XVII-XX 节，发达；前列腺管位 XVIII 节，"n" 形。XVIII 节具具柄副性腺。卵巢位 XIII 节。受精囊 2 对，位 VI-VII 节，长 1.5-1.9 mm；坛心形，长约 1.1 mm；坛管长且直，与坛明显区别；盲管略短于主体或 2/3 主体长，末端 1/10 扩大为不规则腔或末端 2/3 扩大为小扫帚状腔（图 182）。受精囊坛管无肾管。

体色：保存标本背面自浅紫色到浅黄褐色，腹面无色，环带无色或紫色。

命名：本种依据模式标本细长的体型特征命名。

模式产地：海南（五指山）。

模式标本保存：上海自然博物馆。

中国分布：海南（五指山）。

生境：生活在热带雨林核心区。

讨论：本种与婴孩远盲蚓 *Amynthas infantilis* 相似。两种蚯蚓都是隔膜 8/9/10 缺，背孔始于 12/13 节间，有简单的盲肠，前列腺发育良好，周围存在副性腺，均有一个细长的心形或长卵形受精囊坛，盲管短于主体，有球形的纳精囊。但两者区别明显，本种比婴孩远盲蚓大 3 倍以上；本种 2 对受精囊孔位 5/6/7 节间，婴孩远盲蚓仅 1 对受精囊孔位 5/6 节间；本种无生殖标记，婴孩远盲蚓既有生殖乳突也有生殖标记；本种的雄孔在 XVIII 节，而婴孩远盲蚓的雄孔在 XIX 节。

### 193. 梯形远盲蚓 *Amynthas trapezoides* Qiu & Sun, 2010

*Amynthas trapezoides* Sun et al., 2010. *Zootaxa*, 2680: 26-28.

外部特征：体长 147-155 mm，宽 3.2-3.6 mm（环带）。体节数 147-194。口前叶 1/2 上叶式，纵向具 1 中缝。背孔自 12/13 节间始。环带位 XIV-XVI 节，环状，隆起，无刚毛，节间沟隐约可见。刚毛环生，较密，*aa*=（1.1-1.2）*ab*，*zz*=（1.3-2.2）*zy*；刚毛数：44-54（III），52-68（V），52-70（VIII），58-66（XX），54-60（XXV）；4-6（VI）在受精囊孔间，0 在雄孔间。雄孔 1 对，位 XVIII 节腹面；自 XVII 节腹刚毛圈至 XVIII 节腹刚毛圈后 1/2 具 1 玉米粒状区，区内具 1 圆角纵长方形凹陷，凹陷前缘中央具 1 前伸的乳突，后缘中部具 2 靠近的锥状突起，雄孔在锥状突起上，锥状突起间距 1 纵沟槽；XVIII 节刚毛圈后 1/2 至 XIX 节刚毛圈前 1/2 具 1 深凹陷，凹陷中前部左右各具 1 兔唇状皮瓣，皮瓣间具 1 小纵沟，皮瓣后面呈三角形。受精囊孔 2 对，位 5/6/7 节间腹中部，孔间距约占 1/10 节周，前对几近相靠，后对间距略大，各受精囊孔被 1 前伸的小乳突遮住（图 183）。雌孔单，位 XIV 节腹中央，椭圆形，颜色较周围浅。

内部特征：隔膜 8/9/10 缺，5/6-7/8 厚，肌肉质，10/11/12 略厚。砂囊长桶形，位 IX-X 节，周围具白色絮状物。肠自 XV 节始扩大，XX 节始再次扩大，XV 节具白色絮状物；盲肠简单，自 XXVII 节始，前伸达 XXV 节，背腹缘均光滑，具隔膜缢痕，棕色，周围具白色絮状物。心脏 4 对，位 X-XIII 节，在背侧连于食道上血管，后 2 对比前 2 对大。精巢囊 2 对，位 X 和 XI 节，发达，前对在背部相连。储精囊 2 对，位 XI 和 XII 节，第一对发达，在背侧相连，腹侧分离；第二对在背部左右叶相距较远。前列腺发达，位 XVII-XXI 节，由很小的块状分叶组成；前列腺管粗细均匀，多次弯曲，形状复杂，与腹中线相距很近。受精囊 2 对，位 VII-VIII 节；坛硕大，不规则心形或卵圆形；坛管短，为坛的 1/3 长，下细上粗，根部近腹中线；盲管细小，形似豆芽，约为主体的 1/2 长，内端 1/4 略微膨大，为纳精囊（图 183）。

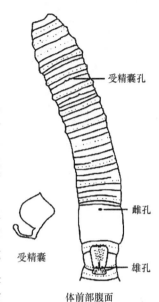

受精囊孔

雌孔

受精囊

雄孔

**体前部腹面**

图 183 梯形远盲蚓

（Sun et al., 2010）

体色：背侧前 5 节灰色，其他部分无色素或略呈浅褐色，腹侧无色素，环带颜色多变，灰褐色、红褐色、黄褐色、金黄色等。

命名：本种依据模式标本受精囊孔梯形排列的特征命名。

模式产地：海南（尖峰岭）。

模式标本保存：上海自然博物馆。

中国分布：海南（尖峰岭）。

生境：生活在海拔 1020 m 的热带雨林乔木林下黄褐土中。

讨论：本种外观与方垫远盲蚓 Amynthas quadrapulvinatus 相似。本种个体较大，约为方垫远盲蚓体长的 2 倍，雄孔区由 1 个玉米粒状区和 1 个深陷的三角形组成，雄孔间距近。

## 194. 三点远盲蚓 *Amynthas tripunctus* (Chen, 1946)

*Pheretima tripunctus* Chen, 1946. *J. West China Bord. Res. Soc.*, 16(B): 85-86.

*Pheretima tripunctus* Sims & Easton, 1972. *Biol. J. Linn. Soc.*, 4(3): 236.

*Amynthas tripunctus* 徐芹和肖能文, 2011. *中国陆栖蚯蚓*: 191.

*Amynthas tripunctus* Xiao, 2019. *Terrestrial Earthworms (Oligochaeta: Opisthopora) of China*: 207-208.

外部特征：体长 81 mm，宽 4 mm。体节数 91。口前叶 1/3 上叶式。背孔自 12/13 节间始。环带位 XIV-XVI 节，光滑，完整，XIV 节腹面可见刚毛窝。刚毛细，前腹面密而短，$aa$＝（1.1-1.5）$ab$，$zz$＝（1.1-1.2）$yz$；刚毛数：33（III），38（V），49（VI），48（IX），42（XXV）；17（V）、22（VI）、24（VII）在受精囊孔间，12 在雄孔间。雄孔位 XVIII 节腹侧，约占 1/3 节周，每孔为 1 小孔突，其中部两侧各具 1 小圆顶乳突；此区具几个环脊，时有

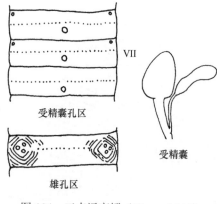

VII

受精囊孔区

受精囊

雄孔区

图 184　三点远盲蚓（Chen，1946）

隆起。受精囊孔 2 对，位 5/6/7 节间，在 VI 和 VII 节前缘，简单，约占 5/12 节周。VI-VIII 节腹面中央各具 1 乳突，乳突中等大小，圆形（图 184）。

内部特征：隔膜 8/9/10 缺失，6/7/8 厚，5/6 薄，10/11/12 较 7/8 略薄。砂囊中等大小，洋葱状，前小后大。肠自 XV 节扩大；盲肠短，简单，耳状，前伸达 XXIV 节。精巢囊大，2 对分离不交通。储精囊大，表面多疣突，充满 XI 和 XII 节，背叶不明显，各对分离，不交通。前列腺位 XVI-XXI 节，发达；前列腺管中部 "S" 形弯曲；副性腺无柄。受精囊 2 对，位 VI 和 VII 节，相当大；坛心形；坛管长，主体长约 3 mm；盲管较主体长约 1/4，前半部膨大，形似黄瓜（图 184）；副性腺小，无柄。

体色：背部灰白色，背中线灰绿色，腹部苍白色，环带砖红色。

命名：本种依据 VI-VIII 节腹面中央各具 1 乳突命名。

模式产地：四川（峨眉山）。

模式标本保存：曾存于中研院动物研究所（重庆），疑遗失。

中国分布：四川（峨眉山）。

讨论：本种的体型和雄孔区特征与三星远盲蚓 *Amynthas triastriatus* 相似，但以下特征存在明显不同：受精囊孔的位置、前腹部较细的刚毛、完全分离的精巢囊以及盲管纳精囊到坛管的距离更短。

## 195. 五指山远盲蚓 *Amynthas wuzhimontis* Sun & Qiu, 2015

*Amynthas wuzhimontis* Sun et al., 2015. *Zootaxa*, 4058(2): 260-262.

外部特征：体长 30-43 mm，宽 2.0-2.1 mm（环带）。体节数 54-95。口前叶 1/2 上叶式。背孔自 12/13 节间始。环带位 XIV-XVI 节，环形，平滑，无刚毛，无背孔。刚毛相距较远，$aa$=（1.0-2.0）$ab$，$zz$=（1.8-3.0）$zy$；刚毛数：23-24（III），24-32（V），26-34（VIII），34-36（XX），34-36（XXV）；7-11（VI）在受精囊孔间，2-4 在雄孔间。雄孔位 XVIII 节，孔间距占 1/4-1/3 节周，孔在腺垫状椭圆形孔突上，被肿胀区围绕。受精囊孔 2 对，位 5/6/7 节间腹面，孔间距占 1/3 节周，不显。无生殖乳突（图 185）。雌孔单，位 XIV 节腹中部。

内部特征：隔膜 8/9/10 缺，5/6-7/8 增厚，肌肉发达，10/11-14/15 较厚。砂囊圆形，位 VIII-X 节。肠自 XV 节扩大；盲肠简单，位 XVII 节，向前延伸至 XV 节，指状，背腹光滑。心脏 4 对，位 X-XIII 节，第一对细长，其余 3 对粗壮。精巢囊位 X 和 XI 节，前对发育良好，后对较小，腹侧分离。储精囊位 XI 和 XII 节，小，膜相连但腹侧不连通。前列腺发育良好，粗裂叶状，位 XVI-1/2XX 节；前列腺管长，倒 "U" 形弯曲，末端粗壮。无副性腺。受精囊成对位 VI-VII 节，长约 2 mm；坛椭圆形；坛管纤细，约 1.5 倍坛长；盲管 0.65 倍主轴长，末端 2/5 膨大成串珠状纳精囊（图 185）。

体色：保存标本背侧暗红色，腹侧苍白色。

命名：依据模式产地命名。

模式产地：海南（五指山）。

模式标本保存：上海自然博物馆。

中国分布：海南（五指山市）。

生境：生活在五指山海拔 861 m 的热带雨林黄壤中。

讨论：本种有一个特殊的两室串珠状的受精囊盲管。环串远盲蚓 *Amynthas moniliatus* 也有类似的串珠状盲管，两者在体色、刚毛格式、雄孔、生殖乳突、前列腺特征等方面存在差异，环串远盲蚓属于西伯尔种组 *sieboldi*-group（Sims & Easton，1972），受精囊 3 对，位 VII-IX 节。与本种体型和雄孔特征相似的物种还有糙带远盲蚓 *A. dignus*，其属于毛利种组 *morrisi*-group（Sims & Easton，1972），两者在刚毛格式、刚毛密度、受精囊孔、精巢囊和盲管等方面存在差异，本种 *aa* 和 *zz* 比糙带远盲蚓长，精巢囊腹侧分离，受精囊盲管 0.65 倍主轴长，末端 2/5 膨大成串珠状纳精囊，而糙带远盲蚓的

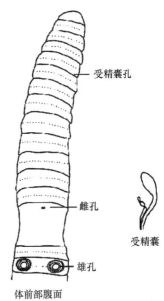

图 185 五指山远盲蚓
（Sun et al.，2015）

盲管等于或略长于主体，远端为卵圆形纳精囊。糙带远盲蚓受精囊变化，位 V-VI 节或 V-VII 节；Sims 和 Easton（1972）将其归为毛利种组 *morrisi*-group 和姻缘种组 *pauxillulus*-group 两组。

## 196. 张氏远盲蚓 *Amynthas zhangi* Qiu & Sun, 2009

*Amynthas zhangi* Sun et al., 2009. *Revue Suisse de Zoologie*, 116(2): 295-296.
*Amynthas zhangi* Xiao, 2019. *Terrestrial Earthworms (Oligochaeta: Opisthopora) of China*: 208-209.

外部特征：体长 124-200 mm，宽 3.1-5.3 mm。体节数 186-206。环带以前各节具 2-3 体环，环带以后体环不明显，背中线较清晰。口前叶前上复合叶式。背孔自 12/13 节间始。环带位 XIV-4/5XVI 节，环状，腺体较薄，节间沟清晰，刚毛圈可见，腹面刚毛明显，刚毛根部突起明显；无背孔。刚毛环生，刚毛圈清晰，*aa*=（1.2-2）*ab*，*zz*=（1.5-2）*zy*；刚毛数：50-64（III），60-76（V），64-70（VIII），60-70（XX），60-70（XXV）；33-35（VI）在受精囊孔间，4-6 在雄孔间。雄孔 1 对，位 XVIII 节腹侧，孔间距约占 1/3 节周，孔在圆锥形腺状突起顶部中央，呈 1 小尖锥状，孔突周围具 2 圈不明显皮褶。雄孔前后 XVII、XIX 节各具 1 对较大的圆形乳突，乳突直径 0.8-1.0 mm（图 186）。受精囊孔 2 对，位 5/6/7 节间侧面，眼状，孔间距约占 1/2 节周。雌孔位 XIV 节腹面中央，椭圆形。

隔膜 8/9/10 缺，5/6-7/8 厚，肌肉质，10/11-12/13 略厚。砂囊长桶形，位 IX 和 X 节。肠自 XVI 节始

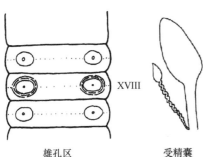

雄孔区　　　　受精囊

图 186 张氏远盲蚓（Sun et al.，2009）

扩大；盲肠简单，自 XXVII 节始，前伸达 XXV 节，细长，背腹缘均光滑。心脏 4 对，位 X-XIII 节，在背侧连于食道上血管，从后往前逐渐变小变细。精巢囊 2 对，位 X-XI 节，较小。储精囊 2 对，位 XI 和 XII 节，很小，XI 节精巢囊和储精囊共同包裹在 1 膜质囊中。前列腺较小，位 3/4XVI-3/4XIX 节，块状分叶；前列腺管 "S" 形，细长。未见副性腺。受精囊 2 对，位 VI 和 VII 节，较小；坛瘦心形，黄色，长约 1.9 mm；坛管下细上粗，与坛等长；盲管约为主体 3/4 长，呈 "Z" 形叠曲，末端 1/7-1/6 呈卵圆形膨大，端部尖，为纳精囊（图 186）。

体色：环带以前背部浅灰色，环带以后背部由灰色逐渐过渡为浅褐色，腹部无色素或略显褐色，环带褐色。

命名：以模式标本采集者张小龙姓氏命名。

模式产地：海南（吊罗山）。

模式标本保存：上海自然博物馆和日内瓦自然历史博物馆。

中国分布：海南（吊罗山）。

生境：生活在海拔 920 m 的夹竹桃和绿篱丛下褐色土壤中。

讨论：本种外观与盘曲远盲蚓 *Amynthas sinuosus* 相似。本种雄孔突起不形成皮褶覆盖，纳精囊呈卵圆形膨大，前列腺较小，呈退化状；而盘曲远盲蚓雄孔部分被侧皮褶覆盖，纳精囊不是椭圆形，前列腺和其他雄性器官发育良好。

### 197. 带状远盲蚓 *Amynthas zonarius* Sun & Qiu, 2015

*Amynthas zonarius* Sun et al., 2015. *Zootaxa*, 4058(2): 258-260.

外部特征：体长 52-103 mm，宽 1.6-3.1 mm（环带）。体节数 119-145。VII-XXX 节有明显体环。口前叶上叶式。背孔自 11/12 或 12/13 节间始。环带位 XIV-XVI 节，环状，光滑，肿胀，XVI 节腹侧有 6 根刚毛，无背孔，个别有 2 个背孔。刚毛均匀分布，$aa=(1.1-2)ab$，$zz=(1.5-2)zy$；刚毛数：38-56（III），44-60（V），46-52（VIII），34-54（XX），34-56（XXV）；11-25（VI）在受精囊孔间，6-12 在雄孔间。雄孔位 XVIII 节腹部，孔间距稍小于 1/3 节周，孔在平顶垫状孔突上，周围有 5 圈皮褶。雄性乳突多变，在 XVIII 节的雄孔右侧前方有 1 个小的平顶乳突；另外 2 个不规则的乳突横置在 XVIII 节腹侧刚毛圈后；或 XVIII 节雄孔前有 1 个小乳突，无腹侧乳突；或 XVIII 节雄孔前有 1 对小乳突，无腹内侧乳突；或无乳突；或 XVIII 节雄孔内有 1 个小而圆的平顶乳突，无腹侧乳突。受精囊孔 2 对，在 5/6/7 节间腹面，约占 2/5 节周，不显，有结节样皮肤延伸到前节间沟。无生殖乳突（图 187）。雌孔单，位 XIV 节腹中部，乳白色，椭圆形，稍肿胀。

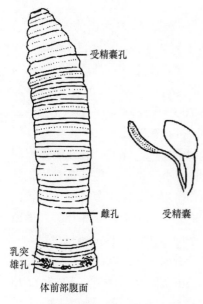

受精囊孔

雌孔　　　受精囊

乳突
雄孔

体前部腹面

图 187　带状远盲蚓（Sun et al., 2015）

内部特征：隔膜 8/9/10 缺，5/6-7/8 增厚，肌肉发达，10/11-12/13 比后面体节隔膜厚。砂囊球状，位 VIII-X 节。肠自 XV 节扩大；盲肠简单，位 XXVII 节，向前延伸至 XXIV 节，角状囊，背腹光滑。心脏 4 对，位 X-XIII 节，第一对比其他 3 对细。精巢囊位 X 和 XI 节，前对长，几乎到达腹侧对叶，腹侧分开。储精囊位 XI 和 XII 节，第一对大于第二对，腹侧分开。前列腺发育良好，粗裂叶，位 XVI-1/2XX 节；前列腺管倒 "U" 形，末端粗壮；前列腺的大小和位置多变，或位 XVII-1/2XXI、XVII-1/2XX、XVI-XXI、1/3XVI-1/2XX 节。受精囊 2 对，位 VI-VII 节，长约 2.2 mm；坛心形；坛管与坛等长；盲管与主轴等长，细长，远端半膨大成带状纳精囊（图 187）。

体色：保存标本背部和腹部无色素，环带后背中线有色。

命名：种名 "zonarius" 源自拉丁词 zona，指是纳精囊为带状。

模式产地：海南（琼中、尖峰岭、霸王岭、吊罗山）。

模式标本保存：上海自然博物馆。

中国分布：海南（琼中、黎母山、尖峰岭、霸王岭、吊罗山）。

生境：生活于海拔 739 m 的竹林和灌木林暗色褐土中，海拔 890 m 的阔叶林、荔枝和竹子下黄壤中，海拔 1043 m 的刺果和山毛榉下干燥的沙土中，海拔 1008 m 的山毛榉和樟树枯木下褐土中。

讨论：本种与稚气远盲蚓 Amynthas puerilis 在体色、发育的前列腺和环带腹侧刚毛等特征方面相似，但从雄孔、精巢囊和受精囊盲管特征上容易区分。本种雄孔垫状，有平顶结节，周围有 5 圈皮褶；精巢囊前对长，几乎到达腹侧对叶，腹侧分开；受精囊盲管与受精囊主轴等长，末端扩张成带状的纳精囊；雄孔区乳突相对较小，数量、形状不尽相同。而稚气远盲蚓雄孔突较尖，周围没有皮褶；精巢囊背部交通；盲管短于主体，纳精囊短锥形；雄孔区乳突稍大，形状规则。毛利种组 morrisi-group 中吊罗山远盲蚓 A. diaoluomontis、八突远盲蚓 A. octopapillatus、陵水远盲蚓 A. lingshuiensis 和沙坪远盲蚓 Amynthas sapinianus 4 个物种受精囊与本种相似。区别在于：吊罗山远盲蚓在 17/18/19 节间至雄孔中间有 2 对大平顶乳突；八突远盲蚓在 17/18/19/20/21 节间至雄孔处有 4 对大卵圆形乳突；陵水远盲蚓在 XVIII 和 XIX 节具 2 对大的卵圆形平顶乳突，呈梯形排列；沙坪远盲蚓在 XVIII 节雄孔区有 1 对大的平顶乳突。透明远盲蚓 Amynthas lubricatus 也有类似的受精囊盲管形状，但雄孔位于顶端稍尖凸起的圆锥体上。

L. 姻缘种组 pauxillulus-group

受精囊孔 3 对，位 4/5/6/7 节间。

国外分布：东洋界、澳洲界。

中国分布：重庆、海南、台湾。

中国有 2 种。

**姻缘种组分种检索表**

1. 受精囊孔眼状，孔前具 1-2 个极小的圆锥状生殖乳突。VII 节后缘具 3 个类似乳突。雄孔在稍凸垫上隆起的圆形孔突顶端，凸垫具 3 或 4 环褶，每个雄孔正对 2 个极小乳突，偶见雄孔周围具 4 个或 5 个极小的卵圆形生殖乳突。有时 XVIII 节前缘具 1 对极小卵圆形乳突······················································膨大远盲蚓 *Amynthas dilatatus*

雄孔在 2 个合并的平顶乳突中央，周围包绕几条同心环脊···············糙带远盲蚓 *Amynthas dignus*

### 198. 糙带远盲蚓 *Amynthas dignus* (Chen, 1946)

*Pheretima digna* Chen, 1946. *J. West China Bord. Res. Soc.*, 16(B): 132-133.
*Amynthas dignus* Sims & Easton, 1972. *Biol. J. Linn. Soc.*, 4(3): 236.
*Amynthas dignus* 徐芹和肖能文, 2011. *中国陆栖蚯蚓*: 103.
*Amynthas dignus* Xiao, 2019. *Terrestrial Earthworms (Oligochaeta: Opisthopora) of China*: 189-190.

外部特征：体长 60-70 mm，宽 2-3 mm。体节数 90-91。口前叶 1/3 上叶式。背孔自 12/13 节间始。环带位 XIV-XVI 节，环状，隆起而光滑，腹面无刚毛窝。刚毛细，分布均匀，$aa$=1.2$ab$，$zz$=1.5$yz$；刚毛数：38-42（III），50-56（VI），52-58（IX），35-44（XXV）；16-17（VI）在受精囊孔间，8-12 在雄孔间。雄孔位 XVIII 节腹面，约占 1/3 节周，每孔在 2 个合并的平顶乳突中央，周围包绕几条同心环脊，乳突与周围腺体区略隆起，无生殖标记（图 188）。受精囊孔常 2 对，位 5/6/7 节间；或 3 对，位 4/5/6/7 节间，约占腹面 1/3 节周。

内部特征：隔膜 8/9/10 缺失，3/4/5 极薄，5/6-7/8 具肌肉，10/11-13/14 薄膜状。砂囊位 1/2IX 和 X 节，圆形，表面光滑。肠自 XVI 节始扩大；盲肠简单，锥形，前伸达 XXII 节。第一对精巢囊与储精囊同大，背腹交通。储精囊位 XI 和 XII 节，相当发达，背叶显著，区分清晰，宽 0.8 mm；第二对包绕在精巢囊内。前列腺大，位 XVII-XXI 节，具细裂叶；前列腺管直，粗细一致，其外端略曲；副性腺未见。受精囊位 V-VI 或 V-VII 节；坛心形，长约 0.7 mm；盲管与主体等长或略长，远端为卵圆形纳精囊，盲管细长，内端 4/5 极曲（图 188）。

体色：淡灰白色，背侧颜色略深，环带浅红色。

模式产地：重庆（沙坪坝）。

模式标本保存：曾存于中研院动物研究所（重庆），疑遗失。

中国分布：重庆（沙坪坝、北碚）。

讨论：本种与沙坪远盲蚓 *A. sapinianus* 的差异在于本种环带腹面无刚毛，更薄的隔膜。

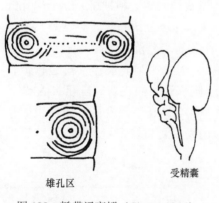

雄孔区　　　　　受精囊

图 188　糙带远盲蚓（Chen，1946）

### 168. 膨大远盲蚓 *Amynthas dilatatus* Qiu & Jiang, 2015 (参见 206 页)

M. 罩盖种组 *pomellus*-group

受精囊孔 2 对，位 VII、VIII 节。

国外分布：东洋界、澳洲界。

中国分布：湖北、重庆、贵州、海南。

中国有 4 种。

### 罩盖种组分种检索表

雄孔区常具 3 个或多个乳突，刚毛前 1 个，刚毛后 2 个，被不完全腺壁包绕；在 XVIII 节中部具 2 个大卵圆形乳突，乳突位于刚毛前；VII 和 VIII 节腹中部刚毛圈前有 2 个不成对乳突，乳突横椭圆形；接近 VIII 节孔突有 2 个更小乳突，VII 节左侧有单个乳突·······天青远盲蚓 *Amynthas cupreae*

## 199. 双陷远盲蚓 *Amynthas biconcavus* Quan & Zhong, 1989

*Amynthas biconcavus* 全筱薇和钟远辉, 1989. *动物分类学报*, 14(3): 273-277.

*Amynthas biconcavus* 徐芹和肖能文, 2011. *中国陆栖蚯蚓*: 85-86.

*Amynthas biconcavus* Xiao, 2019. *Terrestrial Earthworms (Oligochaeta: Opisthopora) of China*: 209-210.

外部特征：体长 71-78 mm，宽 2 mm。体节数 102-133。口前叶 1/3 上叶式。背孔自 12/13 节间始。环带位 XIV-XVI 节，有时腹面可见刚毛。刚毛较细，背腹一致，$aa=$(1.2-1.5) $ab$，$zz=$（1.5-2.0）$yz$；刚毛数：32-36（III），36-47（V），37-44（VII），38-44（XI），35-45（XX）；4-5（VII-VIII）在受精囊孔间，雄孔间无刚毛。雄孔 1 对，位 XVIII 节腹面，约占 1/6 节周，孔在 1 小的阴茎上，阴茎又位于 1 长圆形凹窝内，凹窝长径 0.5 mm，短径 0.4 mm，窝缘呈脊状隆起，前后缘分别达 17/18、18/19 节间沟。受精囊孔 2 对，位 VII 和 VIII 节腹中线刚毛圈前 1/4 处；孔间距占 1/9 腹面节周（图 189）。

内部特征：隔膜 8/9/10 缺，5/6/7 厚，10/11-12/13 较厚，13/14 后呈膜状。砂囊梨形，表面光滑。肠自 XVI 节扩大；盲肠简单，占 XXVII-XXV 节，背腹缘光滑。心脏位 X-XIII 节，后 2 对较粗。精巢囊位 X 和 XI 节，第一对长条形，外缘圆弧形，在腹中线交通，相连处宽；第二对呈不规则块状，腹面交通处亦宽，并包被着第一对储精囊。储精囊位 XI 和 XII 节，2 对均为长条形，背叶小或无。前列腺发达，位 XVII-XXII 或 1/2XVI-XX 节，分 2 叶或不分叶，表面裂纹较少；前列腺管弯曲成 "Z" 形，两端较细，中段较

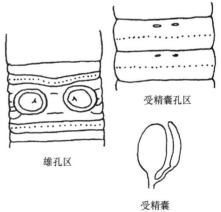

受精囊孔区

雄孔区

受精囊

图 189 双陷远盲蚓
（全筱薇和钟远辉，1989）

粗；腺管入体壁处有一团不很发达的总状副性腺。受精囊 2 对，位 VII-VIII 节；坛长圆形，长径 1-1.2 mm，短径 0.8-1.0 mm；坛管较短，与坛分界明显；盲管与主体等长或稍长；盲管较细，纳精囊明显，长茄形，长约 1.1 mm，具有珍珠光泽（图 189）。

体色：在福尔马林溶液中灰褐色，腹面颜色稍淡，环带浅栗色至深栗色。

命名：本种依据 2 雄孔分别在 1 长圆形凹窝内而命名。

模式产地：海南（尖峰岭）。

模式标本保存：中国林业科学研究院热带林业研究所生态室。

中国分布：海南（尖峰岭）。

生境：生活在热带原始森林。

讨论：本种受精囊孔的位置和对数与罩盖远盲蚓 Amynthas pomellus 相似。但本种具小阴茎，小阴茎位 1 大凹陷内，纳精囊长茄形，与罩盖远盲蚓有明显区别。

### 200. 天青远盲蚓 *Amynthas cupreae* (Chen, 1946)

*Pheretima cupreae* Chen, 1946. *J. West China Bord. Res. Soc.*, 16(B): 117-119.

*Pheretima cupreae* Sims & Easton, 1972. *Biol. J. Linn. Soc.*, 4(3): 224.

*Amynthas cupreae* 徐芹和肖能文, 2011. *中国陆栖蚯蚓*: 99-100.

*Amynthas cupreae* Xiao, 2019. *Terrestrial Earthworms (Oligochaeta: Opisthopora) of China*: 210-211.

外部特征：体长 120 mm，宽 6.5 mm。体节数 95。环带后体节具 3 或 4 体环。背孔自 11/12 节间始。环带位 XIV-XVI 节，完整，隆起，无刚毛。刚毛分布均匀，刚毛圈具背间隔；$aa=1.2ab$，$zz=$（1.5-2）$yz$；刚毛数：46（III），52（VII），53（IX），50（XXV）；25（VII）、24（VIII）在受精囊孔间，16 在雄孔间。雄孔 1 对，位 XVIII 节腹面，约占 1/3 节周，孔在 1 小裂孔上；此区常具 3 个或多个乳突，刚毛前 1 个，刚毛后 2 个，被不完全腺壁包绕；在此节中部具 2 个大卵圆形乳突，乳突位于刚毛前。受精囊孔 2 对，位 VII 和 VIII 节腹面刚毛圈前，约占 3/7 节周；生殖乳突不成对，VII 和 VIII 节腹中部刚毛圈前有 2 个不成对乳突，乳突横椭圆形；接近 VIII 节孔突有 2 个更小乳突，VII 节左侧有单个乳突（图 190）。

内部特征：隔膜 8/9/10 缺失，5/6-7/8、10/11/12 中等厚，12/13 略厚。砂囊桶形，前部略窄。肠自 XV 节始扩大；盲肠不显。精巢囊宽，不交通，位 X 和 XI 节。储精囊位 XI 和 XII 节，中等大小，背叶不发达，表面光滑。前列腺极发达，位 XVII-XXII 节，具粗叶；前列腺管深 "U" 形；副性腺小，无柄。受精囊 2 对，位 VII 和 VIII 节，匙形，长约 2.5 mm；坛管约与坛等长；盲管较主体短；纳精囊近长球形；副性腺大，宽约 2 mm（图 190）。

体色：一般苍白色，背中线色深，环带浅灰色。

模式产地：重庆（南川）。

模式标本保存：贵州省生物研究所。

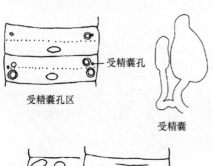

受精囊孔

受精囊孔区

受精囊

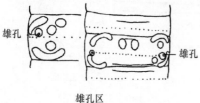

雄孔

雄孔

雄孔区

图 190　天青远盲蚓（Chen，1946）

中国分布：湖北、重庆（南川）、贵州（铜仁）。

生境：生活于海拔 650-2200 m 的黄色、褐色或黑色土壤中，或岩石、大树上的苔藓中（邱江平，1987）。

讨论：本种与壁缘远盲蚓 *Amynthas mucrorimus* 相似，与壁缘远盲蚓的不同之处在于本种只有 2 对受精囊孔且孔间距更大，腹侧刚毛较少，腹侧生殖乳突居腹中部。

## 201. 罩盖远盲蚓 *Amynthas pomellus* (Gates, 1935)

*Pheretima pomella* Gates, 1935a. *Smithsonian Mis. Coll.*, 93(3): 14-15.

*Pheretima pomella* Chen, 1936. *Contr. Biol. Lab. Sci. Soc. China (Zool.)*, 11(8): 301-302.

*Pheretima pomella* Gates, 1939. *Proc. U.S. Nat. Mus.*, 85: 469-470.

*Pheretima pomellus* Sims & Easton, 1972. *Biol. J. Linn. Soc.*, 4(3): 236.

*Amynthas pomellus* 徐芹和肖能文, 2011. *中国陆栖蚯蚓*: 169-170.

*Amynthas pomellus* Xiao, 2019. *Terrestrial Earthworms (Oligochaeta: Opisthopora) of China*: 211.

外部特征：体长 85 mm，宽 4.5 mm。体节数 92。口前叶 1/2 上叶式。背孔自 10/11 节间始。环带完整，无刚毛。刚毛细，分布均匀，$aa=1.5ab$，$zz=2yz$；刚毛数：47（VI），48（VIII），48（XXV）；2（VIII）在受精囊孔间，14 在雄孔间。雄孔位 XVIII 节腹面，约占 1/3 节周，每孔前后侧各具 1 乳突。受精囊孔 2 对，位 VII 和 VIII 节，为横眼状裂缝，位于节间沟与刚毛圈间稍靠近节间沟处，约占 1/3 腹面节周。XII 和 XIII 节腹侧具成对的生殖乳突（图 191）。

内部特征：隔膜 8/9/10 缺失，前部厚，5/6/7 具厚肾管束。肠自 XIV 节始扩大；盲肠简单，位 XXVII-XXIV 节。末对心脏位 XIII 节。精巢囊位 X 和 XI 节，不成对，腹连合。储精囊大，背叶不显著。前列腺密实且厚，位 XVII-XIX 节，具 1 长管，管等厚。受精囊坛大，坛管短细；盲管内端 2/3 紧密卷曲或卷曲成球形团，纳精囊位于卷曲部（图 191）。

体色：背部灰白色。

模式产地：四川（宜宾）。

模式标本保存：美国国立博物馆（华盛顿）。

中国分布：四川（宜宾）。

生境：生活于海拔 365-610 m 的地区（Gates，1939）。

讨论：本种受精囊孔位置、没有交配腔和生殖标记的位置等特征与 *Amynthas planata* 有区别。

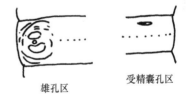

雄孔区　　受精囊孔区

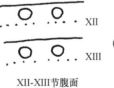

XII-XIII节腹面

受精囊

图 191 罩盖远盲蚓（Chen，1936）

## 202. 盘孔远盲蚓 *Amynthas sucatus* (Chen, 1946)

*Pheretima sucata* Chen, 1946. *J. West China Bord. Res. Soc.*, 16(B): 88-90.

*Pheretima sucatus* Sims & Easton, 1972. *Biol. J. Linn. Soc.*, 4(3): 236.

*Amynthas sucatus* 徐芹和肖能文, 2011. *中国陆栖蚯蚓*: 182.

*Amynthas sucatus* Xiao, 2019. *Terrestrial Earthworms (Oligochaeta: Opisthopora) of China*: 211-212.

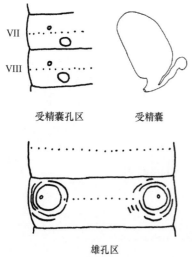

图 192 盘孔远盲蚓（Chen，1946）

外部特征：体长 110 mm，宽 6.2 mm。体节数 109。口前叶 1/3 上叶式。背孔自 11/12 节间始。环带位 XIV-XVI 节，完整，腺肿而粗糙，腹侧具刚毛窝，无刚毛。刚毛大而短，腹面密；$aa=(1.1\text{-}1.2)ab$，$zz=(1.5\text{-}2)yz$；刚毛数：43（III），65（VI），58（IX）；19（VII）、20（VIII）在受精囊孔间，12 在雄孔间。雄孔位 XVIII 节腹侧，约占 1/3 节周，孔在 1 大平顶乳突的外侧，平顶乳突由深沟与环脊环绕。受精囊孔 2 对，位 VII 和 VIII 节腹侧，孔在体节前中部 1 浅沟内，孔后具 1 小乳突和小团乳突，孔间距约占 1/3 节周（图 192）。

内部特征：隔膜 8/9/10 缺失，5/6-7/8 一般厚，11/12-12/13 略厚。砂囊大。肠自 XV 节始扩大；盲肠简单，位 XXVII 节，前伸到 XXIV 节。精巢囊 2 对，宽连合，为 1 横带状；额外的囊在 12/13 隔膜后面，大。储精囊充满 XI 和 XII 节，无背叶。前列腺小裂叶状，紧实，位 XVII-XIX 节；前列腺管短而厚，卷曲；副性腺大而圆。受精囊 2 对，位 VII 和 VIII 节，甚大；坛囊状，长约 4 mm，坛管粗短；盲管很短，末端具 1 圆盘状膨大，与管并无明显差异（图 192）。

体色：背部暗紫褐色，腹部苍白色，环带砖红色。

命名：本种雄孔区大平顶乳突如同盘子状，故命名盘孔。

模式产地：四川（峨眉山）。

模式标本保存：曾存于中研院动物研究所（重庆），疑遗失。

中国分布：四川（峨眉山）。

讨论：本种接近罩盖远盲蚓 A. pomellus，雄孔和盲管差异较大，且罩盖远盲蚓体型更小，生殖乳突成对位于 XII 和 XIII 节腹侧，受精囊孔靠近节间沟，而本种受精囊孔更接近刚毛圈。

N. 多裂种组 rimosus-group

受精囊孔 4 对，位 VI、VII、VIII 和 IX 节。

国外分布：东洋界、澳洲界。

中国分布：云南、台湾。

中国有 2 种。

**多裂种组分种检索表**

1. 雄孔在浅内陷的大孔突上；受精囊孔位 VI-IX 节腹侧前缘，接近节间沟，小的横裂缝状，孔间距大 ·················· 多裂远盲蚓 Amynthas rimosus
   雄孔在翼状浅凹孔突顶上；受精囊孔位 VI-XI 节背面，孔在第三体环刚毛圈前 1 不明显的小孔突上，约占 1/10 节周 ·················· 柴山远盲蚓 Amynthas chaishanensis

## 203. 柴山远盲蚓 *Amynthas chaishanensis* James, Shih & Chang, 2005

*Amynthas chaishanensis* James et al., 2005. *Jour. Nat. Hist.*, 39(14): 1018, 1021-1022.

*Amynthas chaishanensis* 徐芹和肖能文, 2011. *中国陆栖蚯蚓*: 92.

*Amynthas chaishanensis* Xiao, 2019. *Terrestrial Earthworms (Oligochaeta: Opisthopora) of China*: 212-213.

外部特征：体圆柱形。体长 203-228 mm，宽（X 节）8-11 mm、（XXX 节）6-9 mm、（环带）8-11 mm。体节数 112-137。口前叶上叶式。背孔自 12/13 节间始。环带位 XIV-XVI 节，无刚毛。刚毛排列均匀，大小距离一致，$aa : ab : yz : zz = 2 : 1 : 1 : 3$（XXV）；刚毛数：130-150（VII），126-138（X），104-120（XXV）；20 在雄孔间。雄孔位 XVIII 节腹面，孔在翼状浅凹孔突顶上，约占 1/3 节周。受精囊孔 4 对，位 VI-XI 节背面，孔在第三体环刚毛圈前 1 不明显的小孔突上，约占 1/10 节周（图 193）。雌孔单，位 XIV 节腹中部。

内部特征：隔膜 5/6/7/8 节颇厚，肌肉质，8/9 腹面存在，9/10 缺，10/11-13/14 稍厚，后部明显肌肉质。砂囊位 VIII 节。肠自 1/2XV 节扩大；盲肠简单，细长，自 1/3XXVII 节始，前伸达 XXV 节或 XXIII 节，无缺刻。心脏 2 对，位 XII-XIII 节，X 和 XI 节缺。精漏斗位 X 节，腹部连接精巢囊。储精囊位 XI 节，大，具背叶。前列腺位 XVIII 节，3-4 具深缺刻的小叶占据 XVII-XX 节；前列腺管短粗，肌肉质，直；许多小管呈扇形排列，前列腺管大约有 40 个非常小的内腔。卵巢位 XIII 节。受精囊 4 对，位 VI-IX 节；坛大，卵圆形囊；坛管粗而松，1/2 坛长；盲管柄长，卷绕扭结包裹在膜内，腔末端为卵圆形球囊（图 193），盲管纵轴较坛纵轴短；无肾管。

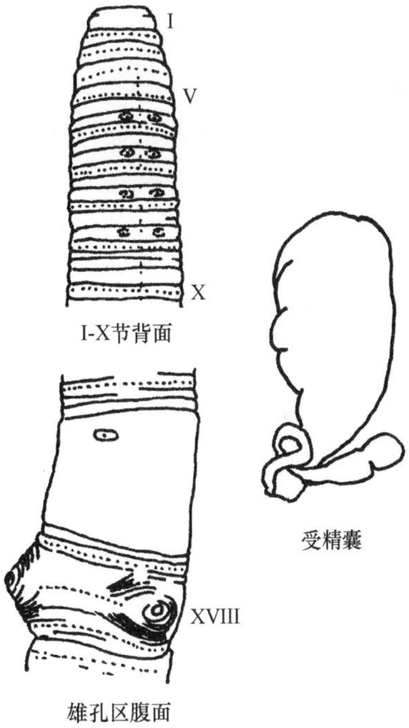

体色：在福尔马林保存液中背部暗紫褐色。

命名：本种依据模式产地柴山命名。

模式产地：台湾（高雄）。

模式标本保存：台湾自然科学博物馆（台中）。

中国分布：台湾（高雄）。

图 193 柴山远盲蚓

（James et al.，2005）

## 204. 多裂远盲蚓 *Amynthas rimosus* (Gates, 1931)

*Pheretima rimosa* Gates, 1931. *Rec. Ind. Mus.*, 33: 408-411.

*Pheretima rimosa* Gates, 1932. *Rec. Ind. Mus.*, 34(4): 534-536.

*Pheretima rimosus* Sims & Easton, 1972. *Biol. J. Linn. Soc.*, 4(3): 236.

*Pheretima rimosus* 钟远辉和邱江平, 1992. *贵州科学*, 10(4): 40.

*Amynthas rimosus* 徐芹和肖能文, 2011. *中国陆栖蚯蚓*: 173-174.

*Amynthas rimosus* Xiao, 2019. *Terrestrial Earthworms (Oligochaeta: Opisthopora) of China*: 213-214.

外部特征：体长 100-122 mm，宽 4.5-5 mm。体节数 104-119。口前叶 1/2 上叶式。

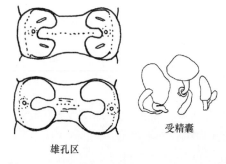

受精囊

雄孔区

图 194　多裂远盲蚓（Gates，1932）

VI-XIII 节刚毛圈前后各具 1 体环沟，IX-XIII 节又各具 1 未贯通整节的体环沟。背孔自 12/13 节间始，13/14 或 16/17 节间有功能性孔。环带位 XIV-XVI 节，无背孔，无节间沟。刚毛自 II 节始，II 节仅腹面刚毛可辨，环带前背腹间隔比环带后略宽；II-XIII 节腹刚毛和 III-IX 节背刚毛较大；12-14（VI）、11-16（VII）、12-16（VIII）在受精囊孔间，5-10 在雄孔间。雄孔位 XVIII 节腹刚毛圈上，小而圆；雄孔区具新月形生殖标记，灰白色，位 XVIII 节隆起前后侧；每个标记雄孔前后各 1 斜裂缝，远端朝向腹中线，近端朝向雄孔（图 194）。受精囊孔 4 对，位 VI-IX 节腹侧前缘，接近节间沟，小的横裂缝状，孔间距大。雌孔单，位 XIV 节腹中部。

隔膜 4/5-8/9 均存在，膜状，9/10 仅腹面存在，10/11 极薄，11/12/13 略厚，膜状。砂囊长。肠自 XV 节扩大；盲肠位 XXVII-XXV 或 XXIII 节，腹缘略裂叶状。末对心脏位 XIII 节。精巢囊 2 对，位 X 和 XI 节，大，前缘两裂叶。储精囊大，前对挤压着隔膜 10/11 和 8/9，像与砂囊后侧相连；后对与前对约等大。前列腺大，左侧位 XV-XIX 节，右侧位 XVI-XXI 节，腺体分成若干叶，又进一步分成若干小叶；前列腺管限于 XVIII 节，中等厚。无交配腔。受精囊 4 对，后 2 对位 VIII 节内，最后 1 对开口向后；坛袋状；坛管前对弯曲，后 2 对直；盲管弯曲，较主体短，外端细窄，内端略膨大（图 194）。

体色：背面略淡红色，腹面淡白色，环带淡黄褐色。

模式产地：缅甸（勐古）。

中国分布：云南（普洱）。

O. 西伯尔种组 sieboldi-group

受精囊孔 3 对，位 6/7/8/9 节间。

国外分布：东洋界、澳洲界。

中国分布：北京、河北、山西、辽宁、吉林、黑龙江、上海、江苏、浙江、安徽、福建、江西、河南、山东、湖北、重庆、四川、贵州、云南、陕西、甘肃、海南、福建、台湾。

中国有 42 种。

### 西伯尔种组分种检索表

1. 环带前/或后有生殖乳突····················································································································2
   环带前后均有生殖乳突················································································································21
2. 环带后，雄孔区生殖乳突 2 个或少于 2 个··············································································3
   环带后，雄孔区生殖乳突多于 2 个··························································································11
3. 雄孔前后各具 1 乳突，雄孔前乳突鞍状，雄孔后乳突圆，VI-VIII 节紧靠受精囊孔正前面具 3 对大卵圆形生殖垫··············································六胸远盲蚓 Amynthas sexpectatus
   雄孔区具 1 乳突································································································································4
4. 雄孔在 1 小圆形平顶乳突上，其内侧具 1 颇大的平顶长圆形乳突，其前后分别突入 XVII 和

20.　VIII 和 IX 节刚毛前各具 1 宽对乳突，或无，或 IX 和 X 节腹中部刚毛圈前具单个或密生对乳突，数量多变。乳突圆······························································斗六远盲蚓 *Amynthas douliouensis*
　　雄孔在一周围环绕 2-4 环形或菱形皮褶的圆形孔突上。中间 2 个大乳突对着雄孔，前一个乳突邻近 17/18 节间沟，后一个邻近 18/19 节间沟，二者均在 XVIII 节内。乳突中央凹陷，直径 0.45-0.6 mm···················································································四环远盲蚓 *Amynthas quadriorbis*

21.　生殖乳突位 XVII-XX 节和 VI-XII 节之间·················································22
　　生殖乳突位 XVIII 节和 VI-IX 节之间·····················································31

22.　雄孔小，被 3 条或 4 条圆形或菱形褶环绕，或紧靠侧面具 1 生殖乳突垫，明显；或 XVIII-XX 节腹中部刚毛圈前具 1 对乳突，密生；个别乳突位 XVIII 节，1 对或左侧 1 个；个别乳突位 XIX 节，1 对或右侧 1 个或无；少数个体乳突位 XX 节，每一乳突小、圆形、中心凹··································································································拇指远盲蚓 *Amynthas tantulus*
　　生殖乳突位 XVII-XX 和 VI-X 节之间·····················································23

23.　雄孔在 1 大凹陷乳突状的疣突上，XVII-XX 节具小乳突；雄孔区每侧小乳突时或缺失或具 7-9 个；VII 节腹中部刚毛前具 1 圆形大乳突，或 VI-X 节腹面孔区具 2 列小乳突，而 VII 节腹中部大乳突缺失·······························································环串远盲蚓 *Amynthas moniliatus*
　　生殖乳突位 XVII-XX 节，以及 VI-X 节之间 ··············································24

24.　雄孔周围围绕 3 个圆形乳突，1 个居中，1 个居前侧，1 个居后侧，3 个乳突周围环绕 2 或 3 环褶。XVII 节刚毛圈后具 1 对相同乳突，XI 和 XX 节具 1 对或单个相同乳突；乳突大小和构造与环带前区乳突相同。VI-VIII 节紧靠受精囊孔正前面具成对乳突，一些乳突部分嵌入受精囊孔内，个别个体 VIII 节受精囊孔正前面刚毛圈前后具 2 对乳突，乳突圆，扁平，中央略凹陷，周围环绕 1 或 2 环褶·····················································泰雅远盲蚓 *Amynthas tayalis*
　　生殖乳突位 XVII、XVIII 和/或 XIX 节，以及 VI-X 节之间·····························25

25.　生殖乳突位 XVII、XVIII 和 XIX 节，以及 VI-X 节之间·································26
　　生殖乳突位 XVII、XVIII 和/或 XIX 节，以及 VI-IX 节之间····························28

26.　雄孔位 XIX 节腹面，孔在 1 小平突上，周围具几条环脊；或缺失。XVII 和 XVIII 节每侧有 2 个或 3 个类似乳突群。受精囊孔在 1 眼状突上。X 节腹侧具 2 个凸出的粗短垫，垫上具 5-13 个小乳突·····································································疣突远盲蚓 *Amynthas cruratus*
　　生殖标记位 XVII、XVIII 和 XIX 节，以及 VII-IX 节之间·······························27

27.　雄孔在 1 小的长圆形横突上，其前后缘各具 1 小圆乳突，周围具 4-5 圈皮肤环褶。XVII-XIX 节腹面刚毛圈后各具 1 对圆形平顶乳突，有时缺。VII、VIII 节腹面刚毛圈后各具 1 对圆形平顶乳突，或 VII-IX 节刚毛圈前每受精囊孔后缘略微内侧各具 1 个圆形平顶乳突或仅 VIII 节腹面刚毛后具 1 对圆形平顶乳突·····················································囊腺远盲蚓 *Amynthas saccatus*
　　雄孔在 1 小平顶的圆突上，侧面有白色斑点，XVIII 节前后或 XVII 和 XIX 节有 2 个相似乳突；17/18 和 18/19 节间中间有 2 个大的马蹄形乳突，乳突稍隆起并具腺顶；在某些情况下，仅在 XVIII 节大乳突的内侧出现 1-2 圆形平顶乳突；有时 XVII-XIX 节有 4 个大乳突并排排列，在侧面形成 1 个大而浅的凹陷，为雄孔位置。没有交配腔。乳突周围的皮肤略肿胀和腺状，有时侧面有特别明显的褶皱··············································四川远盲蚓 *Amynthas szechuanensis szechuanensis*

28.　雄孔浅，孔在刚毛圈上 1 具孔乳突上，紧靠其后具 1 相同的乳突，腹中部刚毛圈前具 3 个类似的乳突，XIX 节相同位置也具 3 个类似乳突。VIII 节腹面刚毛圈前具 3 个或 5 个小乳突··············································································································缙云远盲蚓 *Amynthas nubilus*
　　生殖乳突位 XVII 和 XVIII 节，以及 VIII 和/或 IX 节·································29

29.　邻近雄孔侧面具 1 暗灰色圆形乳突，其他乳突有或无，若有，紧跟在 17/18 节间后和/或腹中部刚毛后，配对或缺失 1 个；乳突圆，中央凹陷。IX 节紧靠节间沟处具 1 对圆形乳突，约占 5 或 6 刚毛距离，乳突大、圆、凹陷·························· 窗形远盲蚓 *Amynthas fenestrus*

生殖乳突位 XVII 和 XVIII 节，以及 VIII 或 IX 节·············································30

30. 雄孔在 1 小突上，孔周具几条环脊，脊窄近。VIII、XVII 和 XVIII 节腹中部各具 1 乳突··········

·································· 云状远盲蚓 *Amynthas flexilis*

雄孔简单，孔在乳突状孔突顶部，周围环绕 7-8 环褶。XVIII 节雄孔间靠近刚毛圈前具 1 乳突，有时 XVII 节相同位置具 1 乳突，乳突圆，中央略凹陷，约占刚毛圈与前节间沟之半距离，VIII 节雄孔中间位置刚毛圈前有 1 个生殖乳突，个别个体 XVII 节同一位置也有乳突，乳突呈圆形，中心稍凹，位于刚毛线和节间沟中间位置。受精囊孔在节间凹陷内 1 小突起上。VIII 和 IX 节腹刚毛圈前具 2 横排生殖乳突，每排 4-11 个，有时 VIII 节腹侧刚毛圈后具 1 对乳突·····················

························· 东埔远盲蚓 *Amynthas tungpuensis*

31. 生殖乳突位 XVIII 和 VI-VIII 节·················································32

生殖乳突位 XVIII 节和 VII-IX 节之间·················································34

32. 雄孔刚毛圈前生殖乳突 5-11 个或 18 个，刚毛圈后 1-4 个或 8 个，时有缺失，数量无定式。VI、VII、VIII 节腹中部刚毛圈前各具若干小乳突，数量多变，VI 节 2 个或无，VII 节 0 个、5 个或 11 个，VIII 节 0-12 个或 15 个，时有缺失，数量无定式 ······ 少子远盲蚓 *Amynthas tessellates paucus*

雄孔刚毛圈前生殖乳突少于 5 个·················································33

33. 雄孔在 1 大疣状突顶端，突起基部约为 XVIII 节节长。受精囊孔为 1 颇大的十字形裂缝，周缘略腺肿。在雄孔区和受精囊孔区形成非常小的圆形弱突起的乳突。雄孔中央侧面具 3 个或 4 个乳突，乳突极小而圆，位于刚毛圈两侧，形成矩形位置，各乳突在矩形的角上，明显。受精囊孔区乳突单独出现，受精囊孔区乳突限于 VII 和 VIII 节，在 VIII 节上发育最充分，多数情况下乳突排列不规则。很少个体在 IX 节刚毛圈两侧出现少数乳突或 1 对乳突。很少情况 2 个或 3 个紧密排列的乳突代表 1 个乳突·················· 栉盲远盲蚓 *Amynthas pecteniferus*

雄孔位 XVIII 节腹侧横脊乳突的中央，横脊呈十字形，位于新月形腔正中壁，在腔的中间有凸起的皮肤垫，通常在刚毛后面有 1 个非常大的乳突，或在刚毛圈前后有 2-4 个较小的乳突。受精囊孔有 1 个大乳突或几个小乳突，周围有腺体和皱褶的皮肤，有时肿胀形成 1 个宽而深的凹缝；多数情况下，在 VII-IX 节刚毛圈前出现 1 个腺体区，有时有 1 个乳突；少数情况出现受精囊乳突，周围腺体皮肤无标记。VII 和 VIII 节腹侧受精囊孔侧常有生殖乳突，或每一节的刚毛圈前后各 1 对，很少有在 IX 节刚毛圈前有 1 对，或无，乳突圆形平顶············· 亚氏远盲蚓 *Amynthas yamadai*

34. 生殖乳突位 XVIII 和 VII-VIII 或 VIII 节·················································35

生殖乳突位 XVIII 和 VIII-IX 节·················································36

35. 雄孔在 1 略圆的乳突或有时在 1 大隆起上，孔标记为刚毛圈上中央的 1 凹陷，收缩形成的凹陷无裂缝。雄突略腹向前后各具 2 个乳头状小突，有时在雄突对面刚毛圈具另外相同的乳突；乳突群周围环绕有 3 条或多条环脊，形成横卵形腺状脊，延伸至前后节间沟；有时 XVIII 节腹中部刚毛圈后具 1 相同乳突。受精囊孔周围有时具 1 苍白色的小腺状斑，无其他生殖标记；VII 和 VIII 节腹中部刚毛后常具成对相同圆而隆起的乳突，VIII 节刚毛前后、受精囊孔至腹中线 1/3 处常各具 1 个类似的乳突·························· 白色远盲蚓 *Amynthas leucocircus*

雄孔区具 3 个大扁平盘状乳突，周围环绕几环褶；侧乳突三角形，中前侧和中后侧乳突鞋状，每突中央略凹陷。VIII 节腹刚毛圈与 7/8 节间沟之间具 1 对大圆形扁平乳突·····················

··································· 双目远盲蚓 *Amynthas binoculatus*

36. 雄孔在心形平顶乳突中央，此突腹向紧靠 1 大圆乳突，两突周围环绕几条卵圆形沟脊，内深外浅，外翻时，侧凸成圆锥状阴茎结构。受精囊孔末 1 对或 2 对孔后缘具 1 个或 2 个小圆乳突，或无·····

···································· 台北远盲蚓 *Amynthas taipeiensis*

雄孔位于乳头状的孔突上·················································37

37. 雄孔在 1 乳头状孔突上，孔突周围具 3 个生殖乳突：1 个在前，1 个在后，1 个在中央；乳突圆，中央扁平。雄孔突与生殖乳突一起，周围具 3 或 4 菱形皮褶。VIII 节刚毛前具 3 个或宽对生殖乳突，IX 节无乳突、中央单个或有时与 VIII 节数量和排列相同；乳突圆，中央扁平 ································· 五虎山远盲蚓 *Amynthas wuhumontis*
     雄孔突周围具 1 个生殖乳突 ·························································· 38
38. 雄孔在巨锥形突上，内侧具 1 平顶乳突，为 3-5 环脊所围绕，有时可以突起如奶头状；约占 1/3 节周。在 VIII、IX 节前缘紧靠受精囊孔后有 1 个小乳突 ·············· 致异远盲蚓 *Amynthas heterogens*
     雄孔区圆形或椭圆形 ···································································· 39
39. 雄孔区圆形 ············································································· 40
     雄孔区椭圆形 ··········································································· 41
40. 雄孔在 1 圆形孔突顶部。受精囊孔眼状，明显 ·············· 无突远盲蚓 *Amynthas apapillatus*
     雄孔在 1 周围环绕环形或菱形褶皱的圆形孔突上。受精囊孔在 1 直径约 0.3 mm 的小突或乳突上 ································································ 东引远盲蚓 *Amynthas dongyinensis*
41. 雄孔在 1 略隆起的椭圆形平顶腺垫上，每个孔突具伸长的侧尖，周围无环脊。受精囊孔不明显 ································································ 黄白远盲蚓 *Amynthas gilvus*
     雄孔在 1 小椭圆形平顶腺垫上，周围具 1 大的不规则形垫，从 17/18 节间延伸至 1/2XIX 节；约占 1/3 节周。受精囊孔周围具表皮凸起 ·············· 乐山远盲蚓 *Amynthas leshanensis*

## 205. 无突远盲蚓 *Amynthas apapillatus* Zhao & Qiu, 2013

*Amynthas apapillatus* Zhao et al., 2013b. *Jour. Nat. Hist.*, 47(33-36): 2187-2191.
*Amynthas apapillatus* Xiao, 2019. *Terrestrial Earthworms (Oligochaeta: Opisthopora) of China*: 217-218.

外部特征：体长 120 mm，宽 4 mm。体节数 83。口前叶上叶式。背孔自 11/12 节间始。环带位 XIV-XVI 节，圆筒状，明显腺肿；无腹刚毛，但具背孔。刚毛密集，刚毛数：36（III），32（V），44（VIII），48（XX），44（XXV）；12（V）、16（VI）、16（VII）在受精囊孔间，12（XVIII）在雄孔间，$aa$=（1.2-1.3）$ab$，$zz$=1.2$zy$。雄孔 1 对，位 XVIII 节腹面，约占 0.4 节周，每孔在 1 圆形孔突顶部。无生殖乳突。受精囊孔 3 对，位 6/7/8/9 节间腹面，眼状，明显，约占 0.4 节周。无生殖乳突（图195）。雌孔单，位 XIV 节腹中央，卵圆形，褐色。

内部特征：隔膜 8/9/10 缺，5/6/7/8 颇厚且肌肉质，10/11/12 薄。砂囊位 IX-X 节，球形。肠自 XVI 节扩大；盲肠简单，位 XXV 节，前伸至 XXVII 节，暗褐色；背面具 3 个明显的齿状盲突，腹面光滑。心脏 4 对，位 X-XIII 节，后 3 对发达。精巢囊 2 对，位 X-XI 节。储精囊 2 对，位 XI-XII 节，极发达，腹分离。前列腺位 XVII-XVIII 节，小，粗糙叶状，具 1 粗 "U" 形管。受精囊 3 对，位 VII-IX 节；坛长卵圆形；坛管粗，约 1/2 坛长，区别明显；盲管约为主体长的 2/3，且卷绕，末端 1/4 扩大为纳精囊，囊内银白色（图195）。

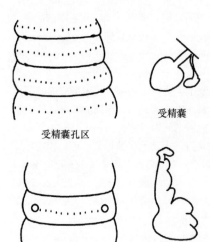

受精囊孔区

受精囊

雄孔区

盲肠

图 195 无突远盲蚓
（Zhao et al.，2013b）

体色：保存样本背面褐色，腹面浅褐色，环带浅褐色。

命名：依据雄孔周围无生殖乳突特征命名。

模式产地：海南（琼中）。

模式标本保存：上海自然博物馆。

中国分布：海南（琼中）。

生境：生活在海拔 739 m 的利木山自然保护区曲灵山热带雨林。

讨论：本种和重庆远盲蚓 *Amynthas pingi chungkingensis* 相似。3 对受精囊孔，长卵圆形坛，短盲管和卵圆形纳精囊。但本种既没有生殖乳突也没有生殖标记，也无副性腺。本种的前列腺小，而重庆远盲蚓的前列腺极发达。

## 206. 双目远盲蚓 *Amynthas binoculatus* Tsai, Shen & Tsai, 1999

*Amynthas binoculatus* Tsai et al., 1999. *Journal Taiwan Museum*, 52(2): 41.

*Amynthas binoculatus* Tsai et al., 2000b. *Zoological Studies*, 39(4): 286.

*Amynthas binoculatus* Tsai et al., 2009. *Zootaxa*, 2133: 38.

*Amynthas binoculatus* Chang et al., 2009. *Earthworm Fauna of Taiwan*: 28-29.

*Amynthas binoculatus* Xiao, 2019. *Terrestrial Earthworms (Oligochaeta: Opisthopora) of China*: 218-214.

外部特征：体长 196 mm，宽 6.3 mm。体节数 113。口前叶上叶式。环带位 XIV-XVI 节，环状，无刚毛，无背孔。刚毛数：52（VII），73（XX）；16 在雄孔间。雄孔 1 对，位 XVIII 节腹侧，约占 0.41 节周。雄孔区具 3 个大扁平盘状乳突，周围环绕几环褶；侧乳突三角形，中前侧和中后侧乳突鞍状，每突中央略凹陷。受精囊孔 3 对，位 6/7/8/9 节间腹侧面，约占 0.53 节周，具隆起的浅黄白奶油色的边缘。VIII 节腹刚毛圈与 7/8 节间沟之间具 1 对大圆形扁平乳突，突间距约占 0.21 节周，每突直径约 1.5 mm。雌孔单，位 XIV 节腹中央。

内部特征：隔膜 8/9/10 缺，10/11-13/14 厚。砂囊圆形，位 IX 和 X 节。肠自 XV 节扩大；盲肠自 XXVII 节始，光滑，略具皱褶，前伸达 XXIII 节。心脏位 XI-XIII 节。精巢囊 2 对，位 XI 节中腹部，小。储精囊 2 对，位 XI 和 XIII 节，各具 1 小背叶。前列腺 1 对，位 XVIII 节，大囊状，前伸达 XV 节，后伸达 XX 节；前列腺管 "n" 形，近端一半膨大。受精囊 3 对，位 VII-IX 节；坛大，圆形或桃形，长约 2.7 mm，柄短粗；盲管具表面囊状的纳精囊，粗直柄，柄长 1.2 mm。雄孔区和受精囊孔区均无副性腺。

体色：在保存液中浅灰色，体前部浅黄色，环带深褐色。

模式标本保存：台湾特有生物研究保育中心（南投）。

中国分布：台湾（北部和中部）。

## 207. 利川远盲蚓 *Amynthas carnosus lichuanensis* Wang & Qiu, 2005

*Amynthas carnosus lichuanensis* 王海军和邱江平, 2005. *上海交通大学学报 (农业科学版)*, 23(1): 25-26.

*Amynthas carnosus lichuanensis* 徐芹和肖能文, 2011. *中国陆栖蚯蚓*: 90-91.

*Amynthas carnosus lichuanensis* Xiao, 2019. *Terrestrial Earthworms (Oligochaeta: Opisthopora) of China*: 218-219.

外部特征：体长 300-405 mm，宽 10-12 mm。体节数 157-162。口前叶 1/2 上叶式。

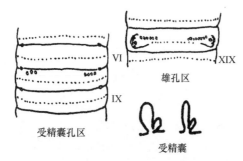

图 196 利川远盲蚓
（王海军和邱江平，2015）

背孔自 12/13 节间始。环带位 XIV-XVI 节，环状，腹面腺体不显，可见部分刚毛。刚毛环生，排列均匀，$aa=1.2ab$，$zz=1.2zy$。刚毛数：32-36（III），38-44（V），50-54（VIII），120-126（XX），100-118（XXV）；22-24（VII）、22-26（VIII）在受精囊孔间，34-38（XVIII）在雄孔间。雄孔 1 对，位 XVIII 节腹侧，约占 2/5 节周，孔在 1 圆形乳突上，孔突外侧具 3-5 环褶，内侧刚毛圈前具 1 排（7-8 个）圆形小乳突。受精囊孔 3 对，位 6/7/8/9 节间腹面，约占 2/5 节周；孔区无乳突，或 VIII 节刚毛圈前孔腹侧具 3 个圆形小乳突（图 196）。雌孔单，位 XIV 节腹中央。

内部特征：隔膜 8/9/10 缺，4/5-7/8、10/11-12/13 肌肉质，颇厚，13/14/15 较厚，其余薄。砂囊位 VIII-IX 节，桶状，发达。肠自 XVI 节扩大；盲肠简单，位 XXVII-XXIII 节，细长，腹面呈锯齿状。心脏 4 对，位 X-XIII 节，发达。精巢囊 2 对，位 X 和 XI 节，较发达，左右两侧分开。储精囊 2 对，位 XI、XII 节，呈长条状，较发达；XIII 节具 1 对伪储精囊，较小，长条形。前列腺只占 XVIII 节；前列腺管比较小，"U" 形；有时腺体全缺，只有前列腺管。受精囊 3 对，位 VII、VIII、IX 节，呈肉芽状，有时全缺（图 196）。

体色：体呈褐色，背腹一致。

命名：本亚种依据模式产地湖北利川命名。

模式产地：湖北（利川）。

模式标本保存：上海交通大学农业与生物学院生物学实验室。

中国分布：湖北（利川）。

生境：生活于海拔 1210 m 的地区。

讨论：本种个体较大、雄孔内侧刚毛圈前具 1 排（7-8 个）圆形小乳突、XIII 节具 1 对伪储精囊、前列腺退化、受精囊退化等特征与指名亚种多肉远盲蚓 *Amynthas carnosus carnosus* 明显不同。

本种前列腺退化、受精囊退化等特征表明其具有孤雌生殖趋势。

## 208. 连突远盲蚓 *Amynthas contingens* (Zhong & Ma, 1979)

*Pheretima contingens* 钟远辉和马德，1979. *动物分类学报*, 4(3): 229.

*Amynthas contingens* 徐芹和肖能文，2011. *中国陆栖蚯蚓*: 95.

*Amynthas contingens* Xiao, 2019. *Terrestrial Earthworms (Oligochaeta: Opisthopora) of China*: 219.

外部特征：体长 40-80 mm，宽 2.5-3.0 mm。体节数 74-108。口前叶 1/2 上叶式。背孔自 11/12 节间始。环带位 XIV-XVI 节，完全，XV、XVI 节腹面具刚毛窝。刚毛细密，均匀，前腹面亦同样密，不粗；$aa=1.2ab$，$zz=yz$；刚毛数：37-42（III），47-57（V），46-56（VII），40-55（XX）；22（VI）、24（VII）在受精囊孔间，10-15 在雄孔间。雄孔位 XVIII 节腹面两侧的圆形突上，占 1/3 节周强，孔突前后各有 1 较大的梨形乳突，其尖端连于雄突（图 197）。受精囊孔 3 对，位 6/7/8/9 节间，约占 1/2 节周弱，表面不见，或呈裂缝状，无乳突。雌孔单，位 XIV 节腹中央。

内部特征：隔膜 8/9/10 缺失。盲肠位 XXVII 节，前达 XVIV 节，掌形，背侧具 6-7 个指状小囊，腹面 3 个最长。精巢囊较小，腹位，每对紧接而不交通，略呈"V"形。储精囊不在背面相遇，质地松，背叶不显。前列腺位 XVI-XX 节内；前列腺管较短，外端较粗；副性腺成团，附着于体壁上。受精囊坛圆形或心脏形，长 1.5 mm；盲管短，内端有球状的纳精囊，其管细（图 197）。

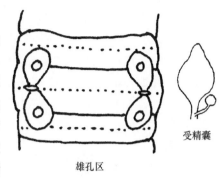

受精囊

雄孔区

图 197　连突远盲蚓
（钟远辉和马德，1979）

体色：淡褐色。

命名：本种依据雄孔区的 2 个大梨形乳突的形态特征命名。

模式产地：四川（峨眉山）。

模式标本保存：四川大学生物标本馆。

中国分布：重庆（沙坪坝）、四川（峨眉山）。

讨论：本种与四川远盲蚓 *Amynthas szechuanensis szechuanensis* 相似。本种前腹面刚毛细密，纳精囊球形、较小。

### 209. 疣突远盲蚓 *Amynthas cruratus* (Chen, 1946)

*Pheretima crurata* Chen, 1946. *J. West China Bord. Res. Soc.*, 16(B): 126-127.

*Amynthas cruratus* Sims & Easton, 1972. *Biol. J. Linn. Soc.*, 4(3): 237.

*Amynthas cruratus* 徐芹和肖能文，2011. *中国陆栖蚯蚓*: 97-98.

*Amynthas cruratus* Xiao, 2019. *Terrestrial Earthworms (Oligochaeta: Opisthopora) of China*: 219-220.

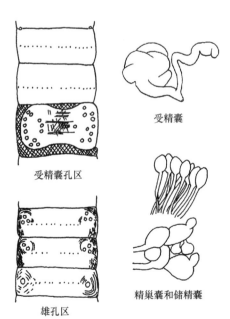

受精囊

受精囊孔区

精巢囊和储精囊

雄孔区

图 198　疣突远盲蚓（Chen，1946）

外部特征：中等大小，体长 90 mm，宽 3.5 mm。体节数 101。口前叶 1/2 上叶式。背孔自 11/12 节间始。环带位 XIV-XVI 节，完整，无刚毛，腹面粗糙，较环带后 3 体节长。刚毛大小中等，间隔相当宽，前腹侧略宽；*a*、*b* 或 *c* 毛大；$aa=1.2ab$，$zz=1.5yz$；刚毛数：26（III），30-32（VI），29-40（IX），35（XXV）；12-14（VI）、13-17（IX）在受精囊孔间，10 在雄孔间。雄孔位 XIX 节腹面，约占 1/3 节周；孔在 1 小平突上，周围具几条环脊；或缺失。XVII 和 XVIII 节每侧有 2 个或 3 个类似乳突群。受精囊孔 3 对，位 6/7/8/9 节间，约占 1/2 节周；孔在 1 眼状突上。X 节腹侧具 2 个凸出的粗短垫，垫上具 5-13 个小乳突（图 198）。雌孔单，位 XIV 节腹中央。

内部特征：隔膜 8/9/10 缺失，6/7/8 略具肌肉，10/11/12 膜状。砂囊大，前端窄，位 1/2IX 和 X 节。肠自 XV 节扩大；盲肠简单，光滑，位 XXVII 节，前达 XXIV 节。精巢囊 X 节宽，连接并交通，后对亦如此，交通。储精囊位 XI 和 XII 节，中等大小，背叶明显。前列腺极发达，具粗叶；前列腺管直，两端弯曲，最中部大；副性腺柄每个都对应外部乳突，腺体圆锥形或球形。受精囊大；坛囊状；坛管极粗；盲管与主体几近等长，内端 1/3 略膨大为纳精囊，常弯曲（图 198）。

体色：背面淡巧克力色，腹面苍白色，环带肉桂红色。

命名："*cruratus*"指受精囊孔垫状结构，X 节腹侧具 2 个凸出的粗短垫，垫上具 5-13 个小乳突。

模式产地：重庆（北碚）。

模式标本保存：曾存于中研院动物研究所（重庆），疑遗失。

中国分布：重庆（北碚）。

讨论：本种在腺垫和茎腺的特征上与峨眉山远盲蚓 *A. omeimontis* 相似。雄孔表现出异常，要么完全缺失，要么在 XIX 节，形状如上文所述，但也可能位于 XVIII 节。

### 210. 指状远盲蚓 *Amynthas dactilicus* (Chen, 1946)

*Pheretima dactilica* Chen, 1946. *J. West China Bord. Res. Soc.*, 16(B): 106-108, 139, 150.

*Amynthas dactilicus* Sims & Easton, 1972. *Biol. J. Linn. Soc.*, 4(3): 237.

*Amynthas dactilicus* 徐芹和肖能文, 2011. *中国陆栖蚯蚓*: 100-101.

*Amynthas dactilicus* Xiao, 2019. *Terrestrial Earthworms (Oligochaeta: Opisthopora) of China*: 220-221.

外部特征：体长 35-70 mm，宽 2.5-4 mm。体节数 65-108。口前叶 1/3 上叶式。背孔自 4/5 节间始。环带位 XIV-XVI 节，环状，完整，光滑，无刚毛。前 2 体节始终较小。II 节刚毛不显，III 节明显，所有刚毛一致，背腹面均密；$aa=(1.2-1.5) ab$，$zz=(1.2-2.0) yz$；刚毛数：35（IX），34（XIX），35（XXV）；18（VII）、17（VIII）、19（IX）在受精囊孔间，10-12 在雄孔间。雄孔位 XVIII 节腹面表面，约占 1/3 节周，孔在腹侧面 1 小乳突上，周围环绕几条同心环脊，孔腹向正中具 1 小乳突，光滑，腺肿状；腹中部刚毛前具 2 个乳突或具不同排列方式的若干小乳突（图 199）。受精囊孔 3 对，位 6/7/8/9 节间，约占 1/2 节周，无生殖标记。

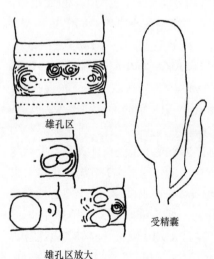

雄孔区

雄孔区放大

受精囊

图 199　指状远盲蚓（Chen, 1946）

内部特征：隔膜 8/9/10 缺失，9/10 腹部可见，其余膜质。砂囊洋葱头状，位 VIII、IX 节。肠自 XV 节扩大；盲肠简单，前达 XXIV 或 XXIII 节。精巢囊前对 "V" 形而交通，后对连合较宽。储精囊极发达，达 X 和 XIV 或 XV 节之间，背面连合，背叶明显，表面光滑。前列腺块状，位 XVI-XXIV 节；前列腺管厚度一致，"V" 形弯曲；副性腺无柄。受精囊 3 对，位 VII-IX 节；坛囊状，长约 2 mm，具粗短管；盲管短；纳精囊指状，纳精囊柄细短（图 199）。

体色：背腹均苍白，环带亮肉色。

命名：本种依据纳精囊形如指状特征命名。

模式产地：四川（峨眉山）。

模式标本保存：曾存于中研院动物研究所（重庆），疑遗失。

中国分布：湖北（利川）、重庆（南川）、四川（峨眉山）、贵州（铜仁）。

生境：喜欢寒冷的地方，生活于海拔 600 m 的河边草坪中（邱江平，1987）。

讨论：本种具有几个重要特征：①前位的背孔，②雄孔区常有特征性的乳突，③侧位的受精囊孔，④较小的体型。

## 211. 双瓣远盲蚓 *Amynthas daulis daulis* (Zhong & Ma, 1979)

*Pheretima daulis* 钟远辉和马德, 1979. *动物分类学报*, 4(3): 229-230.

*Amynthas daulis daulis* 徐芹和肖能文, 2011. *中国陆栖蚯蚓*: 101.

*Amynthas daulis daulis* Xiao, 2019. *Terrestrial Earthworms (Oligochaeta: Opisthopora) of China*: 221-222.

外部特征：体长 49-93 mm，宽 2.5-3.5 mm。体节数 61-105。口前叶 1/2 上叶式。背孔自 4/5 节间始，亦有自 11/12、12/13 节间始的。环带位 XIV-XVI 节，肥厚，XV 和 XVI 节有刚毛窝但无刚毛。刚毛细密，前腹面均匀；$aa=1.2ab$, $zz=$（1.5-2）$yz$；刚毛数：29-34（III），34-40（V），36-48（VII），38-50（IX），40-44（XX）；22-28（VIII）在受精囊孔间，11-14 在雄孔间。雄孔位 XVIII 节腹面两侧，约占 1/3 节周强，孔在 1 梭形小突上，紧靠其前后各有 1 半月形乳突，两者在雄突内侧相连，周围有环纹并隆起。XVII 节刚毛后有 1 对乳突，有时缺（图 200）。受精囊孔 3 对，位 6/7/8/9 节间，约占 1/2 节周，孔不明显，但前后有腺体呈唇状隆起。雌孔单，位 XIV 节腹中央。

内部特征：隔膜 8/9 极薄，9/10 缺。盲肠复杂，前达 XXIII 节，背部后半有 4-5 个指状短囊。精巢囊呈横块，前对呈 "V" 形，中央凹入；后对近方形，腹位。储精囊大，粗糙，无背叶。前列腺位 XVI-XXII 节内；副性腺成团，贴在体壁上。受精囊坛大，长 2 mm；坛管较细，长 0.5 mm；盲管较主体短，末端呈棒槌状，为纳精囊（图 200）。

体色：浅褐色。

命名：依据雄孔前后各具 1 半月形乳突且两者在雄突内侧相连的形态特征命名。

模式产地：四川（峨眉山）。

模式标本保存：四川大学。

中国分布：湖北（利川）、四川（峨眉山）。

讨论：本种与四川远盲蚓 *Amynthas szechuanensis szechuanensis* 相似。区别在于本种背孔自 4/5 节间始，雄孔前后各具 1 半月形乳突且两者在雄突内侧相连，以及盲肠背侧后半部呈指状短囊。

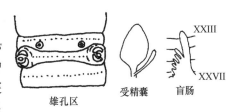

图 200　双瓣远盲蚓（钟远辉和马德，1979）

雄孔区　　　受精囊　　盲肠

## 212. 梵净山远盲蚓 *Amynthas daulis fanjinmontis* Qiu, 1992

*Amynthas daulis fanjinmontis* 邱江平, 1992. *四川动物*, 11(1): 1-3.

*Amynthas daulis fanjinmontis* 徐芹和肖能文, 2011. *中国陆栖蚯蚓*: 101-102.

*Amynthas daulis fanjinmontis* Xiao, 2019. *Terrestrial Earthworms (Oligochaeta: Opisthopora) of China*: 222.

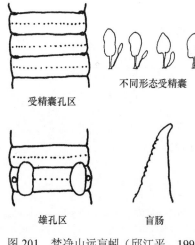

受精囊孔区

不同形态受精囊

雄孔区　　　　　盲肠

图 201　梵净山远盲蚓（邱江平，1992）

外部特征：体较细小，前后端均较尖细。体长 34-44 mm，宽 2-2.5 mm。体节数 52-78。口前叶 2/3 上叶式。背孔自 3/4 或 4/5 节间始。环带位 XIV-XVI 节，指环状，无刚毛。刚毛细小，排列均匀；$aa=1.2ab$，$zz=1.5yz$；刚毛数：30-42（III），38-56（V），56-72（VIII），41-64（XX），48-62（XXV）；17-27（VII）、20-28（VIII）在受精囊孔间，0-8 在雄孔间。雄孔位 XVIII 节腹侧，约占 1/3 节周，孔在 1 小圆形平顶乳突上，其内侧具 1 颇大的平顶长圆形乳突，其前后分别突入 XVII 和 XIX 节，各约占 1/4 体节长。受精囊孔 3 对，位 6/7/8/9 节间腹面，约占 2/5 节周，孔在 1 梭形小突上，前后皮肤明显腺肿（图 201）。此区无其他乳突。

内部特征：隔膜 8/9/10 缺失。砂囊长桶状。肠自 XV 节扩大；盲肠简单，很长，前伸达 XX 节，背侧具小齿状缺刻。末对心脏位 XIII 节。精巢囊 2 对，位 X-XI 节，卵圆形，两侧宽连接。储精囊较小，表面粗糙，无背叶。前列腺位 XVII-XXI 节，块状分叶；前列腺管细长，"S" 形弯曲。副性腺呈圆团状分布于 XVII-XVIII 节前列腺内侧，紧贴体壁。受精囊 3 对；坛梨形、心形或长袋状，长 1.5-2 mm，壁厚；坛管较细长，与坛分界明显；盲管较主体短，末端 1/3-4/5 呈棒状膨大，为纳精囊，纳精囊与其管界线明显（图 201）。

体色：环带红褐色。

命名：依据模式产地贵州梵净山命名。

模式产地：贵州（铜仁）。

模式标本保存：贵州省生物研究所。

中国分布：贵州（铜仁）。

生境：生活于海拔 2070-2360 m 的地区。

讨论：本亚种体型较小，雄孔内侧乳突呈长圆形，且伸至 XVII 和 XIX 节，背孔自 3/4 或 4/5 节间始，8/9 隔膜缺，盲肠简单，纳精囊与其管分界明显等特征与指名亚种双瓣远盲蚓 Amynthas daulis daulis 不同。

## 213. 东引远盲蚓 *Amynthas dongyinensis* Shen, 2014

*Amynthas dongyinensis* Shen et al., 2014. *Jour. Nat. Hist.*, 48(9-10): 506-510.

外部特征：体长 49-91 mm，宽 2.84-4.06 mm。体节数 91-113。口前叶上叶式。背孔自 12/13 节间始。环带位 XIV-XVI 节，环状，长 1.43-4.98 mm，无背孔和刚毛。刚毛数：38-54（VII），38-57（XX）；7-9 在雄孔间。雄孔 1 对，位 XVIII 节腹面，占 0.26-0.3 节周，孔在 1 周围环绕环形或菱形褶皱的圆形孔突上。环带后区没有其他乳突。受精囊孔 3 对，位 6/7/8/9 节间腹面，占 0.28-0.31 节周，孔在 1 直径约 0.3 mm 的小突或乳突上。环带前区没有其他乳突（图 202）。雌孔单，位 XIV 节腹中部。

内部特征：隔膜 8/9/10 缺失，5/6/7/8 厚，10/11/12/13/14 更厚。砂囊大，位 VIII-X 节。肠自 XV 节扩大；盲肠位 XXVII 节，简单，细长，直，前伸至 XXII-XXIII 节。肾丛在隔膜 5/6/7 前面。心脏位 XI-XIII 节。精巢大，2 对，位 X 和 XI 节，卵圆形，腹连接。储精囊大，光滑，2 对，位 XI 和 XII 节，前对占据整个体节，后对小，占 1/3-1/2 体节，每囊具一圆形、凸出的背叶。前列腺大，具表面小囊状裂叶，位 XVI-XXI 节，占 5-6 节；前列腺管小，位 XVIII 节，呈"C"形或"U"形。无副性腺。受精囊 3 对，位 VII-IX 节，大小与形状多变；坛圆形、梨形或长卵圆形，表面褶皱，长 0.8-1.8 mm，宽 0.65-1.6 mm，具一长 0.2-0.6 mm

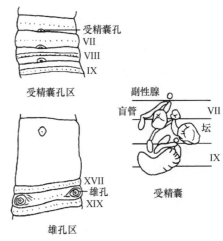

图 202 东引远盲蚓（Shen et al., 2014）

的粗柄；盲管具一长 0.4-0.85 mm 虹彩色的卵圆形纳精囊，纳精囊具长 0.84-2.1 mm 的细到粗的柄。副性腺无柄，圆形或略叶状，直径 0.3 mm，各与外部生殖乳突相对应（图 202）。

体色：保存标本褐色，环带深褐色。

命名：本种根据模式产地福建连江东引岛命名。

模式产地：福建连江附近（海拔 19 m）和西引堡垒（海拔 61 m）外侧路边沟渠。

模式标本保存：台湾特有生物研究保育中心（南投）。

中国分布：福建（连江）。

生境：生活在海拔 15-99 m 的路边沟渠。

讨论：本种具有简单的雄孔构造，不具生殖乳突。在西伯尔种组中，尤德远盲蚓 *Amynthas udei* (Rosa, 1896)、布伊坦迪杰克远盲蚓 *Amynthas buitendijki* (Michaelsen, 1922) 和达莫曼远盲蚓 *Amynthas dammermani* (Michaelsen, 1924)也具有简单的雄孔构造，环带前和环带后没有任何乳突。Michaelsen 描述的后两种都具有具大量弯曲的盲管，这与本种简单的盲管构造有明显不同。本种的形态学特征完全相似于尤德远盲蚓。但是，本种具有长的盲管柄和位 XVI-XXI 节、占据 5-6 节的大前列腺；而尤德远盲蚓具有短的盲管柄，以及在 XVIII 节的小横卵形前列腺。

本种简单的雄孔构造和无生殖乳突也与卡麦塔远盲蚓 *Amynthas kamitai* (Kobayashi, 1934)和敏佳远盲蚓 *Amynthas minjae* Hong, 2001 相似。但是，产自韩国的这两种都有 3 对受精囊孔，位 5/6/7/8 节间，并且具有小的储精囊及小的前列腺（卡麦塔远盲蚓位 XVII-XIX 节，而敏佳远盲蚓位 XVII-XX 节）。卡麦塔远盲蚓和敏佳远盲蚓十分相似而不易区分，前者具有小的储精囊，XVII-XIX 节前列腺分成 3 主叶，而后者具无远端膨胀的棒状盲管，前列腺在 XVII-XX 节分成 2 主叶。鉴于卡麦塔远盲蚓的样本只有 2 条，这种差异可能归于个体变异。

无突远盲蚓 *Amynthas apapillatus* 具有简单的雄孔构造，不具生殖乳突，这与本种完全相似。可是，本种具有位 XI-XIII 节的心脏和位 XVI-XXI 节、占 5-6 节的大前列腺，然而，无突远盲蚓具有位 X-XIII 节的心脏和位 XVII-XVIII 节的小前列腺。

## 214. 斗六远盲蚓 *Amynthas douliouensis* Shen & Chang, 2016

*Amynthas douliouensis* Shen et al., 2016. *Jour. Nat. Hist.*, 50(29-30): 1895-1898.

外部特征：小到中型，体长 78-120 mm，宽 3.16-4.55 mm。体节数 82-99。口前叶上叶式。背孔自 11/12 或 12/13 节间始。环带位 XIV-XVI 节，环状，长 2.60-3.98 mm，无背孔和刚毛。刚毛数：40-45（VII），48-57（XX）；9-14 在雄孔间。雄孔 1 对，位 XVIII 节腹面，约占 0.25 节周，孔在 1 周围环绕环形或菱形褶皱的小圆形孔突上。通常环带后区没有其他乳突。偶见，正对右雄孔前具 1 个极小乳突，也见正对左雄孔前具 2 个极小乳突。受精囊孔 3 对，位 6/7/8/9 节间腹面，占 0.29 节周。通常 VIII 和 IX 节刚毛前各具 1 对宽距乳突，或无，或 IX 和 X 节腹中部刚毛圈前具单个或密生对乳突，乳突数量多变。乳突圆，直径约 0.3 mm（图 203）。雌孔单，位 XIV 节腹中部。

内部特征：隔膜 8/9/10 缺失，5/6/7/8 厚，10/11 膜状，11/12/13/14 肌肉质。砂囊大，位 VIII-X 节。肠自 XVI 节扩大；盲肠位 XXVII 节，简单，长，前伸至 XXI 节。肾丛在隔膜 5/6/7 前面。心脏位 XI-XIII 节。精巢 2 对，位 X 和 XI 节，卵圆形，腹连接。储精囊小或正常，2 对，位 XI 和 XII 节，占据 1/3 到几近整个体节，XIII 节有或无假囊。前列腺大，光滑，叶状，位 XVI-XX 节；前列腺管长，位 XVII-XVIII 节，"U"形，向末端粗。无副性腺。受精囊 3 对，位 VII-IX 节，大小与形状多变；坛圆形、梨形或长卵圆形，表面褶皱，长 1.05-1.23 mm，宽 0.65-1.0 mm，具 1 短粗、长约 0.2 mm 的坛管；盲管具一长 0.45-0.6 mm 虹彩色的卵圆形纳精囊和长 0.6-0.8 mm 的细到粗柄。副性腺具柄，总长 0.7-0.8 mm，各与外部生殖乳突相对应（图 203）。

体色：保存标本背面和环带前区红褐色，环带橙褐色，腹面灰褐色。

命名：本种根据模式产地台湾云林斗六乡命名。

模式产地：台湾（云林）。

模式标本保存：台湾特有生物研究保育中心（南投）。

中国分布：台湾（云林）。

生境：生活在海拔 150-230 m 的路边斜坡。

讨论：本种与东埔远盲蚓 *Amynthas tungpuensis* 相似。

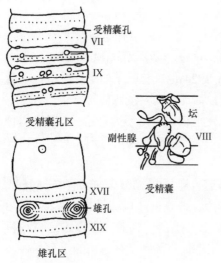

图 203　斗六远盲蚓（Shen et al., 2016）

## 215. 高尚远盲蚓 *Amynthas editus* (Chen, 1946)

*Pheretima edita* Chen, 1946. *J. West China Bord. Res. Soc.*, 16(B): 94-95, 138, 146.
*Amynthas editus* Sims & Easton, 1972. *Biol. J. Linn. Soc.*, 4(3): 237.

*Amynthas editus* 徐芹和肖能文, 2011. *中国陆栖蚯蚓*: 108-109.

*Amynthas editus* Xiao, 2019. *Terrestrial Earthworms (Oligochaeta: Opisthopora) of China*: 222-223.

外部特征：体长 45 mm，宽 4 mm。体节数 72。体节短，VII 节后 3-7 体环，VIII-X 节长，自 XI 节突然短，IX、X 节长度等于后面 3 个体节长。口前叶上叶式。背孔自 11/12 节间始。环带位 XIV-XVI 节，短，占 3 节，光滑。前腹面刚毛粗，分布均匀，背面略密而短，XXIII 节后几近不显；$aa=1.2ab$, $zz=(1.2-1.5)yz$；刚毛数：23（III），38（IX），34（XIX），36（XXV）；12（VI、VII）、14（VIII）、16（IX）在受精囊孔间，12 在雄孔间。雄孔位 XVIII 节腹面，约占 1/3 节周，孔在 1 腺状突上，腺突占据整个体节宽度，其边缘不显；XVII 与 XVIII 节刚毛圈间、腹中线位具 1 大的凸透镜形扁平乳突（图 204）。受精囊孔 3 对，位 6/7/8/9 节间腹面，约占 4/9 节周，前 2 对腹向间隔仅 1 刚毛距离。雌孔单，位 XIV 节腹中部，在 1 小卵球形结节上。

内部特征：隔膜 9/10 缺失，4/5 薄，5/6/7 略具肌肉，7/8 薄，8/9 膜状，10/11-12/13 厚，肌肉质。砂囊位 IX、X 节，大。肠自 XVI 节扩大；盲肠简单，短，前达 XXIV 节，光滑。储精囊小，长约 1.5 mm，表面疣状或桑葚状，背叶 2/3 大，粗糙，首对包裹在精巢囊内。X 节精巢囊大，高约 4 mm，宽约 0.9 mm，不交通，IX 节的较大。前列腺位 XVI-XXI 节，4 或 5 大叶；前列腺管中等长，"U"形弯曲，管外端粗。受精囊 3 对，位 VII-IX 节；坛小，心形，长约 0.5 mm；盲管极长，具细长的纳精囊，管内端屈曲（图 204）。

体色：背腹均灰白色，背中线色暗、窄，环带淡褐色。

命名："*editus*"拉丁语的意思为"高高的"，指约 4 mm 高的精巢囊。

模式产地：四川（峨眉山）。

模式标本保存：曾存于中研院动物研究所（重庆），疑遗失。

中国分布：四川（峨眉山）。

讨论：本种在口前叶、体节和背孔等方面看起来像合胃蚓属 *Desmogaster*。本种的特点在于刚毛分布、长盲管和精巢囊。

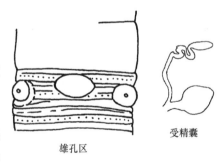

雄孔区　　受精囊

图 204　高尚远盲蚓（Chen，1946）

### 216. 窗形远盲蚓 *Amynthas fenestrus* Shen, Tsai & Tsai, 2003

*Amynthas fenestrus* Shen et al., 2003. *Zoological Studies*, 42(4): 487-489.

*Amynthas fenestrus* 徐芹和肖能文, 2011. *中国陆栖蚯蚓*: 113-114.

*Amynthas fenestrus* Xiao, 2019. *Terrestrial Earthworms (Oligochaeta: Opisthopora) of China*: 223-224.

外部特征：体长 60-73 mm，宽 2.58-2.92 mm。体节数 83-103。IX-XIII 和 XVIII 节具 2-3 体环。口前叶上叶式。背孔自 5/6 或 6/7 节间始。环带位 XIV-XVI 节，环状，光滑，无背孔，无刚毛，长 2.2-3.4 mm。刚毛数：30-36（VII），33-42（XX）；8-10 在雄孔间。雄孔位 XVIII 节腹侧，占 0.26-0.30 节周；邻近雄孔侧面具 1 暗灰色圆形乳突，其

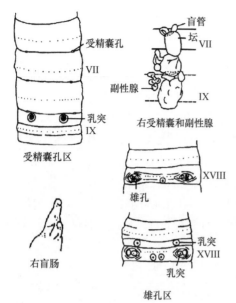

图 205　窗形远盲蚓（Shen et al.，2003）

他乳突有或无，若有，紧跟在 17/18 节间后和/或腹中部刚毛后，配对或缺失 1 个；乳突圆，中央凹陷，直径约 0.3 mm。受精囊孔 3 对，位 6/7/8/9 节间腹面的凹陷沟内，占 0.31-0.34 节周；IX 节紧靠节间沟处具 1 对圆形乳突，约占 5 或 6 刚毛距离，乳突大、圆、凹陷（图 205）。雌孔单，位 XIV 节腹中部。

内部特征：隔膜 8/9/10 缺，5/6-7/8 和 10/11/12/13 厚。砂囊位 IX 和 XI 节，圆形。肠自 XV 节扩大；盲肠成对，自 XXVII 节始，简单、短、粗壮，表面略具皱褶，前伸达 XXV 或 XXIV 节。精巢囊 2 对，位 XI 节，圆形；储精囊大，延伸至 XI 和 XII 节之间，表面皱褶，囊状，奶油色，表面具 1 大裂叶。前列腺成对位 XVIII 节，囊状裂叶，占 XVI-XX 节；前列腺管 "C" 形。副性腺圆，无柄或柄长 0.24-0.28 mm。受精囊 3 对，位 VII-IX 节；坛桃形，长约 1.0 mm，宽约 0.9 mm；坛柄粗，长 0.4-0.5 mm；盲管柄略弯曲或卷绕，长 0.45-0.7 mm；纳精囊卵圆形，长 0.4 mm。副性腺大，柄短，卵圆形，或分成 3 或 4 圆叶，每叶长 0.25-0.45 mm，与生殖乳突相对应（图 205）。

体色：在防腐液中体背面浅灰褐色，腹面淡褐色，环带淡灰褐色。

命名："fenestrus" 拉丁语指 "窗"，本种依据环带前成对乳突犹如窗户特征命名。

模式产地：台湾（南投）。

模式标本保存：台湾特有生物研究保育中心（南投）。

中国分布：台湾（南投）。

生境：生活在海拔 2300 m 潮湿山坡砾石与土混合的土壤中。

讨论：本种在 6/7/8/9 节间有 3 对受精囊孔，因此属于西伯尔种组（Sims & Easton，1972）。除生殖乳突大小和排列以及副性腺的结构外，本种与拇指远盲蚓 A. tantulus 非常相似。本种较大，有更多体节数和刚毛，环带前后有较大的生殖乳突和较大的副性腺。

## 217. 云状远盲蚓 Amynthas flexilis (Gates, 1935)

*Pheretima flexilis* Gates, 1935a. *Smithsonian Mis. Coll.*, 93(3): 7-9.

*Pheretima flexilis* Chen, 1936. *Contr. Biol. Lab. Sci. Soc. China (Zool.)*, 11(8): 295-296.

*Pheretima flexilis* Gates, 1939. *Proc. U.S. Nat. Mus.*, 85: 433-434.

*Amynthas flexilis* Sims & Easton, 1972. *Biol. J. Linn. Soc.*, 4(3): 237.

*Amynthas flexilis* 徐芹和肖能文，2011. *中国陆栖蚯蚓*: 114.

*Amynthas flexilis* Xiao, 2019. *Terrestrial Earthworms (Oligochaeta: Opisthopora) of China*: 224-225.

外部特征：体长 40 mm，宽 2-3 mm。体节数 67。口前叶 1/3 上叶式。背孔自 13/14 节间始。环带位 XIV-XVI 节，无背孔和刚毛。刚毛均匀，背腹间隔小；刚毛数：31（III），

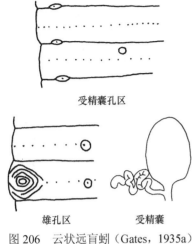

受精囊孔区

雄孔区　　　受精囊

图 206　云状远盲蚓（Gates，1935a）

38（VI），36（VIII），36（XII），30（XXV）；15（VI）、16（VIII）在受精囊孔间，8 在雄孔间。雄孔位 XVIII 节腹刚毛圈上，约占 1/3 节周，孔在 1 小突上，孔周具几条环脊，脊窄近。受精囊孔 3 对，小而浅，位 6/7/8/9 节间腹面，约占 3/5 节周；VIII、XVII 和 XVIII 节腹中部各具 1 乳突（图 206）。雌孔单，位 XIV 节腹中部。

内部特征：隔膜 8/9/10 缺失，余无特别厚的。砂囊大，位 VIII 和 IX 节。肠自 XV 节扩大；盲肠长，位 XXVII-XXIV 节，光滑。首对心脏缺失。前对精巢囊腹面连接，背面交通，马蹄形。IX 节的储精囊损坏，XII 节的硕大。前列腺大，位 XVII-XXII 节，背面几近相接；前列腺管长 1 mm，发亮，直立在体腔中；副性腺具 1 短柄。受精囊坛膨胀而光滑，长约 1.1 mm；坛管短；盲管长，不规则弯曲，有细长的纳精囊，纳精囊弯曲、扭曲或环状（图 206）。

体色：浅灰白色。

命名："*flexilis*"意为"弯曲"，本种依据受精囊盲管长，不规则弯曲犹如云状的特征命名。

模式产地：四川（小金县达维镇）。

模式标本保存：美国史密森学会。

中国分布：四川（小金县）。

生境：生活于海拔 400-1524 m 的地区（Gates，1939）。

讨论：本种与毛利远盲蚓 *Amynthas morrisi* 及夏威夷远盲蚓 *Amynthas hawayanus* 相似。但毛利远盲蚓受精囊孔 2 对，位 5/6/7 节间；夏威夷远盲蚓受精囊孔 3 对，位 5/6/7/8 节间；云状远盲蚓受精囊孔 3 对，位 6/7/8/9 节间。

本种隔膜 8/9/10 缺，区别于湖北远盲蚓 *Amynthas hupeiensis*；而本种精巢囊、储精囊和心脏的特征与白色远盲蚓 *Amynthas leucocircus* 存在明显差异。

## 218. 黄白远盲蚓 *Amynthas gilvus* Sun & Qiu, 2016

*Amynthas gilvus* Sun et al., 2016. *Jour. Nat. Hist.*, 50(39-40): 2503-2505.

外部特征：小型，体长 41-59 mm，宽 2.3-2.8 mm（环带）。体节数 77-108。口前叶 1/2 上叶式。背孔自 13/14 节间始，但也存在于 4/5-6/7 节间。环带位 XIV-XVI 节，环状，光滑，隆起，无刚毛，背孔痕很明显，但未形成孔。刚毛分布均匀，背间隔较腹面更清晰。刚毛数：22-24（III），24-40（V），32-36（VIII），22-40（XX），30-42（XXV）；6-7 在雄孔间，12-16（VII）、11-15（VIII）在受精囊孔间。雄孔 1 对，位 XVIII 节腹面，约占 1/3 节周，孔在 1 略隆起的椭圆形平顶腺垫上，每个孔突具伸长的侧尖，周围无环脊。生殖标记外部不明显（图 207）。受精囊孔 3 对，位 6/7/8/9 节间腹面，约占 1/3 节周，不明显。此区无生殖乳突。雌孔单，位 XIV 节腹中部椭圆形凹陷中。

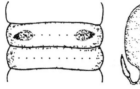 

雄孔区　　受精囊　　盲肠

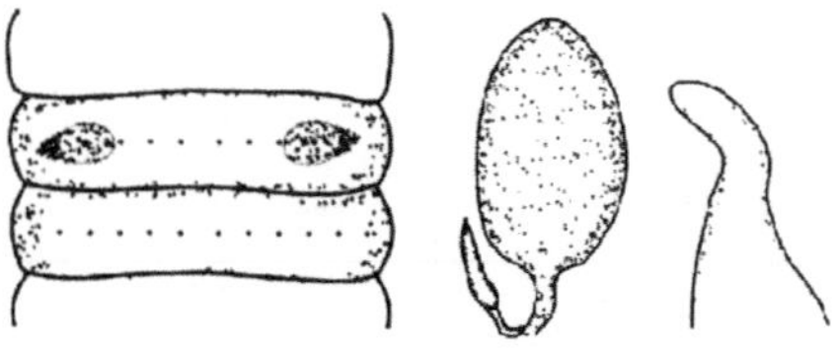

图 207　黄白远盲蚓（Sun et al., 2016）

内部特征：隔膜 8/9/10 缺失，5/6/7/8 和 10/11/12/13/14 略厚。砂囊桶状，位 VIII-X 节。肠自 XV 节扩大；盲肠位 XXVII 节，简单，角状，前伸至 XXIII 节。心脏位 XI-XIII 节。精巢囊 2 对，位 X 和 XI 节腹面，银白色，腹中线分离。储精囊对位 XI 和 XII 节，腹中线分离；前对紧靠在后对精巢囊上，前对背叶极发达，延伸到粗叶，厚。前列腺位 XVI-XXII 节；前列腺管 "U" 形，末端粗。受精囊 3 对，位 VII-IX 节，长 1.8 mm；坛卵圆形，具 1 短管，长约 0.3 mm；盲管较主体短，膨胀成长辣椒状纳精囊（图 207）。

体色：保存标本背面浅黄棕色，腹面无色素。

命名：本种根据模式标本环带黄白色命名。

模式产地：四川（峨眉山）。

模式标本保存：上海自然博物馆。

中国分布：四川（峨眉山）。

生境：生活在海拔 1300 m 林木和竹林的黑色砂质土中。

讨论：本种接近饶氏远盲蚓 *Amynthas jaoi* 和莲蕊远盲蚓 *Amynthas loti*。本种类似于饶氏远盲蚓的特征为：体型相当小；简单的盲肠；受精囊管短；前列腺发达。不同之处：本种的色素没有饶氏远盲蚓深，每体节刚毛数比饶氏远盲蚓少；本种背孔自 13/14 节间始，但 4/5-6/7 节间也有背孔，而饶氏远盲蚓背孔自 12/13 节间始；本种雄孔突具有侧尖但雄孔区无其他生殖乳突，而饶氏远盲蚓雄孔突是 1 个单的圆形乳突并伴随刚毛后的生殖标记；本种的盲管比主体短，而饶氏远盲蚓比主体长；本种前对储精囊紧靠在后对精巢囊上，而饶氏远盲蚓没有这种情况；饶氏远盲蚓前列腺管双 "U" 形，而本种是更典型的单 "U" 形；本种没有可见的副性腺，饶氏远盲蚓存在不显著的无柄副性腺。

### 219. 致异远盲蚓 *Amynthas heterogens* (Chen & Hsu, 1975)

*Pheretima heterogens* 陈义等, 1975. *动物学报*, 21(1): 90-91.

*Amynthas heterogens* Easton, 1979. *Bull. Br. Mus. Nat. Hist. (Zool.)*, 35(1): 125.

*Amynthas heterogens* 徐芹和肖能文, 2011. *中国陆栖蚯蚓*: 123-124.

*Amynthas heterogens* Xiao, 2019. *Terrestrial Earthworms (Oligochaeta: Opisthopora) of China*: 225.

外部特征：体长 63.5-157 mm，宽 3.0-4.5 mm。体节数 64-113。口前叶 2/3 上叶式。背孔自 11/12 节间始。环带位 XIV-XVI 节，占 3 体节，环状，无刚毛。刚毛自 II 节起，前端腹面的大小和距离不同；II-VII 节 *a*、*b*、*c*、*d* 粗，顶端黑，距离大（约 2 倍），以 *a*、*b* 最特殊，至 *e* 或 *f* 起恢复正常形态，VIII 节仅 *a*、*b* 稍粗，IX 节以后正常；48-58（VIII），34-53（XVIII）。雄孔位 XVIII 节腹面巨锥形突上，内侧具 1 平顶乳突，为 3-5 环脊所围绕，有时可以突起如奶头状；约占 1/3 节周。受精囊孔 3 对，位 6/7/8/9 节间沟内，针眼状，占近 1/2 节周。在 VIII、IX 节前缘紧靠受精囊孔后有 1 个小乳突（图 208）。

内部特征：隔膜 8/9/10 缺失，5/6/7/8、10/11/12 比较厚，12/13 起薄。咽腺发达，至 VI 节。砂囊圆而光滑，位 IX 节。肠自 XVI 节扩大；盲肠简单，圆而光滑，前伸达 XXIV

节，背腹缘均具缺刻。IX 节环血管对称，末对心脏在 XIII 节。精巢囊 2 对，位 X 和 XI 节，前对长卵圆形，呈肥大的"V"形，中间连接并不窄，腹血管有部分通过；后对连接较宽，均交通。储精囊大，2 对，位 XI 和 XII 节，白色，背叶灰黄色，居前侧面，囊分成背腹部，粗糙，包围背叶；第二对更大，突入后一节内；在 12/13 隔膜后有卵圆形的假囊。前列腺分成很多粗叶，位 XVI-XXI 节；前列腺管较粗，呈"U"形，基部有白色的副性腺，从腺丛中通出。受精囊坛的远端稍尖，心脏形；坛管短，富肌纤维，与坛明显区分；盲管约与主体等长，弯曲多次，为纳精囊；下接一短管，靠近体壁处通入主管（图 208）。

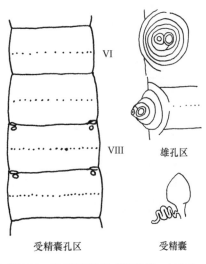

图 208　致异远盲蚓（陈义等，1975）

体色：灰褐色，环带红色，刚毛圈颜色浅。

模式产地：福建（福州）。

中国分布：福建（福州）、贵州（铜仁）。

生境：生活于海拔 370-400 m 的地区（邱江平，1987）。

讨论：本种与窄环远盲蚓 *Amynthas diffringens* 相似。本种身体较小，直径不超过 4.5 mm；刚毛较多，腹面无特长的刚毛；受精囊孔 3 对；前列腺发达，肾形，不呈索状或块状；受精囊盲管具 3-4 弯曲，纳精囊不明显。

## 84. 红叶远盲蚓 *Amynthas hongyehensis* Tsai & Shen, 2010 (参见 121 页)

## 220. 黄氏远盲蚓 *Amynthas huangi* James, Shih & Chang, 2005

*Amynthas huangi* James et al., 2005. *Jour. Nat. Hist.*, 39(14): 1014-1015.

*Amynthas huangi* 徐芹和肖能文，2011. *中国陆栖蚯蚓*: 126-127.

*Amynthas huangi* Xiao, 2019. *Terrestrial Earthworms (Oligochaeta: Opisthopora) of China*: 225-226.

外部特征：体圆柱形。体长 70 mm，宽 3.5 mm（X 节）、3.1 mm（XXX 节）、3.2 mm（环带）。体节数 101。口前叶上叶式。背孔自 12/13 节间始。环带位 XIV-XVI 节，环形，无刚毛。刚毛排列均匀，无背间隔；XXV 节腹间隔 $aa : ab = 4 : 3$；刚毛数：38（VII），48（XXV）；10 在雄孔间。雄孔位 XVIII 节腹面，雄孔上方有帽状或瓣状物，孔在覆盖雄孔开口兜盖下 1 明显的小瘤突上。受精囊孔 3 对，位 6/7/8/9 节间腹侧面，深裂缝状。生殖标记外表不可见（图 209）。雌孔单，位 XVI 节腹中部。

内部特征：隔膜 6/7/8 薄，肌肉质，8/9/10 缺，10/11-13/14 薄，肌肉质。砂囊位 VIII-X 节。肠自 XV 节扩大；盲肠简单，自 XXVII 节始，前伸达 XXIV 节。心脏 4 对，位 X-XIII 节。精巢和精漏斗位 X 和 XI 节。储精囊小，位 XI、XII 节，无背叶。前列腺大，位 XVIII 节，深裂叶；前列腺管粗短，肌肉质。前列腺管侧面体壁具大团无柄副性腺。卵巢位 VIII 节。受精囊 3 对，位 VII-IX 节；坛大，卵圆形；盲管是由紧褶管状腔组成的大扁平

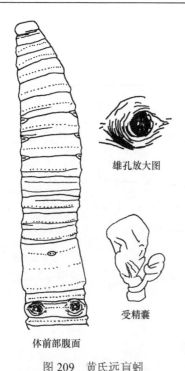

**雄孔放大图**

**受精囊**

**体前部腹面**

图 209 黄氏远盲蚓
(James et al., 2005)

卵圆团,柄短细且直。受精囊管无肾管。生殖标记腺具长柄,在 VI-VIII 节靠近受精囊管处与体壁相连(图 209)。

体色:在福尔马林溶液中背部灰褐色。

命名:为了感谢黄志忠(Chung-Ci Huang)女士帮助采集大量的蚯蚓标本,本种特以她的姓氏命名。

模式产地:台湾(屏东)。

模式标本保存:台湾自然科学博物馆(台中)。

中国分布:台湾(屏东)。

讨论:本种属于西伯尔种组,与台北远盲蚓 *A. taipeiensis* 相似。有多个特征可对两个物种加以区分:本种比台北远盲蚓小,刚毛少,腹前刚毛不增大;雄孔上方有帽状或瓣状物,肠自 XV 节扩大,储精囊无背叶,前列腺管短而直,不盘曲或弯曲;台北远盲蚓盲管卷曲带直的柄,没有生殖标记腺体。尽管本种没有外部可见的生殖标记,但在 XVIII 节存在生殖标记腺体。这表明生殖标记隐藏在遮住了雄孔的瓣状物下。受精囊体节的生殖标记深入毛孔狭缝,甚至在毛孔内,外部不可见。

## 221. 湖北远盲蚓 *Amynthas hupeiensis* (Michaelsen, 1895)

*Pheretima hupeiensis* Chen, 1931. *Contr. Biol. Lab. Sci. Soc. China (Zool.)*, 7(3): 122-123.

*Pheretima hupeiensis* Chen, 1933. *Contr. Biol. Lab. Sci. Soc. China (Zool.)*, 9(6): 251-255.

*Pheretima hupeiensis* Gates, 1935a. *Smithsonian Mis. Coll.*, 93(3): 11.

*Pheretima hupeiensis* Chen, 1936. *Contr. Biol. Lab. Sci. Soc. China (Zool.)*, 11(8): 271.

*Pheretima hupeiensis* Kobayashi, 1938a. *Sci. Rep. Tohoku Univ.*, 13(2): 152-153.

*Pheretima hupeiensis* Gates, 1939. *Proc. U.S. Nat. Mus.*, 85: 448-450.

*Pheretima hupeiensis* Kobayashi, 1940. *Sci. Rep. Tohoku Univ.*, 15: 273.

*Pheretima hupeiensis* Chen, 1946. *J. West China Bord. Res. Soc.*, 16(B): 136.

*Pheretima hupeiensis* 陈义等, 1959. *中国动物图谱 环节动物(附多足类)*: 10.

*Pheretima hupeiensis* Tsai, 1964. *Quar. Jour. Taiwan Mus.*, 17(1&2): 11-12.

*Amynthas hupeiensis* Sims & Easton, 1972. *Biol. J. Linn. Soc.*, 4(3): 237.

*Amynthas hupeiensis* 徐芹和肖能文, 2011. *中国陆栖蚯蚓*: 127-128.

*Amynthas hupeiensis* Xiao, 2019. *Terrestrial Earthworms (Oligochaeta: Opisthopora) of China*: 226-227.

外部特征:体长 70-222 mm,宽 3-6 mm。体节数 108-135。口前叶上叶式。背孔自 11/12 或 12/13 节间始。环带占 3 节,腹面具刚毛。刚毛细密,每体节 70-132 条,环带后较疏,背腹中线处几乎紧接;刚毛数:60-78(II),60-100(III),74-120(VIII),62-100(XII),66-88(XXV);14-22(VIII)在受精囊孔间,10-16 在雄孔间。雄孔在 XVIII 节腹侧刚毛圈之 1 平顶乳突上,约占 1/6 节周,稍偏内侧,在 17/18 和 18/19 节间沟各有 1 对大卵圆形乳突,乳突横向卵形,具厚的边缘,腺中心凹陷,乳突周围的节间沟通常不显。

受精囊孔 3 对，位 6/7/8/9 节间，居节间沟后侧 1 小突上。两孔距离较雄孔为短，孔周围及腹面均无其他乳突（图 210）。

内部特征：隔膜 8/9/10 与前面隔膜等厚，10/11、11/12 甚薄。砂囊位 VIII 和 IX 节，小，圆。肠自 XV 或 XVI 节扩大；盲肠锥状，简单，位 XXVII 节，向前达 XXIV 节。心脏 4 对，位 X-XIII 节。储精囊、精巢和精漏斗在所在体节被包裹于大的膜质囊中，背面和腹面两侧交通。精巢囊大，前对有时大如储精囊。精巢非常大，丛生，直径约 0.7 mm，通常位于靠近神经索的位置。储精囊小，狭窄和拉长，有明显的背叶。前列腺发达，位 XVI-XX 节，有大分叶和长的管；前列腺管粗，弯曲成"S"形，与体表乳突对应。副性腺圆而紧凑，附着于体壁上。受精囊 3 对，第一

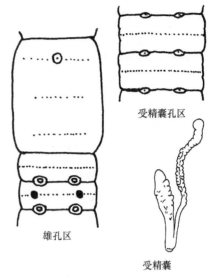

受精囊孔区

雄孔区

受精囊

图 210 湖北远盲蚓（Chen，1933）

对位 VII 节，后 2 对位 VIII 节，或末对位 IX 节，狭长形；坛与坛管分界不明显，匙形，表面褶皱，其管甚粗，约为全长的 1/2 或 1/3；盲管细长，非常长，比主体长 2-5 倍或更长，内 4/5 屈曲，末端稍膨大（图 210）。

体色：活体背部草绿色，背中线紫绿色或深橄榄色，腹面青灰色，环带乳黄色。

命名：本种以模式产地湖北命名。

模式产地：湖北（武昌）。

模式标本保存：德国汉堡博物馆；曾存于国立中央大学（南京）动物学标本馆，疑遗失。

中国分布：北京（海淀、怀柔）、河北、山西、辽宁（沈阳、营口、大连、丹东）、吉林、黑龙江（哈尔滨）、上海、江苏（南京、苏州、无锡、徐州）、浙江（舟山、宁波、绍兴、金华、杭州）、安徽（安庆、滁州、池州）、福建（福州、厦门）、台湾（台北）、江西（南昌、九江）、河南（新乡、焦作、安阳、洛阳、开封、平顶山、南阳、商丘、信阳）、山东（烟台、威海）、湖北（武昌、潜江）、重庆（南川、沙坪坝、北碚、涪陵、江北）、四川（成都、泸州、乐山）、贵州（铜仁）、云南、陕西、甘肃。

生境：生活于沙质土壤中（丁瑞华，1983）。

讨论：本种有一种特殊的行为特征，这可能有利于我们在野外采集时对本种的识别。当我们采集时震动，或将样本捡拾到手中时，本种会立即卷绕身体，成为一个类似弹簧卷的样子。并且，如果在土中，这种形态可以保持一段时间（图 211）。另外，在野外采集时，将本种放在手中，可以闻到一种特殊的、令人讨厌的气味。

图 211 湖北远盲蚓行为特征
（摄于山西运城中陈收费站路口边苹果园）

### 222. 饶氏远盲蚓 *Amynthas jaoi* (Chen, 1946)

*Pheretima jaoi* Chen, 1946. *J. West China Bord. Res. Soc.*, 16(B): 112-114.
*Amynthas jaoi* Sims & Easton, 1972. *Biol. J. Linn. Soc.*, 4(3): 237.
*Amynthas jaoi* 徐芹和肖能文, 2011. *中国陆栖蚯蚓*: 130-131.
*Amynthas jaoi* Xiao, 2019. *Terrestrial Earthworms (Oligochaeta: Opisthopora) of China*: 227-228.

外部特征：体小。长 38 mm，宽 1.5-2.0 mm。体节数 69-118 节，环带后体节很短。口前叶 1/3 上叶式。背孔小，自 12/13 节间始。环带不显，位 XIV-XVI 节。刚毛细，几乎不可见，前腹部密而多，$aa=1.2ab$，$zz=$（2.0-2.3）$zy$，刚毛数：28-32（III），42-48（VI），48-52（IX），42-48（XXV）；12-18（VI）、14-18（VII）、14-17（VIII）在受精囊孔间，16-20 在雄孔间。雄孔位于 XVIII 节 1 平而圆的乳突上，中部边缘刚毛后常具等大的乳突，约占 1/3 节周（图 212）。受精囊孔 3 对，位 6/7/8/9 节间，约占 1/3 节周。无生殖乳突和标记。

内部特征：隔膜 8/9/10 缺，所有隔膜薄、略肌肉质。咽腺适度发育，伸到 VI 节，绿白色。砂囊伸长、光滑，位 1/2IX 和 X 节。肠在 XVI 节扩大；盲肠简单，向前扩展到 XXIV 或者 XXIII 节。肾管在 5/6 节间前面细小、丛生。环血管在 IX 和 X 节，非常小。精巢囊，前 1 对宽，后 1 对合并。储精囊多数发育，充满 VIII-XIV 节（约 4 mm），背叶小，侧面表面光滑，中部常不规则分成许多小叶。前列腺像大斑点，位 XVII-XIX 节，无分叶；前列腺管长而细（长 4 mm，宽 0.2 mm），呈双"U"形。副性腺不清楚，无柄。受精囊位 VII-IX 节；坛长，指形；坛管相当短；盲管全长长于主体，2/3 为储精囊，但是储精囊内无精子（图 212）。

体色：背部边缘亮砖红色，前半部紫红色，沿背中线有一深紫线伸到 II 节，前面腹部红色，环带后苍白色，更后暗红色。

命名：以中国藻类学家饶钦志博士（1900—1998）的名字命名，饶博士参与了模式标本的采集。

模式产地：重庆（南川）。

模式标本保存：曾存于中研院动物研究所（重庆），疑遗失。

中国分布：重庆（南川）。

生境：本种的特殊之处在于体型小和树栖习性。所有的标本都是从树皮上高达几米的苔藓下采集的。它们可能喜欢苔藓的高酸性介质。

讨论：与嗜酸远盲蚓 *Amynthas acidophilus* 不同的是，本种体型小，受精囊更靠近腹侧位置，每体节刚毛数多，雄孔区生殖标记的差异，盲管香肠形而不是卵形。

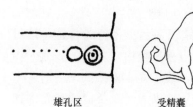

雄孔区　　　　　　受精囊

图 212　饶氏远盲蚓（Chen，1946）

### 223. 乐山远盲蚓 *Amynthas leshanensis* Sun & Qiu, 2016

*Amynthas leshanensis* Sun et al., 2016. *Jour. Nat. Hist.*, 50(39-40): 2500-2502.

外部特征：体长 88-93 mm，宽 3.0-3.8 mm（环带）。体节数 95-120。无体环。口前叶 1/2 上叶式。背孔自 11/12 节间始。环带位 XIV-XVI 节，环状，光滑，刚毛外部不显，无背孔。刚毛分布均匀，背间隔较腹间隔明显；刚毛数：22-24（III），30-35（V），28-36（VIII），36-42（XX），38-44（XXV），10 在雄孔间，11-14（VII）、11-14（VIII）在受精囊孔间。雄孔 1 对，位 XVIII 节腹面，每孔在 1 小椭圆形平顶腺垫上，周围具 1 大的不规则形垫，从 17/18 节间延伸至 1/2XIX 节；约占 1/3 节周。此区无生殖乳突。受精囊孔 3 对，位 6/7/8/9 节间腹面，约占 2/5 节周。每孔周围具表皮凸起。此区无生殖乳突（图 213）。雌孔位 XIV 节腹中央，椭圆形，在一凹陷中。

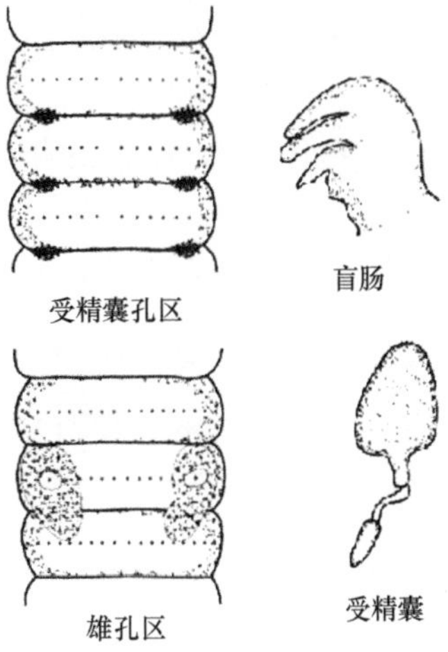

内部特征：隔膜 8/9/10 缺，5/6/7/8、10/11/12/13 略厚。砂囊短桶状，位 VIII-X 节。肠自 XVI 节扩大；盲肠位 XXVII 节，毡帽状，具 3 条长指状囊，前伸至 XXIV 节。心脏位 XI-XIII 节。雄性生殖系统全雄遗传。精巢囊 2 对，位 X-XI 节，腹面膜状连接。储精囊 2 对，位 X-XII 节，发达，腹面宽连接。前列腺发达，位 1/2XVI-XXI 节，粗叶由几主叶组成；前列腺管"U"形，远端粗，管根部无明显副性腺。受精囊 3 对，位 VII-IX 节，长约 2.8 mm；坛心形，具极短的管；坛管长约 0.6 mm；盲管较主体短 0.42，细长，末端 1/2 为长卵形纳精囊（图213）。

图 213 乐山远盲蚓
（Sun et al.，2016）

体色：保存标本背面暗灰色，背中线具色素，腹面色浅，灰白色，环带灰白色。

命名：本种依据模式产地峨眉山命名。

模式产地：四川（峨眉山）。

模式标本保存：上海自然博物馆。

中国分布：四川（峨眉山）。

生境：本种生活在海拔 1300 m 的竹木林中。

讨论：本种与暗孔远盲蚓 *Amynthas obscuritoporus* 和高尚远盲蚓 *Amynthas editus* 相似。

本种与暗孔远盲蚓的相似特征是：背面色深，腹面缺色素；受精囊坛心形，坛管比坛短；受精囊盲管长度通常约是主体的一半；纳精囊长卵形灯泡状；左和右精巢囊腹中部连接成横带状。

本种与暗孔远盲蚓的不同特征是：本种环带光滑，隆起，暗孔远盲蚓环带不明显；本种受精囊孔周围具有隆起的区，暗孔远盲蚓的不明显；本种雄孔区是 1 个大的不规则形垫，暗孔远盲蚓的雄孔区不显，仅具 1 暗斑；本种的盲肠毡帽状，暗孔远盲蚓的简单；本种的前列腺发达，暗孔远盲蚓的小或退化。

本种与高尚远盲蚓的相似特征是：刚毛密集；雄孔区占 1 个体节以上；受精囊坛心形；纳精囊伸长；前列腺发达，具"U"形前列腺管。

本种与高尚远盲蚓的不同特征是：高尚远盲蚓通身灰白色，本种仅腹面灰白色；高尚远盲蚓前 2 对受精囊孔腹向间隔仅 1 刚毛距离，第三对约占 4/9 节周，本种 3 对受精囊孔间隔距离相等；高尚远盲蚓 XVII 与 XVIII 节刚毛圈间、腹中线位具 1 大的双凸透镜形扁平乳突，本种没有；高尚远盲蚓盲管极长，具细长的纳精囊，管内端屈曲，本种盲管较主体短 0.42，细长，末端 1/2 为长卵形纳精囊；高尚远盲蚓储精囊小，首对包裹在精巢囊内，X 节精巢囊大，不交通，本种精巢囊腹面膜状连接。

### 224. 白色远盲蚓 *Amynthas leucocircus* (Chen, 1933)

*Pheretima leucocirca* Chen, 1933. *Contr. Biol. Lab. Sci. Soc. China (Zool.)*, 9(6): 262-267.

*Amynthas leucocircus* Sims & Easton, 1972. *Biol. J. Linn. Soc.*, 4(3): 237.

*Amynthas leucocircus* 徐芹和肖能文, 2011. *中国陆栖蚯蚓*: 136-137.

*Amynthas leucocircus* Xiao, 2019. *Terrestrial Earthworms (Oligochaeta: Opisthopora) of China*: 228-230.

外部特征：体相当大。体长 140-212 mm，宽 4-7 mm。体节数 100-122。口前叶 1/2 上叶式。背孔自 11/12 节间始。环带位 XIV-XVI 节，占 3 节，约环带后 3 体节长，无刚毛，无节间沟，腺体部略隆起，光滑，无其他标志。刚毛小，极不显，III-IX（尤其是 VI-VIII）节的略大，间隔更宽，余者均短，背腹间隔与体长无差异；$aa$=（1.2-1.5）$ab$，$zz$=（1.2-2）$yz$；刚毛数：21-25（III），32-35（VI），32-48（VIII），38-54（XII），50-58（XXV）；16-18 在受精囊孔间，8-12 在雄孔间。雄孔位 XVIII 节腹侧，约占 1/3 节周，孔在 1 略圆的乳突或有时在 1 大隆起上，孔标记为刚毛圈上中央的 1 凹陷，收缩形成的凹陷无裂缝。雄突略腹向前后各具 2 个乳头状小突，有时在雄突对面刚毛圈具另外相同的乳突；乳突群周围环绕 3 条或多条环脊，形成横卵形腺状脊，延伸至前后节间沟；有时 XVIII 节腹中部刚毛圈后具 1 相同乳突。受精囊孔 3 对，位 6/7/8/9 节间腹面，约占 1/3 节周，孔在节间 1 椭圆形凹坑内，略靠近前节后缘，当这些体节充分伸展时完全可见，孔周有时具 1 苍白色的小腺状斑，无其他生殖标记；VII 和 VIII 节腹中部刚毛后常具成对相同圆而隆起的乳突，VIII 节刚毛前后、受精囊孔至腹中线 1/3 处常各具 1 个类似的乳突（图 214）。

内部特征：隔膜 8/9/10 缺失，8/9 有时仅腹面膜状，5/6/7/8 和 10/11/12/13 厚，但无肌肉，13/14 略厚，余者均薄，膜状。砂囊大，桶状，位 IX 和 X 节，后部大，表面暗灰白色而不光滑。肠自 XV 节或有时自 XIV 节扩大；盲肠简单，长，位 XXVII-XXIV 或 XXIII 节，背腹侧具少量齿，或全光滑。心脏 4 对，位 X-XIII 节，首对有时极粗。精巢囊位 X 和 XI 节，极大，常大于主囊，中连接；隔膜 12/13 和 13/14 上具 2 对假囊。储精囊小，短而宽，内表面具 1 厚长脊，中部与大背叶和精巢囊连接，外表面苍白、光滑。前列腺极发达，位 XV-XXI 节或有时位 XVI-XX 节，厚且膨胀，表面淡白色、光滑，分成 2 或 3 块并再度分为若干小片；前列腺管粗短，末端 1/2 更粗，仅具 1 小弯曲，表面苍白或暗。副性腺在 XVIII 节前列腺管远端周围有明显的标记；乳突与

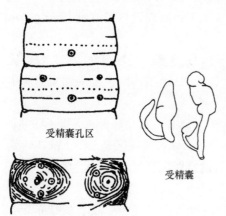

受精囊孔区

雄孔区

受精囊

图 214　白色远盲蚓（Chen，1933）

大腺体相连，圆形或肾形，白色，致密，直径约 1 mm，柄短而粗壮，通常隐藏在腺体下，或几个腺体与单个乳突相连，较小，在前列腺管的远端形成 1 个厚垫。受精囊 3 对，前 2 对位 VII 节，第一对盲管位 VI 或 VII 节，最后 1 对位 VIII 节；偶 3 对位 VI-VIII 节；坛极充盈，卵形或心形，有时具 1 顶结，表面暗白、光滑，常无规律地收缩为副叶或膨大；坛管较主体长或短，为坛之半或 1/3 宽，或有时极细而长；盲管较主体长或短，具 1 长卵形、心形、角状或圆柱形纳精囊，纳精囊常短或长，约为盲管之半或 1/3。副性腺与前列腺区同（图 214）。

体色：在乙醇保存液中背面米白色，环带前背面延伸至腹侧暗紫色或巧克力色，沿刚毛圈明显淡白色，但为极窄的线，背中线略中断；腹面苍白；环带巧克力褐色；刚毛圈深栗色。

命名："*leucocircus*" 是一个复合词，拉丁语中 "*leuco*" 指白色，"*circus*" 指 "圆的"，本种依据样本背面米白色、腹面苍白命名。

模式产地：江苏宜兴磬山崇明寺和浙江临海。

模式标本保存：曾存于国立中央大学（南京）动物学标本馆，现在不明。

中国分布：江苏（南京、宜兴）、浙江（临海）。

生境：生活在竹丛腐殖土中。

讨论：本种与秉氏远盲蚓 *Amynthas pingi pingi* 在受精囊和雄孔区的形态上相似。

## 225. 莲蕊远盲蚓 *Amynthas loti* (Chen & Hsu, 1975)

*Pheretima loti* 陈义等, 1975. *动物学报*, 21(1): 93-94.

*Amynthas loti* Easton, 1979. *Bull. Br. Mus. Nat. Hist. (Zool.)*, 35(1): 125.

*Amynthas loti* 徐芹和肖能文, 2011. *中国陆栖蚯蚓*: 141-142.

*Amynthas loti* Xiao, 2019. *Terrestrial Earthworms (Oligochaeta: Opisthopora) of China*: 230.

外部特征：小型。宽 2 mm。口前叶 1/3 上叶式。背孔自 10/11 节间始。环带无刚毛。刚毛少，腹面刚毛距离比背面略宽，无特粗特宽的；环带前背腹中隔 $aa=$（1.0-1.5）$ab$，$zz=$（1.5-2.5）$yz$，环带后略宽；刚毛数：15（III），24（VI），30（VIII），26（XVIII），30（XXV）。雄孔位 XVIII 节腹侧锥形突上，突四周具 3-4 环脊环绕，约占 1/3 节周强。受精囊孔 3 对，位 6/7/8/9 节间沟，孔在眼状区中，约占 1/2 节周弱。VII 和 VIII 节腹侧刚毛圈前距孔 3-4 根刚毛处各有乳突 1 对（图 215）。

内部特征：隔膜 8/9/10 薄膜状，5/6-7/8、10/11 略厚，11/12 起膜状。砂囊长，位 IX 和 X 节。盲肠简单，位 XXVII-XXIII 节。X 节血管环发达，末对心脏位 XIII 节。精巢囊 2 对，前对不对称发达，左侧比右侧的大 1 倍，其后各有窄连接；后对亦发达，连成一块，其后各有 1 小囊。储精囊很大，第一对不包在精巢囊内，第二对突入 XIII 节内，背叶均小，在前上方。前列腺无，前列腺管 "U" 形，长约 1 mm，外端粗，左侧在内端乳头状膨大，或为腺体遗痕。

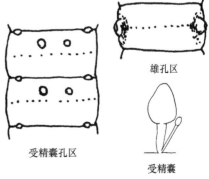

雄孔区

受精囊孔区

受精囊

图 215 莲蕊远盲蚓（陈义等, 1975）

受精囊 3 对，位 VII-IX 节，在隔膜之后；坛心形，长 1 mm，宽 0.6-0.8 mm；坛管长 0.8 mm，分界明显；盲管较主体短，细直，内端有卵圆形纳精囊，近体壁处通入。副性腺圆形，具短索状导管与每个乳突相连（图 215）。

体色：体背侧红褐色，腹面白色，刚毛圈略发白。

命名："loti" 拉丁文意思为"莲花"，可能是指模式产地黄山莲花沟。

模式产地：安徽（黄山）。

中国分布：安徽（黄山）、四川（峨眉山）。

生境：生活于山沟湿草根间。

讨论：本种与饶氏远盲蚓 Amynthas jaoi 相似。本种具 8/9/10 薄膜状隔膜，而饶氏远盲蚓缺。

## 226. 环串远盲蚓 Amynthas moniliatus (Chen, 1946)

Pheretima moniliata Chen, 1946. J. West China Bord. Res. Soc., 16(B): 105-106.

Amynthas moniliatus Sims & Easton, 1972. Biol. J. Linn. Soc., 4(3): 237.

Amynthas moniliatus 徐芹和肖能文, 2011. 中国陆栖蚯蚓: 150.

Amynthas moniliatus Xiao, 2019. Terrestrial Earthworms (Oligochaeta: Opisthopora) of China: 230-231.

外部特征：体长 22-60 mm，宽 2-3 mm。体节数 71-82。口前叶 4/5 上叶式。背孔自 12/13 节间始。环带位 XIV-XVI 节，占 3 节，短，光滑，XVI 节腹面可见刚毛。刚毛明显，前腹侧粗，$aa$=1.3$ab$，$zz$=1.5$yz$；刚毛数：28-41（III），33-47（IV），38-44（VI），38-47（IX），38-50（XXV）；14-15（VI）、16-18（IX）在受精囊孔间，12-13 在雄孔间。雄孔位 XVIII 节腹面，浅，约占 1/3 节周，孔在 1 大凹陷乳突状的疣突上，周围具小环脊；XVII-XX 节具小乳突；雄孔区每侧小乳突时或缺失或具 7-9 个。受精囊孔 3 对，位 6/7/8/9 节间腹面，约占 1/3 节周，孔周具若干个小乳突或无，VII 节腹中部刚毛前具 1 圆形大乳突，或 VI-X 节腹面孔区具 2 列小乳突，而 VII 节腹中部大乳突缺失（图 216）。

内部特征：隔膜 8/9/10 缺失，4/5-7/8 薄，10/11 时有缺失，11/12 膜状，12/13-15/16 厚。咽腺大而软，位于 5/6 隔膜前，前伸到 VI 节。砂囊大，球形。肠自 XVI 节扩大；盲肠简单，位 XXVII 节，前达 XXIV 或 XXIII 节，光滑。肾管在 5/6/7 隔膜前环形。环血管 IX 节不对称，发达。精巢囊密实，前对位 1/2XI-1/2XII 节，狭窄相连但不交通，后对位 XII-1/2XIII 节，分离但交通。储精囊极发达。前列腺缺失；前列腺管"S"形；副性腺卵圆形。受精囊 3 对，发育良好或缺失（模式标本）；坛细长；坛管长；盲管以环串状"之"字形曲折。或受精囊很不发育，长约 0.5 mm，盲管小，雄蕊状（图 216）。有柄副性腺与雄孔区相似。

体色：一般苍白色，背中线略亮紫色，前后端

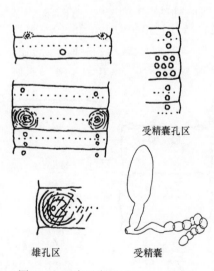

受精囊孔区

雄孔区　　受精囊

图 216　环串远盲蚓（Chen，1946）

淡红色，环带淡红色。

命名：本种依据受精囊盲管以环串状"之"字形曲折特征命名。

模式产地：四川（峨眉山）、重庆（南川、北碚）。

模式标本保存：曾存于中研院动物研究所（重庆），疑遗失。

中国分布：湖北（利川）、重庆（南川、北碚）、四川（峨眉山）、贵州（铜仁）。

讨论：陈义将无受精囊的标本作为本种的模式标本，主要基于以下 2 个原因：无受精囊的标本雄孔区为该属正常外观；峨眉山是该标本的采集地，更适合作模式标本产地。

## 227. 季风远盲蚓 *Amynthas monsoonus* James, Shih & Chang, 2005

*Amynthas monsoonus* James et al., 2005. *Jour. Nat. Hist*., 39(14): 1012-1014.

*Amynthas monsoonus* 徐芹和肖能文, 2011. *中国陆栖蚯蚓*: 151.

*Amynthas monsoonus* Xiao, 2019. *Terrestrial Earthworms (Oligochaeta: Opisthopora) of China*: 198-199.

外部特征：体圆柱形。体长 102 mm，宽 3.6 mm（X 节）、4.0 mm（XXX 节）、3.8 mm（环带）。体节数 83。口前叶上叶式。背孔自 12/13 节间始。环带位 XIV-XVI 节；无刚毛。刚毛排列均匀，*aa*∶*ab*∶*yz*∶*zz*=1∶1∶1∶2（XXV）；刚毛数：38（VII），42（XXV）；16 在雄孔间。雄孔位 XVIII 节腹面，无生殖标记。受精囊孔 3 对，在 6/7/8/9 节间腹侧面。VII-IX 节刚毛圈前 1/3 或 1/4 处各具 1 对乳突（图 217）。雌孔单，位 XIV 节。

内部特征：隔膜 6/7/8 厚，肌肉质，8/9/10 缺，10/11-13/14 薄，肌肉质。砂囊位 VIII-X 节。肠自 XVI 节扩大；盲肠简单，自 XXVII 节始，前伸达 XXIV 节，腹缘具小缺刻。心脏 2 对，位 XII-XIII 节，X 和 XI 节心脏缺。精巢和精漏斗位 X 和 XI 节。储精囊大，位 XI 和 XII 节，具背叶。前列腺小，位 XVIII 节，具 2 主叶；前列腺管粗，肌肉质。卵巢位 VIII 节。受精囊 3 对，位 VII-IX 节；坛瘤球形，坛管颇短；盲管小卵圆形，柄肌肉质，直（图 217）。受精囊管无肾管。VI-IX 节具成对无柄副性腺。

体色：头背部褐色，后部颜色略淡，刚毛圈无色素。

命名：本种依据模式产地南仁是热带季风气候特征命名。

模式产地：台湾（屏东）。

模式标本保存：台湾自然科学博物馆（台中）。

中国分布：台湾（屏东）。

讨论：本种与多肉远盲蚓 *A. carnosus carnosus* 非常相似，后者的 3 对或 4 对受精囊的位置更靠前，而且在 XVIII 和 XIX 节有生殖标记，每体节有更多的刚毛，没有生殖标记腺体，受精囊形态差异很大。Blakemore（2003）对多肉远盲蚓进行鉴定时把第一对受精囊孔放在 5/6 节间。

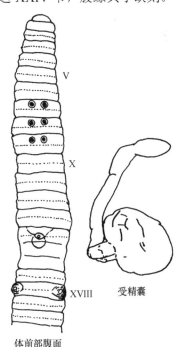

图 217　季风远盲蚓

（James et al.，2005）

### 228. 缙云远盲蚓 *Amynthas nubilus* (Chen, 1946)

*Pheretima nubila* Chen, 1946. *J. West China Bord. Res. Soc.*, 16(B): 125-126.
*Amynthas nubilus* Sims & Easton, 1972. *Biol. J. Linn. Soc.*, 4(3): 237.
*Amynthas nubilus* 徐芹和肖能文, 2011. *中国陆栖蚯蚓*: 157.
*Amynthas nubilus* Xiao, 2019. *Terrestrial Earthworms (Oligochaeta: Opisthopora) of China*: 232-233.

外部特征：体长 90 mm，宽 3-3.8 mm。体节数 107，节段中等长，环带后约 12 节后缩短。口前叶 1/2 上叶式。背孔自 11/12 节间始。环带位 XIV-XVI 节，环形，无刚毛。刚毛除前腹外均略密，II-IX 节腹刚毛长而疏，*a*、*b*、*c* 毛更长，*aa*=（1.0-1.2）*ab*，*zz*=（1.0-1.5）*zy*；刚毛数：20-23（III），31-32（VI），32-35（IX），36-45（XXV）；9-10（VI）、10-11（IX）在受精囊孔间，10-14 在雄孔间。雄孔位 XVIII 节腹面，浅，约占 1/3 节周，孔在刚毛圈上 1 具孔乳突上，紧靠其后具 1 相同的乳突，腹中部刚毛圈前具 3 个类似的乳突，XIX 节相同位置也具 3 个类似乳突。受精囊孔 3 对，位 6/7/8/9 节间腹面，约占 1/3 节周。VIII 节腹面刚毛圈前具 3 个或 5 个小乳突（图 218）。

内部特征：隔膜 8/9/10 缺失，前部隔膜薄，10/11-12/13 略具肌肉。砂囊位 1/2IX-1/2XI 节，桶状，长，占 2 体节。肠自 1/2XV 节扩大；盲肠简单，尖，光滑，位 XXVII 节，延伸至 XXIV 节。环血管 IX 和 X 节均不对称。2 对精巢囊均间隔宽，通过膜囊连接，前对宽约 1 mm。储精囊位 XI 和 XII 节，小，背腹均长，背叶小。前列腺残遗或极退化；前列腺管发达，长"S"形弯曲；副性腺无柄。受精囊 3 对，位 VII-IX 节；坛心形，长 2 mm；具盲管或不明显（图 218）；副性腺与前列腺区相同。

体色：背面浅灰褐色至巧克力色，前腹端略呈紫色，腹面与侧面苍白色，环带巧克力褐色，刚毛圈苍白色。

命名："nubilus"在拉丁语中是云的意思，是指模式标本所在地缙云山。本种依据模式产地重庆北碚缙云山命名。

模式产地：重庆（北碚）、四川（峨眉山）。

模式标本保存：曾存于中研院动物研究所（重庆），疑遗失。

中国分布：重庆（北碚）、四川（峨眉山）。

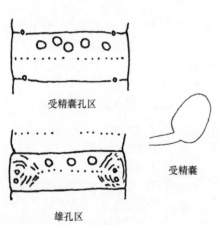

受精囊孔区

雄孔区

受精囊

图 218　缙云远盲蚓（Chen，1946）

### 229. 暗孔远盲蚓 *Amynthas obscuritoporus* (Chen, 1930)

*Pheretima obscuritopora* Chen, 1930. *Sci. Rep. Natn. Cent. Univ. Nanking*, 1: 28-32.
*Pheretima obscuritopora* Chen, 1931. *Contr. Biol. Lab. Sci. Soc. China (Zool.)*, 7(3): 119.
*Pheretima obscuritopora* Chen, 1933. *Contr. Biol. Lab. Sci. Soc. China (Zool.)*, 9(6): 250-251.
*Pheretima obscuritopora* Gates, 1935a. *Smithsonian Mis. Coll.*, 93(3): 12.
*Amynthas obscuritoporus* Sims & Easton, 1972. *Biol. J. Linn. Soc.*, 4(3): 237.
*Amynthas obscuritoporus* 徐芹和肖能文, 2011. *中国陆栖蚯蚓*: 158.
*Amynthas obscuritoporus* Xiao, 2019. *Terrestrial Earthworms (Oligochaeta: Opisthopora) of China*: 233-235.

外部特征：体长 130-210 mm，宽 6 mm。体节数 130-172。口前叶 1/3-1/2 上叶式。背孔自 12/13 节间始。环带位 XIV-XVI 节，不显，具刚毛且与相邻体节相似。刚毛 II-IX 节腹面密而略长，环带前 $aa$=1.2$ab$，环带后 $aa$=（1.2-1.5）$ab$，$zz$=1.5$yz$；刚毛数：32-40（III），44-50（VI），48-54（VIII），48-54（XII），50-70（XXV）；18-24 在雄孔间，22（VIII）在受精囊孔间。雄孔位 VIII 节，约占 1/3 节周，不显，仅具 1 白色暗斑或非常小的新月形凹槽，每孔中部仅为 1 小坑或 2 个小圆坑；此区无乳突。受精囊孔 3 对，位 6/7/8/9 节间，约占 1/3 节周，不显，无乳突。

受精囊

图 219　暗孔远盲蚓
（Chen，1930）

内部特征：隔膜 8/9/10 缺，5/6/7 厚，7/8 略厚，10/11/12/13 厚，13/14 略厚。砂囊球形或钟状，颇大，位 XI 和 XII 节，前部具 1 胀囊状嗉囊。末对心脏位 XIII 节。肠自 XVI 节或 XV 节部分扩大；盲肠单对，位 XXVII-XXIII 或 XXII 节，占 5-5.5 节，光滑，前部苍白色。精巢囊 2 对，大，与小储精囊不相称，分别位于 10/11、11/12 隔膜下，前对不伸入 X 节，每对囊连通或合并成横带，精巢大，直径 1 mm。储精囊 2 对，位隔膜 10/11、11/12 后面。前列腺很小，在 XVIII 节，仅呈白色致密肿块或分成细小叶，有时延伸到下一体节；前列腺管大，有一居中的环。无副性腺。受精囊 3 对，位 VII、VIII、IX 节，颇小；坛心形或卵圆形；坛管短粗或无；盲管较主体短，或约为整个受精囊长度的一半，末端有一球茎状的纳精囊（图 219）。无具柄副性腺。

体色：背面一般栗色或深巧克力色，腹面苍白色或淡灰褐色。

命名："obscuritoporus"是一个复合词，"obscurit-"在拉丁语中是晦涩的意思，"porus"在拉丁语中是毛孔的意思，这个词是指其雄性毛孔的结构。本种依据受精囊孔位置不明显而命名。

模式产地：江苏（南京）。

模式标本保存：存放于中国科学社生物实验所博物馆（南京），疑遗失。

中国分布：江苏（南京、苏州、无锡）、浙江、安徽（滁州）、四川（乐山、成都）。

## 230. 栉盲远盲蚓 *Amynthas pecteniferus* (Michaelsen, 1931)

*Pheretima pectenifera* Michaelsen, 1931. *Peking Nat. Hist. Bull.*, 5(2): 15-17.

*Pheretima pectenifera* Gates, 1935a. *Smithsonian Mis. Coll.*, 93(3): 13-14.

*Pheretima pectenifera* Gates, 1939. *Proc. U.S. Nat. Mus.*, 85: 460-465.

*Pheretima pectenifera* 陈义等，1959. *中国动物图谱 环节动物(附多足类)*: 11.

*Pheretima pecteniferus* Sims & Easton, 1972. *Biol. J. Linn. Soc.*, 4(3): 237.

*Amynthas pecteniferus* 徐芹和肖能文，2011. *中国陆栖蚯蚓*: 164-165.

*Amynthas pecteniferus* Xiao, 2019. *Terrestrial Earthworms (Oligochaeta: Opisthopora) of China*: 235-236.

外部特征：体长 140-210 mm，宽 8-10 mm。体节数 64-106。口前叶上叶式。背孔自 12/13 节间始。环带位 XIV-XVI 节，环状，无刚毛。背刚毛较腹刚毛稀，具背中隔，腹刚毛连续；刚毛数：60（V），70（VIII），72（XII），82（XXVI）。雄孔位 XVIII 节腹面，约占 1/3 节周，孔在 1 大疣状突顶端，突起基部约为 XVIII 节节长。受精囊孔 3 对，

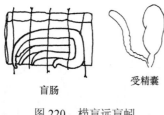

盲肠　　　　　　受精囊

图 220　栉盲远盲蚓
（陈义等，1959）

位 6/7/8/9 节间腹侧，约占 3/7 节周，孔为 1 颇大的十字形裂缝，周缘略腺肿。在雄孔区和受精囊孔区形成非常小的圆形弱突起的乳突。雄孔中央侧面具 3 个或 4 个乳突，乳突极小而圆，位于刚毛圈两侧，形成矩形位置，各乳突在矩形的角上，明显。受精囊孔区乳突单独出现，受精囊孔区乳突限于 VII 和 VIII 节，在 VIII 节上发育最充分，多数情况下乳突排列不规则。很少个体在 IX 节刚毛圈两侧出现少数乳突或 1 对乳突。很少情况 2 个或 3 个紧密排列的乳突代表 1 个乳突。雌孔单，圆腺斑状，位 XIV 节腹中部。

内部特征：隔膜 8/9/10 缺失，5/6 和 7/8 浓密。砂囊大，在 7/8 隔膜后面。肠自 XV 节扩大；盲肠很发达，XXVII 节 5 个或 6 个紧密相连，向前延伸到 XXVI 或 XXIV 节，前端弯曲。心脏位 XI-XIII 节。精巢囊 2 对，在 X 和 XI 节整节上彼此融合，前对 X 节，为简单的香肠状"U"形结构，末端圆形。精漏斗在半圆囊的中央部分相当接近，精巢囊在 XI 节与大的储精囊相连，后对精巢囊不闭合。储精囊致密，表面呈网状。前列腺位 XVII-XX 节，由 4-6 个深槽分成宽的皱褶，网状，边缘粗糙；前列腺管弯曲成 1 个大的"S"形圈，近端薄，形成 1 个小钩，远端厚度和肌肉增加。受精囊 3 对，位 VII-IX 节；坛正常位，长囊状，但多次压成各种形状；坛管圆柱形，为坛的 1/4 长，分界明显，在远端开口处稍窄（图 220）。副性腺具索状短管。盲管软管状，较受精囊主体长，内端 3/4 稍粗，或直或稍弯曲。

体色：保存标本背部蓝灰色，侧面逐渐变暗到腹部红黄色，环带棕色，刚毛圈白色。

命名："pecteniferus"是一个复合词，"pecten"在拉丁语中是梳子或耙子的意思，指的是本种盲肠结构。本种依据盲肠毡帽状，其腹侧具栉状小囊特征而命名。

模式产地：江苏（苏州）。

模式标本保存：德国汉堡博物馆。

中国分布：江苏（苏州）、浙江、安徽、江西（南昌）。

讨论：本种体型大小、背孔始位以及受精囊特征与亚历山大远盲蚓 *Amynthas alexandri* (Beddard, 1900)相似。但本种受精囊孔 3 对，位 6/7/8/9 节间腹侧；亚历山大远盲蚓受精囊孔 4 对，位 5/6/7/8/9 节间。二者明显不同。

本种的雄孔区特征与亚氏远盲蚓 *A. yamadai* 非常相似，两者可能是同物异名。

### 231. 重庆远盲蚓 *Amynthas pingi chungkingensis* (Chen, 1936)

*Pheretima pingi chungkingensis* Chen, 1936. *Contr. Biol. Lab. Sci. Soc. China (Zool.)*, 11(8): 274-275.

*Amynthas pingi chungkingensis* Sims & Easton, 1972. *Biol. J. Linn. Soc.*, 4(3): 237.

*Amynthas pingi chungkingensis* 徐芹和肖能文，2011. *中国陆栖蚯蚓*: 163-164.

*Amynthas pingi chungkingensis* Xiao, 2019. *Terrestrial Earthworms (Oligochaeta: Opisthopora) of China*: 236-237.

外部特征：体长 140-170 mm，宽 5.5-7 mm。体节数 136-140。口前叶 2/3 上叶式。背孔自 12/13 间始。环带位 XIV-XVI 节，无刚毛，无背孔。III-VII 或 VIII 节刚毛粗疏；

$aa=1.2ab$，$zz=2yz$；刚毛数：22-26（III），26-31（VI），38-45（VIII），51-62（XXV）；9-9（VI）、10-11（VII）、15-15（VIII）、16-16（IX）在受精囊孔间，12-14 在雄孔间。雄孔位 XVIII 节腹面，孔在 1 乳突状腺体区，无皮褶，XVIII 节孔后侧具 1 生殖乳突；无其他生殖乳突（图 221）。受精囊孔 3 对，位 6/7/8/9 节间腹侧，约占 1/3 节周，紧靠孔后具 1 大的生殖乳突；受精囊孔区或这些体节腹侧未见生殖乳突。

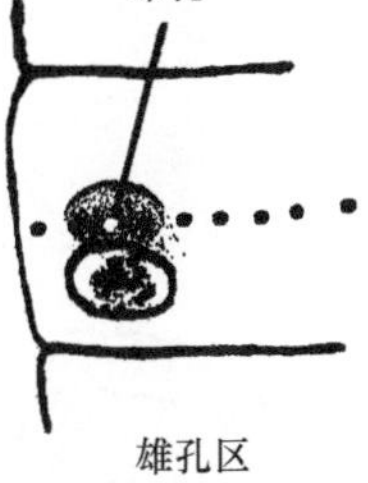

内部特征：隔膜 8/9/10 缺失，但 8/9 腹面可见。首对心脏未见。储精囊位 XI 和 XII 节，极大；在隔膜 12/13 和 13/14 上具极大而长的假囊。前列腺大，位 XVI-XX 节。受精囊 3 对，位 VII-IX 节，小，盲管内端 1/3 棒状，淡白色。其他特征与秉氏远盲蚓 *Amynthas pingi pingi* 相同。

体色：保存标本背面深栗色或略带紫色的巧克力色，背面前部较深，腹面苍白色或灰白色，环带褐色，刚毛圈周围略带白色。

命名：本亚种依据模式产地重庆命名。

模式产地：重庆。

模式标本保存：曾存于国立中央大学（南京）动物学标本馆，现在不明。

中国分布：重庆、四川。

讨论：本亚种与模式种形态一致，有 2 个特征可以区分：①3 对受精囊，②受精囊孔和雄孔区生殖乳突均较少。受精囊孔数量接近白色远盲蚓 *A. leucocircus*，但后者因行为迟钝而与秉氏远盲蚓 *A. pingi pingi* 有很大的不同，陈义不愿意把这两者合成一个变种。Goto 和 Hatai（1899）描述多肉远盲蚓 *Amynthas carnosus carnosus* 在 5/6/7/8 节间中有 3 对受精囊孔，其他特征与秉氏远盲蚓一致，很可能两者是同一物种，但因为缺少对日本蚯蚓的重新鉴定，尚不能认为两者为同物异名。

图 221 重庆远盲蚓
（Chen，1936）

**136. 残囊远盲蚓 *Amynthas proasacceus* Tsai, Shen & Tsai, 2001 (参见 170 页)**

**232. 四环远盲蚓 *Amynthas quadriorbis* Shen & Chang, 2016**

*Amynthas quadriorbis* Shen et al., 2016. *Jour. Nat. Hist.*, 50(29-30): 1891-1895.

外部特征：中型。体长 107-120 mm，宽 3.8-4.2 mm（环带）。体节数 103-129。口前叶上叶式。背孔自 11/12 节间始。环带位 XIV-XVI 节，环状，无背孔和刚毛。刚毛数：60-68（VII），73-76（XX）；15-18 在雄孔间。雄孔 1 对，位 XVIII 节腹面，约占 0.24 节周，孔在一周围环绕 2-4 环形或菱形皮褶的圆形孔突上。中间 2 个大乳突对着雄孔，前一个乳突邻近 17/18 节间沟，后一个邻近 18/19 节间沟，二者均在 XVIII 节内。乳突中央凹陷，直径 0.45-0.6 mm。环带后区没有其他乳突（图 222）。受精囊孔不可见或小，3 对，位 6/7/8/9 节间腹面，占 0.3 节周。环带前区无生殖乳突。雌孔单，位 XIV 节腹中部。

内部特征：隔膜 8/9/10 缺失，5/6/7/8 厚，10/11/12/13/14 肌肉质。砂囊大，位 VIII-X 节。肠自 XVI 节扩大；盲肠位 XXVII 节，简单，粗，略弯，前伸至 XXII 节。心脏位

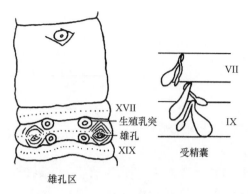

图 222 四环远盲蚓（Shen et al., 2016）

XI-XIII 节。精巢大，卵圆形，2 对，位 X 和 XI 节，腹连接。储精囊小，横长，2 对，位 XI 和 XII 节，占 2/3 体节空间，每囊具一明显的圆形或卵圆形背叶。前列腺小，位 XVII-XVIII 节，光滑，裂叶，花状；前列腺管粗，呈"C"形。无副性腺。受精囊 3 对，位 VII-IX 节，小，卵梨形或长卵圆形，长 0.6-1.0 mm，宽 0.4-0.6 mm，具一长 0.35-0.58 mm 的细长或粗柄；盲管具一长 0.25-0.5 mm 的卵圆形虹彩色的纳精囊，纳精囊具长 0.6-0.7 mm 的细长柄（图 222）。环带前区无副性腺。

体色：保存标本背面褐色，腹面浅灰色，环带褐色到灰褐色。

命名：本种根据模式标本雄孔区周围的 4 个大生殖乳突命名。

模式产地：台湾（云林）。

模式标本保存：台湾特有生物研究保育中心（南投）。

中国分布：台湾（云林）。

生境：生活在海拔 230 m 的路边斜坡。

讨论：本种雄孔区生殖乳突的排列与湖北远盲蚓 *Amynthas hupeiensis* 和昏暗远盲蚓 *Amynthas obscurus* (Goto & Hatai, 1898)相似。但湖北远盲蚓的乳突排列在节间沟上，且具有更多的刚毛和极长的盲管；昏暗远盲蚓的乳突不靠近节间沟，而距刚毛圈近，且 XIX 节刚毛圈后具有相同乳突。

本种雄孔区生殖乳突的排列也与莫氏远盲蚓 *Amynthas modiglianii*、小孔远盲蚓 *Amynthas micronarius* 以及四突远盲蚓 *Amynthas tetrapapillatus* 相似。莫氏远盲蚓具有 4 对受精囊孔，位 5/6/7/8/9 节间，盲管卷绕；小孔远盲蚓也具有 4 对受精囊孔，位 5/6/7/8/9 节间，仅 VIII 节的具小盲管，其余无盲管；四突远盲蚓只有 1 对受精囊孔，位 5/6 节间背侧；这些与本种有明显区别。

### 233. 曲折远盲蚓 *Amynthas retortus* Sun & Jiang, 2016

*Amynthas retortus* Sun et al., 2016. *Jour. Nat. Hist.*, 50(39-40): 2505-2509.

外部特征：小型。体长 36-74 mm，宽 3.0-3.6 mm。体节数 61-74。无体环。口前叶 1/2 上叶式。背孔自 13/14 节间始。环带位 XIV-XVI 节，环状，无背孔，刚毛外部不可见。刚毛分布均匀，背间隔比腹面明显；刚毛数：22-24（III），36-39（V），40（VIII），40-48（XX），36-42（XXV）；2-5 在雄孔间，6-7（VII）、6（VIII）在受精囊孔间。雄孔 1 对，位 XVIII 节腹面，占少于 1/3 节周，每孔在一卵圆形垫上的一平顶椭圆形腺垫的中央，周围具 5 内环褶和 3 外环褶。XVII 节刚毛后至每个雄孔突具 1 个小生殖乳突。受精囊孔 3 对，位 6/7/8/9 节间，外部不明显。VII 节后缘 1 个、VIII 节后缘 2 个极小生殖乳突（图 223）。雌孔单，位 XIV 节腹中部。

内部特征：隔膜 8/9/10 缺失，5/6/7/8 和 10/11/12 厚。砂囊桶形，位 VIII-X 节。肠自 XV 节扩大；盲肠位 XXVII 节，简单，指状囊，腹面和背缘光滑，前伸至 XXIII 节。心脏位 XI-XIII 节，发达。精巢 2 对，位 X 和 XI 节腹面。储精囊对位 XI 和 XII 节，发达，各在精巢囊前闭合，腹中部分离。前列腺发达，粗叶，葡萄状，位 XVI-XXII 节；前列腺管短粗。正对前列腺管根部具 2 个芽状副性腺。受精囊 3 对，位 VII-IX 节，长约 1.5 mm；坛球形，具一比受精囊主轴短 0.17 的盲管，盲管细长，远端 1/2 膨胀并曲折成 "之" 字形纳精囊；VIII 和 IX 节左受精囊及 IX 节右受精囊下方具有柄的生殖标记（图 223）。

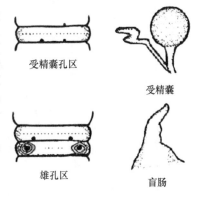

受精囊孔区

受精囊

雄孔区

盲肠

图 223 曲折远盲蚓
（Sun et al.，2016）

　　体色：保存标本背面浅褐色，腹面缺色素，背中线具色素。

　　命名：本种根据模式标本曲折的受精囊盲管特征而命名。

　　模式产地：四川（峨眉山）。

　　模式标本保存：上海自然博物馆。

　　中国分布：四川（峨眉山）。

　　生境：生活在海拔 1300 m 林木和竹林的黑色砂质土中。

　　讨论：本种在色素、刚毛密度、受精囊孔位置、盲肠形态及前列腺特征方面与疣突远盲蚓 *Amynthas cruratus* 相似，但是在体长、雄孔和雄孔区生殖乳突的排列、受精囊盲管、储精囊和副性腺方面存在差异。

## 234. 囊腺远盲蚓 *Amynthas saccatus* Qiu, Wang & Wang, 1993

*Amynthas saccatus* 邱江平等, 1993b. *贵州科学*, 11(4): 3-6.

*Amynthas saccatus* 徐芹和肖能文, 2011. *中国陆栖蚯蚓*: 177-178.

*Amynthas saccatus* Xiao, 2019. *Terrestrial Earthworms (Oligochaeta: Opisthopora) of China*: 237-238.

　　外部特征：体中等大。体长 101-124 mm，宽 3.0-4.0 mm。体节数 64-92。口前叶较小，1/2 上叶式。背孔自 11/12 节间始。环带位 XIV-XVI 节，指环状，红褐色，XVI 节腹面可见 2-7 根刚毛。VIII 节前，特别是 IV-VII 节上刚毛较粗，腹侧排列较稀疏，$aa$=（1.5-2.0）$ab$, $ab$=1.5$bc$, $bc$=$cd$；VIII 节以后正常，背腹一致，一般 $aa$=1.5$ab$, $zz$=1.5$zy$；刚毛数：18-26（III），24-28（V），32-35（VIII），34-44（XX），31-46（XXV）；5-10 在雄孔间，8-14（VII）、10-14（VIII）在受精囊孔间。雄孔 1 对，位 XVIII 节腹侧，约占 1/3 节周，孔在 1 小的长圆形横突上，其前后缘各具 1 小圆乳突，周围具 4-5 圈皮肤环褶。XVII-XIX 节腹面刚毛圈后各具 1 对圆形平顶乳突，有时缺如。受精囊孔 3 对，位 6/7/8/9 节间，孔呈横缝状，前后皮肤略为腺肿，孔间距约占 2/5 节周。VII、VIII 节腹面刚毛圈后各具 1 对圆形平顶乳突，或 VII-IX 节刚毛圈前每孔后缘略微内侧各具 1 个圆形平顶乳突或仅 VIII 节腹面刚毛后具 1 对圆形平顶乳突（图 224）。雌孔单，位 XIV 节腹中部。

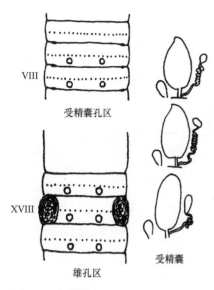

VIII

受精囊孔区

XVIII

雄孔区

受精囊

图 224　囊腺远盲蚓（邱江平等，1993b）

内部特征：隔膜均较薄，8/9 存在，很薄，9/10 缺。砂囊发达，桶状。肠从 XV 节起膨大；盲肠简单，位 XXVII-XXIV 节。心脏 4 对，位 X-XIII 节内，后 2 对较粗。精巢囊 2 对，位 X 和 XI 节，长圆形，较发达，两侧相连通，前一对连接较窄，后一对连接较宽。储精囊发达，两侧在背部相遇，背叶大而明显，圆形。前列腺发达，位 XVII-XX 节，分成前后两块，每块分小叶；前列腺管粗而直。副性腺发达，呈长圆形的囊状，表面光滑，无柄。受精囊 3 对，位 VII、VIII 和 IX 节；坛呈心脏形或长圆形，长约 4.0 mm；坛管短小；盲管为主体长的 3/5-4/5，细长，中部呈"Z"形叠曲；纳精囊呈小圆球形或长圆形；副性腺发达，囊状，表面光滑无柄（图 224）。

体色：环带红褐色。

命名：在拉丁语中，"*saccatus*"是指形状像囊一样，本种依据前列腺和受精囊的囊状副性腺特征而命名。

模式产地：贵州（从江）。

模式标本保存：贵州省生物研究所。

中国分布：贵州（雷山、从江）。

生境：生活于海拔 1000-1120 m 常绿阔叶林及海拔 1300-2000 m 常绿阔叶林和山竹林。

讨论：本种与云状远盲蚓 *Amynthas flexilis* 及白色远盲蚓 *Amynthas leucocircus* 相似。本种体型相对较大；雄孔位 1 横突上，其前后缘各具 1 小圆乳突；受精囊盲管细长，中部呈"Z"形叠曲，纳精囊小圆球形或长圆形；储精囊发达，不包裹在精巢囊内；副性腺发达，囊状，无柄；等等，这些特征与云状远盲蚓具明显区别。本种相对较小；盲管细长，中部"Z"形叠曲及纳精囊小圆球形或长圆形，坛管短小；副性腺发达，囊状等，以及雄孔特征与白色远盲蚓有区别。

### 235. 六胸远盲蚓 *Amynthas sexpectatus* Tsai, Shen & Tsai, 1999

*Amynthas sexpectatus* Tsai et al., 1999. *Journal Taiwan Museum*, 52(2): 33-46.

*Amynthas sexpectatus* Chang et al., 2009. *Earthworm Fauna of Taiwan*: 80-81.

*Amynthas sexpectatus* Xiao, 2019. *Terrestrial Earthworms (Oligochaeta: Opisthopora) of China*: 238-239.

外部特征：体长 193-258 mm。体节数 102-140。IX-XIII 节具 3 体环。口前叶上叶式。背孔自 12/13 节间始。环带位 XIV-XVI 节，筒状，无刚毛，无背孔，长 6.2-8.6 mm。刚毛数：56-62（VII），66-94（XX）；17-24 在雄孔间。雄孔位 XVIII 节腹侧面，占 1/4-1/3 节周。此区生殖乳突数量与结构多变：雄孔区若收缩，雄孔前后各具 1 乳突，雄孔前乳突鞋状，雄孔后乳突圆，周围环绕几环褶；雄孔区若外翻，雄孔位 1 鸡眼状孔突顶部，紧靠生殖乳突，周围环绕几环褶；乳突平，中央略凹陷。受精囊孔 3 对，位 6/7/8/9 节间腹侧面，占 0.4-0.5 节周。VI-VIII 节紧靠受精囊孔正前面具 3 对大卵圆形生殖垫，生殖垫直径 1.2 mm。雌孔单，位 XIV 节腹中部。

内部特征：隔膜 9/10 缺，7/8/9 和 10/11-13/14 厚。砂囊位 IX 和 X 节，圆形，VIII 节具 1 小咽囊。肠自 XV 节扩大；盲肠自 XXVII 节始，光滑，前伸达 XXIV 节。心脏位 X-XIII 节。精巢囊 2 对，位 XI 和 XII 节腹中部，小，光滑。储精囊 2 对，位 XI 和 XII 节，光滑，具 1 大背叶。前列腺 1 对，大，叶状，位 XVIII 节，向前至 XVII 节，向后至 XIX 节；前列腺管 "n" 形，粗度自远端向近端逐渐增加。卵巢 1 对，位 XIII 节腹中部。受精囊 3 对，位 VII-IX 节；坛大，桃形；坛管短，略弯曲；盲管具 1 略弯曲的细长柄和表面粗糙的纳精囊。雄孔区和受精囊孔区均无副性腺。每体节肠背面具 1 对小圆肾管，肾管束位 V 和 VI 节。

体色：保存标本背面褐色，腹面浅灰色，环带深褐色。活体黄色或浅绿褐色。

命名：本种根据受精囊孔区的 6 块生殖垫的形状特征而命名。

模式产地：台湾（南投）。

模式标本保存：台湾特有生物研究保育中心（南投）。

中国分布：台湾（台中、南投）。

## 236. 四川远盲蚓 *Amynthas szechuanensis szechuanensis* (Chen, 1931)

*Pheretima (Pheretima) szechuanensis* Chen, 1931. *Contr. Biol. Lab. Sci. Soc. China (Zool.)*, 7(3): 160-167.

*Pheretima szechuanensis* Gates, 1939. *Proc. U.S. Nat. Mus.*, 85: 485-488.

*Pheretima szechuanensis* Chen, 1946. *J. West China Bord. Res. Soc.*, 16(B): 136.

*Pheretima szechuanensis* 陈义等, 1959. *中国动物图谱 环节动物(附多足类)*: 13.

*Pheretima szechuanensis* Sims & Easton, 1972. *Biol. J. Linn. Soc.*, 4(3): 237.

*Amynthas szechuanensis szechuanensis* 徐芹和肖能文, 2011. *中国陆栖蚯蚓*: 183-184.

*Amynthas szechuanensis szechuanensis* Xiao, 2019. *Terrestrial Earthworms (Oligochaeta: Opisthopora) of China*: 339-340.

外部特征：体长 85-220 mm，宽 4-9 mm。体节数 60-135。口前叶 2/3 上叶式。背孔自 12/13 节间始。环带占 3 节，平滑，无刚毛或节间沟，但有时体节分开，其腺体部分不收缩也不特别凸起。刚毛极短，不易察觉到，唯在 IIIX 节腹面较长，距离较宽，但不很明显。刚毛数：31-38（III），37-49（VI），45-52（VIII），49-66（XII），56-65（XXV）；20-32（VIII）在受精囊孔间，15-22 在雄孔间。雄孔位 XVIII 节腹侧，约占 1/3 节周，孔在 1 小平顶的圆突上，侧面有白色斑点，XVIII 节前后或 XVII 和 XIX 节有 2 个相似乳突；17/18 和 18/19 节间中间有 2 个大的马蹄形乳突，乳突稍隆起并具腺顶；在某些情况下，仅在 XVIII 节大乳突的内侧出现 1-2 个圆形平顶乳突；有时 XVII-XIX 节有 4 个大乳突并排排列，在侧面形成 1 个大而浅的凹陷，为雄孔位置。没有交配腔。乳突周围的皮肤略肿胀和腺状，有时侧面有特别明显的褶皱（图 225）。受精囊孔 3 对，位 6/7/8/9 节间腹侧，约占 3/5 节周，孔区下陷，前后表皮腺肿或有皱纹，孔周围无乳突。

内部特征：隔膜 9/10 缺，8/9 非常薄，10/11 腹侧残留、非常薄，4/5-7/8、11/12-15/16 薄、膜质、透明，6/7、11/12 相对厚。砂囊大，位 IX 和 X 节，筒状，两端较窄，或后部较大，表面通常暗白色，不光滑。肠自 XVIII 节扩大；盲肠分叶，具 9 个细长的指状

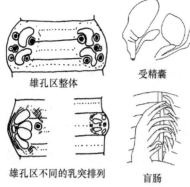

雄孔区整体　　受精囊

雄孔区不同的乳突排列　　盲肠

图 225　四川远盲蚓（Chen，1931）

小囊，从 XXVII 节向前延伸至 XX 或 XIX 节，白色，盖在肠的背侧。肾管非常厚，位 5/6/7 隔膜前，4/5 无，7/8 很少。心脏 4 对，位 X-XIII 节，第一对相当大，位 10/11 隔膜前。精巢囊比较小，在 XI 和 XII 节储精囊下。储精囊 2 对，非常大，菱形，无背叶，背相接。前列腺非常大，背面会合，分成大的叶，白色，表面光滑，位 XVII-XX 节或 XVI-XXII 节。每个前列腺都有长的导管，在中间形成 1 个深环，并螺旋状地通到外侧的小乳突的孔中。受精囊 3 对，位 VII、VIII 和 IX 节；坛梨形，表面光滑，灰绿色，大小不一，内侧粗壮；盲管内侧 1/2 或 1/3 膨大成细长的卵圆形纳精囊，纳精囊直径 1 mm；盲管非常细长，直径约 3 mm，与主体相接，离体壁稍远（图 225）。

体色：保存标本前背部灰褐色至深褐色或深紫色，后背部棕色或栗色，前腹端灰白色，其余腹侧灰白色，背侧棕黑色，环带巧克力色、灰白色或奶油色。

命名：本亚种依据模式产地四川省而命名。

模式产地：四川（峨眉山）。

模式标本保存：曾存放于中国科学社生物实验所博物馆（南京）。

中国分布：重庆（北碚）、四川（成都、乐山）、贵州（铜仁）。

生境：生活于海拔 1900-2400 m，喜林下草丛（邱江平，1987；丁瑞华，1983）。

讨论：本种较常见于都江堰青城山高海拔地区。少数具有明显的环带，生殖器官发育良好。无环带者通常有较小的受精囊、前列腺和储精囊，另外 17/18/19 节间常有 2 个大的平顶乳突，而个体小的通常无乳突。峨眉山地区的标本颜色为棕色或红棕色，可能是由于标本固定时所采用的方式不同。都江堰的标本，其紫色或深灰褐色体色更自然。

## 237. 台北远盲蚓 *Amynthas taipeiensis* (Tsai, 1964)

*Pheretima taipeiensis* Tsai, 1964. *Quar. Jour. Taiwan Mus.*, 17(1&2): 12-13.

*Amynthas taipeiensis* Sims & Easton, 1972. *Biol. J. Linn. Soc.*, 4(3): 237.

*Amynthas taipeiensis* 钟远辉和邱江平，1992. *贵州科学*，10(4): 40.

*Amynthas taipeiensis* 徐芹和肖能文，2011. *中国陆栖蚯蚓*: 185-186.

*Amynthas taipeiensis* Xiao, 2019. *Terrestrial Earthworms (Oligochaeta: Opisthopora) of China*: 240-241.

外部特征：体中等大。体长 132-136 mm，宽 4-4.5 mm。体节数 107-116。背孔自 11/12 节间始。环带位 XIV-XVI 节，光滑，无背孔，无刚毛。环带后 XVII-XXVII 节极窄，约为环带前体节之半。环带前刚毛大且疏，腹面尤甚；刚毛数：21（IV），25（V），46-52（VIII），61-63（XX）；9-10 在雄孔间。雄孔 1 对，位 XVIII 节腹侧，孔在心形平顶乳突中央，此突腹向紧靠 1 大圆乳突，两突周围环绕几条卵圆形沟脊，内深外浅，外翻时，侧凸成圆锥状阴茎结构（图 226）。受精囊孔 3 对，位 6/7/8/9 节间腹侧，裂缝状或不显；末 1 对或 2 对孔后缘具 1 个或 2 个小圆乳突，或无。

内部特征：隔膜 8/9/10 缺失，5/6-7/8 和 10/11-12/13 颇厚。砂囊圆锥状，位 IX 和 X 节，近后缘具 1 类似隔膜的厚膜与隔膜 10/11 围成 1 窄外腔。肠自 XVI 节扩大；盲肠简单，自 XXVI 节前伸到 XXIII 节，仅腹缘或背腹缘均锯齿状。末对心脏位 XIII 节。精巢囊 2 对，位 X 和 XI 节，腹连接；后对较前对大，伸达 XII 节；输精管于 XII 节相通。储精囊 2 对，位 XI 和 XII 节，表面被许多不规则排列的深沟分成小块，具大圆形或四边形背叶，表面光滑，或背叶小，囊背前角表面粗糙。前列腺极发达，呈横向 4-6 叶，位 XVI-XXI 节，每叶前部与前一叶后部重叠，表面由浅沟分成小片；前列腺管中部盘绕或强烈曲折。受精囊 3 对，位 VI、VII 和 IX 节；坛心形或圆形，坛管短粗；盲管细长，远端 1/2 "之" 字形或强烈紧实盘绕（图 226）。

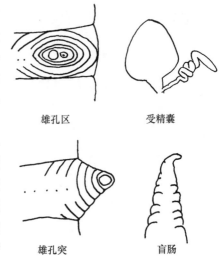

雄孔区　　　　受精囊

雄孔突　　　　盲肠

图 226　台北远盲蚓（Tsai，1964）

体色：在福尔马林溶液中与舒脉腔蚓 Metaphire schmardae 相似。背面紫绿色，环带前腹面灰白色，环带褐色，刚毛圈淡绿色或灰白色，沿背中线具 1 深紫色窄纹。

命名：本种依据模式产地台北命名。

模式产地：台湾（台北）。

模式标本保存：已遗失。

中国分布：台湾（台北）。

## 238. 拇指远盲蚓 *Amynthas tantulus* Shen, Tsai & Tsai, 2003

*Amynthas tantulus* Shen et al., 2003. *Zoological Studies*, 42(4): 484-487.

*Amynthas tantulus* Chang et al., 2009. *Earthworm Fauna of Taiwan*: 88-89.

*Amynthas tantulus* 徐芹和肖能文, 2011. *中国陆栖蚯蚓*: 186-187.

*Amynthas tantulus* Xiao, 2019. *Terrestrial Earthworms (Oligochaeta: Opisthopora) of China*: 241-242.

外部特征：小型蚯蚓。体长 32-58 mm，宽 1.74-2.15 mm。体节数 69-90。VIII-XI 节具 2-3 体环。口前叶上叶式。背孔自 5/6 节间始。环带位 XIV-XVI 节，光滑，无刚毛，背孔缺或具背孔痕迹，长 1.63-2.45 mm。刚毛数：26-35（VII），28-35（XX）；8-10 在雄孔间。雄孔位 XVIII 节腹面，占 0.26-0.31 节周；孔小，被 3 条或 4 条圆形或菱形褶环绕，或紧靠侧面具 1 生殖乳突垫，明显；或 XVIII-XX 节腹中部刚毛圈前具 1 对乳突，密生；个别乳突位 XVIII 节，1 对或左侧 1 个；个别乳突位 XIX 节，1 对或右侧 1 个或无；少数个体乳突位 XX 节，每一乳突小、圆形、中心凹，大小和排列类似于环带前。受精囊孔 3 对，位 6/7/8/9 节间腹面，占 0.3-0.34 节周；IX-XII 节腹中部具生殖乳突，密生对，数量与位置多变：IX 节多数缺，少数 1 对或左一个；X 节多数 1 对，少数左一个或无；在 XI 节，多数缺，少数右一个或左一个或 1 对；XII 节多数缺，少数左一个。

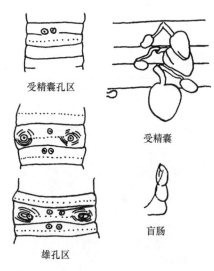

受精囊孔区

受精囊

雄孔区

盲肠

图 227 拇指远盲蚓（Shen et al., 2003）

乳突小，圆形，顶端扁平，或略凹陷（图 227）。雌孔单，位 XIV 节腹中部。

内部特征：隔膜 8/9/10 缺，5/6-7/8 和 10/11-12/13 厚。砂囊圆，位 IX 和 X 节。肠自 XV 节扩大；盲肠简单，粗，表面略具皱褶，前伸达 XXV 节。心脏位 XI-XIII 节。精巢囊 2 对，X 节的大，与后对连合，至少扩展到 XII 节。储精囊大，延伸至 XI 和 XIII 节或 XI 和 XIV 节，表面皱褶，囊小，奶油色。前列腺对位 XVIII 节，皱褶，占 3-4 节，位 XVI-XX 节；前列腺管呈 "C" 形。副性腺受精囊区略小。受精囊 3 对，位 VII-IX 节，梨形，第 2 对和第 3 对较第 1 对大，长 0.6-1.1 mm，宽 0.5-0.8 mm，柄长 0.4-0.5 mm；盲管柄直或略弯，长 0.4-0.7 mm；纳精囊卵圆形，长 0.3-0.4 mm（图 227）。副性腺圆，扁平，具短柄，与体表乳突相对应。

体色：在防腐液中背面暗红褐色，腹面浅灰色，环带浅红褐色。

命名："*tantulus*" 在拉丁语中意思为 "很小的"，指物种体型小。本种依据比指状远盲蚓 *Amynthas dactilicus* 小的特征而命名。

模式产地：台湾（南投）。

模式标本保存：台湾特有生物研究保育中心（南投）。

中国分布：台湾（南投）。

生境：生活在海拔 2300 m 潮湿山坡具有砾石的混合土中。

讨论：本种属于西伯尔种组（Sims & Easton, 1972）。其体型较小，储精囊大，体节数和刚毛数、第一背孔的位置与四川指状远盲蚓 *A. dactilicus* 相似。然而，本种有短柄的副性腺和环带前的生殖乳突，而指状远盲蚓有无柄的副性腺和环带前无生殖乳突。这两个物种的受精囊结构也不同。

### 239. 泰雅远盲蚓 *Amynthas tayalis* Tsai, Shen & Tsai, 1999

*Amynthas tayalis* Tsai et al., 1999. *Journal Taiwan Museum*, 52(2): 33-46.
*Amynthas tayalis* Chang et al., 2009. *Earthworm Fauna of Taiwan*: 90-91.
*Amynthas tayalis* Xiao, 2019. *Terrestrial Earthworms (Oligochaeta: Opisthopora) of China*: 242.

外部特征：体长 120-125 mm，宽 3.4-3.7 mm。体节数 85-89。口前叶上叶式。背孔自 11/12 节间始。环带位 XIV-XVI 节，筒状，无刚毛，无背孔，长 3.4-3.8 mm。刚毛数：40-41（VII），56（XX）；11-13 在雄孔间。雄孔位 XVIII 节腹侧面，约占 0.34 节周；雄孔周围围绕 3 个圆形乳突，1 个居中，1 个居前侧，1 个居后侧，3 个乳突周围环绕 2 或 3 环褶。XVII 节刚毛圈后具 1 对相同乳突，XI 和 XX 节具 1 对或单个相同乳突；乳突大小和构造与环带前区乳突相同。受精囊孔 3 对，位 6/7/8/9 节间腹侧，约占 0.3 节周。VI-VIII 节紧靠受精囊孔正前面具成对乳突，一些乳突部分嵌入受精囊孔内，个别个体

VIII 节受精囊孔正前面刚毛圈前后具 2 对乳突，乳突圆，扁平，中央略凹陷，周围环绕 1 或 2 环褶，直径 0.3 mm。雌孔单，位 XIV 节腹中部。

内部特征：隔膜 8/9/10 缺，7/8 薄，8/9 和 10/11-13/14 略厚。砂囊位 IX 和 X 节，桃形。肠自 XV 节扩大；盲肠自 XXVII 节始，简单，边缘光滑，前伸达 XXV 节。心脏位 XI-XIII 节。精巢囊 2 对，位 X 和 XI 节腹中部，小，卵圆形。储精囊 2 对，位 XI 和 XIII 节，大，表面皱褶，各具 1 卵圆形的光滑小背叶。前列腺 1 对，大，囊状，位 XVIII 节，自 XIV 节延伸至 XXI 节；前列腺管粗，略弯曲。卵巢密生对，位 XIII 节腹中部。受精囊 3 对，位 VII-IX 节；坛桃形，光滑，长径约 1.8 mm；坛管短粗，长约 1.1 mm；盲管具 1 略尖的长纳精囊，柄细长略弯曲。环带前区和环带后区均具副性腺，副性腺圆，蘑菇状，具极短的柄。每体节肠背面具 1 对小圆肾管，肾管束位 V 和 VI 节。

体色：保存液中体背与环带周围深褐色，腹面与体前侧侧面浅灰色，刚毛圈浅黄白色，体背的深褐色与刚毛圈的黄白色天然色彩使蚓体外表具有条纹。

命名：本种依据模式产地位于泰雅人居住区而命名。

模式产地：台湾（台北）。

模式标本保存：台湾特有生物研究保育中心（南投）。

中国分布：台湾（台北）。

### 240. 少子远盲蚓 *Amynthas tessellates paucus* Shen, Tsai & Tsai, 2002

*Amynthas tessellates paucus* Shen et al., 2002. *Raf. Bul. Zool.*, 50(1): 7-8.

*Amynthas tessellates paucus* Chang et al., 2009. *Earthworm Fauna of Taiwan*: 94-95.

*Amynthas tessellates paucus* 徐芹和肖能文, 2011. *中国陆栖蚯蚓*: 188.

*Amynthas tessellates paucus* Xiao, 2019. *Terrestrial Earthworms (Oligochaeta: Opisthopora) of China*: 242-244.

外部特征：体长 42-109 mm，宽 3 mm。体节数 68-107。口前叶上叶式。背孔自 11/12 节间始。环带位 XIV-XVI 节，环状，无刚毛。刚毛数：33-40（VII），40-45（XX）；9-11 在雄孔间。雄孔对位 XVIII 节腹侧，圆形，乳头状，周围环绕 2-3 个不完全的圆形褶皱，约占 0.28 节周，XVIII 节腹中部刚毛圈前生殖乳突 5-11 个或 18 个，刚毛圈后 1-4 个或 8 个，时有缺失，数量无定式。受精囊孔 3 对，位 6/7/8/9 节间。VI、VII、VIII 节腹中部刚毛圈前各具若干小乳突，数量多变，VI 节 2 个或无，VII 节 0 个、5 个或 11 个，VIII 节 0-12 个或 15 个，时有缺失，数量无定式（图 228）。

内部特征：隔膜 5/6/7/8 厚，8/9/10 缺，10/11-13/14 厚。砂囊位 IX-X 节，圆形。肠自 XVI 节扩大；盲肠成对，位 XXVII 节，简单，向前延伸至 XXIII 节（图 228）。心脏位 XI-XIII 节。精巢囊 2 对，位 XI 节。储精囊成对，位 XI 和 XII 节，每个都有圆的背叶。前列腺对位 XVIII 节，大，

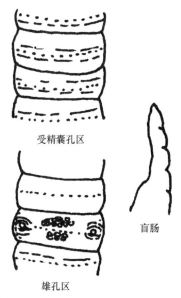

受精囊孔区

盲肠

雄孔区

图 228 少子远盲蚓
（Shen et al.，2002）

卵泡状，向前伸至 XVI 节，向后伸至 XX 节；前列腺管"U"形，近端细长，连接到前列腺，远端扩大，连接到雄孔。受精囊孔和雄孔区存在副性腺，腺体圆形，柄长 0.7-1.4 mm，纤细，通到体外生殖乳突。受精囊 3 对，位 VI-VIII 节；坛卵圆形；盲管柄细长；纳精囊卵圆形。

体色：保存标本背部橄榄白色，腹部橄榄灰色，环带深棕色。

命名：本亚种依据受精囊孔区和雄孔区"马赛克形"的生殖乳突排列中乳突数量相对指名亚种棋盘远盲蚓 Amynthas tessellates tessellates 少的特征而命名。

模式产地：台湾南投县仁爱乡南山溪（海拔 800-900 m）山坡。

模式标本保存：台湾特有生物研究保育中心（南投）。

中国分布：台湾（南投）。

讨论：本亚种与棋盘远盲蚓 A. tessellates tessellates 的不同之处在于，生殖乳突数量明显少于棋盘远盲蚓，环带后仅 XVIII 节刚毛圈前后有生殖乳突，副性腺有细长的柄。

### 241. 邹远盲蚓 *Amynthas tsou* Shen & Chang, 2016

*Amynthas tsou* Shen et al., 2016. *Jour. Nat. Hist.*, 50(29-30): 1898-1902.

外部特征：小型。体长 42-79 mm，宽 2.02-2.80 mm（环带）。体节数 74-97。口前叶上叶式。背孔自 12/13 或 13/14 节间始。环带位 XIV-XVI 节，环状，长 1.1-2.61 mm，无背孔和刚毛。刚毛数：28-38（VII），30-42（XX）；6-11 在雄孔间。雄孔 1 对，位 XVIII 节腹面，约占 0.24 节周。每孔小，不明显，在圆形或卵圆形孔突上，孔突前和/或后有或无乳突，周围具 2 或 3 环褶。偶尔在 XVIII 或 XVIII-XIX 节邻近节间沟处具 1 对紧靠在一起的乳突。受精囊孔不可见或 3 对，位 6/7/8/9 节间腹面，占 0.28-0.30 节周。VIII 和 IX 节前中部紧靠刚毛圈成对乳突，偶尔 VII 或 X 节具同样乳突或全无。乳突小，圆形，直径 0.3-0.4 mm（图 229）。雌孔单，位 XIV 节腹中部。

内部特征：隔膜 8/9/10 缺失，5/6/7/8 和 10/11/12/13/14 厚。砂囊大，圆形，位 VIII-X 节。肠自 XVI 节扩大；盲肠位 XXVII 节，简单，粗长，前伸至 XX 或 XXI 节。肾丛在 5/6/7 隔膜前面。心脏位 XI-XIII 节。精巢圆形，2 对，位 X 和 XI 节，腹连接。储精囊 2 对，位 XI 和 XII 节，横长卵形，各 1 圆形背叶。前列腺发育不全，位 XVIII 节，裂叶状；前列腺管长，"U"形，位 XVII-XVIII 节，末端粗。

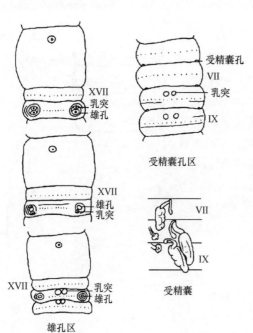

图 229　邹远盲蚓（Shen et al., 2016）

副性腺具柄，长 0.5 mm，各与外部生殖乳突相对应。受精囊 3 对，位 VII-IX 节；坛长卵圆形，表面略褶皱，长 1.0-1.5 mm，宽 0.5-0.7 mm，具一长 0.4-0.7 mm 的粗长柄。盲管具一细长柄和一个长 0.5-0.7 mm 略膨胀的端结。副性腺具柄，蘑菇状，总长 0.5-0.7 mm，各与外部生殖乳突相对应（图 229）。

体色：保存标本背面深褐色，腹面灰褐色，环带深橙褐色或粉红褐色。

命名：本种根据模式产地台湾嘉义阿里山区邹人而命名。

模式产地：台湾（嘉义）。

模式标本保存：台湾特有生物研究保育中心（南投）。

中国分布：台湾（云林，嘉义）。

生境：生活在嘉义阿里山区定湖周边等广大地区海拔 1418-1664 m 的山坡、路边。

讨论：本种雄孔周围乳突排列的变化与东埔远盲蚓 *Amynthas tungpuensis* 相似。但是东埔远盲蚓体型更大（长 63-160 mm），刚毛数更多，35-48（VII），46-59（XX），在 XV-XX 节具有占 4 或 5 体节的大型前列腺。另外，本种环带前在 VIII 和 IX 节刚毛前生殖乳突通常成对，不像东埔远盲蚓达 2 横排。

此外，本种与双变远盲蚓 *Amynthas mutabilitas* 的明显区别是受精囊的数量，本种 3 对，双变远盲蚓无或 2 对。

## 242. 东埔远盲蚓 *Amynthas tungpuensis* Tsai, Shen & Tsai, 1999

*Amynthas tungpuensis* Tsai et al., 1999. *Journal Taiwan Museum*, 52(2): 33-46.
*Amynthas tungpuensis* Chang et al., 2009. *Earthworm Fauna of Taiwan*: 96-97.
*Amynthas tungpuensis* Shen et al., 2016. *Jour. Nat. Hist.*, 50(29-30): 1905-1909.
*Amynthas tungpuensis* Xiao, 2019. *Terrestrial Earthworms (Oligochaeta: Opisthopora) of China*: 243-244.

外部特征：体长 63-160 mm，宽 1.08-4.37 mm。体节数 85-128。口前叶上叶式。背孔自 11/12、12/13 或 13/14 节间始。环带位 XIV-XVI 节，筒状，无刚毛，具或无背孔，长 1.9-5.3 mm。刚毛数：35-48（VII），46-59（XX）；9-16 在雄孔间。雄孔 1 对，位 XVIII 节腹侧面，占 0.26-0.29 节周，每孔简单，孔在乳突状孔突顶部，周围环绕 7-8 环褶。XVIII 节雄孔间靠近刚毛圈前具 1 乳突，有时 XVII 节相同位置具 1 乳突，乳突圆，中央略凹陷，直径 0.4 mm，约占刚毛圈与前节间沟之半距离，VIII 节雄孔中间位置刚毛圈前有 1 个生殖乳突，个别个体 XVII 节同一位置也有乳突，乳突圆形，中心稍凹，位于刚毛圈和节间沟中间位置。受精囊孔 2 对或 3 对，位 7/8/9 或 6/7/8/9 节间腹侧，占 0.26-0.32 节周，每孔在节间凹陷内 1 小突起上。VIII 和 IX 节腹刚毛圈前具 2 横排生殖乳突，每排 4-11 个，有时 VIII 节腹侧刚毛圈后具 1 对乳突（图 230）。雌孔单，位 XIV 节腹中部。

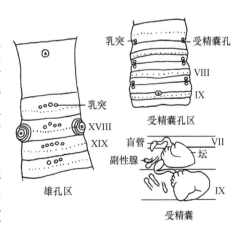

图 230　东埔远盲蚓（Tsai et al.，1999）

内部特征：隔膜 8/9/10 缺，6/7/8 薄，10/11-14/15 略厚。砂囊位 IX 和 X 节，圆形。肠自 XV 节扩大；盲肠自 XXVII 节始，简单，光滑，基部宽，远端细长，前伸达 XXIII 节。心脏位 X-XIII 节。精巢囊 2 对，位 X 和 XI 节腹中部，光滑。储精囊 2 对，位 XI 和 XII 节，表面囊状，各具 1 小背叶。前列腺对大，总状，位 XV-XIX 或 XX 节，或 XVI-XIX 节；前列腺管 "n" 形，近端扩大。卵巢密生对，位 XIII 节腹中部。受精囊 3 对，位 VII-IX 节；坛大，桃形；坛管短粗；盲管具 1 小的桃形纳精囊，柄直，细长。环带前区和环带后区无副性腺，V 和 VI 节肾管群大（图 230）。

体色：保存液中体背紫褐色，具 1 条深紫色纵背线，腹面浅灰色，环带褐色，刚毛圈浅黄白色。

命名：本种根据模式产地命名，本种采集于南投县东埔村旁的山坡上。

模式产地：台湾（南投）。

模式标本保存：台湾特有生物研究保育中心（南投）。

中国分布：台湾（南投、高雄、台东、嘉义、云林）。

生境：生活在海拔 140-2737 m 的山坡、路边斜坡等。

讨论：本种广泛分布在台湾中央山脉西坡。由于本种是一个多变的种，有时不同生物学家可能将其鉴定为不同的种。本种生殖乳突的数目有很大的个体差异。这可能是 James 等（2005）将季风远盲蚓 *A. monsoonus* 视为一种不同于东埔远盲蚓的物种的原因。但在检查了模式标本之后，Tsai 等（2009）认为前者是后者的同物异名。

### 243. 五虎山远盲蚓 *Amynthas wuhumontis* Shen, Chang, Li, Chih & Chen, 2013

*Amynthas wuhumontis* Shen et al., 2013. *Zootaxa*, 3599(5): 475-477.
*Amynthas wuhumontis* Xiao, 2019. *Terrestrial Earthworms (Oligochaeta: Opisthopora) of China*: 244-245.

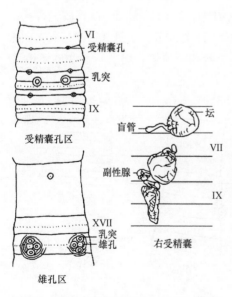

图 231　五虎山远盲蚓（Shen et al., 2013）

外部特征：小到中型。体长 65-134 mm，宽 2.69-4.08 mm。体节数 78-112。口前叶上叶式。背孔自 11/12 或 12/13 节间始。环带位 XIV-XVI 节，无背孔和刚毛。刚毛数：38-45（VII），49-61（XX）；7-12 在雄孔间。雄孔位 XVIII 节腹面，占 0.21-0.29 节周，每孔在 1 乳头状孔突上，孔突周围具 3 个生殖乳突：1 个在前，1 个在后，1 个在中央；乳突圆，中央扁平，直径 0.35-0.6 mm。雄孔突与生殖乳突一起，周围具 3 或 4 菱形皮褶。受精囊孔 3 对，位 6/7/8/9 节间腹面，裂缝状，占 0.19-0.25 节周。VIII 节刚毛前具 3 个或宽对生殖乳突，IX 节无乳突、中央单个或有时与 VIII 节数量和排列相同；乳突圆，中央扁平，直径 0.4-0.6 mm（图 231）。雌孔单，位 XIV 节腹中央。

内部特征：隔膜 8/9/10 缺，5/7 厚，10/11-13/14

肌肉质。砂囊大，位 VIII-X 节。肠自 XV 或 XVI 节扩大；盲肠简单，位 XXVII 节，前伸达 XXIII-XXV 节，末端直或弯。心脏位 XI-XIII 节。精巢囊 2 对，位 X 和 XI 节，腹部连接。储精囊 2 对，大，位 XI 和 XII 节，光滑，每囊具 1 圆背叶。前列腺大，位 XVI-XXI 节，占 4 或 5 节，由沟分成几叶；前列腺管粗，直，中部扩大。副性腺大，无柄，长 0.45-1.05 mm，宽 0.4-0.85 mm，与外界生殖乳突相对应。受精囊 3 对，位 VI、VII 和 VIII 节，或 VI、VIII 和 IX 节；坛圆形或长卵圆形，表面褶皱，长 0.9-2.38 mm，宽 0.75-2.25 mm；坛管短粗，长 0.75-2.25 mm；盲管具长 0.4-0.8 mm 的细长柄和长 0.3-0.62 mm 的长卵圆形纳精囊。副性腺大，无柄，垫状或花状，表面具浅沟，长 0.5-1.3 mm，宽 0.4-0.95 mm，与外界生殖乳突相对应（图 231）。

体色：保存标本褐色至浅灰褐色，环带深至浅褐色。

命名：本种根据模式产地福建省泉州市金门县五虎山命名。

模式产地：福建（泉州）。

模式标本保存：台湾大学生命科学系（台北）。

中国分布：福建（泉州）。

生境：生活在 pH 4.9-6.48 的土壤环境中。

讨论：本种与白色远盲蚓 Amynthas leucocircus 相似，两种都有相似的刚毛数和雄孔区相似的乳突排列。但是，白色远盲蚓体型大，长 140-212 mm，宽 4-7 mm；在 X-XIII 节刚毛后具乳突，4 对心脏位 X-XIII 节，储精囊小，副性腺具柄。本种体型较小，长 65-134 mm，宽 2.69-4.08 mm，乳突在 VIII-IX 节刚毛前，3 对心脏位 XI-XIII 节，储精囊大，副性腺无柄。再者，白色远盲蚓受精囊孔腹面间距（约占 0.33 节周）比五虎山远盲蚓（占 0.19-0.25 节周）宽。

## 244. 亚氏远盲蚓 *Amynthas yamadai* (Hatai, 1930)

*Pheretima yamadai* Hatai, 1930. *Sci. Rep. Tohoku Univ.*, 4: 651-667.

*Pheretima yamadai* Chen, 1933. *Contr. Biol. Lab. Sci. Soc. China (Zool.)*, 9(6): 255-261.

*Pheretima yamadai* Chen, 1936. *Contr. Biol. Lab. Sci. Soc. China (Zool.)*, 11(8): 272.

*Pheretima yamadai* Sims & Easton, 1972. *Biol. J. Linn. Soc.*, 4(3): 237.

*Amynthas yamadai* 徐芹和肖能文, 2011. *中国陆栖蚯蚓*: 199-200.

*Amynthas yamadai* Xiao, 2019. *Terrestrial Earthworms (Oligochaeta: Opisthopora) of China*: 245-246.

外部特征：体长 100-150 mm，宽 5-9 mm。体节数 95-108。口前叶 1/3-1/2 上叶式。背孔自 12/13 节间始。环带占 3 节，无刚毛。刚毛细密均匀，腹中隔不明显，背中隔较宽；环带前刚毛比环带后密，腹面比背面密；刚毛数：34-65（III），48-85（VI），52-82（VIII），54-88（XII），62-88（XXV）；28-34 位雄孔间。雄孔位 XVIII 节腹侧横脊平顶乳突的中央，约占 1/3 节周，横脊呈十字形，位于新月形腔正中壁，在腔的中间有凸起的皮肤垫，通常在刚毛后面有 1 个非常大的乳突，或在刚毛区前后有 2-4 个较小的乳突。受精囊孔 3 对，位 6/7/8/9 节间沟前缘，占 3/7-9/20 腹节周，有 1 个大乳突或几个小乳突，周围有腺体和皱褶的皮肤，有时肿胀形成 1 个宽而深的凹缝；多数情况下，在 VII-IX 节刚毛圈前出现 1 个腺体区，有时有 1 个乳突；少数情况出现受精囊乳突，周围腺体皮

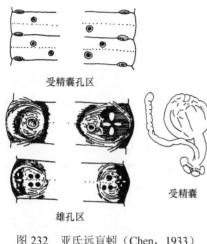

受精囊孔区

雄孔区

受精囊

图 232　亚氏远盲蚓（Chen，1933）

肤无标记。VII 和 VIII 节腹侧受精囊孔侧常有生殖乳突，或每一节的刚毛圈前后各 1 对，很少有在 IX 节刚毛圈前有 1 对，或无，乳突圆形平顶（图 232）。雌孔单，位 XIV 节腹中部。

内部特征：隔膜 8/9 腹面膜状痕迹，9/10 缺失，5/6-7/8 厚，10/11-14/15 略厚，15/16 起薄膜状。砂囊圆球状，大，位 IX 和 X 节。肠自 XV 节扩大；盲肠大，分叶，位 XXVII 节，前伸到 XXIV 或 XXII 节。心脏 4 对，位 X-XIII 节，IX 节血管环对称，XI 节心脏包在第二对精巢囊内。精巢囊中等大小，前对厚 "U" 形，向前拉长，圆形，部分在 X 节，中间连接相当厚；后对部分在前对下，位 XI 节，中部广泛连合。精巢相当小，直径约 0.8 mm，精漏斗大。输精管在第二对储精囊附近汇合。储精囊极为发达，全部位于 XI 和 XII 节，部分突入 XIII 和 X 节，圆形或分成 2-3 个小叶，有一个非常小且通常不明显的背叶，背叶圆球形。前列腺发育良好，位 XVI-XXI 节，小，或位 XVII-XIX 或 XX 节，横向分叶，并再分为小片；前列腺管短而粗，通常 "U" 形弯曲，近侧部分细长，近侧有多个卷曲。副性腺在前列腺管的内侧，非常细，天鹅绒状或绒毛状，接近或部分嵌入体壁，呈圆形或细长的斑块，表面颗粒状。受精囊 3 对，在 VII、VIII、IX 节；坛囊状，圆形，常扁平，有时心形，很少长椭圆形，多数横卵球形，与坛管分界明显，主体长约 3 mm，坛管占 1/3；盲管比主体略长，具 3-4 个弯曲，或有扭转，末端指状膨大，为纳精囊，近体壁处通入。副性腺亦具长柄，腺体部分鳞状，管粗，发育良好，只有一个大的或 2-5 个腺体与一个外乳突相连（图 232）。

体色：保存标本前背紫黑色或紫色，后背深褐色；腹侧苍白色或浅黄色，腹前端灰色。活体前背黑巧克力色或红棕色，后半部栗色；腹侧苍白色，或前部肉质红或带褐色，后部绿色或带灰色；腹部绿色；环带暗肉质红；砂囊区带红色。

模式产地：日本。

模式标本保存：曾存于国立中央大学（南京）动物学标本馆，现在不明。

中国分布：浙江（舟山、宁波、杭州）、安徽（安庆）、江苏（南京、无锡）、江西（南昌）、四川。

讨论：1931 年，Michaelsen 将我国苏州标本描述为 *Amynthas pectiniferus*，Chen 和 Hatai 将我国长江下游、日本中部标本描述为亚氏远盲蚓 *Amynthas yamadai*。从穿山半岛采集的标本有 3 个特征比较恒定：①雄孔内侧有 3-4 个小乳突，②VII-IX 节腹侧的生殖乳突数量多变，③盲肠通常指状。

P. 苏普种组 *supuensis*-group

受精囊孔 1 对，位 8/9 节间。

中国分布：湖北、重庆、四川、广东。

中国 2 种。

## 苏普种组分种检索表

1. 雄孔在被 5-8 个同心脊围绕的小突上,环脊中侧缘附近具 1 小乳突。III-V 节腹中线刚毛圈前具乳突,乳突明显、圆 ·········································· 前定远盲蚓 *Amynthas antefixus*

   雄孔伴有 3 个乳突,具 2 或 3 环褶,XVIII 节刚毛圈前和刚毛圈后各具 3-8 个乳突。受精囊孔有时不明显。IX 节刚毛圈后具 1 行水平排列的乳突,共 5 个乳突 ·············· 廖氏远盲蚓 *Amynthas liaoi*

## 245. 前定远盲蚓 *Amynthas antefixus* (Gates, 1935)

*Pheretima antefixa* Gates, 1935a. *Smithsonian Mis. Coll.*, 93(3): 6-7.

*Pheretima antefixa* Chen, 1936. *Contr. Biol. Lab. Sci. Soc. China (Zool.)*, 11(8): 293-294.

*Pheretima antefixa* Gates, 1939. *Proc. U.S. Nat. Mus.*, 85: 418-420.

*Pheretima antefixa* Chen, 1946. *J. West China Bord. Res. Soc.*, 16(B): 136.

*Amynthas antefixus* Sims & Easton, 1972. *Biol. J. Linn. Soc.*, 4(3): 237.

*Amynthas antefixus* 徐芹和肖能文, 2011. *中国陆栖蚯蚓*: 80.

*Amynthas antefixus* Xiao, 2019. *Terrestrial Earthworms (Oligochaeta: Opisthopora) of China*: 247.

外部特征:体长 80-132 mm,宽 3.2-5.2 mm。体节数 88-112。口前叶 1/3 上叶式。背孔自 12/13 节间始。环带位 XIV-XVI 节,明显,腹面具刚毛。刚毛明显,III-X(特别是 V-VIII)节粗壮且间隔更宽;背、腹略间断;$aa=1.2ab$, $zz=$(1.5-3.0)$yz$;刚毛数:15-20(III),19-23(VI),20-24(VIII),27-35(XII),32-40(XXV);10-12(VIII)在受精囊孔间,8-12 在雄孔间。雄孔位 XVIII 节腹侧边缘,孔在被 5-8 个同心脊围绕的小突上,两侧刚毛线间断,环脊中侧缘附近具 1 小乳突(图 233)。受精囊孔 1 对,位 8/9 节间,外表上更靠近腹中线,或紧靠 VIII 节后缘,孔在节间 1 圆形瘤状突上,孔附近皮肤隆起,具纵褶。III-V 节腹中线刚毛圈前具乳突,乳突明显、圆、中等大小。

内部特征:隔膜 8/9/10 缺,5/6-7/8 厚,但不很厚。砂囊与夏威夷远盲蚓 *Amynthas hawayanus* 相同,圆,表面平滑发亮。肠自 XV 节扩大;盲肠简单,位 XXVII-XXV 节,腹面具浅锯状脊。肾管束厚,位 5/6/7 隔膜前面。淋巴腺对沿背管延伸至 XV 节之后。首对 X 节心脏缺。精巢囊 X 和 XI 节,不成对,中腹部相通。储精囊很大,前背侧具背叶,与夏威夷远盲蚓同。前列腺大,位 XVII-XXV 节,叶粗,其管内 2/3 比外粗 2 倍,长度相当。副性腺与 1 柄状乳突相连。受精囊坛长,囊状,长约 4 mm,宽 1.5 mm,与短管明显不同;盲管若存在,与坛体约等长,内端扩张,或内端双重曲折(图 233)。

体色:身体灰白色,环带淡褐色。

命名:"*ante-*"和"*fixus*"是一个复合词,"*ante-*"的意思是前,"*fixus*"的意思是不可移动,依据受精囊孔的特征而命名。

模式产地:四川(宜宾)。

模式标本保存:美国国立博物馆(华盛顿)。

中国分布:湖北(利川、潜江)、重庆(北碚、涪陵、沙坪坝)、四川(成都、宜宾)。

生境:生活在海拔 310-450 m 的潮湿土壤中,

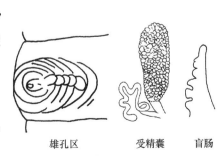

雄孔区　　　　受精囊　　盲肠

图 233　前定远盲蚓(Chen, 1936)

在肥沃的菜地里也有分布。栖居土层 10-20 cm。

讨论：本种与远盲蚓属双受精囊孔其他种的区别在于：本种受精囊孔所在的 8/9 节间具不成对的、位刚毛圈前中部的生殖标记。

### 246. 廖氏远盲蚓 *Amynthas liaoi* Zhang, Li, Fu & Qiu, 2006

*Amynthas liaoi* Zhang et al., 2006a. *Annales Zoologici*, 56(2): 251-252.
*Amynthas liaoi* Xiao, 2019. *Terrestrial Earthworms (Oligochaeta: Opisthopora) of China*: 247-248.

外部特征：体长约 55 mm，宽 1.1-2.0 mm。体节数 105-131，XI-XIII 节具体环。口前叶上叶式。背孔自 11/12 节间始。环带位 XIV-XVI 节，环状，节间沟与背孔存在或消失，刚毛不明显。刚毛自 II 节始，环绕在体节中央；$aa=2.2ab$，$zz=1.1zy$；刚毛数：39-45（III），48（V），48-51（VIII），39-45（XX），42（XXV）；12（VIII）和 14（IX）在受精囊孔间，8 在雄孔间。雄孔位 XVIII 节腹面，约占 0.5 节周，每孔在一略椭圆形孔突上，伴有 3 个乳突，具 2 或 3 环褶。XVIII 节具 2 行水平排列的乳突，刚毛圈前和刚毛圈后各具 3-8 个乳突（图 234）。受精囊孔 1 对，位 8/9 节间腹面，有时不明显。IX 节刚毛圈后具 1 行水平排列的乳突，共 5 个乳突。雌孔单，位 XIV 节腹中部。

内部特征：隔膜 8/9 缺失，6/7/8、10/11/12/13 颇厚。砂囊位 VIII-X 节，短南瓜形，中等大，具顶叶。肠自 XVI 节扩大；盲肠简单，位 XXVII 节，前伸至 XXVI 节。心脏中等大，位 X-XIII 节。精巢囊 2 对，位 X 和 XI 节，大，相互分离。储精囊 2 对，位 XI 和 XII 节，小，具大背叶。前列腺对位 XVIII 节，中等大，指状，前伸至 XVI 节，后伸至 XX 节；前列腺管细长，"C" 形。此区无副性腺。受精囊 1 对，位 IX 节；坛球形，白色，长约 0.45 mm，宽 0.43 mm，具一长 0.15 mm 的细短柄；盲管较主体略短，蜿蜒曲折，在根部通入主管（图 234）。此区无副性腺。

体色：背面灰色，腹面苍白色，环带褐色。

命名：本种依据廖崇辉教授姓氏命名，以纪念他在土壤动物生物学和生态学领域工作 20 年和在中国蚯蚓研究方面的贡献。

模式产地：广东（肇庆）。

模式标本保存：上海交通大学农业与生物学院环境生物学实验室。

中国分布：广东（肇庆）。

生境：生活在岸边林地 0-10 cm 表层土壤中。

讨论：本种与前定远盲蚓 *Amynthas antefixus* 相似。本种的主要特征是 XVIII 节刚毛圈前后各具 1 行乳突，由 3-8 个乳突组成；IX 节刚毛圈后具 1 行乳突，由 5 个乳突组成，并且第一背孔位置、受精囊坛形状与前定远盲蚓不同。

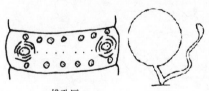

雄孔区　　受精囊

图 234　廖氏远盲蚓
（Zhang et al.，2006a）

### Q. 丝婉种组 *swanus*-group

受精囊孔 2 对，位 4/5/6 节间，或 2 对又 1 个，位 4/5/6/7 节间。

中国分布：台湾。

中国 1 种。

### 247. 丝婉远盲蚓 *Amynthas swanus* (Tsai, 1964)

*Pheretima swanus* Tsai, 1964. *Quar. Jour. Taiwan Mus.*, 17(1&2): 13-17.

*Amynthas swanus* Sims & Easton, 1972. *Biol. J. Linn. Soc.*, 4(3): 236.

*Amynthas swanus* 钟远辉和邱江平, 1992. *贵州科学*, 10(4): 40.

*Amynthas swanus* 徐芹和肖能文, 2011. *中国陆栖蚯蚓*: 182-183.

*Amynthas swanus* Xiao, 2019. *Terrestrial Earthworms (Oligochaeta: Opisthopora) of China*: 248-249.

外部特征：体中等大，体长 141-182 mm，宽 5-5.5 mm（环带）。体节数 154-175。背孔自 12/13 节间始。环带光滑，无刚毛，无背孔。自 VII 节始具体环，每节 3 体环；体中部每节具 5 次生体环；体末端 8-13 个体节突然变窄，长约为前部的 1/3 节长。体前端腹刚毛粗且疏，XVI-XXVII 节略多；刚毛数：63（II），98（V），103-104（VIII），76-82（XX）；16-18 在雄孔间。雄孔位 XVIII 节腹侧刚毛圈上，孔在 1 被侧皮褶覆盖的扁平腔内，内具 1 乳突，乳突前后被斜宽脊包绕，脊侧端与侧褶缘相接，乳突中央表面由横皱褶脊将中央端隔开，斜脊与侧褶四周包绕着卵圆形低脊与浅沟（图 235）。受精囊孔 2 对或 2 对半，位 4/5/6 或 4/5/6/7 节间，不显，孔在侧面节间沟内。

内部特征：隔膜 8/9/10 缺失，5/6-7/8 颇厚，具肌肉，10/11-12/13 略厚。砂囊中等大，圆形，位 X 节。肠自 XVI 节扩大；盲肠小，位 XXVII 节，前伸至 XXV 或 XXVI 节，背腹缘均光滑，但表面具皱褶，淡黄色。末对心脏位 XIII 节。储精囊 2 对，位 XI 和 XII 节，前对小，紧靠隔膜 10/11 后面，包裹在后对精巢囊内；后对大，除背腹侧外，充满 XII 节，每囊表面被浅沟分成小块，具大圆形或卵圆形背叶，表面粗糙。精巢囊颇大，2 对，位 X 和 XI 节，前对每囊管状，腹端与中部略扩大，紧靠隔膜 10/11 前，腹面宽连接，背面窄连接；后对大，占满 XI 节，仅腹面宽连接，背面窄连接。输精管 2 对，自每个精巢囊通出，至 XII 节相通。具假储精囊 2 对，小而长，紧靠隔膜 12/13 和 13/14 后，前对略大。前列腺小，仅占 XVII-XIX 节，具 2 叶，完全分开，近端连于前列腺支管，前列腺支管窄短，叶缘由深沟隔成若干个不全叶，表面光滑；前列腺管 "C" 形，两端窄；无副性腺。受精囊位于食管下，数量多变，2 对或 2 对半，位 V、VI 和 V-VII 节，VII 节仅一侧具 1 退化的受精囊；坛梨形，较长，坛管细长且直；盲管小，末端 1/2 "之" 字形弯曲，盲管总长较主体短；纳精囊心形；无副性腺（图 235）。

体色：在福尔马林溶液中白色，环带淡灰褐色。

命名："*swanus*" 的意思为 "天鹅"，根据该物种天鹅般白色的体色特征命名。

模式产地：台湾大学主校区。

中国分布：台湾（台北）。

讨论：本种是迄今为止在台湾平原地区记录的少数特有种之一，可能仅在平原地区有记录。城市化使它稀有并濒危。已从模式产地台湾大学主校区灭绝，在过去的 10 年里只有少数记录。

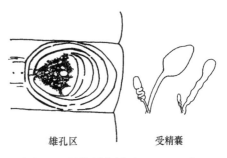

雄孔区　　　受精囊

图 235　丝婉远盲蚓（Tsai, 1964）

R. 东京种组 *tokioensis*-group

受精囊孔 2 对，位 6/7/8 节间。

中国分布：重庆、四川、云南、贵州、台湾。

中国有 6 种。

## 东京种组分种检索表

1. 受精囊孔位于背面·····················································································2
   受精囊孔位于腹面·····················································································3
2. 雄孔在矩形腺斑上，被几个同心的环脊包围，环脊间有微小的乳突；VII 节刚毛圈前小乳突········
   ···················································································活跃远盲蚓 *Amynthas vividus*
   雄孔在 1 大卵圆形乳突中部，突周具半月形皮褶。受精囊孔周围无生殖标记，或 VIII 节腹面
   偶有乳突·····················································································嗜酸远盲蚓 *Amynthas acidophilus*
3. 雄孔位 XVIII 节腹面，其前后常各具 1 乳突。VI-VIII 节刚毛圈前各具 1 对圆形乳突········
   ···················································································光亮远盲蚓 *Amynthas candidus*
   环带前受精囊孔区无乳突·····················································································4
4. 雄孔在 1 较大的圆形突起顶部，突起较高，顶平，孔位于中央，突起周围略有环褶，孔周围无其
   他乳突·····················································································钟氏远盲蚓 *Amynthas zhongi*
   乳突位于 XVII-XX 节之间·····················································································5
5. 雄孔在 1 隆起的圆锥形乳突上；生殖乳突多，瘤突状，限于 XVII-XX 节，右侧 10 个，左侧 8 个
   ···················································································腋芽远盲蚓 *Amynthas axillis*
   雄孔区在 1 长方形腺垫上，腺垫位 1/3XVII-1/3XIX 节，表面平整不隆起，无刚毛，雄孔在腺垫外
   侧 1 小锥形突上，两雄孔间、刚毛圈前后各具 2 个大平顶乳突
   ···················································································方垫远盲蚓 *Amynthas quadrapulvinatus*

### 248. 嗜酸远盲蚓 *Amynthas acidophilus* (Chen, 1946)

*Pheretima acidophila* Chen, 1946. *J. West China Bord. Res. Soc.*, 16(B): 111-112.

*Amynthas acidophilus* Sims & Easton, 1972. *Biol. J. Linn. Soc.*, 4(3): 237.

*Amynthas acidophilus* 徐芹和肖能文, 2011. *中国陆栖蚯蚓*: 78-79.

*Amynthas acidophilus* Xiao, 2019. *Terrestrial Earthworms (Oligochaeta: Opisthopora) of China*: 249-250.

外部特征：体中等大小，体长 60 mm，宽 1.8-3.0 mm。体节数 100-118。口前叶 1/2 上叶式，宽与 II 节等长，环带后体节略短（环带前的 3 节长度等于环带后 4 或 5 节）。背孔自 11/12 或 12/13 节间始。环带位 XIV-XVI 节，不显，无刚毛，无节间沟。刚毛细小，均有分布，腹面略密，$aa=1.1ab$，$zz=$ （1.1-1.5）$zy$；刚毛数：16-26 （III），27-33 （VI），29-36 （IX），34 （XXV）；17-24 （VI）、19-24 （VII）、16-26 （VIII） 在受精囊孔间，6 在雄孔间。雄孔位 XVIII 节腹面，约占 1/3 节周，孔在 1 大卵圆形乳突中部，突周具半月形皮褶（图 236）。受精囊孔 2 对，位 6/7/8 节间，约占 6/11 节周，孔周围无生殖标记，或 VIII 节腹面偶有乳突。

内部特征：隔膜 8/9/10 缺，其余薄且膜状，10/11-12/13 薄，由于储精囊压力，13/14 和 14/15 明显变厚但不具肌肉质。肾管在隔膜 5/6 前面丛生，6/7 厚。砂囊位 IX 和 X 节，圆形，光滑但表面不亮，前端平头状肿胀。肠自 XVII 节扩大；盲肠简单，短，前伸达

XXIV 节。IX 节心脏小，X 节心脏缺。精巢囊中等大，在 X 节窄连接且交通，XI 节宽连接且交通。储精囊颇发达，背叶分成许多小叶，占 1/2X-XIV 节。前列腺位 XVII-XIX 节，发达；前列腺管"S"形弯曲，中部粗，长约 0.5 mm，厚，外端卷曲。副性腺小而无柄。受精囊坛大，心形；坛管中等长；盲管长约为主体之半；纳精囊卵圆形（图 236）。此区无副性腺。

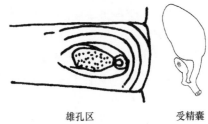

雄孔区　　　　受精囊

图 236　嗜酸远盲蚓（Chen，1946）

体色：体中部和后部浅灰红色，前背面浅红紫色，前腹面（约 10 体节）浅紫红色，其余腹面苍白色，环带深紫红色。

命名：因生活在偏酸性的生境而命名。

模式产地：重庆（南川）。

模式标本保存：曾存于中研院动物研究所（重庆），疑遗失。

中国分布：重庆（沙坪坝、南川）、四川（宜宾、峨眉山）。

生境：通常生活在活树和死树上的苔藓下面，有时生活在枯树上。通常在树皮的缝隙间挖洞。剥去苔藓后，仍在树皮之间爬行，并且很容易受到干扰，敏捷而且非常活跃。未在附近的土壤中发现。

### 249. 腋芽远盲蚓 *Amynthas axillis* (Chen, 1946)

*Pheretima axillis* Chen, 1946. *J. West China Bord. Res. Soc.*, 16(B): 122-123.

*Amynthas axillis* Sims & Easton, 1972. *Biol. J. Linn. Soc.*, 4(3): 237.

*Amynthas axillis* 徐芹和肖能文，2011. *中国陆栖蚯蚓*: 82-83.

*Amynthas axillis* Xiao, 2019. *Terrestrial Earthworms (Oligochaeta: Opisthopora) of China*: 250-251.

外部特征：体长 45 mm，宽 2.8 mm。体节数 80。口前叶 1/3 上叶式。背孔自 11/12 节间始。VII-VIII 节每节具 3 体环。环带位 XIV-XVI 节，完整，光滑。刚毛细，$aa=1.2ab$，$zz=（1.2-1.5）yz$；刚毛数：34（III），36（VI），40（IX），40（XXV）；20（VII）在受精囊孔间，12 在雄孔间。雄孔位 XVIII 节腹面，约占 1/3 节周，每孔在 1 隆起的圆锥形乳突上；生殖乳突多，瘤突状，限于 XVII-XX 节，右侧 10 个，左侧 8 个（图 237）。受精囊孔 2 对，位 6/7/8 节间腹面，不显，约占 1/3 节周，此区无生殖乳突。

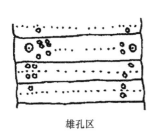

雄孔区　　　　受精囊

图 237　腋芽远盲蚓（Chen，1946）

内部特征：隔膜 8/9/10 缺失，余者均薄。砂囊圆，洋葱状，位 IX 和 X 节。肠自 XV 节始扩大；盲肠简单，前伸至 XXIII 节。储精囊位 XI 和 XII 节，部分在 XIII 节，分成若干叶。精巢囊位 X 与 XI 节。前列腺完全缺失，前列腺管可见。副性腺极小，具球形腺部与长管，每个与体外乳突相连。受精囊 2 对，位 VII、VIII 节，极小；坛枣形，具 1 长管；盲管只在外端 1/3 处见 1 芽状构造（图 237）。

体色：前背面淡红色，背面淡灰红色，背中线淡红色，腹面灰白色，环带棕黄褐色。

命名："*axillis*"在拉丁语中意思为腋，指受精囊盲管的结构，本种依据受精囊盲管只在外端 1/3 处见 1 芽状构造特征而命名。

模式产地：重庆（南川大河坝）。

模式标本保存：曾存于中研院动物研究所（重庆），疑遗失。

中国分布：重庆（南川）、四川（乐山）。

生境：路边。

讨论：本种受精囊和盲管特征与环串远盲蚓 *Amynthas moniliatus* 不同，仅 2 对受精囊孔，描述为一个独立的种。

## 250. 光亮远盲蚓 *Amynthas candidus* (Goto & Hatai, 1898)

*Perichaeta candida* Goto & Hatai, 1898. *Annot. Zool. Jap.*, 1(2): 77-78.

*Pheretima candida* Gates, 1959. *Amer. Mus. Novitates*, 1941: 18.

*Amynthas candidus* Sims & Easton, 1972. *Biol. J. Linn. Soc.*, 4(3): 237.

*Amynthas candidus* 钟远辉和邱江平, 1992. *贵州科学*, 10(4): 40.

*Amynthas candidus* 徐芹和肖能文, 2011. *中国陆栖蚯蚓*: 89.

*Amynthas candidus* Xiao, 2019. *Terrestrial Earthworms (Oligochaeta: Opisthopora) of China*: 251.

外部特征：体长 150 mm，宽 6 mm。体节数 95。背孔自 13/14 节间始。环带位 XIV-XVI 节，无刚毛。刚毛稀疏；刚毛数：20（II），32（III），34（IV），44（VII），46（VIII），44（XVIII）；12 在雄孔间。雄孔位 XVIII 节腹面，横裂缝状，其前后常各具 1 乳突。受精囊孔 2 对，位 6/7/8 节间腹面，VI-VIII 节刚毛圈前各具 1 对圆形乳突（图 238）。雌孔单，位 XIV 节腹中央。

内部特征：隔膜 9/10 缺失，6/7/8/9 和 10/11-13/14 厚。砂囊位 IX-X 节。肠自 XV 节扩大；盲肠简单，位 XXVII 节，前伸达 2 体节。末对心脏位 XIII 节。精巢囊位 X 和 XI 节，末对输精管 "S" 形。储精囊位 XI 和 XII 节。前列腺大，裂叶状，位 XVII-XXII 节。受精囊 2 对，位 VII、VIII 节；盲管较主体长约 3 倍。

体色：背面深褐色，腹面浅灰色，两种颜色在侧面相接，具金属光泽，刚毛圈略淡白色。

命名："*candidus*"在拉丁语中意思为"闪亮的白色"，根据体色特征而命名。

模式产地：台湾（台北）。

中国分布：台湾（台北）。

讨论：仅有的一个缺失的模式标本是目前已知的本种的唯一记录。

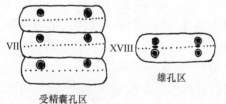

图 238　光亮远盲蚓（Goto & Hatai, 1898）

## 251. 方垫远盲蚓 *Amynthas quadrapulvinatus* Wu & Sun, 1997

*Amynthas quadrapulvinatus* 吴纪华和孙希达, 1997. *四川动物*, 16(1): 3-5.

*Amynthas quadrapulvinatus* 徐芹和肖能文, 2011. *中国陆栖蚯蚓*: 172-173.

*Amynthas quadrapulvinatus* Xiao, 2019. *Terrestrial Earthworms (Oligochaeta: Opisthopora) of China*: 251-252.

外部特征：体长 49-77 mm，宽 2.7-4.1 mm。体节数 102-106。背孔自 10/11 节间始。环带位 XIV-XVI 节，无刚毛，具背孔。刚毛粗而疏，自 II 节始，排列均匀；$aa$=（1.1-1.2）$ab$，$zz$=（1.4-2.0）$zy$。刚毛数：28-36（III），50-58（VI），58-68（VIII），34-36（XVIII），68-72（XXV）；12-14（VII）在受精囊孔间，0（XVIII）在雄孔间。雄孔区位 XVIII 节腹面 1 长方形腺垫上，腺垫表面平整不隆起，无刚毛，前伸达 1/3XVII 节，后伸达 1/3XIX 节；雄孔 1 对，在腺垫外侧 1 小锥形突上，该突周围无环脊，两雄孔间、刚毛圈前后各具 2 个大平顶乳突；约占 1/6 节周（图 239）。受精囊孔 2 对，位 6/7/8 节间沟内，呈针眼状，约占 1/5 节周。

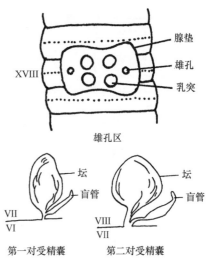

图 239 方垫远盲蚓
（吴纪华和孙希达，1997）

内部特征：隔膜 8/9/10 缺，5/6-7/8 和 10/11-12/13 等厚。砂囊位 VIII-X 节，长球形，表面光滑。肠自 XV 节扩大；盲肠简单，自 XXVII 节始，前伸达 XXIII 节，远端钝圆，背腹缘均光滑无缺刻。心脏 4 对，末对位 XIII 节。精巢囊 2 对，位 X 和 XI 节，左右分离。储精囊位 XI-XII 节，发达，分叶，前后两对等大。前列腺叶状，位 XVII-1/2XXI 节；前列腺管长 1.3 mm，弯曲成"C"形，中部膨大。受精囊 2 对，位 6/7/8 隔膜后，前 1 对坛长 1.5 mm，宽 0.8 mm，长卵圆形，坛管短；盲管直，较主体短，纳精囊长 0.9 mm，远端略弯曲。后 1 对主体长 1.9 mm，坛较前 1 对略大，长 1.4 mm，宽 1.3 mm，近扁球形，坛管较第 1 对略长；盲管比主体略短，长 1.6 mm，内端 1.1 mm 膨大为纳精囊，于紧靠体壁处通入（图 239）。

体色：在福尔马林溶液中淡黄色，环带暗灰色。

命名：本种依据雄孔在腹面 1 长方形腺垫上而命名。

模式产地：云南（西双版纳）。

模式标本保存：杭州师范学院。

中国分布：云南（西双版纳）。

讨论：本种雄孔区具 1 块完整的腺垫，此特征与双沟远盲蚓 *Amynthas bisemicircularis* 相似。本种受精囊 2 对、腺垫形状长方形、不具环形小沟等与双沟远盲蚓有明显不同。

## 152. 活跃远盲蚓 *Amynthas vividus* (Chen, 1946) (参见 187 页)

## 252. 钟氏远盲蚓 *Amynthas zhongi* (Qiu, Wang & Wang, 1991)

*Pheretima zhongi* 邱江平等，1991b. *贵州科学*, 9(4): 301-304.

*Amynthas zhongi* 徐芹和肖能文，2011. *中国陆栖蚯蚓*: 201-202.

*Amynthas zhongi* Xiao, 2019. *Terrestrial Earthworms (Oligochaeta: Opisthopora) of China*: 252.

外部特征：体细小，体长 37-41 mm，宽 0.8-1.2 mm。体节数 90-114。口前叶上叶

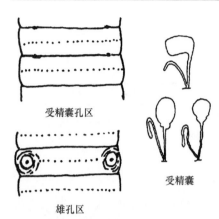

受精囊孔区

雄孔区

受精囊

图 240 钟氏远盲蚓（邱江平等，1991b）

式。背孔自 11/12 节间始。环带位 XIV-XVI 节，指环状，无刚毛。刚毛细小，排列均匀；$aa=1.5ab$，$zz=1.2yz$；刚毛数：24-34（III），31-42（V），35-52（VIII），32-38（XX），34-40（XXV）；12-15（VII）在受精囊孔间，6-7 在雄孔间。雄孔位 XVIII 节腹面，约占 1/3 节周；孔在 1 较大的圆形突起顶部，突起较高，顶平，孔位于中央，突起周围略有环褶，孔周围无其他乳突。受精囊孔 2 对，位 6/7/8 节间腹面，约占 2/5 节周，孔在 1 小横突上，其前后无明显腺肿；此区附近无其他乳突（图 240）。

内部特征：隔膜 8/9/10 缺失，5/6-7/8 较厚，余者均薄。砂囊长圆形，发达，位 IX-X 节。肠自 XVI 节扩大；盲肠简单，位 XXVII-XXIV 节，背腹侧均光滑。心脏 4 对，位 X-XIII 节，均较发达。精巢囊 2 对，位 X 和 XI 节，卵圆形，较小，两侧分离。储精囊亦不发达，位 XI 和 XII 节，背叶小，圆形。前列腺发达，位 XVI-XX 节，块状分叶；前列腺管细长，"S" 形扭曲。受精囊 2 对，位 VI、VII 节，在 6/7/8 隔膜之前；坛长圆形，较小，长约 0.8 mm；坛管粗长，与坛分界不明显；盲管较主体略短，弯曲，末端膨大不明显，从外侧通入坛管基部（图 240）。

体色：在福尔马林溶液中浅褐色，背腹较一致，环带红褐色。

命名：为感谢著名生物学教授钟远辉先生对蚯蚓分类学的贡献，特用钟先生姓氏命名。

模式产地：贵州（黎平、锦屏）。

模式标本保存：贵州省生物研究所。

中国分布：贵州（黎平、锦屏）。

生境：生活在海拔 360-640 m 城郊江边。

讨论：本种受精囊 2 对，位 6/7/8 隔膜前，受精囊及盲管形状与活跃远盲蚓 Amynthas vividus 相似。但本种个体较小，受精囊孔位于腹面，雄孔在 1 较大的圆形平顶突起中央，无 8/9 隔膜，精巢囊及储精囊均较小，不发达，受精囊位于 6/7/8 隔膜前方 VI 和 VII 节内，盲管较主体短，不绕曲等，这些特征与活跃远盲蚓明显有区别。

S. 杨氏种组 youngi-group

受精囊孔 2 对，1 对位 VI 节，1 对位 6/7 节间。

中国分布：云南。

中国有 1 种。

### 253. 杨氏远盲蚓 *Amynthas youngi* (Gates, 1932)

*Pheretima youngi* Gates, 1932. *Rec. Ind. Mus.*, 34(4): 406-408.

*Pheretima youngi* Gates, 1972. *Trans. Amer. Philos. Soc.*, 62(7): 224.

*Pheretima youngi* Sims & Easton, 1972. *Biol. J. Linn. Soc.*, 4(3): 237.

*Pheretima youngi* 钟远辉和邱江平，1992. *贵州科学*, 10(4): 40.

*Amynthas youngi* 徐芹和肖能文，2011. *中国陆栖蚯蚓*: 200-201.

*Amynthas youngi* Xiao, 2019. *Terrestrial Earthworms (Oligochaeta: Opisthopora) of China*: 253.

外部特征：体长 68-90 mm，宽 4 mm。体节数 71-97。背孔自 10/11 或 13/14 节间始。环带位 XIV-XVI 节，无明显节间沟和刚毛，具背孔状标记。刚毛自 II 节始，背间隔变化大；刚毛数：13-18（XVII），40-48（XX），8-10（XIX）；5-9（VI）在受精囊孔间，4-7（XVIII）在雄孔间。雄孔 1 对，位 XVIII 节腹面，孔小，纵裂缝状，孔在大乳突中

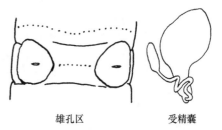

雄孔区　　　　　受精囊

图 241　杨氏远盲蚓（Gates，1932）

央或侧缘附近，乳突前后伸长，具钝圆端和同样的侧缘，并具"V"形凹陷或中央凹刻，孔在 XVIII 节刚毛圈上，乳突前后伸达 17/18 和 18/19 节间，乳突凹入体壁，凹陷周围具 1 略突出并闪光的淡白色边缘；乳突表面不平坦，略隆起，界线不明显，圆锥状，雄孔即在此乳突之上；乳突间距为 6-8 根刚毛。受精囊孔 2 对，极小，横裂缝状，位背面，1 对位 VI 节刚毛圈上，另 1 对位 6/7 节间；前对孔约距后对孔侧 2 根刚毛的距离，孔在极小的圆锥状隆起上，明显（图 241）。雌孔单，位 XIV 节。

内部特征：隔膜 4/5 后全部存在，无特别厚者。肠自 XV 节扩大，直至 XXI 节并不比食道宽；盲肠简单，位 XXVII-XXV 或 XXIV 节。V 和 VI 节具肾管团，末对心脏位 XIII 节。精巢囊不成对。储精囊大，位 XI 和 XII 节；包裹背血管；前囊前推隔膜 10/11 至与 9/10 接触，后囊推隔膜 12/13 与 13/14 接触。前列腺位 XVII-XX 节，稍微移向 16/17 和 20/21 节间；前列腺管弯曲成"U"形环，环的封闭端紧靠神经索。受精囊坛管较坛短，盲管较主体长；盲管内端部分盘绕，紧贴在受精囊的前面呈规则或不规则"之"字形，盲管远端膨大，为纳精囊。在生殖标记的背侧体壁上有一团坚硬的白色组织，不伸入体腔（图 241）。

体色：背部前端淡红褐色，后部略淡黄褐色，环带浅灰色或浅褐色。

模式产地：缅甸。

命名：依据采集标本的杨先生的姓氏命名。

中国分布：云南。

讨论：本种类似于缅甸德林达依的 *Amynthas sulcatus* (Gates, 1932)。本种和 *Amynthas sulcatus* 是远盲蚓属唯一具有背侧受精囊孔的缅甸种。

T. 斑纹种组 *zebrus*-group

受精囊孔 1 对，位 7/8 节间。

中国分布：湖北、重庆、贵州。

中国有 5 种。

### 斑纹种组分种检索表

3. XIX 节腹面中央刚毛圈前具 1 对较大的长圆形平顶乳突，有时缺 1 雄孔；VIII 节腹面中央刚毛圈前具 1 对或 1 个较大的圆形平顶乳突，有时缺如；有时 X 节腹中央刚毛圈前具 1 个较大的圆形平顶乳突································································ 簇腺远盲蚓 *Amynthas fasciculus*

雄孔在 1 大平顶乳突上，周围环绕几环脊。偶见 VII 和 VIII 节正对受精囊孔具 2 个大乳突········································································· 指掌远盲蚓 *Amynthas palmosus*

4. 雄孔内侧具 1-3 个稍大的圆形乳突，在 XVII 和 XVIII 节腹面中央或两侧刚毛圈前方有 1-3 个较大的圆形乳突，IX-XII 或 X-XI 节腹面刚毛圈前各具 1 对大圆形平顶乳突 ································································· 雅致远盲蚓 *Amynthas eleganus*

XVIII 节腹中央刚毛圈前具 1 对圆形乳突，XIX 节和 XX 节腹中央刚毛圈前具 1 个或 1 对同样的乳突，IX-XIII 节腹刚毛圈后各具 1 对乳突，X 节刚毛圈前具 1 对同样的乳突································································· 星斗远盲蚓 *Amynthas xingdoumontis*

## 254. 雅致远盲蚓 *Amynthas eleganus* Qiu, Wang & Wang, 1991

*Amynthas eleganus* 邱江平等, 1991a. *贵州科学*, 9(3): 220-221.
*Amynthas eleganus* 邱江平和王鸿, 1992. *动物分类学报*, 17(3): 262-264.
*Amynthas eleganus* 徐芹和肖能文, 2011. *中国陆栖蚯蚓*: 109-110.
*Amynthas eleganus* Xiao, 2019. *Terrestrial Earthworms (Oligochaeta: Opisthopora) of China*: 254.

外部特征：体长 75-123 mm，宽 3.5-4 mm。体节数 81-107。背孔自 11/12 节间始。环带位 XIV-XVI 节，指环状，腹面可见部分刚毛。刚毛细小，分布均匀，$aa=1.2ab, zz=1.5yz$；刚毛数：22-34（III），33-42（V），32-46（VIII），42-48（XX），42-50（XXV）；16-19（VIII）在受精囊孔间，7-8 在雄孔间。雄孔 1 对，位 XVIII 节腹侧大的圆形乳突上，该突起为此区隆肿形成，周围具少许环褶；孔在突起顶端外缘的 1 小圆形乳突上，其内侧具 1-3 个稍大的圆形乳突，约占 1/3 节周；在 XVII 和 XVIII 节腹面中央或两侧刚毛圈前方有 1-3 个较大的圆形乳突。受精囊孔 1 对，位 7/8 节间 1 小梭形结节上，前后略有腺肿，呈眼状；约占 4/9 节周。IX-XII 或 X-XI 节腹面刚毛圈前各具 1 对大圆形平顶乳突，间距约占 1/3 节周（图 242）。

内部特征：隔膜 8/9/10 缺失，余者均较薄。砂囊桶状，较发达。肠自 XV 节扩大；盲肠毡帽状，腹侧具 5-9 个较长的指状突起，位 XXVII-XXII 节。心脏 2 对，位 X-XIII 节。精巢囊 2 对，位 X 和 XI 节，向后突至 XIII 节，两侧在背面相遇，背叶小，长圆形。前列腺较发达，位 XVII-XX 节，块状分叶；前列腺管短小，"S" 形弯曲；副性腺簇状，具细小导管。受精囊 1 对，位 VIII 节；坛心形，其表面多环褶，壁薄，（2.0-2.5）mm×2.5 mm；坛管粗短，与坛分界明显；盲管较主体长，末端 1/2 扭曲膨大；副性腺簇状，具细小导管（图 242）。

体色：在福尔马林溶液中背部深褐色，腹

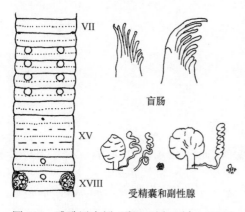

VII

盲肠

XV

XVIII

受精囊和副性腺

图 242　雅致远盲蚓（邱江平和王鸿，1992）

部灰白色，环带红褐色。

模式产地：贵州（铜仁）。

模式标本保存：贵州省生物研究所动物标本室。

中国分布：湖北、贵州（利川、铜仁）。

生境：生活在海拔 1670-2200 m 阔叶林或岩石上的苔藓中，或具有少许土壤的枯枝落叶层。

讨论：本种在仅 1 对受精囊孔，位 7/8 节间，雄孔处不形成交配腔等特征上与指掌远盲蚓 *Amynthas palmosus* 相似。但本种的雄孔位 XVIII 节腹侧大的圆形隆起上的 1 小圆形乳突上，其内侧具 1-3 个乳突；盲肠复式，但不是掌状，腹侧具 5-9 个较长的指状突起；受精囊盲管较主体长，末端呈腊肠状或"Z"形扭曲膨大；副性腺发达，呈簇状，具细小导管等特征与指掌远盲蚓明显有异。

## 255. 簇腺远盲蚓 *Amynthas fasciculus* Qiu, Wang & Wang, 1993

*Amynthas fasciculus* 邱江平等, 1993a. *动物分类学报*, 18(4): 406-407.

*Amynthas fasciculus* 徐芹和肖能文, 2011. *中国陆栖蚯蚓*: 112-113.

*Amynthas fasciculus* Xiao, 2019. *Terrestrial Earthworms (Oligochaeta: Opisthopora) of China*: 254-255.

外部特征：体长 134-152 mm，宽 3.5-5.0 mm。体节数 120-132。口前叶 1/2 上叶式。背孔自 12/13 间始。环带位 XIV-XVI 节，指环状，XVI 节腹面可见 3-8 根刚毛。刚毛细小，排列均匀；$aa=1.2ab$，$zz=1.5yz$；刚毛数：30-34（III），36-38（V），38-42（VIII），43-51（XX），52-56（XXV）；13-14（VII）、15-16（VIII）在受精囊孔间，11-14 在雄孔间。雄孔位 XVIII 节腹侧 1 较大的长圆形乳突中央或 1 小圆形突起上，约占 1/3 节周；XIX 节腹面中央刚毛圈前具 1 对较大的长圆形平顶乳突；有时缺 1 雄孔，或左或右。受精囊孔 1 对，位 7/8 节间腹侧，孔在 1 圆形突起上，前后皮肤明显腺肿，约占 2/5 节周。VIII 节腹面中央刚毛圈前具 1 对或 1 个较大的圆形平顶乳突，有时缺如；有时 X 节腹中央刚毛圈前具 1 个较大的圆形平顶乳突（图 243）。

内部特征：隔膜 8/9/10 缺失，5/6-7/8、10/11-12/13 较厚，余者薄。砂囊发达，桶状，位 IX-X 节。肠自 XV 节扩大；盲肠简单，腹侧具齿刻（图 243）。末对心脏位 XIII 节。精巢囊 2 对，位 X 和 XI 节，圆球形，较小，两侧分离或以膜状结缔组织相连，但不相通。储精囊较小，位 XI 和 XII 节，背叶亦较小，长圆形。前列腺呈退化状，全缺、缺一侧或存在而较小者均有之；副性腺簇状，发达，位 XVIII-XIX 节腹面。受精囊 1 对，位 VIII 节；坛长袋状，长约 4.0 mm；坛管较短小，与坛界线明显；盲管短，约为主体的 2/3 长，末端 2/3 呈紧密的"Z"形叠曲，并膨大为纳精囊；纳精囊透明，其内未见精子；有时受精囊缺如；副性腺

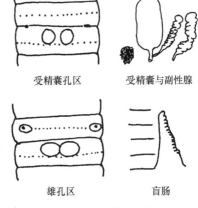

受精囊孔区　　　受精囊与副性腺

雄孔区　　　盲肠

图 243 簇腺远盲蚓
（邱江平等，1993a）

发达，簇状，位 VIII 或 X 节腹面中央。

体色：在福尔马林溶液中背部深褐色，腹部灰白色，环带红褐色。

模式产地：贵州（雷山）。

模式标本保存：贵州省生物研究所。

命名：本种依据副性腺发达、簇状而命名。

中国分布：贵州（雷山）。

生境：生活于海拔 1700-1800 m 路边树林有机质较少的黄褐土壤中。

讨论：本种受精囊孔 1 对，位 7/8 节间，受精囊及盲管形状，雄孔特征等与指掌远盲蚓 Amynthas palmosus 相似。本种盲肠简单，副性腺簇状等与指掌远盲蚓有明显区别。

从本种受精囊、精巢囊雄性生殖孔及前列腺等均有不同程度发育不全或缺少某一部分特征来看，其属于孤雌生殖类型。

### 256. 大突远盲蚓 *Amynthas megapapillatus* Qiu, Wang & Wang, 1991

*Amynthas megapapillatus* 邱江平等, 1991a. *贵州科学*, 9(3): 220-221.

*Amynthas magapapillata* 邱江平和王鸿, 1992. *动物分类学报*, 17(3): 264-265.

*Amynthas megapapillatus* 徐芹和肖能文, 2011. *中国陆栖蚯蚓*: 147-148.

*Amynthas megapapillatus* Xiao, 2019. *Terrestrial Earthworms (Oligochaeta: Opisthopora) of China*: 255-256.

外部特征：体长 84-167 mm，宽 3.5-4.0 mm。体节数 76-103。背孔自 12/13 节间始。环带位 XIV-XVI 节，指环状，无刚毛。刚毛细小，排列均匀，$aa=1.3ab$，$zz=1.2yz$；刚毛数：34-36（III），32-42（V），42-46（VIII），48-54（XX），43-52（XXV）；10-14（VIII）在受精囊孔间，9-12 在雄孔间。雄孔 1 对，位 XVIII 节腹侧 1 对很大的长圆形平顶乳突之外缘，此突伸至 3/4XVII 和 1/4XIX 节，孔周围具几圈环褶，约占 2/5 节周，有的个体在 XX 节腹中线刚毛圈前具 1 对较大的圆形平顶乳突。受精囊孔 1 对，位 7/8 节间，孔呈横裂缝状，前后多腺肿，周围无乳突，约占 3/8 节周（图 244）。

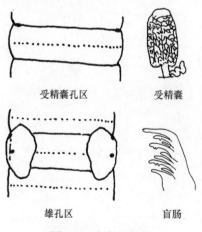

受精囊孔区　　　　受精囊

雄孔区　　　　盲肠

图 244　大突远盲蚓
（邱江平等，1991a）

内部特征：隔膜 8/9/10 缺失，余者均薄。砂囊较长，长圆形。肠自 XVI 节扩大；盲肠复式，位 XXVII-XXII 节，其腹侧具 8-9 个长的指状突起。末对心脏位 XIII 节内。精巢囊 2 对，位 X 和 XI 节，卵圆形，两侧相连并相通。储精囊 2 对，发达，位 XI 和 XII 节，后对向后突至 XIII 节内，两侧在背部相遇；背叶明显，较小，略呈三角形。前列腺很发达，块状分叶；前列腺管也较发达，"S"形扭曲，其内侧有许多不规则的块状副性腺，紧贴体壁，无导管。受精囊 1 对，位 VIII-X 节；坛很发达，呈一长囊状，约 8.0 mm × 3.5 mm，表面不光滑，有结缔组织形成的网状结构；坛管粗短，与坛界线明显；盲管较短小，扭曲，末端略膨大，约为主体长的 1/6（图 244）。无副性腺。

体色：在福尔马林溶液中背面深褐色，腹面灰白色，环带红褐色。

命名：本种依据 XVIII 节腹侧的 1 对很大的长圆形平顶乳突而命名。

模式产地：贵州（铜仁）。

模式标本保存：贵州省生物研究所动物标本室。

中国分布：贵州（铜仁）。

生境：生活在海拔 500-2200 m 路边水沟和常绿阔叶林中。

讨论：本种仅 1 对受精囊孔，位 7/8 节间，受精囊坛发达，盲管短小扭曲等特征与指掌远盲蚓 *Amynthas palmosus* 相似。但本种雄孔处具 1 大的长圆形乳突，此突伸至 3/4XVII 和 1/4XIX 节，雄孔位于乳突的外侧边缘；盲肠复式，腹侧具 8-9 个长的指状突起等特征与指掌远盲蚓明显有异。

## 257. 指掌远盲蚓 *Amynthas palmosus* (Chen, 1946)

*Pheretima palmosa* Chen, 1946. *J. West China Bord. Res. Soc.*, 16(B): 116-117.

*Amynthas palmosus* Sims & Easton, 1972. *Biol. J. Linn. Soc.*, 4(3): 237.

*Amynthas palmosus* 徐芹和肖能文, 2011. *中国陆栖蚯蚓*: 161.

*Amynthas palmosus* Xiao, 2019. *Terrestrial Earthworms (Oligochaeta: Opisthopora) of China*: 256.

外部特征：中等大小。体长 65-160 mm，宽 4.0-4.5 mm。体节颇长，I-V 节最短，VIII-XIII 节最长；环带等于其后相邻 5 节的长度。口前叶 1/2 上叶式。背孔自 12/13 节间始。环带位 XIV-XVI 节，完整，平滑，无刚毛。刚毛细，排列均匀，$aa=1.5ab$，$zz=$（1.5-2）$zy$ 或 $2.5zy$；刚毛数：28（III），34-36（VII），33-34（IX）；20-23（VII）在受精囊孔间，8 在雄孔间。雄孔位 XVIII 节腹面，约占 1/3 节周，孔在 1 大平顶乳突上，周围环绕几环脊（图 245）。受精囊孔 1 对，位 7/8 节间腹面，约占 6/13 节周；偶见 VII 和 VIII 节正对每孔具 2 个大乳突。

内部特征：隔膜 8/9/10 缺，10/11 较厚，余者薄。砂囊小，细长，位 X 节。肠自 XV 节扩大；盲肠掌状，具 4-5 盲囊，前伸达 XXIV 节，顶部最长（3-5 mm），白色。X 节心脏缺。储精囊发达，位 X-XIV 节，背叶位于中背部。精巢囊合并；前对位 X 节，"V" 形；后对位 XI 节，"U" 形。前列腺发达，位 XVI-XXI 节，具大的叶与分支；前列腺管长 "S" 形，中部粗直，向两端变细。副性腺为 1 小块，包在结缔组织中。受精囊 1 对，位 VIII 节，发达；每坛左侧长 4 mm，右侧长 8 mm，宽 3.5 mm，中部窄缩，向下延伸至储精囊，表面常具皱褶；盲管相对较小，位于主管侧缘，内端 2/3 具 6 或更多盘绕，为纳精囊；纳精囊柄较坛管短（图 245）。副性腺为小叶，附着于体壁。

体色：背部浅红紫色；腹部前 5 节浅紫色，其余苍白色；环带黄棕褐色。

命名：本种依据掌状盲肠特征而命名。

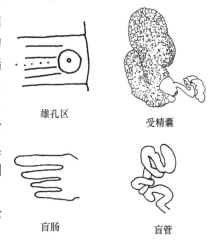

雄孔区　　　　受精囊

盲肠　　　　盲管

图 245　指掌远盲蚓（Chen, 1946）

模式产地：重庆（南川）。

模式标本保存：曾存于中研院动物研究所（重庆），疑遗失。

中国分布：重庆（南川）。

讨论：本种的特点在于单对受精囊孔的位置更加靠近两侧，盲肠呈掌状。

### 258. 星斗远盲蚓 *Amynthas xingdoumontis* Wang & Qiu, 2005

*Amynthas xingdoumontis* 王海军和邱江平, 2005. *上海交通大学学报（农业科学版)*, 23(1): 25-26.

*Amynthas xingdoumontis* 徐芹和肖能文, 2011. *中国陆栖蚯蚓*: 198-199.

*Amynthas xingdoumontis* Xiao, 2019. *Terrestrial Earthworms (Oligochaeta: Opisthopora) of China*: 257.

外部特征：体长 85-170 mm，宽 3-6 mm。体节数 66-95。口前叶 4/5 上叶式，背孔自 12/13 节间始；环带位 XIV-XVI 节，环状，具背孔，腹面可见 5-13 根刚毛。刚毛环生，$aa=$（1.2-1.5）$ab$，$zz=1.2zy$。刚毛数：30-40（III），40-50（V），42-50（VIII），50（XX），50（XXV）；26-28（VII）在受精囊孔间，18（XVIII）在雄孔间。雄孔 1 对，位 XVIII 节腹侧，约占 2/5 节周，孔在 1 平顶乳突中央，其内侧具 1 同样大小的乳突，乳突周围环绕 3-4 皮褶；XVIII 节腹中央刚毛圈前具 1 对圆形乳突，XIX 节和 XX 节腹中央刚毛圈前具 1 个或 1 对同样的乳突。受精囊孔 1 对，位 7/8 节间腹面，孔在节间沟横裂缝状乳突中央；IX-XIII 节腹刚毛圈后各具 1 对乳突，乳突间距约占 1/15 节周，X 节刚毛圈前具 1 对同样的乳突，乳突间距约占 1/13 节周（图 246）。雌孔 1 个，位 XIV 节腹中央。

内部特征：隔膜 8/9/10 缺，其余均薄。砂囊位 VIII-IX 节，桶状。肠自 XV 节扩大；盲肠复式，位 XXVII-XXV 节，具 5-7 指状小囊。心脏 4 对，位 X-XIII 节，不发达。精巢囊 2 对，位 X 和 XI 节，卵圆形，2 对相连。储精囊 2 对，位 XI 和 XII 节，发达；背叶乳白色，在背面相遇。前列腺总状，位 XVII-XIX 节，发达；前列腺管短，中等粗；副性腺具柄。受精囊位 VIII 节；坛径 4.0 mm，表面分布有结缔组织；坛管粗壮，与坛分界明显；盲管末端高度扭曲成线团状。受精囊附近无副性腺，但 IX-XIII 节腹血管两侧各具 2-3 个无柄副性腺（图 246）。

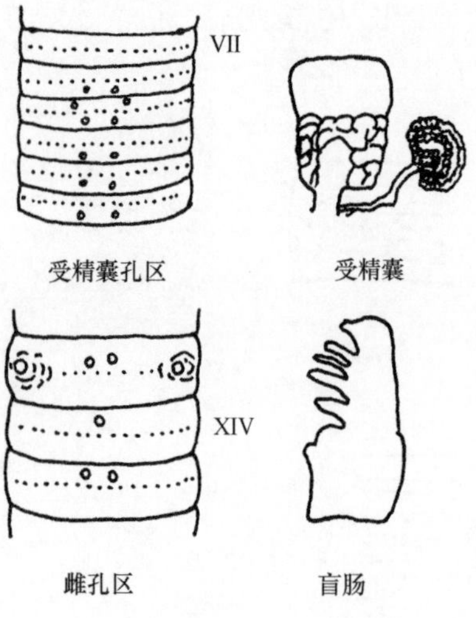

体色：背面浅褐色，腹面灰白色，环带灰白色。

命名：本种依据模式产地湖北省利川市星斗山国家级自然保护区而命名。

模式产地：湖北（利川）。

模式标本保存：上海交通大学农业与生物学院环境生物学实验室。

中国分布：湖北（利川）。

生境：生活在海拔 2100 m 的自然保护区内。

讨论：本种受精囊表面具有结缔组织的网状结构，受精囊末端细长，扭曲成线团状，其直径可达到一个体节，末端没有膨大等，与雅致远盲蚓 *Amynthas eleganus* 明显不同。

VII

受精囊孔区　　　　受精囊

XIV

雌孔区　　　　盲肠

图 246　星斗远盲蚓
（王海军和邱江平，2005）

U. 结缕种组 *zyosiae*-group

受精囊孔 1 个，位 5/6 节间。
中国分布：浙江。
中国有 1 种。

### 259. 结缕远盲蚓 *Amynthas zyosiae* (Chen, 1933)

*Pheretima zyosiae* Chen, 1933. *Contr. Biol. Lab. Sci. Soc. China (Zool.)*, 9(6): 288-294.
*Pheretima zyosiae* Gates, 1935b. *Lingnan Sci. J.*, 14(3): 456-457.
*Pheretima zyosiae* Sims & Easton, 1972. *Biol. J. Linn. Soc.*, 4(3): 236.
*Amynthas zyosiae* 徐芹和肖能文，2011. *中国陆栖蚯蚓*: 202-203.
*Amynthas zyosiae* Xiao, 2019. *Terrestrial Earthworms (Oligochaeta: Opisthopora) of China*: 185-186.

外部特征：体长 20-45 mm，宽 1.5-2.5 mm。体节数 70-108。IX 和 X 节最长，VIII 和 XIII 等长。口前叶 1/3 上叶式。背孔自 11/12 节间始。环带位 XIV-XVI 节，占 3 节，光滑，无刚毛。刚毛细，前端多；刚毛数：32-42（III），42-52（VI），40-54（VIII），34-44（XII），34-44（XXV）；19 在受精囊孔间，5-10 在雄孔间。雄孔位 XVIII 节腹面，很小，约占 1/3 节周，孔在 1 个小的乳头状突起上，四周环绕 4-5 个圆形褶皱凹槽，其基部延伸至或超过 17/18 和 18/19 节间沟（图 247）。受精囊孔或成对或单个，位 5/6 节间，约占 4/11 节周，前后被唇状结构覆盖，后唇更明显，类似于眼睛形状；无生殖乳突。

内部特征：隔膜 8/9/10 缺失，5/6-12/13 厚。砂囊非常大，位 VII-X 节，球状或瓶状，无明显嗉囊。肠自 XVI 节扩大；盲肠简单，短，圆锥状，位 XXVI 节，向前延伸到 XXIV 节或更前，苍白色，背部和腹部光滑。心脏 4 对，位 X-XIII 节，第一对大，靠近中隔。精巢中等大小，在精巢囊前下侧；精漏斗小而简单。储精囊位 XI 和 XII 节，后对较大，紧贴隔膜 11/12 后面，长 0.5-0.8 mm，宽 0.25 mm，背侧部分约为整体的 1/3 或 2/3，平滑似背叶；下半部分在边缘收缩，表面稍粗糙。第一对比第二对小 1/2 或 1/3。精巢囊 2 对，在 X 和 XI 节，形态多变，每对的囊通常发育不均衡。位于食道背侧的部分横向拉长，膨大，表面光滑，呈棕黄色。前列腺极大，位 XV-XXI 或 XXII 节，有许多大小叶，相当宽且很长，具 1 长而粗的管。受精囊常缺，或仅在一侧，有时两侧；坛大，壁厚，表面有不规则的皱纹，囊状，具 1 长管，盲管比主体短，内侧 2/3 卷曲，末端有 1 个小的圆形结节，稍膨大或缩成念珠状（图 247）。

体色：保存标本通常为浅灰色，环带前后为灰白色，前端灰红色，环带淡赭石色。活体标本背侧浅黄色，前 7 节或 8 节粉红色，后端淡黄色，体中部浅灰色，腹侧变暗变淡，环带白色；储精囊、砂囊和前列腺区域由于内部器官而颜色变淡。

命名：本种依据其生活在结缕草 *Zyosia japonica* 下的生活习性而命名。

模式产地：浙江（临海）。

模式标本保存：美国自然历史博物馆。曾存于

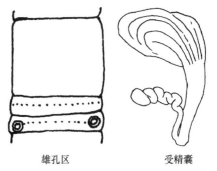

雄孔区　　　　　受精囊

图 247　结缕远盲蚓（Chen, 1933）

国立中央大学（南京）动物学标本馆。

中国分布：浙江（临海）。

## （十六）毕格蚓属 *Begemius* Easton, 1982

*Begemius* Easton, 1982. *Aust. J. Zool.*, 30(4): 717.

模式种：贾米森毕格蚓 *Begemius jiamisoni* Easton, 1982

外部特征：体大小不一。刚毛环生，各体节分布均匀。环带位 XIV-XVI 节，偶罕见位 XIII-XVII 节，环状。雄孔 1 对，位 XVIII 节体表面，偶见位 XIX 节，无交配腔。雌孔 1 个，偶 2 个，位 XIV 节。受精囊孔小或大，一般成对，偶见 1 个或缺失，位 4/5-8/9 节间。

内部特征：砂囊位 7/8 和 8/9 隔膜之间。无食道囊。盲肠始于 XXV 节。精巢位 X 与 XI 节，或位 XI 节。卵巢成对，位 XIII 节。受精囊一般成对，偶见 1 个或缺失，坛管上偶有肾管层。

国外分布：东洋界、澳洲界。

中国分布：广东、广西、海南、台湾。

中国有 6 种。

### 毕格蚓属分种检索表

1. 受精囊孔 1 对，位 8/9 节间腹面 ·········· 鼎湖山毕格蚓 *Begemius dinghumontis*
   受精囊孔 2 对或 4 对 ·········· 2
2. 受精囊孔 4 对，位 VI-IX 节背面近背中线 ·········· 友燮毕格蚓 *Begemius yuhsi*
   受精囊孔 2 对 ·········· 3
3. 受精囊孔位 6/7/8 节间 ·········· 4
   受精囊孔位 7/8/9 节间腹面 ·········· 5
4. 受精囊坛长，窄卵形 ·········· 江门毕格蚓 *Begemius jiangmenensis*
   受精囊坛卵圆形 ·········· 鹤山毕格蚓 *Begemius heshanensis*
5. 雄孔为 1 大横裂缝，与其周围的隆起形成带有几条椭圆沟的卵形脊，脊中侧窄尖；交配腔具 1 中等细长的生殖乳突，脊区具 20 多个小乳突，卵形脊间约有 10 根刚毛 ·········· 异腺毕格蚓 *Begemius paraglandularis*
   雄孔在 1 圆孔突上，17/18、18/19 节间正对雄孔具成对平顶圆生殖乳突 ·········· 明亮毕格蚓 *Begemius lucidus*

### 260. 鼎湖山毕格蚓 *Begemius dinghumontis* Zhang, Li, Fu & Qiu, 2006

*Begemius dinghumontis* Zhang et al., 2006a. *Annales Zoologici*, 56(2): 250-251.
*Begemius dinghumontis* Xiao, 2019. *Terrestrial Earthworms (Oligochaeta: Opisthopora) of China*: 258.

外部特征：体长 13-60 mm，宽 0.6-2.0 mm。体节数 72-114，体环不明显。口前叶上叶式。背孔自 12/13 节间始。环带位 XIV-XVI 节，环状，节间沟与背孔存在或消失，刚毛不可见。刚毛自 II 节始，环绕在体节中央；刚毛细小；刚毛数：24-36（III），33-42（V），27-36（VIII），36-39（XX），33-34（XXV）；7（VIII）和 9（IX）在受精囊孔间，0-2 在雄孔间。雄孔 1 对，位 XVIII 或 XVII 节腹面，占 0.17-0.25 节周，各孔在一略凸起的椭圆形孔突中央，周围无环褶。此区无生殖乳突。受精囊孔 1 对，位 8/9 节间腹面，约占 1/4 节周，孔前后具略苍白的腺体。此区无生殖乳突（图 248）。雌孔单，位 XIV 节腹中央。

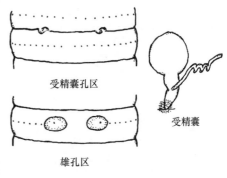

受精囊孔区

雄孔区

受精囊

图 248　鼎湖山毕格蚓
（Zhang et al., 2006a）

　　内部特征：隔膜 8/9/10 缺，5/6/7/8 颇厚，10/11/12/13 略厚。砂囊位 XI-X 节，短罐状，中等大小。肠自 XVI 或 XV 节始扩大；盲肠简单，自 XXV 节始，前伸至 XXIII 或 XXIV 节。心脏中等大，位 X-XIII 节。精巢囊位 X-XI 节，左和右精巢囊融合成为一个整体。储精囊 2 对，位 XI 和 XII 节，小，卵圆形，背叶明显。前列腺成对位 XVIII 节，中等大或小，甚至退化，前伸到 XVI 节，后伸到 XX 或 XXII 节；前列腺管细长或粗，通常直且长；无副性腺。受精囊 1 对，位 IX 节；坛球形或梨状，黄色、红黄色或白色，长 0.25-0.46 mm，宽 0.26-0.42 mm，具一短粗柄，柄长 0.26 mm；盲管盘绕在受精囊管中点，细长，"之"字形弯曲，盲管较主体略短，远端纳精囊不扩大（图 248）。受精囊管根部具淡白色副性腺或无。

　　体色：身体浅灰白色或苍白色，环带棕色、黄色或白色。

　　命名：本种依据模式产地命名。

　　模式产地：广东（肇庆）。

　　模式标本保存：上海交通大学农业与生物学院环境生物学实验室。

　　中国分布：广东（肇庆）。

　　生境：生活在河岸林 0-10 cm 表层土壤中。

　　讨论：本种由于盲肠自 XXV 节始被归入毕格蚓属 *Begemius*。

## 261. 鹤山毕格蚓 *Begemius heshanensis* (Zhang, Li & Qiu, 2006)

*Amynthas heshanensis* Zhang et al., 2006b. *Jour. Nat. Hist.*, 40(7-8): 396-398.

*Begemius heshanensis* 徐芹和肖能文, 2011. *中国陆栖蚯蚓*: 203.

*Begemius heshanensis* Xiao, 2019. *Terrestrial Earthworms (Oligochaeta: Opisthopora) of China*: 258-259.

　　外部特征：体长 110 mm，宽 2-2.5 mm（环带）。体节数 94-108。V-XIII 节体环明显。口前叶上叶式。背孔自 11/12 节间始。环带位 XIV-XVI 节，环状，具刚毛。刚毛细小，略长，$aa$=（1.1-1.5）$ab$，$zz$=1.2$zy$；刚毛数：30（III），39-42（V），42-51（VIII），48-54（XX），39-60（XXV）；13 在雄孔间。雄孔 1 对，位 XVIII 节腹面，孔间距约占 2/5 节周；每孔在 1 胶囊状孔突顶部，周围具几环褶。此区无生殖标记（图 249）。受精囊孔 2 对，位 6/7/8 节间腹面，外表不明显。此区无生殖标记。雌孔 1 个，位 XIV 节腹中央。

　　内部特征：隔膜 6/7/8、10/11/12 较厚，8/9/10 缺。砂囊短地瓜形，中等发育，位 VIII-X 节。肠自 XV 节始扩大；盲肠自 XXV 节始，简单，光滑，前伸至 XXII 节。心脏

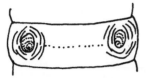 

雄孔区　　　　　受精囊

图 249　鹤山毕格蚓
（Zhang et al.，2006b）

位 X-XIII 节，苍白色。精巢囊 2 对，位 X-XI 节，小，彼此分离。储精囊对位 XI-XII 节，颇发达，具明显大背叶。前列腺发达，自 XVII 节延伸至 XXII 节；前列腺管细长，末端略弯曲。受精囊 2 对，位 VII-VIII 节；坛卵圆形，长约 2 mm；坛管较短以致外表不易见；盲管弯曲，比坛和坛管的总长度略长，末端 1/4 膨大成纳精囊（图 249）。无副性腺。

体色：保存标本背面浅灰色，腹面苍白色，环带略带粉红色。

命名：本种依据模式产地而命名。

模式产地：广东（鹤山）。

模式标本保存：上海交通大学农业与生物学院环境生物学实验室。

中国分布：广东（鹤山）。

生境：生活在海拔 40 m 的菜地中。

讨论：本种与钟氏远盲蚓 Amynthas zhongi、山清远盲蚓 Amynthas sanchongensis、白氏远盲蚓 Amynthas paiki 以及太白远盲蚓 Amynthas taebaekensis 4 个种比较相似。与钟氏远盲蚓相比，本种具有较大的体型、更短的受精囊管以及盲肠起始于 XXV 节。与山清远盲蚓、白氏远盲蚓和太白远盲蚓相比，本种具有简单的雄孔结构、无生殖标记或突起、盲肠始于 XXV 节。另外，山清远盲蚓雄孔的顶部有一个明显的新月状槽。白氏远盲蚓在 XVIII 节刚毛圈前有 2 个生殖乳突，VII 和 VIII 节刚毛圈前有 2 对生殖标记，盲肠复式，由 6-7 个指状囊组成，始于 XXVII 节。而太白远盲蚓只在 XVIII 节刚毛圈后有 1 对生殖标记。

## 262. 江门毕格蚓 *Begemius jiangmenensis* (Zhang, Li & Qiu, 2006)

*Amynthas jiangmenensis* Zhang et al., 2006b. *Jour. Nat. Hist.*, 40(7-8): 398-399.

*Begemius jiangmenensis* 徐芹和肖能文，2011. *中国陆栖蚯蚓*: 204.

*Begemius jiangmenensis* Xiao, 2019. *Terrestrial Earthworms (Oligochaeta: Opisthopora) of China*: 259-260.

外部特征：体长 65 mm，宽 1.7 mm（环带）。体节数 110。体环不明显。口前叶前上叶式。背孔自 11/12 节间始。环带位 XIV-XVI 节，环状，无刚毛。刚毛略长，III-VIII 节排列稀疏，粗；$aa=1.6ab$，$zz=1.5zy$。刚毛数：27（III），33（V），48（VIII），42（XX），39（XXV）；9 在雄孔间，16（VII）在受精囊孔间。雄孔 1 对，位 XVIII 节腹面，孔在略隆起的横椭圆形突起中央，孔间距约占 3/10 节周，周围具几环皱。无生殖乳突（图 250）。受精囊孔 2 对，位 6/7/8 节间腹面，外表不显。无生殖乳突。雌孔单，位 XIV 节腹中央。

内部特征：隔膜 8/9/10 缺，5/6-7/8、10/11/12 较厚。砂囊短壶形，中等发达，位 VIII-X 节。肠自 XIV 节扩大；盲肠自 XXV 节始，前伸达 XXII 节，简单，光滑，一侧具一些锯齿形缺刻。心脏位 X-XIII 节。精

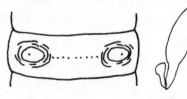

雄孔区　　　　　受精囊

图 250　江门毕格蚓
（Zhang et al.，2006b）

巢囊 2 对，位 X 和 XI 节，小，彼此分离。储精囊 2 对，位 XI 和 XII 节，小。前列腺发达；前列腺管颇粗，中部膨大。无副性腺。受精囊 2 对，位 VII 和 VIII 节；坛长，窄卵形，苍白色，长约 1.5 mm，与坛管界线不显；坛管细，长约 0.6 mm；盲管与坛管等长，具膨大的腔（图 250）。无副性腺。

体色：保存标本背面灰褐色，腹面苍白色，环带浅粉红色，刚毛圈明显苍白色。

命名：本种根据模式产地命名。

模式产地：广东（江门鹤山）。

模式标本保存：上海交通大学农业与生物学院环境生物学实验室。

中国分布：广东（鹤山）。

生境：生活在海拔 40 m 果园附近的废弃苗圃。

讨论：本种与鹤山毕格蚓 Begemius heshanensis 相似。但它们雄孔突和受精囊的结构明显不同。另外，本种的储精囊比鹤山毕格蚓小。

### 263. 明亮毕格蚓 Begemius lucidus (Qiu & Zhao, 2017) comb. nov.

Amynthas lucidus Zhao et al., 2017. Annales Zoologici, 67(2): 223-224.

外部特征：体长 116-174 mm，宽 7.0-8.0 mm。体节数 139-256。口前叶 1/2 上叶式。背孔自 12/13 节间始。环带位 1/2XIV-1/2XVI 或 XIV-XV 节，占 3 节，圆筒状，光滑，无色素，刚毛和背孔可见。$aa$=（1.0-1.2）$ab$，$zz$=（1.0-1.2）$yz$；刚毛数：64-80（III），72-80（V），80-100（VIII），60-88（XX），80-92（XXV）；24-30（VII）、26-28（VIII）在受精囊孔间，10-20 在雄孔间。雄孔位 XVIII 节，孔间距约占 0.33 节周腹面距离，孔在 1 圆孔突上，17/18、18/19 节间正对雄孔具成对平顶圆生殖乳突。受精囊孔 2 对，位 7/8/9 节间腹面，眼状，约占 1/4 节周（图 251）。

内部特征：隔膜 8/9/10 缺失，8/9 前厚且肌肉质，10/11/12 薄。心脏位 X-XIII 节。砂囊位 IX-X 节，球形。肠自 XV 节始扩大；盲肠单，自 XXV 节始。储精囊对位 XI-XII 节，不发达。精巢囊 2 对，位 X-XI 节，不发达。前列腺位 XVIII 节，退化，极薄；前列腺管位 XVIII 节，直。受精囊位 VIII 和 IX 节；坛卵圆形；坛管细长，与坛等长；盲管为 2/5 主体长（图 251）。在每个受精囊末端分别具 1 对或 2 对圆形副性腺。

体色：在防腐剂中淡黄褐色，背中线不明显。

命名：本种根据样本的透明皮肤而命名。

模式产地：海南。

模式标本保存：上海自然博物馆。

中国分布：海南。

生境：生活在海拔 30 m 草地附近棕沙壤中。

讨论：本种依据盲肠自 XXV 节始而归入毕格蚓属。

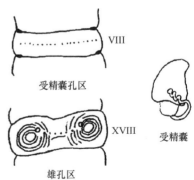

图 251 明亮毕格蚓
（Zhao et al.，2017）

### 264. 异腺毕格蚓 *Begemius paraglandularis* (Fang, 1929)

*Pheretima paraglandularis* Fang, 1929. *Sinensia*, 1(2): 15-24.

*Amynthas paraglandularis* 徐芹和肖能文, 2011. *中国陆栖蚯蚓*: 163-164.

*Begemius paraglandularis* Xiao, 2019. *Terrestrial Earthworms (Oligochaeta: Opisthopora) of China*: 260-261.

外部特征：体长 115-236 mm，宽 6.0-10.5 mm。体节数 116-146。口前叶 1/2 上叶式。背孔自 12/13 节间始。环带位 XIV-XVI 节，占 3 节，无背孔，无刚毛。VI-VIII 节具 2 体环；IX-X、XIII 节具 3 体环，XI、XII 节具 4 体环。刚毛自 II 节始，前部体节细长，后部短，腹面细密且略长；刚毛数：34（III），42（VI），55（XII），68（XVII），70（XXV）；14 在雄孔间。雄孔位 XVIII 节腹面，约占 2/5 节周，孔为 1 大的横裂缝，与其周围的隆起形成带有几条椭圆沟的卵形脊，脊中侧窄尖；交配腔具 1 中等细长的生殖乳突，脊区具 20 多个小乳突，卵形脊间约有 10 根刚毛。受精囊孔 2 对，位 7/8/9 节间侧面，约占 7/15 节周，具小乳突（图 252）。雌孔单，位 XIV 节腹中央。

内部特征：隔膜 9/10 缺失，6/7/8 较厚，8/9 相对略薄，10/11-12/13 较厚，13/14 较后面隔膜略厚。砂囊钟形。盲肠自 XXV 节始，毡帽状，扁平，腹侧前伸仅 1 节，各具 5-6 或更多盲管，盲管常具小裂叶。末对心脏位 XIII 节。精巢囊 2 对，位 X、XI 节，紧靠 10/11/12 隔膜的前面；首对 "V" 形，背面隔开，腹面连合；第二对中部连合，较首对窄。储精囊 2 对，位 XI 和 XII 节，大，具 2 个或 3 个大背叶，背叶显著，背叶在各节中线相连。前列腺位 XVI-XXI 节，约占 6 节，分成多叶；雄孔附近多副性腺。受精囊 2 对，位 VIII 和 IX 节；坛大，后对受精囊几乎占了 IX 和 X 节，梨形，其顶部窄圆，侧面扁平，外观齿槽状，内部填满；坛管短；盲管单，管状，远端弯折并膨大，与坛管的外端汇合，拉直后长度超过坛长的 1/2。13-25 个具柄腺体在坛管开口附近的内壁；第一对受精囊区具柄腺体数量较少（图 252）。

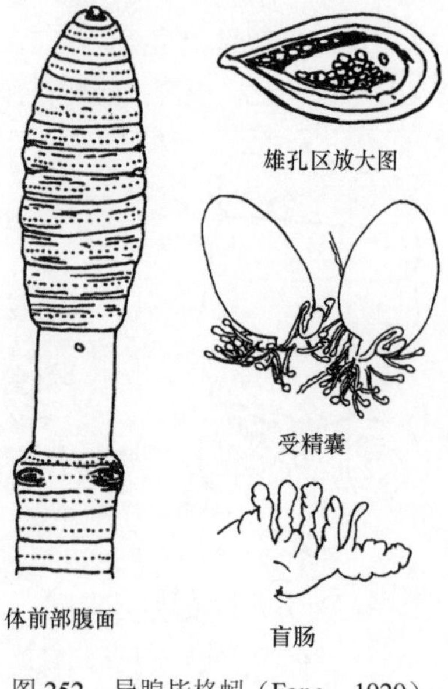

体色：保存标本具栗色与淡白色环状交替带，在背侧和 19/20 节间沟腹侧前端白色带较宽，背面较腹面色暗而带宽，环带后背孔前后的褐色带中断，环带暗褐色，刚毛圈淡白色。

命名：本种依据受精囊上和受精囊体节具有众多具柄腺体而命名。

模式产地：广西（凌云）。

模式标本保存：曾存于中研院自然历史博物馆（南京），疑遗失。

中国分布：广西（凌云）。

生境：生活在海拔 1598 m 以上。

讨论：本种与腺腔蚓 *Metaphire glandularis* 和希氏远盲蚓 *Amynthas hilgendorfi* 有关，本种受精囊上和受精囊体节具有众多具柄腺体，因此称为异常腺体。

雄孔区放大图

受精囊

盲肠

体前部腹面

图 252 异腺毕格蚓（Fang, 1929）

2011 年，根据本种盲肠自 XXV 节始而列入毕格蚓属。

### 265. 友燮毕格蚓 *Begemius yuhsi* (Tsai, 1964)

*Pheretima yuhsi* Tsai, 1964. *Quar. Jour. Taiwan Mus.*, 17(1&2): 5-8.
*Metaphire yuhsi* Chang et al., 2009. *Earthworm Fauna of Taiwan*: 138-139.
*Begemius yuhsi* 徐芹和肖能文, 2011. *中国陆栖蚯蚓*: 204-205.
*Begemius yuhsi* Xiao, 2019. *Terrestrial Earthworms (Oligochaeta: Opisthopora) of China*: 261-262.

　　外部特征：体长 177-318 mm，宽 11 mm。体节数 80-163。背孔自 13/14 节间始。环带光滑，无背孔，无刚毛。自 VI 节始，每节具 3 体环。刚毛细密；刚毛数：77（VI），103（VIII），123（XX）；14-34 在雄孔间。雄孔 1 对，位 XVIII 节侧面，孔在 1 圆锥状突起顶端 1 半月状裂缝上，突起周围具几条环褶，孔间距占 1/3 节周。受精囊孔 4 对，位 VI-IX 节背面近背中线，孔在体节前缘近前，腹间距占 0.95-0.97 节周。环带前无生殖标记（图 253）。雌孔单，位 XIV 节腹中央。

　　内部特征：隔膜 8/9/10 缺失，5/6-7/8 较厚，10/11-13/14 更厚。砂囊大，圆形，位 VIII-X 节。肠自 XV 节始扩大；盲肠简单，背腹缘均光滑，位 XXVII 节，前伸至 XXIV 节。末对心脏位 X-XIII 节。卵巢 1 对，位 XIII 节，腹中部，靠近隔膜 12/13。精巢囊 1 对，位 X 节，卵圆形，后紧靠隔膜 10/11 腹中部。储精囊 1 对，位 XI 节，大，每个都有 1 个囊泡状背叶。前列腺位 XVIII 节，大，分成前后两主叶，分别延伸至 XV、XX 节。受精囊 4 对，位 VI-IX 节背中央；坛心形或梨形；坛管细长，约为 1/2 坛长；盲管顶端具圆形或卵圆形纳精囊，盲管柄盘绕紧实（图 253）。

　　体色：保存标本背部和环带呈暗紫蓝色，腹面浅肉色。

　　命名：本种命名用于纪念中国台湾动物学家王友燮（曾任台湾大学动物系主任）。

　　模式产地：台湾（台北）。

　　模式标本保存：已遗失。

　　中国分布：台湾（台北、新竹）。

　　生境：本种属深土栖类，有垂直洞穴，晚上在上层土壤或地面活动，白天在 30 cm 以下土层活动。

雄孔区放大图

受精囊孔区

受精囊

图 253　友燮毕格蚓（Tsai，1964）

## （十七）炬蚓属 *Lamptio* Kinberg, 1866

*Lamptio* Kinberg, 1866. *Öfvers. Kongl. Vetensk. Akad. Forhandl.*, 23: 102.
*Lamptio* Gates, 1972. *Trans. Amer. Philos. Soc.*, 62(7): 133.
*Lamptio* 徐芹和肖能文, 2011. *中国陆栖蚯蚓*: 205.
*Lamptio* Xiao, 2019. *Terrestrial Earthworms (Oligochaeta: Opisthopora) of China*: 262.

　　模式种：莫氏炬蚓 *Lamptio mauritii* (Kinberg, 1866)

外部特征：体中等大（分布于中国的样本）。刚毛环生。环带位 XIV-XVII 节。雄孔位 XVIII 节。雌孔单，位 XIV 节。受精囊孔 3 对，位 6/7/8/9 节间。

内部特征：砂囊 1 个，位 VI 节。除有小肾管外，自 XIX 节后每节具 1 对大肾管。储精囊 2 对，位 IX 和 XII 节内。前列腺具分支的管。

国外分布：斯里兰卡、印度、澳大利亚、越南、新喀里多尼亚（法属）。

中国分布：海南、香港。

中国 1 种。

### 266. 莫氏炬蚓 *Lamptio mauritii* (Kinberg, 1866)

*Lamptio* Kinberg, 1866. *Öfvers. Kongl. Vetensk. Akad. Forhandl.*, 23: 102.
*Megascolex mauritii* Gates, 1931. *Rec. Ind. Mus.*, 33: 361.
*Megascolex mauritii* Gates, 1932. *Rec. Ind. Mus.*, 34(4): 374.
*Megascolex mauritii* Chen, 1938. *Contr. Biol. Lab. Sci. Soc. China (Zool.)*, 12(10): 381-382.
*Lamptio mauritii* Gates, 1972. *Trans. Amer. Philos. Soc.*, 62(7): 133-135.
*Lamptio mauritii* Reynolds, 1994. *Megadrilogica*, 5(4): 37.
*Lamptio mauritii* 徐芹和肖能文, 2011. *中国陆栖蚯蚓*: 206.
*Lamptio mauritii* Xiao, 2019. *Terrestrial Earthworms (Oligochaeta: Opisthopora) of China*: 262-263.

外部特征：体长 95-155 mm，宽 3-6 mm。体节数 157-201。背孔自 10/11、11/12 或 12/13 节间始。环带圆桶状，位 XIV-XVII 节，常前伸达 XIII 节，可见刚毛窝。腹中部刚毛间隔宽，环带前各体节背中隔等宽，环带后背中隔明显但各体节不等。刚毛数：26-39（III）、40-51（VIII）、38-50（XII）、30-42（XX）。雄孔位 XVIII 节腹面，极小，横裂缝状，裂缝在一相当大的孔突上或附近，孔突具交配毛，孔突略隆起，横穿过体环沟，略靠近 17/18 和 18/19 节间。受精囊孔 3 对，位 6/7/8/9 节间，孔较雌孔大，此区无生殖标记。雌孔 1 对，位 XIV 节腹部。

内部特征：砂囊位 V 节。肠始于 XV 节。储精囊 2 对，位 IX 和 XII 节。前列腺位 XVIII 节；前列腺管直，长 2-3 mm，具肌肉光泽。受精囊 3 对，位 VI-VIII 节；坛长为坛管长 2-4 倍；坛管具横裂缝状腔，内端球状，进入体壁前突然窄缩；盲管成对，较坛管短，具一极短而细的柄，远端为短卵圆形或香肠状纳精囊。

体色：保存标本浅灰白色、淡黄色、淡褐色。

命名：本种依据模式产地毛里求斯命名。

模式产地：毛里求斯。

模式标本保存：瑞典斯德哥尔摩自然历史博物馆。

中国分布：香港（九龙）、海南（保亭）。

生境：生活在土壤、粪堆或盆栽植物根周围。

### （十八）腔蚓属 *Metaphire* Sims & Easton, 1972

*Rhodopis* Kinberg, 1867. *Öfvers. Kongl. Vetensk. Akad. Forhandl.*, 24: 102.
*Amynthas* (part) Beddard, 1900a. *Proc. Zool. Soc. London*, 69(4): 612.
*Pheretima* (*Pheretima*) (part) Michaelsen, 1928. *Arkiv. for Zoologi.*, 20(2): 8.

*Metaphire* Sims & Easton, 1972. *Biol. J. Linn. Soc.*, 4(3): 215.

*Metaphire* 徐芹和肖能文, 2011. *中国陆栖蚯蚓*: 206-211.

*Metaphire* Xiao, 2019. *Terrestrial Earthworms (Oligochaeta: Opisthopora) of China*: 263.

模式种：爪哇紫红蚓 *Metaphire javanica* Kinberg, 1867

外部特征：体圆柱形，刚毛多，环生，每体节排列均匀。环带位 XIV-XVI 节，环状。雄孔 1 对，位 XVIII 节，偶位 XIX 或 XX 节的交配腔内。雌孔单，稀 1 对。受精囊孔成对，偶无、1 个或多个，位 4/5-9/10 节间，孔一般呈大横裂缝状，罕小。

内部特征：砂囊位 7/8 和 9/10 隔膜间。无食道囊。具盲肠，自 XXVII 或 XXVII 节附近始。精巢囊位 X 和 XI 节，稀位 X 或 XI 节。前列腺总状。具交配腔，常具具柄副性腺，无分泌盲管。卵巢 1 对，位 XIII 节。受精囊成对，稀 1 个或多个，受精囊管上无肾管。

国外分布：东洋界、澳洲界。

中国分布：北京、天津、河北、内蒙古、辽宁、上海、江苏、浙江、安徽、福建、江西、山东、河南、湖北、湖南、广东、海南、重庆、四川、贵州、云南、西藏、甘肃、青海、香港、澳门、台湾。

讨论：①交配腔的存在是本属与远盲蚓属的区别，受精囊管上无肾管是本属与环毛蚓属的区别。②由于本属的一些种存在多态现象，当属于 A 型时受精囊全无。因此，本属也存在受精囊全无的状态。这一点与本属建立时（Sims & Easton，1972）有所不同。

中国有 67 种及 8 亚种。

## 腔蚓属分种组检索表

## A. 不规种组 anomola-group

受精囊孔 3 对，位 5/6/7/8 节间。

国外分布：东洋界、澳洲界。

中国分布：重庆、四川、云南、福建。

中国有 4 种。

### 不规种组分种检索表

### 267. 阿迭腔蚓 *Metaphire abdita* (Gates, 1935)

*Pheretima abdita* Gates, 1935a. *Smithsonian Mis. Coll.*, 93(3): 5-6.

*Pheretima abdita* Chen, 1936. *Contr. Biol. Lab. Sci. Soc. China (Zool.)*, 11(8): 292-293.

*Pheretima abdita* Gates, 1939. *Proc. U.S. Nat. Mus.*, 85: 415-418.

*Pheretima abdita* Chen, 1946. *J. West China Bord. Res. Soc.*, 16(B): 136.

*Metaphire abdita* Sims & Easton, 1972. *Biol. J. Linn. Soc.*, 4(3): 237.

*Metaphire abdita* 徐芹和肖能文, 2011. *中国陆栖蚯蚓*: 211-212.

*Metaphire abdita* Xiao, 2019. *Terrestrial Earthworms (Oligochaeta: Opisthopora) of China*: 264.

外部特征：体长 80-140 mm，宽 3.5-6.0 mm。体节数 119-122。口前叶前上叶式。背孔自 12/13 节间始。环带位 XIV-XVI 节，具刚毛，至少腹面具刚毛。刚毛丰富，分布均匀，腹中隔不显，背中隔 $zz=1.5yz$；刚毛数：51-55（III），60-68（VI），64（VII），60-68（VIII）；34-38（VI）、36-40（VIII）在受精囊孔间，12-16 在雄孔间。雄孔位 XVIII 节，孔在 1 个小的侧缘内陷、居中具一肉质垫被几个环褶包绕，阴茎（长 0.8 mm）从半月形腔中伸出。17/18 和 18/19 节间各具 1 对生殖乳突，略居雄孔中央，略圆而平坦，很大，直径 1.2-1.5 mm（图 254）。受精囊孔 3 对，位 5/6/7/8 节间，略靠背侧，腹间隔约占 3/5 节周，此区无生殖乳突。生殖标记成对位于 XVIII 和 XIX 节刚毛圈前。雌孔单，为 XIV 节腹中央。

内部特征：隔膜 5/6-9/10 厚肌肉质，10/11-12/13 肌肉质。砂囊小，位 8/9 隔膜前。肠自 XVI 节膨大；盲肠简单，位 XXVII-XXIV 节。首对心脏未见。体壁肾管很大。精巢囊极大,背面不相通。储精囊位 XI 节,紧靠肠下方外侧与精巢囊围成 1 个公共囊;后对储精囊很大,位 XII 和 XIII 节,无明显背叶。前列腺位 XVI-XIX 节;副性腺无柄,紧靠体壁。受精囊 3 对,坛宽约 1.8 mm;盲管略弯曲,具一肌肉质柄,管中部有规律地来回弯曲成 "Z" 形,末端具一卵圆形纳精囊(图 254)。

体色:标本身体灰白色,环带巧克力褐色。

命名:"*abdita*" 在拉丁语中为隐藏的或隐蔽的,本种名字源于其隐蔽的雄孔结构。

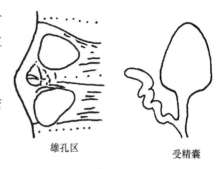

雄孔区　　受精囊

图 254　阿迭腔蚓(Chen,1936)

模式产地:四川(宜宾)。

模式标本保存:美国国立博物馆(华盛顿)。

中国分布:重庆(沙坪坝)、四川(峨眉山、宜宾)。

生境:生活在海拔 310-610 m 的地区。

讨论:本种与印度远盲蚓 *Amynthas indicus* 和宝石腔蚓 *Metaphire gemella* 相似。本种雄孔凹入体壁、隔膜 8/9/10 肌肉质、XVIII 和 XIX 节具生殖标记、受精囊 3 对等特征,与印度远盲蚓和宝石腔蚓明显不同。

### 268. 不规腔蚓 *Metaphire anomala* (Michaelsen, 1907)

*Pheretima anomala* Michaelsen, 1907. *Jahrbuch der Hamburg*, 24(2): 167.

*Pheretima anomala* Gates, 1972. *Trans. Amer. Philos. Soc.*, 62(7): 166-168.

*Metaphire anomala* Bantaowong et al., 2011. *Tropical Natural History*, 11(1): 55-69.

*Metaphire anomala* 徐芹和肖能文, 2011. *中国陆栖蚯蚓*: 214.

*Metaphire anomala* Xiao, 2019. *Terrestrial Earthworms (Oligochaeta: Opisthopora) of China*: 264-265.

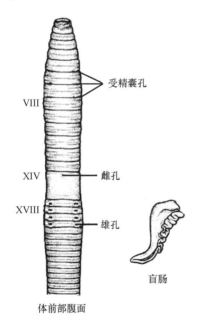

体前部腹面

图 255　不规腔蚓(Bantaowong et al.,2011)

外部特征:体长 80-200 mm,宽 3-7 mm。体节数 119-130。口前叶上叶式。背孔自 12/13 节间始。环带位 XIV-XVI 节,XVI 节腹面具刚毛。刚毛小,排列紧密;刚毛数:60-68(III),90-96(VIII),78-95(XII),81-96(XIII);17-22(VI)、17-23(VII)在受精囊孔间,16-18(XIX)、15-21(XX)在雄孔间。雄孔位 XX 节腹面,孔在刚毛圈体壁凹陷的横卵圆形小突顶部中央。XVII-XIX 节刚毛圈上各具 1 对体壁凹陷的横卵圆形盘状标记,标记中央具横裂缝。受精囊孔 3 对,位 5/6/7/8 节间腹面,孔在具横裂缝体壁凹陷盘的中央(图 255)。雌孔单,位 XIV 节腹中央。异常个体或无受精囊孔,生殖标记位 XXI-XXV 节。

内部特征:隔膜 8/9/10 缺。肠自 XV 节始扩大;盲肠位 XXVII-XXI 节,简单,边缘具隔膜缢痕（图 255）。心脏位 X-XII 节。精巢囊不成对。储精囊大，位 XI 和 XII 节。前列腺大，位 XVI-XVIII 节；前列腺管长 4-7 mm，具肌肉质。受精囊 3 对，位 VI-VIII 节；坛管细，与坛分界不显；盲管自坛管前方体壁长出，较主体略长，柄细短，中部环状或"之"字形弯曲，然后逐渐宽，形成棒状纳精囊。副性腺蘑菇状，直立在体腔中，具宽软头部和直纺锤形肌肉质柄。

体色：标本红色，背面色浅，或环带后无色。

命名：本种依据受精囊孔区纵卵圆盘状标记的轮廓不规则特征而命名。

模式产地：印度（加尔各答）。

模式标本保存：印度博物馆与德国汉堡博物馆。

中国分布：云南。

生境：生活在草坪下或树下、沟渠里、城镇或附近以及丛林等开阔空间的土壤中，腐烂的叶片或粪肥中。

### 269. 双残腔蚓 *Metaphire birmanica* (Rosa, 1888)

*Pheretima birmanica* Rosa, 1888. *Boll. Mus. Zool. Anat. Comp. Univ. Torino*, 3(44): 1-2.

*Pheretima birmanica* Gates, 1972. *Trans. Amer. Philos. Soc.*, 62(7): 172-173.

*Metaphire birmanica* Bantaowong et al., 2011. *Tropical Natural History*, 11(1): 55-69.

*Metaphire birmanica* 徐芹和肖能文，2011. *中国陆栖蚯蚓*: 218.

*Metaphire birmanica* Xiao, 2019. *Terrestrial Earthworms (Oligochaeta: Opisthopora) of China*: 265-266.

外部特征：体长 100-160 mm，宽 4-7 mm。体节数 112。口前叶上叶式。背孔自 12/13 节间始。环带位 XIV-XVI 节，无刚毛。刚毛数每体节一般 70；24-30（VI）、25-33（VII）在受精囊孔间，12-18（XVIII）在雄孔间。雄孔位 XVIII 节腹面，小，孔在 1 具中央孔隙的小交配腔内圆锥状阴茎上。受精囊孔 3 对，位 5/6/7/8 节间腹面，孔在体壁内陷的横裂缝状小突上，孔间距约占 1/2 节周（图 256）。雌孔单，位 XVI 节腹中央。

内部特征：隔膜 8/9-9/10 缺，5/6/7 厚。肠自 XV 节始扩大；盲肠位 XXVII-XXIII 节，毡帽状，最背面 3-6 盲囊最长。末对心脏位 XIII 节。精巢囊成对位于腹部。储精囊小，位 XI 和 XII 节。前列腺位 XVI-XX 节；前列腺管为"U"形环。受精囊 3 对，位 VI-VIII 节；坛管粗宽，与体壁凹陷界线不显，通过一窄腔与盲管汇合；盲管较主体略长，基本呈"Z"形扭曲，在体壁与坛管连接（图 256）。

体色：标本背面浅褐色至蓝灰色。

模式产地：缅甸（八莫）。

模式标本保存：意大利热那亚博物馆

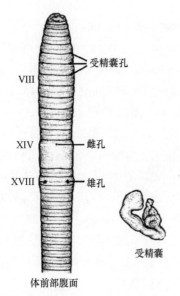

图 256　双残腔蚓
（Bantaowong et al., 2011）

中国分布：云南（澜沧）。

生境：生活在田地里、有肥的花园、稻田的垄、草地下的开阔地带、竹林、灌木丛以及有粪肥的土壤中。

讨论：本种与衰弱远盲蚓 *Amynthas defecta* 较相似，但从以下几方面可以明显区分：后者受精囊孔周围有圆盘状雄突，每个雄突凹入体壁形成可见的交配腔，雄突在交配腔顶部直立成锥形阴茎。

## 270. 马祖腔蚓 *Metaphire matsuensis* Shen, Chang & Chih, 2014

*Metaphire matsuensis* Shen et al., 2014. *Jour. Nat. Hist.*, 48(9-10): 514-520.

外部特征：体长 58-135 mm，宽 2.52-5.73 mm（环带）。体节数 95-100。口前叶上叶式。背孔自 12/13 节间始。环带位 XIV-XVI 节，长 3.14-6.31 mm，背孔和刚毛缺失。刚毛小，刚毛数：50-68（VII），53-74（XX）；11-18（XVIII）在雄孔间。雄孔 1 对，位 XVIII 节腹侧，腹间距占 0.28-0.38 节周，雄孔在围绕 0-10 个小乳突的锥形外翻交配腔的顶端。当交配腔凹入时，每个交配腔的次生孔为 1 纵裂缝，边缘环绕皱褶。整个雄孔区环绕几条同心皮褶。受精囊孔 3 对，位 5/6/7/8 节间背侧面，唇状，孔背间距占 0.34-0.37 节周。每孔周围 2 个小乳突：1 个在前，1 个在后。偶尔每孔正对 1 个或 2 个乳突。生殖乳突缺失，VIII 节刚毛前正中 1-3 个或左侧和右侧各 1-3 个乳突（图 257）。雌孔单，位 XIV 节腹中央。

内部特征：隔膜 9/10 缺失，8/9 膜状，5/6/7/8 和 10/11-13/14 厚。砂囊大，位 VIII-X 节。肠自 XV 节始扩大；盲肠位 XXVII 节，简单，褶皱，远端直或弯，前伸至 XXIV-XXV 节。心脏位 X-XIII 节。肾丛在 5/6/7 隔膜前面。精巢大，2 对，位 X 和 XI 节，腹连接。储精囊 2 对，位 XI 和 XII 节，大，细囊泡状，占满整个体节，通常前对更大，无背叶。前列腺大，位 XVI-XXI 或 XVII-XXI 节，褶皱且分叶；前列腺管粗，位 XVIII 节，"U"形。副性腺具柄，蘑菇状或不规则形状，总长 0.46-1.08 mm，对应外部生殖乳突。受精囊 3 对，位 VI-VIII 节；坛梨形或长卵圆形，长 1.79-3.07 mm，宽 1.2-3.06 mm，受精囊柄粗，长 0.63-1.0 mm；盲管近端细直，远端部分卷绕且扩大。副性腺具柄，蘑菇状，对应外部生殖乳突，总长约 1.0 mm（图 257）。

体色：保存标本褐色到浅灰色，环带褐色。

命名：本种根据模式产地福建连江马祖岛命名。

模式产地：福建连江马祖东引岛燕秀窝村（海拔 19 m）附近，南竿乡妈祖庙（海拔 67 m）。

模式标本保存：台湾特有生物研究保育中心（南投）。

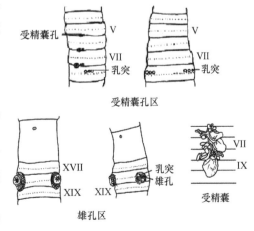

图 257　马祖腔蚓（Shen et al.，2014）

中国分布：福建（连江）。

讨论：本种由于雄孔构造简单，容易与受精囊孔 3 对、位 5/6/7/8 节间的其他腔蚓相区别。其雄孔构造在形态学上相似于威廉腔蚓 *Metaphire guillelmi* 和双叶腔蚓 *Metaphire bifoliolare*。威廉腔蚓是 6 囊蚯蚓，具 3 对腹侧受精囊孔，位 6/7/8/9 节间，受精囊的构造在形态学上完全类似于马祖腔蚓。双叶腔蚓也是 6 囊，具 3 对位于节间的腹侧受精囊孔，位 V-VII 节后部，但它的盲管具细长、腊肠状的纳精囊，这与本种盘绕的盲管不同。另外，本种的内部与外部形态学特征也类似于 6 囊的脊囊腔蚓 *Metaphire thecodorsata*，但后者的受精囊孔是大横裂状，紧靠在 V-VII 节后部背中线。

本种的雄孔构造也类似于首尔腔蚓 *Metaphire soulensis*。但是，首尔腔蚓是 4 囊，具有 2 对腹侧受精囊孔，位 6/7/8 节间。首尔腔蚓由 5 个或 6 个指状盲突组成复式盲肠、前列腺与前列腺管缺失，以及无盲管的退化受精囊的特征与本种有明显不同。

## B. 二孔种组 *biforatum*-group

受精囊孔仅 1 对，位 V 节。

国外分布：东洋界、澳洲界。

中国分布：湖南。

中国有 1 种。

### 271. 二孔腔蚓 *Metaphire biforatum* Tan & Zhong, 1987

*Metaphire biforatum* 谭天爵和钟远辉, 1987. *动物分类学报*, 12(2): 128-129.
*Metaphire biforatum* 徐芹和肖能文, 2011. *中国陆栖蚯蚓*: 217-218.
*Metaphire biforatum* Xiao, 2019. *Terrestrial Earthworms (Oligochaeta: Opisthopora) of China*: 267.

外部特征：体长 121-142 mm，宽 5-6.2 mm。体节数 97-115。口前叶较小，1/4-1/3 前上叶式。背孔自 12/13 节间始。环带位 XIV-XVI 节，具背孔，腹面可见刚毛。刚毛较多，细密，背腹均明显，$aa=$（1.0-1.2）$ab$，$zz=1.5yz$；刚毛数：77-85（III），86-101（V），97-116（VII），95-123（IX），85-90（XIII），80-85（XX）；24-27（V）在受精囊孔间，8-11 在雄孔间。雄孔位 XVIII 节腹面由皮褶形成的交配腔内，腔孔外缘及前后缘波浪状，且在皮褶表面形成沟纹；交配腔底部露出腔口部分具少许纵纹或无；雄孔小，圆形，基部体壁微呈丘状隆起，恰为皮褶掩盖；雄突两侧各具 1 横脊，外侧者伸达囊壁，内侧者露出囊孔，约占露出部分的 1/2（图 258）。受精囊孔 1 对，位 V 节背面后缘，紧靠 5/6 节间沟，占 1/4-2/7 节周；孔横裂缝状，在 1 小圆形平顶或椭圆形平顶乳突中央，有时乳突不显。

内部特征：隔膜 5/6-9/10 很厚，富肌肉，5/6/7 前壁具发达的小肾管，10/11 稍薄，具肌肉，11/12 后

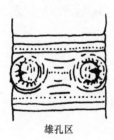

**雄孔区**     **雄孔区放大图**

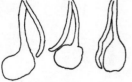

**受精囊**

图 258 二孔腔蚓
（谭天爵和钟远辉，1987）

呈膜状，8/9 掩盖着砂囊，自 15/17 起具隔膜小肾管。背血管在 12/13 隔膜前，被隔膜覆盖，其后始全露出，变粗，直到体末端。心脏位 X-XIII 节，较背血管细，左右对称，前2 对被储精囊和精巢囊覆盖。肠自 XVI 节始扩大；盲肠简单，位 XXVII-XXIII 节，长囊形，基部比端部稍宽，末端较尖，背腹缘均光滑。第一对精巢囊位 X 节内，发达，上卷，在肠背面相遇，并被 10/11 隔膜覆盖，略呈肾形，前缘距端部约 1/3 处有 1 切凹；第二对精巢囊位 XI 节内，略呈花瓣状，包裹着第一对储精囊；2 对精巢囊在腹面相接，但不交通。储精囊位 XI 和 XII 节，块状，与精巢囊相连处较细，柄状，背叶明显，较小，近圆形。前列腺位 XVII-XIX 或 1/2XVI-1/2XX 或 XVI-XX 节内，分为 2 大叶，每 1 叶又分为数小叶；前列腺管倒 "U" 形，外端较内端粗；前列腺通入体壁处无副性腺。受精囊 1 对，位 VI 节，坛管及盲管大部分被 6/7 隔膜覆盖；坛扁圆形或长囊形或不规则，（2-3）mm×（2-2.5）mm；坛管较粗，长约 3 mm；盲管较主体短，长 3-4.2 mm，端部较尖，为不明显的纳精囊，其外端 1/3 段可见贮存的精子；盲管在坛管通入体壁处的前方通入（图 258）。

体色：保存标本褐色，背腹一致；自 XII 节起，沿背中线到体末端有一黑色的色带，宽约 0.8 mm，环带深褐色。

命名：本种依据只有 1 对受精囊孔命名。

模式产地：湖南（益阳）。

模式标本保存：湖南农学院解剖教研室。

中国分布：湖南（益阳）。

生境：生活在海拔 31 m 的河边菜地。密布于 60 cm 以下的土层中。

讨论：本种与似腋腔蚓 Metaphire exiloides 很相似。但本种受精囊孔 1 对，在 V 节后缘，盲管不呈 "Z" 形弯曲等与似腋腔蚓有区别。

C. 双颐种组 bucculenta-group

受精囊孔 4 对，位 5/6-8/9 节间。

国外分布：东洋界、澳洲界。

中国分布：重庆、四川、台湾。

中国有 16 种。

### 双颐种组分种检索表

## 272. 双突腔蚓 *Metaphire bipapillata* (Chen, 1936)

*Pheretima bipapillata* Chen, 1936. *Contr. Biol. Lab. Sci. Soc. China (Zool.)*, 11(8): 286-288.
*Pheretima bipapillata* Chen, 1946. *J. West China Bord. Res. Soc.*, 16(B): 136.
*Metaphire bipapillata* Sims & Easton, 1972. *Biol. J. Linn. Soc.*, 4(3): 238.

*Metaphire bipapillata* 徐芹和肖能文, 2011. *中国陆栖蚯蚓*: 218.
*Metaphire bipapillata* Xiao, 2019. *Terrestrial Earthworms (Oligochaeta: Opisthopora) of China*: 268-269.

外部特征：体长 110-210 mm，宽 3.5-5 mm。体节数 100-141。口前叶 2/3 上叶式。背孔自 12/13 节间始。环带完整，无刚毛。体前部刚毛更明显，但一般细；刚毛数：24-32（III），38-44（VI），38-46（VIII），49-66（XXV）；13-15（VI）、12-14（VIII）在受精囊孔间，10-12 在雄孔间。雄孔 1 对，位 XVIII 节腹面，约占 1/3 节周，孔在一侧位半月形囊上，囊腔（交配腔）居中具一大圆形乳突（图 259）。受精囊孔 4 对，位 5/6-8/9 节间腹面，约占 2/7 节周；受精囊孔区无生殖乳突。雌孔单，位 XIV 节腹中央。

内部特征：隔膜 8/9/10 缺失，5/6-7/8 等厚，具肌肉，10/11/12 略厚，12/13 及之后薄且略具肌肉。砂囊大，位 IX 节。肠自 XVI 节始扩大；盲肠简单，延伸至 XXIII 节。心脏 4 对，位 X-XIII 节。精巢囊位 X 节，肿大，中间相连，在 XI 节广泛连合。储精囊位 XI 和 XII 节，XI 节非常大，具一小背叶，位于前背部，XII 节背叶更小，约为前者的 1/3；但副模标本中，它们同等大小。前列腺发达，位 XV-XXI 节；前列腺管细长，长约 9 mm，中部卷曲；副性腺具柄且外表光滑，与外部 1 个大乳突相连，位 1 圆形片上。受精囊 4 对，位 VI-IX 节，向后逐渐扩大；模式标本具心形小坛，宽 1.0 mm，坛管长 2 mm，宽 0.8 mm，副模标本坛大，长 3 mm，宽 1.5 mm，与坛管区分明显。盲管细，远端卷绕，近端长约 1 mm，直，在靠近体壁处汇入坛管（图 259）。

体色：背侧巧克力褐色或暗蓝灰色，腹面苍白色。

命名：本种依据雄孔区半月形囊的囊腔居中具一大圆形腺乳突而命名。

模式产地：重庆（涪陵）。

模式标本保存：曾存于国立中央大学（南京）动物学标本馆，疑遗失。

中国分布：重庆（涪陵）、四川。

生境：大部分标本采集自重庆嘉陵江的沙土中，生活在江边沙质土中。

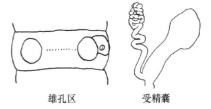

雄孔区　　　　　受精囊

图 259 双突腔蚓（Chen, 1936）

## 273. 双颐腔蚓 *Metaphire bucculenta* (Gates, 1935)

*Pheretima bucculenta* Gates, 1935a. *Smithsonian Mis. Coll.*, 93(3): 7.
*Pheretima bucculenta* Chen, 1936. *Contr. Biol. Lab. Sci. Soc. China (Zool.)*, 11(8): 294-295.
*Pheretima bucculenta* Gates, 1939. *Proc. U.S. Nat. Mus.*, 85: 425-427.
*Pheretima bucculenta* Chen, 1946. *J. West China Bord. Res. Soc.*, 16(B): 136.
*Pheretima bucculenta* 陈义等, 1959. *中国动物图谱 环节动物(附多足类)*: 14.
*Metaphire bucculenta* Sims & Easton, 1972. *Biol. J. Linn. Soc.*, 4(3): 238.
*Metaphire bucculenta* 徐芹和肖能文, 2011. *中国陆栖蚯蚓*: 220-221.
*Metaphire bucculenta* Xiao, 2019. *Terrestrial Earthworms (Oligochaeta: Opisthopora) of China*: 269-270.

外部特征：体长 110-210 mm，宽 3.5-7.0 mm。体节数 127-141。背孔自 12/13 节间始。环带位 XIV-XVI 节，环状，无刚毛。体前部 III-VIII 节腹面刚毛粗，间隔亦宽。刚

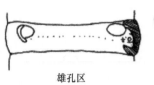

雄孔区

受精囊

图 260 双颐腔蚓（Gates，1935a）

毛数：40（III），55（VI），64（VIII），60（XII），77（XXV）；14-23（VIII）在受精囊孔间，11-17 在雄孔间。雄孔在一半月形的皮褶内隆起上，生殖标记一对，位 XVIII 节刚毛圈前（图 260）。受精囊孔 4 对，位 5/6/7/8/9 节间梭形区之中，孔周或附近均无乳突。雌孔单，位 XIV 节腹中央。

内部特征：隔膜 8/9/10 缺失，8/9 或仅腹面存在，6/7/8 和 10/11/12 厚，肌肉质，12/13 肌肉质。肠自 XV 节始扩大；盲肠毡帽状，细长，具 6-8 个明确、短粗、颇宽的裂叶，裂叶长度比主囊背腹宽度短。心脏位 IX-XIII 节。精巢囊位 X 和 XI 节腹面，不成对。储精囊位 XI 和 XII 节腹部，中等大小。前列腺位 XVII-XVIII 节；前列腺管长约 4 mm，"U" 形弯曲，外端之半比内端之半粗。前列腺管末端有座生腺体两团。盲管和受精囊主体等长，内端 2/3 盘绕多转，为纳精囊。生殖腺无柄，穿过体壁突入体腔。副性腺具直径约 1.5 mm 的短管，位于一大团块内（直径 1.5 mm）。受精囊和盲管较小，内无精液（图 260）。受精囊 4 对，位 VI-IX 节。

体色：保存标本背面紫褐色，腹面灰白色（前端稍带灰褐色）。

命名：本种依据雄孔区的形态像是充盈的脸蛋而命名。

模式产地：四川（宜宾）。

模式标本保存：美国国立博物馆（华盛顿）。

中国分布：重庆（北碚、沙坪坝）、四川（宜宾）、甘肃。

生境：生活在海拔 1000-1200 m 的地区。

讨论：本种与中国远盲蚓属八囊蚓的区别在于表面连合的受精囊孔区和内陷的雄孔。

本种雄孔的体壁内陷，与直隶腔蚓 *Metaphire tschiliensis*、秉前腔蚓 *Metaphire praepinguis praepinguis* 和松潘腔蚓 *Metaphire paeta* 非常相似。

根据 Chen（1936）的描述，本种与方氏腔蚓 *Metaphire fangi* 的区别在于交配腔内具有更大的生殖标记，更大的交配腔，X 节有更强壮的心脏，受精囊盲管卷曲。但 Gates（1939）认为本种与方氏腔蚓的生殖标记或心脏大小、交配腔（如果存在）的深度以及受精囊盲管的卷曲稍有不同。

### 274. 布农腔蚓 *Metaphire bununa* Tsai, Shen & Tsai, 2000

*Metaphire bununa* Tsai et al., 2000a. *Jour. Nat. Hist.*, 34(9): 1736-1738.
*Metaphire bununa* Chang et al., 2009. *Earthworm Fauna of Taiwan*: 104-105.
*Metaphire bununa* 徐芹和肖能文, 2011. *中国陆栖蚯蚓*: 221.
*Metaphire bununa* Xiao, 2019. *Terrestrial Earthworms (Oligochaeta: Opisthopora) of China*: 270-271.

外部特征：体长 255-352 mm，宽 10.6 mm（环带）。体节数 189-221。IV-VI 节每节 3 个体环，VIII-XIII 节每节 5-7 体环，XVII 节以后每节 5 体环。口前叶前叶式。背孔始于 12/13 间。环带位 XIV-XVI 节，光滑，环状，无背孔，无刚毛。刚毛数：103-111（V），114-158（VII），119-145（XX）；19-29 在雄孔间。雄孔 1 对，位 XVIII 节腹面，

孔间距约占 1/4 节周。雄孔"C"形，具隆起的囊状边缘，周围具环褶，前后缘伸达 17/18 与 18/19 节间沟。受精囊孔 4 对，位 5/6-8/9 节间，孔间距约占 0.36 节周。雄孔区和受精囊孔区均无生殖乳突（图 261）。雌孔单，位 XIV 节腹中部。

雄孔区

内部特征：隔膜 5/6-7/8 厚，8/9/10 缺，10/11-12/13 颇厚。砂囊位 VIII-X 节，圆形，白色。肠自 XV 节始扩大；盲肠 1 对，自 XXVII 节始，前伸达 XXVI 节，浅黄色，表面略带皱褶（图 261）。心脏位 IX、XII、XIII 节。精巢囊 1 对，位 X 节，大，白色，位隔膜 10/11 的前方腹中部。储精囊 1 对，位 XI 节，光滑，浅黄色；XII 节具 1 对退化小储精囊，各具一囊状背

受精囊　　　　　盲肠

图 261　布农腔蚓（Tsai et al., 2000a）

叶。前列腺位 XVIII 节，具裂叶，前伸达 XVII 节，后伸达 XX 节；前列腺管略弯曲，末端通入交配腔；连接前列腺的部分宽，连接交配腔的部分窄，交配腔中部与体壁腹中部以 1 小束白平行肌纤维相连。卵巢成对位 XIII 节，紧靠隔膜 12/13，居腹中。受精囊 4 对，位 VI-IX 节；坛长桃形，柄细长；盲管具 1 长柄，近端直，远端弯曲或"之"字形卷曲绕成纳精囊。

体色：保存标本背面暗紫蓝色，腹面浅灰色，环带灰棕色。

命名：本种依据模式产地生活着布农人而命名。

模式产地：台湾（南投）。

模式标本保存：台湾特有生物研究保育中心（南投）。

中国分布：台湾（南投）。

生境：生活于潮湿的山坡，土壤为黏土或黏土与石子混合，有草本植物覆盖。

讨论：本种可以适应很宽的温度范围，可生活于常绿阔叶林、落叶阔叶林或针阔混交林以及针叶林。在原始森林和次生林中均有发现。本种有永久性垂直洞穴。夜间喜在上层土壤或地面活动，晚上则在地面 30 cm 及以下活动。

## 275. 方氏腔蚓 *Metaphire fangi* (Chen, 1936)

*Pheretima fangi* Chen, 1936. *Contr. Biol. Lab. Sci. Soc. China (Zool.)*, 11(8): 275-278.

*Pheretima fangi* Chen, 1946. *J. West China Bord. Res. Soc.*, 16(B): 136.

*Metaphire fangi* Sims & Easton, 1972. *Biol. J. Linn. Soc.*, 4(3): 238.

*Metaphire fangi* 徐芹和肖能文, 2011. *中国陆栖蚯蚓*: 226-227.

*Metaphire fangi* Xiao, 2019. *Terrestrial Earthworms (Oligochaeta: Opisthopora) of China*: 271-272.

外部特征：体长 100-135 mm，宽 4-5 mm。体节数 112-139。口前叶 1/2 上叶式。背孔自 11/12 节间始，微小；12/13 节间始明显。环带位 XIV-XVI 节，完整，环状，光滑，无刚毛，腺体部不隆起；环带与 2.5 个环带前体节或 4 个环带后体节等长。II-VIII 或 IX 节刚毛长，III-VI 节稀疏，部分脱落；背腹无差异；环带后稠密；$aa$=（1.5-2）$ab$，$zz$=（2-2.5）$yz$；刚毛数：24-28（III），34-37（VI），34-40（VIII），48-56（XXV）；11-12（V）、

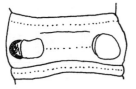 

雄孔区　　　　受精囊

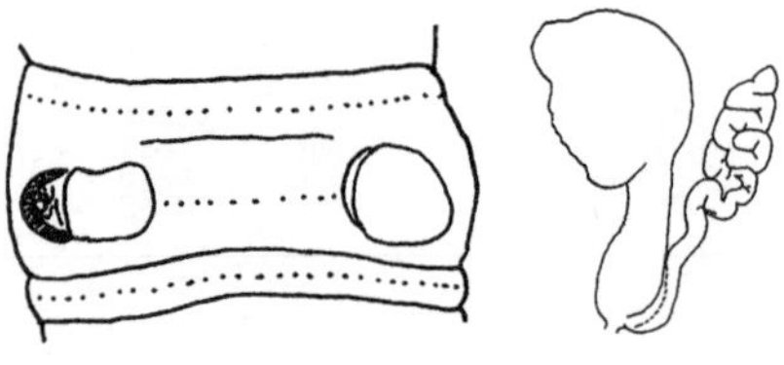

图 262　方氏腔蚓（Chen, 1936）

12-13（VI）、13-14（VII）、14-16（VIII）在受精囊孔间，8-16 在雄孔间。雄孔位 XVIII 节腹面，约占 1/3 节周，孔在 1 侧囊的突起上，囊内侧具 1 极大乳突，囊宽约占 3/5 体节长（图 262）。受精囊孔 4 对，位 5/6-8/9 节间腹面，约占 2/7 节周，眼状。雌孔单，位 XIV 节腹中央。

内部特征：隔膜 8/9/10 缺失，4/5 薄，5/6-7/8 略厚，10/11-11/12 极薄，膜状。砂囊长桶状，位 1/2IX 和 X 节。肠自 XVI 节始扩大；盲肠简单，尖细，位 XXVII-XXII 节，腹脊具短齿。心脏 4 对，首对粗大，位 X 节。精巢囊位 X 节，以 1 横囊或厚 "V" 形交通，后对于 XI 节连接。储精囊极大，位 XI 和 XII 节，表面腺肿，前后长约 3 mm，各具 1 小背叶。前列腺位 XVI-X 节，具长叶，各具 1 长管；前列腺管内端之半细，长约 8 mm；副性腺无柄紧靠在前列腺管根，位 XVII-XIX 节，长约 4 mm。受精囊 4 对，位 VI-IX 节；坛心形或近球形，坛与坛管约等长，界线明显，坛管外端略膨大，坛宽 2 mm，长 2.2 mm；坛管长 2.2 mm，最宽处 1 mm；盲管较主体短，内端 1/2 "之" 字形曲折，在同一平面有 7-11 圈，盲管与坛管等长，盲管宽 0.26 mm（图 262）。

体色：保存标本颜色不明显，背侧浅巧克力色。

命名：为感谢著名生物学家方炳文对中国蚯蚓分类的贡献，本种依据其姓氏命名。

模式产地：四川（宜宾）。

模式标本保存：曾存于国立中央大学（南京）动物学标本馆，疑遗失。

中国分布：重庆（沙坪坝、柏溪、北碚）、四川（宜宾）。

讨论：本种与双颐腔蚓 *M. bucculenta* 较为相似，区别在于雄孔中部具一大乳突以及非常卷曲的受精囊盲管。双颐腔蚓与秉氏远盲蚓 *Amynthas pingi pingi* 有许多相似之处，如受精囊乳突、盲管以及雄孔区以外的刚毛。在本种的唯一标本中，有大量葡萄状结构附在体壁内表面，同样的情况在受精囊坛上也有出现。这表明这个特殊的标本被寄生虫严重感染。当然，本种与双颐腔蚓或秉氏远盲蚓可以从卷曲的受精囊盲管、X 节强壮的心脏、雄孔区的大乳突以及其他方面区分开。

## 276. 飞栈腔蚓 *Metaphire feijani* Chang & Chen, 2004

*Metaphire feijani* Chang & Chen, 2004. *Taiwania*, 49(4): 219-224.
*Metaphire feijani* Chang et al., 2009. *Earthworm Fauna of Taiwan*: 108-109.
*Metaphire feijani* 徐芹和肖能文, 2011. *中国陆栖蚯蚓*: 227-228.
*Metaphire feijani* Xiao, 2019. *Terrestrial Earthworms (Oligochaeta: Opisthopora) of China*: 272-273.

外部特征：体长 215-310 mm，宽 8-12 mm。体节数 95-140。VI-IX 节以及 XVII 节后各具 3 体环，X-XIII 节各具 5 体环。口前叶前叶式。背孔自 12/13 间始。环带位 XIV-XVI 节，环状，光滑，无刚毛和背孔，长 10.2-11.0 mm。刚毛数：76-96（III），101-104（XX）；20-22 在雄孔间。雄孔位 XVIII 节腹侧刚毛圈上，孔间距约占 0.26 节周。每个交配腔压缩至体壁的外表面，环绕 2-6 条环褶，侧边缘具一厚唇状瓣；交配腔开口为平行体轴线的裂缝，朝向腹中线；雄孔埋在交配腔内，不显；交配腔开口前具 1 小的腺垫。此区无其他乳突（图 263）。受精囊孔 4 对，位 5/6-8/9 节间腹侧，不显，占 0.27-0.35 节周，无乳突。雌孔单，位 XIV 节腹中央。

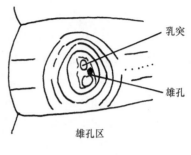

内部特征：隔膜 5/6-7/8 厚，8/9 薄，9/10 缺失，10/11-13/14 极厚。砂囊位 VIII-X 节。肠自 XV 节始扩大；盲肠自 XXVII 节始，前伸达 XXVI 节，简单。心脏位 X-XIII 节。精巢囊 1 对，位 X 节，椭圆形，光滑，在隔膜 10/11 前腹中部。储精囊成对位 XI 节，大，各具 1 囊状背叶。前列腺大，成对位 XVIII 节，前后分别伸至 XVII 节和 XIX 节，具小裂叶。卵巢成对位于 XIII 节，腹中部，紧靠隔膜 12/13。受精囊 4 对，位 VI-IX 节；坛大，长 2.8-4.2 mm，柄长 1.4-2.4 mm；盲管短，卷绕在受精囊中部，顶端略膨大成纳精囊（图 263）。

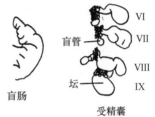

图 263　飞栈腔蚓
（Chang & Chen，2004）

体色：保存标本背部淡紫褐色，腹部淡褐色，背侧浅巧克力色。活体背部为带有金属光泽的蓝褐色，腹部淡红褐色。

命名：为感谢林飞栈博士在台湾蚯蚓早期研究中的贡献，本种依据其名字命名。

模式产地：台湾（屏东）。

模式标本保存：台湾大学生命科学系（台北）。

中国分布：台湾（屏东）。

讨论：本种与李氏腔蚓 *M. paiwanna liliumfordi*、布农腔蚓 *M. bununa*、台湾腔蚓 *M. taiwanensis* 等 3 个物种均有 4 对受精囊和 1 对精巢囊，但后三种的受精囊盲管柄并不紧凑卷曲，雄孔区呈"C"形，具一个大的腺垫而不是小的，因此飞栈腔蚓与之较容易区分。

### 277. 砂地腔蚓 *Metaphire glareosa* Tsai, Shen & Tsai, 2000

*Metaphire bununa glareosa* Tsai et al., 2000a. *Jour. Nat. Hist.*, 34(9): 1738-1740.
*Metaphire glareosa* Chang et al., 2009. *Earthworm Fauna of Taiwan*: 112-113.
*Metaphire bununa glareosa* 徐芹和肖能文，2011. *中国陆栖蚯蚓*: 221-222.
*Metaphire glareosa* Xiao, 2019. *Terrestrial Earthworms (Oligochaeta: Opisthopora) of China*: 273.

外部特征：体长 204-330 mm，宽 10 mm（环带）。体节数 124-155。口前叶上叶式。环带位 XIV-XVI 节，环状，长约 10 mm，背孔和刚毛缺失。刚毛数：46（V），61-90（VII），81-91（XX）；6-27 在雄孔间。雄孔 1 对，位 XVIII 节腹面，雄孔"C"形，具隆起的囊状边缘，周围具皮褶，前后缘伸达 17/18 与 18/19 节间沟；XVII 节刚毛圈后具一卵圆形垫，紧靠雄孔前端，经储精沟与雄孔开口相连。受精囊孔 4 对，位 5/6-8/9 节间。雄孔区和受精囊孔区均无生殖乳突。雌孔单，位 XIV 节腹中央。

内部特征：隔膜 8/9/10 缺，5/6-7/8 厚，10/11 和 12/13 极厚。砂囊位 VIII-X 节。肠始于 XV 节；盲肠 1 对，自 XXVII 节始，简单，前伸至 XXV 节。肾管丛生，紧贴体节后隔膜，在 V 和 VI 节围绕体节腔。心脏位 X-XIII 节。精巢囊 1 对，位 X 节，卵圆形，光滑，位 10/11 节间前腹中部。储精囊 1 对，位 XI 节，大，各具 1 囊状背叶。前列腺成对位 XVIII 节，大，具小叶，先后分别伸至 XVII 和 XIX 节。卵巢成对位 XIII 节腹中部，紧靠隔膜 12/13。受精囊 4 对，位 VI-IX 节；坛长桃状，具细柄；盲管具一长柄，近端直，远端卷曲，末端为一白色小纳精囊。

体色：保存标本背部藏蓝色，腹部浅灰色。

命名：本种以模式标本的生境命名。

模式产地：台湾（台东）。

模式标本保存：曾存于台湾特有生物研究保育中心（南投），后因 1999 年地震被毁。

中国分布：台湾（台东）。

生境：生活在覆盖有草本植物的石质或砂质土壤中。

讨论：本种生活在阔叶林中，原始森林和次生林均有分布。本种为深土栖型物种，具永久垂直洞穴。夜间在上层土壤或地表活动，白天在距地面 30 cm 及更深土层活动。

### 278. 异肢腔蚓 *Metaphire heteropoda* (Goto & Hatai, 1898)

*Perichaeta heteropoda* Goto & Hatai, 1898. *Annot. Zool. Jap.*, 1(2): 69-70.

*Metaphire heteropoda* Sims & Easton, 1972. *Biol. J. Linn. Soc.*, 4(3): 237.

Metaphire heteropoda 徐芹和肖能文, 2011. *中国陆栖蚯蚓*: 232.

*Metaphire heteropoda* Xiao, 2019. *Terrestrial Earthworms (Oligochaeta: Opisthopora) of China*: 273-274.

外部特征：体长 100 mm，宽 4 mm。体节数 72。背孔自 10/11 节间始。环带位 XIV-XVI 节，无刚毛。II-XIII 节刚毛粗且长，V-VIII 节各具 32 根刚毛；12 在雄孔间。雄孔位 XVIII 节腹面，孔缘略隆起，此区无乳突。受精囊孔 4 对，位 5/6-8/9 节间。VI-IX 节刚毛圈前各具 1 对乳突（图 264）。雌孔单，位 XVI 节腹中央。

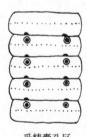

受精囊孔区

图 264　异肢腔蚓
（Goto & Hatai，1898）

内部特征：隔膜 8/9/10 缺失，5/6-7/8 与 10/11-15/16 厚。砂囊位 VIII-IX 节。肠自 XVII 节始扩大；盲肠 1 对，位 XXVI 节，前伸至 XXIII 节。末对心脏位 XIII 节。精巢位 X 和 XI 节。储精囊位 XI 和 XII 节。前列腺缺失，仅在对应外部雄孔部位具 1 个小球。受精囊 4 对，位 VI-VIII 节；盲管不卷曲，盲端膨大。

体色：保存标本褐色，环带浅黄色。

命名：本种可能依据刚毛长度不同而命名。

模式产地：日本（东京、所泽）。

模式标本保存：美国国立博物馆（华盛顿）。

中国分布：台湾。

### 279. 火红腔蚓 *Metaphire ignobilis* (Gates, 1935)

*Pheretima ignobilis* Gates, 1935a. *Smithsonian Mis. Coll.*, 93(3): 11.

*Pheretima ignobilis* Chen, 1936. *Contr. Biol. Lab. Sci. Soc. China (Zool.)*, 11(8): 299.

*Pheretima ignobilis* Gates, 1939. *Proc. U.S. Nat. Mus.*, 85: 450-451.

*Metaphire ignobilis* Sims & Easton, 1972. *Biol. J. Linn. Soc.*, 4(3): 238.

*Metaphire ignobilis* 徐芹和肖能文, 2011. *中国陆栖蚯蚓*: 235.

*Metaphire ignobilis* Xiao, 2019. *Terrestrial Earthworms (Oligochaeta: Opisthopora) of China*: 274-275.

外部特征：体长 50-55 mm，宽 3-4 mm。体节数 97。口前叶 3/4 上叶式。背孔自 11/12 节间始。环带位 XIV-XVI 节，环状，不明显，具刚毛。刚毛自 II 节始，小，分布均匀；刚毛数：37（VI），39（VIII），41（XII），49（XXV）；16（VII）、16（VIII）在受精囊孔间，10 在雄孔间。雄孔位 XVIII 节腹刚毛圈上，孔小裂缝状，为一横裂缝状凹陷顶部，裂缝边缘光滑且反光；外侧环唇具几同心环沟，前后呈眼睑状皮瓣（图 265）。此区无生殖标记。受精囊孔 4 对，位 5/6/7/8/9 节间，为横裂缝状。雌孔单，位 XIV 节腹中央。

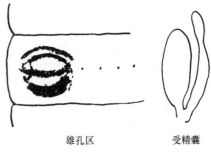

雄孔区　　　　受精囊

图 265　火红腔蚓（Chen，1936）

内部特征：隔膜 8/9/10 缺失。肠自 XV 节始扩大；盲肠简单，位 XXVII 节，前伸至 XIII 节，腹缘具几短粗指状叶，叶长较盲肠直径略短。第一对心脏位 X 节，末对心脏位 XIII 节。精巢囊 2 对，位 X 和 XI 节，第一对位 10/11 隔膜前，圆锥状，直立在腹面，不连接，间隔亦不宽。储精囊主囊达背血管；XIII 节具 1 对大的假囊。前列腺小，发育不完全，位 XVII-XIX 节；前列腺管细并弯曲成 "C" 形，外端较内端为粗。受精囊 4 对，位 VI-IX 节，为幼态型；体腔内的坛管与坛约等长等粗，但体壁内的坛管更厚且腔更宽；盲管与主体等长或更长，内端呈略小的宽扁球状（图 265）。

模式产地：四川（西昌）。

模式标本保存：美国国立博物馆（华盛顿）。

中国分布：四川（西昌）。

讨论：本种缺乏足够的识别特征。与其他具 8 个受精囊的腔蚓的区别在于受精囊孔凹陷，具一大横裂状次生孔。

### 280. 南澳腔蚓 *Metaphire nanaoensis* Chang & Chen, 2005

*Metaphire nanaoensis* Chang & Chen, 2005. *Jour. Nat. Hist.*, 39(18): 1469-1482.

*Metaphire nanaoensis* Chang et al., 2009. *Earthworm Fauna of Taiwan*: 116-117.

*Metaphire nanaoensis* 徐芹和肖能文，2011. *中国陆栖蚯蚓*: 243.

*Metaphire nanaoensis* Xiao, 2019. *Terrestrial Earthworms (Oligochaeta: Opisthopora) of China*: 276-277.

外部特征：体长 335-429 mm，环带宽 10.1-14.9 mm。体节数 132-177。V-IX 节具 3 体环，X-XIII 节具 5 体环，XVII 节以后具 3 体环。口前叶前叶式。背孔自 12/13 节间始。环带位 XIV-XVI 节，光滑，环状，长 13.8-14.4 mm，无背孔和刚毛。刚毛数：103-114（VII），120-131（XX）；19-23 在雄孔间。雄孔成对，位于 XVIII 节刚毛圈侧缘。每个雄孔区 "C" 形，扩大，"C" 形开口于腹部刚毛圈，长度约 2 倍体节长，伸达 XVII 和 XIX 节刚毛圈；边缘有增厚的壁，外缘有几个褶。雄孔口位于腹刚毛圈末端，有时部分被雄孔边缘的体壁覆盖，形成平滑的表面。雄孔后部末端具 1 非常小的垫（图 266）。受精囊孔 4 对，位 5/6-8/9 节间腹面，孔间距离大约为 2/5 节周。受精囊孔区无生殖乳突。雌孔单，位 XIV 节腹部中间。

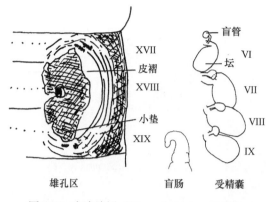

图 266 南澳腔蚓（Chang & Chen, 2005）

内部特征：隔膜 5/6-7/8 厚，8/9 薄，9/10 缺，10/11-13/14 颇厚。砂囊位于 VIII-X 节。肠自 XV 节始扩大；盲肠 1 对，位 XXVII 节，简单，前伸达 XXIII 节。肾管丛生，紧靠节后隔膜，围绕在体节腔周围，向前到隔膜 6/7。心脏位 X-XIII 节。精巢囊 1 对，位 X 节，卵圆形，光滑，在 10/11 节间前腹中部。储精囊 1 对，位 XI 节，充满了隔膜间的空间。某些个体 XII 节有 1 对非常小的储精囊。前列腺 1 对，位 XVIII 节，大，具小叶，伸达 XVII 节。卵巢 1 对，位 XIII 节腹中部，接近 12/13 隔膜。受精囊 4 对，位 VI-IX 节；坛状体大，长 3.5-5.5 mm，具一长 0.5-1.4 mm 的柄；盲管短，位于受精囊中部的上面，顶端有一小的椭圆形纳精囊（图 266）。

体色：保存标本背面紫棕色，腹面灰棕色。活体背面蓝棕色或者暗紫灰色并带有金属光泽，腹面红棕色。

命名：本种依据模式产地宜兰县南澳乡命名。

模式产地：台湾（宜兰）。

模式标本保存：台湾特有生物研究保育中心（南投）。

中国分布：台湾（宜兰）。

生境：生活在海拔 1500 m 以下的常绿阔叶林或落叶阔叶林。在原始森林和次生林中均可发现，对人类活动容忍度较低。本种属深土栖型，具有永久的垂直洞穴。晚上喜在上层土壤或地面活动。白天在土壤中活动，偶见雨后活跃。休眠时，通常在地下 30 cm 以下。

讨论：本种"C"形的雄孔、体型、体色、受精囊孔的数量、前列腺和盲肠的大小及形状等特征与元宝腔蚓 *M. yuanpowa*、排湾腔蚓 *M. paiwanna paiwanna* 以及布农腔蚓 *M. bununa* 较为相似。但是元宝腔蚓各雄孔口侧均具卵圆形的垫，且 1/2 节周的受精囊孔间距宽于南澳腔蚓。另外，这两个种的主要区别在于元宝腔蚓精巢囊位 X 和 XI 节，而本种则位于 X 节。排湾腔蚓和布农腔蚓精巢位 X 节，但这两个物种雄孔区与本种明显不同：前两者雄孔前端和雄孔口之间具一卵圆形垫，而且排湾腔蚓具一水平脊。这些不同在解剖镜下非常容易看到，甚至直接用眼就能区分。

### 281. 李氏腔蚓 *Metaphire paiwanna liliumfordi* Tsai, Shen & Tsai, 2000

*Metaphire paiwanna liliumfordi* Tsai et al., 2000a. *Jour. Nat. Hist.*, 34(9): 1734-1736.

*Metaphire paiwanna liliumfordi* Chang et al., 2009. *Earthworm Fauna of Taiwan*: 122-123.

*Metaphire paiwanna liliumfordi* 徐芹和肖能文, 2011. *中国陆栖蚯蚓*: 244-245.

*Metaphire paiwanna liliumfordi* Xiao, 2019. *Terrestrial Earthworms (Oligochaeta: Opisthopora) of China*: 275.

外部特征：体长 345-356 mm，宽 9-16 mm。体节数 182-183。V-VIII 节具 3 体环，IX-XIII 节具 5 体环，XVII 节后具 3 体环。口前叶上叶式。背孔始于 12/13 节间。环带位 XIV-XVI 节，环状，长 8.5-9.7 mm，刚毛和背孔缺。刚毛数：115-135（VII），119-138（XX）；30-32 在雄孔间。雄孔 1 对，位 XVIII 节刚毛圈侧缘交配腔内，前后分别伸至 XVII 和 XIX 节刚毛圈；交配腔 "C" 形，长度约为体节长度的 2 倍，侧缘为 1 厚皮壁，周围被皮褶环绕；雄孔口位于腹刚毛圈末端，在雄孔区中部或略靠后位置；一水平脊位于刚毛圈和雄孔口中间；一卵圆形垫位于雄孔口和雄孔区前端的中间，经储精沟与雄孔口相连（图 267）。受精囊孔 4 对，位 5/6-8/9 节间。雄孔区和受精囊孔区无生殖乳突。雌孔单，位 XIV 节腹中央。

内部特征：隔膜 5/6-7/8 厚，8/9/10 缺，10/11-13/14 极厚。砂囊位 XIII-X 节。肠自 XV 节始扩大；盲肠 1 对，自 XXVII 节始，简单，前伸至 XXV 节。肾管丛生，贴近体节后隔膜。心脏位 XI-XIII 节。精巢囊 1 对，位 X 节，光滑，位隔膜 10/11 正前。储精囊 1 对，位 XI 节，大，具囊状背叶。前列腺成对位 XVIII 节，大，前后分别伸至 XVII 和 XIX 节。卵巢成对位 XIII 节，腹中部，靠近隔膜 12/13。受精囊 4 对，位 VI-IX 节，各具一瘤状坛和一长柄（长度约坛长的 1/2）；盲管小，具卵圆形纳精囊，通过一短的、卷曲的柄连接坛的基部（图 267）。

体色：环带暗蓝棕色。

命名：本种中文名为音译，学名源于其模式标本采集地——百合种植园。

模式产地：台湾（花莲）。

模式标本保存：台湾特有生物研究保育中心（南投）。

中国分布：台湾（花莲）。

生境：本种发现于海拔约 800 m 的百合种植园排水沟内，沟深约 50 cm，潮湿，底质为黏土。

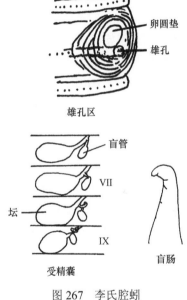

图 267 李氏腔蚓
（Tsai et al., 2000a）

## 282. 排湾腔蚓 *Metaphire paiwanna paiwanna* Tsai, Shen & Tsai, 2000

*Metaphire paiwanna paiwanna* Tsai et al., 2000a. *Jour. Nat. Hist.*, 34(9): 1732-1736.

*Metaphire paiwanna paiwanna* Chang et al., 2009. *Earthworm Fauna of Taiwan*: 118-119.

*Metaphire paiwanna paiwanna* 徐芹和肖能文，2011. *中国陆栖蚯蚓*: 245-246.

*Metaphire paiwanna paiwanna* Xiao, 2019. *Terrestrial Earthworms (Oligochaeta: Opisthopora) of China*: 277-278.

外部特征：体长 170-300 mm，宽 6.8-11.0 mm（环带）。体节数 132-177。V-IX 节具 3 体环，X-XIII 节具 5 体环，XVII 节以后具 3 体环。口前叶前叶式或上叶式。背孔自 12/13 节间始。环带位 XIV-XVI 节，光滑，环状，长 8.5-9.7 mm，无背孔和刚毛。刚毛数：108-170（VII），126-170（X），100-103（XX），104-126（XXV）；22-40 在雄孔间。

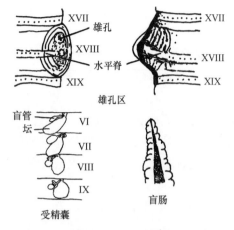

图 268 排湾腔蚓 (Tsai et al., 2000a)

雄孔成对，位于 XVIII 节刚毛圈侧缘，孔间距占 0.25-0.32 节周。每个雄孔区 "C" 形或略 "S" 形，扩大，"C" 形开口于腹部刚毛圈；雄孔区长度约为 2 倍体节长，前后分别伸达 XVII 和 XIX 节刚毛圈；侧缘有增厚的壁，外缘被皮褶环绕；雄孔口位于腹刚毛圈末端，为雄孔区中间或中间稍后位置；一水平脊位于刚毛圈和雄孔口中间；一卵圆形垫位于雄孔口和雄孔区前端之间，经储精沟与雄孔口连接（图 268）。受精囊孔 4 对，位 5/6-8/9 节间，孔间距占 0.5-0.71 腹节周。雌孔单，位 XIV 节腹中央。

内部特征：隔膜 5/6-7/8 略厚，8/9/10 缺，10/11-13/14 颇厚。砂囊位 VIII-X 节，大，黄白色，圆筒状，在 9/10 节间略缩紧，将砂囊分成 VIII 和 IX 节的长前部及 X 节的短后部两部分。肠自 XV 节始扩大；盲肠 1 对，自 XXVII 节始，简单，前伸达 XXIV 节，具缺刻，具 1 纵纹与浅黄白色的边。心脏位 X-XIII 节，大。精巢囊 1 对，位 X 节，光滑，卵圆形，白色，在隔膜 10/11 腹中部前面。储精囊 1 对，位 XI 节，各具 1 囊状背叶。前列腺 1 对，位 XVIII 节，大，葡萄状，黄白色，具小叶，前伸至 XVII 节；前列腺管短，粗，略弯曲。卵巢 1 对，位 XIII 节腹中部，向后至隔膜 12/13。受精囊 4 对，位 VI-IX 节；坛似瘤状，长约 0.07 mm；柄颇短，约 1/3 坛长；盲管小，具 1 小椭圆形白色纳精囊，柄短曲，伸达或越过坛中部（图 268）。

体色：保存标本背面蓝色或紫褐色，腹面浅灰色，环带颜色与头部相似。

命名：本种依据模式产地居住着排湾人而命名。

模式产地：台湾（屏东）。

模式标本保存：台湾特有生物研究保育中心（南投）。

中国分布：台湾（屏东）。

生境：生活在海拔约 150 m 的山坡下小池塘旁平地上。地面土壤为黏土，由高草密集覆盖。排湾腔蚓是此地发现的唯一蚯蚓。

讨论：本种有一对 "C" 形或略 "S" 形的雄孔，每一个都有一个特定的雄性圆盘，有一个水平的脊横向盘绕到交配腔中。这些特征与友燮毕格蚓 Begemius yuhsi 和上井腔蚓 Metaphire aggera 相似。丝婉远盲蚓 Amynthas swanus 最初的描述中没有提到是否具交配腔，但提到了上井腔蚓具浅交配腔。Sims 和 Easton 把友燮毕格蚓归为毕格蚓属，把上井腔蚓归为腔蚓属。

丝婉远盲蚓的雄盘仅略微盘绕在交配腔中，而上井腔蚓雄盘完全嵌入交配腔中并被侧壁覆盖。这个特征可以被认为是丝婉远盲蚓的一个原始形式，上井腔蚓是一个特殊的形式，而本种是介于这两者之间的中间形式。

### 283. 卑南腔蚓 *Metaphire puyuma* Tsai, Shen & Tsai, 1999

*Metaphire puyuma* Tsai et al., 1999. *Journal Taiwan Museum*, 52(2): 33-46.

*Metaphire puyuma* Chang et al., 2009. *Earthworm Fauna of Taiwan*: 126-127.

*Metaphire puyuma* Xiao, 2019. *Terrestrial Earthworms (Oligochaeta: Opisthopora) of China*: 279.

外部特征：体长 62 mm，宽 3.1 mm（环带）。体节数 113。VI-IX 节具 3 体环；X-XIII 节具 5 体环。口前叶上叶式。背孔自 12/13 节间始。环带位 XIV-XVI 节，环状，无背孔和刚毛，长 2.6 mm。刚毛数：115（VII），73（XX）；16 在雄孔间。雄孔 1 对，位 XVIII 节腹侧面，交配腔"C"形开口，其周围围绕着卵圆形隆起区；XIX 和 XX 节各具 1 对乳突，XXI 节具 1 个乳突，纵向排列，乳突大，位于刚毛圈上，几近占据整个体节，乳突中央凹陷，周围环绕 1 环褶。受精囊孔 4 对，位 5/6-8/9 节间腹侧面，孔间距约占 0.29 节周。此区无生殖乳突。雌孔单，位 XIV 节腹中央。

内部特征：隔膜 9/10 缺，7/8 薄，8/9 和 10/11 厚。砂囊位 IX 和 X 节，圆。肠自 XV 节始扩大；盲肠 1 对，自 XXVII 节始，小，简单，表面略具皱褶，前伸达 XXV 节。心脏位 XI-XIII 节。精巢囊 2 对，位 X 和 XI 节腹中部，小。储精囊 2 对，位 XI 和 XII 节，大，囊状，各具 1 大背叶。前列腺成对，大，总状，位 XVIII 节，前后分别伸至 XVI 节和 XIX 节；前列腺管卷绕。受精囊 4 对，位 VI-IX 节；坛小，圆形或桃形，具 1 粗短柄；盲管具 1 大的桃形纳精囊，柄直，短粗。

体色：保存标本浅灰色，体前部浅褐色，环带褐色。

命名：本种依据模式产地居住着卑南人而命名。

模式产地：台湾（台东）。

模式标本保存：台湾特有生物研究保育中心（南投）。

中国分布：台湾（台东）。

### 284. 大汉山腔蚓 *Metaphire tahanmonta* Chang & Chen, 2005

*Metaphire tahanmonta* Chang & Chen, 2005. *Jour. Nat. Hist.*, 39(18): 1475-1481.

*Metaphire tahanmonta* Chang et al., 2009. *Earthworm Fauna of Taiwan*: 130-131.

*Metaphire tahanmonta* 徐芹和肖能文, 2011. *中国陆栖蚯蚓*: 252-253.

*Metaphire tahanmonta* Xiao, 2019. *Terrestrial Earthworms (Oligochaeta: Opisthopora) of China*: 279-280.

外部特征：体长 291-408 mm，环带宽 12.9-14.7 mm。体节数 122-191。V-IX 节具 3 体环，X-XIII 节具 5 体环，XVII 节以后具 3 体环。口前叶前叶式。背孔自 12/13 节间始。环带位 XIV-XVI 节，光滑，马鞍状，长 12.8-15.5 mm，无背孔和刚毛。刚毛数：122-144（VII），134-156（XX）；24-30 在雄孔间。雄孔 1 对，位 XVIII 节腹侧刚毛圈上，雄孔区略"C"形，开口于腹部刚毛圈，边缘具厚皮壁，皮壁前面具小瘤突；雄孔区扩大，长度约为 XVIII 节长的 2 倍，前后延伸至 XVII 和 XIX 节刚毛圈，周围具环褶；雄孔开口位于腹刚毛圈末端，雄孔区中部稍向后位置。自刚毛圈向后到雄孔口间具一水平脊；XVII 节刚毛圈后具 1 卵圆形的垫，靠近雄孔区的前端；卵圆垫经储精沟与雄孔口相连。雄孔区无生殖乳突（图 269）。受精囊孔 4 对，位 5/6-8/9 节间侧面，孔间距约占 11/20 节周。受精囊孔区无生殖乳突。雌孔单，位 XIV 节腹中央。

内部特征：隔膜 5/6-7/8 厚，8/9/10 缺，10/11-13/14 颇厚。砂囊位 VIII-X 节。肠自 XV 节始扩大；盲肠 1 对，位 XVII 节，简单，前伸达 XXIII 节。肾管丛生，紧靠节后隔

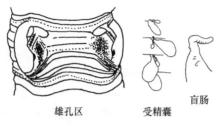

图 269　大汉山腔蚓
（Chang & Chen，2005）

雄孔区　　　　　受精囊　　　盲肠

膜，围绕在体节腔周围，向前到隔膜 6/7。心脏位 X-XIII 节。精巢囊 2 对，位 X 和 XI 节；前对卵圆形，光滑，位于隔膜 10/11 前腹中部；后对较前对大，占满体节；输精管在 XII 节汇合。储精囊 2 对，均中等大小，位 XI 和 XII 节，前对储精囊被后对精巢囊包裹。前列腺 1 对，位 XVIII 节，大，具小叶，前伸至 XVII 节。卵巢 1 对，位 XIII 节腹中部，靠近隔膜 12/13。受精囊 4 对，位 VI-IX 节；坛大，长 3.6-5.6 mm，具 1 长 1.2-1.9 mm 的柄；受精囊盲管短，长度短于受精囊主体的 1/3，顶端具 1 小椭圆形纳精囊（图 269）。

体色：保存标本背面紫褐色，腹面灰褐色。活体背面暗紫灰色并带有金属光泽，腹面红褐色。

命名：本种依据模式产地屏东大汉山命名。

模式产地：台湾（屏东）。

模式标本保存：台湾特有生物研究保育中心（南投）。

中国分布：台湾（屏东）。

生境：本种分布在海拔 500-2500 m 山地的常绿阔叶林或落叶阔叶林。在原始森林和次生林中均可发现，本种可能可忍受较低强度的人类活动。本种属深土栖型，具有永久的垂直洞穴。晚上喜在上层土壤或地面活动。白天在土壤中活动，偶见雨后活跃。通常在地下 30 cm 以下休眠。

讨论：本种体长超过 300 mm，体宽超过 10 mm，具 4 对受精囊，"C"形雄孔具卵圆垫和水平脊，上述特征与排湾腔蚓 M. paiwanna paiwanna 一致。但是，排湾腔蚓精巢囊位 X 节，而本种位 X 和 XI 节。

从身体大小、储精囊位置、受精囊数量以及位 X 和 XI 节的 2 对精巢囊来看，本种与元宝腔蚓一致。但这两个种的雄孔明显不同：本种具一水平脊和一个卵圆垫，而元宝腔蚓则没有水平脊，但每个雄孔口有 2 个卵圆垫。因此，这两个种从外部特征很容易区分。

### 285. 台湾腔蚓 *Metaphire taiwanensis* Tsai, Shen & Tsai, 2004

*Metaphire taiwanensis* Tsai et al., 2004. *Jour. Nat. Hist.*, 38(7): 877-887.

*Metaphire taiwanensis* Chang et al., 2009. *Earthworm Fauna of Taiwan*: 132-133.

*Metaphire taiwanensis* 徐芹和肖能文，2011. *中国陆栖蚯蚓*: 253-254.

*Metaphire taiwanensis* Xiao, 2019. *Terrestrial Earthworms (Oligochaeta: Opisthopora) of China*: 280-281.

外部特征：体长 637-655 mm，宽 16.1-17.2 mm（环带）。体节数 185-228。V-XIII 节以及一些其他位置体节的腹侧面具 3 体环。口前叶前叶式。背孔自 12/13 或 13/14 节间始。环带位 XIV-XVI 节，光滑，无刚毛和背孔，长 16.45-19.85 mm。刚毛短、多；刚毛数：167-188（VII），135-145（XX）；24 在雄孔间。雄孔 1 对，位 XVIII 节腹侧面交配腔内，小，略凸，孔间距占 0.27-0.29 节周；交配腔 "L" 形，后缘和侧缘具厚皮褶，中部有孔突，前面具生殖垫；孔突圆形，顶平密生小瘤突（正模标本）或 5 小瘤突（其他标本）；雄孔口不明显；生殖垫平，椭圆形，与孔突等大或略大；孔突与生殖垫周围具环褶，向前伸达 17/18 节间，向后伸达 18/19 节间。雄孔区肿胀，苍白色（图 270）。受精囊孔 4 对，位 5/6-8/9 腹面节间沟内，小，外部不可见。雌孔单，位 XIV 节腹中部，大，肿胀，苍白色。

内部特征：隔膜 8/9/10 缺，7/8 和 10/11-12/13 厚。砂囊位 IX 和 X 节，环形。肠自 XV 节增大；盲肠 XXVII 节成对，简单，长，表面稍有褶纹，正模标本中向前到 XIX 节，但未性成熟个体到 XXI 节。肾管丛生于消化道壁周围，向前到隔膜 6/7。心脏在 X-XIII 节扩大。精巢囊 X 节成对，光滑，白色，在隔膜 10/11 前腹中部。储精囊 XI 节成对，大，占据整个体节空间，表面稍有小疣，黄色，各具一大的、白色的背叶。XII 节储精囊退化，表面有小疣。前列腺成对位 XVIII 节，大，卵圆形，黄棕色，分叶，向前扩展到 XVII 节后部，向后到 XIX 节前部；前列腺管短，粗壮，稍有弯曲。卵巢 1 对，位 XIII 节，卵泡形，腹面中部向后至隔膜 12/13，

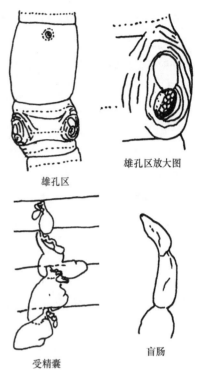

雄孔区放大图

雄孔区

受精囊

盲肠

图 270 台湾腔蚓（Tsai et al.，2004）

漏斗形的输卵管开口于腹面中部，向前至隔膜 13/14。受精囊 4 对，位 VI-IX 节；坛椭圆形或者心形，长 9.0 mm，宽 3.2 mm，有一个 1.2 mm 长的短柄；盲管小，具柄，短而卷曲；具一椭圆形、光滑、白色的纳精囊，长 1.6 mm（图 270）。

体色：保存标本头部周围（环带前）蓝棕色，背面蓝棕色，腹面亮灰棕色，环带颜色分 3 部分：背面暗蓝棕色、腹面灰棕色、体节边缘（节间沟）白灰色。

命名：本种依据模式产地台湾命名。

模式产地：台湾（南投）。

模式标本保存：台湾特有生物研究保育中心（南投）。

中国分布：台湾（南投）。

生境：本种为台湾体型最大的蚯蚓。分布在山地的原始森林和次生林。属深土栖型蚯蚓，具有永久的垂直洞穴，晚上喜在上层土壤或地面活动，白天待在地下 30 cm 及更深土层。

讨论：本种为台湾本地种，其精巢囊位 X 节、具 4 对受精囊等特征与布农腔蚓 *M. bununa* 和排湾腔蚓 *M. paiwanna paiwanna* 相同。但是本种体型巨大、具相对较小的 "L" 形交配腔且侧面和后部包围着孔突；雄孔前具一卵圆形生殖垫，比交配腔口大、长；盲肠约 9 个体节长，前伸至 XIX 节。与之相对应的是，布农腔蚓和排湾腔蚓均属中等体型（体长最大至 352 mm），雄孔大且为 "C" 形；如具生殖垫，则通常比较小，位于雄孔前沿的后面；孔突相连成雄盘，其前、后、侧缘均被交配腔口围绕。

### 286. 颜氏腔蚓 *Metaphire yeni* Tsai, Shen & Tsai, 2000

*Metaphire yeni* Tsai et al., 2000b. *Zoological Studies*, 39(4): 286-290.
*Metaphire yeni* Chang et al., 2009. *Earthworm Fauna of Taiwan*: 136-137.
*Metaphire yeni* 徐芹和肖能文, 2011. *中国陆栖蚯蚓*: 253-254.
*Metaphire yeni* Xiao, 2019. *Terrestrial Earthworms (Oligochaeta: Opisthopora) of China*: 281-282.

　　外部特征：体长 53-62 mm，宽 2.3-2.6 mm。体节数 59-75。环带前每节具 3 体环，环带后每节具 5-7 体环。口前叶上叶式。背孔自 11/12 节间始。环带位 XIV-XVI 节，环状，无刚毛和背孔。刚毛数：37-40（VII），41-43（XX）；7-9 在雄孔间。雄孔成对位 XVIII 节腹面，孔间距约占 0.26 节周；孔缩入交配腔或半凸出，若缩入，每孔具 1 周缘褶皱的大卵圆形开口，开口周围环绕 3 或 4 环褶，若半凸出，孔口周围围绕一大粗平顶孔突和 3 个乳突，孔突基部周围环绕 3-4 环褶，乳突中央凹陷，被一皮垫围绕。受精囊孔 4 对，位 5/6-8/9 节间侧面，孔间距约占腹面 0.63 节周；孔在节间沟 1 突起上，颇显；VII-IX 节背侧面具 2 纵排成对乳突，距离受精囊孔 0.1-0.2 mm，紧靠节间沟，数量与位置多变；乳突圆，直径约 0.2 mm，顶部扁平，中心略凹陷，周围环绕 1 环褶，占据整个体环。雌孔单，位 XIV 节腹中央。

　　内部特征：隔膜 8/9/10 缺，6/7/8 和 10/11-12/13 厚。砂囊位 IX 和 X 节，大，圆形。肠自 XV 节始扩大；盲肠自 XXVII 节始，简单，表面具皱褶，末端尖，前伸至 XXIV 节。心脏位 XI-XIII 节。精巢囊 2 对，位 XI 和 XII 节，小，卵圆形，光滑。储精囊 2 对，位 XI 和 XII 节，大，不规则，囊状，具 1 表面粗糙的大背叶。前列腺成对，大，裂叶状或小而具皱褶或退化；前列腺管"U"形或"S"形。副性腺以圆团状排列在前列腺管周围。受精囊 4 对，位 VI-IX 节；坛卵圆形或桃形；坛管直，短粗；盲管具 1 卵圆形长纳精囊，柄直或略弯，盲管柄长度较坛管略短或略长。副性腺单个，圆形，表面囊状，具极短的柄或无柄。

　　体色：保存标本体背深褐色，受精囊孔与生殖乳突所在区域的腹面和侧面浅黄白色，环带周围深褐色，刚毛圈浅黄白色。

　　命名：本种命名用于致敬台湾特有生物研究保育中心前主任颜仁德为中心所作的贡献。

　　模式产地：台湾（屏东）。

　　模式标本保存：台湾特有生物研究保育中心（南投）。

　　中国分布：台湾（屏东）。

### 287. 元宝腔蚓 *Metaphire yuanpowa* Chang & Chen, 2005

*Metaphire yuanpowa* Chang & Chen, 2005. *Jour. Nat. Hist.*, 39(18): 1470-1473.
*Metaphire yuanpowa* 徐芹和肖能文, 2011. *中国陆栖蚯蚓*: 261-262.
*Metaphire yuanpowa* Xiao, 2019. *Terrestrial Earthworms (Oligochaeta: Opisthopora) of China*: 282-283.

　　外部特征：体长 215-425 mm，环带宽 13.9-15.6 mm。体节数 129-189。V-IX 节具 3 体环，X-XIII 节具 5 体环，XVII 节以后具 3 体环。口前叶上叶式。背孔自 12/13 节间始。

环带位 XIV-XVI 节,光滑,马鞍状,长 9.8-14.1 mm,无背孔和刚毛。刚毛数:114-122(VII),126-162(XX);30-35 在雄孔间。雄孔 1 对,位 XVIII 节侧缘近刚毛圈;雄孔区 "C" 形,开口于腹部刚毛圈,边缘具厚皮壁,其侧边具几皱褶。雄孔区扩展,长约为 XVIII 节长度的 2 倍,延伸至 XVII 和 XIX 节刚毛圈。雄孔口位于腹刚毛圈末端,每侧具 1 卵圆垫,2 垫由雄孔伸出的竖向棒状结构连接,有时部分被雄孔边缘的皮壁覆盖。雄孔区无生殖乳突(图 271)。受精囊孔 4 对,位 5/6-8/9 节间腹侧,孔间距约占 1/2 节周。此区无生殖乳突。雌孔单,位 XIV 节腹中央。

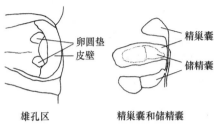

图 271 元宝腔蚓(Chang & Chen,2005)

内部特征:隔膜 5/6-7/8 厚,8/9 薄,9/10 缺,10/11-13/14 颇厚。砂囊位 VIII-X 节,大,圆形。肠自 XV 节始扩大;盲肠自 XXVII 节始,成对,简单,前伸至 XXIII 节。心脏位 X-XIII 节,大。精巢囊 2 对,位 X 和 XI 节,前对卵形,光滑,位于腹中部隔膜 10/11 前;后对比前对大,充满了隔膜之间的空间;输精管在 XII 节相遇。储精囊 2 对,位 XI 和 XII 节,前对包裹在后对精巢囊内;2 对均中等大小。前列腺 1 对,位 XVIII 节,大,裂叶状,延伸至 XVII 节。卵巢 1 对,位 XIII 节腹部中间,靠近隔膜 12/13。受精囊 4 对,位 VI-IX 节;坛大,长 3.5-6.2 mm,具 1 长 0.5-1.3 mm 的柄;盲管短,远离受精囊中部,顶端具 1 小椭圆形纳精囊(图 271)。

体色:保存标本背面浅紫褐色,腹面浅灰褐色。活体背面蓝褐色或深紫灰色,具金属光泽,腹面浅红灰褐色。

命名:本种根据其雄孔区卵圆垫的形状似元宝而命名。

模式产地:台湾(台北)。

模式标本保存:台湾大学生命科学系(台北)。

中国分布:台湾(台北)。

生境:本种生活在海拔 2000 m 以下常绿阔叶林、落叶阔叶林或针阔混交林。由于在原始森林和次生林中均可发现,因此本种可能可容忍较低强度的人类活动。本种属深土栖型,具有长久的垂直洞穴。晚上喜在上层土壤或地面活动。白天在土壤中,偶见雨后活跃。休眠时,通常在地下 30 cm 以下,最深的分布记录为地下 80 cm。

讨论:本种与同域分布的参状远盲蚓 Amynthas aspergillum 和宝岛远盲蚓 Amynthas formosae 在体型、大小以及颜色等外部特征方面非常容易区分。本种雄孔扩大,雄孔两侧各具一明显的卵圆垫,其他 2 个物种无此特征。宝岛远盲蚓的受精囊孔位 5/6-8/9 节间背中部,孔口周围颜色浅,靠肉眼就能区分。参状远盲蚓雄孔区具很多乳突。另外,参状远盲蚓通常被视为外来种,其分布在农田中甚至是公园里,而本种和宝岛远盲蚓则分布在低干扰的山坡上。

本种与排湾腔蚓和布农腔蚓在大小、颜色、受精囊数量、前列腺和盲肠的位置与形态方面特征一致。但是,排湾腔蚓和布农腔蚓在雄孔口和雄孔末端间只有一个卵圆垫,而排湾腔蚓雄孔区还有一个水平脊。另外,本种精巢囊位 X 和 XI 节,而排湾腔蚓和布农腔蚓精巢囊仅位 X 节。

　　本种与有 3 对受精囊的天平腔蚓 *M. trutina* 也比较相似。目前无法判断这 2 个物种因受精囊数量的不同属远亲还是因为其他特征的相似而属近亲。根据野外调查，本种分布在雪山山脉的西边，而太平腔蚓分布在雪山山脉的东边。虽然 2 个物种看起来有地理阻隔，但具体的分布模式目前还不清楚。

　　D. 密突种组 *densipapillata*-group

　　受精囊孔 1 对。位 7/8 节间。
　　国外分布：东洋界、澳洲界。
　　中国分布：湖北、重庆、贵州、香港。
　　中国有 3 种。

## 密突种组分种检索表

1. 体型大，体长 210 mm；体前部每体节刚毛数约 40 根 ················· 卌腔蚓 *Metaphire quadragenaria*
   体型中小，一般在 200 mm 以下 ·················································································· 2
2. VIII 和 IX 节腹侧具 2 个大腺区 ····················································· 聚腺腔蚓 *Metaphire coacervata*
   VIII 和 IX 节刚毛圈前刚毛 *b*、*c* 前，VII 节刚毛圈后刚毛 *c*、*d* 和 *e* 间各具 1 对乳突 ··················
   ················································································· 被管腔蚓 *Metaphire tecta*

### 288. 聚腺腔蚓 *Metaphire coacervata* Qiu, 1993

*Metaphire coacervata* 邱江平, 1993. *四川动物*, 12(4): 1-4.
*Metaphire coacervata* 徐芹和肖能文, 2011. *中国陆栖蚯蚓*: 223-224.
*Metaphire coacervata* Xiao, 2019. *Terrestrial Earthworms (Oligochaeta: Opisthopora) of China*: 283-284.

　　外部特征：体型较小。长 75-76 mm，宽 2.5-3.0 mm。体节数 91-103。无明显体环。口前叶 2/3 上叶式。背孔自 11/12 节间始。环带位 XIV-XVI 节，环状，其无刚毛，但有时背部可见 2 背孔。刚毛细小，排列均匀；$aa=1.2ab$，$zz=1.2zy$；刚毛数：27-28（III），31-33（V），40-46（VII），44-45（XX），47-49（XXV）；24-25（VII）在受精囊孔间，9-11（XVIII）在雄孔间。雄孔 1 对，位 XVIII 节腹侧浅小的交配腔内；交配腔为体壁略微内陷，外缘一大的薄片状皮褶向内侧覆盖形成，雄孔即位于腔内体壁凹陷中央一小圆形突上；交配腔口呈月牙状，内壁略为隆肿；腔周围为腺区，延伸至 1/2XVII-1/2XIX 节；腺区上具 2-3 圈细的环褶，但无纵沟；孔间距约占 1/3 节周。腔内外均无乳突。受精囊孔 1 对，位 7/8 节间，约占 5/9 节周；孔区呈眼状，孔位于一不明显的梭形突起上，前后皮肤略为腺肿；孔略为背位，两孔腹侧相距约 5/9 节周；在 VIII 和 IX 节腹面中央刚毛圈前各具一较大的横长圆形腺区，略为隆起（图 272）。雌孔单，位 XIV 节腹中央。

　　内部特征：隔膜均较薄，8/9/10 在腹面存在，很薄。砂囊发达，桶状。肠从 XVI 节起膨大；盲肠简单，位 XXVII-XXIV 节。末对心脏位于 XIII 节内。精巢囊 2 对，位 X 和 XI 节内，较小，卵圆形，两侧相连通，前一对连接窄，后一对连接宽。储精囊 2 对，位 XI 和 XII 节，较发达，两侧在背部相遇。背叶大而明显，圆形。前列腺发达，位 XVI-XXI 节，块状分叶；前列腺管粗大而直，位 XVIII 节内侧。副性腺发达，位于前列腺内侧，愈合为一整块，紧贴体壁。受精囊1对，位 VIII 节；坛扁圆形或心脏形，长约 2.5 mm，宽 2.0 mm，壁薄；坛管粗而长，长约 2.0 mm；坛与坛管之间分界明显；盲管短小，为主体长的 1/2-3/5，"Z"形叠曲；纳精囊呈小长圆球形（图 272）。副性腺发达，呈小块状或愈合成一整块，位于 VIII 和 IV 节腹面中央，无柄，紧贴体壁。

体色：保存标本背部红褐色，腹部灰白色，环带红褐色。

命名：本种副性腺发达，呈小块状或愈合为一整块，故名。

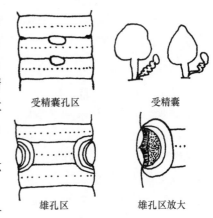

受精囊孔区　　　　受精囊

雄孔区　　　　雄孔区放大

图 272　聚腺腔蚓（邱江平，1993）

模式产地：贵州（绥阳）。

模式标本保存：贵州省生物研究所。

中国分布：贵州（绥阳）。

生境：生活在海拔 1650 m 林区树杈上堆积的腐殖质中、树干苔藓中、竹林下土壤中。

讨论：本种受精囊孔 1 对，位 7/8 节间，受精囊盲管短小叠曲，副性腺块状，储精囊较发达，以及具交配腔等，与被管腔蚓 Metaphire tecta 相似。但本种交配腔为外缘皮褶向内覆盖形成，体壁仅略微内陷，盲肠简单，背腹均光滑无突，受精囊坛壁薄，坛管及盲管处不由肌肉包裹，以及具 8/9/10 隔膜等特征，与被管腔蚓有明显差异。

### 289. 卌腔蚓 *Metaphire quadragenaria* (Perrier, 1872)

*Perichaeta quadragenaria* Perrier, 1872. *Nouvelles Archives du Museum*, 8: 122-124.
*Pheretima quadragenaria* Michaelsen, 1900a. *Oligochaeta, Das Tierreich*: 297.
*Amynthas quadragenaria* Beddard, 1900a. *Proc. Zool. Soc. London*, 69(4): 649.
*Metaphire quadragenaria* Reynolds & Cook, 1993. *New Brunswick Museum Monographic Series* (*Natural Science*), 9: 6.

外部特征：体长 210 mm，宽 4 mm。体前部每体节 40 根刚毛。环带位 XIV-XVI 节，占 3 节，长 5 mm。雄孔位 XVIII 节。受精囊孔 1 对，位 7/8 节间。雌孔单，位 XIV 节腹中部。

内部特征：储精囊 2 对，位 XI 和 XII 节，腹面相遇。受精囊 1 对，位 VIII 节；坛梨状；坛管短；盲管极长，剧烈折叠，末端为小梨状纳精囊。

命名：本种依据环带前每体节具 40 根刚毛命名，"卌"为四十。

模式产地：香港。

中国分布：香港。

### 290. 被管腔蚓 *Metaphire tecta* (Chen, 1946)

*Pheretima tecta* Chen, 1946. *J. West China Bord. Res. Soc.*, 16(B): 120-122.
*Metaphire tecta* Sims & Easton, 1972. *Biol. J. Linn. Soc.*, 4(3): 239.

*Metaphire tecta* 徐芹和肖能文, 2011. *中国陆栖蚓蚓*: 254-255.

*Metaphire tecta* Xiao, 2019. *Terrestrial Earthworms (Oligochaeta: Opisthopora) of China*: 284-285.

外部特征: 体大型。长 145 mm, 宽 5 mm。体节数 137。VII-XIII 节具 5-7 体环。口前叶 1/3 上叶式。背孔自 12/13 节间始。环带位 XIV-XVI 节, 占 3 节, 具短刚毛, 外观略腺状。环带前体节刚毛明显, 腹面尤其, 前腹面间隔宽; 环带后体节刚毛短, 背侧略密; 刚毛数: 29 (III), 36 (VI), 38 (IX), 46 (XXV); 23 (VII) 在受精囊孔间, 10 在雄孔间; $aa$=(1.2-1.5)$ab$, $zz$=1.5$zy$。雄孔成对位 XVIII 节侧面后部, 约占 1/3 节周, 位于体壁凹陷形成的交配腔内, 孔在 1 大隆起乳突的下翼上, 乳突腹向圆而宽, 背向长而窄, 背腹长 2.2 mm, 部分延伸到腹侧; 雄孔后较深处具 1 稍小的乳突, 被交配腔完全覆盖; XVII 与 XVIII 节之间具 1 对卵圆形大乳突。受精囊孔 1 对, 位 7/8 节间腹面, 约占 5/8 节周; VIII 和 IX 节刚毛圈前 $b$ 和 $c$ 刚毛前方, VII 节刚毛圈后 $c$、$d$ 和 $e$ 刚毛间, 各具 1 对大乳突 (图 273)。雌孔单, 位 XIV 节腹中央。

内部特征: 隔膜 8/9/10 缺失, 前部隔膜厚, 但无肌肉, 10/11-12/13 略厚, 14/15 及之后隔膜变薄。砂囊钟形, 后端宽。肠自 XV 节始扩大; 盲肠小, 具 5-7 条指状短盲突。精巢囊大, 连合, 前对 "U" 形, 窄连合; 后对楔形, 连合宽。储精囊极发达, 位 IX 节和 XIII 节, 表面光滑, 背叶中等大小, 位于前背侧。前列腺分成前后两团, 各具小叶, 长 4.5 mm; 前列腺管 "S" 形弯曲, 中部扩大, 两端细, 具 2 个长分支。副性腺为大厚团, 每个乳突与 4-5 个分界不清的背叶相连。受精囊极大, 位 VIII 节, 后达 X 节; 左侧坛长 3 mm, 右侧坛长 5 mm, 表面皱褶; 盲管为短帽状囊, 横置在坛管上; 副性腺大, 5 或更多叶以短索相连, 大叶较盲管的纳精囊大 (图 273)。

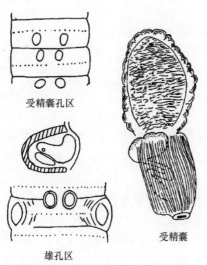

受精囊孔区

雄孔区

受精囊

图 273 被管腔蚓 (Chen, 1946)

体色: 背面灰白色, 腹面苍白色, 环带淡褐紫色, 刚毛圈苍白色。

模式产地: 重庆 (南川)。

模式标本保存: 曾存于中研院动物研究所 (重庆), 疑遗失。

中国分布: 湖北 (利川)、重庆 (南川)。

讨论: 虽然本标本环带不明显, 但性器官已发育完全, 储精囊和精巢囊发育完全。

## E. 细弱种组 *exilis*-group

受精囊孔 2 对, 位 5/6/7 节间。

国外分布: 东洋界、澳洲界。

中国分布: 重庆、四川。

中国有 2 种。

### 细弱种组分种检索表

1. XVII 与 XIX 节刚毛圈后有时具成对乳突 ················································ 细弱腔蚓 *Metaphire exilis*

   XVII 与 XIX 节不具乳突 ····························································· 似腋腔蚓 *Metaphire exiloides*

## 291. 细弱腔蚓 *Metaphire exilis* (Gates, 1935)

*Pheretima exilis* Gates, 1935a. *Smithsonian Mis. Coll.*, 93(3): 7.

*Pheretima exilis* Chen, 1936. *Contr. Biol. Lab. Sci. Soc. China (Zool.)*, 11(8): 295.

*Pheretima exilis* Gates, 1939. *Proc. U.S. Nat. Mus.*, 85: 431-432.

*Metaphire exilis* Sims & Easton, 1972. *Biol. J. Linn. Soc.*, 4(3): 238.

*Metaphire exilis* 徐芹和肖能文, 2011. *中国陆栖蚯蚓*: 224-225.

*Metaphire exilis* Xiao, 2019. *Terrestrial Earthworms (Oligochaeta: Opisthopora) of China*: 285-286.

外部特征：体长 68-85 mm，宽 2.0-2.5 mm。体节数 129。口前叶 1/3 上叶式。环带完整，位 XIV-XVI 节，环状，无背孔和节间沟；XVI 节腹面具刚毛。刚毛多，分布均匀；刚毛数：54（III），78（VI），76（VIII），50（XII），40（XXV）；37（VI）在受精囊孔间，8 在雄孔间。雄孔在 1 深窝内，不易见，雄孔位深窝的环形开口处。XVII 与 XIX 节刚毛圈后有时具成对乳突（图 274）。受精囊孔 2 对，位 5/6/7 节间腹面或位 V 和 VI 节最后缘，约占 3/5 节周。雌孔单，位 XIV 节腹中部。

内部特征：隔膜 9/10 缺失，5/6/7/8 厚肌质，8/9 仅为薄腹痕，10/11-12/13 膜状但加强。肠自 XV 节始扩大；盲肠简单，位 XXVII-XXV 节，两侧光滑。首对心脏大，位 X 节；末对心脏位 XIII 节。精巢囊 1 对，位隔膜 10/11 前面；无横连接。1 个或 2 个精巢囊位 XI 节，通过食管延伸至背部血管，包裹 XI 节心脏以及该节的储精囊。储精囊 2 对，位 XI 和 XII 节，均为小垂直结构。前列腺位 XVII-XX 节。2 个标本的受精囊均不正常，坛管退化而盲管相对肥大；盲管穿入退化坛管的中部（图 274）。

体色：保存标本浅灰色。

命名：本种受精囊盲管长，内端紧密盘绕，具 1 顶部球形纳精囊，受精囊坛均退化等，表示受精囊细弱，依据此而命名。

模式产地：四川（宜宾）。

模式标本保存：美国国立博物馆（华盛顿）。

中国分布：四川（成都、宜宾）。

生境：生活在土质贫瘠、较干燥的黄泥土中。

讨论：本种标本为非正常标本。检查正常标本可以确认本标本的非正常特征。本种 XI 节储精囊被包在后对精巢囊内，这点可以与其他受精囊孔位 5/6/7 节间、具 4 个受精囊的中国腔蚓区分。

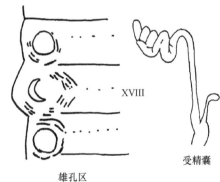

图 274　细弱腔蚓（Chen，1936）

## 292. 似腋腔蚓 *Metaphire exiloides* (Chen, 1936)

*Pheretima exiloides* Chen, 1936. *Contr. Biol. Lab. Sci. Soc. China (Zool.)*, 11(8): 288-291.

*Metaphire exiloides* Sims & Easton, 1972. *Biol. J. Linn. Soc.*, 4(3): 238.

*Metaphire exiloides* 徐芹和肖能文, 2011. *中国陆栖蚯蚓*: 225-226.

*Metaphire exiloides* Xiao, 2019. *Terrestrial Earthworms (Oligochaeta: Opisthopora) of China*: 286-287.

外部特征：体长 55-88 mm，宽 2.5-3 mm。体节数 94-112。口前叶 1/4 前上叶式。

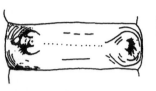

雄孔区

受精囊

图 275　似腋腔蚓（Chen，1936）

背孔自 12/13 节间始。环带位 XIV-XVI 节，完整，长而腺肿状，其长约等于其后 9 体节长，光滑，无刚毛。刚毛细密；刚毛数：54-58（III），70-72（VI），60-74（VIII），62（XII），62-64（XXV）；30-35（V）、38-44（VI）、35-45（VII）在受精囊孔间，14-16 在雄孔间。雄孔位 XVIII 节腹面，约占 1/3 节周；交配腔为新月形浅腔，其内侧的区域有皱纹但不具腺，无生殖乳突（图 275）。受精囊孔 2 对，位 5/6/7 节间，后对腹间距约占 4/7 节周，前对更靠腹侧。此区无生殖乳突。雌孔单，位 XIV 节腹中央。

内部特征：隔膜 8/9/10 存在，6/7-9/10 极厚，10/11 略薄，5/6 薄，11/12/13 较后面略厚，其余隔膜薄膜状。砂囊很小，较食道略宽，位 8/9 隔膜前。肠自 XV 节始扩大；盲肠简单，位 XXVII-1/2XXIV 节，大小中等；双面具褶皱。心脏 4 对，位 X-XIII 节，首对非常粗壮。精巢囊位 X 节，"V" 形，中部连合，后对腹面交通。储精囊位 XI 和 XII 节，极大，充满体节，各具极小的背叶，XI 节储精囊常被包裹在后对精巢囊内。前列腺位 XVII-XIX 节，具规则的大叶；前列腺管粗细一致，"U" 形。受精囊 2 对，位 VI 和 VII 节，后对大；坛卵圆形，长 1.1 mm，宽 0.72 mm，与短宽的坛管分界明显；盲管较主体短，宽 0.2 mm，内端 2/3 松散卷曲，无特别扩大的纳精囊，外端 1/3 直，似柄（图 275）。

体色：保存标本背面浅绿色，背中线草绿色，腹面苍白色，环带肉桂褐色。

命名：本种因受精囊结构而命名。

模式产地：重庆（北碚）。

模式标本保存：曾存于国立中央大学（南京）动物学标本馆，疑遗失。

中国分布：重庆（北碚）、四川。

讨论：本种与细弱腔蚓在许多方面相似，如大小、刚毛特征、受精囊孔的数量。但本种口前叶 1/4 前上叶式，雄孔区无生殖乳突，这些特征与细弱腔蚓明显不同。本种与细弱腔蚓前面 2 对受精囊孔的位置是否一样没有记录。另外，作为本种的显著特征，砂囊隔膜在细弱腔蚓中的特征被忽视了，推测可能并不存在。另外，细弱腔蚓退化的受精囊坛是不是特有特征还不确定，而本种的所有标本受精囊坛均充分发育。

F. 黄竹种组 flavarundoida-group

受精囊孔 3 对，位 4/5/6/7 节间。

国外分布：东洋界、澳洲界。

中国分布：香港。

中国有 1 种。

### 293. 黄竹腔蚓 Metaphire flavarundoida (Chen, 1935)

*Pheretima flavarundoida* Chen, 1935a. *Bull. Fan. Mem. Inst. Biol.*, 6(2): 51-56.

*Metaphire flavarundoida* Sims & Easton, 1972. *Biol. J. Linn. Soc.*, 4(3): 238.

*Metaphire flavarundoida* 徐芹和肖能文, 2011. *中国陆栖蚯蚓*: 228.

*Metaphire flavarundoida* Xiao, 2019. *Terrestrial Earthworms (Oligochaeta: Opisthopora) of China*: 287-288.

　　外部特征：体长 95-145 mm，宽 6-8 mm。体节数 138-178。VI-VIII 节具 3 体环，IX-XIII 节具 5-7 体环，中间体节大部分为 5 体环，身体后部无体环。口前叶前叶式。背孔自 11/12 节间始。环带完整，位 XIV-XVI 节，高度腺状且具不规则沟，但表面光滑；腹侧具刚毛，XVI 节 12 根。刚毛小而多；刚毛数：72-76（III），86-90（IV），104-106（VI），100-112（VIII），85-102（XII），82-92（XVII），74-85（XXV）；42-45（IV）、44-48（V）、48-50（VI）在受精囊孔间，16 在雄孔间。雄孔 1 对，位 XVIII 节腹面一横脊侧 1/3 处，约占 1/3 节周，侧面覆盖一浅新月形囊，腹面具 1 极小的乳突，但斜向排列在脊的前后，被几条环脊包围；XVII 节腹侧具 2 块微小的乳突，每块约 40 个乳突。受精囊孔 3 对，位 4/5/6/7 节间，靠背侧，腹间距约占 6/11 节周；节间沟有 1 个皮垫，看似像前面体节的生长物，腺状，连续或不连续；受精囊孔靠近垫的后侧缘；或多或少的乳突位于垫的前面或后面，后面居多。无生殖标记（图 276）。雌孔单，位 XIV 节腹中央。

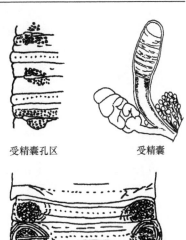

受精囊孔区　　　　　　受精囊

雄孔区

图 276　黄竹腔蚓（Chen，1935a）

　　内部特征：隔膜 8/9/10 缺失，4/5 薄，5/6-7/8 肌肉质、颇厚，10/11-12/13 略厚。砂囊位 IX 和 X 节，中等大小，圆。肠自 XV 节扩大；盲肠 1 对，简单，小，位 XXVII 节，前伸至 XXVI 节。心脏 4 对，位 X-XIII 节，前 2 对直径相同，与储精囊、精巢囊和精漏斗包在 1 膜状囊内；后 2 对心脏粗壮。精巢囊常缺，或在共同的膜囊背侧和腹侧连通；X 节腹侧较大，背侧较窄，不相接；XI 节背侧完全相通。储精囊 2 对，首对位 XI 节，小，与精巢包裹在一起；后对位 VII 节，更大，背叶大，表面白色颗粒状。隔膜 12/13 上的假囊很大，但下一隔膜上的假囊小。前列腺大，位 XVII-XIX 节，具短而粗的管；副性腺小而多，各与外部乳突相对应；腺体部分光滑，类坛状，具 1 细长的管。受精囊 3 对，位 V-VI 节，前 2 对等大，第 3 对稍大；坛小，呈匙形或心形，长约 1.5 mm，坛与坛管无明显边界；盲管在一平面上紧密曲折，具 1 窄管，盲管比主体短（图 276）。

　　体色：保存标本背腹侧淡黄色，环带后区少量淡灰色（除了容纳肠的部位），环带亮巧克力褐色。

　　命名：本种依据模式产地香港黄竹坑而命名。

　　模式产地：香港。

　　模式标本保存：曾存于北京静生生物调查所标本馆，可能毁于战争。

　　中国分布：香港。

　　讨论：本种的鉴定特征为受精囊位置靠前，口前叶前叶式，前部隔膜的厚度薄，精巢囊、储精囊、精漏斗、心脏以及背血管包在膜状囊内。

　　G. 小腺种组 *glandularis*-group

　　受精囊孔 2 对，位 6/7/8 节间。

中 国 蚯 蚓

国外分布：东洋界、澳洲界。

中国分布：广东、海南。

中国有 3 种。

## 小腺种组分种检索表

### 294. 大顶山腔蚓 *Metaphire dadingmontis* Zhang, Li, Fu & Qiu, 2006

*Metaphire dadingmontis* Zhang et al., 2006a. *Annales Zoologici*, 56(2): 253.

*Metaphire dadingmontis* Xiao, 2019. *Terrestrial Earthworms (Oligochaeta: Opisthopora) of China*: 289.

外部特征：体长 80-85 mm，宽 2.9-3.4 mm（环带）。体节数 82-90。无体环。口前叶上叶式。背孔自 12/13 节间始。环带位 XIV-XVI 节，环状，具背孔，刚毛外表不可见。刚毛细小；刚毛数：32-40（III），30-36（V），38-42（VIII），40-44（XX），43-46（XXV）；7-9 在雄孔间。雄孔 1 对，位 XVIII 节腹侧面，腹间距约占 2/5 节周，位于交配腔中 1 个小隆起的表面，周围环绕纵皮褶。此区无其他乳突（图 277）。受精囊孔 2 对，位 6/7/8 节间，腹间距约占 1/3 节周；VIII 节刚毛圈前腹面具 1 对乳突。雌孔单，位 XIV 节腹中央。

内部特征：隔膜薄，8/9/10 缺失。砂囊位 VIII-X 节，小圆筒状。肠自 XVI 节始扩大；盲肠简单，自 XXVII 节始，前伸至 XXIV 节。心脏发育不完全，位 X-XIII 节。精巢囊位 X 和 XI 节，小，球形，腹连接。储精囊位 XI 和 XII 节，极发达，具小的不明显背叶。前列腺位 XVIII 节，中等大；前列腺管简单弯曲。此区具 2 个指形副性腺。受精囊 2 对，位 VII-VIII 节；坛小，卵圆形，长约 2 mm，宽 0.8 mm，具一短粗直柄；盲管在主管根部通入，盲管至少与受精囊等长，远端纳精囊膨大（图 277）。受精囊管无肾管。副性腺蘑菇状。

体色：保存标本体背浅黄褐色，腹面浅灰白色，环带略浅黄白色。

命名：本种依据模式产地南岭自然保护区的大顶山命名。

模式产地：广东（南岭自然保护区）。

模式标本保存：上海交通大学农业与生物学院。

中国分布：广东（南岭）。

生境：生活在海拔 1550 m 的常绿阔叶林 0-15 cm 表层土壤中。

讨论：本种与南岭腔蚓 *M. nanlingmontis* 相似，包括受精囊孔的数量和位置，以及相似的交配腔。但本种体型更小。另外，受精囊管的形状和前列腺区的副性腺两者较易区分。

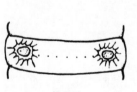

雄孔区

受精囊

图 277　大顶山腔蚓

（Zhang et al.，2006a）

## 295. 尖峰腔蚓 *Metaphire jianfengensis* (Quan, 1985)

*Pheretima jianfengensis* 全筱薇, 1985. *动物分类学报*, 10(1): 18-20.

*Metaphire jianfengensis* 钟远辉和邱江平, 1992. *贵州科学*, 10(4): 41.

*Metaphire jianfengensis* 徐芹和肖能文, 2011. *中国陆栖蚯蚓*: 236.

*Metaphire jianfengensis* Xiao, 2019. *Terrestrial Earthworms (Oligochaeta: Opisthopora) of China*: 289-290.

外部特征：体长 160-250 mm，宽 6-10 mm。体节数 131-173。口前叶 1/2 上叶式。背孔自 12/13 节间始。环带位 XIV-XVI 节，短环状，无刚毛（或有时见刚毛窝），节间沟清楚。刚毛排列均匀；刚毛数：52-26（III），58-60（V），65-66（VIII），76-78（XII），74-76（XVIII），82-84（XXV）。雄孔位 XVIII 节腹面，约占 1/4 节周；孔在交配腔的底部，平时由腔内壁上 2 个大的圆形乳突及 3 个小皮垫挤压形成内陷状，从外形观由许多纵褶肌肉所包围，当外翻时，乳突外露（图 278）。受精囊孔 2 对，位 6/7/8 节间沟，孔间距约占 1/4 节周。雌孔单，位 XIV 节腹中央。

内部特征：隔膜 8/9/10 缺失，4/5-7/8 薄膜状，10/11-12/13 特别厚，13/14 稍薄。砂囊位 IX-X 节，呈算盘珠状。肠自 XV 节始扩大；盲肠简单，位 XXVII-XXV 节。心脏 4 对，位 X-XIII 节。精巢囊前对较小，位 X 节隔膜腹侧，呈半圆球状隆起，基部较宽，但两者并不相连；后对精巢囊亦不发达。储精囊发达，前对的背叶三角形，仅占全囊的 1/4-1/3，背侧的左右叶分离而相遇于背血管之上；后对储精囊背叶较大，呈叶状或长三角形，左右叶相互交错，但不相连也不交通；第一对储精囊包被着第二对精巢囊。前列腺发达，位 XVII-XIX 节，呈扇状，其中包含相互交错的许多小叶；前列腺管"C"形弯曲，除内端较细外，其余均较粗大；无副性腺。受精囊 2 对，位 VII 和 VIII 节；坛呈卵形，远端略钝；坛管稍短；盲管较主体短，较多弯曲，末端为纳精囊，在靠近体壁处通入主管（图 278）。

体色：环带红褐色。

命名：本种依据模式产地海南尖峰岭命名。

模式产地：海南（尖峰岭）。

模式标本保存：中国林业科学院热带林业研究所生态室。

中国分布：海南（尖峰岭）。

生境：生活在山地中，多见于热带柚木 *Tectona grandis* 林和斯里兰卡红花天料木 *Homalium hainanense* 林。一般生活在较干旱的土壤中。

讨论：本种体型大小和特殊的交配腔与多囊腔蚓 *Metaphire multitheca* 颇相似。但本种受精囊孔仅 2 对，且位于 6/7/8 节间沟；而多囊腔蚓受精囊孔多对，位于 VI-VIII 各节后缘。

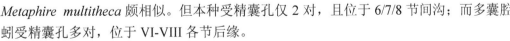

雄孔区　　　　受精囊

图 278 尖峰腔蚓（全筱薇，1985）

## 296. 南岭腔蚓 *Metaphire nanlingmontis* Zhang, Li, Fu & Qiu, 2006

*Metaphire nanlingmontis* Zhang et al., 2006a. *Annales Zoologici*, 56(2): 252-253.

*Metaphire nanlingmontis* Xiao, 2019. *Terrestrial Earthworms (Oligochaeta: Opisthopora) of China*:

290-291.

外部特征：体长 110-150 mm，宽 3-4 mm。体节数 101-150。无体环。口前叶上叶式。背孔自 12/13 节间始。环带位 XIV-XVI 节，环状，光滑。刚毛极小；刚毛数：36-45（III），33-54（V），45-60（VIII），45-66（XX），39-72（XXV）；10-14（VII）在受精囊孔间，9-10 在雄孔间；环带前体节：$aa$=1.2$ab$，$zz$=1.2$zy$。雄孔位 XVIII 节腹侧，腹间距约占 1/3 节周，孔在大交配腔中 1 个小隆起的表面，周围环绕纵皮褶。此区无其他乳突（图 279）。受精囊孔 2 对，位 6/7/8 节间腹面，腹间距约占 1/3 节周。VII 节刚毛圈后具 1 对平顶乳突。雌孔单，位 XIV 节腹中部。

内部特征：隔膜 8/9/10 缺失，5/6、11/12/13 颇厚。砂囊位 VIII-X 节，小鼓状。肠自 XV 节出现，但自 XXII 节起扩大；盲肠简单，成对，自 XXVII 节始，光滑，前伸至 XXIII 节。心脏中等大，位 X-XIII 节。精巢囊位 X 和 XI 节，小，球状，腹连接。储精囊位 XI 和 XII 节，极发达，小背叶表面具一层小颗粒。前列腺对位 XVIII 节，极发达，前伸至 XVI 节，后伸至 XXI 节；前列腺管"U"形，侧部厚。副性腺蘑菇状或具短柄小囊状。受精囊 2 对，位 VII-VIII 节；坛宽卵圆形，长约 2.2 mm，宽 0.9 mm，具一长约 0.5 mm 的短直粗柄；盲管在受精囊管根部进入，盲管柄较主体略短，远端纳精囊膨大，另外，在受精囊柄与纳精囊之间具一环状膨胀。受精囊管无肾管。副性腺蘑菇状（图 279）。

体色：保存标本背面浅黄褐色，腹面浅灰白色，环带略浅黄白色。

命名：本种依据模式产地南岭命名。

模式产地：广东（南岭）。

模式标本保存：上海交通大学农业与生物学院环境生物学实验室。

中国分布：广东（南岭）。

生境：生活在海拔 590 m 的针叶林 0-5 cm 表层土壤中。

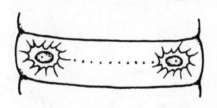

雄孔区

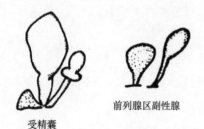

受精囊　　　　　前列腺区副性腺

图 279　南岭腔蚓（Zhang et al., 2006a）

讨论：本种与尖峰腔蚓 Metaphire jianfengensis 特征相近，它们的受精囊孔数量、位置相同，交配腔结构相似。但本种体型较尖峰腔蚓小。另外，本种在受精囊柄与纳精囊之间具一环状膨胀，副性腺蘑菇状。

H. 霍氏种组 houlleti-group

受精囊孔 3 对，位 6/7/8/9 节间。

国外分布：东洋界、澳洲界。

中国分布：北京、天津、河北、河南、辽宁、上海、江苏、浙江、安徽、福建、山东、江西、湖北、湖南、贵州、重庆、四川、西藏、内蒙古、甘肃、青海、台湾。

中国有 20 种。

## 霍氏种组分种检索表

1. 受精囊孔位于 6/7/8/9 节间背面 ················································· 湖南腔蚓 *Metaphire hunanensis*
   受精囊孔位于 6/7/8/9 节间腹面 ······················································································· 2

2. 雄孔区和受精囊孔区均有生殖乳突 ··················································································· 3
   雄孔区和受精囊孔区均无生殖乳突 ··················································································· 5

3. 交配腔深，更偏侧面，中间具 2 个纽扣状乳突，底部具 2 个小乳突；受精囊孔后具 1 个坛状圆顶乳突 ························································································· 江苏腔蚓 *Metaphire kiangsuensis*
   雄孔区乳突大小相似 ····································································································· 4

4. 雄孔侧缘褶皱，具一新月形沟为交配腔口；腔内具一可外翻的乳头状阴茎，周围具环沟与基部区分；一小平顶乳突偶见于腔内前中部；受精囊腔内后部具 2 乳突或无
   ······················································································· 田野腔蚓 *Metaphire vulgaris agricola*
   雄孔位 XVIII 节腹面交配腔内，交配腔具一小口，周围被皮褶围绕，1-4 个乳突位于腔内（或 1-2 个位于腔内或位于腔外）；受精囊孔前后具腺唇，前唇具 1-2 个小乳突
   ·································································································· 青甘腔蚓 *Metaphire kokoan*

5. 环带前具生殖乳突 ········································································································ 6
   环带前无生殖乳突 ······································································································· 13

6. 生殖乳突始自 VI 节 ······································································································ 7
   生殖乳突始自 VI 节后 ···································································································· 9

7. 乳突位于受精囊孔前后 ·································································································· 8
   受精囊孔位于囊腔内小圆锥状突起上；受精囊孔腔口大，横裂样，前侧具 1 大乳突
   ·································································································· 葛氏腔蚓 *Metaphire grahami*

8. 受精囊孔前部或后部或前后均凹陷，VI-IX 节或其中部分体节具 1-2 个非常小的隆起状乳突 ·······
   ·································································································· 上井腔蚓 *Metaphire aggera*
   受精囊孔位于不可见的唇状横裂缝内 ········································· 直隶腔蚓 *Metaphire tschiliensis*

9. VII、VIII 和 IX 节刚毛前后各具乳突 ················································································ 10
   受精囊孔具一宽裂缝受精囊腔开口，前后缘均褶皱，前缘更明显；受精囊管末端位于腔内，圆锥状突起，外侧具 2 个可见乳突 ············································· 通俗腔蚓 *Metaphire vulgaris vulgaris*

10. 生殖乳突位于受精囊孔腹侧 ··························································································· 11
    受精囊孔位于节间突起上，孔前后呈唇状隆起，孔横阔裂缝状，有浅受精囊腔；VII、VIII、IX 节腹面各具 1 对小乳突；或 VII 节腹面具 1 对乳突 ······················· 绿腔蚓 *Metaphire viridis*

11. 受精囊孔位于具横裂缝口的体壁内陷的小突上，一环形生殖标记位于内陷的前壁 ·····················
    ·············································································· 秉前腔蚓 *Metaphire praepinguis praepinguis*
    VII-IX 或 VII-XII 节腹侧具多个生殖乳突 ············································································ 12

12. VII-IX 节腹侧具 5 对生殖乳突 ·························································· 酉阳腔蚓 *Metaphire youyangensis*
    VII-IX 或 VII-XII 节腹侧具多个乳突 ····················· 江口腔蚓 *Metaphire praepinguis jiangkouensis*

13. 生殖标记位于雄孔区 ····································································································· 14
    雄孔区或环带前部无生殖标记 ························································································· 18

14. 乳突位于交配腔内 ······································································································· 15
    乳突位于交配腔外 ······································································································· 17

15. 雄孔位于浅交配腔内，为腔内一裂缝；腔内中部细叶间具刚毛，2-3 根刚毛居多 ·························
    ·································································································· 威廉腔蚓 *Metaphire guillelmi*
    交配腔内具大量乳突 ····································································································· 16

16. 雄孔大，具极发达的厚唇，为近圆形口，交配腔周缘形成包皮状，内具 1 粗且短的雌蕊状阴茎，

孔在阴茎顶端中间的尖端上，不显；孔近旁具几个小而圆的腺乳突，不易识别 ··················
············································································· 西藏腔蚓 *Metaphire tibetana*

雄孔为一圆形孔，四周围绕着乳突 ······························· 宜昌腔蚓 *Metaphire ichangensis*

17. 雄孔大，"C" 形，延伸至 17/18 和 18/19 节间沟；孔突小，在雄盘侧中部 1 小突起上，自 XVIII 节刚毛圈延伸 1 窄纵脊，雄盘上无乳突；雄盘前后具 1 对大小几近相等的圆形乳突，乳突中央凹陷。交配腔外表光滑，中央略囊状 ·······················天平腔蚓 *Metaphire trutina*

雄孔位于小交配腔内，腔口呈 "C" 形，周围有皮褶；腔内乳突之间具 2 刚毛，腔口常具 1 平顶乳突，乳突或全在腔外或 1/2 在腔外，或有时具 2 平顶乳突，排成 "一" 字形，一个在腔内；平顶乳突后缘具 4-5 个条形突起，雄孔开口在腔底乳突顶端 ········ 兰州腔蚓 *Metaphire lanzhouensis*

18. 雄孔位于非常浅的交配腔内，腔内外无乳突 ·············· 叠管腔蚓 *Metaphire ptychosiphona*

雄孔位于较深的交配腔内 ····························································· 19

19. 雄孔位于 "C" 形开口的交配腔内，雄孔被具大量横脊的圆隆起区围绕 ···················
············································································· 霍氏腔蚓 *Metaphire houlleti*

雄孔新月形，其凹面正对腹中；凹陷侧壁薄，腹缘壁形成了凹陷口的一个新月形侧唇 ·········
············································································· 亚洲腔蚓 *Metaphire asiatica*

## 297. 上井腔蚓 *Metaphire aggera* (Kobayashi, 1934)

*Pheretima aggera* Kobayashi, 1934. *J. Chosen Nat. Hist. Soc.*, 19: 1-14.

*Pheretima aggera* Kobayashi, 1938a. *Sci. Rep. Tohoku Univ.*, 13(2): 153-155.

*Pheretima aggera* Kobayashi, 1940. *Sci. Rep. Tohoku Univ.*, 15: 273-277.

*Metaphire aggera* Sims & Easton, 1972. *Biol. J. Linn. Soc.*, 4(3): 238.

*Metaphire aggera* 徐芹和肖能文, 2011. *中国陆栖蚯蚓*: 213-214.

*Metaphire aggera* Xiao, 2019. *Terrestrial Earthworms (Oligochaeta: Opisthopora) of China*: 292-293.

外部特征：体长 175-298 mm，宽 5.5-10 mm。体节数 150-171。背孔自 12/13 节间始，偶自 11/12 节间始。环带位 XIV-XVI 节，环状，无刚毛。刚毛中等大小，$aa$=（1.3-2）$ab$，$zz$=（1.5-2.5）$yz$；刚毛数：34-47（IV），52-67（XII）；15-22（VI）、16-23（VII）、16-24（VIII）在受精囊孔间，16-23 在雄孔间。雄孔成对位 XVIII 节腹侧面，新月形凸出，中等高度；体壁侧面至孔为淡色凸出的隆起，无刚毛；浅交配腔内具一皱褶腺状雄盘，盘上生有 3-4 根刚毛；盘外侧较中部略低，或常略凹入体腔，雄盘具 1 极小的横棒状雄孔突，孔突前后具 2 个极小的浅褐色卵形乳头状隆起，该隆起之半埋入周围组织；雄孔口为棒状孔突侧面的小裂缝，该孔突与乳头状隆起构成一个小但硬的直箭头体，该箭头体的大小与标本收缩程度有关（图 280）。受精囊孔 3 对，位 6/7/8/9 节间，孔在大眼状内陷的 1 小突状隆起上，内陷的前后缘均中等隆起，当内陷关闭时，孔不可见；VI-IX 节或其中部分体节眼状凹前或后或前后常具 1 个或 2 个极小的简单隆起状乳突。雌孔单，位 XIV 节腹中央。

内部特征：隔膜 9/10 缺失，8/9 仅腹面存在且薄。肠自 XV 节始扩大；盲肠简单，位 XXVII-XXII 节，

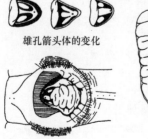

雄孔箭头体的变化

雄孔腹面　　　　受精囊

图 280　上井腔蚓（Kobayashi，1941）

长且大，指状，基部宽，腹面具数个齿状分支。心脏位 X-XIII 节，相当大，X 节的直径几乎等于 XI-XIII 节心脏直径的总和。精巢囊位于腹面，中等大小，前对为矮或极矮的"U"形囊，后对为一方形囊。储精囊中等大小或相当小，圆环状或卵形，表面具小囊；各具 1 中等大小的背叶，背叶收缩明显，卵形，光滑；前对常较后对小。前列腺小，位 XVIII 或 1/2XVII-XIX 节，占 2 个或更多的体节，分成若干指形叶；前列腺管"U"形弯曲，内端 1/2 细长，几近等粗，外端 1/2 极粗，具肌肉，约为内端 5 倍或多倍粗；外端狭窄，管通过雄盘中等大小的垫状腺组织进入箭头体，在浅交配腔内孔突顶端开口；管最外端两侧具 2 个极小的卵形副性腺，质软，明显，埋在组织内，无柄。受精囊 3 对，位 VI-VIII 节，大；坛圆形，有时表面凹凸不平或具不规则排列的皱褶；坛管厚且具肌肉，外端略窄，与坛几近等长，分界明显；盲管自坛管外端长出，较主体长，外端管短，与坛管等长，壁厚且直，内端长且薄，略膨大，包在一细软的鞘内，具数圈"Z"形弯曲；副性腺具小柄，与体外生殖乳突相对应（图 280）。

体色：保存标本背面暗褐色，背中部和环带前色深，腹面浅褐色或有时颇苍白，环带巧克力色。

模式产地：重庆（沙坪坝）、四川（宜宾）。

中国分布：辽宁（锦州、葫芦岛、大石桥、大连）、内蒙古（赤峰）、重庆（沙坪坝）、四川（宜宾）。

讨论：本种与亚洲腔蚓 *M. asiatica* 相似，但从雄孔乳突末端的小结构、受精囊孔区生殖乳突的大小、形状和相对位置，以及储精囊和前列腺的大小、形状等方面可以明显区分。

## 298. 亚洲腔蚓 *Metaphire asiatica* (Michaelsen, 1900)

*Amynthas asiaticus* Michaelsen, 1900a. *Oligochaeta, Das Tierreich*: 10.

*Pheretima tschiliensis* Gates, 1939. *Proc. U.S. Nat. Mus.*, 85: 488-494.

*Pheretima tschiliensis* Kobayashi, 1940. *Sci. Rep. Tohoku Univ.*, 15: 277-282.

*Metaphire asiatica* Sims & Easton, 1972. *Biol. J. Linn. Soc.*, 4(3): 236.

*Metaphire asiatica* 徐芹和肖能文, 2011. *中国陆栖蚯蚓*: 215.

*Metaphire asiatica* Xiao, 2019. *Terrestrial Earthworms (Oligochaeta: Opisthopora) of China*: 294-295.

外部特征：体长 154-197 mm，宽 7-8 mm。体节数 140-145。口前叶 1/2 上叶式。背孔自 12/13 节间始。环带位 XIV-XVI 节，环状，无刚毛、背孔和节间沟。刚毛中等大小，II-IX 节略粗；背中裂如有则非常浅，腹中裂浅；刚毛数：38-43（III）、50-54（V）、54-56（VI）、53-57（VIII）、57-60（IX）、59-61（XII）、57-58（XIII）、63-69（XXV）；20-22（VI）、21-24（VII）、22-26（VIII）、23-28（IX）在受精囊孔间，21-24 在雄孔间；$aa$=（1.2-2）$ab$，$zz$=（1.3-4）$zy$。雄孔成对位 XVIII 节腹面，新月形，其凹面正对腹中；凹陷侧壁薄，无刚毛；腹缘壁形成了凹陷口的一个新月形侧唇。受精囊孔 3 对，位 6/7/8/9 节间，小，分布分散；孔在一小圆形或横卵圆形光滑区域的中心，其边缘无明显分界；受精囊孔通过其外缘极小的白色边界较易识别。体壁内或见受精囊孔略凹入的小突（图 281）。雌孔单，位 XIV 节腹中央。

内部特征：隔膜 8/9/10 缺失，5/6/7/8 和 10/11/12 很厚，12/13 稍厚。砂囊位 7/8 隔膜后，球状。肠自 XV 节扩大；盲肠简单，大且长，角状，位 XXVII 节，前伸至 XXII

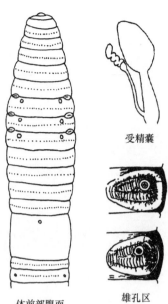

受精囊

体前部腹面　　　　雄孔区

图 281　亚洲腔蚓
（Kobayashi，1940）

或 XXIII 节，其腹侧具一些附属物。末对心脏位 XIII 节。精巢囊位于腹面，大，前对"U"形，后对横囊状。储精囊非常大，占满各自体节，背面相遇；各具一大背叶，前对背叶有时分成 2-3 个小背叶。前列腺大，常位 XVI-XXI 节，分成许多指形叶；前列腺管长，卷成发卡形。具柄副性腺靠近前列腺管外端，与体外小乳突相对应，附近具一小腺与大乳突对应。受精囊 3 对，位 VII-IX 节，大；坛大，卵圆形，表面光滑；坛管粗，较坛直径略短，与坛分界不明显，外端略膨大；盲管与主体等长或略短，外端一半细但壁厚，在末端靠近体壁处进入坛管，内端一半壁薄，略膨大，卷成多圈呈"Z"形。坛管外端附近无副性腺。各受精囊略后具一大副性腺；腺体部分常分成 2 个或更多小叶（图 281）。

体色：保存标本蓝色消失。活体背面前部棕蓝色，后部紫褐色，腹面浅灰色或白色，环带浅巧克力色。

命名：本种以模式产地位于亚洲而命名。

模式产地：天津。

模式标本保存：德国汉堡博物馆。

中国分布：北京（西城、东城、海淀、通州、昌平、顺义、怀柔、房山、丰台、石景山、门头沟、延庆、平谷）、天津、河北（张家口宣化）、辽宁（葫芦岛）、上海、江苏（南京、镇江、苏州、无锡、南通）、浙江（舟山、宁波、杭州、绍兴、嘉兴）、安徽（安庆、滁州）、山东（烟台、威海）、江西、湖北（潜江）、河南（博爱、安阳、洛阳、西峡、许昌、商城）、重庆（北碚、南川、沙坪坝）、四川（峨眉山）、西藏、内蒙古、甘肃、青海。

讨论：本种是 Michaelsen 在 1900 年发表的中国本地种。通过陈义于 1958 年在动物学教材中的描述和 1959 年对 *Pheretima tschiliensis* 的文字描述，以及和 Michaelsen 在 1928 年对 *Pheretima tschiliensis* 的描述（德文）进行对比，我们认为，目前大多数对 *Pheretima tschiliensis* 的描述，实际上是对亚洲腔蚓的描述，即目前大多数文献中描述的直隶腔蚓实际上是亚洲腔蚓。

*Pheretima tschiliensis* 为发现于河北省张家口市宣化区的浅黄褐色蚯蚓，而过去文献中所描述或记录的是深紫灰色或紫灰色蚯蚓，两者颜色极为不同。

Michaelsen 在 1900 年发表亚洲腔蚓后，1902 年在有关西藏的蚯蚓论文中又进行了描述。Michaelsen（1931）在"The Oligochaeta of China"中再次提及 *Pheretima (Ph.) asiatica* (Mich.)（= *Amynthas asiaticus* Mich.），指出了两种蚯蚓是分别独立的种。

Fang（1933）曾记述过几种蚯蚓。其中 *Pheretima asiatica* Mich.仅仅只有"刚毛 50/V"和"雄孔具有小圆乳突"的描述。1939 年，Gates 以 1903 年的 *Pheretima asiatica*、1928 年的 *Pheretima tschiliensis*、1930 年的 *Pheretima kiangsuensis*、1931 年的 *Pheretima tibetana* 等描述了 *Pheretima tschiliensis*。然而，这些描述与 Michaelsen（1928）描述的 *Pheretima tschiliensis* 有很大的差别，尤其是体色、受精囊及盲管的形状、盲肠的形状等。因此，徐芹和肖能文（2011）将 Michaelsen 在 1928 年的 *Pheretima tschiliensi* 与 1900 年的 *Pheretima asiatica* 分别记述为两个种。其中，过去大部分文献中记述的直隶腔蚓改述为亚洲腔蚓。另外，如果这两种蚯蚓属同一个种，按照优先原则，应当记述为 *Metaphire asiatica* (Michaelsen, 1900)，而不是 *Metaphire tschiliensis* (Michaelsen, 1928)。

### 299. 葛氏腔蚓 *Metaphire grahami* (Gates, 1935)

*Pheretima grahami* Gates, 1935a. *Smithsonian Mis. Coll.*, 93(3): 9-10.

*Pheretima grahami* Chen, 1936. *Contr. Biol. Lab. Sci. Soc. China (Zool.)*, 11(8): 298-299.

*Pheretima grahami* Gates, 1939. *Proc. U.S. Nat. Mus.*, 85: 437-439.

*Metaphire grahami* Sims & Easton, 1972. *Biol. J. Linn. Soc.*, 4(3): 238.

*Metaphire grahami* 徐芹和肖能文, 2011. *中国陆栖蚯蚓*: 228-229.

*Metaphire grahami* Xiao, 2019. *Terrestrial Earthworms (Oligochaeta: Opisthopora) of China*: 296-297.

外部特征：体长 230-285 mm，宽 11-15 mm。体节数 116-131。口前叶 1/2 上叶式，背叶宽约为 II 节长度的 2/3。背孔自 12/13 或 13/14 节间始。环带位 XIV-XVI 节，环状。刚毛数：42-44（III），65-66（VI），69-80（VIII），76-82（XII），90-115（XXV）；24-25（VI）、24-27（VIII）在受精囊孔间，12-19 在雄孔间。雄孔位于具横裂缝口的大交配腔内的宽圆锥形突起上，孔间距约占 1/3 节周。外部无生殖标记。各交配腔内具 5-6 个圆形或卵圆形表面较平的标记。受精囊腔背壁具一大卵圆形标记。受精囊孔 3 对，位 6/7/8/9 节间，孔在大球形囊腔内小圆锥形突起上，腔后部深陷腔内，通过结缔组织与腹壁相连；腔口大，横裂样，前侧具 1 相当大的乳突，且隐藏在裂缝内（图 282）。雌孔单，位 XIV 节腹中央。

内部特征：隔膜 8/9/10 缺失，5/6/7/8 和 10/11/12/13 厚肌肉质，13/14 肌肉质。肠自 XV 节扩大；盲肠加长，位 XXVII-XXII 节，腹面具类齿状突起。首对心脏位 X 节。精巢囊位 X 和 XI 节腹面，不成对。储精囊位 XI 和 XII 节，硬竖直主体充满体节，在背血管上横向连接，具明显背叶。前列腺位 XVII-XIX 节；前列腺管长 10 mm，"C"形弯曲，外 2/3 粗；XVIII 节底部两侧正对前列腺管末端具一大腺团，仔细剥离可分成一些独立腺体，其均通过束索或管与生殖标记相连。受精囊坛类囊状，长约 6 mm，具一颇细长的坛管；盲管细，比主体短，盲管具一角状肌肉质柄和一扩大纳精囊，纳精囊"Z"形卷曲；副性腺大圆球形，宽约 2 mm，紧靠坛管前部（图 282）。

命名：本种以在四川采集了本种标本的 David Crockett Graham（1884—1961）博士命名。

模式产地：四川（雅安）。

模式标本保存：美国国立博物馆（华盛顿）。

中国分布：四川（雅安、攀枝花、西昌）。

讨论：本种与通俗腔蚓 *Metaphire vulgaris vulgaris* 的区别在于 X 和 XI 节腹面不成对的精巢囊，

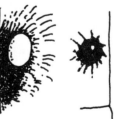

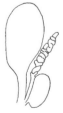

受精囊孔区　　　雄孔区　　　受精囊

图 282　葛氏腔蚓（Chen，1936）

更大的受精囊腔、腔后部结构、腔与腹壁的连接、腔内单个的大生殖乳突等。另外，本种与亚洲腔蚓通过受精囊孔的结构进行区分：本种受精囊位于内陷腔（受精囊腔）内，其腔巨大，不仅穿入体腔，而且沿腹壁向后延伸至下一隔膜；而亚洲腔蚓受精囊孔表浅。

### 300. 威廉腔蚓 *Metaphire guillelmi* (Michaelsen, 1895)

*Pheretima guillelmi* Michaelsen, 1895. *Abhandlungen aus dem Gebiete der Naturwissenschaften, Herausgegeben von dem naturwissenschaftlichen Verein in Hamburg*, 13(2), 1-37.
*Pheretima guillelmi* Gates, 1935a. *Smithsonian Mis. Coll.*, 93(3): 10.
*Pheretima guillelmi* Chen, 1936. *Contr. Biol. Lab. Sci. Soc. China (Zool.)*, 11(8): 270.
*Pheretima guillelmi* Gates, 1939. *Proc. U.S. Nat. Mus.*, 85: 440-445.
*Metaphire guillelmi* Sims & Easton, 1972. *Biol. J. Linn. Soc.*, 4(3): 238.
*Metaphire guillelmi* 徐芹和肖能文, 2011. *中国陆栖蚯蚓*: 229-230.
*Metaphire guillelmi* Xiao, 2019. *Terrestrial Earthworms (Oligochaeta: Opisthopora) of China*: 297-298.

外部特征：体长 96-150 mm，宽 5-8 mm。体节数 88-156。口前叶上叶式。背孔始自 12/13 或 13/14 节间。环带位 XIV-XVI 节，环状，无刚毛和背孔。体上自 II 节腹中隔和背中隔在刚毛圈上或完全缺失，如果有背中隔，则宽度不一；如果有腹中隔，则比较浅；刚毛数：12-19（VI），13-22（VIII），14-22（XVII），14-21（XVIII），16-22（XIX），44-64（XX）。雄孔成对位 XVIII 节；交配腔为新月形，凹面面向腹中。一些标本雄孔口张开，于交配腔中部露出。交配腔较浅，侧壁薄且无刚毛。交配腔中壁较侧壁坚实且隆起，与雄孔刚毛一排，常被浅沟分成许多细叶，细叶或细叶间具刚毛，各腔 2-3 根。雄孔位于腹侧的小瘤突上，此区无生殖标记或生殖乳突，中脊小叶有时看似生殖标记或突起；小叶或边缘区域或中心区域均无与腺体相通的孔口。受精囊孔 3 对，位 6/7/8/9 节间，口深陷，横裂缝状（图 283）。雌孔单，位 XIV 节腹中央。

内部特征：隔膜 8/9/10 缺失，5/6/7/8 和 10/11/12/13 厚肌肉质，13/14 肌肉质，14/15 稍肌肉质。砂囊位 VIII 和 IX 节。肠自 XV 节扩大；盲肠加长，位 XXVII 节，前伸至 XXII 节，简单，但腹侧尤其是腹后部被切割成一排短但明确的小叶。心脏位 IX-XIII 节。精巢囊位 X 和 XI 节腹面，不成对。储精囊位 XI 和 XII 节，硬竖直主体充满体节，在背血管上横向连接。前列腺位 XVI 或 XVII-XIX、XX 或 XXI 节；前列腺管长 6-10 mm，各管卷曲成发卡形，其外侧较内侧粗或 "C" 形或 "U" 形；无具柄副性腺或腺团位于前列腺管区体壁或体壁内。受精囊 3 对，位 XII-IX 节；坛囊状；坛管光滑，腔内部分直径一致，约与坛等长；盲管在靠近体壁处穿入坛管前面，交汇处外侧非常窄，盲管柄细、光滑、坚实，与受精囊管腔内部分等长或略短，短于纳精囊；纳精囊较受精囊柄宽，壁薄，"Z" 形卷曲，看似位于一薄且透明的结缔组织囊内；纳精囊的卷曲非常短且连续（图 283）。

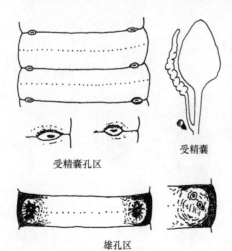

受精囊孔区　　　　受精囊

雄孔区

图 283　威廉腔蚓（陈义等，1959）

体色：背面青黄色或灰青色，背中线深青色。

模式产地：湖北（武昌）。

模式标本保存：德国汉堡博物馆。

中国分布：北京（西城、海淀、通州、昌平、怀柔、房山、延庆、平谷）、天津、河北、上海（金山、松江）、江苏（南京、镇江、苏州、无锡、徐州、扬州）、浙江[杭州（桐庐、富阳）、宁波、舟山、临海]、安徽（安庆）、福建、山东（烟台、威海）、江西（南昌、九江）、河南（新乡、焦作、南阳、信阳、许昌）、湖北（黄州、武昌、潜江）、重庆（江北）、四川。

讨论：Gates 通过与 Stephenson 的标本对比认为：本种与宜昌腔蚓 *M. ichangensis* 的唯一不同在于宜昌腔蚓 XVIII 节中部前列腺管的位置，一具柄副性腺通过雄孔凹陷的一模糊生殖标记向外开口。但这种差异不足以作为物种分类的特征。

本种与容易混淆的霍氏腔蚓 *M. houlleti* 的不同之处在于凹入体壁的交配腔、雄孔的结构以及交配腔内具刚毛。

## 301. 霍氏腔蚓 *Metaphire houlleti* (Perrier, 1872)

*Perichaeta houlleti* Perrier, 1872. *Nouvelles Archives du Museum*, 8: 99-105.

*Metaphire houlleti* Sims & Easton, 1972. *Biol. J. Linn. Soc.*, 4(3): 238.

*Metaphire houlleti* Shen et al., 2005. *Taiwania*, 50(1): 11-21.

*Metaphire houlleti* Chang et al., 2009. *Earthworm Fauna of Taiwan*: 114-115.

*Metaphire houlleti* 徐芹和肖能文, 2011. *中国陆栖蚯蚓*: 232-233.

*Metaphire houlleti* Xiao, 2019. *Terrestrial Earthworms (Oligochaeta: Opisthopora) of China*: 299-300.

外部特征：中等大小。体长 70-118 mm，环带宽 2.4-3.6 mm。体节数 86-102，VI-XIII 节各具 3 个不完全体环。口前叶上叶式。背孔自 9/10 节间始。环带位 XIV-XVI 节，环状，长 3.15-4.39 mm，无背孔，每节可见 40 刚毛窝。刚毛数：30-38（VII），50-52（XX）；9-10 在雄孔间。雄孔位 XVIII 节腹面交配腔内，孔间距占 0.28 节周；交配腔呈 "C" 形裂缝开口，被具若干横脊圆隆起区围绕。受精囊孔 3 对，位 6/7/8/9 节间腹侧面，孔裂缝状，前后缘均褶皱，深深埋入节间沟，孔间距占 0.3-0.32 节周。环带前后均无乳突（图 284）。雌孔单，位 XIV 节腹中央。

内部特征：隔膜 8/9/10 缺失，5/6-7/8、10/11-12/13 厚。砂囊大，位 IX-X 节。肠自 XV 节扩大；盲肠成对位 XXVII-XXIV 节，简单，具粗囊，具褶皱。隔膜 5/6 和 6/7 前壁富肾管丛。心脏位 X-XIII 节。精巢囊 2 对，位 X 和 XI 节，圆形，第二对退化。储精囊成对位 XI 和 XII 节，小，囊状，后对大，各具 1 圆形或卵圆形背叶。前列腺成对位 XVIII 节，大裂叶状，前后伸达 XVI 和 XXII 或 XXIII 节；前列腺管 "U" 形弯曲，近端之半细，远端之半膨大。副性腺膨大，与膨大的前列腺管根部前直接交通。受精囊 3 对，位 VII-IX 节；坛卵圆形，大，表面具皱褶，长 1.7-2.6 mm，宽 1.1-1.9 mm；坛管粗长，长 0.8-1.9 mm，基部膨大；盲管自坛管膨大的基部伸出，柄近端细，长 0.4-0.6 mm，远端膨大且向末端剧烈卷曲。副性腺具柄，柄长 0.4-1.1 mm，顶端圆或细裂叶状，与受精囊管基部交通（图 284）。

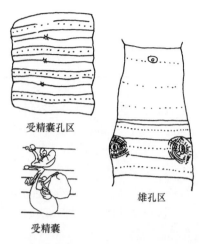

受精囊孔区

雄孔区

受精囊

图 284　霍氏腔蚓（Shen et al., 2005）

体色：保存标本体背黑色，腹面淡灰色，环带暗褐色。

命名：本种以 Mr. Houllet 命名。

模式产地：印度加尔各答。

模式标本保存：法国国家自然历史博物馆。

中国分布：天津、江苏（南京）、台湾（屏东）。

生境：本种可能属低地热带物种，我国台湾南部是本种在东亚分布的最北端。

讨论：本种根据生殖器官的不同分成了复杂的形态。受精囊的数量从正常的 3 对到无。根据 Gates（1972）的描述，生殖器官的差异可能受孤雌生殖的影响。此外，一个双性祖先种群可分化成不同的地理种系。

1895 年，Michaelsen 以中国湖北的新种描述了威廉腔蚓 *M. guillelmi*，但后来他认为威廉腔蚓与霍氏腔蚓属同物异名（Michaelsen，1900a）。进一步检查了原始标本后，Michaelsen（1931）认为威廉腔蚓是霍氏腔蚓的一个变种。Chen（1933）根据霍氏腔蚓较少的刚毛数量、缺失的受精囊腔以及 2 个种雄孔区的不同认为它们属于不同的物种。另外，这 2 个种的地理分布也不同，威廉腔蚓发现于中国中部（Chen，1933），而霍氏腔蚓广泛分布于亚洲东南部（Gates，1972）。综上，我们认为这 2 个物种均为独立种。

### 302. 湖南腔蚓 *Metaphire hunanensis* Tan & Zhong, 1986

*Metaphire hunanensis* 谭天爵和钟远辉, 1986. *动物分类学报*, 11(2): 144-146.

*Metaphire hunanensis* 徐芹和肖能文, 2011. *中国陆栖蚯蚓*: 233-234.

*Metaphire hunanensis* Xiao, 2019. *Terrestrial Earthworms (Oligochaeta: Opisthopora) of China*: 300.

外部特征：体长 80-85 mm，宽 3-3.5 mm。体节数 84-102。无体环。口前叶 2/3 上叶式。背孔自 12/13 节间始。环带位 XIV-XVI 节，腹面可见刚毛。刚毛较细，均匀，背腹面均明显；$aa$=（1.0-1.5）$ab$，$zz$=（1.0-1.2）$yz$；刚毛数：39-53（III），40-53（V），46-60（VII），45-58（XI），42-50（XX）；15-21（VI）、11-16（VII）、3-8（VIII）在受精囊孔间，5-8（常不清晰）在雄孔间。雄孔位 XVIII 节腹侧交配腔底部，约占 1/2 节周；交配腔内陷，较深，内壁有纵纹，无乳突；内陷时腔口呈纵裂缝状，外缘为 1 皮脊，其上具细横纹，内缘体壁隆肿，具纵向细沟纹；交配腔完全翻出时，略呈扁锥形，长 1.8-2.0 mm，基部宽 1.5-1.8 mm，其上具纵纹；雄孔开口于端部稍内侧，裂缝状；两交配腔之间，17/18/19 节间沟消失，交配腔内侧上下角各具 1 浅沟，向环带和 19/20 节间沟倾斜，两交配腔间形成 1 个略似于菱形的区域，此区上具 7-10 条纵沟纹。受精囊孔 3 对，位 6/7/8/9 节间背面，横裂缝状，宽约 1 刚毛间距，前后缘唇状；第一对约占 1/3 节周，第二对位于第一对内侧 1.5-2 刚毛间距，第三对又在第二对内侧 2-3 刚毛间距，近背中线，约占 1/10 节周；3 对在体背呈倒梯形排列（图 285）。雌孔单，位 XIV 节腹中央。

内部特征：隔膜 8/9/10 缺失；5/6/7 较厚略透明，内具小肾管；10/11-13/14 厚肌质；14/15 之后为膜状。砂囊近似圆球形，位 7/8-9/10 隔膜之间。肠自 XVI 节始扩大；盲肠简单,位 XXVII-XXIII 或 XXIV 节,背腹缘光滑。IX 节环血管不对称,心脏位 X-XIII 节,对称,较粗,X 和 XI 节心脏常被精巢囊覆盖。精巢囊 2 对,位 X 和 XI 节,发达,第一对位 X 节,腹面愈合成 1 块,背臂长,在食道背面黏合在一起,环状,包围食道;第二对亦发达,位 XI 节,与第一对相同,包围着食道,且完全包被着第一对储精囊或其大部分,仅第一对储精囊背叶裸露于外。储精囊略呈长柱状,背叶明显,近似长圆形,第二对的背叶在食管背面相遇于或抵达背血管。

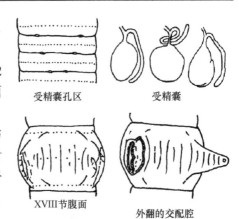

受精囊孔区　　　受精囊

XVIII 节腹面　　外翻的交配腔

图 285　湖南腔蚓(谭天爵和钟远辉,1986)

前列腺发达,位 XVI-XIX 或 XVI-XX 或 XVI-XXI 节,裂成 12-20 个指状小叶;前列腺管较长,内端 1/3 较细,外端 2/3 较粗,弯曲呈"⌒"形或"R"形,末端通入交配腔顶部(交配腔未翻出),或通入交配腔抵达端部(交配腔翻出)。交配腔在体内竖立,圆柱状,长 1.5-2.0 mm,直径 1.0-1.2 mm。受精囊 3 对,位 VII-IX 节,第一对与后两对同大或稍小;坛长圆形、扁圆形或梨形,坛与坛管间界线明显或不甚明显;坛管呈">"形弯曲;纳精囊管状,与坛管之间无明显界线,内含具珍珠光泽的精子,盲管于坛管内侧 1/2 或近体壁端 1/3 通入(图 285)。

体色:保存标本浅褐色,背腹较一致,环带前色淡,环带栗色。

命名:本种依据模式产地湖南命名。

模式产地:湖南(长沙)。

模式标本保存:湖南农学院解剖教研室。

中国分布:湖南(长沙)。

生境:生活在江河沿岸。

讨论:本种受精囊孔 3 对,位于体背面,具有较深的交配腔,与脊囊腔蚓 Metaphire thecodorsata 很相似。但本种受精囊孔位 6/7/8/9 节间,排列成倒梯形;无隔膜 8/9/10;纳精囊管状,由坛管内侧 1/2 或近体壁端 1/3 处通入等与脊囊腔蚓截然有别。

### 303. 宜昌腔蚓 Metaphire ichangensis (Fang, 1933)

Pheretima ichangensis Fang, 1933. Sinensia, 3(7): 180-184.

Metaphire ichangensis Sims & Easton, 1972. Biol. J. Linn. Soc., 4(3): 238.

Metaphire ichangensis 徐芹和肖能文, 2011. 中国陆栖蚯蚓: 234-235.

Metaphire ichangensis Xiao, 2019. Terrestrial Earthworms (Oligochaeta: Opisthopora) of China: 300-301.

外部特征:体长 103-185 mm,宽 6-8 mm。体节数 99-107。环带前体节一般具 2 体环(刚毛圈前后各一),II-IV 或 V 节仅一体环位于刚毛后。口前叶 2/3 上叶式。背孔自 12/13 节间始。环带位 XIV-XVI 节,环状,无刚毛和背孔。刚毛自 II 节始,IX-XIII 节刚毛软,IX 节前稍硬,环带后体节刚毛硬;环带前 $zz=yz$,环带后 $zz=0.8yz$;刚毛数:34(V),38(VIII),50(XIII),52(XIX),56(XXV),28 位于末端体节;12 在雄孔

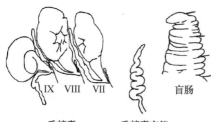

IX VIII VII

盲肠

受精囊　　　　受精囊盲管

图 286　宜昌腔蚓（Fang，1933）

间。雄孔成对位 XVIII 节腹面，约占 1/4 节周，雄孔为 1 圆形孔，四周环绕着乳突。受精囊孔 3 对，位 6/7/8/9 节间腹侧面。雌孔单，位 XIV 节腹中央。

内部特征：隔膜 9/10 缺，8/9 仅腹侧发育，小薄膜状，5/6-7/8、10/11-12/13 相当厚，其他略厚。砂囊大，位 7/8-10/11 隔膜之间。盲肠简单，位于背侧，自 XXVI 节始，向前延伸 3 体节长，末端尖且卷曲，向基部逐渐扩大，从末端至基部间沿腹缘伸出 10 个或以上小腺状突起，靠近末端背面亦有 1-2 个。肾管束在 5/6/7 隔膜前壁存在。末对心脏位 XIII 节。精巢囊 2 对，位 X 和 XI 节腹中部；前对宽扁，后部窄，前面略凹，具 2 短圆前侧角，2 囊不对称，左边略大，腹面中部连合形成一体，背面 2 囊间具一深宽间隔；后对远比前对窄，但依然宽扁，前部窄，中间和后部圆，2 囊连合成一体，但背腹面均无分界。储精囊 2 对，大，占满 XI 和 XII 节，背中线偏右相遇，外表面光滑，内面裂叶状。前列腺大，位 1/2XVI-XX 节，由一小的背中部和 2 大腹侧叶组成，腹侧叶又分成许多小叶；前列腺管向内（稍向后）形成卷曲回路，外端呈“V”形，大部分直、粗，中间膨大，内端部分也是“V”形，具分支但长度不同且向外，比内端主要部分短、细。前列腺管末端的高起区为孔突和交配腔的位置。此区具 7 个副性腺。受精囊 3 对，位 VII-IX 节；坛前后压紧，第一对（3.2 mm×2 mm）较第二对（3.3 mm×3 mm）明显窄，均为心形，具向远端的尖端；第三对（2.4 mm×3.2 mm）肾形，宽扁，基部具一半卵圆形或高起区域；受精囊管长约为坛长之 1/2 或更短；盲管线形，外端 1/5 窄、直，内端 4/5 呈“Z”形弯曲、宽；原态盲管较主体短，但拉直后等于、略短于或略超过主体的长度；靠近受精囊管口处盲管的另一侧（侧面）通常具一长度约为受精囊管一半的具柄副性腺（图 286）。

体色：保存标本肉色，环带暗褐色。活体淡蓝色。

命名：本种依据模式产地湖北宜昌命名。

模式产地：湖北（宜昌）。

模式标本保存：曾存于中研院自然历史博物馆（南京）。

中国分布：湖北（宜昌、潜江）。

生境：本种采集自湖边肥沃的土壤中。

讨论：本种与亚洲腔蚓 M. asiatica 和西藏腔蚓 M. tibetana 相似，但根据本种受精囊和前列腺管附近的具柄副性腺可与其他两种区分。本种冬天从土壤中挖出时短、粗、淡蓝色，与福尔马林溶液中的标本在颜色方面明显不同。

### 304. 江苏腔蚓 *Metaphire kiangsuensis* (Chen, 1930)

*Pheretima kiangsuensis* Chen, 1930. *Sci. Rep. Natn. Cent. Univ. Nanking*, 1: 24-28.

*Pheretima kiangsuensis* Chen, 1931. *Contr. Biol. Lab. Sci. Soc. China (Zool.)*, 7(3): 119-122.

*Metaphire kiangsuensis* Sims & Easton, 1972. *Biol. J. Linn. Soc.*, 4(3): 238.

*Metaphire kiangsuensis* 徐芹和肖能文，2011. *中国陆栖蚯蚓*: 236-237.

*Metaphire kiangsuensis* Xiao, 2019. *Terrestrial Earthworms (Oligochaeta: Opisthopora) of China*: 301-302.

外部特征：体长 200-350 mm，宽 6-12 mm。体节数 87-188。口前叶 2/3 上叶式。背孔自 12/13 节间始。环带位 XIV-XVI 节，环状，大隆起，无刚毛和背孔。刚毛，II-XII 节长，背腹面无差异，环带前 $aa=2ab$，$zz=(1.2-1.5)yz$；环带后 $aa=(2-3)ab$，$zz=(2-3)yz$。刚毛数：32-40（III），50-58（VI），52-60（VIII），62-78（XXV）；18-20 在受精囊孔间，12-24 在雄孔间。雄孔位 XVIII 节腹面交配腔内，孔间距约占 1/3 节周；各孔前后具 2 个或以上大纽扣状乳突；交配腔未外翻时，腔口具 1 新月形沟，腔内可见 1 略卵圆形垫，时有 3-7 根刚毛；腔

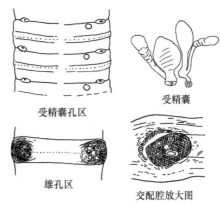

图 287 江苏腔蚓（Chen，1930）

表面附近瘤状粗糙，腔中具 4 个乳突，中间 2 个从外面可见，其中大的 1 个始终可见，另有 2 个小的位于交配腔底；交配腔更深处具 1 圆顶乳突，是前列腺开口之处。交配腔侧缘体壁通常无刚毛，且不明显隆起。受精囊孔 3 对，位 6/7/8/9 节间的小隆起上，孔极小，其后具 1 坛状圆顶乳突，有时缺如。VII、VIII 和 IX 节腹侧刚毛圈前各具 1 个大坛状圆顶乳突（图 287）。雌孔单，位 XIV 节腹中央。

内部特征：隔膜 8/9/10 缺，5/6/7/8 和 10/11/12 极厚，12/13 略厚。砂囊位 XI 和 X 节，球状或有时略长，后侧具边，前侧与食道连接处膨大。肠自 XV 节扩大；盲肠大，长，腹缘具略收缩的尖齿，背缘光滑，自 XXVII 节延伸至 XXII 节。心脏 4 对，第一对位 X 节，有时长入隔膜。精巢囊 2 对，前对伸入 X 节球状囊内并相互交通；后对连合成一个长横带。储精囊非常大，充满 XI 和 XII 节，具一小背叶，2 对卵圆体靠近前面隔膜后面；输精管于 XIV 节相互靠近但保持分离穿行。前列腺非常大，位 XVI-XXI 节，分成大长叶，表面光滑；前列腺管近端 1/3 细，中间部分直，长为粗的 5-6 倍，两端均卷曲；腺体中央部分充满大量细的卷曲的丝状结构，其非管而是实心，中间略穿孔，符合腺的特征。类似紧实的结构亦出现在受精囊区域，直径 4-5 mm，苍白色，围绕着受精囊管的基部。受精囊坛有时非常大，宽约 9 mm，囊状，具一粗管，但"Z"形卷曲的盲管并不与之成比例扩大，其在主管靠近体壁处穿入（图 287）。

体色：背部前端葡萄紫色，后端淡栗色，腹面灰褐色，侧面浅黄色，环带浅灰褐色。

命名：本种以模式产地命名。

模式产地：江苏（南京、苏州）。

模式标本保存：曾存于国立中央大学（南京）动物学标本馆，疑遗失。

中国分布：江苏（南京、苏州）、四川（乐山、都江堰）。

讨论：四川标本颜色普遍深紫色，区别于陈义在南京平原地区采集标本的普遍褐色或巧克力色。标本是当时 8 月在峨眉山随意采集时采集的，习性与南京标本的一致：常于炎热天气的雨后爬出洞穴。

## 305. 青甘腔蚓 *Metaphire kokoan* (Chen & Feng, 1975)

*Pheretima tschilliensis kokoan* 陈义等，1975. *动物学报*，21(1)：94-95.

*Metaphire kokoan* 徐芹和肖能文, 2011. *中国陆栖蚯蚓*: 237-238.

*Metaphire kokoan* Xiao, 2019. *Terrestrial Earthworms (Oligochaeta: Opisthopora) of China*: 302-303.

外部特征：体长 107-160 mm，宽 5.5-8 mm。体节数 66-120。口前叶上叶式。背孔自 12/13 节间始。环带占 3 节，无刚毛。II-IX 节腹面刚毛形态无特殊变化，有时距离较宽，但并不粗长；刚毛数：34-54（III），47-68（VIII），52-73（XII），40-61（XVIII），52-66（XXI）；19-32（VIII）在受精囊孔间，13-20（XVIII）在雄孔间。雄孔位 XVIII 节腹面两侧小交配腔之内，腔口小，周围有皮褶，腔内具 1-4 个小乳突，有时在腔内可见到 1-2 个，有时翻出，两腔孔腹侧间距占 1/3 节周。受精囊孔 3 对，位 6/7/8/9 节间，两孔间距约占 1/2 节周；孔前后各有腺肿状的唇，在前唇偏腹侧有 1-2 个小乳突，有时后唇也有 1 个；除孔相近处外，腹面无乳突（图 288）。雌孔单，位 XIV 节腹中央。

内部特征：隔膜 8/9/10 缺，5/6-7/8 厚肌肉质，10/11-13/14 部分或全部厚肌肉质。砂囊位 7/8 隔膜后，球状。肠自 XV 节扩大；盲肠简单，大且长，角状，位 XXVII 节，前伸至 XXII 或 XXIII 节，各腹面具几生长物。精巢囊位于腹面，大块状；前对"U"形，后对横囊状。储精囊泡状，巨大，占据各自整个体节，在背部相遇；各囊具一大背叶，前对背叶有时分成 2-3 个小叶。前列腺大，常位 XVI-XXI 节，分成许多指状叶；前列腺管长，卷曲成发卡形，内端薄，向外逐渐厚肌肉质，管末端变细穿过一相当大的垫状腺组织进入交配腔底部的一坚实体，于雄孔突末端开口。具实柄副性腺靠近前列腺管外端，与体外小乳突对应。此区亦发现一小副性腺与外部大乳突对应。受精囊 3 对，位 VII-IX 节；坛卵圆形；坛管长约为坛长的 2/3；盲管较主体长，直，极少稍有弯曲（图 288）。

体色：背部灰褐色。

命名：本种依据模式产地青海省和甘肃省两省的简称命名为青甘。

模式产地：甘肃（兰州）、青海（西宁）。

中国分布：甘肃（兰州）、青海（西宁）。

讨论：本种与亚洲腔蚓 *Metaphire asiatica* 相似，但本种体型中等，雄交配腔小而浅，无受精囊孔腔，受精囊孔前后有腺肿唇状构造，受精囊盲管长而较直，略微弯曲者罕见；亚洲腔蚓体型略大，雄交配腔皮褶形成马蹄形浅囊，受精囊孔具浅腔，受精囊盲管内侧 1/3 具有数个弯曲，这些特征与青甘腔蚓有明显区别。

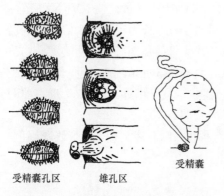

受精囊孔区　　雄孔区

受精囊

图 288　青甘腔蚓（陈义等，1975）

## 306. 兰州腔蚓 *Metaphire lanzhouensis* (Feng, 1984)

*Pheretima tschiliensis lanzhouensis* 冯孝义, 1984. *动物学研究*, 5(1): 47-50.

*Metaphire tschiliensis lanzhouensis* 钟远辉和邱江平, 1992. *贵州科学*, 10(4): 41.

*Metaphire lanzhouensis* 徐芹和肖能文, 2011. *中国陆栖蚯蚓*: 238-239.

*Metaphire lanzhouensis* Xiao, 2019. *Terrestrial Earthworms (Oligochaeta: Opisthopora) of China*: 303-304.

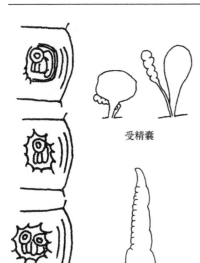

受精囊

盲肠

雄孔区

图 289 兰州腔蚓（冯孝义，1984）

外部特征：体长 245-310 mm，宽 6-7 mm。体节数 111-149。口前叶 1/2 上叶式。背孔自 12/13 节间始。环带位 XIV-XVI 节，较长，约 7-8 mm，无刚毛和背孔。刚毛自 II 节始，细而密，环带前略粗稍疏；环带前 $aa=$（1.2-2）$ab$，$zz=$（1.2-2）$yz$，环带后 $aa=2ab$，$zz=2yz$；刚毛数：32-40（III），50（V），35-46（VI），46-55（VIII）；19（V）、14-17（VI）、16-17（VII）、16-24（VIII）在受精囊孔间，8-14（XVIII）在雄孔间。雄孔位 XVIII 节腹面两侧由皮褶形成的小交配腔内，腔口呈"C"形，周围有皮褶；腔内乳突之间具 2 刚毛；交配腔占该节长的 1/3，腔浅，腔口具 1 平顶乳突，乳突或全在腔外或 1/2 在腔外，或有时具 2 平顶乳突，排成"一"字形，一个在腔内，平顶乳突后缘具 4-5 个条形突起，雄孔开口在腔底乳突顶端；两腔距约占 1/3 节周（图 289）。受精囊孔 3 对，位 6/7/8/9 节间，孔小，外表不易见，无受精囊腔，孔腹间距约占 1/3 节周。无其他标记。雌孔单，位 XIV 节腹中央。

内部特征：隔膜 9/10 缺失，8/9 仅腹面残存，薄膜状，5/6-7/8 厚，10/11 起膜状。咽腺位 III-V 节。砂囊球状，位 IX 和 X 节。肠自 XV 节始扩大；盲肠自 XXVII 节始，前伸达 XXIII 节，背面光滑，腹面有齿缺刻。VII 节血管环对称，末对心脏位 XIII 节。精巢囊 2 对，位 X 和 XI 节，前对较大，蝴蝶形，左侧稍小，腹中央宽连接且交通；后对较前对窄，宽连接且交通。储精囊位 XI 和 XII 节，同等大小，背叶圆形，明显，后对精巢囊不包裹前对储精囊。前列腺较小，位 XVII-XIX 节，分成粗指状；前列腺管末端膨大，呈"V"形；前列腺管基部具副性腺，呈团块状，具 10 个左右导管，导管长约 2 mm。受精囊 3 对，位 VII-IX 节，分别在 6/7、7/8、8/9 隔膜之后；坛呈网球拍状，两面微凸，有横行缢纹 4-5 条；坛管粗；第一、二对受精囊形态相似，第三对较小，坛呈椭圆形；坛及坛管各长 2 mm，盲管与主体等长，或盲管微长于或微短于主体，盲管细，内端 2/3 具 3-5 个屈曲，屈曲紧缩成纳精囊，盲管从靠近体壁外侧或内侧通入主管（图 289）。

体色：土黄色，背中线深灰色。

命名：本种依据模式产地兰州命名。

模式产地：甘肃（兰州）。

模式标本保存：兰州医学院生物学教研室。

中国分布：甘肃（兰州）。

生境：生活于苹果园潮湿土壤中。

讨论：本种与葛氏腔蚓 *Metaphire grahami* 和青甘腔蚓 *Metaphire kokoan* 相似：本种受精囊孔前缘及 VII、VIII 和 IX 节腹面无平顶乳突与葛氏腔蚓和青甘腔蚓均相似；交配腔由皮褶形成，腔小而浅，仅占该节长的 1/3，腔口呈"C"形，受精囊两面均具横行浅缢纹等与青甘腔蚓相似，但本种隔膜 8/9 腹面具膜状残迹，其他 2 种则缺。

### 307. 江口腔蚓 *Metaphire praepinguis jiangkouensis* Qiu & Zhong, 1993

*Metaphire praepinguis jiangkouensis* 邱江平和钟远辉, 1993. *贵州科学*, 11(1): 40-41.
*Metaphire praepinguis jiangkouensis* 徐芹和肖能文, 2011. *中国陆栖蚯蚓*: 248-249.
*Metaphire praepinguis jiangkouensis* Xiao, 2019. *Terrestrial Earthworms (Oligochaeta: Opisthopora) of China*: 304-305.

外部特征：体长 146-278 mm，宽 6.0-8.5 mm。体节数 89-131。口前叶 3/4 上叶式。背孔自 12/13 节间始。环带位 XIV-XVI 节，环状，腹面可见刚毛。XVIII 节前刚毛较粗，腹面排列较稀疏，背面较紧密；XVIII 节后刚毛细密，排列均匀；$aa=1.3ab$，$zz=1.3yz$；刚毛数：35-38（III），42-48（V），52-62（VIII），74-78（XX），75-82（XXV）；20-23（VII）、21-24（VIII）在受精囊孔间，21-24（XVIII）在雄孔间。雄孔 1 对，位 XVIII 节腹面交配腔内；交配腔由体节外缘一大的皮褶向内侧覆盖形成，腔内体壁仅略为内陷；雄孔位于腔内 1 圆形或长圆形腺状突顶部，紧靠其后缘具 1 类似的腺状突起或在其内侧具 2 个小圆形腺区或紧靠其前后缘各具 1 个与其类似的腺状突起，内侧为一大的肾形腺状突起；腔外内侧刚毛圈前方每侧各具 2 排圆形平顶小乳突，共 23-29 个；腔内侧皮肤多纵褶；孔间距约占 1/3 节周（图 290）。受精囊孔 3 对，位 6/7/8/9 节间，孔呈裂缝状，其前后缘明显腺肿；孔间距约占 2/5 节周；VII-IX 节或 VII-XII 节腹刚毛圈前具多个圆形小乳突，或全无。雌孔单，位 XIV 节腹中央。

内部特征：隔膜 9/10 缺失，5/6-7/8 厚肌肉质，8/9 较厚，10/11-14/15 较厚，其他均较薄。砂囊桶状，较发达。肠自 XVI 节扩大；盲肠简单，指囊状，腹侧具短小的齿状突，位 XXVII-XXIII 节。末对心脏位 XIII 节。精巢囊 2 对，位 X 和 XI 节，较发达，卵圆形，两侧相连通。储精囊 2 对，位 XI 和 XII 节，发达，两侧在背部相遇；背叶明显，前对较大，近三角形，后对较小，呈卵圆形。前列腺发达，位 XVI-XX 节，块状或条状分叶；前列腺管粗短，"U"形弯曲；副性腺发达，块状，具短索状导管。受精囊 3 对，位 VII-IX 节；坛长圆形，长约 3.5 mm；坛管粗且长；盲管较主体略短或与主体等长，末端 1/2-2/3 呈 "Z" 形或波浪形扭曲膨大，为纳精囊。副性腺块状，导管索状（图 290）。

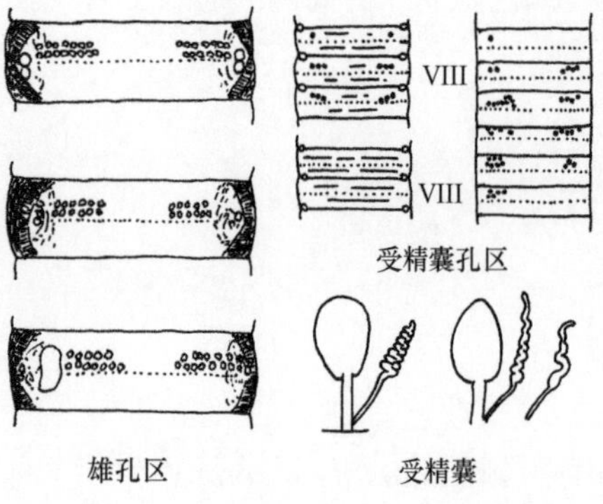

体色：保存标本背面灰褐色，腹面灰白色，环带红褐色。

命名：本亚种以模式产地江口县命名。

模式产地：贵州（江口）。

模式标本保存：贵州省生物研究所。

中国分布：贵州（江口）。

生境：生活在海拔 2170-2340 m。

讨论：本亚种具 8/9 隔膜，交配腔内、体表乳突和 XVIII 节的小乳突较为特殊，以及 12/13 隔膜无储精囊等与指名亚种秉前腔蚓 *Metaphire praepinguis praepinguis* 有较大区别。

图 290　江口腔蚓（邱江平和钟远辉，1993）

VIII

VIII

受精囊孔区

雄孔区　　　　受精囊

## 308. 秉前腔蚓 *Metaphire praepinguis praepinguis* (Gates, 1935)

*Pheretima praepinguis* Gates, 1935a. *Smithsonian Mis. Coll.*, 93(3): 15.

*Pheretima praepinguis* Chen, 1936. *Contr. Biol. Lab. Sci. Soc. China (Zool.)*, 11(8): 302.

*Pheretima praepinguis* Gates, 1939. *Proc. U.S. Nat. Mus.*, 85: 471-473.

*Metaphire praepinguis* Sims & Easton, 1972. *Biol. J. Linn. Soc.*, 4(3): 238.

*Metaphire praepinguis praepinguis* 徐芹和肖能文, 2011. *中国陆栖蚯蚓*: 249.

*Metaphire praepinguis praepinguis* Xiao, 2019. *Terrestrial Earthworms (Oligochaeta: Opisthopora) of China*: 305-306.

外部特征: 体长 207 mm, 宽 16 mm。口前叶上叶式。背孔自 12/13 节间始。环带位 XIV-XVI 节, 环状, 可见较轻的节间沟痕与背孔痕, 具刚毛窝, 无明显刚毛。刚毛自 II 节始; 刚毛数: 23 (VII), 24 (VIII), 20 (XVII), 9-13 (XVIII), 22 (XIX), 93 (XX)。雄孔位 XVIII 节腹面体壁内陷的交配腔内, 交配腔新月形, 侧开口宽, 其内构造明显可见, 内陷较深; 侧壁薄, 无刚毛; 孔侧壁腹缘形成新月状唇, 雄孔在内陷背面最侧部的小突上, 小突腹面光滑, 明显且闪光; 内陷中壁隆起为脊状, 脊中部具 1 圆形小突, 此突靠近但不与雄孔小突相连; 乳突腹中央具几浅灰色孔状标记, 明显, 内陷壁中部近孔口及脊前具 1 横卵形生殖标记, 其中央半透明, 浅灰色, 隆起外缘不透明; 该横卵形标记为脊上小突 3 倍大小。受精囊孔 3 对, 位 6/7/8/9 节间腹面, 孔横裂缝状, 孔缘具细皱褶; VII-IX 节前缘正对受精囊孔各具 1 乳突, 乳突横卵形、圆形或纵卵形, 界线不明显, 中央浅灰色、半透明, 边界略不透明、隆起。雌孔单, 位 XIV 节腹中央。

内部特征: 隔膜 8/9/10 缺失, 5/6-7/8 厚肌肉质, 10/11-12/13 厚肌肉质, 13/14 肌肉质。砂囊后紧靠食道具 1 明显的裂叶环状腺。肠右侧始自 XV 节、左侧始自 XVI 节; 盲肠简单。IX 节左侧血管单连合, 末对心脏位 XIII 节。精巢囊位 X 与 XI 节腹面, 不成对。XI 和 XII 节储精囊顶端伸达背血管, 储精囊锥状, 光滑, 陷入腹层背缘。XIII 与 XIV 节具成对假囊。前列腺小, 右侧限于 XVIII 节内, 隔膜 17/18 和 18/19 间靠前或靠后; 左侧的一个小叶伸达 XVII 节; 前列腺管长约 12 mm, 弯曲成发卡状, 外端较内端厚。受精囊 3 对, 位 VI-VIII 节; 坛与坛管等长或较坛管略长; 坛管穿入体壁处, 粗球状, 体壁内坛管急剧变窄, 坛管通过受精囊腔顶部 1 小光滑圆锥状突起腹面的小口通出体外, 通出体外处短、细; 坛管前面靠近体壁处具 1 球腺团, 其束索或管从坛管前面穿出体壁通向受精囊腔前壁的 1 圆形生殖标记; 盲管柄与坛管的连接在靠近体壁处被前面的腺遮住; 盲管具 1 光滑闪亮的柄和非常宽的具 2-3 个紧缩弯曲的纳精囊。

体色: 保存标本背面灰蓝色, 腹面浅灰黄色。活体瓦蓝色。

模式产地: 四川 (峨眉山)。

模式标本保存: 美国国立博物馆 (华盛顿)。

中国分布: 四川 (峨眉山)。

生境: 生活在海拔 500-1200 m 山地农田、林地中阴湿、疏松和腐殖质较多的酸性土壤表层。

讨论: 本种与直隶腔蚓 *Metaphire tschiliensis* 形态部分相似, 因此一些学者认为二者是同物异名, 记述也有些混乱。何荻平等 (1983) 认为它们是不同的种。

本种与亚洲腔蚓 *Metaphire asiatica* 的区别在于受精囊孔内陷及其内具生殖标记；无与刚毛圈前生殖标记相连的具柄腺或腺团；交配腔中部无刚毛（不包括非正常的小或深缩入内的刚毛）。

本种与直隶腔蚓受精囊孔在受精囊腔的位置非常相似。陈义认为本种与直隶腔蚓属同物异名：本种标本与陈义早期的四川标本一致，而且与葛氏腔蚓的标本也完全一致。Gates 认为本种与葛氏腔蚓的区别在于不同寻常的受精囊腔和交配腔；本种与直隶腔蚓相似，但仅从一个标本无法得出可靠的区分特征：一个标本的受精囊孔是浅表型，而其他标本的都内陷或看似内陷，具一大横裂口，但通常口是关闭的以至于从外表看是隐藏的。由于直隶腔蚓受精囊孔缺乏种内差异，如此明显的差异为区分秉前腔蚓和直隶腔蚓提供了充分的证据。

### 309. 叠管腔蚓 *Metaphire ptychosiphona* Qiu & Zhong, 1993

*Metaphire ptychosiphona* 邱江平和钟远辉, 1993. *贵州科学*, 11(1): 38-40.

*Metaphire ptychosiphona* 徐芹和肖能文, 2011. *中国陆栖蚯蚓*: 250-251.

*Metaphire ptychosiphona* Xiao, 2019. *Terrestrial Earthworms (Oligochaeta: Opisthopora) of China*: 306-307.

外部特征：体型较大。体长 196-295 mm，体宽 6.0-9.0 mm。体节数 80-151。体节上具 2-4 明显体环。口前叶上叶式。背孔自 11/12 节间始。环带位 XIV-XVI 节，环状，其腹侧可见少许刚毛。刚毛细而密，着生均匀。$aa=1.5ab$，$zz=(1.2-1.5)zy$。刚毛数：57-61（III），64-72（V），64-79（VIII），87-117（XX），85-124（XXV）；27-31（VII）、28-34（VIII）在受精囊孔间，15-27（XVIII）在雄孔间。雄孔 1 对，位 XVIII 节腹侧交配腔内，孔间距约占 1/3 节周；交配腔体壁内陷，较浅小，中央形成一横梭形凹陷，孔即在凹陷底部。腔的外缘由一大的皮脊向内覆盖，形成"C"形腔口。腔内外均无乳突。受精囊孔 3 对，位 6/7/8/9 节间；孔很小，外部不易察见，仅见其前后缘皮肤腺肿；孔间距约占 2/5 节周（图 291）。无乳突。雌孔单，位 XIV 节腹中央。

内部特征：隔膜 5/6-7/8 厚，富肌肉质，8/9 较薄，9/10 缺，11/12-13/14 厚而富肌肉质，其他均较薄。砂囊呈圆球状，较小。肠自 XV 节始扩大；盲肠简单，呈指囊状，位 XXVII-XXIII 节，背腹缘均光滑。末对心脏位 XIII 节。精巢囊 2 对，位于 X 和 XI 节，较小。前一对呈长圆形，后一对近肾形，明显分离。储精囊 2 对，位于 XI 和 XII 节，发达，在背部相遇，前一对稍大，2 对均呈长块状，表面粗糙；背叶大而明显，长圆形。前列腺较小，分成 12-15 个长条形小叶，位 XVI-XVIII 或 XVII-XIX 节；前列腺管较粗，"U"形弯曲，末端通入一半圆形交配腔内陷入体腔形成囊状结构。无副性腺。受精囊 3 对，位 VII-IX 节；坛呈棒槌状或弯茄形，长约 3.0 mm、宽 1.0-1.5 mm；坛管与坛之间无明显界线；盲管较主体略短，末端

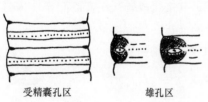

受精囊孔区　　　　　雄孔区

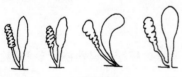

受精囊

图 291　叠管腔蚓

（邱江平和钟远辉，1993）

3/5 呈"Z"形叠曲并膨大，为纳精囊（图291）。无副性腺。

体色：保存标本体色较浅，呈灰褐色，环带红褐色。

命名：本种依据受精囊盲管末端 3/5 呈"Z"形叠曲而命名。

模式产地：贵州（绥阳）。

模式标本保存：贵州省生物研究所。

中国分布：贵州（绥阳）。

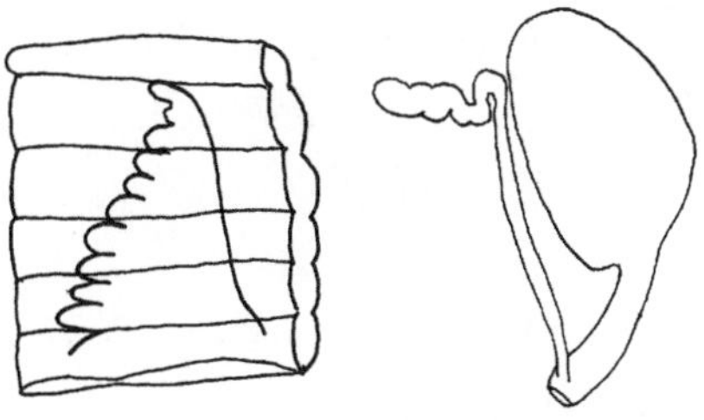

生境：生活在海拔 1460-1470 m 的林区。

讨论：本种在个体大小、雄性交配腔陷入体腔内、盲管末端叠曲等特征与葛氏腔蚓 *Metaphire grahami* 相似。但本种交配腔较浅小、内外均无乳突、无受精囊腔、具 8/9 隔膜，以及精巢囊不发达，两侧明显不相交通等与葛氏腔蚓有明显区别。

图 292　西藏腔蚓（Michaelsen，1931）

盲肠　　　　　受精囊

## 310. 西藏腔蚓 *Metaphire tibetana* (Michaelsen, 1931)

*Pheretima tibetana* Michaelsen, 1931. *Peking Nat. Hist. Bull.*, 5(2): 13-15.

*Metaphire tibetana* Sims & Easton, 1972. *Biol. J. Linn. Soc.*, 4(3): 238.

*Metaphire tibetana* 徐芹和肖能文, 2011. *中国陆栖蚯蚓*: 255-256.

*Metaphire tibetana* Xiao, 2019. *Terrestrial Earthworms (Oligochaeta: Opisthopora) of China*: 307-308.

外部特征：体长 75-110 mm，宽 5-7 mm。体节数 95-104。环带位 XIV-XVI 节，环形，无刚毛。环带前体中部刚毛略大，腹面较背面大；刚毛数：44（V），50（VIII），60（XIII），68（XIX）。雄孔位 XVIII 节腹面，约占 1/3 节周，颇大，近圆形，具极发达的厚唇；交配腔周缘形成包皮状，内具 1 粗且短的雌蕊状阴茎，孔在阴茎顶端中间的尖端上，不显；孔近旁具几个小而圆的腺乳突，不易识别；阴茎腔可外翻。受精囊孔 3 对，位 6/7/8/9 间腹面，约占 1/2 节周，明显，横裂缝状。雌孔单，位 XIV 节腹中央。

内部特征：隔膜 8/9/10 缺失，5/6-7/8 和 10/11 中等厚。砂囊大，位 7/8 隔膜后。盲肠 1 对，位 XXVII 节，前伸达 4 节，具三面，底面与长几近等长；上面近光滑，仅具不明显的体节沟痕；下缘具相当数量的缺刻，约 10 个，缺刻自前朝盲肠根部向后依次外翻，增加了盲肠的长度。精巢囊 2 对，颇大，位 X 与 XI 节腹面；一对腹中部与另一对整个宽处融合成一胶囊状，横置，两边略圆；丛生精巢从前壁的侧部进入胶囊状腔内，胶囊状腔内充满了精漏斗；精巢囊无瘤状物；各精巢囊通过一短细管与下一节的大宽储精囊连接。储精囊位 XI 和 XII 节，宽大的储精囊包围食道，其背腹面相连接但不融合；储精囊背缘从主体部分通过一浅沟分离形成一完整的生长物，被主体盖住。前列腺占据 4-5 体节，腺部宽大，分成许多圆形伸出物，为宽的 2-3 倍长；前列腺管弯曲成不规则螺钉形，近半薄，不透明，较肌肉质、纺锤形隆起的外半粗。两侧的 2 个输精管共同开口于前列腺管的近端。受精囊 3 对，位 VII-IX 节；坛卵形；坛管与坛分界明显，约为坛长之半，近端细，远端膨胀，具金属光泽，坛管末端开口于盲管；盲管较主体长，盲管柄细、蛇样，稍不规则弯曲；坛管近端紧压在盲管 1/3 处，通过交替折叠形成几个并不广泛伸展的弯曲（图 292）。

体色：通常为黄色至灰褐色。

命名：本种依据模式产地西藏命名。

模式产地：西藏。

模式标本保存：德国汉堡博物馆。

中国分布：西藏。

### 311. 天平腔蚓 *Metaphire trutina* Tsai, Chen, Tsai & Shen, 2003

*Metaphire trutina* Tsai et al., 2003. *Endemic Species Research*, 5: 83-88.

*Metaphire trutina* Chang et al., 2009. *Earthworm Fauna of Taiwan*: 134-135.

*Metaphire trutina* 徐芹和肖能文, 2011. *中国陆栖蚯蚓*: 256-257.

*Metaphire trutina* Xiao, 2019. *Terrestrial Earthworms (Oligochaeta: Opisthopora) of China*: 308-309.

外部特征：体长 215-425 mm，环带宽 11.0-15.6 mm。体节数 96-189。VI-IX 节具 3 体环，X-XIII 节具 5 体环，XVII 节后具 3 体环，刚毛圈所在体环较邻近体节宽。口前叶前叶式。背孔自 12/13 节间始。环带位 XIV-XVI 节，环状，无背孔，XIV 和 XV 节无刚毛，XVI 节腹中部具 5 根刚毛。刚毛数：109-118（VII），108-128（XX）；22-28 在雄孔间。雄孔 1 对，位 XVIII 节腹侧，大，"C" 形，纵向长 2.87 mm，延伸至 17/18 和 18/19 节间沟；孔突小，在雄盘侧中部 1 小突起上，自 XVIII 节刚毛圈延伸 1 窄纵脊，雄盘上无乳突；雄盘前后具 1 对大小几近相等的圆形乳突，乳突中央凹陷，直径 1.0-1.1 mm。交配腔外表光滑，中央略囊状（图 293）。受精囊孔 3 对，外表不显，位 6/7/8/9 节间腹侧；此区无生殖乳突。雌孔单，位 XVI 节腹中央。

内部特征：隔膜 8/9/10 缺，10/11-13/14 颇厚。砂囊大，位 IX 和 X 节，圆。肠自 XIV 节始扩大；盲肠成对位 XXVII-XXII 节，简单，末端尖，表面皱褶具垂线。心脏位 XI-XVII 节。精巢囊 2 对，位 X 和 XI 节腹中部，白色，表面光滑，输精管在 XIII 节连接。储精囊 2 对，位 XI 和 XII 节，前对大，灰白色，表面皱褶，各具 1 浅褐色粗糙圆背叶，充满整个体腔；后对略小，具有褐色粗糙大背叶。前列腺成对位 XVIII 节，每叶表面囊状；前列腺管粗直；无副性腺或可见结构与交配腔生殖乳突相连。卵巢成对位 XIII 节。受精囊 3 对，位 VII-IX 节；坛圆形或卵圆形，近端具皱褶，柄粗短；盲管具银白色卵圆形纳精囊，柄卷绕（图 293）。

体色：保存标本体背和环带周围略蓝紫色，腹面浅灰褐色，刚毛圈体环较邻近体环色淡。

命名：本种依据交配腔前后具一对大小几近相等的圆形乳突，乳突中央凹陷，如同天平，而命名。

模式产地：台湾（宜兰）。

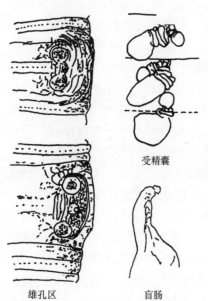

受精囊

雄孔区　　　盲肠

图 293　天平腔蚓（Tsai et al., 2003）

模式标本保存：台湾特有生物研究保育中心（南投）。

中国分布：台湾（宜兰）。

生境：本种采集自路边没有植被的沟中，其上覆盖约 10 cm 厚的沙质土。

讨论：本种具 3 对受精囊、受精囊孔位 6/7/8/9 节间、17/18/19 节间无生殖乳突，属霍氏种组。本种体型大、具一对"C"形开口交配腔，这些特征与田野腔蚓 *M. vulgaris agricola*、绿腔蚓 *M. viridis*、秉前腔蚓 *M. praepinguis praepinguis*、上井腔蚓 *M. aggera*、直隶腔蚓 *M. tschiliensis*、葛氏腔蚓 *M. grahami* 和青甘腔蚓 *M. kokoan* 相似。

本种区别于上述种类的特征有：刚毛数量更多、环带前无生殖乳突、受精囊孔前后缘无褶皱隆起唇或新月形脊、各交配腔雄盘前端和后端具 2 个大生殖乳突。

### 312. 直隶腔蚓 *Metaphire tschiliensis* (Michaelsen, 1928)

*Pheretima tschiliensis* Michaelsen, 1928. *Arkiv. for Zoologl.*, 20(2): 13-15.

*Metaphire tschiliensis* 徐芹和肖能文, 2011. *中国陆栖蚯蚓*: 257.

*Metaphire tschiliensis* Xiao, 2019. *Terrestrial Earthworms (Oligochaeta: Opisthopora) of China*: 309-310.

外部特征：体长 190-210 mm，宽 6.5-7 mm。体节数 200。口前叶 1/4 上叶式。背孔自 11/12 节间始。环带位 XIV-XVI 节（占 3 节），环形，无背孔、刚毛、节间沟。刚毛排列均匀，粗壮，腹间隔略宽，背面几近连续，$aa=1.5ab$；刚毛数：50（V），55（IX），72（XIII），76（XXV）。雄孔位 XVIII 节腹面，孔间距约占 2/5 节周；孔在一向中央延伸的月牙状长裂缝弯曲部，裂缝中央凹陷，边缘凸出，阴茎隐藏在裂缝内周围略凸起的腺突上。受精囊孔 3 对，位 6/7/8/9 节间腹面，孔间距约占 1/3 节周，孔在一相当不明显的小唇形横裂缝内。雌孔单，位 XVI 节腹中央。

内部特征：隔膜 5/6-7/8 厚，10/11 和 11/12 等厚，12/13、13/14 逐渐略厚，8/9 缺，9/10 若未缺，仅腹面具很少遗痕。砂囊位隔膜 7/8 后，颇大。肠自 XV 节始扩大；盲肠自 XXVII 节始，前伸达 XVIII 节；具隔膜缢痕。末对心脏位 XIII 节。精巢囊 2 对，发达，位 X 和 XI 节，隔膜 10/11 将二者完全隔开。储精囊 2 对，位 XI 和 XII 节。受精囊 3 对，位 VII-IX 节；坛长方袋状；坛管内端粗壮，外端骤然变细；盲管相当剧烈地扭曲，盲管外端与坛管等粗（图 294）。

体色：整体浅褐黄色，环带深褐色。

命名：本种依据模式产地河北省（旧称直隶）而命名。

模式产地：河北（宣化）。

模式标本保存：斯德哥尔摩博物馆。

中国分布：河北（张家口宣化）。

生境：生活在黄壤中。

讨论：本种是 Michaelsen 在 1928 年记述的种。本种的体色和受精囊形态图与后来学者们记述的差异较大。因此自 2011 年，将 Michaelsen（1928）记述的、产于河北张家口宣化的直隶腔蚓正式以直隶腔蚓记录，而将其他学者过去记述的直隶腔蚓记述为亚洲腔蚓 *Metaphire asiatica* (Michaelsen, 1900)。

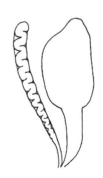

受精囊

图 294 直隶腔蚓
（Michaelsen，1928）

### 313. 绿腔蚓 *Metaphire viridis* Feng & Ma, 1987

*Metaphire viridis* 冯孝义和马志刚, 1987. *动物分类学报*, 12(3): 248-250.
*Metaphire viridis* 徐芹和肖能文, 2011. *中国陆栖蚯蚓*: 257-258.
*Metaphire viridis* Xiao, 2019. *Terrestrial Earthworms (Oligochaeta: Opisthopora) of China*: 310-311.

外部特征：体长 192-230 mm，宽 9.5-10 mm。体节数 124-128。口前叶 1/2 上叶式。背孔自 12/13 节间始。环带位 XIV-XVI 节，长 9-10 mm，环状，无刚毛，无刚毛窝，有背孔痕迹。刚毛自 II 节始，细而密；背腹中隔连续，其中有的环带后 $zz=$（1.2-2）$yz$；刚毛数：47-50（III），49-54（V），60-65（VI），64-67（VII），64-70（VIII），92-95（XXV）；22-28（VI）、27-30（VII）、28-31（VIII）、26-32（IX）在受精囊孔间，22-34（XVIII）在雄孔间。雄孔位 XVIII 节腹面两侧大而深的交配腔内，两腔距占腹侧 1/2 节周；腔口呈 "C" 形，周围有皮皱，腔口有 1 平顶乳突，在刚毛圈前，雄孔在腔底 1 大乳突上，乳突呈圆锥状，雄突前有 1 乳突，雄突后具 2 乳突；整个腔占该节 4/5 长（图 295）。受精囊孔 3 对，位 6/7/8/9 节间 1 突起上，孔间距 1/2 节周；孔前后呈唇状隆起，孔横阔裂缝状，有浅受精囊腔。VII-IX 节腹面各有 1 对小乳突，位第 13 根刚毛前，邻近节间沟，有的仅 VII 节腹面有 1 对乳突。雌孔单，位 XVI 节腹中央。

内部特征：隔膜 9/10 缺失，5/6-7/8 厚肌肉质，8/9 仅腹面残存，10/11-13/14 稍厚，14/15 起薄膜状。砂囊球形，位 VIII 和 IX 节。肠自 XV 节始扩大；盲肠简单，腹缘有齿状缺刻，位 XXVI-XXII 节。淋巴腺成对，从 XXVI 节始。末对心脏位 XIII 节。X 节腹体壁背面、腹神经索两侧有 1 对副性腺，团块状。精巢囊 2 对，各对左右相通，前对呈长方形，前缘中部轻微凹入，长 4 mm，宽 2 mm；后对呈蝴蝶形，比前对稍大，长 4.3 mm，宽 2 mm。储精囊 2 对，位 XI 和 XII 节，同等大小，背面几近背血管，背叶明显；第一对储精囊不包在精巢囊内。前列腺块状，位 XV-XX 节或 XVII-XIX 节内；前列腺管 "C" 形弯曲，外端稍粗，基部有副性腺 1 个，团块状。受精囊 3 对，位 VII-IX 节；坛呈球状，前端稍尖，亦有椭圆形；坛管粗；盲管细长，比主体长或与主体等长，内端 1/2 有 5-7 个弯曲，弯曲紧贴，盲管从靠近坛管前内侧或内侧体壁处通入，基部有副性腺 1 个，团块状（图 295）。

体色：活体背面深绿色，腹面淡绿色。

命名：本种依据体色绿色命名。

模式产地：甘肃（陇南）。

模式标本保存：兰州医学院生物学教研室。

中国分布：甘肃（陇南）。

生境：本种采集自村庄苗圃水沟旁潮湿的黑色沃土，海拔 1950 m。

讨论：本种与亚洲腔蚓 *Metaphire asiatica* 和秉前腔蚓 *Metaphire praepinguis praepinguis* 相近。本种与

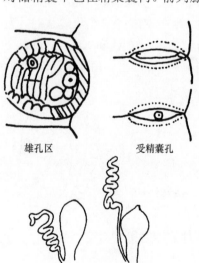

雄孔区　　　受精囊孔

受精囊

图 295　绿腔蚓
（冯孝义和马志刚，1987）

亚洲腔蚓的区别是体型稍小，背面深绿色；受精囊孔腔较深，雄孔间距占腹侧 1/2 节周，受精囊孔间距占腹面 1/2 节周，环带有背孔痕迹，盲肠毡帽状，腹缘有齿状缺刻，盲管较主体长或与主体等长。本种与秉前腔蚓的差别是体型较小，背面深绿色，刚毛多，VII-IX 节腹面有乳突，受精囊腔浅，前缘与后内缘无乳突；环带有背孔痕迹，无刚毛窝，盲管较主体长或与主体等长。

### 314. 田野腔蚓 *Metaphire vulgaris agricola* (Chen, 1930)

*Pheretima vulgaris agricola* Chen, 1930. *Sci. Rep. Natn. Cent. Univ. Nanking*, 1: 18-23, 34-36.

*Pheretima vulgaris* Gates, 1939. *Proc. U.S. Nat. Mus.*, 85: 497-502.

*Metaphire vulgaris agricola* Sims & Easton, 1972. *Biol. J. Linn. Soc.*, 4(3): 238.

*Metaphire vulgaris agricola* 徐芹和肖能文, 2011. *中国陆栖蚯蚓*: 258-259.

*Metaphire vulgaris agricola* Xiao, 2019. *Terrestrial Earthworms (Oligochaeta: Opisthopora) of China*: 311-312.

外部特征：体长 154-240 mm，宽 6-9 mm。体节数 80-122。口前叶 2/3 前上叶式。背孔自 12/13 节间始。环带位 XIV-XVI 节，环状，无刚毛。刚毛数：33-37（III），39-45（VI），45-56（IX），52-62（XII），44-60（XVII），58-62（XXV）；19（VIII）在受精囊孔间，16-20 在雄孔间。雄孔位 XVIII 节，侧缘褶皱，具一新月形沟为交配腔口；腔内具一可外翻的乳头状阴茎，周围具环沟与基部区分；一小平顶乳突偶见于腔内前中部。受精囊孔 3 对，位 6/7/8/9 节间，各孔具一与通俗腔蚓类似的裂缝；受精囊孔后中部前后缘褶皱且各具 1 平顶乳突，前侧部具 1 乳突样脊，或后部具 2 个小乳突，或前后部均无，或前后缘不褶皱但隆肿。受精囊孔外无其他腺体。无受精囊腔（图 296）。雌孔单，位 XIV 节 4 角内陷或刚毛圈略高处。

内部特征：隔膜 9/10 缺，8/9 仅腹面薄膜，5/6-7/8 厚肌肉质，10/11/12 厚，12/13 略厚，13/14 厚且较后面体节隔膜更厚。砂囊位 IX 和 X 节，小，球状，具后边界。盲肠简单，位 XXVII-XXIII 节，占 4.5-5 个体节，背腹缘紧缩。末对心脏位 XIII 节。精巢囊 2 对，位 X 和 XI 节；前对球状，于隔膜 10/11 后中部连合，2 个圆形囊伸入 X 节；后对精巢囊于第一对储精囊后中部"V"连合或横连合。两侧输精管自 XIV 节靠近但始终保持独立。储精囊 2 对，位 XI 和 XII 节，大，背面具相互折叠的大背叶。前列腺位 XVI-XX 节，非常大，叶状，多被切成小叶，占据 XVI-XXI 节；前列腺管深曲向外或向上，外侧非常长、粗；腺体紧靠体壁，非解剖不易察觉，具一束导管通向体外平顶乳突；一小绒块在腺管基部，腺状。受精囊 3 对，位 VII-IX 节；最后一对部分在砂囊下；坛长 3 mm，宽 2 mm，心形或卵圆形，白色，表面光滑，不平；坛管长 2 mm，宽 1 mm，或长于坛，内外端等粗；盲管较主体短或略长，具 5 个或更多模糊卷曲，其相互紧缩具一直且长的末端，盲管柄较坛

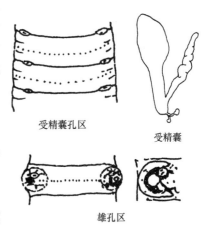

受精囊孔区

受精囊

雄孔区

图 296 田野腔蚓（Chen, 1930）

管短，于坛管前中部通入，体壁外一小段距离后受精囊管逐渐变小，末端开口于受精囊裂缝前侧，盲管通入坛管后大坛管腔消失（图 296）。

体色：保存标本背面浅灰蓝色至浅灰绿色，背中线暗灰色，腹面浅灰黄色或浅绿色，环带浅灰色或浅灰绿色。

命名：本种以其模式标本生境命名。

模式产地：江苏（南京、扬州、徐州）、浙江（台州）、北京。

模式标本保存：曾存于国立中央大学（南京）动物学标本馆，疑遗失。

中国分布：江苏（南京、扬州、徐州）、浙江（台州）、北京。

生境：本种采集自农田。

讨论：本种与霍氏腔蚓和钟形腔蚓 Metaphire campanulate 的区别在于本种无差异的环带刚毛和阴茎刚毛。本种与通俗腔蚓 Metaphire vulgaris vulgaris 在生境和生殖结构方面有很多相似之处，但本种无受精囊腔，盲管短且卷曲少。另外，2 个亚种的交配腔外观亦不同。本种发现于与通俗腔蚓类似的农田或其他潮湿地方，标本也都来自北京、浙江，两地间隔约 1000 km。因此考虑到 2 个种之间的相似性，二者互为亚种。

### 315. 通俗腔蚓 *Metaphire vulgaris vulgaris* (Chen, 1930)

*Pheretima vulgaris* Chen, 1930. *Sci. Rep. Natn. Cent. Univ. Nanking*, 1: 12-18, 34.

*Pheretima vulgaris* Fang, 1933. *Sinensia*, 3(7): 179-180.

*Pheretima vulgaris* Gates, 1935a. *Smithsonian Mis. Coll.*, 93(3): 19.

*Metaphire vulgaris vulgaris* 徐芹和肖能文, 2011. *中国陆栖蚯蚓*: 259-260.

*Metaphire vulgaris vulgaris* Xiao, 2019. *Terrestrial Earthworms (Oligochaeta: Opisthopora) of China*: 312-314.

外部特征：体长 120-215 mm，宽 5-8 mm。体节数 90-124。口前叶 2/3 上叶式和少数前叶式，舌后无横沟。背孔自 11/12 节间始，第一背孔较小，通常不明显或无。环带通常不存在，具周生刚毛，短。若有环带，则位 XIV-XVI 节，环状，隆肿成环状时无刚毛，不膨胀时刚毛位置有小凹点。刚毛数：44-58（III），60-75（VIII），60-75（XXV）；22 在受精囊孔间，12-22 在雄孔间。雄孔成对，位 XVIII 节，位于交配腔底部腹侧。交配腔的开口通常关闭，孔周围大约有 1/4 的节周皱褶。皱褶可以延长，很容易外翻成垂直的阴茎。交配腔外缘的一部分向外翻，顶端有囊状的小皱褶，正中后角有 1 个乳突，看起来像半开的花朵。交配腔在体节侧壁隆肿，内表面粗糙，有不规则的脊状突起，腔中部有 1 个细长的卵圆形垫，上有 10 个或更多的横向槽或横向细长的凹坑，由横向脊分开或分裂成小结节；卵圆形垫的下侧有 2 个中等大小的平顶乳突，再下侧是开口于前列腺导管的圆顶乳突。在交配腔开口的后正中角附近有另 1 个平顶乳突，外部偶尔可见。受精囊孔 3 对，位 6/7/8/9 节间，宽缝状，前后缘均有皱纹，前缘较明显。多数情况下，腔内受精囊管末端的锥形结构向外突出，可见 2 个乳突：外侧的平顶，内侧受精囊管开口为圆顶；另一个位于中部的柄腺出口的较大乳突，被后正中角的腔后壁覆盖（图 297）。雌孔单，位 XIV 节腹中部。

内部特征：隔膜 5/6/7 很厚，7/8 较薄，8/9/10
缺，10/11/12/13 也较厚，13/14 较薄。砂囊位 XI
和 X 节，后缘小球状。肠自 XV 节扩大；盲肠简
单，位 XXIII-XXVII 节，占 4-5 节，向前末端腹
侧为不规则的皱褶。心脏 4 对，位 VII、IX、XII
和 XIII 节，末对最大。精巢囊 2 对，位 X 和 XI
节；前对延长卵球形，通过 10/11 隔膜到 X 节的
后部，或悬浮在隔膜的前下表面；后对圆形或稍
长，位于第一对精巢囊的后部腹侧，两对中间收
缩并相互连接。精巢囊大，但精巢和精漏斗稍小。

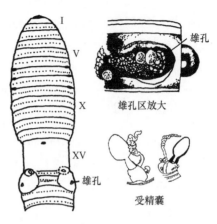

图 297　通俗腔蚓（Chen, 1930）

储精囊 2 对，位 XI 和 XII 节，大，有 2 个大背叶，
于背部相接。前列腺 1 对，大，指状，位 XVII-XXI 或 XVI-XXII 节，有许多细长的
小叶；前列腺管在肠侧有 1 个向前和向内的长环，外侧粗壮，在体壁内旋转 2-3 次，
然后通过交配腔中圆顶乳突向外打开。输精管向下通至 X 节腹面，两侧与前列腺汇
合，以雄孔向外开口。卵巢 1 对，位 12/13 隔膜下方。受精囊 3 对，位 VII-IX 节；
盲管内端 2/3 在同一平面上左右弯曲，与外端 1/3 的管状盲管有明显区别；纳精囊与
盲管在 VII 和 VIII 节基本上位于一条直线上，而 IX 节的则呈一定角度的弯曲（图
297）。

体色：活体为橙色、绿色和灰色的组合，背部从浅橄榄绿色、浅黄橄榄色到灰色，
前部略深，后背侧后部浅绿橙色，沿背孔线暗橙色，幼体鲜橄榄绿色；腹侧从鲜浅橄榄
绿色到浅橙色；如果环带存在，则环带肉色或苍白色到浅巧克力色或浅褐色。

模式产地：江苏（南京、镇江、苏州）。

模式标本保存：曾存于国立中央大学（南京）动物学标本馆，疑遗失。

中国分布：北京（西城、海淀、崇文、东城、通州、昌平、大兴、房山、朝阳）、
天津、江苏（南京、镇江、苏州）、浙江（宁波、台州）、山东、湖北（利川、宜昌、
潜江）。

生境：生活在湿润的地方或耕作土壤中，偶尔也在干草地或硬质土中找到。

讨论：本种与霍氏腔蚓 M. houlleti 相似，均有 1 个可分离的交配腔、1 个类似于"受
精囊室"的囊，但没有环带刚毛，有多个柄腺。以上形态与陈义的描述有所不同，特别
是交配腔、精巢囊和输精管等。外翻交配腔呈棒状。精巢囊位 X 和 XI 节，呈"U"形。
然而，陈义对精巢囊的描述并不清楚，因此没有足够的比较依据。在汉堡标本中，同侧
的 2 个输精管在 XII 节相连，而在陈义的标本中，同侧的输精管进入 XVIII 节时彼此分
开。但这些差异对于一个新物种的建立似乎并不重要也不充分，特别是考虑到交配腔和
受精囊室的相似性。汉堡的标本因此被称为 M. vularis。

Fang（1933）把我国湖北宜昌南湖的 3 条"明显没有环带"的蚯蚓命名为 Metaphire
vulgaris Chen, 1929，该标本很明显无环带、有巨大的棒状交配腔、位 X 节的"U"形精
巢囊、受精囊内陷到体腔，其他性器官或多或少都较原始。

### 316. 酉阳腔蚓 *Metaphire youyangensis* (Zhong, Xu & Wang, 1984)

*Pheretima youyangensis* 钟远辉等, 1984. *动物分类学报*, 9(4): 356-360.
*Metaphire youyangensis* 钟远辉和邱江平, 1992. *贵州科学*, 10(4): 40.
*Metaphire youyangensis* 徐芹和肖能文, 2011. *中国陆栖蚯蚓*: 260-261.
*Metaphire youyangensis* Xiao, 2019. *Terrestrial Earthworms (Oligochaeta: Opisthopora) of China*: 314-315.

外部特征：体长 45-100 mm，宽 3.2-4.6 mm。体节数 74-119。口前叶 3/4 上叶式。背孔自 12/13 节间始。环带位 XIV-XVI 节，节间沟无或微可见，无刚毛。腹刚毛较背面稍粗，前部体节较后部体节为稀；$aa$=（1-1.2）$ab$, $zz$=（1.2-1.5）$yz$；刚毛数：30-44（III），40-54（V），41-60（XI），46-66（XX）；13-18 在雄孔间。雄孔位 XVIII 节腹面交配腔内，雄孔突小，平顶圆形，紧靠其内侧具 1 近圆形小乳突，此 2 突被 1 皮脊环绕；XVIII 节腹面每侧具 3-4 个圆形平顶乳突，刚毛圈前 1 个或 2 个，刚毛圈后 2 个；刚毛圈前外侧 1 乳突，若有，则全被交配腔的皮褶掩盖；刚毛圈后外侧 1 个，常半掩于交配腔皮褶内。受精囊孔 3 对，位 6/7/8/9 节间，或缺，体表不能见；VII、VIII、IX 节腹面每侧有 5 个小圆形乳突，其数目与排列方式常有变化（图 298）。

内部特征：隔膜 8/9/10 缺失，5/6-7/8 厚，10/11-13/14 较厚，14/15 起呈膜状。砂囊梨形，后端平截。肠自 XV 节始扩大；盲肠简单，位 XXVII-XX 节。XXV-XX 节肠背面微血管特别发达，呈网状。末对心脏位 XIII 节内。精巢囊近圆形，相连而不相通，偶有交通。储精囊不发达，横条状，无背叶，在肠背面不相遇。前列腺位 XVI-XXI 节，常分 2 大叶，然后再分叶；前列腺管呈 "U" 形，外端粗壮；前列腺管附近具 3-4 个与体表乳突相连通的具柄副性腺。受精囊 3 对；坛长袋形或长圆形，有时有皱褶，长约 1.2 mm，盲管与主体等长；变型种受精囊或无，或仅 1、2、3 或 4 个；纳精囊长囊形或管状；VII-IX 节具柄副性腺与体表乳突相通（图 298）。

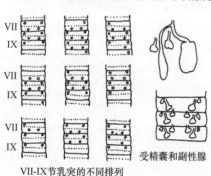

VII-IX节乳突的不同排列

受精囊和副性腺

体色：活体背面紫褐色，腹面灰白色，环带暗橙色，背中线黑青色。

命名：本种依据模式产地酉阳命名。

模式产地：重庆（酉阳、秀山）。

模式标本保存：四川大学生物系动物标本室。

中国分布：重庆（酉阳、秀山）。

生境：生活在海拔 710-910 m 的山坡上。

讨论：本种与霍氏腔蚓 *Metaphire houlleti* 在形态结构和生殖器官多态方面均很相似。但酉阳腔蚓环带上无刚毛，而霍氏腔蚓环带上不仅有刚毛，且刚毛端部常分为二叉或三叉；酉阳腔蚓受精囊盲管不呈 "Z" 形弯曲，无通到受精囊里的具柄副性腺，VII-IX 节具生殖乳突等，这些与霍氏腔蚓显然有别。

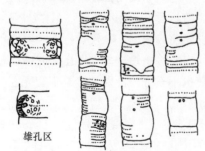

雄孔区

雄孔区的不同形态

图 298　酉阳腔蚓（钟远辉等，1984）

I. 多囊种组 *multitheca*-group

受精囊孔若干个，排列在 VI、VII 和 VIII 节后部。
国外分布：东洋界、澳洲界。
中国分布：海南。
中国有 1 种。

## 317. 多囊腔蚓 *Metaphire multitheca* (Chen, 1938)

*Pheretima* (*Pheretima*) *multitheca* Chen, 1938. *Contr. Biol. Lab. Sci. Soc. China (Zool.)*, 12(10): 383-385.
*Metaphire multitheca* Sims & Easton, 1972. *Biol. J. Linn. Soc.*, 4(3): 239.
*Metaphire multitheca* 徐芹和肖能文, 2011. *中国陆栖蚯蚓*: 241-242.
*Metaphire multitheca* Xiao, 2019. *Terrestrial Earthworms (Oligochaeta: Opisthopora) of China*: 316-317.

外部特征：体长 155 mm，宽 7 mm。体节数 95。口前叶上叶式。背孔自 12/13 节间始。环带位 XIV-XVI 节，无刚毛。VII-X 节刚毛细疏，腹间隔明显，环带前背间隔不明显；$aa$=（2.0-2.5）$ab$，$zz$=（1.2-2.0）$yz$；刚毛数：33（III），53（VI），58（VIII），60（XIX），60（XXV）；4 在雄孔间。雄孔位 XVIII 节腹侧，约占 1/4 节周，孔在 1 回缩的半月形囊内的 1 个中型皮垫顶部，孔前后各具 1 大乳突，外翻时乳突呈乳头状。受精囊孔若干个，排列在 VI-VIII 节后部，很小，如刚毛窝大小，VI 节约 12 个，VII 节 10-12 个，VIII 节 8 个（图 299）。雌孔单，位 XIV 节腹中部。

内部特征：隔膜 9/10 缺失，8/9 很薄，膜状；7/8 具肌肉但薄，5/6、6/7 具肌肉，厚；10/11-12/13 也厚。砂囊圆形，位 IX-1/2X 节。肠自 XV 节扩大；盲肠简单，小，位 XXVII-XXV 节，占 2 节。肾管束在隔膜 5/6 和 6/7 前面，小肾管。心脏 4 对，首对位 X 节，粗壮。精巢囊圆形，腹面宽连接。储精囊对位 XI 和 XII 节，极发达，表面颇光滑，各具 1 游离背叶。前列腺小，质密，位 XVII-XIX 节，前后长约 5 mm；前列腺管短，略弯曲，外 1/4 细，内部加厚，基部具单腺细胞。受精囊位 VII-IX 节，VII 节 10 个，VIII 节 11 个，IX 节 8 个；主体由 1 个匙形坛和 1 条占全长 1/3、难以辨认的坛管组成，全长约 2 mm；盲管小，具 1 球状淡白色纳精囊腔和 1 长管与主管表面相连接，盲管与主体等长（图 299）。

体色：背面暗淡灰色，腹面苍白。

命名：本种依据受精囊数量多而命名。

模式产地：海南（三亚）。

模式标本保存：曾存于国立中央大学（南京）动物学标本馆，疑遗失。

中国分布：海南（三亚）。

J. 近孔种组 *plesiopora*-group

受精囊孔 1 对，位 5/6 节间。
国外分布：东洋界、澳洲界。
中国分布：贵州。
中国有 1 种。

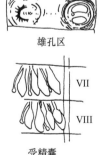

雄孔区

受精囊孔区

受精囊

VII

VIII

图 299 多囊腔蚓（Chen，1938）

### 318. 近孔腔蚓 *Metaphire plesiopora* (Qiu, 1988)

*Pheretima plesiopora* 邱江平, 1988. *四川动物*, 7(1): 1-2.
*Metaphire plesiopora* 钟远辉和邱江平, 1992. *贵州科学*, 10(4): 41.
*Metaphire plesiopora* 徐芹和肖能文, 2011. *中国陆栖蚯蚓*: 246-247.
*Metaphire plesiopora* Xiao, 2019. *Terrestrial Earthworms (Oligochaeta: Opisthopora) of China*: 317-318.

外部特征：体长 44-80 mm，宽 2-3 mm。体节数 70-116。口前叶上叶式。背孔自 11/12 节间始。环带位 XIV-XVI 节，环状，腹面可见刚毛。X 节前少体环。刚毛细小，色深，排列紧密，XVII、XIX-XXII 或 XXVI 节腹面刚毛数特别多，排列不整齐，为 2-3 排，背部刚毛也较紧密，但排列成较整齐的 1 排；刚毛数：74-93（III），96-117（V），101-127（VIII），104-116（XX），97-123（XXV）；7-8（V）、8-9（VI）在受精囊孔间，0 在雄孔间。雄孔 1 对，位 XVIII 节腹面浅小的交配腔内，交配腔由外缘一大的皮褶向内覆盖形成，内缘体壁隆肿，突起大而高，两侧几乎连为一体，孔位于腔底，孔间距约为 1/4 节周，腔内外均无乳突。受精囊孔 1 对，位 5/6 节间一梭形突上，前后体壁肿大，腹位，孔间距约占 1/15 节周，周围无乳突（图 300）。

内部特征：隔膜 4/5-9/10 厚而富肌肉，不透明，10/11-13/14 较厚，透明，余者均较薄。砂囊小，圆球形，位 VIII 节。肠自 XV 节扩大；盲肠简单，指状，背腹缘光滑，位 XXVII-XXIV 节。最后一对心脏位 XIII 节。精巢囊 2 对，位 X 和 XI 节，前对较小，2 对均呈长圆形。储精囊 2 对，前一对较小，包被在第二对精巢囊中，后一对稍大，长圆形，背叶小，圆形或三角形，前位。前列腺小，位 XVII-XVIII 节；前列腺管粗而长，"U" 形弯曲；无副性腺。受精囊 1 对，位 VI 节，主体长约 1.2 mm；坛圆球形或椭圆形；坛管稍弯曲，与坛之间无明显界线；盲管与主体约等长或较主体略短，透明（内无精子），中部明显 "Z" 形弯曲，内端不膨大。

体色：体灰白色，环带橙褐色。

命名：本种依据受精囊孔间距约占 1/15 节周，距离近而命名。

模式产地：贵州（赤水）。

模式标本保存：贵州省生物研究所动物标本室。

中国分布：贵州（赤水）。

生境：生活在海拔 160-200 m 河边河沙土中。

讨论：本种与泥美远盲蚓 *Amynthas limellus* 相似，但本种受精囊孔靠近腹中线，XVII、XIX-XXII 或 XXVI 节腹面具 2-3 排刚毛；受精囊盲管中部 "Z" 形弯曲等特征与泥美远盲蚓有显著差异。

### K. 巨茎种组 *posthuma*-group

受精囊孔 4 对，位 5/6-8/9 节间腹侧后缘。

国外分布：世界广布。

中国分布：台湾。

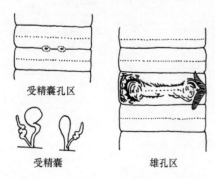

受精囊孔区　　　雄孔区

受精囊

图 300　近孔腔蚓（邱江平，1988）

中国 1 种。

### 319. 巨茎腔蚓 *Metaphire posthuma* (Vaillant, 1868)

*Perichaeta posthuman* Vaillant, 1868. *Mémoires de l'Académie des Sciences et Lettres de Montpellier*, 7: 146.

*Pheretima posthuma* Gates, 1959. *Amer. Mus. Novitates*, 1941: 15-16.

*Pheretima posthuma* Tsai, 1964. *Quar. Jour. Taiwan Mus.*, 17(1&2): 4-5.

*Metaphire posthuma* Sims & Easton, 1972. *Biol. J. Linn. Soc.*, 4(3): 239.

*Metaphire posthuma* Chang et al., 2009. *Earthworm Fauna of Taiwan*: 124-125.

*Metaphire posthuma* 徐芹和肖能文, 2011. *中国陆栖蚯蚓*: 247-248.

*Metaphire posthuma* Xiao, 2019. *Terrestrial Earthworms (Oligochaeta: Opisthopora) of China*: 278-279.

外部特征：体长 60-210 mm，宽 3-8 mm。体节数 91-124。口前叶上叶式或穿入叶式。背孔自 12/13 节间始。环带位 XIV-XVI 节，环状，无背孔和刚毛。刚毛数：111-130（VIII），71-83（XX）；18-19 在雄孔间。雄孔 1 对，位 XVIII 节腹面刚毛圈上，在交配腔内，孔位于相对较大的圆形乳突中心，乳突中心凹陷，偶尔被一些圆脊包围；XVII 和 XIX 节刚毛圈上各具正对雄孔的大圆形、顶凹的乳突，间隔 15-17 刚毛。受精囊孔 4 对，位 5/6-8/9 节间腹侧后缘，孔间距占 1/3 周。此区无生殖乳突（图 301）。雌孔单，位 XIV 节腹中央。

内部特征：隔膜 9/10 缺失，5/6-8/9 和 10/11/12 略厚。砂囊圆形，位 VIII 节。肠自 XV 节始扩大；盲肠简单，位 XXVII 节，前伸至 XXV 或 XXIV 节。心脏位 XII-XIII 节。精巢囊 2 对，位 X 与 XI 节，前对卵圆形，腹端宽连接，紧靠隔膜 10/11 前面；后对极大，占满 XII 节，腹端亦宽连接；输精管在 XII 节相汇合，但并不并合。储精囊 2 对，位 XI 和 XII 节；前对较后对小，前对被包在后对精巢囊内，囊表面由不规则深沟分成小片，具 1 面颗粒状的顶背叶，背叶大而圆，淡黄色。前列腺成对位 XVIII 节，发育良好，占 3-4 体节，前后分别伸至 XV-XVII 和 XIX-XXI 节，径向分叶，再被浅槽细分成小叶；前列腺管长且卷曲。副性腺位 XVII 和 XIX 节，对应外部的乳突。卵巢成对位 XIII 节。受精囊 4 对，位 VI-IX 节，个别 VIII 节内 2 对；除最末对外，坛心形，末端锯齿状，坛管粗短，较坛短；盲管长，远端弯曲，纳精囊卵形；末对坛圆形，末端锯齿形，坛管较坛长，盲管杆形，短且曲，纳精囊卵形（图 301）。

体色：在福尔马林溶液中背面淡褐色，腹面淡灰色；活体背面偶略呈紫绿色，腹面淡蓝色，环带褐色。

模式产地：印度尼西亚（爪哇）。

模式标本保存：法国国家自然历史博物馆。

中国分布：台湾（台北、屏东）。

讨论：本种与湖北远盲蚓 *Amynthas hupeiensis* 和 *Metaphire peguana* 生殖标记的位置明显不同。本种生殖标记位于刚毛圈上且在刚毛圈上对称分布；而一些

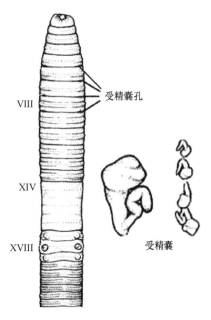

图 301　巨茎腔蚓（Xiao, 2019）

情况下会被误认为是本种的湖北远盲蚓，生殖标记从不位于刚毛圈上，而是与 *M. peguana* 相似，常见于节间。

L. 舒脉种组 *schmardae*-group

受精囊孔 2 对，位 7/8/9 节间。

国外分布：东洋界、澳洲界。

中国分布：江苏、天津、浙江、安徽、福建、台湾、江西、湖北、湖南、重庆、四川、贵州、广东、云南、海南、香港、澳门。

中国有 19 种（含亚种）。

## 舒脉种组分种检索表

小乳突，排列多变化，通常节后缘内侧 2 个，外侧 1 个，节前缘孔内侧 1 个 ················ ···················································· 具柄腔蚓 *Metaphire pedunclata*

13. 雄孔位于较小的交配腔底；交配腔内下侧、刚毛圈后具 1 凹陷的乳突区，区内具许多小乳突，乳突区与交配腔环绕 3-4 皮褶，前后伸达几近 17/18 和 18/19 间节，孔间距约占 2/5 节周。受精囊孔位于小乳突上，孔前缘皮肤具明显半圆形腺肿，腺肿区可达刚毛圈，孔内上侧刚毛圈后具 2-4 个乳突，孔间距约占 2/5 节周 ·················· 额腺腔蚓 *Metaphire extraopaillae*
受精囊孔大且明显，横裂缝状，孔前缘具 2-3 个长圆形乳突 ······ 贵州腔蚓 *Metaphire guizhouense*

14. 交配腔周围具乳突 ·············································································· 15
交配腔周围无乳突 ·············································································· 17

15. 雄孔位于深交配腔内，呈裂缝状，开口较宽，腔缘多放射状皱褶，内面皱褶成层状，偶尔脱出，可见 3 个突起，两侧突起各具 1 乳突，为侧腺开口处，中央 1 个较大，为雄孔开口处。前列腺管通过圆形乳突进入交配腔顶。交配腔前后两侧有 2 个浅坑，侧腺开口其中 ················ ···················································· 舒脉腔蚓 *Metaphire schmardae*
交配腔内乳突多 ················································································ 16

16. 雄孔位于腹侧颇深的交配腔内，腔中部褶皱常具几乳突，刚毛圈前 2 个或 3 个，刚毛圈后 1 个或 2 个，刚毛圈侧具 1 突出物，挤向雄孔，外部无乳突 ·········· 狮口腔蚓 *Metaphire leonoris*
雄孔 1 对，位 XVIII 节腹面交配腔中，孔间距约占腹面 1/2 节周距离，环绕 3 皮褶，孔内侧具 1 环绕 4-5 皮褶的小平顶乳突。受精囊孔 2 对，位 7/8/9 节间，眼状，孔间距约占 0.33 节周距离 ····· ···················································· 偶然腔蚓 *Metaphire fortuita*

17. 雄孔在 1 浅交配腔内，腔中央具 1 肉质垫，雄孔在此垫侧下方；腔中垫可外翻或回缩，回缩时呈辐射状 ················································· 西方腔蚓 *Metaphire hesperidum*
雄孔在 1 浅交配腔内，腔中央不具肉质垫 ·················································· 18

18. 雄孔位于一浅囊中锥突顶上，其突有时外面可见，有时隐在内面，有时完全脱出；腔缘或在锥突上，表皮呈不规则皱褶形 ··································· 加州腔蚓 *Metaphire californica*
雄孔位于腹侧浅交配腔之底部，翻出时如加州腔蚓，陷入时腔口呈横裂缝，周围有环脊与纵裂 ···················································· 多毛腔蚓 *Metaphire myriosetosa*

## 320. 钩管腔蚓 *Metaphire aduncata* Zhong, 1987

*Metaphire aduncata* 钟远辉, 1987. *四川大学学报 (自然科学版)*, 24(3): 336-339.
*Metaphire aduncata* 徐芹和肖能文, 2011. *中国陆栖蚯蚓*: 212-213.
*Metaphire aduncata* Xiao, 2019. *Terrestrial Earthworms (Oligochaeta: Opisthopora) of China*: 319-320.

外部特征：体长 54-111 mm，宽 4-5 mm。体节数 63-95。口前叶 2/3 上叶式。背孔自 12/13 节间始。环带位 XIV-XVI 节，占 3 节，无节间沟，腹面可见刚毛。刚毛较细，腹面不特别变粗，$aa$=（1.0-1.2）$ab$，$zz$=（1.5-2.0）$yz$；刚毛数：29-33（III），27-30（V），39-42（VII），43-54（IX），44-51（XI），50-54（XIII），47-51（XX）；11-14 在雄孔间，6-8（VIII）、7-9（IX）在受精囊孔间。雄孔位 XVIII 节腹面交配腔内；交配腔陷入体腔很深，腔孔横裂缝状，孔缘体壁具细纵沟，周围体壁微隆起，呈现出圆形的轮廓；两腔孔约占 2/5 节周。受精囊孔 2 对，位 7/8/9 节间背面；孔显，在眼状区的小椭圆形乳突上；孔间距约占 1/5 节周，前后 2 对排列成矩形。近受精囊孔后侧方、VIII 节刚毛圈前有 1 圆形平顶乳突，乳突直径约为 1 刚毛间距，中央为腺状区，有时此乳突突出体表不

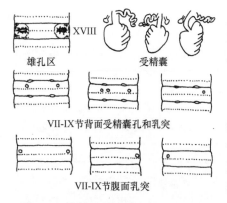

图 302　钩管腔蚓（钟远辉，1987）

显；VIII 节腹面两外侧、刚毛圈前各具上述同样的乳突，时有变化，呈不对称状态（图 302）。雌孔单，位 XIV 节腹中部。

内部特征：隔膜 8/9/10 缺失，5/6/7 较厚，前壁富肾管，7/8 薄，10/11-13/14 膜状。咽腺发达。砂囊蒜头状，表面光滑。肠自 XV 节扩大；盲肠复式，位 XXVII-1/2XXIV 或 XXIV 节，具 4-5 个指状囊。IX 节无血管环；第一对心脏不对称，仅右侧具有，较细，最末对心脏位 XIII 节内。精巢囊 2 对，第一对位 X 节内，长条形，长 1.5 mm，宽 1.0 mm，前端圆，基部连合成 "V" 形，其外缘与第一对储精囊黏合，但界线显；第二对精巢囊位 XI 节内，略呈圆球形，直径约为 1.2 mm，左右连合处宽。储精囊发达，第一对突入 X 节并包围着第一对精巢囊，背叶显，嵌合在储精囊背面；第二对储精囊突入 XIII 节内，背叶亦显。前列腺发达，位 XVI-XX 或 XVI-XXI 或 XVII-XIX 节，表面裂成许多不规则小叶，前列腺外端弯曲成钩状，紧贴交配腔表面，并被 1 层薄结缔组织将腺管和交配腔包裹着，腺管由交配腔顶部近中央通入。交配腔突入体腔部分圆柱状或近似圆块状，向体内侧或前方倾斜。交配腔内壁无乳突，具较多环形皱褶。受精囊 2 对，大小一致；坛扁圆囊状，直径 2.0 mm，或心形，长径 2.0 mm，短径 1.8 mm，或为不正的扁桃形，表面具皱褶，有时坛基部内陷，掩盖部分坛管；坛管与坛界线明显，坛管极粗，长 1.0-1.2 mm；盲管较主体短，呈 "Z" 形或 "W" 形弯曲；纳精囊界线不显，形状不规则或少数略呈腊肠状；第一对受精囊后方、VIII 节内有通到体表乳突的具柄副性腺，其数目与位置与体表乳突一致（图 302）。

体色：在福尔马林溶液中，体背棕色，环带后腹面色稍淡；VIII 或 IX-XIII 节及 XVII-XXI 或 XVII-XIX 节体背刚毛圈色较浅，呈较浅的色环；环带后体背中线具 1 黑色条纹，直至体后端；环带深栗色。

命名：本种依据前列腺外端弯曲呈钩状命名。

模式产地：重庆（万州）。

模式标本保存：四川大学标本室。

中国分布：重庆（万州）。

讨论：本种受精囊孔 2 对，位 7/8/9 节间背面，具有深的交配腔，这些特征与长茎腔蚓 Metaphire longipenis 很相似。但本种 2 对受精囊孔排列成矩形，无受精囊腔，VIII 节具小的圆形乳突，盲肠毡帽状，VIII 节内具有有柄副性腺，与长茎腔蚓明显不同。

本种的受精囊对数、位置和形状与曲管腔蚓 Metaphire prava 也很相似。但曲管腔蚓刚毛较少，盲肠简单，背腹缘光滑，交配腔内有较大的乳突和交配腔不突入体腔内，与本种差异显著。

## 321. 短茎腔蚓 Metaphire brevipenis (Qiu & Wen, 1988)

*Pheretima brevipenis* 邱江平和文成禄, 1988. *动物分类学报*, 13(4): 340-342.

*Metaphire brevipenis* 钟远辉和邱江平, 1992. *贵州科学*, 10(4): 41.
*Metaphire brevipenis* 徐芹和肖能文, 2011. *中国陆栖蚯蚓*: 219.
*Metaphire brevipenis* Xiao, 2019. *Terrestrial Earthworms (Oligochaeta: Opisthopora) of China*: 320-321.

外部特征：体长 55-95 mm，宽 3-4 mm。体节数 78-117。口前叶 1/2 上叶式。背孔自 12/13 节间始。环带位 XIV-XVI 节，指环状，无刚毛，无节间沟。刚毛细小，排列均匀，$aa$=1.5$ab$，$ab$=1.2$bc$，$zz$=1.5$yz$；刚毛数：29-36（III），32-43（V），37-50（VIII），48-63（XX），46-66（XXV）；17-21（VIII）在受精囊孔间，9-14 在雄孔间。雄孔位 XVIII 节腹侧交配腔内，腔较小、浅，内壁上有横的和纵的小沟纹；雄孔开口于腔底一圆形突起上，其内侧前方有一较大的圆形乳突，常突起较高；交配腔呈半翻出状，此时腔口呈纵裂缝状，外缘为 1 皮脊，其上有纵纹，内缘体壁隆起，其上的乳突突起高约 0.4 mm，雄孔突被外缘皮脊半掩盖着；交配腔内陷时腔口呈近方形，周围被皮脊环绕，腔中央可见内陷的乳突；交配腔可完全翻出，此时内壁隆起较高，有纵纹，其上的乳突突起高约 0.8 mm；孔间距占 1/3 节周。受精囊孔 2 对，位 7/8/9 节间，孔很小，外部不易见，孔间距约占 2/5 节周；在 VIII、IX 节刚毛圈前受精囊孔内侧各具 1 对圆形小乳突（图 303）。雌孔单，位 XIV 节腹中部。

内部特征：隔膜 8/9/10 缺失，5/6/7/8 较厚，余者均较薄。砂囊呈橄榄果形，发达。肠自 XVI 节扩大；盲肠简单，位 XXVII-XXIV 节。心脏 4 对，位 X、XI、XII 和 XIII 节。精巢囊 2 对，位 X 和 XI 节，发达，呈圆球形，两侧在腹面相连并交通。储精囊 2 对，位 XI、XII 节，较小，呈长条形，背叶明显，近圆形。前列腺发达，呈分叶状，位 XVI-XXI 节；前列腺管"U"形；副性腺团状，具索状导管，位前列腺管稍前方。受精囊 2 对，位 VIII、IX 节；坛呈圆球形，直径约 3 mm，或呈心脏形，长 3-4 mm，或呈长袋状，长约 4 mm，坛表面光滑，后接一粗短的导管；盲管细长，末端 1/2 稍膨大且弯曲，为主体的 1.5-2 倍长；副性腺呈团状，较发达，具明显的索状导管，在每一受精囊的内侧（图 303）。

体色：较浅，环带红褐色。

命名：本种依据雄交配腔外翻时阴茎短小的形态而命名。

模式产地：贵州（绥阳）。

模式标本保存：贵州省生物研究所动物标本室。

中国分布：贵州（绥阳）。

生境：生活在林场。

讨论：本种与狮口腔蚓 *Metaphire leonoris* 相似。但本种受精囊孔小裂缝状，不形成大而深的受精囊孔腔；雄交配腔小、浅，腔内无乳突，仅在腔内侧边缘具 1 较大的、突起较高的乳突；受精囊盲管较主体长，是主体的 1.5-2 倍；受精囊处副性腺具明显的索状导管，个体较小，最大不超

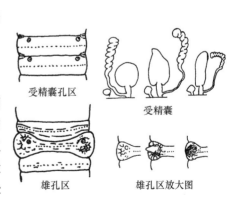

受精囊孔区

受精囊

雄孔区

雄孔区放大图

图 303　短茎腔蚓（邱江平和文成禄，1988）

过 100 mm，与狮口腔蚓明显不同。

　　受精囊盲管较长和副性腺具索状导管等特征与具柄腔蚓 *Metaphire pedunclata* 有显著差异。

### 322. 布氏腔蚓 *Metaphire browni* (Stephenson, 1912)

*Pheretima browni* Stephenson, 1912. *Rec. Indian Mus.*, 7: 273-274.
*Pheretima browni* Gates, 1931. *Rec. Ind. Mus.*, 33: 372-373.
*Metaphire browni* Sims & Easton, 1972. *Biol. J. Linn. Soc.*, 4(3): 238.
*Metaphire browni* 徐芹和肖能文, 2011. *中国陆栖蚯蚓*: 220.
*Metaphire browni* Xiao, 2019. *Terrestrial Earthworms (Oligochaeta: Opisthopora) of China*: 321.

　　外部特征：体长 102 mm，宽 3 mm。体节数 108。口前叶小，上叶式。背孔自 11/12 节间始。环带位 XIV-XVI 节，指环状，无刚毛。腹刚毛较背面与侧面略密；刚毛数：23（V），34（IX），41（XIII），44（XIX）；12 在雄孔间。雄孔位 XVIII 节腹面，约占 1/3 节周，孔大，不在乳突上。受精囊孔 2 对，位 7/8/9 节间。此区无乳突。雌孔单，位 XIV 节腹中部。

　　内部特征：隔膜 8/9 缺失，6/7/8 厚，10/11 和 11/12 较其余略厚。砂囊位 VIII-IX 节。肠自 XV 节扩大；盲肠位 XXVI 节，细长圆锥状，前伸达 XXIII 节，光滑。心脏 4 对，末对位 XIII 节。精漏斗位 X 与 XI 节，包绕小的精巢囊，每对囊分离，在中线不连合。储精囊位 XI 和 XII 节，中等大小。前列腺中等大小，靠近体壁面平，各由 2 主叶组成，

**受精囊**

图 304　布氏腔蚓
（Gates, 1931）

管点一前一后，主叶又分成若干小叶。受精囊 2 对，位 VIII 和 IX 节；坛形状不规则，略呈卵圆形；坛管宽短；盲管自坛管远端通入，多变，常盘绕，大部分薄且窄，内端膨大，与坛等长或略短（图 304）。

　　体色：棕褐色，常具紫色。

　　命名：为感谢布朗（J. Coggin Brown）女士提供的样本，特以其姓氏命名。

　　模式产地：云南（腾冲）。

　　模式标本保存：大英博物馆和印度博物馆。

　　中国分布：云南（昆明、腾冲、澜沧）。

　　讨论：根据 Stephenson 和 Gates 的记录，这些标本状态都不好，需要进一步研究。

### 323. 加州腔蚓 *Metaphire californica* (Kinberg, 1867)

*Pheretima californica* Kinberg, 1867. *Öfvers. Kongl. Vetensk. Akad. Forhandl.*, 24: 97-103.
*Pheretima californica* Chen, 1936. *Contr. Biol. Lab. Sci. Soc. China (Zool.)*, 11(8): 270.
*Pheretima californica* Gates, 1939. *Proc. U.S. Nat. Mus.*, 85: 427-429.
*Pheretima californica* Chen, 1946. *J. West China Bord. Res. Soc.*, 16(B): 135, 142.
*Pheretima californica* 陈义等, 1959. *中国动物图谱 环节动物(附多足类)*: 10.
*Pheretima californica* Gates, 1959. *Amer. Mus. Novitates*, 1941: 5-6.
*Pheretima californica* Tsai, 1964. *Quar. Jour. Taiwan Mus.*, 17(1&2): 23-25.
*Pheretima californica* Gates, 1972. *Trans. Amer. Philos. Soc.*, 62(7): 174-175.
*Metaphire californica* Sims & Easton, 1972. *Biol. J. Linn. Soc.*, 4(3): 238.
*Metaphire californica* James et al., 2005. *Jour. Nat. Hist.*, 39(14): 1026.

*Metaphire californica* Chang et al., 2009. *Earthworm Fauna of Taiwan*: 106-107.

*Metaphire californica* 徐芹和肖能文, 2011. *中国陆栖蚯蚓*: 222.

*Metaphire californica* Xiao, 2019. *Terrestrial Earthworms (Oligochaeta: Opisthopora) of China*: 321-323.

外部特征：体长 50-156 mm，环带宽 3-5 mm。体节数 55-115。口前叶上叶式。背孔自 11/12 节间始。环带占 3 节，位 XIV-XVI 节，无刚毛，无背孔。体前部刚毛较细，但 III-VII 节较粗，距离较宽；刚毛数：20-30（III），28-40（VI），32-48（VIII）；16-17（VIII）在受精囊孔间，14-20 在雄孔间。雄孔位 XVIII 节，约占 0.4 节周，孔在一浅囊中锥突顶上，其突有时外面可见，有时隐在内面，有时完全脱出；腔缘或在锥突上，表皮呈不规则皱褶形。受精囊孔 2 对，位 7/8/9 节间，孔在 1 梭形突上，约占 6/13 节周；孔周围无乳突（图 305）。雌孔单，位 XIV 节腹中部。

内部特征：隔膜 8/9/10 缺失，6/7/8、10/11/12/13 增厚。砂囊位 VIII-IX 节。肠自 XIV、XV 或 XVI 节扩大；盲肠简单，位 XXVI 或 XXVII 节，前伸达 XXV-XXIII 节。精巢囊 2 对，位 X 和 XI 节。储精囊 2 对，位 XI 和 XII 节。前列腺成对，位 XVIII 节，向前延伸到 XVII 节，向后延伸到 XX 或 XXI 节，葡萄状，末端有一团白色结缔组织。受精囊 2 对，位 VIII 和 IX 节；坛大，心形，柄短而粗壮；盲管管状，纤细，盘绕（图 305）。卵巢成对，位 XIII 节。

体色：体背棕灰色或栗色，后部淡青色。

命名：本种依据模式产地美国加利福尼亚州而命名。

模式产地：加利福尼亚州（索萨利托湾）。

模式标本保存：斯德哥尔摩博物馆、美国国立博物馆（华盛顿）。

中国分布：江苏、浙江、安徽、福建、台湾（台北、屏东）、江西、湖北（利川）、湖南、重庆（南川、沙坪坝、北碚、涪陵、江北）、四川（成都、泸州、乐山、峨眉山）、贵州（铜仁）、云南。

生境：生活在各种不同的环境中，常见于房侧空地 10-20 cm 深土中。

讨论：Beddard 对 *M. sandvicensis* 的描述不能区分加州腔蚓 *M. californica*（模式标本和香港标本）。文献中没有任何内容表明它与加州腔蚓 *M. californica*（模式标本和香港标本）的具体区别。如果找不到 Beddard 的标本，*M. sandvicensis* 将被视为 *M. californica* 的同物异名。

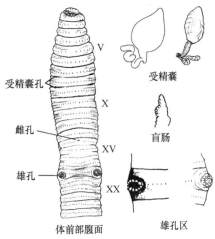

图 305 加州腔蚓（陈义等，1959）

## 324. 好望角腔蚓 *Metaphire capensis* (Horst, 1883)

*Megascolex capensis* Horst, 1883. *Notes Leyden Mus.*, 5(3): 195.

*Amynthas capensis* Beddard, 1900a. *Proc. Zool. Soc. London*, 69(4): 617-618.

*Metaphire capensis* 徐芹和肖能文, 2011. *中国陆栖蚯蚓*: 223.

*Metaphire capensis* Xiao, 2019. *Terrestrial Earthworms (Oligochaeta: Opisthopora) of China*: 323-324.

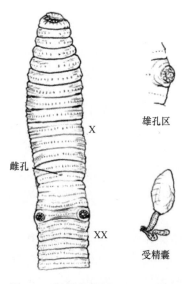

图 306　好望角腔蚓（Horst，1883）

外部特征：体长 20-130 mm，宽 4-5 mm。体节数 80-110。口前叶 1/3-1/2 上叶式。背孔自 5/6 节间始。环带位 XIV-XVI 节，无刚毛。刚毛数：38-40（VIII），56-60（XVII）；12 在雄孔间。雄孔位 XVIII 节腹侧，斜长缝状。孔间距约占 1/5 腹面节周距离。受精囊孔 2 对，位 7/8/9 节间（图 306）。雌孔位 XIV 节。

内部特征：隔膜 8/9/10 缺。前列腺位 XV-XXIV 节，具若干细长叶；前列腺管粗且略弯曲。受精囊 2 对，位 VIII 与 IX 节；坛大，囊状；坛管粗圆锥状；盲管长为主体 2 倍以上，羊角状弯曲，末端为卵圆形纳精囊（图 306）。

体色：紫褐色到浅褐色。

命名：本种依据模式产地非洲好望角命名。

模式产地：非洲好望角。

中国分布：香港。

## 325. 额腺腔蚓 *Metaphire extraopaillae* Wang & Qiu, 2005

*Metaphire extraopaillae* 王海军和邱江平, 2005. *上海交通大学学报 (农业科学版)*, 23(1): 26-27.
*Metaphire extraopaillae* 徐芹和肖能文, 2011. *中国陆栖蚯蚓*: 226.
*Metaphire extraopaillae* Xiao, 2019. *Terrestrial Earthworms (Oligochaeta: Opisthopora) of China*: 324.

外部特征：体长 70-122 mm，宽 3-4 mm。体节数 92，节上无明显体环。口前叶 1/2 上叶式。背孔自 12/13 节间始。环带位 XIV-XVI 节，环状，无刚毛。刚毛环生，$aa=1.2ab, zz=2.5zy$；刚毛数：40-42（III），50-52（V），58-62（VIII），52-56（XX），52-56（XXV）；24-28（VIII）在受精囊孔间，15-18（XVIII）在雄孔间。雄孔位 XVIII 节腹侧一较小的交配腔底；交配腔内下侧、刚毛圈后具 1 凹陷的乳突区，区内具许多小乳突，乳突区与交配腔环绕 3-4 皮褶，前后伸达几近 17/18 和 18/19 节间，孔间距约占 2/5 节周。受精囊孔 2 对，位 7/8/9 节间一较小乳突上，孔前缘皮肤具明显半圆形腺肿，腺肿区可达刚毛圈，孔内上侧刚毛圈后具 2-4 个乳突，孔间距约占 2/5 节周（图 307）。雌孔单，位 XIV 节腹中部。

内部特征：隔膜 8/9 缺失，9/10 腹面存在，其余薄。砂囊圆桶状，位 VIII-IX 节，发达。肠自 XV 节扩大；盲肠复式，前伸达 XXIV 节，约具 8 个指状小囊。精巢囊位 X 和 XI 节，特别发达，左右相连。储精囊位 XI-XII 节，发达，在背部相遇。前列腺位 XVII-XXI 节，总状；前列腺管较粗；前列腺附近具棒状副性腺，呈簇状。受精囊位 VIII-IX 节；坛宽 2.56 mm，长 2.15 mm，坛圆形、心形或卵球形；坛管较细，弯曲，与坛界线明显；纳精囊明显膨大，白色，"Z" 形扭曲，与盲管区别明显，盲

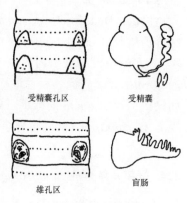

受精囊孔区　　受精囊

雄孔区　　盲肠

图 307　额腺腔蚓
（王海军和邱江平，2005）

管扭曲,细长,二者之和长于或等于主体。受精囊附近具棒管状副性腺,呈簇状(图307)。

体色:背部紫褐色,腹部灰褐色,刚毛圈白色。

命名:本种根据受精囊孔结构命名。

模式产地:湖北(星斗山、利川)。

模式标本保存:上海交通大学农业与生物学院环境生物学实验室。

中国分布:湖北(利川、星斗山)。

生境:生活在海拔1210 m的自然保护区。

讨论:本种受精囊孔2对,位7/8/9节间,具交配腔,与钩管腔蚓 *Metaphire aduncata* 相似。本种受精囊孔间距约占2/5腹面节周距离;交配腔内下侧具1凹陷区,里面具许多小乳突;前列腺处有许多棒状副性腺等,与钩管腔蚓有明显区别。

## 326. 偶然腔蚓 *Metaphire fortuita* Qiu & Zhao, 2017

*Metaphire fortuita* Zhao et al., 2017. *Annales Zoologici*, 67(2): 225-226.

外部特征:体长205 mm,宽14 mm。体节数171。口前叶1/2上叶式。背孔自11/12节间始。环带位XIV-XVI节,光滑,刚毛不可见,无色素。$aa=10ab$, $zz=(1.0-1.2)yz$;刚毛数:84(III),84(IX),76(XIX),128(XX),160(XXV);18(VIII)在受精囊孔间,22在雄孔间。雄孔1对,位XVIII节腹面交配腔中,孔间距约占腹面1/2节周距离,环绕3皮褶,孔内侧具1环绕4-5皮褶的小平顶乳突。受精囊孔2对,位7/8/9节间,眼状,孔间距约占1/3节周距离(图308)。

内部特征:隔膜8/9缺失,9/10线状,10/11后线状。砂囊位IX-X节,球形。肠自XII节始扩大;盲肠毡帽状,腹面具6个指状缺刻,背面均具7个指状囊,自XXVII节始,前伸达XXII节。心脏位X-XIII节。精巢囊位X和XI节,发达,腹面分离。储精囊位XI和XII节,极发达,腹面相互分离。前列腺位XVII-XVIII节,不发达,粗叶;前列腺管在XVIII节呈"U"形,管根部具团状副性腺。受精囊位VIII-IX节;坛心形;盲管弯曲,为主体长的0.65,末端1/2膨胀为卵圆形纳精囊(图308)。

体色:在防腐剂中环带前背部黄褐色,环带后背部暗灰色,腹部黄褐色。

命名:本种依据偶然、意外采集到的样本而命名。

模式产地:海南(琼中)。

模式标本保存:上海自然博物馆。

中国分布:海南(琼中)。

生境:生活在桉树下褐沙土中。

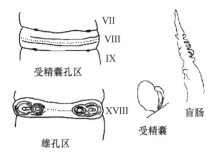

图308 偶然腔蚓(Zhao et al., 2017)

## 327. 贵州腔蚓 *Metaphire guizhouense* Qiu, Wang & Wang, 1991

*Metaphire guizhouense* 邱江平等, 1991a. 贵州科学, 9(3): 222-223.

*Metaphire guizhouense* 徐芹和肖能文, 2011. 中国陆栖蚯蚓: 230-231.

*Metaphire guizhouense* Xiao, 2019. *Terrestrial Earthworms (Oligochaeta: Opisthopora) of China*: 324-325.

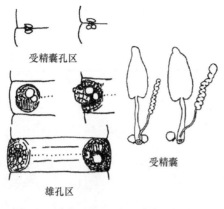

受精囊孔区

受精囊

雄孔区

图 309 贵州腔蚓（邱江平等，1991a）

外部特征：体长 132-282 mm，宽 6-8 mm。体节数 98-145。多数体节具 2 明显体环。口前叶 1/3 上叶式。背孔自 12/13 节间始。环带位 XIV-XVI 节，指环状，腺体发达，无刚毛。刚毛明显，较粗大，VIII 节前背侧略细，VII 节后背腹一致，排列均匀而紧密；$aa$=（1.2-1.5）$ab$，$zz$=（1.5-2.0）$yz$；刚毛数：40-54（V），50-62（VIII），60-72（XX），66-72（XXV）；24-29（VIII）在受精囊孔间，6-10 在雄孔间。雄孔位 XVIII 节腹侧大深的交配腔内，约占 1/3 节周；孔在腔底外侧 1 突起上，其前缘具 1 较小的圆形平顶乳突，有时缺如；腔内侧为 1 个大长圆形隆起，该隆起陷入腔底或几乎占满交配腔或随交配腔完全翻出，隆起的内侧基部具 2 个较大的圆形平顶乳突，腔外无乳突；腔口近圆形，周围多纵沟并具几圈环褶；交配腔可完全翻出，此时，内侧隆起突出很高（2-2.5 mm），雄孔即在隆起顶部中央的 1 小突上，有时缺如，隆起上具有纵、横皱纹。受精囊孔 2 对，位 7/8/9 节间，孔大且明显，横裂缝状，但并不形成受精囊腔；孔前缘具 2-3 个长圆形乳突，孔间距约占 1/2 节周。无其他乳突（图 309）。雌孔单，位 XIV 节腹中部。

内部特征：隔膜 9/10 缺失，8/9 腹面存在、膜状，5/6、6/7 厚，富肌肉，10/11-12/13 较厚，以后均较薄。砂囊长圆球形，位 IX-X 节。肠自 XV 节扩大；盲肠简单，指囊状，背面光滑，腹面具齿状缺刻，位 XXVII-XXIII 节。精巢囊 2 对，位 X 和 XI 节，卵圆形，长约 2.5 mm，两侧相连并交通，连接宽。储精囊 2 对，较发达，表面光滑，位 XI 和 XII 节，背叶很小，但显著，圆形，前侧位。前列腺发达，位 XVI-XXI 节，分叶状；前列腺管较小，"U" 形弯曲，末端通入交配腔顶部或交配腔抵达端部。交配腔内陷入体腔部分呈半圆球状，与体壁相连处略为缩小呈颈缢状。副性腺絮状，具短索状管。受精囊 2 对，位 VIII 和 IX 节；坛大，心形，长 7-8 mm；坛管粗长，近体壁处膨大，坛与坛管界线明显；盲管为主体的 3/5-4/5 长，末端 1/2-2/3 呈 "Z" 形叠曲，并略为膨大，为纳精囊。副性腺团状，具索状短导管（图 309）。

体色：在福尔马林溶液中背面褐色，腹部颜色略浅，环带红褐色。

命名：本种依据模式产地贵州命名。

模式产地：贵州（雷山）。

模式标本保存：贵州省生物研究所动物标本室。

中国分布：贵州（雷山）。

生境：生活在海拔 1450-1930 m 的山间。

讨论：本种与狮口腔蚓 Metaphire leonoris 相似。但本种个体较大，具 8/9 隔膜，雄性交配腔内侧有 1 大的长圆形隆起，该隆起、阴茎等特征与狮口腔蚓有明显差异。

## 328. 西方腔蚓 Metaphire hesperidum (Beddard, 1892)

*Perichaeta hesperidum* Beddard, 1892a. *Proc. Zool. Soc. London*, 45: 669.

*Amynthas hesperidum* Beddard, 1900a. *Proc. Zool. Soc. London*, 69(4): 633.

*Pheretima hesperidum* Chen, 1931. *Contr. Biol. Lab. Sci. Soc. China (Zool.)*, 7(3): 137-142.

*Pheretima hesperidum* Chen, 1933. *Contr. Biol. Lab. Sci. Soc. China (Zool.)*, 9(6): 275-277.

*Metaphire hesperidum* Sims & Easton, 1972. *Biol. J. Linn. Soc.*, 4(3): 238.

*Metaphire hesperidum* 徐芹和肖能文, 2011. *中国陆栖蚯蚓*: 231-232.

*Metaphire hesperidum* Xiao, 2019. *Terrestrial Earthworms (Oligochaeta: Opisthopora) of China*: 325-326.

外部特征：体长 80-150 mm，宽 3.5-5 mm。体节数 76-112。口前叶 1/2 上叶式。背孔自 11/12 节间始。环带位 XIV-XVI 节，占 3 节，无刚毛，无背孔，长且宽，光滑。环带后体节不窄。刚毛细短，背刚毛常比腹刚毛略短；III-VII 节，尤其是 V 和 VI 节刚毛明显比其他体节长而间隔宽，腹面更是如此；$aa$=（1.2-1.5）$ab$，$zz$=（2-3）$yz$；刚毛数：20-30（III），28-40（VI），32-48（VIII），40-52（XII），42-54（XXV）；16-17 在受精囊孔间，12-16 在雄孔间。雄孔位 XVIII 节腹面，约占 5/13 节周，孔在 1 浅交配腔内，腔中央具 1 肉质垫，雄孔在此垫侧下方；腔中垫可外翻或回缩，回缩时呈辐射状。受精囊孔 2 对，位 7/8/9 节间腹面，约占 6/13 节周或弱，周围凹陷，横裂缝状或眼状，显著。雌孔单，位 XIV 节腹中部。

内部特征：隔膜 8/9/10 缺失，或 8/9 腹面存在，5/6-7/8、10/11-13/14 厚，13/14 是这些隔膜中最薄者。砂囊短圆，或花瓶状，位 IX 和 X 节，表面光滑。肠自 XV 节扩大；盲肠简单，中等大小，位 XXVI-XXIV 或 XXIII 节，腹面具皱褶。储精囊大，位 XI 和 XII 节，具离生背叶，表面结节或颗粒状。精巢囊大，交通。前列腺大，扇形，细裂叶状，位 XVI-XX 节，两端弯曲，中部直或"S"形弯曲。受精囊 2 对，位 VII 和 IX 节；坛心形或卵圆形，常具 1 顶囊，表面光滑；坛管短；盲管与主体等长或较主体略长，内端 3/4 为纳精囊，纳精囊柄卷绕。

体色：在福尔马林溶液中背侧淡灰褐色或不鲜明的褐色，环带后区暗青灰色，后背部浅灰色，腹面苍白色或淡灰色，环带淡红褐色，其余部分亮橙褐色。

模式标本保存：曾存于国立中央大学（南京）动物学标本馆，疑遗失。

中国分布：江苏（南京、苏州、宜兴）、浙江（金华、杭州、舟山、宁波、台州、绍兴）、安徽（安庆、滁州）、江西（南昌）、香港、湖北（黄冈、武汉）、湖南（衡阳）、四川（成都）。

讨论：Beddard 最初对这个物种的描述为"非常小的末端囊"，但在他的修订中，他把这个形状归为"精索腺管末端没有柄"的类别。显然，他所谓的末端囊不是真正的囊。虽然陈义在描述四川标本时写道，前列腺管末端周围一直存在着一个类似垫子的白色结缔组织，但无法确定是否与 Beddard 描述的为同一部位。

## 329. 狮口腔蚓 *Metaphire leonoris* (Chen, 1946)

*Pheretima leonoris* Chen, 1946. *J. West China Bord. Res. Soc.*, 16(B): 114-116, 140, 154.

*Metaphire leonoris* Sims & Easton, 1972. *Biol. J. Linn. Soc.*, 4(3): 238.

*Metaphire leonoris* 徐芹和肖能文, 2011. *中国陆栖蚯蚓*: 239-240.

*Metaphire leonoris* Xiao, 2019. *Terrestrial Earthworms (Oligochaeta: Opisthopora) of China*: 327-328.

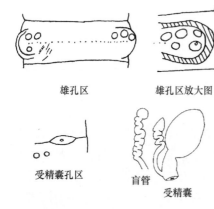

雄孔区　　　　雄孔区放大图

受精囊孔区　　　盲管　　受精囊

图 310　狮口腔蚓（Chen, 1946）

外部特征：体长 100-170 mm，宽 5-7 mm。体节数 78-148，体节不规则组合，适度长。IX 与 X 节的长度与雄孔后的 5 节长度相等；环带前体节具 3 体环。口前叶 1/3 上叶式。背孔自 12/13 节间始。环带长，占 3 节，无刚毛，与雄孔区后的 8 节等长。II-XI 节刚毛大，腹侧更大，腹面略密；刚毛圈颇密，$aa = (1.2-2.0)ab$，$zz = (1.2-1.5)zy$；刚毛数：28-32（III），40-46（VI），41-58（IX），54-70（XXV）；18-23（VII）、20-23（VIII）和 20-25（IX）在受精囊孔间，8-16 在雄孔间。交配腔内具 5 根或 6 根刚毛。雄孔位 XVIII 节腹侧颇深的交配腔内，腔中部褶皱常具几乳突，刚毛圈前 2 个或 3 个，刚毛圈后 1 个或 2 个，刚毛圈侧具 1 突出物，挤向雄孔，外部无乳突。受精囊孔 2 对，位 7/8/9 节间腹侧，约占 4/9 节周，孔在椭圆腺状内陷中，节间常内陷。无生殖乳突，有时在 VII 和 VIII 节近孔区腹部有乳突，VI 和 IX 节很少有乳突（图 310）。雌孔单，位 XIV 节腹中部。

内部特征：隔膜 8/9/10 缺，6/7/8、10/11/12 非常厚、肌肉质，12/13 和 5/6 同样厚。砂囊桶形，位 IX 和 X 节，无嗉囊。肠自 XV 节扩大；盲肠简单，向前伸至 XXII 节，背腹缘均光滑。肾管在 5/6/7 节间前、丛生。具小肾管。血管环在 IX 节不对称，X 节大。储精囊小，位 XI 和 XII 节（XII 节的相当大，伸展至 IX 和 XIV 节，于无颜色的幼体外部可见），无背叶，多余的 1 对在 12/13 节间不可见。前列腺发育好，位 XVI-XXI 节或者 XXII 节，细小分叶；前列腺管"S"形，中部直而长（厚 1 mm），接近体壁处变细。副性腺为一大团，无柄。受精囊位 VIII 和 IX 节；坛心形或者囊形，长约 3.5 mm（最长约 5 mm）；坛管短；盲管短于主体，2/3 弯曲，有 1 个圆形柄。副性腺接近坛管，白色分叶，无柄；如果腹侧有乳突，有相似的腺体（图 310）。

体色：背部灰紫色，前半部巧克力色，腹部苍白色，环带颜色更暗；幼体背部和腹部苍白而明亮，储精囊可见，如白色的环。

命名：本种依据模式产地金佛山狮子峰命名。

模式产地：重庆（南川）。

模式标本保存：曾存于中研院动物研究所（重庆），疑遗失。

中国分布：重庆（南川）。

生境：生活在海拔 1800 m 的山地。

讨论：本种广泛分布于金佛山山顶，存在于黏土或耕作土壤中。本种与仅在松潘发现的松潘腔蚓 Metaphire paeta 非常接近，与后者的不同主要在盲肠。狮口腔蚓盲肠简单，腹缘光滑或有小的皱纹。后者根据 Gates 最初的描述，"盲肠是复合的，最长的背侧有 8-11 个前向的第二盲肠。最背侧的盲肠腹缘可能有几个第三盲肠，这些盲肠通常指向腹面，因此，它是一个独立的物种"。

## 330. 长茎腔蚓 *Metaphire longipenis* (Chen, 1946)

*Pheretima longipenis* Chen, 1946. *J. West China Bord. Res. Soc.*, 16(B): 91-93, 138, 144.

*Metaphire longipenis* Sims & Easton, 1972. *Biol. J. Linn. Soc.*, 4(3): 238.

*Metaphire longipenis* 徐芹和肖能文, 2011. *中国陆栖蚯蚓*: 240.

*Metaphire longipenis* Xiao, 2019. *Terrestrial Earthworms (Oligochaeta: Opisthopora) of China*: 328.

外部特征：体长 45-60 mm，宽 3.0-3.2 mm。体节数 78-81。口前叶 1/3 上叶式，其宽与 II 节长度相等。背孔自 10/11 节间始。环带位 XIV-XVI 节，占 3 节，光滑。刚毛一致，腹面略密，背面间隔宽，*aa*=（1.2-1.5）*ab*，*zz*=（3-4）*yz*；刚毛数：24-27（III），28-34（IX），26-32（XIX），30-32（XXV）；8-10 在雄孔间。雄孔位 XVIII 节腹面，约占 1/3 节周，具深交配腔，阴茎细长，游离端尖，孔在阴茎尖端，阴茎有时可外翻，内表面具环褶。受精囊孔 2 对，位 7/8/9 节间背面，紧靠背中线；后对近，位 *a* 与 *b* 毛间；前对略远，位 *c* 与 *d* 毛线上，各为 1 椭圆形裂缝。无生殖标记（图 311）。雌孔单，位 XIV 节腹中部。

内部特征：隔膜 8/9/10 缺失。砂囊位 X 节，近球形。肠自 XV 节扩大；盲肠简单，前达 XXIII 节，腹面具齿状突起。精巢囊在 X 节的相当宽，为两翼状，或紧密连合为大横带状，交通，后对靠近而连合。储精囊极发达，前达 IX 节，后达 XIV 节。前列腺极发达，位 XVII-XXI 节；前列腺管长约 6 mm。受精囊极大；坛肾形，宽 2.5 mm；坛管极短；盲管较主体短，具 1 球状或枣形纳精囊（图 311）。无副性腺。

体色：背面暗紫栗色，腹面苍白，环带暗巧克力色，刚毛圈淡白色。

命名：本种依据细长阴茎特征而命名。

模式产地：四川（峨眉山）。

模式标本保存：曾存于中研院动物研究所（重庆），疑遗失。

中国分布：四川（峨眉山）。

讨论：本种的特征是有受精囊和交配腔，以及长的阴茎。

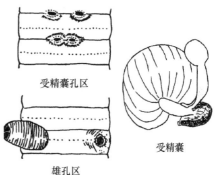

受精囊孔区

雄孔区

受精囊

图 311 长茎腔蚓（Chen，1946）

## 331. 大腔蚓 *Metaphire magna magna* (Chen, 1938)

*Pheretima* (*Pheretima*) *magna* Chen, 1938. *Contr. Biol. Lab. Sci. Soc. China (Zool.)*, 12(10): 416-419.

*Metaphire magna* Sims & Easton, 1972. *Biol. J. Linn. Soc.*, 4(3): 238.

*Metaphire magna* 徐芹和肖能文, 2011. *中国陆栖蚯蚓*: 241.

*Metaphire magna magna* Xiao, 2019. *Terrestrial Earthworms (Oligochaeta: Opisthopora) of China*: 329-330.

外部特征：体极长而大。长达 680 mm，宽 22 mm。体节数 178。口前叶前上叶式。背孔自 12/13 节间始。环带位 XIV-XVI 节，占 3 节，无刚毛，无节间沟。刚毛较一致，环带前腹面稍粗，*aa*=（1.0-1.2）*ab*，环带前 *zz*=1.2*yz*，环带后 *zz*=2.5*yz*；刚毛数：76（III），106（VII），110（IX），132（XIX），140（XXV）；30（VII）、31（VIII）、32（IX）在

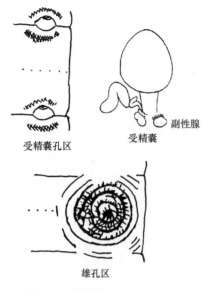

受精囊孔区　　　受精囊　　副性腺

雄孔区

图 312　大腔蚓（Chen，1938）

受精囊孔间，20 在雄孔间。雄孔位 XVIII 节腹侧 1 浅沟内，约占 1/3 节周，外围具几条同心环脊，雄孔内侧环脊中央刚毛圈上具 1 圆形小乳突。受精囊孔 2 对，位 7/8/9 节间，约占 1/3 节周，在 VII、VIII 节后缘小突上围有 3-6 个小圆形乳突，孔附近皮上常呈现腺肿状，腹面无乳突（图 312）。雌孔单，位 XIV 节腹中部。

内部特征：隔膜 9/10 缺失，8/9 膜状，4/5 膜状，5/6-7/8 厚；与 6/7 厚度相比，10/11/12 约厚 6 倍，12/13 约厚 3 倍；13/14 等厚；14/15 较 7/8 略薄，膜状。砂囊大，位 IX-X 节。肠自 1/2XV 节扩大；盲肠简单，位 XXVII-XXIII 节，腹面具齿状囊。心脏 4 对，位 X-XIII 节。前对精巢囊连接很宽，但不交通；后对和储精囊一起，包在 1 个膜囊之中。储精囊拇指形，稍微 "U" 形弯曲，长约 5 mm，宽约 1 mm；导管纤细，通常卷曲，与精室等长。副性腺与外部腺体小乳突相连，每个腺体由 1 个腺体和 1 个通向乳突的索状导管组成。前列腺大，其管长约 10 mm；副性腺约为 3 个，各具索状柄。受精囊 2 对，位 VIII 和 IX 节；坛大，囊状，壁薄，宽约 5 mm；坛管宽约 1.5 mm，长为坛长之半弱；盲管与主体等长，内端 3/4 膨大，为纳精囊（图 312）。

体色：背部除环带外，一般为灰色或深灰色。

命名：物种名称来自于其大的体型。

模式产地：海南（万宁、保亭）。

模式标本保存：曾存放于北京静生生物调查所，1941-1945 年毁于战争。

中国分布：海南（万宁、保亭）。

讨论：本种该地区记录到的最大蚯蚓。其他体型较大的蚯蚓有分布在爪哇的 *Metaphire musica*，宽约 15 mm，长约 570 mm。*Pheretima jampeja* 宽 15-20 mm。在菲律宾发现的 *Archipheretima ophiodes* 身体直径可达 20 mm。而本种似乎是腔蚓属中目前体型最大的种。

### 332. 小型大腔蚓 *Metaphire magna minuscula* Qiu & Zhao, 2013

*Metaphire magna minuscula* Zhao et al., 2013a. Zootaxa, 3619(3): 388-390.
*Metaphire magna minuscula* Xiao, 2019. Terrestrial Earthworms (Oligochaeta: Opisthopora) of China: 330.

外部特征：体长 297 mm，宽 10-12 mm。体节数 137。口前叶上叶式。背孔自 11/12 节间始。环带位 XIV-XVI 节，圆筒状，腺体明显，无刚毛。刚毛数：36-46（III），44-46（V），52-56（VIII），40-60（XX），52-78（XXV）；12-20 在受精囊孔间，0 在雄孔间。雄孔对位 XVIII 节腹面，周围环绕 3-4 环褶，孔间距约占 0.3 节周，每孔在交配腔中。此区无生殖乳突。受精囊孔 2 对，位 7/8/9 节间腹面，眼状，明显。孔间距约占 0.4 节周。此区无生殖乳突（图 313）。雌孔单，位 XIV 节腹中央。

内部特征：隔膜 9/10 缺，5/6/7/8 颇厚且肌肉质，10/11/12/13 薄，8/9 薄，膜状。砂囊位 IX-X 节，球形。肠自 XVI 节扩大；盲肠毡帽状，位 XXVII 节，前伸达 XXIV 节，背面具明显齿形缺刻，腹面光滑。心脏位 X-XIII 节，首对小。精巢囊 2 对，位 X-XI 节。储精囊对位 XI-XII 节，发达，腹分离。前列腺位 2/3XVII-2/3XIX 节，小，但粗，紧贴体壁；前列腺管 "U" 形。无副性腺。受精囊 2 对，位 VIII-IX 节，长 3 mm；坛心形，长约 2.5 mm；坛管为主体长的 0.2；盲管比主体略长 0.2 mm，略 "之" 字形或 "U" 形，末端 0.67 膨大为棒状纳精囊；受精囊管无肾管（图 313）。

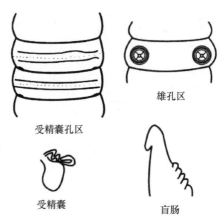

图 313　小型大腔蚓（Zhao et al., 2013a）

体色：保存标本背面自浅紫色至深褐色，腹面浅褐色，环带深褐色。

命名：本亚种依据标本比指名亚种大腔蚓 Metaphire magna magna 体型小命名。

模式产地：海南（定安）。

模式标本保存：法国雷恩大学生物学系（正模），上海自然博物馆（副模）。

中国分布：海南（五指山、定安）。

生境：生活在热带雨林核心区。

讨论：本亚种以下特征与大腔蚓 Metaphire magna magna 一致：体色暗，刚毛特征，7/8/9 节间有 2 对受精囊孔，隔膜 8/9 膜状，明显的齿形盲肠，以及受精囊类型。然而，本亚种比大腔蚓 Metaphire magna magna 要小得多，刚毛较少，没有副性腺。鉴于这种细微但明显的差异，被定为亚种。

### 333. 多毛腔蚓 *Metaphire myriosetosa* (Chen & Hsu, 1977)

*Pheretima myriosetosa* 陈义和许智芳, 1977. *动物学报*, 23(2): 175-176.

*Metaphire myriosetosa* 徐芹和肖能文, 2011. *中国陆栖蚯蚓*: 242-243.

*Metaphire myriosetosa* Xiao, 2019. *Terrestrial Earthworms (Oligochaeta: Opisthopora) of China*: 330-331.

外部特征：体长 111-167 mm，宽 7-8 mm。体节数 63-145。口前叶 1/2 上叶式。背孔自 12/13 节间始。环带占 3 节，无刚毛。刚毛细密，多而明显突出；环带前 $aa=(1-1.2)ab$，$zz=yz$，环带后 $aa=(1-1.5)ab$，$zz=(1.5-2)yz$；刚毛数：80-95（III），100-110（VI），98-114（VIII），88-100（XVIII），92-114（XXV）；46-56 在受精囊孔间，27-30 在雄孔间。雄孔位 XVIII 节腹侧浅交配腔之底部，翻出时如加州腔蚓 *Metaphire californica*，陷入时腔口呈横裂缝状，周围有环脊与纵裂，腔口距约占 2/5 节周。受精囊孔 2 对，位 7/8/9 节间，有浅受精囊腔，孔即在腔底，孔眼状，前后腺肿如眼睑，孔间距约占 1/2 节周（图 314）。雌孔单，位 XIV 节腹中部。

内部特征：隔膜 9/10 缺失，8/9 腹面膜状痕迹，5/6-7/8 厚，10/11-12/13 略厚，13/14 起薄膜状。砂囊圆桶状。肠自 XVI 节扩大；盲肠简单，位 XXVII-XXIV 节。IX 节血管

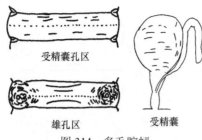

图 314　多毛腔蚓
（陈义和许智芳，1977）
受精囊孔区
雄孔区
受精囊

环不对称，末对心脏位 XIII 节。精巢囊前对发达，后对不包含前对储精囊。2 对储精囊均极发达，背叶大三角形，几乎占全囊的 1/2-2/3，左右叶在背血管上相遇并交错，但不相连与相通。前列腺发达，位 XVI-XX 节，长指状分叶；前列腺管长约 4 mm，"U" 形弯曲，中间粗两端细。受精囊 2 对，发达；坛球形或卵圆形，直径 2.5-3 mm，表面隐约可见不规则横纹；坛管粗壮，与坛分界不明显，长约 1 mm，外端细，与几乎等长的膨大部相连；盲管细长或多弯曲与扭转，如展开，较主体长，内端 3/5 略粗，为纳精囊，盲管在坛管与膨大部交界处通入（图 314）。

体色：背中线暗褐色，前腹面肉褐色，环带红褐色，其余灰褐色。

命名：本种以刚毛多特征命名。

模式产地：广东（肇庆）。

中国分布：广东（肇庆）。

讨论：本种与加州腔蚓 Metaphire californica 外形相似。但本种具浅受精囊腔、雄孔在交配腔底、储精囊发达、前列腺管外端无白色纤维堆、受精囊坛不是心形、盲管比主体长等，与加州腔蚓有明显区别。

### 334. 松潘腔蚓 *Metaphire paeta* (Gates, 1935)

*Pheretima paeta* Gates, 1935a. *Smithsonian Mis. Coll.*, 93(3): 13.

*Pheretima paeta* Chen, 1936. *Contr. Biol. Lab. Sci. Soc. China (Zool.)*, 11(8): 300.

*Pheretima paeta* Gates, 1939. *Proc. U.S. Nat. Mus.*, 85: 456-459.

*Metaphire paeta* Sims & Easton, 1972. *Biol. J. Linn. Soc.*, 4(3): 239.

*Metaphire paeta* 徐芹和肖能文，2011. *中国陆栖蚯蚓*: 244.

*Metaphire paeta* Xiao, 2019. *Terrestrial Earthworms (Oligochaeta: Opisthopora) of China*: 331-332.

外部特征：体长 75-136 mm，宽 5-7 mm。体节数 71-86。口前叶 2/3 上叶式。背孔自 11/12 或 12/13 节间始。环带不明显，具刚毛。III-IX 节腹面刚毛长、间隔宽，IV-VII 最长最稀；刚毛数：32（III），39-43（VI），43-48（VIII），50-57（XII），64（XXV）；21-23 在受精囊孔间，14-16 在雄孔间。雄孔位 XVIII 节腹面，孔在 1 侧面凹入的腔中，紧靠腔刚毛前具 1 卵圆形乳突（图 315）。受精囊孔 2 对，位 7/8/9 节间深陷的大乳突上，乳突紧靠 VIII 和 IX 节前脊，约占 1/3 节周。外生殖标记成对出现，在 VII 和 VIII 节的最后缘，每个标记距受精囊内陷孔正中 1-3 个刚毛间隔。雌孔单，位 XIV 节腹中部。

内部特征：砂囊隔膜缺失，7/8 厚，5/6/7 极厚。

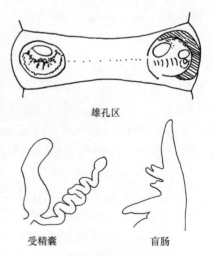

雄孔区
受精囊
盲肠
图 315　松潘腔蚓（Chen，1936）

肠自 XV 节扩大；盲肠位 XXVII-XXIII 节，具 3 个或 4 个长盲囊。具首对心脏。精巢囊极小，位于腹侧，第二对大，腹连合。储精囊极大，前背侧各具背叶。受精囊坛细长，长约 3 mm，具 1 短管；盲管细长，卷曲，内端膨大为纳精囊（图 315）。

命名：本种以模式产地四川松潘命名。

模式产地：四川（松潘）。

模式标本保存：美国国立博物馆（华盛顿）。

中国分布：湖北（利川）、四川（松潘）。

生境：生活在海拔 3600-4000 m 的地区。

讨论：本种和峨眉山远盲蚓 *Amynthas omeimontis* 的主要区别在于交配腔和体壁的雄孔内陷。与舒脉腔蚓 *M. schmardae* 的区别在于有内陷的受精囊孔、中间位置的交配腔腺，以及环带前的生殖标记。

## 335. 具柄腔蚓 *Metaphire pedunclata* (Chen & Hsu, 1977)

*Pheretima pedunclata* 陈义和许智芳, 1977. *动物学报*, 23(2): 176-177.

*Metaphire pedunclata* 徐芹和肖能文, 2011. *中国陆栖蚯蚓*: 246.

*Metaphire pedunclata* Xiao, 2019. *Terrestrial Earthworms (Oligochaeta: Opisthopora) of China*: 332-333.

外部特征：体长 94-139 mm，宽 4-5 mm。体节数 103-127。口前叶为前叶和上叶混合式。背孔自 12/13 节间始。环带占 3 节，无刚毛。II-IX 节腹刚毛粗疏，环带后较细密，背面细小欠清楚；刚毛数：17-23（III），21-41（VIII），25-38（XVIII），48-63（XXV）；13-18 在受精囊孔间，0-7 在雄孔间。雄孔位 XVIII 节腹面，约占近 1/2 节周，孔在浅交配腔之底部，腔口横裂，内侧有 1-4 个小乳突，其中有 1 个较大，易误作雄突，腔外具 3-4 圈环沟，前后可达 1/3XVII 和 1/3XIX 节。受精囊孔 2 对，位 7/8/9 节间眼状区内，针眼状，孔周具 1-4 个小乳突，排列多变化，通常节后缘内侧 2 个，外侧 1 个，节前缘孔内侧 1 个；孔间距约占 1/2 节周（图 316）。雌孔单，位 XIV 节腹中部。

内部特征：隔膜 9/10 缺失，8/9 腹面膜痕迹状，5/6-7/8、10/11-11/12 厚，12/13/14 略厚，14/15 起膜状。砂囊球状。肠自 XV 节扩大；盲肠简单，位 XXVII-XXIII 节，基部 2/3 膨大，腹侧具齿状小囊。IX 节血管环对称，末对心脏最粗壮。精巢囊前对"V"形，腹面窄连接并相通，后对较小，亦窄连通。储精囊发达，在背侧左右相遇，背叶大，居背侧或略后方。前列腺位 XVII-XXI 或 XXII 节，大分叶后小分叶；前列腺管长约 3 mm，"S"形弯曲，近内端略粗；副性腺具长柄。受精囊 2 对；坛不规则囊状、圆形、心形或横卵圆形，与坛管分界明显；主体长约 3 mm，坛管占 1/3；盲管较主体略长，具 3-4 个弯曲，或有扭曲，末端指状膨大，为纳精囊；副性腺亦具长柄（图 316）。

体色：背侧红褐色，腹面灰白微褐色，环带褐色。

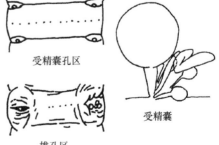

受精囊孔区

受精囊

雄孔区

图 316 具柄腔蚓（陈义和许智芳, 1977）

命名：本种依据副性腺具长柄而命名。

模式产地：云南（西双版纳）。

中国分布：云南（西双版纳）。

讨论：本种具短小阴茎，受精囊坛不规则囊状、圆形、心形或横卵圆形，与坛管分界明显；盲管较主体略长，具 3-4 个弯曲，或有扭曲，末端指状膨大；副性腺亦具长柄等，这些特征与似眼远盲蚓 *Amynthas oculatus* 及稚气远盲蚓 *Amynthas puerilis* 明显不同，故为不同种。

### 336. 曲管腔蚓 *Metaphire prava* (Chen, 1946)

*Pheretima prava* Chen, 1946. *J. West China Bord. Res. Soc.*, 16(B): 90-91, 138, 144.

*Metaphire prava* Sims & Easton, 1972. *Biol. J. Linn. Soc.*, 4(3): 238.

*Metaphire prava* 徐芹和肖能文, 2011. *中国陆栖蚯蚓*: 249-250.

*Metaphire prava* Xiao, 2019. *Terrestrial Earthworms (Oligochaeta: Opisthopora) of China*: 333-334.

外部特征：体长 45-50 mm，宽 2.5 mm。体节数 80-110。口前叶 1/3 上叶式。背孔自 11/12 节间始。环带位 XIV-XVI 节，占 3 节，光滑。刚毛短细，$aa=1.5ab$，$zz=2yz$；刚毛数：20-25（III），35-37（IX），90-91（XXV）；8-10 在雄孔间。雄孔位 XVIII 节腹面，约占 1/3 节周，孔在腔壁凹入的小腔内，深入腔内 1 大乳突的侧面；无阴茎状结构和其他生殖标记，腔周围具几条环脊。受精囊孔 2 对，位 7/8/9 节间背面，紧靠背中线，前对相距略宽，间距 4-5 根刚毛，后对相距 2 根刚毛，孔呈眼状隆起，无其他生殖标记（图 317）。雌孔单，位 XIV 节腹中部。

内部特征：隔膜极薄，8/9/10 缺失。砂囊位 IX 节，细长圆形。肠自 XIV 节扩大；盲肠简单，细长，前达 XXI 节，光滑。精巢囊很大，位 X 节，前达砂囊侧面，窄连合；位 XI 节的小。储精囊大，占满 2 节多，位 X-XIII 节，每囊背叶在前背侧，表面点状。前列腺发达，具粗叶，位 XVII-XXII 节。无内交配腔。受精囊极大；坛圆形，具 1 比较短的管；盲管在同一平面 2 次"之"字形弯曲，内端 4/5 为纳精囊（图 317）；无副性腺。

体色：背面栗褐色，腹面苍白色，环带巧克力色，刚毛圈苍白色。

命名：本种依据受精囊盲管在同一平面 2 次"之"字形弯曲而命名。

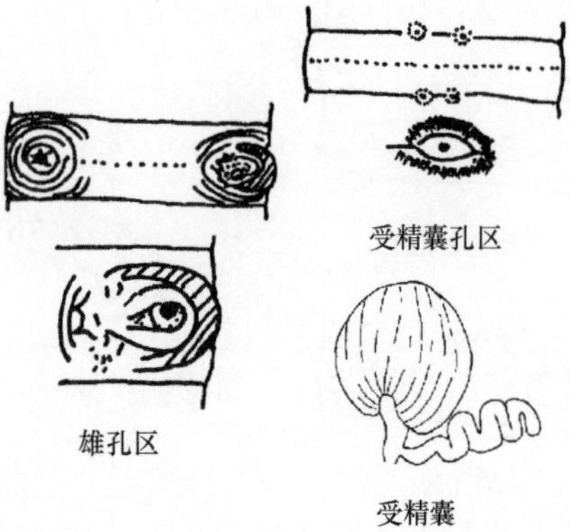

模式产地：四川（峨眉山）。

模式标本保存：曾存于中研院动物研究所（重庆），疑遗失。

中国分布：四川（峨眉山）。

讨论：本种与长茎腔蚓 *M. longipenis* 的相似之处有：①颜色，②受精囊孔的背侧位置，③浅的雄性交配腔，④隔膜和盲肠的特征。但由于本种缺乏大而深的内陷性交配腔、长的阴茎、明显的受精囊室，最重要的是有 1 个扭曲的囊管，因此作为一个独立的物种。这 2 个物种的雄性器官有根本的不同。本种的受精囊孔是一个很小的孔，而长茎腔蚓的受

受精囊孔区

雄孔区

受精囊

图 317　曲管腔蚓（Chen，1946）

精囊孔是一个很宽的缝隙，可能是在交配时用来接收特殊的阴茎。

### 337. 舒脉腔蚓 *Metaphire schmardae* (Horst, 1883)

*Megascolex schmardae* Horst, 1883. *Notes Leyden Mus.*, 5(3): 194-195.

*Pheretima (Pheretima) schmardae* Chen, 1931. *Contr. Biol. Lab. Sci. Soc. China (Zool.)*, 7(3): 125-131.

*Pheretima schmardae* Gates, 1939. *Proc. U.S. Nat. Mus.*, 85: 482-485.

*Pheretima schmardae* 陈义等, 1959. *中国动物图谱 环节动物(附多足类)*: 12.

*Metaphire schmardae* Chang et al., 2009. *Earthworm Fauna of Taiwan*: 128-129.

*Metaphire schmardae* 徐芹和肖能文, 2011. *中国陆栖蚯蚓*: 251-252.

*Metaphire schmardae* Xiao, 2019. *Terrestrial Earthworms (Oligochaeta: Opisthopora) of China*: 334-336.

外部特征：体长 68-125 mm，宽 2-5 mm。体节数 76-96。口前叶 2/3-3/4 上叶式。背孔自 12/13 或 11/12 节间始。环带位 XIV-XVI 节，占 3 节，环状，无刚毛，无节间沟。刚毛一般细小，但 IV-VI 节稍粗，距离较宽，*ab* 毛尤显著；刚毛数：24-30（III），22-28（VI），49-53（VIII），44-57（XII），50-54（XXV）；30-34 在受精囊孔间，14-20 在雄孔间。雄孔位 XVIII 节腹侧两边，约占 2/5 节周，各具 1 深交配腔，呈裂缝状，开口较宽，腔缘多放射状皱褶，内面皱褶呈层状，偶尔脱出，可见 3 个突起，两侧突起各具 1 乳突，为侧腺开口处，中央 1 个较大，为雄孔开口处。前列腺管通过圆形乳突进入交配腔顶。交配腔前后两侧有 2 个浅坑，侧腺开口其中。受精囊孔 2 对，位 7/8/9 节间腹侧，约占 3/5 或 5/9 节周，背侧完全可见，眼状，宽约 0.5 mm，有明显的白色斑点，为受精囊管的末端，常有褐色毛状突起，其外露部分长约 0.3 mm，椭圆形或眼状凹陷似乎游离于体壁，因此坛管很容易从体壁上断开。无其他乳突（图 318）。雌孔单，位 XIV 节腹中部。

内部特征：隔膜 8/9/10 缺，但 8/9 腹侧存在，5/6/7/8 和 10/11-13/14 增厚，不肌肉化，7/8、10/11 和 14/15 几乎一样厚。砂囊大，位 IX-XI 节，酒杯状，前端窄。肠自 XV 节扩大；盲肠小裂叶状，腹侧有 4-7 个指状小囊，位 XXVII-XXV 节。精巢囊 2 对，位 X 和 XI 节，中等大小，前对小于后对。储精囊成对，完全占据 XI 和 XII 节，非常大。前列腺成对，位 XVIII 节，总状，前伸至 XVII 或 XVI 节，后伸至 XX 节或 XXI 节，分为 15-20 叶；前列腺管中部粗壮，两端环状，表面光滑发亮，插于交配腔顶表面，末端有小乳突。副性腺小，通常出现在交配腔表面。受精囊 2 对，位 VII 或 VIII 和 IX 节；坛大，宽约 2 mm，圆形；坛管短粗；盲管较短，在末端 2/3 处有 3 个或 3 个以上弯曲，其末端膨大成细长的卵圆形纳精囊，通常白色（图 318）。

体色：保存标本前背侧栗棕色，后背浅灰棕色，棕色几乎向下延伸至腹侧；在环带沿整个背中线可

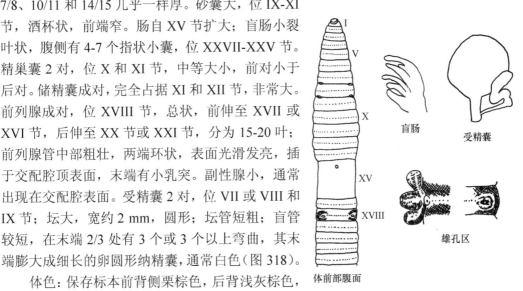

盲肠 受精囊

雄孔区

体前部腹面

图 318 舒脉腔蚓（Chen，1959）

见深棕色条纹，背中线深橄榄色；环带背侧巧克力褐色，腹侧橙黄褐色，但白色区仍明显；环带前腹面黄棕色或浅棕色，环带后腹面灰色或苍白色；刚毛圈白色。

模式产地：日本。

模式标本保存：莱顿博物馆；曾存于国立中央大学（南京）动物学标本馆，疑遗失。

中国分布：天津、浙江（宁波、金华、杭州、台州）、台湾（台北）、江西、湖北（利川、黄冈、潜江）、香港（九龙）、澳门、重庆（北碚）、四川（乐山）、贵州（铜仁）、云南（澜沧）。

讨论：Michaelsen 描述的广州九龙 *Metaphire schmardae macrochaeta* 是中国唯一在刚毛特征上与陈义标本一致的种。而 Beddard 本人和 Michaelsen 都认为 Beddard 描述的巴巴多斯岛的 *Metaphire trityphla* 和舒脉腔蚓为同物异名。Goto 和 Hatai 记载的日本 *Metaphire vesiculata*，从其结构来看，除了输精管的位置在 6/7/8 节间而不是 7/8/9 节间外，与舒脉腔蚓很可能是同一物种。舒脉腔蚓在中国和西印度群岛之间的分布与西方腔蚓 *M. hesperidum* 或夏威夷远盲蚓 *A. hawayanus* 相似。

### 338. 五指山腔蚓 *Metaphire wuzhimontis* Qiu & Sun, 2013

*Metaphire wuzhimontis* Zhao et al., 2013a. *Zootaxa*, 3619(3): 387-388.
*Metaphire wuzhimontis* Xiao, 2019. *Terrestrial Earthworms (Oligochaeta: Opisthopora) of China*: 336-337.

外部特征：体长 163 mm，宽 5.5 mm。体节数 94。口前叶上叶式。背孔自 9/10 节间始。环带位 XIV-XVI 节，圆筒状，腺体明显。刚毛数：20（III），24（V），40（VIII），56（XX），40（XXV）；13-16 在受精囊孔间，13 在雄孔间。雄孔位 XVIII 节交配腔中，孔间距约占近 0.5 节周腹面距离，周围环绕 5-6 环褶。无生殖乳突。受精囊孔 2 对，位 7/8/9 节间腹面，眼状，明显，孔间距占近 0.5 节周腹面距离。VII 和 VIII 节每孔与刚毛圈之间具 1 小圆乳突，VIII 节腹中部具另一同样大小的圆乳突（图 319）。雌孔单，位 XIV 节腹中央。

内部特征：隔膜 8/9/10 缺，5/6/7/8 颇厚，10/11/12 略厚。砂囊位 IX-X 节，球形。肠自 XV 节扩大；盲肠简单，位 XXVI 节，前伸至 XXIV 节，背缘具 3 个明显缺刻，腹面光滑。心脏位 X-XIII 节，首对小。精巢囊 2 对，位 X-XI 节。储精囊对位 XI-XII 节。前列腺位 XV-XIX 节，极发达，紧贴体壁；前列腺管粗，"U"形。无副性腺。受精囊 2 对，位 VIII-IX 节，大；坛梨形；坛管短，长为主体的 0.14；盲管与主体等长，直，末端 1/2 扩大，外端 1/3 作为伸长的纳精囊（图 319）。副性腺存在。

体色：保存标本背面深褐色，腹面灰白色，环带

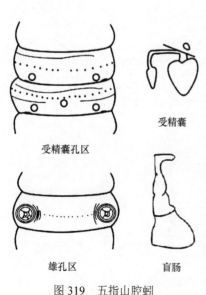

受精囊

受精囊孔区

雄孔区　　　　盲肠

图 319　五指山腔蚓
（Zhao et al.，2013a）

深褐色，环带后颜色逐渐变浅。

命名：本种依据模式产地命名。

模式产地：海南（五指山）。

模式标本保存：法国雷恩大学生物学系。

中国分布：海南（五指山）。

生境：生活在热带雨林核心区。

讨论：根据 Sims 和 Easton（1972）的研究，五指山腔蚓 *Metaphire wuzhimontis* 属于爪哇种组 *javanica*-group。爪哇种组在中国和东南亚只有 5 种，为加州腔蚓 *Metaphire californica*、爪哇腔蚓 *Metaphire javanica*、长茎腔蚓 *Metaphire longipenis*、*Metaphire magna*（包括小型大腔蚓 *Metaphire magna minuscula*）和曲管腔蚓 *Metaphire prava* （Sims & Easton，1972；Chen，1946）。

本种为中等大小蚯蚓，为大腔蚓 *Metaphire magna magna* 的 1/4（Chen，1938），但比长茎腔蚓 *Metaphire longipenis* 和曲管腔蚓 *Metaphire prava* 大近 3 倍。本种的第一背孔在 9/10 节间，与其他种不同。只有本种和大腔蚓有生殖标记。大腔蚓受精囊孔周围有 3-6 个标记，本种在 VII 和 VIII 节受精囊孔和刚毛圈间有 1 对标记，VIII 节腹中部有另 1 个标记。

### M. 脊囊种组 *thecodorsata*-group

受精囊孔 3 对，位 V-VII 节。

国外分布：东洋界、澳洲界。

中国分布：湖南、湖北、江西。

中国有 3 种。

### 脊囊种组分种检索表

1. 受精管孔 3 对，在 V-VII 节背侧·····2
   受精囊孔 3 对，位 V-VII 节腹侧，受精囊孔位于节间沟到刚毛圈之间的 1/3 处，约占 1/2 节周，孔呈横裂缝状，周缘体壁隆肿·····双叶腔蚓 *Metaphire bifoliolare*
2. 受精囊孔位于眼状浅窝内，横裂缝状，在 *xy* 或 *yz* 之间·····似脚腔蚓 *Metaphire cruroides*
   受精囊孔呈大的横裂状，有前后唇，位 V-VII 节背面，非常接近背中线，约占 1/9 节周，位于每节前缘·····脊囊腔蚓 *Metaphire thecodorsata*

### 339. 双叶腔蚓 *Metaphire bifoliolare* Tan & Zhong, 1987

*Metaphire bifoliolare* 谭天爵和钟远辉, 1987. *动物分类学报*, 12(2): 129-131.
*Metaphire bifoliolare* 徐芹和肖能文, 2011. *中国陆栖蚯蚓*: 215-216.
*Metaphire bifoliolare* Xiao, 2019. *Terrestrial Earthworms (Oligochaeta: Opisthopora) of China*: 337-338.

外部特征：体长 89-103 mm，宽 3.5-4 mm。体节数 94-101。口前叶 1/3 上叶式。背孔自 12/13 节间始。环带具背孔，腹面可见刚毛。刚毛细，背腹均较明显；*aa*=（1.0-1.5）*ab*，*zz*=（1.2-2.0）*yz*；刚毛数：46-52（III），48-52（V），51-60（VII），52-54（IX），48-56（XIII），46-54（XX）；9-10 在雄孔间，20-28（V）、21-31（VI）、26-30（VIII）在受精囊孔间。雄

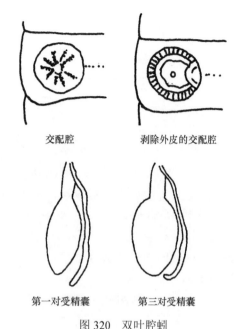

交配腔　　　　　　剥除外皮的交配腔

第一对受精囊　　　　第三对受精囊

图 320　双叶腔蚓
（谭天爵和钟远辉，1987）

孔位 XVIII 节腹面两侧由体壁内陷形成的交配腔内，腔孔较大，形状不规则，周围体壁有放射状的沟纹；交配腔内壁，从腔口到底部有少许纵纹；腔底平坦，雄突较小，位于腔底部中央。交配腔底壁的前、后、外缘向腔内隆起，形成 1 个半月形的隆脊，隆脊的宽度常不一，并与腔壁之间形成 1 环沟。受精囊孔 3 对，位 V-VII 节腹面后缘，位于节间沟到刚毛圈之间的 1/3 处，约占 1/2 节周，孔呈横裂缝状，周缘体壁隆肿（图 320）。雌孔单，位 XIV 节腹中部。

内部特征：隔膜 5/6-10/11 厚，富肌肉，5/6/7 隔膜前壁有发达的小肾管，11/12 亦较厚，但次于前述隔膜，12/13 后呈薄膜状。砂囊位 7/8-8/9 隔膜之间，长圆形，两端平切。肠自 XV 节扩大；盲肠简单，位 XXVII-XXIV 或 XXVII-1/2XXIII 节，长囊形，基部比端部略宽，背腹缘光滑，无齿状小囊。心脏位 X-XIII 节，前 2 对较后 2 对细。精巢囊位 X 与 XI 节，第一对半球形，前缘隆起，后缘平坦，左右连成一块，连接处较窄。第一对储精囊包在第二对精巢囊内，左右精巢囊连成一横带，连合处宽。第二对储精囊较发达，块状，背叶呈圆锥状。前列腺分为前后两大叶，位 XVI-XX 或 XVII-XX 节，前后两叶在 XVIII 节内明显分开，每叶又分为若干小叶；前列腺管分为 2 小支，前叶者短，后叶者较长，二小支汇合后，形成较粗的前列腺管，该管在交配腔突入体腔部分的中央通到雄突。交配腔突入体腔部分呈半球形，与体壁相连处略为缩小成颈缢状。受精囊 3 对，第三对略大于前 2 对，第二对与第一对同大或稍大；第一对坛呈长囊状，(1.8-2.0)mm×1.0 mm，第三对为长的扁圆囊形，(1.8-2.0)mm×（1.2-1.5）mm；坛管较粗，长约 1 mm；盲管较细，比主体稍长，长 2-3.2 mm，末端 1/3 稍粗，成为不明显的纳精囊，纳精囊腊肠状，末端直或微弯曲，内有贮存的精子，盲管由坛通入体壁处的前方通入（图 320）。

体色：在福尔马林溶液中体黑褐色，腹面色较浅，环带背面与体背面颜色相近，环带腹面褐色。

命名：本种依据前列腺分为前后两大叶而命名。

模式产地：湖南（常德、南县）。

模式标本保存：湖南农学院解剖教研室。

中国分布：湖南（常德、益阳）。

讨论：本种与威廉腔蚓 Metaphire guillelmi 很相似。但本种受精囊孔在节上，不在节间，具 8/9/10 隔膜，纳精囊腊肠状，与威廉腔蚓明显不同。

## 340. 似脚腔蚓 Metaphire cruroides (Chen & Hsu, 1975)

Pheretima cruroides 陈义等, 1975. 动物学报, 21(1): 93.

*Metaphire cruroides* 徐芹和肖能文, 2011. *中国陆栖蚯蚓*: 224.

*Metaphire cruroides* Xiao, 2019. *Terrestrial Earthworms (Oligochaeta: Opisthopora) of China*: 338-339.

**外部特征**：体长 91 mm，宽 4 mm。体节数 90。口前叶为前叶式。背孔自 12/13 节间始。环带位 XIV-XVI 节，等于其后 4-5 节的长度，光滑，XVI 节腹面有刚毛。刚毛自 II 节起，细而密，前腹面的较密，不粗，$aa$=（1.0-1.5）$ab$，$zz$=（1.5-3.0）$yz$；背面刚毛不易数；刚毛数：58（III），67（VI），64（VIII），39（XVIII），50（XXV）；11 在阴茎基部间。雄孔位 XVIII 节腹面两侧，有 2 个脚状阴茎，长 4 mm，基部宽 1.2 mm，上有 14-15 圈环沟，顶端为球状突，雄孔在其正中，阴茎间距约占 2/5 节周。受精囊孔 3 对，位 V-VII 节背面的后缘眼状浅窝内，横裂缝状，在 $xy$ 或 $yz$ 之间。无其他生殖标记（图 321）。雌孔单，位 XIV 节腹中部。

**内部特征**：隔膜 5/6-7/8 很厚，8/9/10 与其前后一样厚，13/14 起膜状。咽腺达 V 节，5/6/7 隔膜上肾管丛薄。砂囊圆球形，位 8/9 隔膜前，占 1/2VIII-IX 节。肠自 XV 节扩大；盲肠简单，前达 XXV 或 XXVI 节，白色。VII 节血管环对称，IX 节不对称；末对心脏位 XIII 节。精巢囊前对间隔远，窄而相通，具长臂至背侧相通；后对小，连接并交通，包着前对较发达的储精囊，背侧相通。后对储精囊亦发达，背叶小。前列腺发达，位 XVI-XX 节，长 6 mm；前列腺管细匀而短，呈 "U" 形弯曲。受精囊位 VI-VIII 节；坛卵圆形，宽 1.5-2 mm；坛管长约 1 mm，两者不分清或分清，坛管末端略突出，或成为浅腔之内壁；盲管较主体略长，有长管，内 1/2 或 1/4 膨大为纳精囊（图 321）。

**体色**：在乙醇液中沿背中线为紫褐色，其余为肉褐色，环带巧克力色。

**命名**：本种阴茎外翻时好似两只脚，故名。

**模式产地**：湖北（宜昌）。

**中国分布**：湖北（宜昌、潜江）。

**生境**：生活在农田土壤中。

**讨论**：本种与长茎腔蚓 *Metaphire longipenis* 相近，但受精囊位置、对数，阴茎特别大，刚毛数多，环带具刚毛，精巢囊到背侧并相通等特征与长茎腔蚓有别。

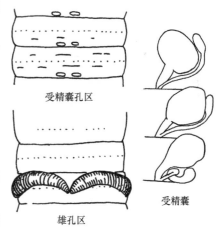

受精囊孔区

雄孔区

受精囊

图 321 似脚腔蚓（陈义等，1975）

### 341. 脊囊腔蚓 *Metaphire thecodorsata* (Chen, 1933)

*Pheretima thecodorsata* Chen, 1933. *Contr. Biol. Lab. Sci. Soc. China (Zool.)*, 9(6): 244-249.

*Metaphire thecodorsata* 徐芹和肖能文, 2011. *中国陆栖蚯蚓*: 255.

*Metaphire thecodorsata* Xiao, 2019. *Terrestrial Earthworms (Oligochaeta: Opisthopora) of China*: 339-340.

**外部特征**：体长 98-110 mm，宽 3.5-5 mm。体节数 88-90。背孔自 12/13 节间始。环带完全，光滑，腹侧具刚毛窝。刚毛小，分布均匀；刚毛数：45-46（III），54-60（VI），55-60（VIII），49-55（XII），50-56（XXV）；6（VI）在受精囊孔间，11-12 在雄孔间。

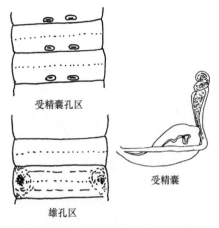

受精囊孔区

受精囊

雄孔区

图 322　脊囊腔蚓（Chen，1933）

雄孔位 XVIII 节交配腔内，约占 1/3 节周。雄孔开口很小，交配腔非常深而宽，内表面横向褶皱成皮垫，从孔正中侧到开口有纵向沟槽。孔位于交配腔的底部，有次级边缘。交配腔内外无乳突。受精囊孔 3 对，呈大的横裂状，有前后唇，位 V-VII 节背面，非常接近背中线，约占 1/9 节周，位于每节前缘。无生殖标记（图 322）。雌孔单，位 XIV 节腹中部。

内部特征：隔膜、砂囊很厚，隔膜 8/9/10 通常存在，4/5 薄，5/6/7/8 厚，6/7/8 肌肉质，8/9 厚于 7/8，9/10 两倍厚于 7/8，12/13 薄且膜质。砂囊中等大小，圆形，位 IX 和 X 节。肠自 XV 节扩大；盲肠简单，狭长，位 XXVII-XXIV 节，两侧光滑。心脏 4 对，位 X-XIII 节，最后 1 对较大。精巢大。精巢囊 2 对，位 X 和 XI 节，极发达，每对充满整个体节，背部相连但不交通，腹部狭窄相连，2 对大小和结构相似。储精囊 1 对，非常大，位 XII-XV 节，表面有结节，无背叶。前列腺具指状叶；前列腺管细长，具一深环，长 3-4 mm，宽 0.2 mm，输精管进入其近端，其远端不扩大，伸入拇指状交配腔的顶端。受精囊 3 对，位 VI、VII 和 VIII 节，匙形，中等大小，具一 2 倍主体长的盲管；盲管较主体细而长，末端圆形，但常与坛一样收缩或扭曲，约为其宽度的 1/3（图 322）。

体色：保存标本体色不明显，沿背中线淡灰绿色，环带黄棕褐色，其余为苍白色。

命名：本种依据动物的受精囊孔在 V、VI 和 VII 节背面而命名。

模式产地：江西（九江）。

模式标本保存：美国自然历史博物馆；曾存于国立中央大学（南京）动物学标本馆，疑遗失。

中国分布：江西（九江）。

讨论：本种受精囊孔在背面，这在蚯蚓中相对较少见。其中密契尔逊腔蚓 *Metaphire michaelseni* 及背面腔蚓 *Metaphire dorsali* 受精囊孔的数量和位置等与本种明显不同。

## （十九）环棘蚓属 *Perionyx* Perrier, 1872

*Perionyx* Perrier, 1872. *Nouvelles Archives du Museum*, 8: 4-197.
*Perionyx* Gates, 1972. *Trans. Amer. Philos. Soc.*, 62(7): 138-140.
*Perionyx* Xiao, 2019. *Terrestrial Earthworms (Oligochaeta: Opisthopora) of China*: 23-24.

模式种：外腔环棘蚓 *Perionyx excavatus* Perrier, 1872

外部特征：每体节刚毛多数，通常闭合成环。背孔自 2/3-5/6 节间始，常自 4/5 节间始。环带位 XIII-XVII 节，环状。雄孔 1 对，位 XVIII 节，通常接近，并可能非常接近中线。受精囊孔 2 对，位于 7/8/9 节间，类似于雄孔，通常非常靠近中线。雌孔位于环带上，不成对。

内部特征：砂囊或多或少退化，位 V 或 VI 节。无盲肠，无盲道。肾管大。心脏位 X-XII 节。精巢和精漏斗各 2 对。储精囊位 XI 与 XII 节。前列腺管具分支。卵巢扇形。受精囊大，其管短且粗。

国外分布：印度、斯里兰卡、澳大利亚、新西兰（奥克兰群岛）。

中国分布：台湾。

中国有 1 种。

### 342. 外腔环棘蚓 *Perionyx excavatus* Perrier, 1872

*Perionyx excavatus* Perrier, 1872. *Nouvelles Archives du Museum*, 8: 4-197.

*Perionyx excavatus* Beddard, 1886. *Proc. Zool. Soc. London*, 4: 308-314.

*Perionyx excavatus* Gates, 1933. *Rec. Ind. Mus.*, 35: 549-551.

*Perionyx excavatus* Kobayashi, 1938b. *Sci. Rep. Tohoku Univ.*, 13: 201-203.

*Perionyx excavatus* Gates, 1959. *Amer. Mus. Novitates*, 1941: 19.

*Perionyx excavatus* Gates, 1972. *Trans. Amer. Philos. Soc.*, 62(7): 141-143.

*Perionyx excavatus* Chang et al., 2009. *Earthworm Fauna of Taiwan*: 140-141.

*Perionyx excavatus* 徐芹和肖能文, 2011. *中国陆栖蚯蚓*: 262-263.

*Perionyx excavatus* Xiao, 2019. *Terrestrial Earthworms (Oligochaeta: Opisthopora) of China*: 340-341.

外部特征：身体背腹略扁，初次粗看与正蚓类相似。体长 50-180 mm，宽 2.5-5 mm。体节数 115-178。口前叶上叶式。背孔自 5/6 节间始，明显，具功能；10/11-12/13 节间背孔无功能但明显，17/18 节间背孔具功能。肾孔位于体节前缘，排列在同一纵线上。环带位 XIII-XVII 节，占 5 节，环状，具刚毛圈，节间沟和无功能的孔状窝不甚明显。刚毛自 II 节始，腹面较背面密，大小无差异；具背中隔，$zz=$（1.5-1.8）$yz$；环带后体节具不明显的腹中隔；刚毛数：39（III），47（V），53（IX），51（XII），52（XX）；4-6 在受精囊孔间。雄孔位 XVIII 节刚毛圈腹中窝内，不易辨认，雄孔区为小而隆起的横向矩形，前不达 17/18 节间，后不达 18/19 节间，前后缘明显，侧缘不明显，凹窝的主部分具 2 个紧靠腹中线的乳突，每个乳突上具 3-4 根交配毛。受精囊孔 2 对，位 7/8/9 节间腹中部，密生对，每孔为 1 大的透明裂缝，周缘略隆起，外表淡白色（图 323）。雌孔单，位 XIV 节，在刚毛圈与 13/14 节间之间。

内部特征：隔膜 7/8/9 稍厚。砂囊残痕位 VI 节。肠自 XVI、XVII 或 XVIII 节始扩大；盲肠缺。末对心脏位 XII 节，直径小；XVIII-XXVIII 节背血管相当大。精巢与精漏斗位 X 和 XI 节，游离。储精囊 2 对，位 XI 和 XII 节，大，折叠。前列腺小，仅限于 XVIII 节，但突入 18/19 隔膜后，淡灰色，厚垫状，无柄，少缺刻。前列腺对位 XVIII 节，大，圆形，总状。卵巢大，位 XIII 节。受精囊 2 对，位 VIII 和 IX 节，大，直立且内端横向触到背血管；坛卵形，内端窄，含大量淡白色物质，近端常具 1 个或 2 个瘤突；坛管短且厚，富肌肉；盲管缺失（图 323）。

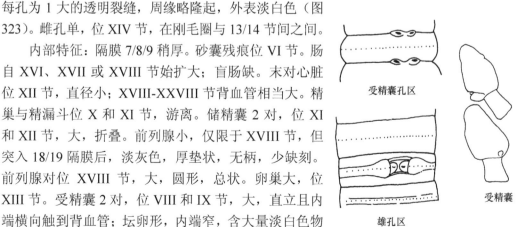

受精囊孔区

雄孔区

受精囊

图 323 外腔环棘蚓
（Kobayashi，1938b）

体色：在福尔马林溶液中背面略呈紫红色，环带前深紫红色并具淡绿色虹彩，沿整个体长背中部也集中为紫色；腹面苍白色，或比环带背面颜色略淡；环带黄灰色，背面具很不明显的紫色；在侧线面观看背腹面的颜色明显不同。

命名：在拉丁语中，"*excavatus*"的意思是"空"。

模式产地：越南胡志明市。

模式标本保存：法国国家自然历史博物馆。

中国分布：台湾（台北、新竹）。

讨论：本种与安德爱胜蚓 *Eisenia andrei* 均为养殖场养殖种类，在台湾作为"红蚯蚓"出售捕鱼。

## （二十）近盲蚓属 *Pithemera* Sims & Easton, 1972

*Pheretima* Kinberg, 1867. *Öfvers. Kongl. Vetensk. Akad. Forhandl.*, 24: 97-103.
*Amynthas* (part) Beddard, 1900a. *Proc. Zool. Soc. London*, 69(4): 612.
*Pheretima (Pheretima)* (part) Michaelsen, 1928. *Arkiv. for Zoologl.*, 20(2): 8.
*Pithemera* Sims & Easton, 1972. *Biol. J. Linn. Soc.*, 4(3): 202.
*Pithemera* Xiao, 2019. *Terrestrial Earthworms (Oligochaeta: Opisthopora) of China*: 341.

模式种：双带近盲蚓 *Pithemera bicincta* (Perrier, 1875)

外部特征：中小型巨蚓，身体圆形，体长不超过 130 mm。环带位 XIV-XVI 节，环状。刚毛环生，各体节分布均匀。雄孔对生，位 XVIII 节表面。受精囊孔小，3 对、4 对或 5 对，位 4/5 节间和 8/9 节间之间。雌孔单个或对生，位 XIV 节。

内部特征：砂囊位 7/8/9/10 节间之间。具食道囊。盲肠始于 XXII 节，偶见 XXIV 节，侧向对生或腹内单个。肾管大。精巢囊位 X 和 XI 节或仅在 XI 节。前列腺花序状。具交配腔。卵巢成对，位 XIII 节。受精囊 3 对、4 对或 5 对，位 V-IX 节。受精囊管无肾管。

国外分布：巴布亚新几内亚（新不列颠岛）、斐济、萨摩亚、所罗门群岛。

中国分布：云南、海南、台湾。

中国有 5 种。

讨论：盲肠位 XXII 节或其附近，依据此特征可将本属的种与其近缘属的种区分开。

### 近盲蚓属分种检索表

1. 受精囊孔单，3 个，位 4/5/6/7 节间腹中央 ······················雅美近盲蚓 *Pithemera tao*
　 受精囊孔 2-5 对 ···········································································································2
2. 受精囊孔 2 对，位 7/8/9 节间····························································································3
　 受精囊孔 5 对，位 4/5/6/7/8/9 节间腹侧面····································································4
3. 雄孔位 XVIII 节腹面隆起上，环绕有 7-8 环褶 ········折曲近盲蚓 *Pithemera flexuosus*
　 XVIII 节具刚毛的斜裂线上具 1 对长卵形标记········桶状近盲蚓 *Pithemera doliaria*
4. 受精囊孔区 XVII-XIX 节具成对生殖标记 ················双带近盲蚓 *Pithemera bicincta*
　 受精囊孔孔间距占 0.25-0.33 节周，此区无生殖乳突··········兰屿近盲蚓 *Pithemera lanyuensis*

### 343. 双带近盲蚓 *Pithemera bicincta* (Perrier, 1875)

*Pheretima bicincta* Perrier, 1875. *Hebd. Séanc. Acad. Sci. Paris*, 81: 1043-1046.

*Pheretima bicincta* Gates, 1959. *Amer. Mus. Novitates*, 1941: 4-5.

*Pheretima bicincta* Easton, 1982. *Aust. J. Zool.*, 30(4): 711-735.

*Pithemera bicincta* Chang et al., 2009. *Earthworm Fauna of Taiwan*: 142-143.

*Pithemera bicincta* 徐芹和肖能文, 2011. *中国陆栖蚯蚓*: 264.

*Pithemera bicincta* Xiao, 2019. *Terrestrial Earthworms (Oligochaeta: Opisthopora) of China*: 342-343.

外部特征：体长 33-80 mm，宽 2-3 mm。体节数 77-125。口前叶上叶式。背孔自 11/12 或 12/13 节间始。环带位 XIV-XVI 节，环状，刚毛环生。刚毛数：38（III），50（VIII），49（XII），46（XX）；15-16（VI）、16-20（VII）、15-18（VIII）在受精囊孔间，8 在雄孔间。雄孔位 XVIII 节腹面，不明显，各在 1 孔内，约占 1/5 节周。受精囊孔 5 对，位 4/5-8/9 节间，约占 1/4 节周。成熟个体具生殖标记，生殖标记成对，光滑，位 XVII-XIX 节（图 324）。雌孔位 XIV 节，密生对，略近 *aa* 毛线，前部靠近刚毛圈。

内部特征：隔膜 8/9 缺失，5/6-7/8 厚，9/10-12/13 更厚。砂囊位 VIII-IX 节。无食道囊。肠自 XV 节始扩大；盲肠简单，1 对，位 XXII 节，常前伸至 XXI 节。末对心脏位 XII 节。精巢囊不成对，向体背延伸至食道上表面，内包裹着精巢对。储精囊对位 XI 和 XII 节，体小到中等，前对包在精巢囊内。前列腺总状，大，成对，自 XVIII 节延伸至 XVI-XIX、XX 节；前列腺管"J"至"C"形，直接通入腹壁。无交配腔。卵巢对位 XIII 节。受精囊 5 对，位 V-IX 节；坛管较坛短；盲管细长，略较坛管短，顶端腔卵圆形，盲管自腹壁坛管附近通入。受精囊无肾管。

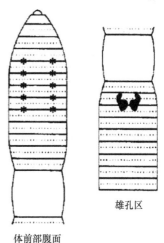

雄孔区

体前部腹面

图 324 双带近盲蚓
（Easton，1982）

体色：背部浅红色，环带红色。

命名：在拉丁语中，"*bicincta*"的字面意思是"两条带"。

模式产地：菲律宾。

模式标本保存：法国国家自然历史博物馆。

中国分布：台湾（台北）。

### 344. 桶状近盲蚓 *Pithemera doliaria* (Gates, 1931)

*Pheretima doliaria* Gates, 1931. *Rec. Ind. Mus.*, 33: 374-378.

*Pheretima doliaria* Gates, 1972. *Trans. Amer. Philos. Soc.*, 62(7): 180-181.

*Pheretima doliarius* Sims & Easton, 1972. *Biol. J. Linn. Soc.*, 4(3): 234.

*Pheretima doliarius* 钟远辉和邱江平, 1992. *贵州科学*, 10(4): 40.

*Pithemera doliarius* 徐芹和肖能文, 2011. *中国陆栖蚯蚓*: 263-264.

*Pithemera doliaria* Xiao, 2019. *Terrestrial Earthworms (Oligochaeta: Opisthopora) of China*: 341-342.

外部特征：体长 81-129 mm，宽 4-6 mm。体节数 109-135。口前叶上叶式。背孔自 12/13 节间始。环带位 XIV-XVI 节，环形；无节间沟和背孔。刚毛始于 II 节，刚毛圈完整，背腹不间断，刚毛间隔规律，背侧和腹侧等距；刚毛数：50-68（XX）；18-26（VIII）

图 325　桶状近盲蚓
（Gates，1931）

在受精囊孔间，3-17（XVIII）在雄孔间。雄孔对生，位 XVIII 节，微小，孔突的大小和形状可变。雄性生殖标记细长卵圆形，斜穿于 XVIII 节，间隔 4 根刚毛，前端指向腹中线，后端指向外侧；卵圆形区长 1.5 mm，宽 0.5 mm，被窄而深的沟完全环绕，该沟外还有其他不完全周向沟；卵圆形区域的后 1/3 与前 2/3 被一条沟分开，并具雄孔。受精囊孔 2 对，位 7/8/9 节间，分散，不易辨认（图 325）。雌孔单，位 XIV 节腹中部。

内部特征：隔膜 8/9/10 缺，4/5-7/8 厚，10/11 缺，11/12 节及之后肌肉质。砂囊长。肠自 XV 节始扩大；盲肠简单，自 XXVII 节始，向前延伸到 XIX 节。末对心脏位 XIII 节，IX-XIII 节的心脏由腹侧血管连接。精巢囊 2 对，位 X 和 XI 节。储精囊对位 XI 和 XII 节。前列腺大，左侧从 XVI 节延伸至 XXIII 节，右侧从 XVI 节延伸至 XXIII 节；前列腺分裂成若干小叶；前列腺管长，管壁厚且肌肉发达，前列腺管延伸至 XVIII-XX 节；无交配腔；输精管小。卵巢及输卵管位 XIII 节。受精囊 4 对，位 VII 和 VIII 节；坛管短，隐藏在坛的腹侧；盲管短，呈卵圆形。

体色：保存标本背面浅红色至暗红色，腹面白色，环带黄棕色。

命名：在拉丁语中，"*doliaria*" 的字面意思是 "桶状的"。

模式产地：缅甸勐古。

中国分布：云南（孟连）。

### 345. 折曲近盲蚓 *Pithemera flexuosus* (Qiu & Zhao, 2017) comb. nov.

*Amynthas flexuosus* Zhao et al., 2017. *Annales Zoologici*, 67(2): 224-225.

外部特征：体长 112 mm，宽 6.5 mm。体节数 86。口前叶 1/2 上叶式。背孔自 12/13 节间始。环带位 XIV-XVI 节，光滑，背刚毛不可见，腹刚毛可见。$aa=1.0ab$，$zz=（1.0-2.0）$ $yz$；刚毛数：48（III），44（V），52（VIII），60（XX），64（XXV）；20（VII）在受精囊孔间，6 在雄孔间。雄孔位 XVIII 节腹面隆起上，约占 2/5 节周，环绕有 7-8 环褶。受精囊孔 2 对，位 7/8/9 节间，眼状，约占腹面 2/5 节周（图 326）。雌孔单，位 XIV 节腹中部。

内部特征：隔膜厚，8/9/10 缺失，7/8 之前肌肉状。砂囊位 IX-X 节，桶状。肠自 XIII 节始扩大；盲肠形状简单或毡帽状，自 XXIII 节始，前伸达 XIX 节，背面具几长指状囊。心脏位 X-XIII 节。精巢囊 2 对，位 X-XI 节，大，腹面分离。储精囊对生，位 XI-XII 节腹面，大而发达，腹面相互分离。前列腺位 XV-XIX 节，极发达，裂叶粗，其管 "U" 形。受精囊位 VIII-IX 节；坛长心形；坛管极短，约为 1/5 坛长；盲管与主体几近等长，末端 1/2 扩大为略 "之" 字形的纳精囊（图 326）。

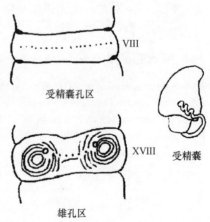

图 326　折曲近盲蚓（Zhao et al., 2017）

体色：在防腐剂中为浅褐色。

命名：本种依据模式标本"之"字形纳精囊而命名。

模式产地：海南（琼中）。

模式标本保存：上海自然博物馆。

中国分布：海南（琼中）。

生境：喜生活在竹林下的黑沙土中。

讨论：本种盲肠自 XXIII 节始，符合近盲蚓属 *Pithemera* 的特征。因此由远盲蚓属转入近盲蚓属。

### 346. 兰屿近盲蚓 *Pithemera lanyuensis* Shen & Tsai, 2002

*Pithemera lanyuensis* Shen & Tsai, 2002. *Journal Taiwan Museum*, 55(1): 17-24.

*Pithemera lanyuensis* Chang et al., 2009. *Earthworm Fauna of Taiwan*: 144-145.

*Pithemera lanyuensis* Xiao, 2019. *Terrestrial Earthworms (Oligochaeta: Opisthopora) of China*: 343.

外部特征：体长 37-46 mm，宽 1.6-2.0 mm。体节数 79-90。无体环。口前叶上叶式或穿入叶式。背孔自 12/13 节间始。环带位 XIV-XVI 节，筒状，无刚毛，无背孔，长 0.9-1.5 mm。刚毛数：52-57（VII），52-56（XX）；9-12 在雄孔间。雄孔位 XVIII 节腹侧面，孔间距约占 0.23 节周；雄孔圆形或椭圆形，平滑，稍凸起，周围围绕 3 个圆形乳突，1 个居中，1 个居前侧，1 个居后侧，3 个乳突周围环绕 2 或 3 环褶。XVII 节刚毛圈后具 1 对相同乳突，XI 和 XX 节具 1 对或单个相同乳突，乳突大小和构造与环带前区乳突相同。受精囊孔 5 对，位 4/5/6/7/8/9 节间腹侧面，孔间距占 0.25-0.33 节周，此区无生殖乳突。雌孔密生对，位 XIV 节腹中部。

内部特征：隔膜 8/9 缺，7/8 薄，9/10-12/13 略厚。砂囊圆，位 IX 节。盲肠成对，位 XXII 节，短，弯曲。心脏位 X-XII 节。精巢 2 对，位 X 和 XI 节，小，圆形。储精囊成对，位 XI 和 XII 节，退化。前列腺成对，位 XVIII 节，大，褶皱，前伸至 XVI 节，后伸达 XX 节；前列腺管"C"形。副性腺位 XX 节，圆形，无柄，垫状，直径约 0.2 mm，各与外部生殖乳突相通。受精囊 5 对，位 V-IX 节，小；坛桃形，长 0.4-0.5 mm，宽约 0.2 mm，柄直，长约 0.2 mm；盲管小，或发育不全，柄短，直或略弯曲，纳精囊退化或缺失。

体色：在保存液中背面暗褐色，腹面暗灰白色，环带褐色。

命名：本种依据模式产地台湾台东兰屿命名。

模式产地：台湾（台东）。

模式标本保存：台湾特有生物研究保育中心（南投）。

中国分布：台湾（台东）。

讨论：本种为台湾的本地种。

### 347. 雅美近盲蚓 *Pithemera tao* Wang & Shih, 2010

*Pithemera tao* Wang & Shih, 2010. *Zootaxa*, 2341: 56-58.

*Pithemera tao* Xiao, 2019. *Terrestrial Earthworms (Oligochaeta: Opisthopora) of China*: 343-344.

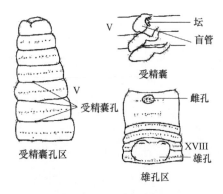

图 327　雅美近盲蚓
（Wang & Shih，2010）

外部特征：体长 27-43 mm，宽 2.1-2.5 mm。体节数 55-90。口前叶上叶式。背孔自 12/13 节间始。环带位 XIV-1/2XVI 节，环状，XIV 和 XV 节具刚毛。刚毛 $aa$：$ab$：$yy$：$yz$=1.5：1：3：1.75，5-7 在雄孔间。雄孔位 XVIII 节腹侧面，无生殖标记。受精囊孔 3 个，位 4/5/6/7 节间腹面中央。此区无生殖乳突（图 327）。雌孔密生对，位 XIV 节腹中部。

内部特征：隔膜 8/9/10 缺，4/5/6/7/8 薄，10/1112/13/14 厚。砂囊位 VII-X 或 IX-X 节。肠自 XIV 节始扩大；盲肠简单，短，自 XXI 节始，前伸达 XIX 节。精巢囊 2 对，位 X 和 XI 节。储精囊成对，位 XI 和 XII 节。前列腺小，位 XVIII 节，圆形，延伸至 XVII-XIX 节。受精囊 3 个，位 V-VII 节；坛卵圆形，有或无盲管（图 327）。

体色：保存样本无色素。

命名：本种依据模式产地位于雅美人居住区而命名。

模式产地：台湾（台东）。

模式标本保存：中兴大学生命科学系动物学收藏室。

中国分布：台湾（台东）。

讨论：本种为台湾的本地种。本种与双带近盲蚓 Pithemera bicincta、帕劳环毛蚓 Pithemera palaoensis、菲律宾环毛蚓 Pithemera philippinensis、赛奇威环毛蚓 Pithemera sedgwicki sedgwicki、洗浦环毛蚓 Pithemera sempoensis 相似，但可通过受精囊孔和受精囊来区分。双带近盲蚓和菲律宾环毛蚓有 5 对受精囊孔位 4/5-8/9 节间。赛奇威环毛蚓和洗浦环毛蚓有 3 对受精囊孔位 5/6/7/8 节间。帕劳环毛蚓在 4/5/6/7 节间处有 3 对受精囊孔。以上物种均有受精囊孔和具坛管的受精囊。本种仅 3 个受精囊孔位 4/5/6/7 节间。

## （二十一）扁环蚓属 *Planapheretima* Michaelsen, 1934

*Planapheretima* Michaelsen, 1934. *Mitt. Mus. Hamb.*, 45: 51-64.
*Planapheretima* Sims & Easton, 1972. *Biol. J. Linn. Soc.*, 4(3): 208-209.
*Planapheretima* Easton, 1979. *Bull. Br. Mus. Nat. Hist. (Zool.)*, 35(1): 64.
*Planapheretima* Xiao, 2019. *Terrestrial Earthworms (Oligochaeta: Opisthopora) of China*: 344.

模式种：山扁环蚓 *Planapheretima moultoni* Michaelsen, 1914

外部特征：体扁平，小到中等大，很少长于 120 mm。刚毛多，集中在每体节腹面。环带位 XIII、XIV-XVI、XVII 节，环状。雄孔 1 对，一般直接排列在 XVIII 节体表，偶在交配腔中。受精囊孔小，偶大，呈横裂缝状，1-5 对，位 4/5-8/9 节间。雌孔单，很少成对，位 XIV 节。

内部特征：砂囊位 7/8 和 9/10 隔膜之间。无食道囊。无盲肠，若有则发育不全，位 XXVII 节内。精巢囊位 X 与 XI 节。前列腺葡萄状。一般无交配腔。卵巢 1 对，位 XIII

节。受精囊成对。受精囊管上无肾管。

国外分布：缅甸、印度尼西亚（苏门答腊岛、苏拉威西岛）、加里曼丹岛、新几内亚岛和瓦努阿图群岛。

中国分布：重庆、四川、贵州。

中国有 4 种。

讨论：本属物种是环毛类中唯一有扁平的身体和腹面有大量刚毛聚集的蚯蚓。

## 扁环蚓属分种检索表

### 348. 嗜竹扁环蚓 *Planapheretima bambophila* (Chen, 1946)

*Pheretima bambophila* Chen, 1946. *J. West China Bord. Res. Soc.*, 16(B): 86-88, 138, 143.

*Planapheretima bambophila* Sims & Easton, 1972. *Biol. J. Linn. Soc.*, 4(3): 233.

*Planapheretima bambophila* 徐芹和肖能文, 2011. *中国陆栖蚯蚓*: 265-266.

*Planapheretima bambophila* Xiao, 2019. *Terrestrial Earthworms (Oligochaeta: Opisthopora) of China*: 344-345.

外部特征：体前后均尖细，腹中部扁平具沟；从雄孔至末端、VII-IX 节，具宽约 1 mm、介于 12-14 刚毛之间的腺状隆起带，称为爬行趾。体长 40-55 mm，宽 3-4 mm。体节数 88-94。口前叶 2/3 上叶式。背孔自 10/11 节间始。环带位 XIV-XVI 节，不甚发达，具略短的刚毛。刚毛密，$aa \geqslant ab$，$zz=1/2yz$，腹面刚毛更密，爬行趾上尤甚；刚毛数：84（X），54（XIX），52（XXV），44（XL）。雄孔位 XVIII 节腹面，约占 1/4 节周，可见为 1 个微小的孔，孔在隆起的爬行趾上，其内刚毛缺失，约为 14 根刚毛的空间。幼年样本的雄孔略宽，约占 1/3 腹节周，当腺区发育不全时可见 24 或 28 根刚毛。受精囊孔 2 对，位 7/8/9 节间，约占 1/4 节周，间隔 14 根刚毛（X 节），受精囊孔周围的皮肤暗淡，腺体发达（图 328）。雌孔不成对，在 XIV 节腹侧。

内部特征：隔膜 8/9/10 存在，薄。砂囊隔膜薄。砂囊大，位 VIII 节，桶状。肠自 XV 节始扩大；盲肠缺失；XXII-XXIX 节肠壁厚，腺状，形成腔；XXX-XXXVII 节明显狭窄。心脏 IX 节粗，X 节发达。精巢囊位 X 节，广泛连接，XI 节为 "V" 形，

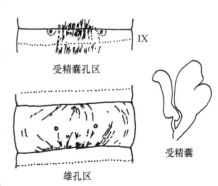

图 328 嗜竹扁环蚓（Chen, 1946）

交通。储精囊极发达，位 IX-XVII 节。前列腺位 XVII-XX 节，指状；前列腺管在末端 1/3 肿大，非常纤细。受精囊 2 对，位 VIII 和 IX 节，紧靠砂囊下方，小；后对大，坛长约 1.5 mm；盲管棒状，具短而窄的管，紧靠坛管外端，与主体等长（图 328）。

体色：背面深紫色或暗巧克力彩虹色，腹面苍白色，沿腹面爬行趾颜色暗淡。

命名：本种依据模式标本采集自小竹上，以物种生境命名。

模式产地：四川（峨眉山）。

模式标本保存：曾存于中研院动物研究所（重庆），疑遗失。

中国分布：四川（峨眉山）。

生境：生活于竹林。

讨论：陈义发现这个物种通常在小而浓密的竹子中爬行。它的体色模拟该地区生长的紫色竹子的茎和枝。腺区位于腹中侧和有更紧密的刚毛，有助于更牢固地抓住植物的光滑表面。检测肠道内容物发现一些竹叶的纤维结构和藻类、苔藓等的碎渣，很可能是蚯蚓从该植物的茎、枝上摄取的。行动敏捷，被捕捉时易断裂。

### 349. 毗连扁环蚓 *Planapheretima continens* (Chen, 1946)

*Pheretima continens* Chen, 1946. *J. West China Bord. Res. Soc.*, 16(B): 95-97, 139, 146.

*Planapheretima continens* Sims & Easton, 1972. *Biol. J. Linn. Soc.*, 4(3): 233.

*Planapheretima continens* 徐芹和肖能文, 2011. *中国陆栖蚯蚓*: 266.

*Planapheretima continens* Xiao, 2019. *Terrestrial Earthworms (Oligochaeta: Opisthopora) of China*: 345-346.

外部特征：体长 33-38 mm，宽 2 mm。体节数 94-102。口前叶 1/3 上叶式。背孔自 11/12 节间始。II-XII 节约等长，环带后体节极短，环带前 2 体节约等于环带后 4 体节长。环带环状，位 XIV-XVI 节，光滑，延伸至 XIII 或 XVII 节刚毛线。刚毛均匀一致，环带前短，腹面密集；刚毛数：30-40（III），54-58（XVIII），52-55（XXV）；22（VI）、21（VII）、22（VIII）在受精囊孔间，10-14 在雄孔间，$aa$=1.2$ab$，$zz$=（1.5-1.8）$zy$。雄孔 1 对，位 XVIII 节腹面，约占 1/3 节周，孔在扁平乳突上，具 1 类似阴茎的结构，约比 1 刚毛略长，周围环绕有环脊。受精囊孔 3 对，位 5/6/7/8（或 4/5/6/7）节间，约占腹面 2/5 节周；附近无生殖乳突，若有，则在 X 节刚毛圈前，腹中部具 1 对大乳突（图 329）。

内部特征：隔膜 8/9/10 缺失，5/6-7/8 厚，10/11 极薄，11/12-14/15 等厚。砂囊洋葱形。肠自 XVI 节始扩大；盲肠粗短，约 1 体节长；盲肠区肠壁腺状。肾管位 5/6/7 隔膜，厚。心脏位 IX 和 X 节。精巢囊大，前对伸达背侧，但不交通；后对略小，腹连合且交通。储精囊小，各具 1 大背叶，位 XI

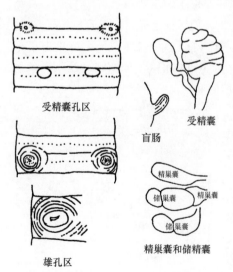

受精囊孔区

雄孔区

受精囊

盲肠

精巢囊

储巢囊　精巢囊

储巢囊

精巢囊和储精囊

图 329　毗连扁环蚓（Chen, 1946）

和 XII 节。前列腺大，位 XVI-XXI 节；前列腺管呈"S"形，中部膨大。副性腺无柄，每个具 1 个圆形的斑点，仅在体壁发现弦状小导管。受精囊 3 对，位 VI-VIII 节，或偶在 V-VII 节；坛心形；坛管中等长；盲管较主体略长，具腺状或枣状纳精囊（图 329）。

体色：背面灰色，背中线褐色，腹面苍白色，环带暗巧克力红色。

命名：在拉丁语中，"*continens*"的字面意思是"相邻的、相连的或连续的"。

模式标本保存：曾存于中研院动物研究所（重庆），疑遗失。

中国分布：重庆（北碚、沙坪坝）、四川（峨眉山）。

讨论：本种重庆和四川的标本在一些重要的方面是相同的，如环带延伸超过 3 节，雄孔有一细管，第一对储精囊在精巢囊内，以及隔膜、刚毛的特征等。然而，重庆标本的不同之处在于有 2 对受精囊孔（位 5/6/7 节间），精巢囊分布更广但相互连接，盲肠更长，在 VIII 和 IX 节上分别有 1 个不成对的乳突（仅在一个标本中发现）。

### 350. 蜥纹扁环蚓 *Planapheretima lacertina* (Chen, 1946)

*Pheretima lacertina* Chen, 1946. *J. West China Bord. Res. Soc.*, 16(B): 109-111, 139, 152.

*Planapheretima lacertina* Sims & Easton, 1972. *Biol. J. Linn. Soc.*, 4(3): 233.

*Planapheretima lacertina* 徐芹和肖能文, 2011. *中国陆栖蚯蚓*: 266-267.

*Planapheretima lacertina* Xiao, 2019. *Terrestrial Earthworms (Oligochaeta: Opisthopora) of China*: 346-347.

外部特征：体长 81-82 mm，宽 4-4.5 mm。体节数 90-100。VI-XIII 节相当长，X-1/2XIII 节的长度（3.5 个体节）=环带的长度，X-XII 的长度=XIX-1/2XXIII（4.5 个体节），沿腹侧具沟，后段有点像"尾巴"一样逐渐变细。口前叶 2/3 上叶式，中部具槽，延伸至 II 节，其舌比 II 节长度窄。背孔自 10/11 节间始。环带位 XIV-XVI 节，完整光滑，无刚毛。刚毛全部细，腹面密集，腹部前半部刚毛众多且短，在高倍放大下可见；刚毛数：72-78（III），78-86（VI），81-84（IX），72-79（XXV）；34-44（VI）、40（IX）在受精囊孔间，18 在雄孔间。雄孔位 XVIII 节腹面，约占 1/2 节周，孔在 1 腺状垫区上，直径略小于体节长。无其他生殖标记。XVIII 节偶见侧面孔区域膨大。受精囊孔 4 对，位 5/6/7/8/9 节间腹面，约占腹侧部 4/9 节周，腹侧标记为 4-5 根刚毛。无生殖标记（图 330）。雌孔单，位 XIV 节腹侧中部。

内部特征：隔膜 8/9/10 存在，6/7/8/9 稍厚，略具肌肉层，5/6、9/10/11 薄，余者更薄，膜状。咽部腺体发育良好，位 III-VIII 节或 IX 节。砂囊位 VIII 节但延伸至 1/2IX 节，X 节椭圆形，表面光滑，前端膨大。肠自 XV 节始扩大；盲肠发育不全，耳状突出，位 XXVI 节，光滑，苍白色，具侧盲肠痕对（退化）。心脏位 IX 节，肥大，X 节缺。精巢囊一致，前对圆形，具宽桥，后对连接。储精囊大，位 XI-XIV 节。前列腺发育良好，

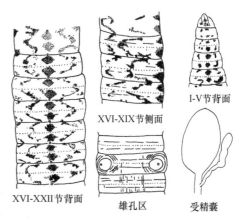

I-V节背面

XVI-XIX节侧面

XVI-XXII节背面

雄孔区

受精囊

图 330 蜥纹扁环蚓（Chen，1946）

位 XVI-XXIV 节，导管厚度均匀，呈深槽。副性腺絮状，围绕在前列腺管的基部。受精囊 4 对，位 VI-IX 节；坛呈心形，具中等长度的导管；盲管与主体约等长，中央的 2/3 处屈曲（图 330）。

体色：淡蓝色，背面具棕绿相间的斑纹，腹部苍白色，环带巧克力色。

命名：本种依据背面具棕绿相间的斑纹形似蜥蜴的斑纹而命名。

模式产地：重庆（南川）。

模式标本保存：曾存于中研院动物研究所（重庆），疑遗失。

中国分布：重庆（南川）、贵州（铜仁）、四川（峨眉山）。

生境：生活于海拔 2000-2300 m 岩石上的苔藓植物中。

讨论：本种因美丽的颜色而引人注目。标本采集自山顶大树的树皮苔藓上。本种以苔藓残渣为食，其颜色可能是生活在苔藓中为保护自己而产生的一个适应性特征。平坦的腹侧和众多的刚毛可能有助于它爬树。本种在结构上的许多方面类似于黑纹扁环蚓 *Planapheretima tenebrica*。

### 351. 黑纹扁环蚓 *Planapheretima tenebrica* (Chen, 1946)

*Pheretima tenebrica* Chen, 1946. *J. West China Bord. Res. Soc.*, 16(B): 93-94, 138, 146.

*Planapheretima tenebrica* Sims & Easton, 1972. *Biol. J. Linn. Soc.*, 4(3): 233.

*Planapheretima tenebrica* 徐芹和肖能文, 2011. *中国陆栖蚯蚓*: 267-268.

*Planapheretima tenebrica* Xiao, 2019. *Terrestrial Earthworms (Oligochaeta: Opisthopora) of China*: 23-24.

外部特征：小型蚯蚓。体长 35-60 mm，宽 2-2.8 mm。体节数 82。口前叶 1/3 上叶式，中间具一条纵向沟，延伸至 II 节。背孔自 9/10 节间始。环带前体节比环带后体节长，最长为 1.5 倍。环带位 XIV-XVI 节，常延伸至相邻的体节，延伸至 13/14 和 16/17 节的节间沟，光滑。刚毛细，分布均匀，腹面略密，腹部自 II 节至 X 节有 20-28 根刚毛紧密排列；$aa$=（1.0-1.1）$ab$，$zz$=（2.0-2.5）$yz$；刚毛数：46-50（III），52-60（IX），50-52（XIX），50-52（XXV）；25-38 在受精囊孔间，16-22 在雄孔间。雄孔位 XVIII 节腹面，约占 1/2 节周，孔在由 2 个前后乳突构成的凹陷区侧面，周围环绕有几个环脊。受精囊孔 4 对，位 5/6/7/8/9 节间腹面，约占 1/2 节周（图 331）。生殖乳突或生殖标记缺。雌孔单，位 XIV 节腹中部。

内部特征：隔膜 8/9/10 存在，膜状，无肌肉层。咽腺大，具纤细小叶，延伸至前部的砂囊。砂囊桶状。肠自 XV 节始扩大；盲肠缺失；XXVI-XXXVI 节肠壁厚（尤其是前 4 体节），苍白色。心脏位 IX 和 X 节。X 节精巢囊相连但不相通（2 个囊之间），XI 节为横向的厚带；储精囊极发达，占 5-7 体节，背叶不明显。前列腺位 XVI-XXI 节，具大的叶；前列腺管长，"V" 形屈曲；副性腺弥散，无柄。受精囊 4 对，位 VI-IX 节；坛卵形，长约 1 mm；坛管长 0.3 mm；盲管短，具纳精囊（图 331）。

体色：在福尔马林溶液中背面巧克力色，具 3

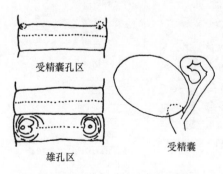

图 331 黑纹扁环蚓（Chen，1946）

条微红褐色纵带，环带暗巧克力色至砖红色。

命名：本种依据体背具 3 条微红褐色纵带特征而命名。

模式产地：四川（峨眉山）、重庆（南川）。

模式标本保存：曾存于中研院动物研究所（重庆），疑遗失。

中国分布：重庆（南川）、四川（峨眉山）。

生境：生活在山地与溪流边。

讨论：本种在咽腺、隔膜、储精囊、精巢囊的特征，盲肠缺，斑纹颜色等方面与在金佛山发现的树栖物种蜥纹扁环蚓 Planapheretima lacertina 相近。本种的生境、习性不同，但在结构上是相同的。在南川标本中，蓝色背景下发现其着色较亮，3 条带褐色；刚毛数较多：58（III）、60（IX）、64（XXV）；30（VI）、6（IX）、33（XVII）在孔之间，肾管相对较大，X 节处无血管。

## （二十二）多环蚓属 *Polypheretima* Easton, 1979

*Polypheretima* Easton, 1979. *Bull. Br. Mus. Nat. Hist. (Zool.)*, 35(1): 28-29.

*Polypheretima* Xiao, 2019. *Terrestrial Earthworms (Oligochaeta: Opisthopora) of China*: 348.

模式种：斯特尔环毛蚓 *Perichaeta stelleri* Michaelsen, 1892

外部特征：身体圆柱形。背孔自 5/6-12/13 节间始。环带环状，位 XIV-XVI 节，占 3 节。刚毛环生，背腹间隔小；$aa$=（1-2）$ab$，$zz$=（1-2）$yz$。雄孔位 XIII 节腹面刚毛圈上，常在交配腔内圆形乳突上，孔突常短粗。受精囊孔单、成对或对组，最多可达 28 个，常在 4/5-8/9 节间或节上。生殖标记排列多变。

内部特征：具食道囊，位 VIII 节。肠自 XV 或 XVI 节始扩大；无盲肠。前列腺葡萄状。受精囊单个或成对排列，常位 V-IX 节，一般 1-5 对，最多可达 28 个；盲管简单。副性腺多具柄。

国外分布：本属除了新不列颠岛、所罗门群岛、瓦努阿图群岛、加罗林群岛和马里亚纳群岛以外，遍及环毛蚓群 *pheretima* group 分布的所有区域。

中国分布：台湾。

中国有 1 种。

讨论：本属很容易辨认，是唯一一个无盲肠的属。

## 352. 休长多环蚓 *Polypheretima elongata* (Perrier, 1872)

*Pheretima elongata* Perrier, 1872. *Nouvelles Archives du Museum*, 8: 4-197.

*Pheretima elongata* Gates, 1930. *Rec. Ind. Mus.*, 32: 309-310.

*Pheretima elongata* Gates, 1932. *Rec. Ind. Mus.*, 34(4): 391-392.

*Pheretima elongata* Gates, 1936. *Rec. Ind. Mus.*, 38: 413-415.

*Pheretima elongata* Gates, 1959. *Amer. Mus. Novitates*, 1941: 9.

*Pheretima elongata* Gates, 1972. *Trans. Amer. Philos. Soc.*, 62(7): 182-183.

*Metapheretima elongata* Sims & Easton, 1972. *Biol. J. Linn. Soc.*, 4(3): 233.

*Polypheretima elongata* Easton, 1979. *Bull. Br. Mus. Nat. Hist. (Zool.)*, 35(1): 53-54.

*Polypheretima elongata* 钟远辉和邱江平, 1992. *贵州科学*, 10(4): 39.

*Polypheretima elongata* James et al., 2005. *Jour. Nat. Hist.*, 39(14): 1026.

*Polypheretima elongate* Chang et al., 2009. *Earthworm Fauna of Taiwan*: 146-147.

*Polypheretima elongate* 徐芹和肖能文, 2011. *中国陆栖蚯蚓*: 268-269.

*Polypheretima elongate* Xiao, 2019. *Terrestrial Earthworms (Oligochaeta: Opisthopora) of China*: 348-349.

外部特征：体长 75-300 mm，宽 3.5-6 mm（环带）。体节数 136-297。口前叶前上叶式或上叶式。背孔自 12/13 或 13/14 节间始。环带位 XIV-XVI 节，腹面刚毛有或缺，背孔缺。刚毛数：67-104（VIII），55-75（XX），刚毛圈具腹间隔。雄孔位 XVIII 节，小，内陷，每孔在类似圆盘状孔突背侧缘，孔突内陷成新月形。受精囊孔小，浅，2-4 对组，位 5/6/7 节间或附近；XIX-XXIV 节生殖标记成对，横卵圆形，位于刚毛圈前，凸起且顶端中心光滑，较雄孔近腹中线。受精囊孔缺（图 332）。雌孔单，位 XIV 节腹中侧。

内部特征：隔膜 8/9/10 缺失，4/5-7/8 厚。砂囊位 IX 节。肠自 XV 节始扩大；盲肠缺失。心脏位 IX、X-XII 节，XIII 节心脏时有缺失。精巢囊 2 对，位 X 和 XI 节。储精囊位 XI 与 XII 节。前列腺对生，位 XVIII 节，花序状，延伸至 XVI 节之前和 XXI 节之后。交配腔浅，仅限于体壁。卵巢对生，位 XIII 节。受精囊若干个，位 VI 和 VII 或 VI 或 VII 节，偶尔缺失；盲管具柄，柄比主体长，纳精囊卵圆形或椭圆形。

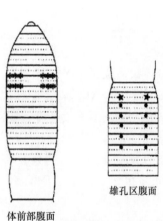

**体前部腹面**

**雄孔区腹面**

图 332　休长多环蚓
（Easton，1982）

体色：标本保存显浅灰色，前端为粉色。

命名：本种依据蚓体细长而命名。

模式产地：秘鲁、中国台湾（高雄）。

模式标本保存：法国国家自然历史博物馆、中国台湾自然科学博物馆（台中）。

中国分布：台湾（高雄）。

生境：生活在黑色淤泥、红土、黑棉土中。

讨论：本种与来自印度尼西亚西部和加里曼丹岛的其他 4 个形态相似的物种形成一个复合种群。本种是复合种群中唯一的异源种，经常见于世界各地的热带地区，温带地区较为少见。

# 六、微毛蚓科 Microchaetidae Beddard, 1895

Microchaetidae Beddard, 1895. *Proc. Zool. Soc. London*, 63(2): 210-239.

Microchaetidae Gates, 1972. *Trans. Amer. Philos. Soc.*, 62(7): 233.

Microchaetidae Xiao, 2019. *Terrestrial Earthworms (Oligochaeta: Opisthopora) of China*: 351.

外部特征：刚毛为 8 纵列，"S" 形。生殖毛有或无，若有生殖毛时，不是对生排列。雄孔位环带前或环带上。受精囊孔通常位于精巢囊的后面。

内部特征：在肠始扩大时，砂囊的食道、钙腺可能存在或不存在，但没有明显的肠组织。大肾管（卵巢仅在 XIII 节或同源体节）。储精囊短，不能延伸至后几个体节的隔膜处。

国外分布：北美洲（哥斯达黎加）、南美洲（哥伦比亚、厄瓜多尔、巴西东部）、非洲（马达加斯加）、亚洲（印度、斯里兰卡、马来群岛）。

中国分布：海南、云南。

## （二十三）槽蚓属 *Glyphidrilus* Horst, 1889

*Glyphidrilus* Horst, 1889. *Tijdschr. Nederl. Dierk. Ver.*, 2(2): 1-8.
*Glyphidrilus* Gates, 1972. *Trans. Amer. Philos. Soc.*, 62(7): 234-236.
*Glyphidrilus* Xiao, 2019. *Terrestrial Earthworms (Oligochaeta: Opisthopora) of China*: 351.

模式种：韦伯槽蚓 *Glyphidrilus weberi* Horst, 1889

外部特征：体中等大。环带位 XVIII-XXXIV 节（XIII-XXIII 节两侧为翼状生殖隆脊）。前部刚毛稀疏对生，后部多为紧密对生，体后部 *dd* 毛距比 *aa* 毛距稍大。雄孔位于环带区，位 XVI 节后，在含 1 对生殖隆脊间的平坦区上。受精囊孔位于雄孔前。

内部特征：食管具 1 个砂囊，位 VII-VIII 节。无钙腺。每体节具 1 对肾管。无精巢囊。无交配腔。有或无前列腺。精巢位 X 和 XI 节，裸出。

国外分布：本属在坦桑尼亚和南亚分布广泛。印度、缅甸、老挝、泰国、新加坡、印度尼西亚（苏门答腊岛、爪哇岛、苏拉威西岛）、加里曼丹岛。

中国分布：海南、云南。

中国有 2 种。

### 槽蚓属分种检索表

1. 环带位 XIII-XXXIV 节 ·················································· 多突槽蚓 *Glyphidrilus papillatus*
   环带位 XVIII-XXXVIII 节 ·············································· 云南槽蚓 *Glyphidrilus yunnanensis*

## 353. 多突槽蚓 *Glyphidrilus papillatus* (Rosa, 1890)

*Bilimba papillatus* Rosa, 1890. *Ann. Mus. Genova*, 9: 386-488.
*Glyphidrilus papillatus* Chen, 1938. *Contr. Biol. Lab. Sci. Soc. China (Zool.)*, 12(10): 426.
*Glyphidrilus papillatus* Gates, 1972. *Trans. Amer. Philos. Soc.*, 62(7): 236-237.
*Glyphidrilus papillatus* 徐芹和肖能文, 2011. *中国陆栖蚯蚓*: 283.
*Glyphidrilus papillatus* Xiao, 2019. *Terrestrial Earthworms (Oligochaeta: Opisthopora) of China*: 351.

外部特征：体长 74-180 mm，宽 3-6 mm。体节数 104-330。口前叶合叶式。环带马鞍状，腹面扁平，位 XIII-XXXIV 节（偶见于 XIII-XXXIII 节），节间沟不可见，所有具生殖孔体节均具刚毛，翼位 XVIII-XXIII 或 XXIV 节腹侧 *b* 毛侧。翼体节前后具乳突，XII 或 XI-XVII 及 XXIV-XXVII 节腹面分为 2 列，侧列与翼一致，位 *b* 毛侧；腹列位 *aa* 毛间，常在 XVII 节，偶在 XII 或 XI 节。

内部特征：砂囊位 VII 和 VIII 节，小且明显，富肌肉。肠于 XIV 节始扩大，具肠沟，无盲肠。精巢与精漏斗位 X 与 XI 节。储精囊位 IX-XII 节，最末对较前对大 1 倍。卵巢位 XIV 和 XV 节。受精囊囊状或球形，相当膨胀，宽约 1 mm，胀而无柄，为 4 横列，位 XIV-XVII 节，从中线延伸至 *d* 毛位；每侧 6-9 个，但 XIV 和 XVII 节很少。

体色：标本无色素。

命名：本种依据该蚓"翼"位具大量乳突而命名。

模式产地：缅甸东吁。

模式标本保存：意大利热那亚自然历史博物馆。

中国分布：海南（保亭）。

讨论：陈义从海南采集的标本与其他蚯蚓工作者采集的标本有一些差异。在陈义采集的标本中，环带与前体节没有明显的分隔，腺状突起在 XIII 节腹面出现，但直到 XVI 或 XVII 节才清晰可辨；腹侧乳突的排列一般始于 XVII 节，偶见于 XI 或 XII 节；每一横排的受精囊数目远高于之前的记录。

### 354. 云南槽蚓 *Glyphidrilus yunnanensis* Chen & Hsu, 1977

*Glyphidrilus yunnanensis* 陈义和许智芳, 1977. *动物学报*, 23(2): 178.

*Glyphidrilus yunnanensis* 徐芹和肖能文, 2011. *中国陆栖蚯蚓*: 283-284.

*Glyphidrilus yunnanensis* Xiao, 2019. *Terrestrial Earthworms (Oligochaeta: Opisthopora) of China*: 352-353.

外部特征：体长 123 mm，宽 6 mm。体节数 139。自 VII 节起至环带前每节具 7 个或更多个体环，环带后不显或少而消失；横切面自体中部起呈方形，背面略宽，肛门纵裂；容易断裂。口前叶合叶式。无背孔。环带马鞍状，腹面扁平，位 XVIII-XXXVIII 节，占 21 节，前后分界不明显，翼左侧位 XXII-XXXII 节，右侧位 XXXIII 节 *b* 和 *c* 毛间近 *b* 毛，形似短脊或角状，略弯向腹侧。生殖乳突成对或不对称，翼前右侧 XVIII-XXI 节 4 个，左侧 XIX-XXI 节 3 个，翼后右侧缺，XXXIII-XXXIV 节左侧 2 个（图 333）；各突直径 1-1.5 mm，隆起的边缘宽，与中间的乳头状隆起间有环沟；无腹中线乳突列。刚毛每体节 8 根；环带前（XII 节）*aa*=2*ab*=*bc*=2*cd*=5/6*dd*；环带后（L 节）*aa*=2*ab*=*bc*=2*cd*=2/3*dd*。肾孔位于各节前缘 *b* 毛线上。未见雌孔、雄孔及受精囊孔。

内部特征：隔膜 6/7-11/12 的厚度渐减。砂囊位 VIII 节，不发达。肠自 XVI 节始扩大。大肾管。心脏 5 对，位 VII-XI 节。精漏斗 2 对，发达，游离在 X、XI 节内。储精囊 4 对，位 IX-XII 节，不规则，末对最发达，将隔膜 12/13 推至 14/15。卵囊 1 对，位 XIV 节。精巢、输精管、前列腺和受精囊均未观察到。

体色：保存液中，环带后段褐色，前段浅褐色，体其余部分浅灰色。活体标本无颜色，环带暗淡。

命名：本种依据模式产地而命名。

模式产地：云南（勐腊）。

模式标本保存：意大利博物馆。

中国分布：云南（勐腊）。

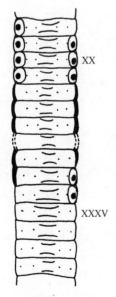

图 333 云南槽蚓
（陈义和许智芳，1977）

讨论：本种类似于生活在水边的 *Glyphidrilus annandalei*，易断裂，无色素，口前叶合叶式，背孔缺失，横切面自体中部起呈方形，X 和 XI 节具 2 对精漏斗，IX-XII 节具 4 对不规则储精囊，未见前列腺。但本种的环带呈马鞍状，翼不在 XXV-XXVII 节或 XXVI-XXXII 节或 XXXIII 节上，而在 XXII-XXXII 节或 XXXIII 节；腹中线无生殖乳突，无受精囊。

# 七、链胃蚓科 Moniligastridae Claus, 1880

Moniligastridae Claus, 1880. *Grundzüge der Zoologie*: 1-530.
Moniligastridae Gates, 1930. *Rec. Ind. Mus.*, 32: 264.
Moniligastridae Gates, 1972. *Trans. Amer. Philos. Soc.*, 62(7): 238-240.
Moniligastridae Xiao, 2019. *Terrestrial Earthworms (Oligochaeta: Opisthopora) of China*: 353.

外部特征：口前叶为前叶式，但与 I 节分离，从口腔顶部 1/2 处向外突起。无背孔。环带为 1 厚层细胞，延伸超过 3 个或 6 个体节，包括其上的生殖孔。刚毛单尖，"S"形，每体节 4 对，阴茎及交配刚毛缺失。雄孔 1 对或 2 对，位 X 节，或 10/11/12 或 12/13 节间。受精囊孔 1 对或 2 对，位 7/8、8/9 或 7/8/9 节间。雌孔 1 对，位 11/12 节间、XIII 节或 XIV 节。

内部特征：砂囊多个，位于精巢体节前或精巢所在体节，或位于肠始端。末对心脏所在体节居卵巢体节之前。精巢与精漏斗各 1 对或 2 对，包裹在 1 对或 2 对悬挂于隔膜上的精巢囊内。输精管与前列腺共同开口，或单独在体表开口。卵巢 1 对，具 1 对由卵巢伸出又返回的输卵管。受精囊 1 对或 2 对，具长管。

国外分布：印度南部、斯里兰卡、缅甸、日本、巴哈马；马来群岛（菲律宾群岛）、加罗林群岛。同源异种只发现于热带的东非。

中国分布：北京、河北、山西、内蒙古、辽宁、吉林、黑龙江、江苏、浙江、安徽、福建、江西、山东、河南、湖北、广东、海南、重庆、四川、贵州、云南、陕西、甘肃、宁夏、新疆。

## （二十四）合胃蚓属 *Desmogaster* Rosa, 1890

*Desmogaster* Rosa, 1890. *Ann. Mus. Genova*, 9: 369.
*Desmogaster* Gates, 1939. *Proc. U.S. Nat. Mus.*, 85: 406.
*Desmogaster* Gates, 1972. *Trans. Amer. Philos. Soc.*, 62(7): 241.
*Desmogaster* Xiao, 2019. *Terrestrial Earthworms (Oligochaeta: Opisthopora) of China*: 353.

模式种：多利亚合胃蚓 *Desmogaster doriae* Rosa, 1890

外部特征：环带为单层细胞，多位于生殖孔区。刚毛单，或密集对生，呈"S"形或侧生。某些种具生殖刚毛。除性腺所在体节外，大肾管由少数前性腺节段向远端延伸，腹侧刚毛处具孔。受精囊孔 1-2 对，位 7/8/9 或 8/9 节间。雌孔位 XIV 节前部。未见坛扩大的受精囊或末端的柄状腺体。

内部特征：砂囊 3-10 个，相连。末对心脏位 XI 节。2 对精巢和精漏斗位 10/11 和

11/12 节间，被精巢囊包裹在内；前列腺 2 对，细长；雄孔 2 对，位 11/12 和 12/13 节间沟。卵巢位 XIII 节，延伸至 13/14 隔膜；受精囊无盲管。

国外分布：印度南部、斯里兰卡、缅甸、菲律宾、日本；加罗林群岛。

中国分布：江苏。

中国有 1 种。

### 355. 中华合胃蚓 *Desmogaster sinensis* Gates, 1930

*Desmogaster sinensis* Gates, 1930. *Rec. Ind. Mus.*, 32: 257-356.

*Desmogaster sinensis* Chen, 1933. *Contr. Biol. Lab. Sci. Soc. China (Zool.)*, 9(6): 180-189.

*Desmogaster sinensis* Gates, 1939. *Proc. U.S. Nat. Mus.*, 85: 406.

*Desmogaster sinensis* 徐芹和肖能文, 2011. *中国陆栖蚯蚓*: 44-45.

*Desmogaster sinensis* Xiao, 2019. *Terrestrial Earthworms (Oligochaeta: Opisthopora) of China*: 353-354.

外部特征：体长且大。长 290-540 mm，宽 8-12 mm。体节数 360-588。前 3 节每节有 3 条环状沟，中间节有 2 条，后部节无沟。口前叶上叶式，大且宽。无背孔。X-XV 节无环带；XI-XIV 节腹面略糙且色深，XV 节腹面光滑。刚毛圈后体节无刚毛。雄孔 2 对，位 11/12/13 腹面节间沟，孔间距约占 1/3 节周，被腹侧分开，顶部被一横向狭缝或囊包裹，狭缝或囊开合间可见雄孔，但如果过于闭合则完全看不见，囊的前后壁有时肿胀，腺状或皱如厚唇。受精囊孔 2 对，位 VII 和 VIII 节后段，位于乳突顶部，近于 7/8/9 节间沟。雌孔 1 对，位 XIV 节前一体环上，一般为 3 沟，近于雄孔，每孔虽小但可见，此区域无腺体标记（图 334）。

内部特征：隔膜 3/4/5 薄，5/6 稍厚，具一圆顶状肌肉层，6/7/8/9 甚厚，9/10 约为之前隔膜的 2/3 厚，10/11 后隔膜均薄，膜状。砂囊 3 个，位 XIV-XVI 节，组织发达，粗壮。肠壁薄，末位砂囊后始扩大。心脏 6 对，位 VI-XI 节。精巢囊 2 对，位 10/11 和 11/12 隔膜之后，后对很大。输精管盘旋多转，向后穿过隔膜，与前列腺向外开口。卵巢位 13/14 隔膜后，1 对位 XIV 节，具长卵状囊；1 对位 XV 节砂囊前，与 14/15 隔膜相连。受精囊 2 对，位 7/8 和 8/9 隔膜之后；坛卵形，发白，导管长且开口向下（图 334）。

体色：活体标本无颜色，微透明，前部顶端微黄。

命名：本种依据模式产地位于中国（中华）而命名。

模式产地：江苏（苏州）。

模式标本保存：美国史密森学会。

分布：江苏（南京、苏州、无锡）。

讨论：本种通常生长在低矮的山丘上，在肥沃的腐殖土、坚硬的土壤或是附近的耕地中均可被发现。它们的巢穴不深，通常由其粗壮的身体来挖掘。行动迟缓，如果长时间不打扰它们，它们就不会动。当它们移动时，

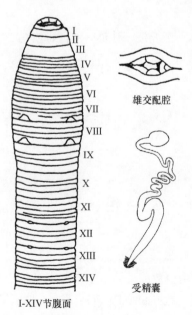

雄交配腔

受精囊

I-XIV节腹面

图 334　中华合胃蚓（Chen，1933）

会慢慢地伸出前口，抓地之后来延伸身体的前半部。

## （二十五）杜拉蚓属 *Drawida* Michaelsen, 1900

*Drawida* Michaelsen, 1900a. *Oligochaeta, Das Tierreich*: 114.
*Drawida* Gates, 1972. *Trans. Amer. Philos. Soc.*, 62(7): 244.
*Drawida* Xiao, 2019. *Terrestrial Earthworms (Oligochaeta: Opisthopora) of China*: 354.

模式种：*Drawida barwelli* (Beddard, 1886)

外部特征：体中等大，或小。环带常见位 X-XIII 节，背孔有或无。刚毛对生，前体节每节 4 对。雄孔 1 对，位 10/11 节间。受精囊孔 1 对，位 7/8 节间。雌孔 1 对，位 11/12 节间或之后。

内部特征：隔膜 5/6-9/10 厚，10/11/12 隔膜接近其厚度。砂囊 2-8 个，位 XII-XXVII 节，9/10 节间的后部食道外侧砂囊和背部相接，另一对与 8/9 节间相连。末位心脏位 VIII-IX 节，与食道连接后通过垂直血管又与背部相连。精巢囊位 9/10 隔膜上。前列腺位 X 节。卵巢位 XI 节。受精囊有或没有扩大的坛，与腺体无导管相连。

国外分布：印度、缅甸、泰国、朝鲜、俄罗斯（西伯利亚）、日本、斯里兰卡、印度尼西亚（苏门答腊岛和爪哇岛）；菲律宾群岛、加里曼丹岛。

中国分布：北京、河北、山西、内蒙古、辽宁、吉林、黑龙江、江苏、浙江、安徽、福建、江西、山东、河南、湖北、广东、海南、重庆、四川、贵州、云南、陕西、甘肃、宁夏、新疆。

中国有 20 种及 4 亚种。

### 杜拉蚓属分种检索表

1. 背孔自 6/7 节间始，环带前不明显，环带后明显 ·············· 平滑杜拉蚓 *Drawida glabella*
   无背孔或背孔无功能 ······································································································ 2
2. 背孔自 2/3 或 3/4 节间隐约可见，无功能 ················································································ 3
   无背孔 ·········································································································································· 6
3. 阴茎圆锥状，宽短，顶端不尖，顶端指向体前部 ·············· 安庆杜拉蚓 *Drawida anchingiana*
   阴茎顶端尖，顶端指向体前部 ···························································································· 4
4. 阴茎小，顶端尖，基部甚大 ···························· 南昌杜拉蚓 *Drawida gisti nanchangiana*
   阴茎长而尖 ·································································································································· 5
5. 环带位 X-XIII 节或伸到 XIV 或 IX 节 ·············· 无锡杜拉蚓 *Drawida gisti gisti*
   环带位 1/2IX-XIV 或 1/2XV 节 ·························· 陈氏杜拉蚓 *Drawida cheni*
6. 体表具腺体孔洞或筛状孔纹 ·················································· 中国杜拉蚓 *Drawida sinica*
   体表不具孔洞或筛状孔纹 ········································································································ 7
7. 具阴茎 ········································································································································ 8
   不具阴茎（或不显） ·············································································································· 12
8. 雄孔位 10/11 节间孔突上，阴茎顶端指向体后部；体长 120 mm ······························
   ···································································· 西姆森杜拉蚓 *Drawida japonica siemenensis*
   阴茎顶端不指向体后部 ············································································································ 9
9. 雄孔位 10/11 节间，阴茎尖，外翻时尖端指向腹中线 ·············· 管状杜拉蚓 *Drawida syringa*

## 356. 安庆杜拉蚓 *Drawida anchingiana* Chen, 1933

*Drawida anchingiana* Chen, 1933. *Contr. Biol. Lab. Sci. Soc. China (Zool.)*, 9(6): 202.

*Drawida anchingiana* Kobayashi, 1937. *Sci. Rep. Tohoku Univ.*, 11: 333-337.

*Drawida anchingiana* 徐芹和肖能文, 2011. *中国陆栖蚯蚓*: 47.

*Drawida anchingiana* Xiao, 2019. *Terrestrial Earthworms (Oligochaeta: Opisthopora) of China*: 356-357.

外部特征：体长 56-80 mm，宽 3-5 mm。体节数 125-145。口前叶前叶式。背中线细，背孔自 2/3 节间始，无功能。环带位 X-XIII 节，不明显，不隆肿，与邻近体节易区别。刚毛较天锡杜拉蚓 *Drawida gisti gisti* 粗，与后者排列相同；$ab=cd$，$aa<bc$，但 II-IV 或 V 节，$aa>bc$，$dd$=4/7 节周。雄孔位 10/11 节间，阴茎圆锥状，外翻，位于不隆起的浅腔内，阴茎在节间沟 $bc$ 毛间近 $c$ 毛，或其基部侧缘紧靠 $c$ 毛线。雄孔在阴茎顶端，孔小（图 335）。受精囊孔 1 对，位 7/8 节间沟正对 $c$ 毛中间，各为 1 大横裂缝；孔后常具 1 小乳突，乳突常陷入受精囊孔内，外表不可见。VII-XI 节一般具大的乳突，乳突圆，中心具色素腺体，明显隆起，四周常环有隆起的皮肤；VIII 与 X 节各 1 对，位于刚毛圈后或刚毛圈前，正对 $c$ 毛；或 X 节右侧刚毛圈后正对 $a$ 毛，XI 节右侧刚毛圈前正对 $a$ 毛，仅 1 个，X 和 XI 节左侧均无；或 XI 节 1 对，正对 $c$ 毛，刚毛圈后。雌孔 1 对，位 XII 节前缘 $b$ 毛线上，横裂缝状，颇显。

内部特征：隔膜 5/6 厚，6/7/8/9 相当厚，其他隔膜薄，膜状；9/10 延后至 X 节中部，10/11 延后至 XII 节前部，11/12 形成卵巢腔，12/13 延后至 XIII 节前部，之后体节恢复正常连接。砂囊 2 个或 3 个，位 XII-XVI 或 XI-XVI 节。末位心脏 4 对，位 VI-IX 节，较肥大。输精管膨腔细长，圆柱状，最大长约 2 mm，宽 1 mm，表面光滑，开口通入 1 很浅的阴茎腔。卵巢腔由隔膜 10/11 和 11/12 围成，仅背侧相接。卵囊细短。受精囊腔常短，或圆柱状，最长约 2 mm，始终位于隔膜 7/8 前；坛小，具 1 长管，位于隔膜后面；坛管通入受精囊腔内端 1/3 后部，1 个大腺体常与受精囊腔内端及阴茎相连（图 335）。

体色：背部暗淡蓝绿色，腹面略淡绿色，环带肉色。

命名：本种依据模式产地之一安徽安庆而命名。

模式产地：江苏（南京）、安徽（安庆）。

模式标本保存：曾存于中国科学社生物实验所博物馆（南京）。

中国分布：江苏（南京）、安徽（安庆）、山西（介休）。

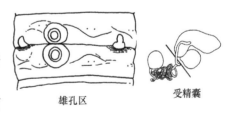

雄孔区　　　　　受精囊

图 335　安庆杜拉蚓（Kobayashi，1936）

### 357. 北竿杜拉蚓 *Drawida beiganica* Shen & Chang, 2015

*Drawida beiganica* Shen et al., 2015. *Zootaxa*, 3937(3): 433-435.

外部特征：体长 55-86 mm，宽 3.2-4.8 mm。体节数 120-169。口前叶上叶式。无背孔。环带位 X-XIII 节，苍白，肿胀。每节 8 刚毛，短，紧密配对，$ab=cd$，$aa=0.8bc$，$aa>6ab$，$dd$ 大于 0.5 节周。雄孔横裂在 10/11 节间 $bc$ 之间，边缘白色，被肿胀的皮肤包围。受精囊孔 1 对，位 7/8 节间，孔内侧至 $c$ 毛，呈狭缝状，边缘稍皱。阴茎在缩回状态下完全隐藏或稍外部可见，长，圆锥形，基部粗，完全翻出时向前突出，末端有狭缝

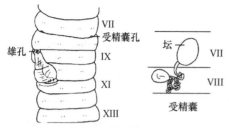

图 336 北竿杜拉蚓（Shen et al.，2015）

状的雄孔，长度约 2 体节（图 336）。雌孔 1 对，位 XII 节最前缘，微小，几不可见，毛孔与 *b* 毛呈直线。无生殖标记。

内部特征：隔膜 5/6-8/9 厚，肌肉质，9/10 薄。砂囊 3 个，位 XIII-XV 节，圆形，白色，肌肉发达，发亮。心脏 4 对，位 VI-IX 节。精巢囊 1 对，大，淡黄色，长椭圆形，悬于隔膜 9/10，长 1.78-1.95 mm，宽 1.65-1.75 mm。输精管长，呈大量白色扭曲的细管，在隔膜 9/10 前，穿过隔膜进入 X 节。雄性膨腔白色，"S" 形或飞镖形，近端与阴茎囊体腔面相连。当阴茎缩回时，阴茎囊呈圆顶状隆起。卵巢腔位隔膜 10/11 和 11/12 间，在背侧的砂囊前面汇合。消化道背侧有 1 对滤泡状淡黄色卵囊，后伸至 XIV-XVI 节，前宽后窄，被每个隔膜收缩成念珠状。受精囊 1 对，坛在隔膜 7/8 前，受精囊腔在隔膜 7/8 后；坛大，椭圆形，长 1.25-1.38 mm，宽 1.07 mm；坛管长，细，基部直，后分成若干圈连接受精囊腔，受精囊腔椭圆形，呈囊状或拇指状，长 0.65-0.8 mm，宽约 0.4 mm（图 336）。无副性腺。

体色：保存的标本浅灰色，环带周围颜色更浅或粉红色。

命名：依据模式产地连江北竿岛命名。

模式产地：福建（连江）。

模式标本保存：台湾特有生物研究保育中心（南投）。

中国分布：福建（连江）。

生境：水库旁海拔 70 m 处，路边沟渠等地。

讨论：本种发现于连江北竿岛和南竿岛。它的阴茎形状与缅甸的 *Drawida beddardii* 相似。*Drawida beddardii* 的阴茎要短得多，长度略超过体节的一半，具有大的受精囊孔，输精管相当短，没有扭曲（Gates，1972）；而本种的阴茎大约有 2 体节长，受精囊孔为小的裂缝，输精管很长，呈大量白色扭曲的细管。日本的 *Drawida tairaensis* Ohfuchi，1938 缺少生殖乳突，当阴茎处于收缩状态时，其外部形态与本种相似。然而，*Drawida tairaensis* 的阴茎短，完全突出时指向腹内侧（Ohfuchi，1938），受精囊腔长，呈圆柱形，位 VII 节（Ohfuchi，1938），而本种受精囊腔椭圆形，呈囊状或拇指状，位 VIII 节。本种与日本的 *Drawida eda* Blakemore，2010 的体型和缺生殖标记等特征相似。然而，*Drawida eda* 有向内的逗号形的阴茎、受精囊坛位隔膜 7/8 后表面、有短得多的输精管和位 XIII-XVII 节的 5 个砂囊，这与本种的差异很大（Blakemore & Kupriyanova，2010）。

## 358. 双斑杜拉蚓 *Drawida bimaculata* Zhong, 1992

*Drawida bimaculata* 钟远辉，1992. *动物分类学报*，17(3): 268-270.

*Drawida bimaculata* 徐芹和肖能文，2011. *中国陆栖蚯蚓*: 47-48.

*Drawida bimaculata* Xiao, 2019. *Terrestrial Earthworms (Oligochaeta: Opisthopora) of China*: 357.

外部特征：体长 87-119 mm，宽 4.5-5.0 mm。体节数 174-212。体中部体节具 2-3 体环，其余无体环；X 和 XI 节最宽。口前叶前叶式。无背孔。环带位 X-XIII 节，显。刚毛较细，每体节 4 对。*aa*=（0.8-1.0）*bc*，*ab*=cd，*aa*=（5-6）*ab*，*dd*=1/2 节周。雄孔 1

对，位 X 节腹面 *b* 毛稍内侧从 10/11 节间沟到刚
毛之间的 1/3 处，横裂缝状，显，四周微隆起，
呈半透明的腺体状，界线明显；半透明的腺体区
呈圆馒头状，基部宽约 1.0 mm，高为 0.7 mm；其
周缘、雄孔四周和雄孔前或内侧小乳突四周色较
淡。受精囊孔 1 对，位 7/8 节间沟内；小孔状，
位 *b* 毛线上，孔前后体壁微隆肿。体腹面具小乳
突 3-5 个，4 个最常见；多分布在 VII、VIII 和 X
节上；VII 节后缘近节间沟，受精囊孔前内侧各具

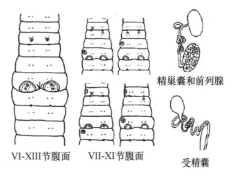

精巢囊和前列腺

VI-XIII节腹面    VII-XI节腹面    受精囊

图 337　双斑杜拉蚓（钟远辉，1992）

1 个；X 节雄孔前内侧各 1 个；这些乳突均不突出于体表，仅呈圆形半透明状，直径约
等于 *ab* 毛间距，中央的腺孔明显；有时，VII-XI 节的体侧 *bc* 毛间近 *c* 毛具 1 个或 2 个
较大的、隆起于体表的乳突，乳突直径约 1.0 mm；受精囊孔前的乳突有时移至孔后；
VII 节前缘靠近节间沟，或 2 个乳突之一在孔前，1 个在孔后，或仅一侧具 1 个；XI 节
上的小乳突也可缺 1 个或移至孔内侧（图 337）。雌孔单，位 11/12 节间 *ab* 毛的中线上，
小孔状，有时体表不能见。

内部特征：隔膜 2/3-4/5 不完全，5/6-8/9 发达，富肌肉；9/10 较薄，悬挂着精巢囊；
10/11/12 连合形成卵巢腔，12/13 起膜状。砂囊 3 个，位 XII-XIV 节。大肾管，前端 2
节和后端 3-4 节无，余者每节 1 对，X 节亦具有。心脏 4 对，较大，粗细一致，位 VI-IX
节。精巢囊位隔膜 9/10 上，IX 和 X 节各占一半，多为肾形，长 1.5-2.0 mm，宽 1.0-1.4 mm，
厚 0.8-1.0 mm，有时呈长囊形，为 1.6 mm×1.3 mm，或略似肾形的块状。输精管沿隔膜
9/10 前方盘曲向内侧，绕过末对心脏后，再向下外方穿过隔膜，通向前列腺。输精管长
7.0-7.5 mm。前列腺倒坛状，顶端有时较尖，竖立于体腔内，长 1.5-1.8 mm，直径 1.0-1.5
mm，表面呈糙颗粒状，易剥落，剥掉外层的围膜和腺细胞层后，可见到输精管从前列
腺近体壁端 1/3 处穿过腺细胞层后，便与精管膨腔的外壁紧贴，向上，到顶端才通入精
管膨腔。隔膜 10/11 和 11/12 形成卵巢腔，此 2 隔膜背面和侧面完全分离未能闭合。卵
巢位卵巢腔前壁密集成丛，背腹向排列。卵巢腔后壁呈褶皱增厚。输卵管短。卵囊在砂
囊背侧由隔膜 11/12 向体后突出形成，向体后伸达 XV-XVII 节，前部 XII-1/2XIII 节一段
肥大，后部变细且弯曲。受精囊位隔膜 7/8 背面；坛长圆形，（1.2-1.5）mm×1.0 mm，或
圆球形，直径 1.0-1.2 mm；坛管长 4.5-6.0 mm，盘曲；膨部指状，长 1.3-1.8 mm，直径
约 0.3 mm；坛管在近端部与膨部外壁贴合，并行到基部入膨部，有时膨部外的结缔组
织较厚，使坛管界线消失，似坛管从中部通入膨部（图 337）。

体色：在福尔马林溶液中为浅褐色，背腹一致，环带赭红色。

模式产地：重庆（酉阳）。

模式标本保存：四川大学生物学院。

中国分布：重庆（酉阳）。

讨论：本种与葛氏杜拉蚓 *Drawida grahami* 的不同之处在于：①受精囊孔位 7/8 节
间沟内 *b* 毛线上；②乳突不隆起，具一个大的半透明的圆形腺区；③前列腺呈倒坛状，
且隆起。本种输精管不通到体壁，与日本杜拉蚓有区别。

### 359. 长白山杜拉蚓 *Drawida changbaishanensis* Wu & Sun, 1996

*Drawida changbaishanensis* 吴纪华和孙希达, 1996. *四川动物*, 15(3): 98-99.

*Drawida changbaishanensis* 徐芹和肖能文, 2011. *中国陆栖蚯蚓*: 49-50.

*Drawida changbaishanensis* Xiao, 2019. *Terrestrial Earthworms (Oligochaeta: Opisthopora) of China*: 357-358.

　　**外部特征**：体长 100-160 mm，宽 3.2-6.1 mm。体节数 120-180。口前叶前叶式。环带位 X-XIII 节，偶尔前后延伸至 IX 节或 XIV 节；背部腺肿甚厚，腹面薄。刚毛对生，II 节与最后 2 节缺，$dd<1/2$ 节周，$ab=cd$，$aa=$（1.0-1.2）$ab$，$aa=$（1.2-1.8）$bc$。雄孔 1 对，位 10/11 节间沟内 $bc$ 之间，靠近 $b$，孔小，呈眼状横裂，前后表皮唇状隆肿甚厚，拨开雄孔，可见短小阴茎。受精囊孔 1 对，位 7/8 节间沟内 $b$ 和 $c$ 之间，靠近 $c$。VIII-XI 节每节腹面各具 1 对乳突，少有缺失；VII 或 XII 节时有同样乳突；乳突排列对称，位 $ab$ 毛线上或稍偏左右。VII 节后缘紧靠 7/8 节间，受精囊孔两侧各具 1 个小乳突。雌孔 1 对，位 11/12 节间沟内，孔小，外观不显，约与 $ab$ 平行（图 338）。

　　**内部特征**：隔膜 5/6/7/8/9 较厚，2/3-4/5 隐约可见，9/10 甚厚，10/11/12 连合成卵巢腔。砂囊 4 个，几乎等大，壁厚，表面具肌质纵纹，位 XIII-XVI 节，两侧被卵巢覆盖。大肾管，每节 1 对，I、II 节及最末两节缺失。心脏 4 对，位 VI-IX 节，末 2 对稍大。精巢囊 1 对，位 IX-XIV 节，白色，极发达，长圆形，长 10 mm，宽 3-4 mm。输精管于精巢囊中部偏上处通出，直行 3 mm 后扭曲并盘旋，在 X 节与前列腺前端相连，总长 14-20 mm。无雄性膨腔；阴茎短小，长 0.2 mm，不伸出雄孔外。前列腺扁圆形，紧贴体壁，直径 2-3 mm，大部分在 XI 节，小部分延伸入 X 节，表面呈颗粒状。卵巢 1 对，位 XI 节，在隔膜 10/11 和 11/12 愈合成的 "U" 形卵巢腔内。卵巢长 6 mm，可达 XVI 节，覆于砂囊背侧面，末端略向背中线方向弯曲。受精囊坛在隔膜 7/8 后方，卵球形或略近心形，长 1.0-2.0 mm，宽 0.7-1.5 mm，常中空；盲管从坛下方通出，盘旋成疏松的团状，管间有结缔组织连接，管长 18-24 mm，管末端不膨大，直接由受精囊孔通出体壁（图 338）。VIII-XI 节内各具 1 对副性腺；隔膜 7/8 前，每侧受精囊管根部左右各具 1 个副性腺。

　　**体色**：在福尔马林溶液中，或青灰色，环带苍白色；或肉红色，环带赭红色。

　　**命名**：本种依据模式产地而命名。

　　**模式产地**：吉林（长白山）。

　　**模式标本保存**：杭州师范学院生物系。

　　**中国分布**：吉林（长白山）。

　　**讨论**：本种与 *Drawida papillifer* 相似，但与后者的不同之处在于，本种的 VIII-XI 节具对生的生殖乳突，受精囊孔两侧各具 1 个小乳突，精巢囊大，XIII-XVI 节具 4 个砂囊。

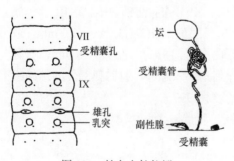

图 338　长白山杜拉蚓
（吴纪华和孙希达，1996）

### 360. 陈氏杜拉蚓 *Drawida cheni* Gates, 1935

*Drawida cheni* Gates, 1935b. *Lingnan Sci. J.*, 14(3): 446-449.

*Drawida cheni* 徐芹和肖能文, 2011. *中国陆栖蚯蚓*: 50.

*Drawida cheni* Xiao, 2019. *Terrestrial Earthworms (Oligochaeta: Opisthopora) of China*: 358-359.

外部特征：体长 122-177 mm，宽 4 mm。体节数 146-198。口前叶前叶式。无背孔。环带位 1/2IX-XIV 或 1/2XV 节，或到 14/15 节间。刚毛自 II 节始，细，XX 节 *aa<bc*。雄孔位 10/11 节间阴茎狭窄的顶端；阴茎突出时，背腹面平，前端直，几近 9/10 节间，背面紧贴体壁，10/11 节间基部宽，呈近三角形，自 *b* 毛延伸至几近 *c* 毛，阴茎附近具 1 小圆形透明的生殖标记，常位于腹面，偶近中央；阴茎内陷时被向后拉入腔内；当充盈凸出的阴茎紧靠体壁切下，恰好是 XI 节前缘、10/11 节间后面的 1 横卵圆形裂缝。受精囊孔极小，位 7/8 节间 *cd* 间或中央近 *c* 毛，横裂缝状；由于体壁腺体，紧靠裂缝附近的体壁略隆起，不易辨别。乳突小，圆形，浅灰色不透明，常隆起，与平展杜拉蚓 *Drawida propatula* 的横卵圆形乳突的圆形部分相似，附近的表皮略肿胀且具皱褶；VII、IX 和 X 节乳突位 *aa* 或 *bc* 刚毛前，VII 节乳突位刚毛后。雌孔位 11/12 节间，在 *ab* 毛间。

内部特征：砂囊 3 个，位 XIII-XV 节。肠自 XX-XXII 节始扩大。末对心脏位 IX 节，在隔膜 7/8 后面被 1 对背腹连合的结缔组织遮盖。心房壁厚，内部有脊。输精管长 5-6 mm，卷绕成几个极短的环，下行至 X 节体腔腹下层，越过 1 个纵肌系统小索侧下方，进入体腔，并通入前列腺内端。受精囊管长 17-20 mm，外面略厚；精管膨腔长 4-5 mm，棒状，外端窄，直立在 VIII 节，紧靠在隔膜 1/8 后面。精管膨腔外端或壁上常具与体外乳突相应的副性腺。前列腺长 10-12 mm，若加上阴茎内的前列腺部分则略长，成多个弯曲或环。卵囊伸入 XIII、XIV 或 XV 节。受精囊管经过心房的后表面，靠近心房末端，但在进入心房腔之前，在心房壁内有一段距离继续外溢。

体色：在福尔马林溶液中暗浅蓝色，环带暗浅红色。

命名：本种以陈义教授姓氏而命名，他为中国蚯蚓分类作出了巨大贡献。

模式产地：江苏（苏州）。

模式标本保存：美国国立博物馆（华盛顿）。

中国分布：江苏（苏州）。

讨论：本种与无锡杜拉蚓 *Drawida gisti gisti* 相似，差别在于本种体型更大一些，无锡杜拉蚓有较大的、扁平的、三角形阴茎，后部直，阴茎位于梨形腺体内，阴茎上的生殖标记和受精囊腔缺一个瓮形腺。本种的输精管比前列腺短。

本种的阴茎与 *Drawida hehoensis* 或阿迭腔蚓 *Metaphire abdita* 的阴茎在结构上并不完全相同。在这两种蚯蚓中，阴茎都是细长的管状，并包含一个阴茎腔或交配腔，明显地突出到体腔内。当阴茎完全外翻或突出时，阴茎腔或交配腔从体壁上鼓起球状或圆锥形突起。本种阴茎不是细长的管状，在突出的末端没有迹象表明阴茎从腔外翻，更相似于脊囊腔蚓 *Metaphire thecodorsata* 交配腔外翻时的阴茎。

## 361. 陈义杜拉蚓 *Drawida chenyii* Zhang, Li & Qiu, 2006

*Drawida cheni* Zhang et al., 2006b. *Jour. Nat. Hist.*, 40(7-8): 399-401.

*Drawida chenyii* 徐芹和肖能文, 2011. *中国陆栖蚯蚓*: 50-51.

*Drawida chenyii* Xiao, 2019. *Terrestrial Earthworms (Oligochaeta: Opisthopora) of China*: 359-360.

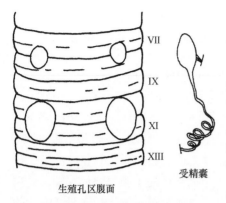

图 339　陈义杜拉蚓
（Zhang et al.，2006b）

外部特征：体大，光滑，头端稍尖，尾端稍钝。体长 110-185 mm，宽 9-11 mm（环带）。体节数 165-174。IV-XXIX 节具体环，明显。口前叶前叶式。无背孔。环带不显。刚毛不显。雄孔 1 对，位 10/11 节间沟腹面，孔间距约占 2/5 节周；孔在 1 大纵向扁平的椭圆膜状斑上，略隆肿，白色。此区无生殖乳突。受精囊孔 1 对，位 7/8 节间腹面，孔间距约占 2/5 节周；孔在 1 纵向扁平椭圆形白色膜状斑上。此区无生殖乳突。雌孔 1 对，位 12/13 节间腹面，孔间距约占 2/5 节周。XII 节明显短（图 339）。

内部特征：隔膜 5/6-8/9 颇厚，肌肉质。砂囊 5 个，位 XII-XXII 节，大小一致，表面光亮，具白色直纤维。肠自最后 1 对砂囊后 XXIV-XXVI 节始显著扩大。自 VI 节始具大肾管，长 20-30 mm，成对，在每体节接近前面隔膜处。VII 节前具少量浅黑褐色圆点。心脏位 VI-IX 节，颇粗大，黑色。精巢囊 1 对，长约 6 mm，宽 3.5 mm，浅黄色，悬在隔膜 9/10 中部。卵囊位 XI-XII 节，呈直袋状或掌状，直径约 3.5 mm。受精囊 1 对，位 VIII 节；坛卵圆形，浅黄色，长约 2.5 mm，宽 1.2 mm，以 1 短结缔组织与隔膜 7/8 窄连接；坛管自根部向上逐渐变窄，中部盘绕多圈，总长约 23 mm，受精囊盲管不明显或缺（图 339）。无副性腺。

体色：身体浅黄色。

命名：本种以陈义教授名字命名，他为中国蚯蚓分类作出了巨大贡献。

模式产地：广东（肇庆）。

模式标本保存：上海交通大学农业与生物学院。

中国分布：广东（肇庆）。

生境：本种发现自广东鼎湖山的山涧雨林。

讨论：本种与云南的深沟杜拉蚓 Drawida sulcata 有一定相似之处。它们外形相似，体大，无背孔和环带，精巢囊和受精囊坛近似卵圆形，坛管屈曲。然而，本种区别于深沟杜拉蚓的是它具有 5 个砂囊，而此特征也见于管状杜拉蚓 D. syringa，无生殖乳突，受精囊盲管呈不明显的拇指状。此外，本种身体光滑，无刚毛，肠始于末位砂囊的后面，雌孔位 12/13 节间，雄孔被腺膜覆盖，无阴茎腔或阴茎。

### 362. 丹东杜拉蚓 *Drawida dandongensis* Zhang & Sun, 2014

*Drawida dandongensis* Zhang & Sun, 2014. *Zoological Systematics*, 39(3): 442-444.

*Drawida dandongensis* Xiao, 2019. *Terrestrial Earthworms (Oligochaeta: Opisthopora) of China*: 360-361.

外部特征：体大，头部稍尖，尾部钝。长 80-164 mm，宽 3.5-4.2 mm（X 节）。体节数 147-198。口前叶前叶式。环带位 X-XIV 节，宽 4.2-5.9 mm，宽于其他体节。背孔缺失。环带前无刚毛，环带后具少量刚毛，*aa*=（1.5-2.0）*bc*，*ab*=*cd*，*dd*=3/5 节周。雄孔 1 对，位 10/11 节间沟的 1/4 体周，彼此分离，位刚毛 *b* 和 *c* 之间，隆起，每个孔位于一个大的、顶部平坦呈椭圆形斑块的中心。受精囊孔 1 对，位 7/8 节间沟，约占 2/5 腹侧节周，每个孔位于一凹陷成裂缝状斑块的中心。雌孔不易见。生殖乳突位 VI-XI 节，有时缺失，不规则排列（图340）。

内部特征：隔膜 5/6-8/9 稍厚，肌肉发达。砂囊 4 对，位 XII-XVII 节，长 9 mm，宽 3.5 mm，大小相同，表面通常有白色的垂直纤维。食道囊 4 对，位 VI-IX 节，每对大小相同，较大，呈黑色。精巢囊 1 对，长 6 mm，宽 3.5 mm，黄色，悬吊于隔膜 9/10。受精囊 1 对，位 VIII 节；坛较大，呈心形，黄色，长 3 mm，宽 2.5 mm，附着于隔膜 7/8，其下侧具一屈曲导管，长 15 mm（图340）。卵巢位 XI-XII 节，长 3 mm，掌状。

体色：在福尔马林溶液中背部青绿色，具蓝色光泽。

命名：以本种模式产地命名。

模式产地：辽宁（丹东）。

模式标本保存：中国农业大学资源与环境学院。

中国分布：辽宁（丹东）。

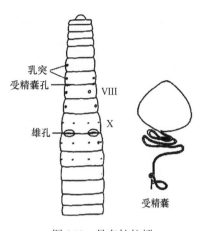

图 340 丹东杜拉蚓
（Zhang & Sun，2014）

讨论：本种与在中国和朝鲜分布的森林杜拉蚓 D. nemora 受精囊孔和坛的特征十分相似。但与森林杜拉蚓不同的是，本种的 7/8 节间沟中有受精囊孔，而森林杜拉蚓的受精囊孔位 VII 节后缘。本种的受精囊管比森林杜拉蚓的长，且更为屈曲。此外，本种背部青绿色，具蓝色光泽，与背部呈暗蓝色的森林杜拉蚓不同。

### 363. 东引杜拉蚓 *Drawida dongyinica* Shen & Chih，2015

*Drawida dongyinica* Shen et al.，2015. *Zootaxa*，3937(3): 435-437.

外部特征：体长 52-78 mm，宽 2.9-4.1 mm。体节数 141-165。口前叶上叶式。无背孔。环带位 X-XIII 节，苍白，肿胀。刚毛 4 对，短，紧密配对，$ab=cd$，$aa=0.8bc$，$aa>5ab$，$dd$ 大于 0.5 节周。雄孔在 10/11 节间的 $bc$ 之间，狭缝状或半圆形，边缘皱褶，被白色肿胀的皮肤包围。受精囊孔 1 对，位 7/8 节间，小，为不明显的裂缝，孔正对 $c$ 毛位置。阴茎在完全收缩的状态下外部不可见。雌孔 1 对，位 XII 节前缘，微小，孔与 $b$ 毛成直线（图341）。无生殖标记。

内部特征：隔膜 5/6-8/9 厚，肌肉质，9/10 薄。砂囊 3 个，位 XII-XIV 节，圆形，白色，肌肉质，光亮。心脏 4 对，位 VI-IX 节。精巢囊 1 对，大，淡黄色，椭圆形，悬于隔膜 9/10，长约 1.4 mm，宽约 1.6 mm。输精管长，呈密集卷曲的环状，松散卷曲，沿雄性膨腔的上缘进入雄性膨腔的背侧前端。雄性膨腔白色，"S" 形或 "C" 形，其下端与阴茎囊腔相连。隔膜 10/11 和 11/12 形成卵巢腔，在食道周

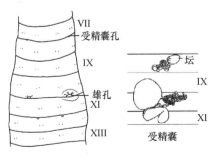

图 341 东引杜拉蚓（Shen et al.，2015）

围呈倒"U"形。消化道背侧有 1 对滤泡状淡黄色卵囊，后伸至 XIV-XVI 节，念珠状或由每个隔膜收缩。受精囊 1 对，坛和受精囊腔均位于隔膜 7/8 的背面；坛小，椭圆形，长约 0.6 mm，宽 0.5 mm；坛管细长，盘绕；受精囊腔小，椭圆形，长约 0.4 mm，宽约 0.2 mm（图 341）。无副性腺。

体色：保存标本呈灰色或浅灰色。

命名：依据模式产地连江县东引岛命名。

模式产地：福建（连江）。

模式标本保存：台湾特有生物研究保育中心（南投）。

中国分布：福建（连江）。

生境：生活在水库旁、树下、路边沟渠等地。

讨论：本种发现于东引岛和西引岛。当阴茎完全隐藏时，外表与北竿杜拉蚓不易区分，但与北竿杜拉蚓不同的是，它的受精囊更小，坛和受精囊腔都局限在 VIII 节。本种也类似于日本的盛港杜拉蚓 Drawida moriokaensis。2 个物种都有小受精囊坛，小的受精囊腔，无生殖标记（Ohfuchi，1938）。然而，盛港杜拉蚓受精囊腔位于隔膜 7/8 前面，而坛位于后面，砂囊 2-3 个，位 X-XIII 节（Ohfuchi，1938）。本种与 D. eda 的体型相似，无生殖标记。这 2 个物种很容易通过大的受精囊腔、短得多的输精管和 5 个砂囊来区分。

### 364. 天锡杜拉蚓 *Drawida gisti gisti* Michaelsen, 1931

*Drawida gisti* Michaelsen, 1931. *Peking Nat. Hist. Bull.*, 5(2): 7-11.
*Drawida gisti* f. *typica* Chen, 1933. *Contr. Biol. Lab. Sci. Soc. China (Zool.)*, 9(6): 195-200.
*Drawida gisti* Gates, 1935a. *Smithsonian Mis. Coll.*, 93(3): 2-3.
*Drawida gisti* Kobayashi, 1938a. *Sci. Rep. Tohoku Univ.*, 13(2): 95-99.
*Drawida gisti* Gates, 1939. *Proc. U.S. Nat. Mus.*, 85: 406-408.
*Drawida gisti* Kobayashi, 1940. *Sci. Rep. Tohoku Univ.*, 15: 271-272.
*Drawida gisti* Chen, 1946. *J. West China Bord. Res. Soc.*, 16(B): 135.
*Drawida gisti gisti* 徐芹和肖能文，2011. *中国陆栖蚯蚓*: 51.
*Drawida gisti gisti* Xiao, 2019. *Terrestrial Earthworms (Oligochaeta: Opisthopora) of China*: 361-362.

外部特征：体长 78-122 mm，宽 3.0-4.2 mm。体节数 146-198，数目可变。VI 节腹面具 2 体环，VII-IX 节具 2 体环。口前叶前叶式。背孔自 2/3 或 3/4 节间始，无功能。环带位 X-XIII 节或延伸至 IX 或 XIV 节；腹面平，在 X 和 XI 节腹面少腺表皮。刚毛对较密，每体节 4 对，$aa=cd$，环带前 $aa$ 较 $bc$ 窄 1/5 或与 $bc$ 等长，VII 或 VI 节前 $aa>bc$，II-IV 节 $aa=4/3bc$；背侧的 $dd$ 略大于腹侧的 $dd$，约为背侧的 4/7 节周。雄孔 1 对，位 10/11 节间腹面 $b$ 与 $c$ 毛间近 $b$ 毛，具颇宽的横裂缝，周围具隆起的唇，阴茎高而尖，细棒状，藏在 10/11 节间沟 $bc$ 毛间下陷的阴茎囊中，常突出，尖端朝向体前方。具腺乳突，大圆形，略隆起，或乳突中心具暗斑，位置多变，VIII 节腹刚毛 1 对，VII、XIII、IX 或 X 节一侧 $ab$ 毛或腹中部各 1 对，或 XI 和 XII 节腹中部 2 个不成对，或有时外表不显。受精囊孔 1 对，位 7/8 节间沟 $cd$ 毛间，孔的前后时有 1 个小乳突；身体前端腹面有不规则排列的乳突，全缺者少见。偶见雌孔 1 对，位 11/12 节间沟 $ab$ 毛间或近 $b$ 毛，周围无腺体（图 342）。雌孔 1 对，位 11/12 节间近 $b$ 毛线上。

内部特征：隔膜 5/6 稍厚，6/7-8/9 甚厚，其余隔膜薄，膜状，9/10/11 背侧隔膜拥挤，但腹侧稍好。砂囊 3 个，位 XII-XIII 节，发育良好。与其他属相似，肾管不存于前两节及后几体节中。末位心脏 4 对，位 VI-XI 节。精巢囊 1 对，中等大小，卵形或肾形，位隔膜 9/10 背侧。大肾管屈曲，圆柱形，表面具凸起，内腔大，位于肠下或卵囊时排列不规则。输精管卷曲至腹面穿隔膜入 X 节。精管膨腔长或短，末端由阴茎通出。卵囊长，穿过隔膜 11/12 后经过 XVI 或 XVII 节的砂囊一侧。受精囊 1 对，其管在隔膜 7/8 后盘旋多转，受精囊具薄壁坛室，附着于隔膜，下通膨腔腰部。精管膨腔长柱状，长可达 2 mm，基部有乳突和腺体，受精囊体拉长，圆柱形，顶端尖，突出于 VIII 节（图 342）。

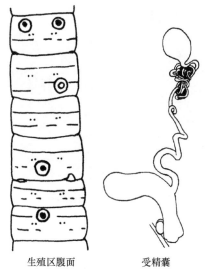

生殖区腹面　　　受精囊

图 342　天锡杜拉蚓（Chen，1933）

体色：在保存液中，背侧呈淡绿色、浅灰色或灰白色，后体节较前体节颜色深，腹面白色，环带粉红色。

模式产地：山东（济南）、北京。

模式标本保存：德国汉堡博物馆。

中国分布：北京、河北、辽宁（葫芦岛、大连）、吉林、江苏（南京、徐州、苏州、无锡）、浙江、安徽（安庆、滁州）、山东（济南、烟台、威海）、山西（运城、临汾、晋中、太原、忻州、朔州）、河南（新乡、焦作、洛阳、商丘、许昌、信阳）、重庆（北碚）、四川（峨眉山）、陕西、宁夏（石嘴山、固原）。

讨论：本种可能分布很广。当然，它不像日本杜拉蚓 Drawida japonica japonica 分布那么广；从刚毛、雄孔和受精囊腔的排列及其他性状来看，它是一个变异性很高的物种。

## 365. 南昌杜拉蚓 *Drawida gisti nanchangiana* Chen, 1933

*Drawida gisti nanchangiana* Chen, 1933. *Contr. Biol. Lab. Sci. Soc. China (Zool.)*, 9(6): 200.

*Drawida gisti nanchangiana* 徐芹和肖能文，2011. *中国陆栖蚯蚓*: 52.

*Drawida gisti nanchangiana* Xiao, 2019. *Terrestrial Earthworms (Oligochaeta: Opisthopora) of China*: 362-363.

外部特征：体长 55-98 mm，宽 2.2-3 mm。体节数 122-136。环带位 X-XIII 节。刚毛细长，每体节 4 对，浅褐色或淡黑色，很明显，疏生对，长为体节长的 1/3；$aa=cd=bc=3ab$ 或 $4ab$，$dd$ 背面距约等于节周的 3/5 或 5/8；II 和 III 节刚毛短，II 节刚毛不显或缺失。雄孔 1 对，阴茎小，末端尖，基部甚大，位 1 深凹的阴茎腔内，长为腔深之半，或外翻；$bc$ 毛间近 $c$ 毛的 1/3 具大圆根部。生殖乳突大而多，少数缺，位 VII-XIII 或 XIV 节，雄孔与受精囊孔附近成对，有时一体节具 4 个或 5 个（图 343）。

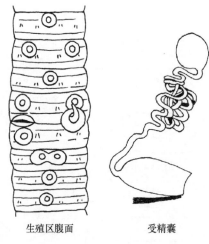

生殖区腹面　　　　　　受精囊

图 343　南昌杜拉蚓（Chen，1933）

内部特征：砂囊 3 个，位 XII-XV 节。精巢囊极大，X 节具 1 大卵形部分，精巢囊管在隔膜 9/10 前大量盘绕，绕过最后心脏，穿过隔膜，进入 X 节，并与雄精管膨腔邻近端相接。精管膨腔细短，棍棒状，或内端扩大，呈梨形，长 2.0-2.5 mm，末端为 1 细管，与内部隆起的阴茎腔相接，1 梨形腺体常与阴茎腔连接。卵巢腔由隔膜 10/11 和 11/12 围成，背面不相接。卵囊细短，后伸达 3 体节。受精囊坛圆形，小，具 1 多盘绕的管，通入短拇指状膨腔邻近端或侧面（图 343），膨腔埋入体壁呈球茎状，小，偶伸长。

体色：一般无色素，或具不规则排列的浅灰色斑，后部深灰色。

命名：本种以模式产地江西南昌命名。

模式产地：江西（南昌、九江）。

模式标本保存：曾存于国立中央大学（南京）动物学标本馆，疑遗失。

中国分布：山东（烟台、威海）、江西（南昌、九江）。

讨论：本种接近 *Drawida bahamensis*。Beddard 认为，本种与 *Drawida bahamensis* 有两点不同之处：Beddard 的图中未出现生殖乳突，蛋形精管膨腔更小。但 2 个物种的受精囊管和受精囊腔略有不同，*Drawida bahamensis* 受精囊管更直，受精囊腔更小。这些差异可能是由于图过于简略，也可能是对标本重绘造成的。

## 366. 平滑杜拉蚓 *Drawida glabella* Chen, 1938

*Drawida glabella* Chen, 1938. *Contr. Biol. Lab. Sci. Soc. China (Zool.)*, 12(10): 377-379.

*Drawida glabella* 徐芹和肖能文，2011. *中国陆栖蚯蚓*: 53.

*Drawida glabella* Xiao, 2019. *Terrestrial Earthworms (Oligochaeta: Opisthopora) of China*: 363-364.

外部特征：体长 52 mm，宽 2 mm。体节数 120。背孔不显，自 6/7 节间始，环带前隐约可见，环带后明显。肾孔位 *c* 毛线上，近各体节前缘。环带位 1/2IX-XIV 节、XIV 节和 IX 节后部，X-XIII 节腹刚毛间略腺肿，背面与侧面腺肿状隆起；X-XIII 节侧刚毛不可见。刚毛密生对，*aa=cd*，环带前少数体节 *aa=6ab*，*bc* 略大于 *aa*，*dd* 背面明显宽，约占 2/3 节周；环带后 *aa=9ab*，*bc=8ab*，*dd* 约占 4/9 背面节周。雄孔 1 对，位 10/11 节间腹面 *bc* 毛间靠近 *b* 毛，约占 1/4 腹面节周；孔为 1 横裂缝，宽约 0.07 mm，前后为不明显唇状隆起，后者较大。此区既无生殖乳突，也无其他标志。受精囊孔 1 对，位 7/8 节间 *cd* 刚毛线上，附近既不隆起，也无腺肿，无生殖乳突。雌孔位 11/12 节间，略侧向雄孔。

内部特征：隔膜 5/6-8/9 厚（6/7-8/9 特厚），9/10 薄，11/12-12/13 也薄，形成卵巢腔。砂囊 4 个，位 XII-XV 节，等大，组织发达，表面光滑。心脏位 VI-IX 节，末对大。精巢囊 1 对，大，宽约 1 mm，悬挂在隔膜 9/10 上，一小部分凸出隔膜前。输精管在隔膜

前方几次卷绕，后面颇直，连于精管膨腔。雄精管
膨腔略圆，长约 0.5 mm，表面相当光滑，一部分腺
体被腹腔膜包裹（而非截断）。卵巢腔位 XI 节，由
隔膜 10/11 和 11/12 围成，背面几近闭合，腹面间
隔宽，围成 1 大腔。卵囊极大且长，后达 XXI 节，
在隔膜周围收缩。受精囊系于隔膜 7/8 后侧，伸
达几近背侧；坛卵圆形，宽约 0.16 mm，平展；
坛管略弯曲，长约 1.75 mm，通入指状受精囊腔，
受精囊腔长约 0.2 mm，位于隔膜后方（图 344）。
无副性腺。

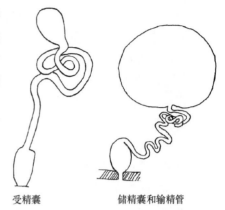

受精囊                储精囊和输精管

图 344    平滑杜拉蚓（Chen，1938）

体色：在保存液中体苍白色，环带浅褐色。

命名：本种以其光滑的表面且无生殖标记来命名。

模式产地：海南（保亭）。

模式标本保存：曾存于国立中央大学（南京）动物学标本馆，疑遗失。

中国分布：海南。

讨论：只采集到一个标本。本种的特征有：体型小；无生殖标记；受精囊孔和雄孔
简单；雄精管膨腔小，体表无腺。

### 367. 葛氏杜拉蚓 *Drawida grahami* Gates, 1935

*Drawida grahami* Gates, 1935a. *Smithsonian Mis. Coll.*, 93(3): 3.

*Drawida grahami* Chen, 1936. *Contr. Biol. Lab. Sci. Soc. China (Zool.)*, 11(8): 291-292.

*Drawida grahami* Gates, 1939. *Proc. U.S. Nat. Mus.*, 85: 408-411.

*Drawida grahami* Chen, 1946. *J. West China Bord. Res. Soc.*, 16(B): 134-135, 142.

*Drawida grahami* 徐芹和肖能文, 2011. *中国陆栖蚯蚓*: 53-54.

*Drawida grahami* Xiao, 2019. *Terrestrial Earthworms (Oligochaeta: Opisthopora) of China*: 364-365.

外部特征：体长 40-55 mm，宽 2.5-4 mm。体节数 88-123。环带位 X-XIII 节，伸
达 IX 节后部与 XIV 节前部。刚毛短，自 II 节始，每体节 4 对，*aa* 等于或略大于 *bc*，
*bc*=*cd*。雄孔 1 对，位 10/11 节间 *b* 与 *c* 毛间近 *b* 毛，小，孔突侧面中部略隆起，前缘
具不与 10/11 节间沟相连通的细横沟，后缘侧面与中部具与 10/11 节间沟相连通的短横
沟（图 345）。受精囊孔 1 对，位 7/8 节间 *bc* 毛间近 *c* 毛，小横裂缝状或圆形凹陷。生
殖标记位 VII-XIII 节，每一个标记上都有一个圆形腺体，以生殖乳突连接体腔内。

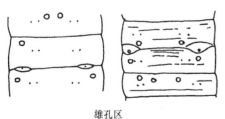

雄孔区

图 345    葛氏杜拉蚓（Chen，1946）

VII-XIII 节腹面有不规则排列的圆形乳突 1-3 个，
全缺者也有之。未见雌孔。

内部特征：隔膜 5/6-8/9 厚，具肌肉，9/10 薄，
且后移。砂囊 3 个，位 XII-XIV 节。末对心脏位
IX 节，每侧背血管具不透明带。精巢囊侧面平，
占满 IX 与 X 节。输精管短粗。前列腺圆盘状，无
柄，中央小卵圆形，顶端埋入体壁。受精囊小而圆，

位隔膜 7/8 后方，由弯曲的管入一拇指状的膨部通出。XI 节为关闭卵巢室，马蹄形。受精囊腔呈指状，直立于隔膜 7/8 的后表面；受精囊管（长 7-8 mm）进入受精囊腔，接近腔末端，在腔内屈曲。

体色：在保存液中环带粉红色。

模式产地：四川（宜宾）。

模式标本保存：美国国家博物馆。

中国分布：重庆（北碚、南川）、四川（宜宾、峨眉山）。

讨论：本种与日本杜拉蚓 Drawida japonica japonica 的区别如下：受精囊孔的位置在 bc 毛之间，而不是在或仅在 c；输精管直接进入前列腺（而不是首先进入体壁）；前列腺呈圆盘状，体壁无柄（而不是直立、柱状或棒状）；前列腺的中心具一小的卵形凸起，其尖端没入体壁（而不是向中心伸长近 1 mm）；卵巢无杆状副性腺。雄孔的确切位置未确定，但与 10/11 节间沟成一排，尽管 10/11 节间沟在整个雄孔中无法辨出。日本杜拉蚓雄孔位 X 节后缘节间近 c 毛线上。

## 368. 日本杜拉蚓 *Drawida japonica japonica* Michaelsen, 1892

*Drawida japonica* Michaelsen, 1892. *Archiv für Naturgeschichte*, 57(2): 209-261.

*Drawida japonica* Michaelsen, 1931. *Peking Nat. Hist. Bull.*, 5(2): 7.

*Drawida japonica* Chen, 1933. *Contr. Biol. Lab. Sci. Soc. China (Zool.)*, 9(6): 189.

*Drawida japonica* Gates, 1935a. *Smithsonian Mis. Coll.*, 93(3): 3-4.

*Drawida japonica* Kobayashi, 1938a. *Sci. Rep. Tohoku Univ.*, 13(2): 94-95.

*Drawida japonica* Gates, 1939. *Proc. U.S. Nat. Mus.*, 85: 411-413.

*Drawida japonica* Kobayashi, 1940. *Sci. Rep. Tohoku Univ.*, 15: 263-264.

*Drawida japonica* Chen, 1946. *J. West China Bord. Res. Soc.*, 16(B): 135.

*Drawida japonica* 陈义等, 1959. *中国动物图谱 环节动物(附多足类)*: 15.

*Drawida japonica* Chang et al., 2009. *Earthworm Fauna of Taiwan*: 158.

*Drawida japonica japonica* 徐芹和肖能文, 2011. *中国陆栖蚯蚓*: 54-55.

*Drawida japonica japonica* Xiao, 2019. *Terrestrial Earthworms (Oligochaeta: Opisthopora) of China*: 365-366.

外部特征：体长 28-200 mm，宽 2-5.5 mm。体节数 165-195，数目可变。口前叶前叶式。无背孔。环带位 X-XIII 节，X 与 XI 节腹面无腺皮，XII 和 XIII 节腺皮少。刚毛小且紧密对生，每体节 4 对，$aa=3ab$ 或 $5ab$ 或 $6ab$，$aa=cd$。$aa$ 在 II-V 节约 $1/3bc$ 宽，在 VI-XI 节与 $bc$ 相等或比其略宽，在 XI 节后与 $bc$ 相等或比其略窄；背部的 $dd$ 略大于或等于身体周长的一半。雄孔 1 对，位 X 节后缘节间近 c 毛线上。每个雄孔在一横向裂缝上，经常可见稍高的卵圆形凸起位于刚毛 bc 间近 b 毛约 1/3 处。受精囊孔 1 对，位 7/8 节间沟近 c 毛。附近生殖乳突缺失或仅有几个，不规则地排列在 VII-XIII 节，更多的生殖乳突位于雄孔区和受精囊孔区，VII、VIII 和 X 节常对生，IX、XII 和 XIII 节不成对，XIII 节极少成对（图 346）。雌孔位 11/12 节间沟，近 b 毛，对生。

内部特征：隔膜 5/6-8/9 厚，10/11/12 背侧形成卵巢室。砂囊 2-3 个，位 XII-XIV 节。心脏 4 对，位 VI-XI 节。精巢囊 1 对，甚大，悬在隔膜 9/10 上。输精管在中隔前面和 X 节弯曲，至 X 节与一大拇指状前列腺相会，通出外界。前列腺膨腔拇指状，内侧 1/3 处较粗，外侧较窄，或整体为圆柱形。卵巢位 XI 节前面内侧。隔膜 10/11 和 11/12 在背面相遇，合成卵巢腔。卵囊自隔膜 11/12 向后长出，约可达 XX 节。受精囊小而圆，位隔膜 7/8 后方；坛卵形；坛管松散或紧密盘绕，连接受精囊腔内侧或中部，纤细而细长，位于隔膜的后面，由弯曲的管入一拇指状的膨部通出（图 346）。

体色：在保存液中无色素，背侧和腹侧浅灰色，前段体节蓝色，环带紫红色或肉红色。活体标本易变色，背面浅蓝色、蓝绿色或紫色，腹面灰白色，环带肉红色。

命名：本种以模式产地命名。

模式产地：日本。

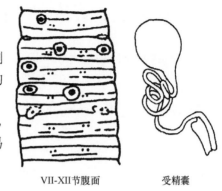

VII-XII节腹面　　　受精囊

图 346　日本杜拉蚓（Chen，1933）

模式标本保存：德国汉堡博物馆。

中国分布：北京（东城、海淀、通州、昌平、怀柔、大兴、丰台、密云）、河北、辽宁（沈阳、丹东、葫芦岛、营口）、吉林（吉林、图们、白城）、黑龙江（哈尔滨）、江苏（南京、镇江、苏州、无锡）、浙江（宁波、台州、杭州）、安徽（安庆）、福建（福州）、台湾、山东（烟台、威海）、江西（南昌、九江）、河南（新乡、安阳、焦作、开封、许昌、商丘）、湖北（潜江）、重庆（沙坪坝、北碚、南川、涪陵）、四川（成都）、云南（昆明）、贵州（铜仁）、内蒙古（赤峰）、甘肃（平凉）、宁夏（固原、中卫）、新疆（乌鲁木齐）。

讨论：这些标本小或者大，小的长约 28 mm，宽约 3 mm，有些长可达 200 mm。

### 369. 西姆森杜拉蚓 *Drawida japonica siemenensis* Michaelsen, 1892

*Drawida japonica siemenensis* Michaelsen, 1892. *Archiv für Naturgeschichte*, 57(2): 209-261.
*Drawida japonica siemenensis* Michaelsen, 1931. *Peking Nat. Hist. Bull.*, 5(2): 7.
*Drawida japonica siemenensis* Gates, 1939. *Proc. U.S. Nat. Mus.*, 85: 414.
*Drawida siemenensis* Blackmore et al., 2014. *Journal of Species Research*, 3(2): 135-137.
*Drawida japonica siemenensis* Xiao, 2019. *Terrestrial Earthworms (Oligochaeta: Opisthopora) of China*: 367.

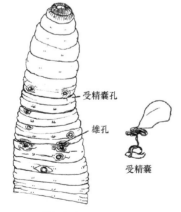

受精囊孔

雄孔

受精囊

体前部腹面

图 347　西姆森杜拉蚓
（Blackmore et al.，2014）

外部特征：体长 120 mm，宽 2-4 mm，体节数 300。肾孔位 *cd* 毛线前部。环带位 X-XIII 节。刚毛紧密对生（*ab*=*cd*）。雄孔位 10/11 节间，为腹垂瓣。VIII 节后缘、8/9 节间，IX 节后缘、9/10 节间，X 节后缘、10/11 节间各具 2 个圆形生殖乳突，雄孔下有 2 个生殖乳突，XII 节腹中部有 1 个生殖乳突，共 9 个生殖乳突。受精囊孔位 7/8 节间 *ab* 毛线上，紧靠 *c* 毛线（图 347）。

内部特征：砂囊 6 个。受精囊腔在长卷绕的管上，但具口的副性腺只在 VIII 节（图 347）。

命名：为表示对德国领事西姆森（G. Siemssen）的感谢，以其名字命名。

模式产地：福建（福州）。

模式标本保存：德国汉堡博物馆。

中国分布：福建（福州）。

讨论：本亚种是根据单个标本确定的，虽然最初解剖时的器官已经丢失，但它与日本亚种明显不同，区别在于具更长、更厚、更多的体节和 6 个砂囊。

### 370. 热河杜拉蚓 *Drawida jeholensis* Kobayashi, 1940

*Drawida jeholensis* Kobayashi, 1940. *Sci. Rep. Tohoku Univ.*, 15: 268-271.

*Drawida jeholensis* 钟远辉和邱江平, 1992. *贵州科学*, 10(4): 39.

*Drawida jeholensis* 徐芹和肖能文, 2011. *中国陆栖蚯蚓*: 55-56.

*Drawida jeholensis* Xiao, 2019. *Terrestrial Earthworms (Oligochaeta: Opisthopora) of China*: 367-368.

外部特征：体长 52-66 mm，宽 2.8-3.5 mm。体节数 153-160。环带前体节似圆锥形。口前叶前叶式。背孔缺失。环带位 IX-XIV 节，略腺肿，XIV 节腺体欠发达；大部分标本 X 和 XI 节腹侧具腺体且朝向腹部。刚毛自 II 节始，每体节密生 4 对，$aa=cd$，环带前 $aa$ 略大于 $bc$，环带后 $aa$ 略小于 $bc$；$dd$ 接近或略小于 1/2 节周。雄孔 1 对，小，位 10/11 节间，横裂缝状，孔在 1 圆锥状或乳房状孔突上，孔突基部卵形，基部宽 0.7-0.8 mm，约占 X 节后缘 1/3-2/5，孔突后缘位 XI 节最前缘 10/11 节间沟上，孔在 10/11 节间 $b$ 与 $c$ 毛间近 $b$ 毛；无阴茎；在雄孔突前侧 X 节中环（X 节具 3 体环）后沟为深沟，形似节间沟（图 348）。受精囊孔 1 对，小，位 VII 节后缘，为纵裂缝，中央正对 $c$ 毛，孔周区为略凹陷的新月形。生殖乳突球形，小而钝，光滑，周围淡白色，体表皮的腺状边缘厚而略隆起，位 VII-XI 节刚毛前或刚毛后 $b$ 与 $c$ 毛间或正对 $b$ 毛或腹中央；受精囊凹陷内正对孔侧多具 1 个小乳突。雌孔 1 对，位 XII 节最前缘，为横裂缝，位 $ab$ 或 $b$ 或仅在 $b$ 侧，小，不易见。

内部特征：隔膜 5/6-8/9 中等厚，余者薄，10/11 背面后部移至 XII 节腹面前部，进入 1/2XI 节，余者正常位。砂囊 2 个或 3 个，位 XII 和 XIII 或 XI-XIII 节，大，第一个多如此，当 3 个时，富肌肉，前推精巢囊。末对心脏位 IX 节。精巢囊 1 对，中等大，因隔膜 9/10 各具深缢痕，IX 节常仅有 1 小部分，长 2.0-3.5 mm，直径 1.3-2 mm；输精管短，具散环，恰好进入前列腺正中部体壁。前列腺 1 对，颇小，拇指状，常略收缩，长 1-2 mm，外端窄，表面略具瘤突；中部细管状，指状，长 0.6-1 mm。卵巢腔由隔膜 10/11 和 11/12 围成，位 XI 节；隔膜背面相接，腹面不相接；卵囊细长，棒状，后伸达 XVI-XX 节，或为指状。受精囊具膨腔，位隔膜 7/8 后面；坛卵形或圆球形，直径 0.7-1.2 mm；坛管细，中等长，长 5-7 mm，全长几近松散，与坛无明显界线，约在受精囊腔内端 1/3 通入；受精囊腔柱状，与坛直径几近等长；副性腺壁硬，球形，具 1 极短的管，腺体与隔膜 7/8 前的受精囊乳突一致（图 348）。

体色：在福尔马林溶液中淡灰白色。

命名：本种以模式产地（赤峰所在地旧称热河）命名。

　　雄孔区　　　　　　受精囊

图 348　热河杜拉蚓（Kobayashi，1940）

模式产地：内蒙古（赤峰）。

中国分布：内蒙古（赤峰）、宁夏（中卫、固原）。

讨论：本种与朝鲜杜拉蚓 *D. koreana*、日本杜拉蚓 *D. japonica japonica* 和平展杜拉蚓 *D. propatula* 相似，本种在大的圆锥形雄孔突和体型两方面与后两者区别明显，而与最相似的朝鲜杜拉蚓的区别在于具明显较长的薄壁受精囊管以及体色。

### 371. 朝鲜杜拉蚓 *Drawida koreana* Kobayashi, 1938

*Drawida koreana* Kobayashi, 1938a. *Sci. Rep. Tohoku Univ.*, 13(2): 102-107.

*Drawida koreana* Kobayashi, 1940. *Sci. Rep. Tohoku Univ.*, 15: 268.

*Drawida koreana* 钟远辉和邱江平, 1992. *贵州科学*, 10(4): 39.

*Drawida koreana* 徐芹和肖能文, 2011. *中国陆栖蚯蚓*: 56-57.

*Drawida koreana* Xiao, 2019. *Terrestrial Earthworms (Oligochaeta: Opisthopora) of China*: 368-369.

外部特征：体长 63-100 mm，宽 3-4 mm。体节数 130-186。I-IX 节像圆柱体。口前叶前叶式。无背孔。环带位 X-XIII 节，无明显隆起，但从腺体和颜色易与其他体节分开；腹侧面少腺体，中腹面无腺体而扁平，X 与 XI 节尤甚，此外雄孔突中侧略凹。刚毛短，密对生，II 节与环带刚毛尤短；$ab=cd$，前端到 V 节 $aa>bc$，VII-XV 节 $aa≈bc$；此区后，尤其是 XX 节后，$aa$ 略小于 $bc$，$dd$ 几近等于或略大于 1/2 节周；环带后区，仅中间的 $c$ 毛线和侧面的 $b$ 毛线皮肤薄，各为 1 条明显的苍白线。雄孔 1 对，各在 1 中等大小的乳头状或锥状乳突顶端，乳突常为明显隆起的腺皮，在 1/3-1/2X 节后部 $b$ 与 $c$ 毛间更近 $b$ 毛，孔突常经 10/11 节间伸入 XI 节前缘，XI 节前缘正对乳突前方略隆起（图 349）。受精囊孔 1 对，位 7/8 节间 $c$ 毛线上或正对 $c$ 毛，自后节后缘凸出，适当凹入节间沟，呈微小的尖状；孔大，周缘略隆肿。生殖乳突与日本杜拉蚓 *Drawida japonica japonica* 相似，数量更少，较常见；若有 1-4 个，则位 VII-XII 节，排列不规则；最常见位 VIII-X 节，不成对，位于腹中部，或 $ab$ 线或 $b$ 与 $c$ 毛间。雌孔 1 对，小，裂缝状，位 XII 节最前缘 $c$ 毛线上，几乎不可见，在浸制标本中相当容易看见。

内部特征：隔膜 5/6 和 8/9 中等厚，6/7/8 最厚，且富肌肉，余者薄，10/11 的背部后移至 11/12 节间位置与该隔膜背侧面并合。砂囊 2-3 个，壶形或桶形，小，但富肌肉且光亮，位 XII-XIII 或 XIV 节；若 3 个，中间的大。精巢囊 1 对，中等大小，悬在隔膜 9/10 上，大部分在 X 节，因隔膜关系，侧面适当收缩，略呈肾状，腺体表面淡黄白色；输精管短，大部分在 IX 节宽盘绕，穿过隔膜 9/10 进入 X 节，在前列腺中前侧进入体壁。前列腺厚而短，长约 2 mm，宽 1 mm；腹侧约中部常缢缩，形状与精巢囊相似，拇指状，表面淡黄白色，具中等大小的瘤突；除去腺体，可见 1 个比较厚的管状体。卵巢腔位 XI 节，由隔膜 10/11 和 11/12 在 11/12 节间背侧面完全融合（不达背中部）围成，腹面不相通，紧贴食道囊，呈倒"U"形。卵巢相当大，丛生，卵囊位于消化道背侧，长而细，因通过隔膜，而呈念珠状或明显缢缩，后伸达约 XVIII 节，很少达 XXII 或 XXIII 节和前达 XIV

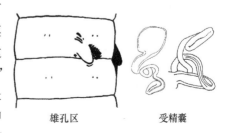

雄孔区　　　　　受精囊

图 349　朝鲜杜拉蚓（Kobayashi, 1938a）

或 XV 节；充满成熟卵，卵淡黄色，卵宽 5-10 μm，卵囊后部常自隔膜游离，位置多变，位于砂囊或肠下，或返折朝向前，其至当卵囊充满卵并呈淡黄色时，其后端仅 1-2 mm 不含卵，相对保持淡白色。受精囊 1 对，与膨腔在隔膜 7/8 后面；坛壁薄，球形（未成熟的为卵形且空）；坛管极短、厚且略具光泽，任何部分均不大量盘绕，仅略扭曲，内端部分较其余部分厚 2-3 倍，其中最厚而短的部分类似于远盲蚓属 Amynthas 等属受精囊的坛管和下部薄而长的盲管；盲管外与膨腔内的背面连接，但其腔并不与膨腔近内端融合，膨腔小而短，类囊状，始终较坛宽短，其外端圆而不大；当受精囊与体壁分开时，其开口在其内端可能露出一个微小的孔；副性腺具弹性，厚盘状，始终凸出于体壁进入体腔，与外生殖乳突相对应，很少内外不一致（图 349）。

体色：活体背面暗蓝色或带淡红色的暗蓝色，腹面色淡，环带淡红色或粉红色。

命名：本种以模式产地命名。

模式产地：朝鲜。

中国分布：辽宁（鞍山、沈阳）。

讨论：本种与日本杜拉蚓 D. japonica japonica 在许多方面极为相似，但在体型、雄孔突、受精囊管的长度和厚度上有很大的不同。具体来说，本种 I-IX 节较日本杜拉蚓长，且本种该区域的形状为圆柱形，而日本杜拉蚓为较短的卵球形且环带前稍有收缩，至少在同等大小的蚯蚓中，本种此区域体节的长度较日本杜拉蚓长。另外，2 个物种雄孔的位置虽然相似，但本种的雄孔突要大得多，乳头状或者更像阴茎，而日本杜拉蚓为一个小的椭圆形隆起。雄孔突的近端位置也不同：本种位 X 节后 1/3 或 1/2，而日本杜拉蚓则是 X 节后 1/5。最后，2 种蚯蚓的受精囊管长度略有差异。

本种也与平展杜拉蚓 D. propatula 相似，但主要在体型、雄孔突、受精囊管的长度和厚度方面不同。本种与日本杜拉蚓和平展杜拉蚓 2 个物种之间的差异明显较日本杜拉蚓和平展杜拉蚓之间的差异大。

### 372. 临海杜拉蚓 *Drawida linhaiensis* Chen, 1933

*Drawida linhaiensis* Chen, 1933. *Contr. Biol. Lab. Sci. Soc. China (Zool.)*, 9(6): 211-216.

*Drawida linhaiensis* Gates, 1935a. *Smithsonian Mis. Coll.*, 93(3): 4.

*Drawida linhaiensis* 徐芹和肖能文, 2011. *中国陆栖蚯蚓*: 58-59.

*Drawida linhaiensis* Xiao, 2019. *Terrestrial Earthworms (Oligochaeta: Opisthopora) of China*: 370-371.

外部特征：体长 37-58 mm，宽 3-4 mm。体节数 138-144。口前叶前叶式。背孔缺失。环带不明显，位 X-XIII 节，色淡，XII、XIII 节腹面及雄孔间少腺肿。刚毛 4 对，中等大但镜下不明显，*aa* 约为 1 mm，*ab*=*cd*，*aa*=9*ab* 或 10*ab*，*aa*≈*bc*，背间隔为 7/11-11/18 节周，VIII-X 节 *ab*、*cd* 略向腹移，VI、VII 节 *aa* 宽。雄孔位 10/11 节间的横裂缝内，具 1 凸起的阴茎，在防腐剂中常部分凸出，几近占满阴茎腔；阴茎大，横卵圆形，末端渐圆，绝不尖，为 1 圆突状突起，位于 *d* 毛腹侧，占 *a*、*d* 毛间距的 2/5；靠外侧在 *d* 毛线上或 *d* 毛腹向，其顶端前侧具 1 小孔。受精囊孔 1 对，位 7/8 节间腹面 *c* 毛线上或 *c* 毛线侧方，直接在表面的大裂缝开口，孔前壁常光滑，有时孔周围环绕有隆起的腺状皮。VIII-X 节具对称生殖乳突对；VIII 节腹侧 *b* 毛前侧方具 2 个乳突，或位 *b*、*c* 毛间近 *b*

毛；X 节腹侧具 4 个乳突，2 个紧靠 *ab* 毛前，另 2 个位于 *b*、*c* 毛间，略向体节后缘，紧靠雄孔，偶尔 IX 节 *a*、*b* 毛前另有 1 对乳突。乳突具圆腺体部分，光滑，石板灰色，直径为 *ab* 间距的 2-3 倍，常深凹陷。雌孔 1 对，小裂缝样开口，位 11/12 节间沟，靠近 XII 节前缘，位 *b* 毛线或 *b* 毛线侧方，为 1 极小的裂缝状开口（图 350）。

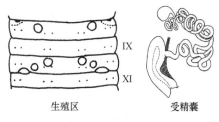

图 350　临海杜拉蚓（Chen，1933）

内部特征：隔膜 5/6-8/9 极厚，富肌肉；9/10 薄，仅存于 X 节背面的后 1/3；10/11 位 XI 与 XII 节之间，11/12 仅存于 XII 节中央部分，形成卵巢腔，但背面不相连；12/13-14/15 或 15/16 位 XIII-XV 或 XVI 节各节后部；15/16 或 16/17 之后正常。砂囊 3 个，位 XIII-XVI 节；或 4 个，第一个小，肌肉少，后三个大，壁厚，具小纵脊。肠大，淡黄色或暗褐色。心脏 4 对，位 VI-IX 节。精巢囊 1 对，大，位隔膜 9/10 上，圆形或长形。精巢丛生，靠近漏斗前侧。输精管在隔膜 9/10 前多盘绕，穿过隔膜后笔直通入膨部基部到其内端。精管膨腔硕大且长，位于肠与卵巢腔下，其内端 1/4 膨大而圆，具厚腺壁，其外端 1/4 细且无腺壁。阴茎具肌肉，其非腺体上皮延续到阴茎腔内表面。卵巢腔由隔膜 10/11 和 11/12 围成，背侧分离约 2/3 体节长。卵巢极发达。受精囊坛及坛管位于隔膜 7/8 后面，但膨腔在隔膜前；坛小，或略大，位于肠中部位置；坛管细长多盘绕，连于膨腔内端侧面；膨腔小，呈球状，其末端大而圆，黄色，壁厚富肌肉，腔大，中央有不规则的凸出的脊，膨腔的外侧有一半与中隔紧密结合，嵌在体壁内。具与日本杜拉蚓 *Drawida japonica japonica* 相似的生殖腺，生殖腺球形，大时直径约 4 mm，小时可嵌于体壁内，每个腺体外囊与体壁相连，有粗导管与其乳突直接相连（图 350）。

体色：具淡蓝色的亮灰色或灰白色，在皮下可见不规则的模糊白斑（肠结构）；前 7 或 8 体节淡黄色或苍白色，体后 1/3 灰白色；体前中部背血管明显可见，但不如腹面明显；体前中部沿腹中线神经下血管极明显，后部淡白色；环带体节略苍白色。

命名：本种以模式产地命名。

模式产地：浙江（临海）。

模式标本保存：曾存于国立中央大学（南京）动物学标本馆，疑遗失。

中国分布：浙江（临海）。

讨论：本种与南昌杜拉蚓 *D. gisti nanchangiana* 和管状杜拉蚓 *D. syringa* 有显著区别：①横卵圆形阴茎更靠近背部；②受精囊腔通常较小，位于隔膜前；③生殖乳突排列清晰；④隔膜 10/11 和隔膜 11/12 的间隔宽。它们之间还有其他一些细微的差别，如刚毛和血管的特征。

### 373. 森林杜拉蚓 *Drawida nemora* Kobayashi, 1936

*Drawida nemora* Kobayashi, 1936. *Sci. Rep. Tohoku Univ.*, 4: 141-146.

*Drawida nemora* Kobayashi, 1940. *Sci. Rep. Tohoku Univ.*, 15: 272-273.

*Drawida nemora* 徐芹和肖能文, 2011. *中国陆栖蚯蚓*: 59-60.

*Drawida nemora* Xiao, 2019. *Terrestrial Earthworms (Oligochaeta: Opisthopora) of China*: 371-372.

外部特征：体长 65-120 mm，宽 4-5 mm。体节数 165-200。口前叶前叶式，窄而长。无背孔。肾孔在高倍放大镜下几不可见，与 $d$ 毛成一直线。环带位 X-XIII 节，腺体厚，略隆起，略向前后延伸至邻近的 IX 和 XIV 节，IX 和 XIV 节腹面少腺肿。环带及环带前体节略长。刚毛自 II 节始，小，密生对，刚毛线略隆起，环带后外刚毛束特别明显；环带前，有时环带上的略小，$aa$ 较 $bc$ 略宽，$ab$ 与 $cd$ 几近相等或较 $cd$ 略宽，$dd$ 等于 4/7-5/8 节周；受精囊区 $aa=$ (1.15-1.25)$bc$，$ab=cd$，$dd=0.625$ 节周；环带区 $aa=$ (1.32-1.33)$bc$，$ab=cd$，$dd=0.6$ 节周；体中部 $aa=$ (1.4-1.42)$bc$，$ab=cd$，$dd=0.57$ 节周；刚毛 "S" 形，两端略 "S" 形弯曲。雄孔 1 对，位 10/11 节间 $b$ 与 $c$ 毛间近 $b$ 毛，为极大的横裂缝；作为第二雄孔的阴茎圆锥状，常不可见；位 X 和 XI 节前后约 1/3（体环不完全）表皮增厚的瘤状突上，具一并不尖锐的圆锥状突出；圆锥状突出的根部横卵形，分界不明显，每侧节间沟连续不明显。受精囊孔 1 对，小，为纵裂缝，位 7/8 节间，紧靠 VII 节后缘正对 $c$ 或 $c$ 毛线上；此区常为新月形凹陷，有时新月形凹陷前缘略隆起，形成正对孔的前唇。VI-XIII 节具生殖乳突，外表常不显，或有时全缺；若有，则排列规则；受精囊孔附近 1-3 对，或 VI-XIII 节的一些体节每节 1-2 对，如 1 对，则正对 $a$ 毛或正对 $c$ 毛；如 2 对，则两种情况均有之；乳突只在侧面或腹中部，绝不在背面，乳突小，一般不显，淡白色或苍白色；环形瘤突略突出于体表，有时略凹进体壁，更常见的为外表不易见到，但解剖后，呈现出卵圆形腺体与外部乳突相连；很少全缺。雌孔 1 对，横裂缝状，小，在放大镜下易辨认，位 11/12 节间，精确地讲，位 XII 节前缘正对 $b$ 毛线上（图 351）。

内部特征：隔膜 5/6-8/9 厚，7/8/9 更厚，8/9 位 IX 节中部，余者薄膜状，9/10 和 10/11 分别在 X 和 XI 节后部，10/11 和 11/12 背面连合形成卵巢腔。咽腺中等厚，分成 2 层，位 III 和 IV 节，由韧带与体壁相连。砂囊 3-5 个；若 3 个，位 XIII-XV 节；若 4 个，位 XII-XV 节；若 5 个，位 XII-XVI 节；光滑，淡褐色或金黄色，光亮，中间的砂囊厚圆形，第一个和最末的杯状，有时此两砂囊中的 1 个或 2 个比中间的少肌肉；各砂囊相互结合紧。大肾管首 2 节和后几节及 XII 节缺失，VI-IX 节的大，X 和 XI 节的相当小，肾管囊长，延伸至背侧或越过对侧，长 3-6 mm。背血管直径大，最末砂囊后具血窦。心脏 4 对，位 VI-IX 节，与背腹血管相连，连接血管直径大，IX 和 X 节连接成对，具食道侧血管，全部与隔膜游离，贴附在食道上。精巢囊 1 对，悬于 IX 与 X 节，IX 节的部分略小于 X 节的部分，有时此两部分几近相等，近中部颈状收缩，食道侧面尤为明显，整体几近矩形，前后长 4-6 mm，宽 2-4 mm，IX 节部分长 1.8-2.2 mm，X 节部分长 2-4 mm，表面淡黄色或淡黄白色，具颗粒状。精巢大，几近圆形；精漏斗淡白色且闪光，位于每囊腹侧精巢后；输精管长，中等盘绕，在 IX 与 X 节前绕过最末对心脏，穿过隔膜进入 X 节，并靠近 X 节肾管，最后穿过前列腺前侧下部，直接与阴茎基部相连。前列腺厚卵状或圆盘状，无柄，占 X 与 XI 节大部分，约占 1.67 体节，X 与 XI 节前后剩下很少的一段，有时，盘背面略圆，

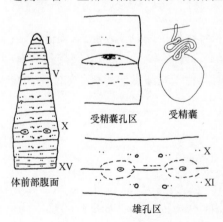

图 351　森林杜拉蚓（Kobayashi, 1936）

蛋糕状，直径 1.2-2.5 mm，表面光滑，黄白色；阴茎小，呈不尖的圆锥形，深藏于前列腺相当宽的基部腹中央，几乎占满整个阴茎腔，阴茎顶端为一大横裂缝。卵巢腔位 XI 节，由隔膜 10/11 和 11/12 围成，背面完全相接，腹面间隔颇宽，以"U"形包绕食管。卵巢 1 对，莲座状，略伸达 XI、XII 节之间背侧，包裹在砂囊两侧；在 XII-XIII 或 XIV 节，盘绕、扁平或倒钟形，中等深黄色，充满成熟卵；若淡白色且很少含卵，则后部窄小，似一个相当大的口；XI 与 XII 节前面厚，具 2 个腺脊，从囊口延伸至卵巢腔的中侧；中部厚短，淡白色，向外延伸至体壁与侧脊下部相遇；卵囊两脊连合形成沟，作为输卵管的开口。受精囊 1 对，位隔膜 7/8 后面；坛壁薄，大圆形，直径 1-2 mm，充满生殖产物，向下侧直立一长而细的管，较易区分，连续不规则地松散盘绕，最后不越过精管膨腔，直接笔直进入体壁；其最外部分藏在体壁内，常略延伸越过 7/8 节间沟进入 XII 节（图 351）。

体色：背面暗蓝色，腹面浅灰黄色，环带与腹面相似。

命名：本种以其生境命名。

模式产地：辽宁（沈阳）。

中国分布：辽宁（沈阳）、吉林（长春、图们）。

生境：森林。

讨论：本种无受精囊腔和圆形盘状前列腺，似与 *Drawida rara* 有关系，但由于同一作者的记录[具受精囊腔遗痕（1926 年和 1931 年）或受精囊腔是否存在尚不确定（1933 年）]，它们的相似性不多：本种在生殖标记、受精囊管最外端的位置、砂囊的位置以及体型等方面不同于后者。

本种在以下几方面明显区别于朝鲜杜拉蚓：①身体外部特征；②由 X 和 XI 节前后缘形成的不突兀的圆锥形结节顶部具 1 大横裂缝样第二雄孔；③表面光滑的盘状前列腺；输精管经过前列腺的前侧与小阴茎的前基部连接，进入前列腺的腹中部；④受精囊孔位于 VII 节后缘（在大多数情况下，呈新月形），纵向缝极细，位于 *c* 毛线或正对 *c* 毛线；⑤无受精囊腔，受精囊管最外侧埋入体壁，末端经过 7/8 节间沟；⑥大多数情况下，生殖乳突小，淡白色，1 对，有时多 1 个，位 VI-XIII 节各节或部分，正对 *a* 毛或 *c* 毛，多数情况下，受精囊孔附近集中 1-3 对乳突。

## 374. 尼泊尔杜拉蚓 *Drawida nepalensis* Michaelsen, 1907

*Drawida nepalensis* Michaelsen, 1907. *Jahrbuch der Hamburg*, 24(2): 143-188.

*Drawida nepalensis* Gates, 1972. *Trans. Amer. Philos. Soc.*, 62(7): 256-257.

*Drawida nepalensis* Xiao, 2019. *Terrestrial Earthworms (Oligochaeta: Opisthopora) of China*: 372-373.

外部特征：体长 78-130 mm，宽 4-5 mm。体节数 129-180。环带位 IX-XIV 节。刚毛 *aa* 等于或稍大于或小于 *bc*，*dd* 等于或略大于 1/2 节周。雄孔明显，位 *b*、*c* 刚毛线中部，通常各孔位于或靠近 1 指向 X 和 XI 节独立孔突的突起腹面。受精囊孔 1 对，小，横裂样，位 7/8 节间正对 *c* 毛中部。生殖标记小，1 小环形半透明区域位于各孔突侧面或前面，1 类似区域位于各受精囊孔正前，另外，表皮上的灰色或白色区域厚或薄，各孔突前后各 1，其他（若存在）位 VII-XI 节，对生或不成对。

内部特征：砂囊 2-4 个，位 XII-XX（或 XXIII）节，部分或全部位于不连续的体节。肠始自 XXVII（±1）节。隔膜后的输精管部分加厚且卷曲，或较精巢囊大，直接进入前列腺的末端。前列腺长 2-4 mm，细长棒状，内侧稍宽并逐渐变宽，腺体嵌于体壁。受精囊管囊状，长 3-5 mm，外部呈不同长度柄状。雄孔区和受精囊孔区的生殖标记腺球状，具半透明壁。

体色：标本无色。

命名：本种以模式产地命名。

模式产地：尼泊尔。

模式标本保存：印度博物馆。

中国分布：云南。

生境：森林。

讨论：从生殖标记腺和受精囊管来看，本种与 *Drawida papillifer* 相似。

### 375. 峨眉杜拉蚓 *Drawida omeiana* Chen, 1946

*Drawida omeiana* Chen, 1946. *J. West China Bord. Res. Soc.*, 16(B): 84-85.

*Drawida omeiana* 徐芹和肖能文, 2011. *中国陆栖蚯蚓*: 61.

*Drawida omeiana* Xiao, 2019. *Terrestrial Earthworms (Oligochaeta: Opisthopora) of China*: 373-374.

外部特征：体长 40-60 mm，宽 2.5-3.3 mm。体节数 100-118。环带位 X-XIII 节，也延伸至邻近的 IX 和 XIV 节，腺肿。刚毛短，$aa=1.2ab$，$ab=cd$，$dd=5/11$ 节周。雄孔位 10/11 节间 $b$、$c$ 毛间，一般无孔突；孔更靠 X 节后缘，其前后侧为邻近 2 体节的唇状隆起，有时每孔后侧具 1 皮褶，皮褶在外部几乎不可见。此区无生殖乳突。受精囊孔 1 对，位 7/8 节间腹面与 $c$ 毛间隔 $cd$ 毛间距，无生殖乳突或偶 1 孔后具 1 单乳突（图 352）。雌孔 1 对，位 11/12 节间靠近 $b$ 毛侧面。

内部特征：隔膜 5/6-8/9 厚肌肉质，9/10 薄。砂囊 3 个，均明显。末对心脏位 IX 节。精巢大，肾形，宽约 2 mm，悬于隔膜 8/9 上，每侧输精管以螺旋线方式终止在前表面，以 1 个或 2 个盘绕到下侧穿过后侧，然后进入体壁，并沿雄精管膨腔壁注入其内部后面的腔。前列腺指状，长约 2 mm，厚 0.2-0.3 mm，表面瘤状。卵囊长，延伸至最后砂囊后 7 节或 8 节，均充满生殖物质，未成熟种极细长。受精囊坛大，圆，宽 0.5-0.8 mm；坛管在隔膜 7/8 后部多曲，展开长约 4 mm。精管膨腔拇指状，极不明显，大部分嵌入体壁组织，长约 0.2 mm；管在内侧通入。

体色：一般苍白色，背侧淡灰色，腹侧苍白色，环带浅红色。

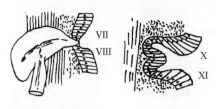

受精囊腔与体壁剖面图　　　雄孔区

图 352　峨眉杜拉蚓（Chen，1946）

命名：本种以模式产地命名。

模式产地：四川（峨眉山）。

模式标本保存：曾存于中研院动物研究所（重庆），疑遗失，毁于战争。

中国分布：四川（峨眉山）。

生境：常见于山上海拔约 2000 m 的地区。

讨论：从外观上看，本种与葛氏杜拉蚓 *Drawida*

*grahami* 相似，但本种一般体型更小，更细弱，另外本种的雄孔突与葛氏杜拉蚓相似，但本种孔突上无雄孔。本种与葛氏杜拉蚓的主要区别是：①前列腺并非无柄，而是指状柄；②受精囊腔小；③生殖乳突缺失。

### 376. 平展杜拉蚓 *Drawida propatula* Gates, 1935

*Drawida propatula* Gates, 1935b. *Lingnan Sci. J.*, 14(3): 449-450.

*Drawida propatula* Kobayashi, 1940. *Sci. Rep. Tohoku Univ.*, 15: 265-267.

*Drawida propatula* 徐芹和肖能文, 2011. *中国陆栖蚯蚓*: 61-62.

*Drawida propatula* Xiao, 2019. *Terrestrial Earthworms (Oligochaeta: Opisthopora) of China*: 374.

外部特征：体长 73-130 mm，宽 4-5 mm。体节数 149-179。环带位 IX-XIV 节，明显，中等腺肿。刚毛小，密生对，自 II 节始，前部较后部粗黑，尤其是 II-X 节或 XI 节 $a$ 毛和 $b$ 毛；XX 节 $aa$ 小于 $bc$。雄孔 1 对，小，横裂缝状，位 X 节，距 $b$ 毛较 $c$ 毛近，靠近 10/11 节间较刚毛圈更近；孔在 1 极小的卵形或圆形淡白色乳突上，乳突在 1 小卵形皮肤隆起上，界线不明显；雄孔前缘不达 X 节的后 1/3，后缘恰在 10/11 节间沟，节间沟略向后移，一般与日本杜拉蚓 *Drawida japonica japonica* 相似。受精囊孔位 VII 节后缘新月形凹陷内，正对 $c$ 毛或有时位 $b$、$c$ 毛间近 $c$ 毛；孔小，纵、斜或横裂缝状，裂缝内一般具 1 极小的乳突。生殖乳突与日本杜拉蚓相似：位 VII-XI 节，较常见在 VIII-X 节，不常在 XI 节，VII 节相当少；1-8 个，多为 3-5 个，X 节的常成对，并不总是严格对称；多数情况下，XI 节腹中部单个，其他体节的位置常变。雌孔位 XII 节最前缘 $ab$ 毛线上，几不可见。

内部特征：隔膜 5/6-8/9 甚厚，余者薄，呈膜状，9/10 和 12/13 略后移，10/11 的背面部分前移到 XII 节前部，余者正常。砂囊 2 个，位 XII-XIII 节。精巢囊由于隔膜 9/19 的限制，大部分在 IX 节，长 1.9-2.5 mm，宽 1.3-2.0 mm；输精管短，具几疏环，恰好进入前列腺中部的体壁，长 5-7 mm。前列腺拇指状，外端 1/3 常略收缩，表面具中等瘤突，长 1.8-2.6 mm，宽 0.8-1.2 mm，中央细管状。卵巢腔背面闭合，与体壁侧面相连，腹面相隔宽。卵囊念珠形或指状，后伸达 XVI-XIX 节，后具一棒状尾。受精囊具精管膨腔（纳精囊），位隔膜 7/8 后；坛球形，直径 0.8-1.3 mm；坛管长 8-10 mm，盘绕，与坛无明显界线，外端进入精管膨腔中侧面，精管膨腔茎高 1.0-1.8 mm，与坛宽相差无几。副性腺壁硬，无柄，且适当突出体腔。

体色：在福尔马林溶液中无色，或由于消化道内容物而呈均匀的淡蓝色，环带淡红色。

模式产地：江西（九江）。

模式标本保存：美国国立博物馆（华盛顿）。

中国分布：吉林（延吉）、江西（九江）。

讨论：本种与最相似的日本杜拉蚓 *Drawida japonica japonica* 的区别在于较大的体型和长棒状的卵巢尾。

### 377. 中国杜拉蚓 *Drawida sinica* Chen, 1933

*Drawida sinica* Chen, 1933. *Contr. Biol. Lab. Sci. Soc. China (Zool.)*, 9(6): 205.

*Drawida sinica* Gates, 1935a. *Smithsonian Mis. Coll.*, 93(3): 4.

*Drawida cheni* Gates, 1935b. *Lingnan Sci. J.*, 14(3): 450-451.

*Drawida sinica* Gates, 1939. *Proc. U.S. Nat. Mus.*, 85: 414.

*Drawida sinica* 徐芹和肖能文, 2011. *中国陆栖蚯蚓*: 62.

*Drawida sinica* Xiao, 2019. *Terrestrial Earthworms (Oligochaeta: Opisthopora) of China*: 374-375.

外部特征：体长 50-95 mm，宽 2.2-3.2 mm。体节数 175-202。口前叶前叶式。背孔缺失。环带后背中线不明显；肉眼观察表皮光滑；但在高倍放大镜下，整个身体具很多孔洞或筛状小孔纹，每个小孔为 1 个腺细胞，与合胃蚓属 *Desmogaster* 物种表皮相似。环带不明显，X-XIII 节表皮略厚，仅腹侧显著，无腺肿，淡白色。刚毛极小，几不可见或在放大镜下为 1 小窝，II 节可见或不可见，第 1 节和最后 2 节缺失，其余体节基本一致；*aa=bc* 或 *aa* 比 *bc* 略窄，*ab=cd*，*dd* 背面距离略小于节周之半。雄孔 1 对，位 10/11 节间 *b*、*c* 毛间约近 *c* 毛 2/5 处的大横裂缝中，具 1 圆锥状阴茎，阴茎回缩时常不可见；阴茎小，长约 0.18 mm，基部宽，向顶部渐窄，末端圆或横平顶（不尖），阴茎基部间体壁常环状收缩，在此情况下不外翻。雄孔小，位于阴茎顶或略侧面。雌孔 1 对，位 11/12 节间 *b* 线上，明显。生殖乳突小，一般位 VIII-XI 节，排列有规律，或腹中部 *a*、*a* 毛间不成对，或腹侧面 *b*、*c* 毛间成对；VIII、IX 和 XI 节腹中部常见 1 个，近体节前部；VIII 和 XI 节腹侧面近 *b* 毛各 1 个，近体节前半部；XI 节有时缺失；IX 节体节前半部近 *c* 毛各 1 个；X 节体节后部常具另外 1 对，位于前对线或前对略中部；乳突均很小，宽约 0.1 mm，为 1 横卵形凹斑，乳突中央具 1 个无色素小斑，乳突太小，容易被忽略（图 353）。

内部特征：隔膜 5/6-8/9 颇厚且略向节间沟后移，5/6 前 2 隔膜退化可见，9/10 在 X 节后部 1/3，10/11 在 XI 节后缘，11/12 在 XII 节中部或后部，围成卵巢腔，背面不相接，12/13、13/14、14/15、15/16、16/17 或 17/18 向后类推 1 体节或少许，分别嵌入 XIII-XVII 或 XVIII 节后部，由砂囊挤压所致。砂囊常 3 个，位 XII-XVI 节，或 4 个，位 XI-XVI 节；若 3 个，在 XI 或 XI-XII 节具 1 壁薄的遗痕。心脏 4 对，位 VI-IX 节。精巢囊 1 对，悬挂在隔膜 9/10 上，两侧部分相等，前后长且尖，背面凸，腹面凹，形成脐状，淡黄色，前后长约 3 mm。精巢 1 对，大，丛生状，位腹中侧，精漏斗略前方具若干大叶，精漏斗为 1 厚壁的囊，输精管自精漏斗伸出，在隔膜前方形成复杂的团或 2 个卷绕，绕过最后心脏，穿过隔膜 9/10 进入 X 节，在隔膜形成不太复杂的另一个卷绕，然后急剧扩大成壁厚的精管膨腔，精管膨腔急剧折回，两侧紧密拧绞在一起如绳索状，朝向末端渐窄，穿过体壁通入阴茎。卵巢腔由隔膜 10/11 和 11/12 围成，背面及侧面宽，腹中部窄。受精囊腔极独特，为 1 长管，在平面上 "Z"

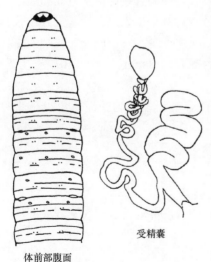

受精囊

体前部腹面

图 353　中国杜拉蚓（Chen，1933）

形紧密环绕，约 4 环或更多环，游离在隔膜 7/8 前体腔内；受精囊腔大，形状不规则。受精囊坛与坛管位于隔膜表面后部，坛小或中等大，紧靠肠背侧，坛管细长，多卷绕（图353）。

体色：由于肠内容物和血管，背面分布有不规则亮蓝灰色；由于体厚、隔膜的原因，前端苍白色，沿背中线暗浅绿色。

命名：本种以模式产地位于中国命名。

模式产地：江西（南昌）。

模式标本保存：曾存于国立中央大学（南京）动物学标本馆，疑遗失。

中国分布：江西（南昌）。

生境：本种采集自南昌的墓地，土壤紧实，被覆草丛。

讨论：本种采集于南昌的墓地，陈义认为在江西或其邻近地区一定还有此种分布。值得注意的是，它的精管膨腔和受精囊腔与该地区记录的其他蚯蚓有极大差异，这使它成为一个独特的种。

### 378. 深沟杜拉蚓 *Drawida sulcata* Zhong, 1986

*Drawida sulcata* 钟远辉, 1986. *动物分类学报*, 11(1): 28-31.
*Drawida sulcata* 钟远辉和邱江平, 1992. *贵州科学*, 10(4): 39.
*Drawida sulcata* 徐芹和肖能文, 2011. *中国陆栖蚯蚓*: 64-65.
*Drawida sulcata* Xiao, 2019. *Terrestrial Earthworms (Oligochaeta: Opisthopora) of China*: 376-377.

外部特征：体粗壮，两端尖细。体长 60-86 mm，宽 9-12.5 mm。体节数 71-108。每一体节不分环，III-XI 节较其他体节稍宽。口前叶前叶式。无背孔。体表面光滑无乳突。体壁较厚，节间沟深。刚毛各体节 4 对，较细，靠近腹面；$aa$=（1.2-1.5）$bc$，$ab=bc$，$aa$=（9-12）$ab$，$dd$=（2/3-3/4）节周。雄孔 1 对，位 10/11 节间沟的交配腔内，交配腔孔位 $b$、$c$ 毛间且稍近 $c$，孔呈眼状或卵圆形，若为卵圆形，则内端比外端略小；交配腔孔前后皮肤隆肿，其上有细的纵行沟纹；交配腔内有一约呈圆锥状的阴茎，若阴茎翻出于交配腔，交配腔内壁可见。受精囊孔 1 对，位 7/8 节间沟的一个深而窄的由体壁凹陷形成的受精囊腔内；受精囊孔圆形，在囊腔后壁 VIII 节上一个较大的乳突上；受精囊腔孔呈裂缝状，位 $c$、$d$ 毛之间的中线上，将节间沟拨开，即可看到。雌孔 1 对，位 11/12 节间沟内，小裂缝状，位 $a$、$b$ 毛中线上（图 354）。

内部特征：隔膜 2/3-4/5 痕迹状、可见，5/6-9/10 较厚，10/11、11/12 连合成卵腔，12/13 及其后隔膜膜状。砂囊 3 个，位 XII-XIV 或 XI-XIV 节。肾管为大肾管，除 I-II 节和最末 3 体节没有外，余每节 1 对（X 节亦有）；从 III 节起，每一条肾管均在 $c$、$d$ 毛间的连线上，稍近 $d$ 毛处入体壁，排列成整齐的一行。心脏 4 对，位 VI-IX

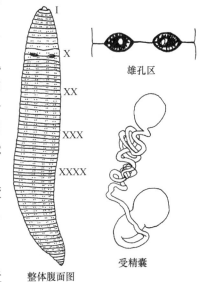

**整体腹面图**

**雄孔区**

**受精囊**

图 354　深沟杜拉蚓（钟远辉，1986）

节，各对粗细一致。精巢囊长圆形或厚的扁圆形，悬于隔膜 9/10 上，IX、X 节各占一半；输精管从精巢囊下方通出后，盘曲于隔膜 9/10 背面，下行一小段距离后，穿到隔膜 9/10 前面，在心脏内侧盘曲向下，到近体壁处，转向外侧，越过心脏，再穿过隔膜 9/10 向后，在 X 节内通入前列腺；输精管长 10-12 mm，直径约 0.3 mm。前列腺表面光滑，致密，表面被覆一层极薄的结缔组织，长 5.0-6.8 mm，直径 1.0-1.2 mm，呈"つ"形弯曲，从后上方通入交配腔。交配腔突入体部分呈半圆形隆起，直径 2.0-3.0 mm；阴茎从腔壁后上方突出，约圆锥形，长 1.0-1.8 mm，直径 0.8-1.2 mm，基部略小，尖端常向外侧弯曲，雄孔开口于端部。交配腔内壁多皱褶，常可突出于交配腔孔。卵巢位于隔膜 10/11 与 11/12 愈合成的"U"形卵腔内，卵腔的前壁（隔膜 10/11 后壁）着生有丛状、由背方向腹面排列成一列的卵巢，卵腔的后壁（隔膜 11/12 前壁）呈腺体状增厚，并形成许多皱褶。输卵管短，位 11/12 节间 $a$、$b$ 毛线上，通到体外。卵囊牛角形，向外方弯曲，长 2-3 mm，覆于砂囊背面 XII 或 XII-XIII 节内。受精囊坛位于隔膜 7/8 背方，圆球形，直径 1-2 mm，在成熟个体的坛内有 1 个比坛稍小的圆球形结构，具 1 乳白色精荚；受精囊管从坛下方通出后，约经 0.5 mm 的距离，即盘绕成团，管间有结缔组织连接，管长 15-16 mm，直径 0.2-0.3 mm，近受精囊腔段稍粗；受精囊腔圆柱形，稍扁，长 1.5-2.0 mm，直径 1.0-1.2 mm；受精囊腔突入体腔部分，亦呈半圆形隆起，直径 1.5-1.8 mm；体腔的后底壁内有一较大的乳突，受精囊孔开口于端部，孔大、圆形，孔腔呈漏斗状（图 354）。

体色：在福尔马林溶液中褐色，腹背一致。

命名：本种依据具深节间沟而命名。

模式产地：云南（哀牢山）。

模式标本保存：四川大学生物系。

中国分布：云南（哀牢山）。

生境：本种采集自海拔 1850-1950 m 的地区。

讨论：本种与 *Drawida decourcyi* 相似，但在以下方面与后者不同。①输精管短（10-12 mm），屈曲为一平面；后者管长（640 mm），簇形卷曲，较精巢囊长。②砂囊 3 个，位 XI-XIV 节或 XII-XIV 节；后者 7-9 个，位 XIV-XXVII 节。

### 379. 管状杜拉蚓 *Drawida syringa* Chen, 1933

*Drawida syringa* Chen, 1933. *Contr. Biol. Lab. Sci. Soc. China (Zool.)*, 9(6): 203-205.
*Drawida syringa* Gates, 1935a. *Smithsonian Mis. Coll.*, 93(3): 4.
*Drawida syringa* 徐芹和肖能文, 2011. *中国陆栖蚯蚓*: 65.
*Drawida syringa* Xiao, 2019. *Terrestrial Earthworms (Oligochaeta: Opisthopora) of China*: 377.

外部特征：体长 50-100 mm，一般长于 80 mm，宽 2.5-3.0 mm。体节数 124-172。环带位 X-XII 节，腺肿状，极明显，也延伸至 IX 和 XIV 节部分。刚毛短，每体节 4 对，背中隔（*dd*）约为节周之半，腹中隔 *aa* 略小于或等于 *bc*。阴茎短，基部 2/3 粗，末端尖，当全部外翻时，尖端朝向腹中线。多数情况下腹面无生殖乳突，或仅 IX 节具 1 基部并无大隆起的乳突，但受精囊孔前后和阴茎前常具乳突，外表不明显，而隐藏在节间沟内（图 355）。

内部特征：砂囊一般 4 个或 5 个，偶 2 个或 3 个。精巢囊与输精管常态，但精管膨腔极短而宽，外端 2/3 厚腺体状，疏松，或高疣状且软。卵囊极明显，极长，后达 XXV 节（占 10-15 节）。受精囊坛圆且大，位于隔膜后表面颇低位置，其管通入精管膨腔外侧。受精囊腔短粗，棍棒状，位于隔膜 7/8 后（图 355）。

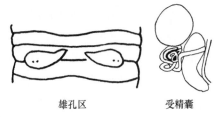

雄孔区　　　　受精囊

图 355　管状杜拉蚓（Chen，1933）

体色：在福尔马林溶液中背面暗肉色或淡灰色，环带略紫红色。

命名：本种可能依据卵囊特征命名。

模式产地：浙江（奉化、临海）。

模式标本保存：南京大学。

中国分布：浙江（宁波奉化、台州临海）。

讨论：本种曾被误认为是天锡杜拉蚓 D. gisti gisti 的一个变种，但根据以下特征，本种应作为一个独立的种：①身体的一般形态；②粗短的阴茎；③一般天锡杜拉蚓生殖乳突位于腹侧，而本种缺；④本种砂囊数量更多而天锡杜拉蚓无此情况；⑤更短和更大的精管膨腔，膨腔表面具高疣突；⑥卵囊极长。

# 八、寒蟥蚓科 Ocnerodrilidae Beddard, 1891

Ocnerodrilidae Beddard, 1891. *Annu. Mag. Nat. Hist.*, 7(6): 88-96.
Ocnerodrilidae Gates, 1972. *Trans. Amer. Philos. Soc.*, 62(7): 267-268.
Ocnerodrilidae Xiao, 2019. *Terrestrial Earthworms (Oligochaeta: Opisthopora) of China*: 379.

外部特征：刚毛对生。环带多层，位 XIII、XIV-XVII、XX 节，环状。雄孔位 XVII 或 XVIII 节；前列腺孔 1-3 对，不固定分布于 XVII、XVIII、XIX 节；个别情况下雄孔和前列腺孔后移 3 节，罕见雄孔和前列腺孔合并且开口于 XVIII 节。受精囊孔位 7/8 或 8/9 节间或两者都有，偶尔缺。生殖孔偶不成对，位于腹中线上。

内部特征：食道具对生盲管或不成对腹囊，位 IX 或 IX 和 X 节（具钙腺和乳糜囊）。

国外分布：美洲（美国加利福尼亚州和亚利桑那州到智利和阿根廷的中部）、非洲（埃及、利比亚和上几内亚到马达加斯加、南非夸祖鲁-纳塔尔省、塞舌尔群岛）、亚洲（印度南部）。

中国分布：江苏、浙江、四川、海南、台湾。

中国有 4 属 4 种。

## （二十六）角蚓属 *Eukerria* Michaelsen, 1935

*Kerria* Beddard, 1892a. *Proc. Zool. Soc. London*, 45: 685.
*Kerria* Stephenson, 1930. *The Oligochaeta*: 859.
*Eukerria* Michaelsen, 1935. *Journal of Natural History*, 15(85): 100-108.
*Eukerria* Gates, 1972. *Trans. Amer. Philos. Soc.*, 62(7): 269.
*Eukerria* Xiao, 2019. *Terrestrial Earthworms (Oligochaeta: Opisthopora) of China*: 379.

模式种：*Kerria halophila* Beddard, 1892

外部特征：刚毛密生对。雄孔位 XVIII 节。前列腺孔 2 对，位 XVII 和 XIX 节。受精囊孔 2 对，位 7/8/9 节间。

内部特征：钙腺 1 对，位 IX 节。砂囊位 VII 节，或缺。精巢 1 对，位 X 节。前列腺 2 对（罕有 4 对），与输精管分开。受精囊无盲管（常态）。

国外分布：亚热带南美洲（巴西、巴拉圭）、北美洲（墨西哥、美国加利福尼亚州）、南非（比勒陀利亚和夸祖鲁-纳塔尔省）、澳大利亚（新南威尔士州）、新喀里多尼亚（法属）和西印度群岛[圣托马斯岛（美属）]。

中国分布：台湾。

中国有 1 种。

### 380. 萨尔托角蚓 *Eukerria saltensis* (Beddard, 1895)

*Kerria saltensis* Beddard, 1895. *Proc. Zool. Soc. London*, 63(2): 225.
*Eukerria saltensis* Gates, 1972. *Trans. Amer. Philos. Soc.*, 62(7): 270-271.
*Eukerria saltensis* Shen et al., 2008b. *Endemic Species Research*, 10(1): 87-88.
*Eukerria saltensis* Chang et al., 2009. *Earthworm Fauna of Taiwan*: 150-151.
*Eukerria saltensis* 徐芹和肖能文, 2011. *中国陆栖蚯蚓*: 270.
*Eukerria saltensis* Xiao, 2019. *Terrestrial Earthworms (Oligochaeta: Opisthopora) of China*: 379-380.

外部特征：体长 33-85 mm，环带宽 1-1.5 mm。体节数 87-129。口前叶上叶式。无背孔。环带位 XIII-XX 节，环状，但腹面略薄，无节间沟。刚毛小且紧密对生（每节 4 对），XVII-XIX 节 b 毛缺。雄孔位 XVIII 节储精沟内。前列腺孔 2 对，位 XVII 和 XIX 节储精沟前后端。受精囊孔 2 对，位 7/8/9 节间侧面，靠近 c 毛（图 356）。雌孔对位 XIV 节，各孔前靠 a 毛且靠近 13/14 节间沟。生殖标记缺失。

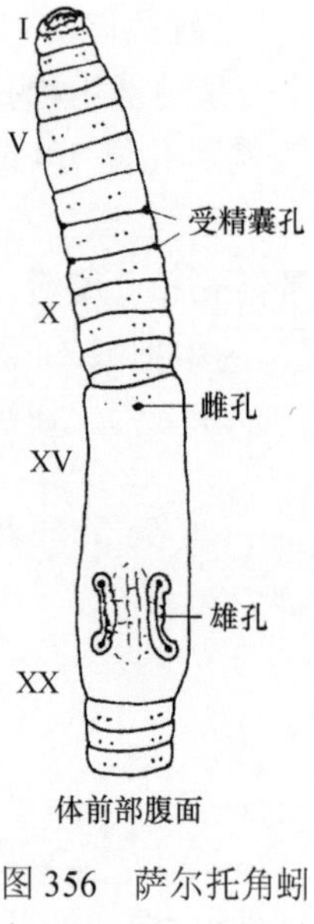

内部特征：隔膜自 5/6 始，6/7-8/9 厚。砂囊位 VII 节。钙腺 1 对，位 IX 节，壁厚，具毛细血管。肠自 XII 节始扩大。心脏位 IX-XI 节。卵巢对位 XIII 节，小。精巢囊 1 对，位 X 节，小，花样，闪亮。储精囊对位 IX 和 XI 节，小。前列腺 2 对，瘦长、管状、延伸 4-5 节。受精囊 2 对，位 VIII 和 IX 节，小；无盲管；坛圆形或卵圆形；坛管细，近坛弯曲。

体色：在福尔马林溶液中无色，环带黄色。

命名：本种依据模式产地萨尔托命名。

模式产地：乌拉圭（萨尔托）、智利（瓦尔帕莱索）。

模式标本保存：不列颠博物馆。

中国分布：台湾。

生境：本种在台湾生活于海拔 1770 m 以下的山地和丘陵地区，常见于台湾森林道路沿线。

图 356　萨尔托角蚓（Chang et al., 2009）

## （二十七）泥淖蚓属 *Ilyogenia* Beddard, 1893

*Ilyogenia* Beddard, 1893. *Quart. J. Micr. Sc. (N. S.)*, 34: 243-278.

*Ocnerodrilus* (*Ilyogenia*) Stephenson, 1930. *The Oligochaeta*: 861.

*Ilyogenia* 冯孝义, 1985. *动物学杂志*, 4(1): 46.

*Ilyogenia* Xiao, 2019. *Terrestrial Earthworms (Oligochaeta: Opisthopora) of China*: 380.

　　外部特征：体中等大。环带位 XIII-XVII 节，环状，腹面后部具"Π"形缺口。刚毛对生。雄孔位 XVII 节。前列腺孔 1 对，与雄孔连合。受精囊孔 1 对，位 7/8 或 8/9 节间。

　　内部特征：无砂囊。食道囊 1 对，位 IX 节，结构简单。精巢和精漏斗 2 对，位 X、XI 节，游离。前列腺块状。受精囊 1 对，开口于 8/9 节间沟。

　　国外分布：美国（加利福尼亚州到哥伦比亚）、巴拉圭；西印度群岛（美国部分）；热带非洲。

　　中国分布：江苏。

　　中国有 1 种。

## 381. 亚西泥淖蚓 *Ilyogenia asiaticus* (Chen & Hsu, 1975)

*Ocnerodrilus* (*Ilyogenia*) *asiaticus* 陈义等, 1975. *动物学报*, 21(1): 95.

*Ilyogenia asiaticus* 徐芹和肖能文, 2011. *中国陆栖蚯蚓*: 270-271.

*Ilyogenia asiaticus* Xiao, 2019. *Terrestrial Earthworms (Oligochaeta: Opisthopora) of China*: 380-381.

　　外部特征：体长 21-54 mm，宽 1.3-1.8 mm。口前叶 2/3 上叶式。无背孔。肾孔位 $c$ 毛腹侧。环带位 XIII-XVII 节，环状，表面光滑，无刚毛，腹面后部有一"Π"形缺口。刚毛自 II 节始，每体节 4 对，环带前 $aa=2ab<bc$，$ab \leqslant 2cd$，$dd=2.5cd$，$dd$ 为 1/5-1/4 节周；环带后 $ab$ 和 $cd$ 稍宽，$dd=3cd$。交配毛 $a$ 棒状，长 67.2 μm；$b$ 毛末端匙形，长 50.4 μm（图 357）。雄孔位 $ab$ 毛间。前列腺孔位 $b$ 毛外侧。受精囊孔位 8/9 节间 $a$ 毛线上。雌孔位 XIV 节 $a$ 毛位置。

　　内部特征：隔膜 5/6-10/11 较厚，此后均薄。咽腺极发达，可至 VII、VIII 节。无盲肠、砂囊。食道囊位 IX 节，微弱。肠自 XVI 节始扩大。大肾管，在环带前可见。心脏 2 对，位 IX、XII 节，对称；X、XI 节内环血管明显，但不对称。精巢位 X、XI 节，小，游离；储精囊大，位 XI、XII 节。前列腺 1 对，块状，表面光滑；前列腺管极短，一般位 XVII 节。受精囊位 IX 节；坛卵圆形；坛管短，具 1 个或 2 个长袋形盲管，盲管和无名管通入主管的中部（图 357）。

　　体色：体前部肉红色，体后部青灰色，环带红褐色。

　　命名：本种依据模式产地位于亚洲而命名。

　　模式产地：江苏（南京）。

　　模式标本保存：可能保存于南京大学。

　　中国分布：江苏（南京）。

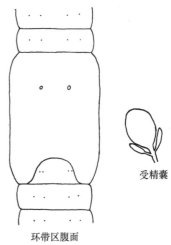

受精囊

环带区腹面

图 357 亚西泥淖蚓

（陈义等，1975）

生境：生活于潮湿土内。

讨论：本种习性与寒蠖蚓相同，具盲管，故隶属于泥淖蚓属 *Ilyogenia*。

## （二十八）舟蚓属 *Malabaria* Stephenson, 1924

*Malabaria* Stephenson, 1924. *Rec. Indian Mus.*, 26(4): 317-365.
*Malabaria* Stephenson, 1930. *The Oligochaeta*: 857.
*Malabaria* Gates, 1972. *Trans. Amer. Philos. Soc.*, 62(7): 264-265.
*Malabaria* Xiao, 2019. *Terrestrial Earthworms (Oligochaeta: Opisthopora) of China*: 381.

外部特征：刚毛紧密对生。前列腺孔 2 对，位 XVII 和 XIX 节。受精囊孔 1 对，位 8/9 节间沟。

内部特征：砂囊退化，位 VII 节。无钙腺，IX 和 X 节具 2 对管状坛室。精巢和精漏斗 2 对，位 X 和 XI 节。输精管与前列腺前部连合。受精囊无盲管。

国外分布：印度南部。

中国分布：海南。

中国有 1 种。

## 382. 光润舟蚓 *Malabaria levis* (Chen, 1938)

*Filodrilus levis* Chen, 1938. *Contr. Biol. Lab. Sci. Soc. China (Zool.)*, 12(10): 422-426.
*Malabaria levis* Gates, 1972. *Trans. Amer. Philos. Soc.*, 62(7): 265.
*Malabaria levis* 徐芹和肖能文, 2011. *中国陆栖蚯蚓*: 271-272.
*Malabaria levis* Xiao, 2019. *Terrestrial Earthworms (Oligochaeta: Opisthopora) of China*: 381-382.

外部特征：体长 80 mm，宽 1 mm。体节数 195。前 5 节较后体节短。口前叶为前上叶式。无背孔。肾孔位于每体节前缘 *b* 毛线上。环带外观不显，XIV-XX 节横切面皮下组织略厚。刚毛每体节 8 根，*ab*=*cd*=0.8 mm，*aa*=*bc*，*aa*=（3.5-4）*ab*，背中隔等于或略小于 1/2 节周。雄孔位 XVII 节，紧靠 *b* 毛侧面，常不对称地存在，一般在左侧，无特殊隆突，无其他生殖标记。受精囊孔 1 对，位 8/9 节间 *a*、*b* 毛间，孔大而简单。两孔间一般具生殖乳突，腺体部分只在剖面体壁显现，乳突略隆起，但外表几乎不可见（图 358）。雌孔对位 XIV 节 *b* 毛线上，紧靠 13/14 节间沟，两侧均存在。

受精囊

生殖区正中矢状切面

图 358　光润舟蚓（Chen，1938）

内部特征：隔膜 5/6-8/9 特别厚，9/10-11/12 略厚。咽腺极厚，位 IV-V 节，前达 VI 节。砂囊位 VII 节，欠发达，粗细不比其前食道宽，其肌性壁较食道壁厚 4-5 倍。钙腺位 VIII-X 节，无特殊囊，壁厚且具松散的结缔组织和微血管，节间收缩，为残遗钙腺；IX 和 X 节部分腹面最厚，具残遗腔，囊状部分宽 0.4 mm，背壁厚 0.06 mm，腹壁最厚约 0.17 mm。肠自 XII 节中部始扩大，无盲肠。心脏 2 对，大，位 X 和 XI 节。每体节具 1 对大肾管，大肾管几乎充满整个体节，通过半透明体壁明显可见；首对在 XIII 节出现。精巢 3 对，位 IX-XI 节，与各自隔膜腹侧相连，长约 0.25 mm，首对约为其他 2 对的 1/3 大小；精漏斗位 X 和 XI 节。储精囊自隔膜 10/11 和 11/12 后部凸出，未成熟个体分化成泡状囊，成熟个体囊完全充盈。每侧输精管体外开口紧靠前列腺孔，但不相连。前列腺 1 对，位 XVII 节，极发达，腺体部管状，极曲，长约 2.5 mm，宽 0.07 mm，无表皮，腺细胞排列为 2 层，常不对称。无交配刚毛。卵巢大，位 XIII 节，卵漏斗位隔膜 13/14 前，输卵管短。受精囊 1 对，位 IX 节；坛卵圆形，扁平，宽约 1.2 mm；坛管极曲，长约 3.5 mm，宽约 0.1 mm；无精管膨腔；无盲管（图 358）。

体色：体苍白色，背腹无差异。

模式产地：海南。

模式标本保存：曾存于国立中央大学（南京）动物学标本馆，疑遗失。

中国分布：海南。

讨论：本种体型小，呈丝状。此前未有关于本种生境的记录，从外表看，似乎是水栖动物。

## （二十九）寒蟋蚓属 *Ocnerodrilus* Eisen, 1878

*Ocnerodrilus* Eisen, 1878a. *Nova Acta Regiae Societatis Scientiarum Upsaliensis*, 10(4): 1-12.
*Ocnerodrilus* Stephenson, 1930. *The Oligochaeta*: 860-861.
*Ocnerodrilus* Gates, 1972. *Trans. Amer. Philos. Soc.*, 62(7): 273.
*Ocnerodrilus* Xiao, 2019. *Terrestrial Earthworms (Oligochaeta: Opisthopora) of China*: 382.

特征：雄孔位 XVII 节；前列腺孔 1 对，与雄孔合并。无受精囊孔。无砂囊。钙腺 1 对，位 IX 节，结构简单。精巢和精漏斗 2 对，位 X 和 XI 节；精巢被不包括漏斗的精巢囊包被。储精囊和受精囊无。

国外分布：北美洲（美国加利福尼亚州和亚利桑那州、墨西哥、西印度群岛）、亚洲（印度、中国）、非洲（佛得角、科摩罗群岛）。

中国分布：江苏、浙江、四川、海南。

中国有 1 种。

## 383. 西土寒蟋蚓 *Ocnerodrilus occidentalis* Eisen, 1878

*Ocnerodrilus occidentalis* Eisen, 1878a. *Nova Acta Regiae Societatis Scientiarum Upsaliensis*, 10(4): 1-12.
*Ocnerodrilus occidentalis* Chen, 1933. *Contr. Biol. Lab. Sci. Soc. China (Zool.)*, 9(6): 224-228.
*Ocnerodrilus (Ocnerodrilus) occidentalis* Chen, 1938. *Contr. Biol. Lab. Sci. Soc. China (Zool.)*, 12(10): 426.
*Ocnerodrilus occidentalis* 陈义等, 1959. *中国动物图谱 环节动物(附多足类)*: 6.
*Ocnerodrilus occidentalis* Gates, 1972. *Trans. Amer. Philos. Soc.*, 62(7): 273-275.
*Ocnerodrilus occidentalis* 徐芹和肖能文, 2011. *中国陆栖蚯蚓*: 272-273.
*Ocnerodrilus occidentalis* Xiao, 2019. *Terrestrial Earthworms (Oligochaeta: Opisthopora) of China*: 382-383.

外部特征：体长 45-46 mm，宽 1.2-1.5 mm。体节数 75-77。口前叶 1/2 上叶式，舌宽。无背孔。环带占 7 节，位 1/2XIII-1/2XX 节，背面和侧面腺体表皮略可见，但甚薄，

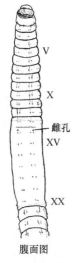

图 359　西土寒蟺蚓
（陈义等，1959）

腹面 XIII 节以及部分 XIX 和 XX 节更少。刚毛每体节 4 对，I 节无，II 节短，$aa=3ab$，$bc$ 较 $aa$ 短一个 $ab$ 的距离，$dd$ 约为节周之半。体前部体节 $aa$ 略宽；环带及环带前背中隔与 1/2 节周相等或较其宽，体后端为 2/7-2/5 节周；环带刚毛常见，略长，XIV-XX 节 $ab$ 略宽；XVII 节 $a$ 毛短；前后端各刚毛 "S" 形曲，无小瘤突。雄孔 1 对，位 XVII 节腹侧近 $b$ 毛，各孔在 1 腺肿或圆突上，2 突起中间具一浅沟；具 $a$ 毛，外表不易见，$b$ 毛退化。无受精囊孔（图 359）。无乳突。雌孔 1 对，位 XIV 节 $b$ 毛之前。

内部特征：隔膜 4/5 薄且模糊，5/6 厚，6/7 更厚，7/8/9/10 最厚，11/12 几乎也最厚，12/13 及之后的薄膜状；前端 V-VIII 节内隔膜腺较显著。无砂囊。食道在 VI-XI 节细长，IX 和 X 节具食道囊。小肠自 XII 节始扩大。具大肾管。心脏 2 对，位 X 和 XI 节。精巢囊 1 对，位 X 和 XI 节，无储精囊。前列腺 1 对，圆柱状，很大，与输精管共同通出。无受精囊。

体色：保存标本粉红色或苍白色，环带肉红色。

命名：本种可能依据模式产地（美国西部加利福尼亚州的弗雷斯诺县）命名。

模式产地：美国（加利福尼亚州）。

模式标本保存：保存于国立中央大学（南京）动物学标本馆，疑遗失。

中国分布：江苏、浙江、四川（成都）、海南（保亭）。

生境：本种采集自葡萄园的灌溉箱。

# 九、八毛蚓科 Octochaetidae Michaelsen, 1900

Octochaetidae Michaelsen, 1900a. *Oligochaeta, Das Tierreich*: 521.

Octochaetidae Stephenson, 1930. *The Oligochaeta*: 841.

Octochaetidae Gates, 1972. *Trans. Amer. Philos. Soc.*, 62(7): 275-276.

Octochaetidae Xiao, 2019. *Terrestrial Earthworms (Oligochaeta: Opisthopora) of China*: 385.

外部特征：刚毛由全对生至全环生。

内部特征：砂囊 1 个，位 1 简单体节，或 2 个砂囊位 2 个简单体节，或 1 大砂囊占 2 个或更多体节，后两种情况下 X-XIII 节具钙腺。大肾管与小肾管并存，或仅具小肾管，后者不具囊状结构。

国外分布：印度全境（北部稀少）、新西兰、马达加斯加南部。

中国分布：福建、海南、台湾。

中国有 5 种。

## （三十）重胃蚓属 *Dichogaster* Beddard, 1888

*Dichogaster* Beddard, 1888. *Quart. J. Micr. Sc. (N. S.)*, 29: 235-282.

*Dichogaster* Stephenson, 1930. *The Oligochaeta*: 851.

*Dichogaster* Gates, 1972. *Trans. Amer. Philos. Soc.*, 62(7): 277-278.

*Dichogaster* Xiao, 2019. *Terrestrial Earthworms (Oligochaeta: Opisthopora) of China*: 385.

外部特征：雄孔 1 对，位 XVIII 节。前列腺孔 1-3 对，位 XVII 节，或 XIX 节，或 XVII 和 XIX 节，或 XVII、XVIII 和 XIX 节。受精囊孔 1-2 对，位 7/8/9 节间沟上，或 7/8、8/9 任一节间沟上。

内部特征：砂囊 2 个，位于精巢所在体节之前。钙腺通常 3 对，少见 2 对，常位于卵巢所在体节之后，常位 XV-XVII 节，少数种位 XIV-XVI 节。具肾管。

国外分布：美洲（美国到厄瓜多尔和苏里南、西印度群岛、巴西、巴拉圭）、热带非洲（东部从埃塞俄比亚到莫桑比克，西部从冈比亚到刚果，马达加斯加）、亚洲（印度、马来群岛）、大洋洲（法属波利尼西亚、澳大利亚西北部）。

中国分布：福建、海南、台湾。

中国有 4 种。

## 重胃蚓属分种检索表

1. 无生殖标记。环带位 XIII-XIX 或 XX 节。雄孔对生，位 XVIII 节储精沟内；前列腺孔位 XVII 和 XIX 节 ······················································ 包氏重胃蚓 Dichogaster bolaui
   有生殖标记或生殖乳突 ······················································································2
2. 雄孔位 XVII 节储精沟末端。环带位 XIII-XIX 节。生殖标记位 15/16 节间腹中侧，圆形 ········
   ····················································································跳跃重胃蚓 Dichogaster saliens
   雄孔位 XVIII 节 ····································································································3
3. 环带位 XIII-XXI 节。生殖标记位 7/8/9/10 节间腹侧中部，圆形 ······相邻重胃蚓 Dichogaster affinis
   环带位 1/2XIII-1/2XXI 节，环形 ································中国重胃蚓 Dichogaster sinicus

## 384. 相邻重胃蚓 Dichogaster affinis (Michaelsen, 1890)

*Benhamia affinis* Michaelsen, 1890a. *Mitteilungen aus dem Naturhistorischen Museum in Hamburg*, 7: 9-11.
*Dichogaster affinis* Shen et al., 2008a. *Endemic Species Research*, 10(2): 53-57.
*Dichogaster affinis* Chang et al., 2009. *Earthworm Fauna of Taiwan*: 152-153.
*Dichogaster affinis* Xiao, 2019. *Terrestrial Earthworms (Oligochaeta: Opisthopora) of China*: 385-386.

外部特征：体长 23-33 mm，环带宽 1.6-2.1 mm。体节数 103-131。口前叶上叶式。背孔始于 5/6 节间。环带位 XIII-XXI 节，马鞍形，长 2.0-3.7 mm，背孔位 13/14 节间。刚毛对生，小，腹侧密集，XVII-XIX 节 *a*、*b* 毛外不可见刚毛。雄孔对生，位 XVIII 节，通过桶状输精沟与位 XVII 和 XIX 节的前列腺孔相连。生殖标记圆形，位 7/8/9/10 节间腹侧中部，长 0.3 mm。受精囊孔 2 对，位 7/8 和 8/9 节间腹侧中部，正对 *a*、*b* 毛。雌孔对位 XIV 节乳突上，孔前具刚毛 *a*（图 360）。

内部特征：隔膜发育不全。砂囊对生，位 VII 和 VIII 节，肌肉发达，桶状。钙腺 3 对，位 XV-XVII 节，前 2 对梳状透明，后 1 对黄白色，稍裂。肠始于 XVII 节。心脏位 XI-XIII 节。肾管囊状，每侧 4 条。精巢 2 对，位 X 和 XI 节，小而圆。储精囊位 XI 和 XII 节，发育不全或缺失。前列腺 2 对，位 XVII 和 XIX 节，长，管状。卵巢对生，位 XIII 节。受精囊 2 对，位 VIII 和 IX 节，小；坛椭圆形，长约 0.2 mm，粗壮；坛管短；盲管小（图 360）。副性腺缺。

体色：保存标本无色。

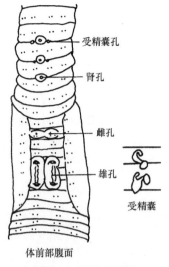

体前部腹面

图 360　相邻重胃蚓
（Shen et al.，2008a）

命名：本种可能依据左右雄孔区邻近的特征而命名。

模式产地：坦桑尼亚（桑给巴尔岛）。

模式标本保存：德国汉堡博物馆。

中国分布：台湾（云林）。

生境：喜碱性（pH>7）土壤，常见于鳄梨和香蕉园以及分布有外来之物的公园，偶见酸性土壤（pH=5.35）中。

讨论：台湾目前发现了 3 种八毛蚓科物种：包氏重胃蚓 *Dichogaster bolaui*、跳跃重胃蚓 *Dichogaster saliens* 及相邻重胃蚓 *Dichogaster affinis*，均发现于海拔低于 300 m 的沿海平原，但很容易区分：包氏重胃蚓和相邻重胃蚓具 4 个前列腺孔，而跳跃重胃蚓仅有 2 个；包氏重胃蚓雌孔位 XIV 节，无生殖标记，而相邻重胃蚓雌孔对生，位 XIV 节乳突上，生殖标记位 7/8/9/10 节间腹侧中部。本记录为本种在东亚的最北部记录。

### 385. 包氏重胃蚓 *Dichogaster bolaui* (Michaelsen, 1891)

*Benhamia bolaui* Michaelsen, 1891c. *Jahrbuch der Hamburg*, 8: 307-312.

*Dichogaster bolaui* Chen, 1938. *Contr. Biol. Lab. Sci. Soc. China (Zool.)*, 12(10): 419.

*Dichogaster bolaui* Kobayashi, 1941. *Sci. Rep. Tohoku Univ.*, 16(4): 403.

*Dichogaster bolaui* Chang et al., 2009. *Earthworm Fauna of Taiwan*: 154-155.

*Dichogaster bolaui* 徐芹和肖能文，2011. *中国陆栖蚯蚓*: 278.

*Dichogaster bolaui* Xiao, 2019. *Terrestrial Earthworms (Oligochaeta: Opisthopora) of China*: 386.

外部特征：体长 25-35 mm，宽 1.5 mm。体节数 86-92。口前叶上叶式。背孔自 5/6 节间始。环带位 XIII-XIX 或 XX 节，极明显，马鞍形，无背孔，具刚毛。刚毛腹部密生对。雄孔对位 XVIII 节储精沟内，在 XVII 和 XIX 节前列腺孔之间（图 361）。受精囊孔 2 对，位 7/8/9 节间，靠近 *a* 毛。雌孔单，位 XIV 节腹中部表面隆肿的中央，界线明显，腺肿状，色淡。

内部特征：体前部无隔膜或极少。砂囊 2 个，位 VI 和 VII 节。钙腺 3 对，位 XV-XVII 节。肠自 XVII 节始扩大，盲肠缺。心脏位 X-XII 节。精巢 2 对，位 X 和 XI 节。前列腺对位 XVII 和 XIX 节，细管状。卵巢位 XVIII 节。受精囊 2 对，位 VIII 和 IX 节（图 361）。

体色：活体淡红色到粉红色，半透明，环带橙色。

命名：本种依据模式标本采集者姓氏（Mr. Bolau）而命名。

模式产地：德国（汉堡）。

模式标本保存：德国汉堡博物馆。

中国分布：福建、台湾中部、海南（保亭）。

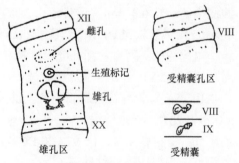

图 361　包氏重胃蚓（Chang et al.，2009）

## 386. 跳跃重胃蚓 *Dichogaster saliens* Beddard, 1892

*Dichogaster saliens* Beddard, 1892a. *Proc. Zool. Soc. London*, 45: 666-706.
*Dichogaster saliens* Shen & Tsai, 2007. *Endemic Species Research*, 9(1): 71-74.
*Dichogaster saliens* Chang et al., 2009. *Earthworm Fauna of Taiwan*: 156-157.
*Dichogaster saliens* Xiao, 2019. *Terrestrial Earthworms (Oligochaeta: Opisthopora) of China*: 386-387.

外部特征：体长 25-40 mm，环带宽 1.4-2.3 mm。体节数 103-125。口前叶上叶式。背孔始于 4/5 或 5/6 节间。环带位 XIII-XIX 节，环状，但腹中隔处较薄，长 1.7-3.2 mm。刚毛对生，小，腹侧密集，XVII 节 *ab* 毛为交配毛，而 XVIII 节常缺。雄孔位 XVII 节储精沟末端紧密对生的横钻石状孔突内。生殖标记位于腹中部，圆形，跨 15/16 节间。受精囊孔 2 对，位 7/8 和 8/9 节间，腹中部，正对 *a* 毛。雌孔对生，位 XIV 节，正对 *a* 毛正中（图 362）。

内部特征：隔膜从 1/2 开始增厚，5/6/7/8 缺。嗉囊位 VI 节，大。肌肉质砂囊 2 对，位 VII 和 VIII 节，筒状，后移至 IX 和 X 节。钙腺 3 对，位 XV-XVII 节。肠自 XVII 节扩大。肾管囊状，每侧 4 行。心脏位 X-XII 节。精巢 2 对，位 X 和 XI 节，小而圆。储精囊缺，或位 XI 和 XII 节，或仅在 XII 节。前列腺 1 对，位 XVII 节，长，管状或锥状；前列腺管弯曲，末端具交配毛。卵巢位 XIII 节，花样。

受精囊 2 对，位 VIII 和 IX 节，小；坛呈椭圆形，长约 0.25 mm，具曲柄；盲管小，球形，光亮（图 362）。

体色：保存标本前背侧为褐色，环带为黄色。

命名：本种依据其习性而命名。

模式产地：德国（汉堡）。

模式标本保存：不列颠博物馆（伦敦）。

中国分布：台湾（彰化）。

生境：生活于寺院腐烂的树皮下。

讨论：Easton（1981）认为本种与 Ohfuchi（1957）发表的采集自西表岛的一种小型蚯蚓（体长 40-60 mm，直径 1.5 mm）*Dichogaster hatomaana* 相似，根据 Ohfuchi（1957）对 *D. hatomaana* 的描述难以进行区分。但 Shen 和 Tsai（2007）认为，虽然这两个物种非常相似，但根据 *Dichogaster hatomaana* 位 XV-XVII 节的狭窄生殖区及 Ohfuchi 的配图，其与本种有明显的不同，本种是一个独立的种。

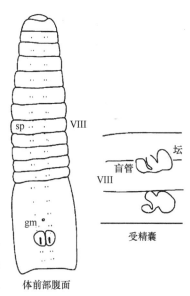

图 362 跳跃重胃蚓
（Shen & Tsai，2007）
sp. 受精囊孔；gm. 生殖标记

## 387. 中国重胃蚓 *Dichogaster sinicus* Chen, 1938

*Dichogaster sinicus* Chen, 1938. *Contr. Biol. Lab. Sci. Soc. China (Zool.)*, 12(10): 420-422.
*Dichogaster sinicus* 徐芹和肖能文，2011. *中国陆栖蚯蚓*: 279.
*Dichogaster sinicus* Xiao, 2019. *Terrestrial Earthworms (Oligochaeta: Opisthopora) of China*: 387-388.

外部特征：体长 26-27 mm，宽 1.1-1.8 mm。体节数 78-124。口前叶前上叶式。背孔自 5/6 节间始。环带位 1/2XIII-1/2XXI 节，环状，明显；XIV-XX 节背侧面具腺体，

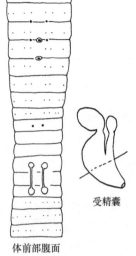

受精囊

体前部腹面

图 363　中国重胃蚓
（Chen，1938）

节间沟几不可见；XIII 与 XXI 节及腹面略不显，腹侧可见刚毛与节间沟。体前部刚毛环生，刚毛窝明显，VIII 节约 60 个，环带后不可见。刚毛对生，环带前 ab=cd，aa=2.5ab，bc 略宽于 aa，dd 约等于 2/3 节周；体后端 aa 较 bc 宽，背中隔超 1/2 节周。雄孔位 XVIII 节，无刚毛。前列腺孔位 XVII 和 XIX 节，各在 1 深凹陷上，每侧由 1 纵输精沟相连；输精沟侧面前列腺窝腺状隆起，XVII 和 XIX 节交配毛明显可见。受精囊孔 2 对，位 7/8/9 节间 a 毛线上；8/9 和 9/10 节间腹中央各具 1 乳突，略隆起，时有隐藏在体壁内，表面不可见。雌孔 2 个，位 XIV 节腹面 a、a 毛间，淡白色（图 363）。

　　内部特征：隔膜 6/7-8/9 极薄，9/10-12/13 极厚，9/10-11/12 尤甚。钙腺具明显 3 叶，位 XV-XVII 节，共同开口于 XV 节食道背侧。砂囊 2 个，位 VII 和 VIII 节，间隔明显，具肌肉，其前具 1 嗉囊。肠自 XVI 节始扩大。环带前小肾管小，且排列不规则，环带后每侧为 4 纵列。心脏位 X-XII 节。精巢与精漏斗位 X 和 XI 节，分别包裹在每侧的囊内。储精囊 3 对，位 X-XII 节，常具囊状分支，内填充有成熟精原细胞；每侧输精管后伸至 XVIII 节开口。前列腺管状，长约 0.7 mm，宽约 0.11 mm，开口正对交配毛。交配毛 1 种形式，每束 2 根（偶 3 根），较粗，远端不膨大，略 "Z" 形弯曲，结节状结构出现在弯曲的凸侧，长约 0.35 mm，显露 0.1 mm；前者短而更细长，形相似，其 "Z" 形曲率不显著，结节状结构缺失。卵巢与卵漏斗位 XIII 节，输卵管短。受精囊 2 对，位 VIII 和 IX 节；坛卵圆形，宽约 0.1 mm；坛管收缩，末端 2/3 膨胀，坛与坛管长约 0.4 mm；盲管较主体短，由坛管外端产生，紧靠体壁，卵圆形纳精囊与盲管柄分界明显；副性腺嵌入体壁（图 363）。

　　体色：保存标本苍白色，环带浅红色。

　　命名：本种依据模式产地位于中国而命名。

　　模式产地：海南（保亭、陵水）。

　　模式标本保存：保存于国立中央大学（南京）动物学标本馆，疑遗失。

　　中国分布：海南（保亭、陵水）。

　　讨论：本种与包氏重胃蚓 Dichogaster bolaui 结构相似，但本种体前部体节环生刚毛退化，而包氏重胃蚓无此类特征，另外，阴茎刚毛的差异也是一个很好的区分标准。

## （三十一）树蚓属 Ramiella Stephenson, 1921

Ramiella Stephenson, 1921. Rec. Indian Mus., 22: 745-768.

Ramiella Gates, 1972. Trans. Amer. Philos. Soc., 62(7): 311-312.

Ramiella Xiao, 2019. Terrestrial Earthworms (Oligochaeta: Opisthopora) of China: 388.

　　模式种：Ramiella bishambari (Stephenson, 1914) （= Octochaetus bishambari Stephenson, 1914）

　　外部特征：环带位 XIII-XVII 节，无节间沟，背孔无功能，具刚毛。雄孔位 XVIII

节。储精沟位 XVII 和 XIX 节腹面赤道线之间。前列腺孔 2 对，位 XVII 和 XIX 节腹面赤道线上。受精囊孔 2 对，位 7/8/9 节间或之后。

内部特征：所有隔膜均存在。1 砂囊位 1 简单体节。肠始于 XIII 节后，无盲肠和钙腺。肾管较大，数量少，每节 1-7 对。

国外分布：印度。

中国分布：福建。

中国有 1 种。

## 388. 中国树蚓 *Ramiella sinicus* (Chen, 1935)

*Howascolex sinicus* Chen, 1935b. *Contr. Biol. Lab. Sci. Soc. China (Zool.)*, 11(4): 113-120.

*Howascolex sinicus* 陈义等, 1959. *中国动物图谱 环节动物(附多足类)*: 7.

*Ramiella sinicus* 徐芹和肖能文, 2011. *中国陆栖蚯蚓*: 280-281.

*Ramiella sinicus* Xiao, 2019. *Terrestrial Earthworms (Oligochaeta: Opisthopora) of China*: 388-389.

外部特征：体长 45 mm，宽 1.2 mm。体节数 90。口前叶 2/3 上叶式。背孔自 7/8 节间始。环带马鞍状，位 2/3XIII-1/2XVII 节。刚毛对生，每体节 4 对，腹侧部明显，XIII 和 XVII 节背面刚毛小但可见。节间沟仅腹侧可见。无生殖标记。$aa=2.8ab$，$bc=2ab$，$ab=4/5cd$，背中隔较 1/2 节周短一个 $cd$ 间隔，但体后部为 1/5-1/3 节周。雄孔 1 对，位 XVIII 节 $a$ 毛处储精沟中，$a$、$b$ 毛均缺失；储精沟前后联系前列腺孔，雄孔在极小的乳突上（图 364）。交配毛在前列腺孔旁，每处有 2 对。受精囊孔 2 对，位 7/8/9 节间，约与 $b$ 毛成直线。身体其他处无乳突或其他性特征。雌孔 1 对，位 XIV 节近 $a$ 毛前面。

内部特征：隔膜 7/8/9 特别厚，9/10/11/12 略厚，12/13 后薄膜状。砂囊 1 个，圆形，位隔膜 5/6 前。钙腺位 XVI 节，不发达。肠自 XX 节始扩大，无盲道，亦无盲肠。肾管每体节 2 对，前半身都很大，体后约 XX 节起，每体节只 1 对。心脏位 X-XIII 节。精巢 2 对，位 X、XI 节前面，分别悬于隔膜 9/10 和 10/11。储精囊 3 对，位 X-XII 节。输精管汇于 XII 节两侧，但在 XVIII 节分开，开口简单，后部具沟，无乳突和生殖标记。前列腺 2 对，大小相同。钙腺圆柱形，表面具突起，长约 1.9 mm，宽 0.17 mm。XVIII 节无交配刚毛，XVII 和 XIX 节分别具 1 对，交配刚毛细长且弯曲，长 0.56-0.68 mm，约为正常刚毛的 4 倍或 5 倍长，粗 16 μm，简单。受精囊 2 对，位 VIII 和 IX 节，圆形，基部连一盲管，受精囊管粗（图 364）。

体色：保存标本褐色。

命名：本种依据模式产地位于中国而命名。

模式产地：福建（厦门）。

模式标本保存：曾保存于国立中央大学（南京）动物学标本馆，疑遗失。

中国分布：福建（厦门）。

生境：本种模式标本采集自海边的淡水沙池内。

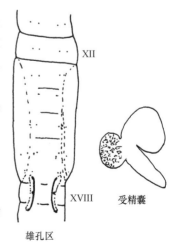

图 364　中国树蚓
（Chen，1935b）

# 参 考 文 献

陈强, 董建华, 冯孝义. 1996. 青甘直隶环毛蚓生殖器官的多态现象. *动物学杂志*, 31(3): 4-6.

陈强, 冯孝义. 1996. 双蜕腔蚓的生殖器官多态现象(寡毛纲: 巨蚓科). *动物分类学报*, 21(4): 399-401.

陈义. 1956. 中国蚯蚓. 北京: 科学出版社: 1-53.

陈义, 等. 1959. 中国动物图谱 环节动物(附多足类). 北京: 科学出版社: 1-78.

陈义, 许智芳. 1977. 中国陆栖寡毛类几个新种的记述 II. *动物学报*, 23(2): 175-181.

陈义, 许智芳, 杨潼, 等. 1975. 中国陆栖寡毛类几个新种的记述. *动物学报*, 21(1): 89-99.

丁瑞华. 1983. 成都近郊陆栖寡毛类的初步观察. *四川动物*, 2(2): 1-5, 21.

丁瑞华. 1985. 四川省陆栖寡毛类一新种(寡毛目: 钜蚓科). *动物分类学报*, 10(4): 354-355.

冯孝义. 1981. 兰州陆栖寡毛类初步调查报告. *兰州医学院学报*, (1): 54-58.

冯孝义. 1983. 对 Sims 氏等关于环毛属 *Pheretima*(Oligochaeta)新分类系统的介绍. *四川动物*, 2(2): 22-25, 33.

冯孝义. 1984. 甘肃陆栖寡毛类一新亚种的记述. *动物学研究*, 5(1): 47-50.

冯孝义. 1985. 中国陆栖蚯蚓各属的分类特征. *动物学杂志*, 4(1): 44-47.

冯孝义, 马志刚. 1987. 腔蚓属一新种(后孔寡毛目: 巨蚓科). *动物分类学报*, 12(3): 248-250.

高杏, 董彦, 袁柱, 等. 2018. 哀牢山、无量山与苍山蚯蚓物种调查及系统发育与扩散分析. *动物学杂志*, 53(3): 399-414.

何荻平, 钟远辉, 朱桦, 等. 1983. 聚丙烯酰胺凝胶电泳在蚯蚓分类中的应用及峨眉大蚯蚓(*Pheretima praepinguis*)的分类问题. *四川大学学报(自然科学版)*, (4): 96-101.

黄慧芳. 1986. 内蒙自治区部分地区蚯蚓种类调查初报. *内蒙古农牧学院学报*, 7(6): 157-174.

黄健, 徐芹, 孙振钧, 等. 2006. 中国蚯蚓资源研究 I. 名录及分布. *中国农业大学学报*, 11(3): 9-20.

蒋际宝, 董彦, 李银生, 等. 2017. 黑石顶自然保护区巨蚓科蚯蚓系统发育分析. *上海交通大学学报(农业科学版)*, 35(3): 63-69.

蒋际宝, 邱江平. 2018. 中国巨蚓科蚯蚓的起源与演化. *生物多样性*, 26(10): 1074-1082.

李迪强, 张于光. 2009. 自然保护区资源调查和标本采集整理共享技术规程. 北京: 中国大地出版社: 1- 329.

刘亚杰, 于德江, 胡庆贤. 1990a. 壮伟环毛蚓的描述及分布. *工业技术经济*, (2): 46-47.

刘亚杰, 于德江, 胡庆贤, 等. 1990b. 异毛环毛蚓的记述及分布. *工业技术经济*, (2): 1-51.

孟经恒, 于德江, 刘亚杰, 等. 1990. 湖北环毛蚓的描述及其地理分布. *工业技术经济*, (2): 47-48.

邱江平. 1987. 贵州梵净山陆栖寡毛类初步调查. *四川动物*, (4): 8-12.

邱江平. 1988. 贵州环毛属蚯蚓二新种(后孔寡毛目: 巨蚓科). *四川动物*, 7(1): 1-4.

邱江平. 1992. 贵州远盲属蚯蚓一新亚种记述(寡毛纲: 巨蚓科). *四川动物*, 11(1): 1-3.

邱江平. 1993. 贵州腔蚓属蚯蚓一新种(单向蚓目: 巨蚓科). *四川动物*, 12(4): 1-4.

邱江平, 王鸿. 1992. 贵州远盲属蚯蚓两新种记述(单向蚓目: 巨蚓科). *动物分类学报*, 17(3): 262-267.

邱江平, 王鸿, 王为. 1991a. 贵州陆栖寡毛类三新种记述(寡毛纲: 巨蚓科). *贵州科学*, 9(3): 220-226, 250.

邱江平, 王鸿, 王为. 1993a. 贵州远盲属蚯蚓二新种(单向蚓目: 巨蚓科). *动物分类学报*, 18(4): 406-411.

邱江平, 王鸿, 王为. 1993b. 贵州远盲属蚯蚓一新种(单向蚓目: 巨蚓科). *贵州科学*, 11(4): 3-6.

邱江平, 王鸿, 王为. 1994. 贵州远盲属蚯蚓一新种记述(单向蚓目: 巨蚓科). *四川动物*, 13(4): 143-145.

邱江平, 王为, 王鸿. 1991b. 贵州远盲属蚯蚓一新种(寡毛纲: 巨蚓科). *贵州科学*, 9(4): 301-304.

邱江平, 文成禄. 1987. 贵州陆栖寡毛类新记录. *贵州科学*, (1): 45-56.

邱江平, 文成禄. 1988. 贵州陆栖寡毛类一新种(后孔寡毛目: 巨蚓科). *动物分类学报*, 13(4): 340-342.

邱江平, 钟远辉. 1993. 贵州腔蚓属蚯蚓一新种及一新亚种记述(单向蚓目: 巨蚓科). *贵州科学*, 11(1): 38-44.

全筱薇. 1985. 海南岛陆栖寡毛类一新种. *动物分类学报*, 10(1): 18-20.

全筱薇, 钟远辉. 1989. 海南岛陆栖寡毛类二新种记述(寡毛纲: 巨蚓科). *动物分类学报*, 14(3): 273-277.

孙希达, 吴纪华, 潘华勇, 等. 1995. 浙江省蚯蚓的调查研究. *杭州师范学院学报*, (3): 69-75.

谭天爵, 钟远辉. 1986. 湖南腔蚓属蚯蚓一新种(后孔寡毛目: 巨蚓科). *动物分类学报*, 11(2): 144-148.

谭天爵, 钟远辉. 1987. 湖南腔蚓属蚯蚓二新种(后孔寡毛目: 巨蚓科). *动物分类学报*, 12(2): 128-132.

王海军, 邱江平. 2005. 星斗山自然保护区环毛类蚯蚓初步调查——附远盲属两新种及一新亚种描述. *上海交通大学学报 (农业科学版)*, 23 (1): 23-30.

王璐, 张伟东, 王雪峰, 等. 2015. 土壤线虫群落对大连城市森林凋落物分解的影响. *应用与环境生物学报*, 21(5): 933-939.

吴纪华, 孙希达. 1996. 长白山杜拉属蚯蚓一新种(寡毛纲: 链胃蚓科). *四川动物*, 15(3): 98-99, 117.

吴纪华, 孙希达. 1997. 中国远环蚓属蚯蚓(寡毛纲: 巨蚓科)一新种. *四川动物*, 16(1): 3-5.

徐芹. 1996. 中国陆栖蚯蚓地理分布概述. *北京教育学院学报(社会科学版)*, (3): 54-61.

徐芹. 1999. 中国陆栖蚯蚓分类研究史探讨. *北京教育学院学报(社会科学版)*, (3): 52-57.

徐芹, 肖能文 2011. 中国陆栖蚯蚓. 北京: 中国农业出版社: 1-321.

徐晓燕. 1998. 四川省秀山县蚯蚓种类调查. *四川教育学院学报*, (1): 93-96.

徐晓燕. 2000. 四川省涪陵县蚯蚓种类调查. *四川教育学院学报*, 16(9): 42-44.

许人和, 和振武, 李学真. 1994. 河南省陆栖寡毛类调查. *河南师范大学学报(自然科学版)*, 22(1): 63-65.

许智芳, 张德宁, 姜建明. 1989. 甘肃陆栖寡毛类一新属新种 (寡毛纲: 近孔目: 线蚓科). *动物分类学报*, 14(2): 153-156, 257-258.

许智芳, 张德宁, 杨林. 1990. 中国发光蚓一新种 (后孔目: 巨蚓科, 棘蚓亚科). *动物分类学报*, 15(1): 28-31.

薛德焴. 1933. 动物解剖丛书·卷 3·蚯蚓. 上海: 上海新亚书店: 1-19.

殷秀琴, 于德江, 刘亚杰. 1992. 吉林省环毛蚓两个新记录种的记述. *东北师大学报(自然科学版)*, (3): 91-93.

尹文英. 1998. 中国土壤动物检索图鉴. 北京: 科学出版社: 1-756.

尹文英, 等 1992. 中国亚热带土壤动物. 北京: 科学出版社: 1-618.

于道平, 张长征, 邓侨, 等. 2009. 安徽安庆沿江湿地陆栖蚯蚓资源调查. *四川动物*, 28(1): 87-88.

于道平, 周灏, 钱进, 等. 2011. 安徽远盲属(*Amynthas*)2 种蚯蚓的新记录. *安徽大学学报(自然科学版)*, 35 (2): 105-108.

于德江, 刘亚杰, 胡庆贤, 等. 1990a. 直隶环毛蚓及其分布. *工业技术经济*, (2): 58.

于德江, 刘亚杰, 李宝东. 1990b. 吉林省的正蚓科蚯蚓及其分布. *动物学杂志*, (5): 43-46, 49.

于德江, 刘亚杰, 殷秀琴. 1992. 东北地区环毛蚓两个新纪录. *动物学杂志*, 27(2): 53-54.

张永普, 吴爱春, 苏小华, 等. 1997. 浙南陆栖寡毛类的调查研究. *温州师范学院学报(自然科学版)*, (3): 78-81.

张永普, 吴纪华, 孙希达. 1998. 中国海蚓属蚯蚓(寡毛纲: 舌文蚓科)一新种. *四川动物*, 17(1): 5-6.

张玉峰, 伍玉鹏, 孙倩, 等. 2014. 山东半岛与辽东半岛蚯蚓生物多样性研究. *中国农业大学学报*, (4): 67-73.

钟远辉. 1986. 云南杜拉属蚯蚓一新种(链胃目: 链胃科). *动物分类学报*, 11(1): 28-31.

钟远辉. 1987. 四川腔蚓属蚯蚓一新种(寡毛纲). *四川大学学报(自然科学版)*, 24(3): 336-339.

钟远辉. 1992. 四川陆栖寡毛类两新种记述(寡毛纲: 链胃蚓科、棘蚓科). *动物分类学报*, 17(3): 268-273.

钟远辉, 马德. 1979. 四川新陆栖寡毛类记述. *动物分类学报*, 4(3): 228-232.

钟远辉, 邱江平. 1987. 我国环毛属蚯蚓一新纪录种和光滑环毛蚓在四川、贵州的发现. *四川动物*, 6(2): 24-25.

钟远辉, 邱江平. 1992. 中国蚯蚓名录补遗. *贵州科学*, 10(4): 38-43.

钟远辉, 徐晓燕, 王大忠, 1984. 环毛属蚯蚓一新种及其生殖器官多态记述. *动物分类学报*, 9(4): 356-360.

Baird, W. 1869a. Description of a new species of earthworm (*Megascolex diffringens*) found in North Wales. *Proc. Zool. Soc. London*, 37(1): 40-43.

Baird, W. 1869b. Additional remarks on the *Megascolex diffringens*. *Proc. Zool. Soc. London*, 37 (1): 387-389.

Bantaowong, U., Chanabun, R., Tongkerd, P., et al. 2011. A new species of the terrestrial earthworm of the genus *Metaphire* Sims and Easton, 1972 from Thailand with redescription of some species. *Tropical Natural History*, 11(1): 55-69.

Beddard, F. E. 1886. Descriptions of some new or little-known earthworms, together with an account of the variations in structure exhibited by *Perionyx excavatus. Proc. Zool. Soc. London*, 4: 298-314.

Beddard, F. E. 1888. On certain points in the structure of *Urochaeta* E. P., and *Dichogaster*, nov. gen., with further remarks on the nephridia of earthworms. *Quart. J. Micr. Sc. (N. S.)*, 29: 235-282.

Beddard, F. E. 1891. Abstract of some investigations into the structure of the Oligochata. *Annu. Mag. Nat. Hist.*, 7(6): 88-96.

Beddard, F. E. 1892a. On some new species of earthworm from various parts of the world. *Proc. Zool. Soc. London*, 45: 666-706.

Beddard, F. E. 1892b. On some *Perichaetidae* from Japan. *Zool. Jb. (Syst.)*, 6: 755-766.

Beddard, F. E. 1892c. On some species of the genus *Perichaeta. Proc. Zool. Soc. London*: 157-159.

Beddard, F. E. 1893. Two new genera and some new species of earthworms. *Quart. J. Micr. Sc. (N. S.)*, 34: 243-278, est. 25-26.

Beddard, F. E. 1895. Preliminary account of new species of earthworms belonging to the Hamburg Museum. *Proc. Zool. Soc. London*, 63(2): 210-239.

Beddard, F. E. 1896. On some earthworms from the Sandwich Islands collected by Mr. RL Perkins; with an appendix on some new species of *Perichaeta. Proc. Zool. Soc. London*, 64(1): 194-212.

Beddard, F. E. 1900a. A revision of the earthworms of the genus *Amynthas* (*Perichaeta*). *Proc. Zool. Soc. London*, 69(4): 609-652.

Beddard, F. E. 1900b. On the structure of a new species of earthworm of the genus *Benhamia. Proc. Zool. Soc. London*, 69(4): 653-659.

Blakemore, R. J. 2003. Japanese earthworms (Annelida: Oligochaeta): a review and checklist of species. *Organisms Diversity & Evolution*, 3(3): 241-244.

Blakemore, R. J., Chang, C. H., Chuang, S. C., et al. 2006. Biodiversity of earthworms in Taiwan: a species checklist with the confirmation and new records of the exotic lumbricids *Eisenia fetida* and *Eiseniella tetraedra. Taiwania*, 51(3): 226-236.

Blakemore, R. J., Kupriyanova, E. K. 2010. Unraveling some Kinki worms (Annelida: Oligochaeta: Megadrili: Moniligastridae) Part I. *Opusc. Zool. Budapest*, 41(1): 3-18.

Blakemore, R. J., Lee, S., Seo, H. Y. 2014. Reports of *Drawida* (Oligochaeta: Moniligastridae) from far East Asia. *Journal of Species Research*, 3 (2): 127-166.

Blakemore, R. J., Park, T. S. 2012. Two new *Eisenia* species from South Korea similar to *E. koreana* and comparable to *Eisenoides* from USA (Oligochaeta: Lumbricidae). *Animal Systematics, Evolution and Diversity*, 28 (4): 297-303.

Bouché, M. B. 1972. *Lombriciens de France: écologie et systématique*. Paris: Institut National de la

Recherche Agronomique: 1-672.

Bourne, A. G. 1886. On Indian earthworms. Part I.: preliminary notice of earthworms from the Nilgiris and Shevaroys. *Proc. Zool. Soc. London*, 54(1): 662-672.

Brinkhurst, R. O., Jamieson, B. G. M. 1971. Aquatic Oligochaeta of the World. Toronto: University of Toronto Press: 1-860.

Cenosvitov, L., Evans, A. C. 1947. Synops. Brit. Fauna, No. 6 (Lumbricidae). London: The Linnean Society of London.

Chang, C. H., Chen, J. H. 2004. A new species of earthworm belonging to the genus *Metaphire* Sims and Easton 1972 (Oligochaeta: Megascolecidae) from southern Taiwan. *Taiwania*, 49(4): 219-224.

Chang, C. H., Chen, J. H. 2005. Three new species of octothecate pheretimoid earthworms from Taiwan, with discussion on the biogeography of related species. *Jour. Nat. Hist.*, 39(18): 1469-1482.

Chang, C. H., Chuang, S. C., Wu, J. H., et al. 2014. New species of earthworms belonging to the *Metaphire formosae* species group (Clitellata: Megascolecidae) in Taiwan. *Zootaxa*, 3774: 324-332.

Chang, C. H., Lin, Y. H., Chen, I. H., et al. 2007. Taxonomic re-evaluation of the Taiwanese montane earthworm *Amynthas wulinensis* Tsai, Shen & Tsai, 2001 (Oligochaeta: Megascolecidae): Polytypic species or species complex? *Organisms Diversity & Evolution*, 7(3): 231-240.

Chang, C. H., Shen H. P., Chen J. H., 2009. Earthworm Fauna of Taiwan. Taibei: Taiwan University Press: 1-166.

Chang, C. H., Yang, K. W., Wu, J. H., et al. 2001. Species composition of earthworms in the main campus of Taiwan University. *Acta Zoologica Taiwanica*, 12: 75-81.

Chen, Y, Hsu C. F., Yang T., et al. 1975. On some new earthworms from China. *Acta Zool. Sinica*, 21: 89-99.

Chen, J. H., Chuang, S. C. 2003. A new record of the bithecal megascolecid earthworm *Amynthas papilio* (Gates) (Oligochaeta) from Taiwan. *Endemic Species Research*, 5(2): 89-94.

Chen, Y. 1930. On some new earthworms from Nanking, China. *Sci. Rep. Natn. Cent. Univ. Nanking*, 1: 11-37.

Chen, Y. 1931. On the terrestrial Oligochaeta from Szechuan, with the notes on Gates' types. *Contr. Biol. Lab. Sci. Soc. China (Zool.)*, 7(3): 117-171.

Chen, Y. 1933. A preliminary survey of earthworms of the lower Yangtze valley. *Contr. Biol. Lab. Sci. Soc. China (Zool.)*, 9(6): 177-296.

Chen, Y. 1935a. On a small collection of earthworms from Hongkong with descriptions of some new species. *Bull. Fan. Mem. Inst. Biol.*, 6(2): 33-56.

Chen, Y. 1935b. On two new species of Oligochaeta from Amoy. *Contr. Biol. Lab. Sci. Soc. China (Zool.)*, 11(4): 109-122.

Chen, Y. 1936. On the terrestrial Oligochaeta from Szechuan II. with the notes on Gate's type. *Contr. Biol. Lab. Sci. Soc. China (Zool.)*, 11(8): 269-306.

Chen, Y. 1938. Oligochaeta from Hainan, Kwangtung. *Contr. Biol. Lab. Sci. Soc. China (Zool.)*, 12(10): 375-427.

Chen, Y. 1946. On the Terrestrial Oligochaeta from Szechuan III. *J. West China Bord. Res. Soc.*, 16(B): 83-154.

Chen, Y., Xu, Z. F. 1977. On some earthworms from China II. *Acta Zool. Sinica*, 23(2): 175-181.

Chuang, S. C., Chen, J. H. 2002. A new record earthworm *Amynthas masatakae* (Beddard) (Megascolecidae: Oligochaeta) from Taiwan. *Acta Zoologica Taiwanica*, 13(2): 73-79.

Claus, C. 1880. Grundzüge der Zoologie. Volume 1. 4th edition. Marburg: Elwert'sche Universität: 1-530.

Csuzdi, C. 2012. Earthworm species, a searchable database. *Opuscula Zoologica Instituti Zoosystematici et Oecologici Universitatis Budapestinensis*, 43(1): 97-99.

Dugès, A. 1828. Recherches sur la circulation, la respiration et la reproduction des Annelides Abranches. *Ann. Se. Nat.*, 15(1): 284-337.

Dugès, A. 1837. Nouvelles observations sur la zoologie et l'anatomie des Annélides abranches sétigères. *Ann. Sci. Nat.*, 2: 15-35.

Easton, E. G. 1976. Taxonomy and distribution of the *Metapheretima elongata* species-complex of Indo-Australasian earthworms (Megascolecidae: Oligochaeta). *Bull. Br. Mus. Nat. Hist. (Zool.)*, 30: 31-51.

Easton, E. G. 1979. A revision of the "acaecate" earthworms of the *Pheretima* group (Megascolecidae: Oligochaeta): *Archipheretima, Metapheretima, Planapheretima, Pleionogaster* and *Polypheretima*. *Bull. Br. Mus. Nat. Hist. (Zool.)*, 35(1): 1-126.

Easton, E. G. 1981. Japanese earthworms: a synopsis of the Megadrile species (Oligochaeta). *Bull. Br. Mus. Nat. Hist. (Zool.)*, 40(2): 33-65.

Easton, E. G. 1982. Australian pheretimoid earthworms (Megascolecidae: Oligochaeta): a synopsis with the description of a new genus and five new genera. *Aust. J. Zool.*, 30(4): 711-735.

Easton, E. G. 1984. Earthworms (Oligochaeta) from islands of the south-western Pacific, and a note on two species from Papua New Guinea. *New Zealand Journal of Zoology*, 11(2): 111-128.

Edwards, C. A. 1991. The assessment of populations of soil-inhabiting invertebrates. *Agric. Ecosyst. Environ.*, 34: 145-176.

Edwards, C. A. 2004. Earthworm Ecology. Los Angeles: CRC Press: 1-424.

Edwards, C. A., Bohlen, P. J. 1995. Biology and ecology of earthworms. London: Chapman & Hall: 426.

Edwards, C. A., Lofty, J. R. 1977. Biology of Earthworms. London: Chapman & Hall: 1-334.

Eisen, G. 1873. Om Skandinaviens Oligochaeter. *Öfv. Vet-Akad. Förh. Stockholm*, 30(8): 43-56.

Eisen, G. 1874. New Englands och Canadas Lumbricider. *Öfv. Vet-Akad. Förh. Stockholm*, 31(2): 41-49.

Eisen, G. 1878a. On the anatomy of Ocncrodrilus. *Nova Acta Regiae Societatis Scientiarum Upsaliensis*, 10(4): 1-12.

Eisen, G. 1878b. Redogörelse för Oligochaeter samlade under de Svenska expeditionerna till Arktiska trakter. *Öfversigt af Kongliga Vetenskaps-Akademiens Förhandlingar*, 35(3): 63-79.

Evans, A. C., Guild, W. J. M. 1948. Studies on the relationships between earthworms and soil fertility IV. On the life cycles of some British Lumbricidae. *Annals of Applied Biology*, 35: 471- 484.

Fang, P. W. 1929. Notes on a new species of *Pheretima* from Kwangsi, China. *Sinensia*, 1(2): 15-24.

Fang, P. W. 1933. Notes on a small collection of earthworms from Ichang, Hupeh. *Sinensia*, 3(7): 179-184.

Friend, H. 1911. The distribution of British annelids. *Zoologist*, 4(15): 143-146.

Gates, G. E. 1926. Notes on earthworms from various places in the province of Burma, with description of two new species. *Rec. Ind. Mus.*, 28: 141-170.

Gates, G. E. 1929. A summary of the earthworm fauna of Burma with descriptions of fourteen new species. *Proc. U.S. Nat. Mus.*, 75 (10): 1-41.

Gates, G. E. 1930. The earthworms of Burma. I. *Rec. Ind. Mus.*, 32: 257-356.

Gates, G. E. 1931. The earthworms of Burma. II. *Rec. Ind. Mus.*, 33: 327-442.

Gates, G. E. 1932. The earthworms of Burma. III. *Rec. Ind. Mus.*, 34(4): 357-549.

Gates, G. E. 1933. The earthworms of Burma. IV. *Rec. Ind. Mus.*, 35: 412-606.

Gates, G. E. 1935a. New earthworms from China, with notes on the synonym of some Chinese species of *Drawida* and *Pheretima. Smithsonian Mis. Coll.*, 93(3): 1-19.

Gates, G. E. 1935b. On some Chinese earthworms. *Lingnan Sci. J.*, 14(3): 445-458.

Gates, G. E. 1936. The earthworms of Burma. V. *Rec. Ind. Mus.*, 38: 377-468.

Gates, G. E. 1937. Indian earthworms. I. The genus *Pheretima. Rec. Ind. Mus.*, 39: 175-212.

Gates, G. E. 1939. On some species of Chinese earthworms, with special reference to specimens collected in Szechwan by Dr. DC Graham. *Proc. U.S. Nat. Mus.*, 85: 405-507.

Gates, G. E. 1942. Checklist and bibliography of North American earthworms. *Amer. Midl. Nat.*, 27: 86-108.

Gates, G. E. 1956. Notes on American earthworms of the family Lumbricidae. III-VII. *Bull. Mus. Comp. Zool., Harvard*, 115: 1-46.

Gates, G. E. 1959. On some earthworms from Taiwan. *Amer. Mus. Novitates*, 1941: 1-19.

Gates, G. E. 1961. On some Burmese and Indian earthworms of the family Acanthodrilidae. *The Annals & Magazine of Natural History*, 4(43): 417-429.

Gates, G. E. 1965. On peregrine species of the Moniligastrid earthworm genus *Drawida* Michaelsen, 1900. *The Annals & Magazine of Natural History*, 13(8): 85-93.

Gates, G. E. 1969. On two American genera of the earthworm family Lumbricidae. *J. Nat. Hist.*, 9: 305-307.

Gates, G. E. 1972. Burmese earthworms: An introduction to the systematics and biology of megadrile oligochaetes with special reference to Southeast Asia. *Trans. Amer. Philos. Soc.*, 62(7): 1-326.

Gates, G. E. 1973. The earthworm genus *Octolasion* in America. *Bull. Tall Timbers Res. Stn.*, 14: 29-50.

Gates, G. E. 1975. Contributions to a revision of the Lumbricidae. XII. *Enterion mammal* Savigny, 1826. *Megadrilogica*, 2(1): 1-5.

Gates, G. E. 1976. Contributions to a revision of the Lumbricidae. XIX. On the genus of the earthworm *Enterion roseum* Savigny, 1826. *Megadrilogica*, 2(12): 4.

Goto, S., Hatai, S. 1898. New or imperfectly known species of earthworms. No. 1. *Annot. Zool. Jap.*, 1(2): 65-78.

Goto, S., Hatai, S. 1899. New or imperfectly known species of earthworms. No. 2. *Annot. Zool. Jap.*, 2(3): 13-24.

Grube, E. 1855. Beschreibungen neuer oder wenig bekannter Anneliden. *Archiv für Naturgeschichte*, 21(1): 81-136.

Grube, E. 1879. Annelida. *Philosoph. Trans. Roy. Soc. Lond.*, 168: 554-556.

Hatai, S. 1930. Note on *Pheretima agrestis* (Goto and Hatai), together with the description of four new species of the genus *Pheretima*. *Sci. Rep. Tohoku Univ.*, 4: 651-667.

Hoffmeister, W. 1843. Beiträge zur Kenntnis deutscher Landanneliden. *Archiv für Naturgeschichte*, 9(1): 183-198.

Hoffmeister, W. 1845. Die bis jetzt bekannten Arten aus der Familie der Regenwürmer. Als grundlage zu einer monographie dieser Familie. Braunschweig: Vieweg: 1-43.

Hong, Y. 2000. Taxonomic review of the Family Lumbricidae (Oligochaeta) in Korea. *Korean Jour. System. Zool.*, 16(1): 1-13.

Hong, Y. K., Lee. W. K., Kim T. H. 2001. Four new species of the genus *Amynthas* Kinberg (Oligochaeta: Megascolecidae) from Korea. *Zoological Studies*, 40(4): 263-268.

Hong, Y., James, S. W. 2001. Five new earthworms of the genus *Amynthas* Kinberg (Megascolecidae) with four pairs of spermathecae. *Zoological Studies*, 40(4): 269-275.

Hong, Y., James, S. W. 2009. Some new Korean Megascolecoid earthworms (Oligochaeta). *Jour. Nat. Hist.*, 43(21-22): 1229-1256.

Horst, R. 1883. New species of the genus *Megascolex* Templeton (*Perichaeta Schmarda*) in the collections of the Leyden Museum. *Notes Leyden Mus.*, 5(3): 182-196.

Horst, R. 1889. Lumbricinen uit Nederl. *Indië. Tijdschr. Nederl. Dierk. Ver.*, 2(2): 1-8.

Horst, R. 1893. Earthworms from the Malay Archipelago. *Zoologische Ergebnisse einer reise in Niederländisch Ost-Indien*: 28-77.

James, S. W., Shih, H. T., Chang, H. W. 2005. Seven new species of *Amynthas* (Clitellata: Megascolecidae) and new earthworm records from Taiwan. *Jour. Nat. Hist.*, 39(14): 1007-1028.

Jamieson, B. G. M. 1971. A review of the Megascolecoid earthworm genera (Oligochaeta) of Australia. Part II: the subfamilies Ocnerodrilinae and Acanthodrilinae. *Proc. Roy. Soc. Queensland*, 82(8): 95-108.

Jamieson, B. G. M. 1972. The Australian earthworm genus *Spenceriella* and description of 2 new genera Megascolecida Oligochaeta. *Memoirs of the National Museum of Victoria*, 33: 73-87.

Jamieson, B. G. M. 1978. A comparison of spermiogenesis and spermatozoal ultrastructure in Megascolecid and Lumbricid earthworms (Oligochaeta: Annelida). *Aust. J. Zool.*, 26(2): 225-240.

Jamieson, B. G. M. 1985. The spermatozoa of the Holothuroidea (Echinodermata): an ultrastructural review with data on two Australian species and phylogenetic discussion. *Zool. Scr.*, 14: 123-135.

Jamieson, B. G. M. 1988. On the phylogeny and higher classification of the Oligochaeta. *Cladistics*, 4(4): 367-410.

Jiang, J., Sun, J., Zhao, Q., et al. 2015. Four new earthworm species of the genus *Amynthas* Kinberg

(Oligochaeta: Megascolecidae) from the island of Hainan and Guangdong Province, China. *Jour. Nat. Hist.*, 49 (1-2): 1-17.

Kinberg, J. G. H. 1866. Annulata nova.*Öfvers. Kongl. Vetensk. Akad. Forhandl.*, 23: 1-102.

Kinberg, J. G. H. 1867. Annulata nova. *Öfvers. Kongl. Vetensk. Akad. Forhandl.*, 24: 97-103.

Kobayashi, S. 1934. Three new Korean earthworms belonging to the genus *Pheretima*, together with the wider range of distribution of Ph. hilgendorfi (Michaelsen). *J. Chosen Nat. Hist. Soc.*, 19: 1-14.

Kobayashi, S. 1936. Earthworms from Koryo, Korea. *Sci. Rep. Tohoku Univ.*, 4: 139-184.

Kobayashi, S. 1937. Preliminary survey of the earthworms of Quelpart Island. *Sci. Rep. Tohoku Univ.*, 11: 333-351.

Kobayashi, S. 1938a. Earthworms of Korea I. *Sci. Rep. Tohoku Univ.*, 13(2): 89-170.

Kobayashi, S. 1938b. Occurrence of *Perionyx excavatus* E. Perrier in north Formosa. *Sci. Rep. Tohoku Univ.*, 13: 201-203.

Kobayashi, S. 1939. A re-examination of *Pheretima yamadai* Hatai, an earthworm found in Japan and China. *Sci. Rep. Tohoku Univ.*, 14 (1): 135-139.

Kobayashi, S. 1940. Terrestrial Oligochaeta from Manchoukuo. *Sci. Rep. Tohoku Univ.*, 15: 261-315.

Kobayashi, S. 1941. On some earthworm from the South Sea Islands II. *Sci. Rep. Tohoku Univ.*, 16 (4): 391-405.

Kuo, T. 1995. Ultrastructure of genital markings in some species *Pheretima*, *Bimastus* and *Perionyx* in northern Taiwan. *Hsinchu Teach. Coll. J.*, 8: 181-199.

Lee, K. E. 1959. The earthworm fauna of New Zealand. *Bull. N.Z. Dep. Scient. Ind. Res.*, 130: 1-486.

Linné, C. V. 1758. Systema Naturae. Stockholm, Holmiae (Laurentii Salvii): Stockholm: 1-847.

Malm, A. W. 1877. Om Daggmasker, Lumbricina. *Öfv. Salsk. Hortik. Förh. Göteborg*, 1: 34-47.

Martin, P., Kaygorodova, I., Sherbakov, D., et al. 2000. Rapidly evolving lineages impede the resolution of phylogenetic relationships among Clitellata (Annelida). *Molecular Phylogenetics and Evolution*, 15: 355-368.

Mayr, E. 1963. Animal Species and Evolution. Cambridge: Harvard University Press: 1-797.

Mayr, E. 1982. The Growth of Biological Thought: Diversity, Evolution, and Inheritance. Cambridge: Harvard University Press: 1-974.

Michaelsen, W. 1890a. Beschreibung der von Herrn Dr. Franz Stuhlmann im Mündungsgebiet des Sambesi gesammelten Terricolen. *Mitteilungen aus dem Naturhistorischen Museum in Hamburg*, 7: 1-30.

Michaelsen, W. 1890b. Oligochaeten des Naturhistorischen Museums in Hamburg. III. *Jahrbuch der Hamburg*, 7: 51-62.

Michaelsen, W. 1891a. Terricolen der Berliner Zoologischen Sammlung. I. *Afrika. Archiv für Naturgeschichte*, 57: 205-228.

Michaelsen, W. 1891b. Die Terricolenfauna der Azoren. *Abh. Geb. Nature. Hamburg*, 11(2): 1-8.

Michaelsen, W. 1891c. Oligochaeten des Naturhistorischen Museums in Hamburg, IV. *Jahrbuch der Hamburg*, 8: 299-340.

Michaelsen, W. 1892. Terricolen der Berliner Zoologischen Sammlung (II). *Archiv für Naturgeschichte*, 57(2): 209-261, 13.

Michaelsen, W. 1894. Die Regenwurm-Fauna von Florida und Georgia, nach der Ausbeute des Herrn Dr. Einar Lönnberg. *Zoologische Jahrbücher*, 10: 177-194.

Michaelsen, W. 1895. Zur kenntnis der Oligochate. *Abhandlungen aus dem Gebiete der Naturwissenschaften, Herausgegeben von dem naturwissenschaftlichen Verein in Hamburg*, 13(2): 1-37.

Michaelsen, W. 1900a. Oligochaeta, Das Tierreich. Berlin: Friedländer und Sohn: 1-575.

Michaelsen, W. 1900b. Die Lumbriciden-fauna Nordamerikas. *Abh. Nat. Verh.*, 16(1): 10, 14.

Michaelsen, W. 1907. Neue Oligochäten von Vorder-Indien, Ceylon, Birma und den Andaman-Inseln. *Jahrbuch der Hamburg*, 24(2): 143-188.

Michaelsen, W. 1909. Zur kenntnis der *lumbriciden* und ihrer verbreitung. Известия Российской академии наук. *Серия математическая*, 3 (13): 876.

Michaelsen, W. 1910a. Oligochäten von verschiedenen Gebieten. *Mitt. Naturhist. Mus. Hamburg*, 27: 47-169.

Michaelsen, W. 1910b. Żur Kenntnis der Lumbriciden und ihrer Verbreitung. *Annuaire du Musée Zoologique de l'Académie Impériale des Sciences*, 15: 1-74.

Michaelsen, W. 1913. Oligochäten vom tropischen und südlich-subtropischen Afrika. II. *Teil. Zoologica*, 27: 1-63.

Michaelsen, W. 1922. Oligochäten aus dem Rijks Museum van natuurlijke historie zu Leiden. *Capita Zool.*, 1(3): 70-82.

Michaelsen, W. 1927. Oligochäten aus Yün-nan gesammelt von Prof. F. Silvestri. *Bollettino del Laboratorio di Zoologia generale e Agraria*, 21: 84-90.

Michaelsen, W. 1928. Miscellanea Oligochaetologica. *Arkiv. for Zoologl.*, 20(2): 1-15.

Michaelsen, W. 1931. The Oligochaeta of China. *Peking Nat. Hist. Bull.*, 5(2): 1-24.

Michaelsen, W. 1934. Die Opisthoporen Oligochäten Westindiens. *Mitt. Mus. Hamb.*, 45: 51-64.

Michaelsen, W. 1935. Oligochæta from Christmas Island, South of Java. *Journal of Natural History*, 15(85): 100-108.

Michaelsen, W., Stephenson, J. 1908. The Oligochaeta of India Nepal Ceylon Burma and the Andaman Islands. *Memoirs of the Indian Museum*, 1: 103-253.

Moore, H. J. 1893. Preliminary account of a new genus of Oligochaeta. *Zoologischer Anzeiger*, 16: 333-334.

Müller, W. 1856. *Lumbricus corethrurus*, Burstenschwanz. *Archiv fur Naturgeschichte*, 23(1): 113-116.

Nakamura, Y. 1999. Checklist of earthworms of *Pheretima* genus group (Megascolecidae: Oligochaeta) of the world. *Edaphologia*, 64: 1-78.

O'Connor, F. B. 1955. Extraction of Enchytraeidae worms from a coniferous forest soil. *Nature*, 175: 815-816.

Ohfuchi, S. 1937. On the species possessing four pairs of spermathecae in the genus *Pheretima*, together with the variability of some external and internal characteristics. *Saito Ho-on Kai Museum Research Bulletin*, 12: 31-136.

Ohfuchi, S. 1938. New species of earthworms from north-eastern Honshü, Japan. *Saito Ho-on Kai Museum Research Bulletin*, (15): 33-52.

Ohfuchi, S. 1941. The cavernicolous Oligochaeta of Japan, I. *Sci. Rep. Tohoku Univ.*, 16: 243-256.

Ohfuchi, S. 1957. On a collection of the terrestrial Oligochaeta obtained from the various localities in Riu-kiu Islands, together with the consideration of their geographical distribution (Part II). *J. Agric. Sci. Tokyo Nogyo Daigaku*, 3(2): 243-261.

Oken, L. 1819. Isis, oder Encyclopädische Zeitung von Oken. Jena: Expedition der Isis, 1-2: 1-240.

Omodeo, P. 1956. Contributo alla revisione dei Lumbricidae. *Arch. Zool. It.*, 41(24): 1-143.

Örley, L. 1881. A magyarországi Oligochaeták faunája. I. Terricolae. *Mathematikai és Természettudományi Közlemények*, 16: 562-611.

Örley, L. 1885. A palaearktikus övben élő Terrikoláknak revíziója és elterjedése. *Ertek. Term. Magyar Akad.*, 15(18): 1-34.

Perrier, E. 1872. Lombriciens terrestres. *Nouvelles Archives du Museum*, 8: 4-197.

Perrier, E. 1873. Étude sur un genre nouveau de lombriciens (Genre *Plutellus* E. P.). *Arch. Zool. Exp. Gen.*, 2: 245-268.

Perrier, E. 1874. Sur un nouveau genre indigene des *Lombriciens terrestres* (*Pontodrilus marionis* E. P.). *Compt. Rend. Acad. Sci. Paris*, 78: 1582-1586.

Perrier, E. 1875. Sur les vers de terre des iles Philippines et de la Cochinchine. *C. R. Hebd. Séanc. Acad. Sci., Paris*, 81: 1043-1046.

Reynolds, J. W. 1974. Are oligochaetes really hermaphroditic amphimictic organisms. *Biologist*, 56(2): 90-99.

Reynolds, J. W. 1975. Les Lombricides (Oligochaeta) des Iles-de-la-Madeleine. *Megadrilogica*, 2(3): 1-8.

Reynolds, J. W. 1977. The Earthworms (Lumbricidae and Sparganophilidae) of Ontario. Toronto: Royal Ontario Museum: 1-162.

Reynolds, J. W. 1994. The earthworms of Bangladesh (Oligochaeta: Megascolecidae, Moniligastridae and Octochaetidae). *Megadrilogica*, 5(4): 33-44.

Reynolds, J. W., Cook, D. G. 1976. Nomenclatura Oligochaetologica: a catalogue of the names, descriptions and type specimens of the Oligochaeta. Fredericton: University of New Brunswick: 1-217.

Reynolds, J. W., Cook, D. G. 1993. A catalogue of names, descriptions and type specimens of the Oligochaeta. *New Brunswick Museum Monographic Series (Natural Science)*, 9: 6.

Reynolds, J. W., Righi, G. 1994. On some earthworms from the Belize C.A. with the description of a new species (Oligochaeta: Acanthodrilidae, Glossoscolecidae and Octochaetidae). *Megadrilogica*, 5(9): 97-106.

Rosa, D. 1887. *Microscolex modestus* n. gen., n. sp. *Bollettino dei Musei di. Zoologia ed Anatomia comparata della. Reale Università di Torino*, 2(19): 1-2.

Rosa, D. 1888. Di un nuovo Lombrico italiano *Allolobopbora tellinii* n.sp. *Boll. Mus. Zool. Anat. Comp. Univ. Torino*, 3(44): 1-2.

Rosa, D. 1890. Viaggio di Leonardo Fea in Birmania e Regioni vicine, XXV, Moniligastridi, Geoscolecidi ed Eudrilidi. *Ann. Mus. Genova*, 9: 386-400.

Rosa, D. 1891. Die exotische terricolen des k. k. naturhistorischen Hofmuseums. *Ann. Nat. Hofmus. Wien*, 6: 379-406.

Rosa, D. 1893. Revisione dei lumbricidi. *Mem. Acc. Torino*, 2(43): 399-477.

Satchell, J. E. 1963. Nitrogen turnover by a woodland population of *Lumbricus terrestris*. *Soil Organisms*, 60-66.

Satchell, J. E. 1969. Studies on methodical and taxonomical questions. *Pedobiologia*, 9: 20-25.

Savigny, J. C. 1826. Analyse d'un memoire sur les Lombrics par Cuvier. *Mem. Acad. Sci. Inst. Fr.*, 5: 176-184.

Schmarda, L. K. 1861. Neue wirbellose Thiere beobachtet und gesammelt auf einer Reise um die Erde 1853 bis 1857. Leipzig: Verlag von Wilhelm Engelmann: 132.

Shen, H. P. 2012. Three new earthworms of the genus *Amynthas* (Megascolecidae: Oligochaeta) from eastern Taiwan with redescription of *Amynthas hongyehensis* Tsai and Shen, 2010. *Jour. Nat. Hist.*, 46(37-38): 2259-2283.

Shen, H. P., Chang, C. H., Chen, J. H. 2008a. A new record of the octochaetid earthworm *Dichogaster affinis* (Michaelsen, 1890) from the centro-western Taiwan. *Endemic Species Research*, 10(2): 53-57.

Shen, H. P., Chang, C. H., Chih, W. J. 2014. Five new earthworm species of the genera *Amynthas* and *Metaphire* (Megascolecidae: Oligochaeta) from Matsu, Taiwan. *Jour. Nat. Hist.*, 48(9-10): 495-522.

Shen, H. P., Chang, C. H., Chih, W. J. 2015. Earthworms from Matsu, Taiwan with descriptions of new species of the genera *Amynthas* (Oligochaeta: Megascolecidae) and Drawida (Oligochaeta: Moniligastridae). *Zootaxa*, 3937(3): 425-450.

Shen, H. P., Chang, C. H., Chih, W. J. 2016. Four new earthworm species of the genus *Amynthas* (Megascolecidae: Oligochaeta) from southwestern Taiwan with re-description of *Amynthas tungpuensis* Tsai, Shen and Tsai, 1999. *Jour. Nat. Hist.*, 50(29-30): 1889-1910.

Shen, H. P., Chang, C. H., Li, C. L., et al. 2013. Four new earthworm species of the genus *Amynthas* (Oligochaeta: Megascolecidae) from Kinmen, Taiwan. *Zootaxa*, 3599(5): 471-482.

Shen, H. P., Tsai, C. F. 2002. A new earthworm of the genus *Pithemera* (Oligochaeta: Megascolecidae) from the Lanyu Island (Botel Tobago). *Journal Taiwan Museum*, 55(1): 17-24.

Shen, H. P., Tsai, C. F. 2007. A new record of the octochaetine earthworm *Dichogaster saliens* (Beddard, 1892) from the centro-western Taiwan. *Endemic Species Research*, 9(1): 71-74.

Shen, H. P., Tsai, C. F., Tsai, S. C. 2002. Description of a new earthworm belonging to the genus *Amynthas* (Oligochaeta: Megascolecidae) from Taiwan and its infraspecific variation in relation to elevation. *Raf. Bul. Zool.*, 50(1): 1-8.

Shen, H. P., Tsai, C. F., Tsai, S. C. 2003. Six new earthworms of the genus *Amynthas* (Oligochaeta: Megascolecidae) from Central Taiwan. *Zoological Studies*, 42(4): 479-490.

Shen, H. P., Tsai, S. C., Tsai, C. F. 2005. Occurrence of the earthworms *Pontodrilus litoralis* (Grube, 1855), *Metaphire houlleti* (Perrier, 1872), and *Eiseniella tetraedra* (Savigny, 1826) from Taiwan. *Taiwania*, 50(1): 11-21.

Shen, H. P., Tsai, S. C., Tsai, C. F. 2008b. A new record of the exotic Ocnerodrilidae earthworm *Eukerria saltensis* (Beddard, 1895) from Taiwan. *Endemic Species Research*, 10(1): 85-90.

Shen, H. P., Yeo, D. C. 2005. Terrestrial earthworms (Oligochaeta) from Singapore. *Raf. Bul. Zool.*, 53(1): 13-33.

Shih, H. T., Chang, H. W., Chen, J. H. 1999. A review of the earthworms (Annelida: Oligochaeta) from Taiwan. *Zoological Studies*, 38 (4): 435-442.

Sims, R. W. 1966. The classification of the Megascolecoid earthworms: an investigation of Oligochaete systematics by computer techniques. *Proc. Linn. Soc. Lond.*, 177: 125-141.

Sims, R. W. 1973. *Lumbricus terrestris* Linnaeus, 1758 (Annelida, Oligochaeta): Designation of a neotype in accordance with accustomed usage. Problems arising from the misidentification of the species by Savigny (1822 & 1826). *The Bulletin of Zoological Nomenclature*, 30(1): 27-33.

Sims, R. W., Easton, E. G. 1972. A numerical revision of the earthworm genus *Pheretima* auct. (Megascolecidae: Oligochaeta) with the recognition of new genera and an appendix on the earthworms collected by the Royal Society North Borneo Expedition. *Biol. J. Linn. Soc.*, 4(3): 169-268.

Song, M. J., Paik, K. Y. 1969. Preliminary survey of the. earthworms from Dagelet Isl., Korea. *Korean J. Zool.*, 12(1): 13-21.

Stephenson, J. 1912. Contributions to the fauna of Yunnan based on collections made by J. Coggin Brown, B. Sc., 1909-1910. Part VIII. Earthworms. *Rec. Indian Mus.*, 7: 273-278.

Stephenson, J. 1916. On a collection of Oligochaeta belonging to the Indian Museum. *Rec. Indian Mus.*, 12: 299-354.

Stephenson, J. 1921. Oligochaeta from Manipur, the Laccadive Islands, Mysore, and other parts of India. *Rec. Indian Mus.*, 22: 745-768.

Stephenson, J. 1923. Oligochaeta, family Tubificidae. *The Fauna of British India*, 95: 509-510.

Stephenson, J. 1924. On some Indian Oligochaeta, with a description of two new genera of Ocnerodrilinae. *Rec. Indian Mus.*, 26(4): 317-365.

Stephenson, J. 1925. Oligochaeta from various regions, including those collected by the Mount Everest Expedition. *Proc. Zool. Soc. London*, 95(3): 879-907.

Stephenson, J. 1930. The Oligochaeta. Oxford: Clarendon Press: 1-978.

Stephenson, J. 1931. Descriptions of Indian Oligochaeta. II. *Rec. Indian Mus.*, 33: 173-202.

Sun, J., Jiang, J. B., Qiu, J. P. 2012. Four new species of the *Amynthas corticis*-group (Oligochaeta: Megascolecidae) from Hainan Island, China. *Zootaxa*, 3458(1/3): 149-158.

Sun, J., Jiang, J. B., Zhao, Q., et al. 2015. New earthworms of the *Amynthas morrisi*-group (Oligochaeta, Megascolecidae) from Hainan Island, China. *Zootaxa*, 4058(2): 257-266.

Sun, J., Jiang, J., Hu, F., et al. 2016. Four new earthworms of the genus *Amynthas* (Oligochaeta: Megascolecidae) from Mount Emei, Sichuan Province, China. *Jour. Nat. Hist.*, 50(39-40): 2499-2513.

Sun, J., Zhao, Q., Jiang, J., et al. 2013. New *Amynthas* species (Oligochaeta: Megascolecidae) from south and central Hainan Island, China and estimates of evolutionary divergence among some *corticis*-group species. *Jour. Nat. Hist.*, 47(17-20): 1143-1160.

Sun, J., Zhao, Q., Qiu, J. 2009. Four new species of earthworms belonging to the genus *Amynthas* (Oligochaeta: Megascolecidae) from Diaoluo Mountain, Hainan Island, China. *Revue Suisse de Zoologie*, 116(2): 289-301.

Sun, J., Zhao, Q., Qiu, J. 2010. Three new species of earthworms belonging to the genus *Amynthas* (Oligochaeta: Megascolecidae) from Hainan Island, China. *Zootaxa*, 2680: 26-32.

Templeton, R. 1844. Description of Megascolex caeruleus. *Proc. Zool. Soc. London*, 12: 89-91.

Thai, T. B. 1984. New data on taxonomy of the genus *Pheretima* (Oligochaeta, Megascolecidae) of the fauna of Vietnam. *Zoologichesky Zhurnal*, 63(2): 284-288.

Thomson, A. J., Davies, D. M. 1974. Mapping methods for studying soil factors and earthworm distribution. *Oikos*, 25(2): 199-203.

Trakić, T., Valchovski, H., Stojanović, M. 2016. Endemic earthworms (Oligochaeta: Lumbricidae) of the Balkan Peninsula: a review. *Zootaxa*, 4189(2): 251-274.

Tsai, C. F. 1964. On some earthworms belonging to the genus *Pheretima* Kinberg collected from Taipei area in North Taiwan. *Quar. Jour. Taiwan Mus.*, 17(1&2): 1-35.

Tsai, C. F., Shen, H. P., Tsai, S. C. 1999. On some new species of the pheretimoid earthworms (Oligochaeta: Megascolecidae) from Taiwan. *Journal Taiwan Museum*, 52(2): 33-46.

Tsai, C. F., Shen, H. P., Tsai, S. C. 2000b. Native and exotic species of terrestrial earthworms (Oligochaeta) in Taiwan with reference to Northeast Asia. *Zoological Studies*, 39(4): 285-294.

Tsai, C. F., Shen, H. P., Tsai, S. C. 2001. Some new earthworms of the genus *Amynthas* (Oligochaeta: Megascolecidae) from Mt. Hohuan of Taiwan. *Zoological Studies*, 40(4): 276-288.

Tsai, C. F., Shen, H. P., Tsai, S. C. 2002. A new athecate earthworm of the genus *Amynthas* Kinberg (Megascolecidae: Oligochaeta) from Taiwan with discussion on phylogeny and biogeography of the *A. illotus* species-group. *Jour. Nat. Hist.*, 36(7): 757-765.

Tsai, C. F., Shen, H. P., Tsai, S. C. 2010. Four new species of *Amynthas* earthworms (Oligochaeta: Megascolecidae) from the Central Mountain Range of southern Taiwan. *Jour. Nat. Hist.*, 44(21-22): 1251-1267.

Tsai, C. F., Shen, H. P., Tsai, S. C., et al. 2007. Four new species of terrestrial earthworms belonging to the genus *Amynthas* (Megascolecidae: Oligochaeta) from Taiwan with discussion on speculative synonyms and species delimitation in oligochaete taxonomy. *Jour. Nat. Hist.*, 41(5-8): 357-379.

Tsai, C. F., Shen, H. P., Tsai, S. C., et al. 2009. A checklist of oligochaetes (Annelida) from Taiwan and its adjacent islands. *Zootaxa*, 2133: 33-48.

Tsai, C. F., Tsai, S. C., Liaw, G. J. 2000a. Two new species of protandric pheretimoid earthworms belonging to the genus *Metaphire* (Megascolecidae: Oligochaeta) from Taiwan. *Jour. Nat. Hist.*, 34(9): 1731-1741.

Tsai, C. F., Tsai, S. C., Shen, H. P. 2004. A new gigantic earthworm of the genus *Metaphire* Sims and Easton (Megascolecidae: Oligochaeta) from Taiwan with reference to evolutional trends in body sizes and segment numbers of the *Pheretima genus*-group. *Jour. Nat. Hist.*, 38(7): 877-887.

Tsai, C., Chen, J., Tsai, S., et al. 2003. A new species of the earthworm belonging to the genus *Metaphire* Sims and Easton (Megascolecidae: Oligochaeta) from the Northeastern Taiwan. *Endemic Species Research*, 5: 83-88.

Ude, H. 1885. Über die rückenporen der terricolen oligochaeten, nebst beiträgen zur histologie des leibesschlauches und zur systematik der lumbriciden. *Z. Wiss. Zool.*, 43: 87-143.

Ude, H. 1905. Terricole Oligochäten von den Inseln der Südsee und verschiedenen andern Gebieten der Erde. *Zeitschrift für wissenschaftliche Zoologie*, 83: 464-467.

Ude, H. 1932. Beitrige sur Kenntnis der Gattung Pheretima und ihrer geograpischen Verbreitung. *Arch. Naturg.*, 1: 114-190.

Vaillant, L. 1868. Note sur l'anatomie de deux espèces du genre Perichaeta et essai de classification des annélides lombricines. *Mémoires de l'Académie des Sciences et Lettres de Montpellier*, 7: 143-173.

Wang, Y. H., Shih, H. T. 2010. Earthworm fauna of Eastern Taiwan, with descriptions of two new species (Oligochaeta: Megascolecidae). *Zootaxa*, 2341: 52-68.

Xiao, N. W. 2019. Terrestrial Earthworms (Oligochaeta: Opisthopora) of China. London: Academic Press: 1-398.

Zhang, W. X., Li, J. X., Qiu, J. P. 2006b. New earthworms belonging to the genus of *Amynthas* Kinberg (Megascolecidae: Oligochaeta) and *Drawida* Michaelsen (Moniligastridae: Oligochaeta) from Guangdong, China. *Jour. Nat. Hist.*, 40(7-8): 395-401.

Zhang, W., Li, J., Fu, S., et al. 2006a. Four new earthworm species belonging to *Amynthas* Kinberg and *Metaphire* Sims Et Easton (Megascolecidae: Oligochaeta) from Guangdong, China. *Annales Zoologici*, 56(2): 249-254.

Zhang, Y. F., Sun, Z. J. 2014. A new earthworms species of the genus *Drawida* Michaelsen (Oligochaeta: Moniligastridae) from China. *Zoological Systematics*, 39(3): 422-444.

Zhang, Y., Zhang, D., Xu, Y., et al. 2012. Effects of fragmentation on genetic variation in populations of the terrestrial earthworm *Drawida japonica* Michaelsen, 1892 (Oligochaeta, Moniligastridae) in Shandong and Liaodong peninsulas, China. *Jour. Nat. Hist.*, 46(21-24): 1387-1405.

Zhao, Q., Jiang, J., Sun, J., et al. 2013a. Four new earthworm species and subspecies belonging to genus *Amynthas* and *Metaphire* (Oligochaeta: Megascolecidae) from Hainan Island, China. *Zootaxa*, 3619(3): 383-393.

Zhao, Q., Sun, J., Jiang, J., et al. 2013b. Four new species of genus *Amynthas* (Oligochaeta: Megascolecidae) from Hainan Island, China. *Jour. Nat. Hist.*, 47(33-36): 2175-2192.

Zhao, Q., Sun, J., Qiu, J. P. 2009. Three new species of the *Amynthas hawayanus*-group (Oligochaeta: Megascolecidae) from Hainan Island, China. *Jour. Nat. Hist.*, 43(17-18): 1027-1041.

Zhao, Q., Zhang, M. H., Dong, Y., et al. 2017. New species of Megascolecidae (Oligochaeta) from Hainan Island, China. *Annales Zoologici*, 67(2): 221-227.

# 中文名索引

# 拉丁名索引

## O